U0194615

“先进化工材料关键技术丛书”编委会

先进化工材料关键技术丛书

中国化工学会 组织编写

高纯阵列碳纳米管制备与应用

Preparation and Applications of High-Purity Aligned Carbon Nanotubes

魏飞 等著

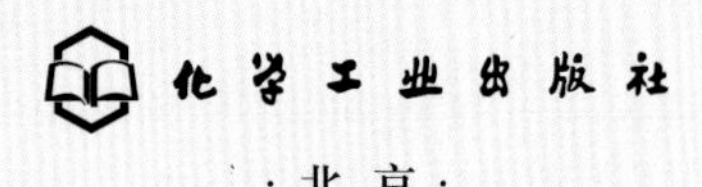

·北京·

内容简介

《高纯阵列碳纳米管制备与应用》是“先进化工材料关键技术丛书”的一个分册。

本书在参阅国内外大量有关科技文献和资料的基础上，认真总结国内外最新科研进展，并融入作者多年科研工作的成果，全面介绍了高纯阵列碳纳米管制备方法和应用技术，详细论述了水平阵列碳纳米管的制备、垂直阵列碳纳米管的可控宏量制备、碳纳米管的提纯和分散、阵列碳纳米管的电化学储能应用、高性能碳纳米管复合材料、碳纳米管空气过滤及吸附应用等。

本书适合纳米科学与技术、材料科学与工程、化学、化工、物理和相关领域的科研人员、高校师生、工程技术人员及管理人员阅读与参考。

图书在版编目（CIP）数据

高纯阵列碳纳米管制备与应用／中国化工学会组织编写；魏飞等著.—北京：化学工业出版社，2021.7

（先进化工材料关键技术丛书）

国家出版基金项目

ISBN 978-7-122-38683-0

Ⅰ. ①高… Ⅱ. ①中… ②魏… Ⅲ. ①碳－纳米材料－研究 Ⅳ. ①TB383

中国版本图书馆 CIP 数据核字（2021）第 043496 号

责任编辑：杜进祥　向　东
责任校对：王素芹
装帧设计：关　飞

出版发行：化学工业出版社（北京市东城区青年湖南街13号　邮政编码100011）
印　　装：中煤（北京）印务有限公司
710mm×1000mm　1/16　印张25¼　字数495千字
2022年2月北京第1版第1次印刷

购书咨询：010-64518888　售后服务：010-64518899
网　　址：http：//www.cip.com.cn
凡购买本书，如有缺损质量问题，本社销售中心负责调换。

定　　价：198.00元　

作者简介

魏飞，清华大学化学工程系教授，系学术委员会主任，绿色反应工程与工艺北京市重点实验室主任。中国颗粒学会常务理事兼能源颗粒材料专业委员会主任。1984 毕业于华东石油学院炼制系有机化工专业，1990 年获石油大学有机化工博士学位。在 *Science*、*Nature* 等杂志发表论文 600 余篇，SCI 他引 5 万余次，是克莱恩近七年材料领域高被引科学家之一。获教育部“长江学者”特聘教授（1999 年）、国家杰出青年基金（1997 年）等。

成功实现了千吨级碳纳米管在锂离子电池中的规模应用，实现了气固下行床催化裂化、高速湍动床甲醇制丙烯、芳烃、苯胺、氯乙烯、丙烯腈、间苯二腈等 30 台新概念反应器产业化，研究成果获国家科技进步二等奖（2002 年、2008 年）、教育部自然科学一等奖（2005 年、2015 年）、教育部技术发明一等奖（2012 年）等。

丛书序言

材料是人类生存与发展的基石，是经济建设、社会进步和国家安全的物质基础。新材料作为高新技术产业的先导，是“发明之母”和“产业食粮”，更是国家工业技术与科技水平的前瞻性指标。世界各国竞相将发展新材料产业列为国际战略竞争的重要组成部分。目前，我国新材料研发在国际上的重要地位日益凸显，但在产业规模、关键技术等方面与国外相比仍存在较大差距，新材料已经成为制约我国制造业转型升级的突出短板。

先进化工材料也称化工新材料，一般是指通过化学合成工艺生产的、具有优异性能或特殊功能的新型化工材料。包括高性能合成树脂、特种工程塑料、高性能合成橡胶、高性能纤维及其复合材料、先进化工建筑材料、先进膜材料、高性能涂料与黏合剂、高性能化工生物材料、电子化学品、石墨烯材料、3D 打印化工材料、纳米材料、其他化工功能材料等。

我国化工产业对国家经济发展贡献巨大，但从产业结构上看，目前以基础和大宗化工原料及产品生产为主，处于全球价值链的中低端。“一代材料，一代装备，一代产业”，先进化工材料具有技术含量高、附加值高、与国民经济各部门配套性强等特点，是新一代信息技术、高端装备、新能源汽车以及新能源、节能环保、生物医药及医疗器械等战略性新兴产业发展的重要支撑，一个国家先进化工材料发展不上去，其高端制造能力与工业发展水平就会受到严重制约。因此，先进化工材料既是我国化工产业转型升级、实现由大到强跨越式发展的重要方向，同时也是我国制造业的“底盘技术”，是实施制造强国战略、推动制造业高质量发展的重要保障，将为新一轮科技革命和产业革命提供坚实的物质基础，具有广阔的发展前景。

“关键核心技术是要不来、买不来、讨不来的”。关键核心技术是国之重器，要靠我们自力更生，切实提高自主创新能力，才能把科技发展主动权牢牢掌握在自己手里。新材料是国家重点支持的战略性新兴产业之一，先进化工材料作为新材料的重要方向，是化工行业极具活力和发展潜力的领域，受到中央和行业的高度重视。面向国民经济和社会发展需求，我国先进化工材料领域科技人员在“973 计划”、“863 计划”、国家科技支撑计划等立项支持下，集中力量攻克了一批“卡脖子”技术、补短板技术、颠覆性技术和关键设备，取得了一系列具有自主知识产权的重大理论和工程化技术突破，部分科技成果已达到世界领先水平。中国化工学会组织编写的“先进化工材料关键技术丛书”正是由数十项国家重大课题以及数十项国家三大科技奖孕育，经过 200 多位杰出中青年专家深度分析提炼总结而成，丛书各分册主编大都由国家科学技术奖获得者、国家技术发明奖获得者、国家重点研发计划负责人等担任，代表了先进化工材料领域的最高水平。丛书系统阐述了纳米材料、新能源材料、生物材料、先进建筑材料、电子信息材料、先进复合材料及其他功能材料等一系列创新性强、关注度高、应用广泛的科技成果。丛书所述内容大都为专家多年潜心研究和工程实践的结晶，打破了化工材料领域对国外技术的依赖，具有自主知识产权，原创性突出，应用效果好，指导性强。

创新是引领发展的第一动力，科技是战胜困难的有力武器。无论是长期实现中国经济高质量发展，还是短期应对新冠疫情等重大突发事件和经济下行压力，先进化工材料都是最重要的抓手之一。丛书编写以党的十九大精神为指引，以服务创新型国家建设，增强我国科技实力、国防实力和综合国力为目标，按照《中国制造 2025》、《新材料产业发展指南》的要求，紧紧围绕支撑我国新能源汽车、新一代信息技术、航空航天、先进轨道交通、节能环保和“大健康”等对国民经济和民生有重大影响的产业发展，相信出版后将会大力促进我国化工行业补短板、强弱项、转型升级，为我国高端制造和战略性新兴产业发展提供强力保障，对彰显文化自信、培育高精尖产业发展新动能、加快经济高质量发展也具有积极意义。

中国工程院院士：薛群基

2021 年 2 月

前言

在过去的 30 多年时间里，从 C_{60}、碳纳米管、石墨烯到石墨炔等碳纳米材料吸引了大量科学工作者的兴趣，迄今累计发表的学术论文已高达百万篇，且有两个与碳纳米材料相关的研究获诺贝尔奖。碳纳米材料有如此神奇的魅力，这是因为碳－碳 sp^2 共价键是最强、尺寸最小且十分稳定的平面二维碳材料基本结构单元，是构成生命体的基础，同时其在结构美学、凝聚态物理学、化学、电子学方面也有很多十分神奇的性质。

碳纳米管为石墨层卷曲而成的纳米管状材料。作为一种具有一维纳米管状结构的材料，其低维结构具有量子材料的一些特别性质，首先，其能量、动量在 K 点的线性散射行为使得其有效电子质量为零，具有微米级电子及声子自由程，从而表现出优异的导电、导热性及电子迁移率高的行为；其次，由于其卷曲造成的对称性缺损及手性，从而表现出了本征的半导体及半金属特征；另外，由于其具有 sp^2 无悬键共价键结构，因而带来了优异的强度、韧性与模量等特性。过去 30 年时间里，碳纳米管在宏观力学强度、韧性等方面已超越目前最好的碳纤维一个数量级。碳纳米管的这些基础性质是全碳纳米管计算机、超快 X 光管、碳纳米管生物显示与柔性材料、超强材料、超韧材料等领域深入研究并取得突飞猛进的基础。我们有理由相信在未来的岁月里，人们对待碳纳米管也会像碳纤维一样，使其成为未来科技与产业的基石。通过近 30 年的发展，碳纳米管作为导电剂已经广泛应用于动力锂离子电池中，其作为填料应用于高强度、高导电、抗静电屏蔽材料中并形成了万吨级的产能及千吨级的实际应用市场，这必定会对未来超强材料、功能复合材料及未来芯片与光电子材料等产生广泛的影响。

自碳纳米管成为学术界的热点以来，科学家们在此领域开展了系统深入的工作，并先后出版了各种碳纳米管相关的专著。我国科学家在碳纳米管的制备、表征、性质、应用领域均走在世界的前沿，特别是在碳纳米管的可控制备以及应用领域取得了一系列重大突破，具有很大的学术、产业及国际影响力。笔者所在的清华大学绿色反应工程与工艺北京市重点实验室、清洁能源化工技术教育部工程研究中心自 2000 年起致力于碳纳米管的批量制备与应用探索，在纳米聚团流化床法批量制备碳纳米管，插层生长制备碳纳米管阵列，水滑石催化剂制备单壁碳纳米管、双螺旋碳纳米管、超长碳纳米管，以及碳纳米管在复合材料、能源转化与存储领域取得了有意义的结果，受到了国内外同行的关注。在十年前我们出版了《碳纳米管的宏量制备技术》，以期对该材料的制备与宏量应用产生推动。近十年来，一方面我们的研究更多地集中在水平阵列碳纳米管完美结构的控制及其超强材料与电子材料的应用，另一方面则是在插层阵列碳纳米管及石墨烯 - 碳纳米管杂合物等垂直阵列碳纳米管的宏量制备、纯化与应用方面的研究。为了促进国内科学界与工业界的交流，架起学术与产业的桥梁，我们拟对高纯阵列碳纳米管的批量制备过程撰写学术专著。以碳纳米管的批量制备为线索，分析各种形式的碳纳米管批量制备的科学与工程前景，促进我国碳纳米管的研究和应用开发，同时也为其他纳米材料的批量制备提供思路。在此基础上，笔者参阅了大量国内外科技文献，将全书内容共分为七章。第一章绪论介绍碳纳米材料的基本概念以及碳纳米管的结构性质和宏量制备发展情况；第二章介绍水平阵列碳纳米管的制备，包括水平阵列碳纳米管的生长机理、结构控制和结构完美的水平阵列碳纳米管的宏量制备与应用；第三章介绍垂直阵列碳纳米管的制备技术，包括垂直阵列碳纳米管的协同生长机制、多级结构调变及其宏量制备和放大生产多因素分析；第四章介绍碳纳米管的提纯和分散技术，重点讲述高纯碳纳米管的纯化原理，建立碳纳米管制备和应用的桥梁；第五章介绍阵列碳纳米管的电化学储能应用，包括阵列碳纳米管的电池应用和超级电容器应用；第六章介绍各种高性能碳纳米管复合材料的制备、应用及发展趋势；第七章介绍碳纳米管空气过滤及吸附应用。

清华大学绿色反应工程与工艺北京市重点实验室、清洁能源化工技术教育部工程研究中心的大部分成员参与了编写工作，他们是：魏飞，朱振兴（第一章）；姜沁源、朱振兴、白云祥、张如范（第二章）；黄佳琦、张晨曦、张强、赵梦强、王垚、骞伟中（第三章）；贾希来、刘艳平、陈天驰（第四章）；崔超婕（第五章）；贾希来（第六章）；李朋、张如范（第七章）。除魏飞外，贾希来参与了全书的统稿工作。除了本书的主要作者外，清华大学金涌、汪展文、罗国华、王垚、向兰、余皓、李志飞、宁国庆、刘毅、温倩、徐光辉、黄毅、范壮军、聂晶琦、王其祥、张群峰、项荣、吴珺、周卫平、刘唐、杨州、黄巍、谷光胜、靳玉广、刘士东、赵梦强、聂晶琦等也参与了相关的研究工作，在此一并致谢。本书的主要内容是在自然科学基金委员会、科技部高技术研究发展计划项目（863 计划）、科技部纳米重大专项（973 计划）和清华大学的支持下取得的，得益于“纳米碳材料产业化关键技术及重大科学前沿”重点研发计划（2016YFA0200102）等支持，在此致以真诚谢意。相关内容获得国家科技进步二等奖（2002）、教育部自然科学一等奖（2016，2006）等。

由于笔者写作水平有限，难免有不当之处，且碳纳米管的研究日新月异，这样导致本书部分内容可能与实际情况有些差异，敬请读者批评指正。

魏飞
2021 年 2 月于清华园

目录

第一章
绪　论

在日本对超细陶瓷材料研究的资助以及受 C_{60} 发现的启发作用下，S. Iijima 等于 1991 年利用 TEM 对碳纳米材料进行了深入的表征与结构分析，随后在 *Nature* 上发表了碳纳米管的结构并对其性质进行了深入分析，这篇论文迅速成为国际学术界广泛关注的焦点。碳纳米管作为一种具有一维纳米管状结构的材料，其低维结构具有量子材料的一些特别性质，首先，其能量、动量在 K 点的线性散射行为使得其有效电子质量为零，具有微米级电子及声子自由程，从而表现出优异的导电、导热性及电子迁移率高的行为；其次，由于其卷曲造成的对称性缺损及手性，从而表现出了本征的半导体及半金属特征；再次，由于其具有 sp^2 无悬键共价键结构，因而带来了优异的高强度、韧性与模量等特性。过去近 30 年时间里学术界的研究热点中，碳纳米管的这些基础性质是全碳纳米管计算机、超快 X 光管、碳纳米管生物显示与柔性、超强、超韧材料等领域深入研究并取得突飞猛进的基础。纵观近代发展，从 1860 年英国人利用竹碳丝制灯泡丝到爱迪生将灯泡推广到全世界再到日本进藤昭男发展高强的 T300 碳纤维原型用了 100 年时间，改进并达到目前在波音 787 飞机的商用标准并成为现代科技与产业的支柱耗时 50 年。从发现碳纳米管（CNT）到现在的短短约 30 年时间内，碳纳米管取得了飞速发展，在力学性质方面，碳纳米管的拉伸强度高达 120GPa、杨氏模量 1TPa，是目前 T1000 碳纤维拉伸强度的 10 倍以上，其韧性则更是碳纤维的百余倍；在电学性质方面，碳纳米管的导电性是仅次于超导体电导性，是铜的 2 倍；电子与空穴迁移率高达 $100000cm^2/(V·s)$ 以上，是目前唯一有可能在下一代电子产业中取代硅的材料；碳纳米管可实现在毫米级长度上 $10^9A/cm^2$ 的电流强度，是铜的 300 倍以上；在热学性质方面，单壁碳纳米管（SWCNT）的热导率高达 6600W/（m·K），是目前室温下最好的导热材料金刚石的 3 倍以上；同时其化学稳定性与表面无悬键的结构使得碳纳米管成为强度最高、电流通过能力最大并可直接作为高速半导体器件及热管理器件的理想材料。由于碳是地球上最为丰富并清洁的元素，解决碳原子的自组装，实现这类材料的宏量制备与应用已成为近 30 年来国际纳米界最热点的研究前沿之一。我们有理由相信在未来的岁月里，人们对待碳纳米管也会像碳纤维一样，使其成为未来科技与产业的基石。通过近 30 年的发展，碳纳米管作为导电剂已经广泛应用于动力锂离子电池中，其作为填料应用于高强度、高导电、抗静电屏蔽材料中并形成了万吨级的产能及数千吨级的实际应用市场，这必定会对未来超强材料、功能复合材料及未来芯片与光电子材料等产生广泛的影响。

第一节
碳纳米材料与碳纳米管

一、碳纳米材料概述

以碳 - 碳 sp^2 杂化的石墨烯、碳纳米管及部分石墨炔等，由于其 π-π 强电子关联体系，其电子的能量 - 动量散射关系是线性的，根据爱因斯坦质能方程，其电子、空穴的有效质量为零，电子、空穴的运动速度接近真空光速的 1/300，电子运动需用相对论场下的狄拉克方程进行描述，因其有宏观量子现象，故也叫作狄拉克碳材料或量子材料。此类材料有微米级的电子与声子自由程，比常规材料高 3 个数量级，会带来化学、力学、电学、声学以及光学等多方面的优异性能。在过去的 30 年中，零维的富勒烯、一维的碳纳米管、二维的石墨烯和石墨炔材料是纳米科技研究中的热点。其中一维的碳纳米管由于其超大的长径比及表面无悬键的 sp^2 杂化的狄拉克材料特点，具有优异的力学、电学性质，因而引起了我们的极大关注和研究兴趣。实际上，从中国传统的蚕丝到 DNA 等均为超长一维材料，其制造与使用不仅在分子级可控，还具有微米级宏观上的折叠结构；这样形成的一维带功能的晶体结构的组装就像绣花一样可编织成绚丽的图案，带来许多新奇功能。

碳元素广泛存在于浩瀚的宇宙中，其独特的物性和多种形态使之成为组成生命体的核心元素，并随着人类文明的进步而被更深入的发现、认识和利用。自然界选择了碳 - 碳及碳 - 氢共价键作为构成生物体的基础及化石燃料储存能量并进行自催化转化的主要形式。同时，碳-碳共价键组成了世界上最强的金刚石结构。碳本身就具有金刚石、石墨、卡宾碳及无定形碳等诸多的同素异形体形式。碳原子可以纯 sp^3 杂化形成金刚石，金刚石硬度极高、折射率大，形成的钻石光彩夺目，早在 6000 年前就引起古印度人的高度关注。碳原子也可以纯 sp^2 杂化形成石墨烯堆叠而形成石墨。石墨易剥离的物理性质和稳定的化学性质使其可以作为铅笔使用，是人类重要的记录与绘画工具之一。早在 2000 多年前，我们的祖先就知道利用松节油的不完全燃烧产生纳米级的炭黑，它不仅化学性质稳定，并可以通过骨胶与研磨分散用“和料”的流程做成墨，经水与研磨再分散做成中国书法及绘画的墨水使用，成为中华文明发展的材料载体。这些方法至今仍在纳米技术中使用。同时石墨也可以作为耐腐蚀、耐高温的材料。

在所有正多边形结构中，只有正三角形、正四边形与正六边形三种是可以张成平面的正多边形结构，虽然单个的三角形、四边形碳 - 碳 sp^2 杂化可以在一定条件下存在，但由于其键角与 sp^2 杂化态 120° 角相差太大，不可以组成大分子材料。仅有为六元环结构的石墨烯与碳纳米管可以组成稳定平面结构，或高斯曲率为零的碳 - 碳材料。如有碳 - 碳单个五元环存在，石墨烯变为高斯曲率为正的圆锥形；如有单个七元环存在，碳纳米管则变为高斯曲率为负的喇叭状结构。一般来说，其他纯的非六元环也无法组成稳定的非平面结构，但可以与六元环一起组成稳定的非平面结构。对于以六元环为主构成一个高斯曲率为正的球，宋代画家苏汉臣在《宋太祖蹴鞠图》中就表示出需加入五元环，且五元环周边需全部为六元环才可组成对称性很好、与现代足球结构一致的球形结构。等到数百年后欧拉提出著名的欧拉方程，开拓了拓扑学时代，才真正将这些拓扑关系准确表达出来。碳纳米管与石墨烯的这一类低维拓扑保护的特征与随后的生长与性质关系很大，我们将在随后的章节中，对碳纳米管结构、生长以及力学性质等多方面进行论证，正是由于石墨六元环的高斯曲率为零的特征，使碳纳米管具有十分独特的结构与性能。

二、碳纳米管的出现

六元环与五元环可以组成封闭的曲面结构，建筑学家首先认识到了其中的结构之美，富勒等提出的球形建筑以及林徽因等描绘的手性六元环管状结构等使人们认识到结构之美、对称之美与螺旋之美，同时这也为以后 C_{60} 及碳纳米管的结构提供了想象的结构范例，所以 C_{60} 及碳纳米管也被叫作富勒烯。实际上在 1952 年 Radushkevich 等就提出了碳 - 碳 sp^2 杂化碳纳米管的结构 [1]，并得到了石墨层结构十分完整的纳米碳，但在 20 世纪 70 年代以后才引起工业界、学术界的重视。早在 1939 年 ICI 公司提出了由石脑油通过水蒸气高温裂解制乙烯工艺，该工艺使用合金钢管式反应器高温下非催化裂解反应，在 800℃下得到乙烯、丙烯等产品，但生成的产物很容易与反应器表面的金属发生积碳反应，使反应器一个月左右的时间就必须停车清焦。人们研究了焦炭组成后发现，反应器壁上的铁、钴、镍等金属与烯烃反应，生成纳米纤维状类石墨的积碳，这是造成反应器结焦的关键。与此同时研究者注意到了积炭的有序石墨结构，可以使积碳的生成量更大。随后人们发现，加入 0.3mg/L 的硫化物可以很好地阻止积碳的生成。这也由此在 1984 年诞生了首个利用化学气相沉积的方法及过渡金属纳米催化剂生产碳纳米管的专利，并提出可由这类高度石墨化的管状材料生产塑料导电剂。1976 年 M. Endo 等在研究气相生长碳纤维时提出了碳纳米管的骨架结构，提出了浮游催化剂法气相生长碳纳米纤维生产工艺，并将其产业化，应用于第一代锂离子电池生产。

探究宇宙起源的高温碳裂解试验则是另一个以科学探索为基础的纳米碳起源。1985 年发现的 C_{60} 结构，由于符合欧拉方程所表达的拓扑要求，因而成为艺术、数学与纳米碳结构完美的结合。C_{60} 的发现这一成果于 1996 年被授予诺贝尔化学奖，这为学术界带来了近代碳纳米材料的研究热潮。而事实上，在 C_{60} 发现前一年，有理论化学家就提出了 C_{60} 结构，但被审稿人认为是不可能存在的结构而拒稿，可见人们对碳结构的认识，如想迈出原创的一步是十分艰难的。在研究中人们发现由于 sp^2 碳结构的平面特征，存在五元环结构才可使石墨烯有正的高斯曲率，而七元环可产生负的高斯曲率。组成完美石墨烯或碳纳米管的六元环则是高斯曲率为零的平面结构。所以正如《宋太祖蹴鞠图》画的那样，球形的结构需要有 12 个相互不相连的五元环，这种拓扑保护下的碳纳米结构，使得碳纳米管由于其全六元环无悬键结构而具有独特性，也使得其因卷曲模式不同而带有手性及拓扑保护下的极端稳定性。

碳纳米管作为一种典型的工业界与学术界结合发现的新材料，是目前大家关注的碳材料的典范。20 世纪 70 ～ 80 年代日本兴起的超细粉研究是由产业界发起，因发展精细陶瓷而兴起的，随着研究的深入及高分辨电镜的出现，以电镜表征研究为核心的 S. Iijima 申请到了涉及该领域的项目资助，于 1991 年与日本名城大学合作发现并报道了碳纳米管结构 [2]，指出了其石墨烯卷曲的手性结构会带来金属性与半导体性，并迅速成为学术界的热点。产业界的人士认识到这是比陶瓷更高强度、模量与韧性的纳米材料，而学术界则认识到了这是一类全新的量子材料。这引起了产业界重视并极大地促进了产业的发展，使得碳纳米材料产业与学术界结合更加紧密。

从另一个角度来看，随着信息技术的发展，人们对于高速电子器件的需求日益迫切，怎样得到高电子、空穴迁移率材料成为材料科学研究的核心内容之一。人们发现 GaAs 等材料由于能量、动量关系中有近线性的区域，因此电子与空穴迁移率快得多。随后，第三代半导体的发展更使得人们认识到类二维电子气的平面结构下，如果能量 - 动量关系是线性的，就会出现电子强关联行为以及类似高温超导、超流等宏观量子行为。这其中的核心是这类电子的能量 - 动量的线性关系，会使块体材料的能量 - 动量的抛物线关系发生根本性的变化，引起爱因斯坦质量 - 能量关系：

$$E^2 = P^2c^2 + m^2c^4 \qquad (1\text{-}1)$$

式中 P——动量，kg • m/s；

m——质量，kg；

E——能量，J；

c——光速，m/s。

在这类关系中，电子与空穴的有效质量为零，其电子与空穴的运动速度符合Maxwell方程中在 sp^2 介质下的光速，即真空光速的1/300，这样，电子的运动方程不能用薛定谔方程来描述，而是用狄拉克方程来描述。这时电子与空穴的运动方程是统一的，其迁移率可以同时达到惊人的100000 $cm^2/(V \cdot s)$。这类材料后来被物理学家称为狄拉克材料。由于这些电子、空穴、声子的自由程达到了微米级，具有宏观量子行为，也称为量子材料。正是这一原因，2004年石墨烯一经发现，就于2010年获得诺贝尔物理学奖，而后发现的部分石墨炔、硅烯、硼烯等也有类似的狄拉克材料性质。这类由于电子的能量-动量关系带来的性质，深刻地影响了未来一系列低维材料的发展，并使得以此为基础的超快电子、光电及导热材料的发展成为学术界近几十年来的研究热点。

第二节 碳纳米管结构与性能

一维的碳纳米管凭借其狄拉克材料特性以及其表面无悬键、优异的化学稳定性、独特的中空管状结构和优异的力学、热学、电学、光学性能，显示出了其极为广阔的应用潜力和前景[3-7]，在化学、化工、物理、生物、医学、环境等学科领域的优势日益明显。而这些优势的核心在于其独特的结构，下面将从碳纳米管的结构、电学性质和力学性质等方面对其进行论述。

一、碳纳米管的结构

1. 碳纳米管的手性结构与分类

碳纳米管是一种具有中空管状结构的高长径比特殊碳纳米材料，可以看作是由二维石墨烯沿一定方向卷曲而成。不同层数的石墨烯卷曲会得到不同壁数的碳纳米管，不同的卷曲方向使得形成的碳纳米管具有不同旋光性和手性参数[8]。碳纳米管的手性结构决定其电子结构。对于一根结构完美的手性碳纳米管，手性指数（n，m）可唯一确定其结构，并决定其光学、电学、化学和磁学性质。图1-1（a）是单层石墨烯的晶格。连接两个等价碳原子的矢量 $\boldsymbol{OA}$ 被称为手性矢量 $\boldsymbol{C}_{\mathrm{h}}$，决定了碳纳米管的卷曲方向和直径。如果设石墨烯基矢为 $\boldsymbol{a}_1$ 和 $\boldsymbol{a}_2$，则

$$\boldsymbol{C}_{\mathrm{h}} = n\boldsymbol{a}_1 + m\boldsymbol{a}_2 \equiv (n,m) \tag{1-2}$$

碳纳米管的直径（d_{t}）和手性角（θ）为

$$d_t = C_h / \pi = \sqrt{3(m^2 + n^2 + mn)}a_{CC} / \pi \quad (1\text{-}3)$$

$$\theta = \tan^{-1}[\sqrt{3}m / (2n + m)] \quad (1\text{-}4)$$

式中，a_{CC} 为碳 - 碳键键长。

可见，（n, m）与（d_t, θ）是对手性矢量的两种等价描述。

手性角 $\theta=0°$ 的碳纳米管的管径圆周方向是锯齿状的，因此被称为锯齿型（zigzag）碳管，而 $\theta=30°$ 的碳纳米管管径圆周方向则是扶手椅型（armchair）的。这两类碳管是非手性的，而 $0° < \theta < 30°$ 的碳管是手性的［图 1-1（c）］。

按照导电特性分类，当 $n-m=3k$（k 为整数且不等于 0）时，碳纳米管为准金属性碳纳米管，又称小带隙半导体性碳纳米管，其带隙的产生源于碳纳米管的曲率诱导，大小与碳纳米管半径的平方成反比[9]。当 $n-m\neq 3k$（k 为整数）时，为半导体性碳纳米管，其带隙与碳纳米管的半径成反比[10]。从理论上讲，只有扶手椅型碳纳米管为内禀金属性碳纳米管。不过，金属性碳纳米管的判定条件 $n-m=3k$（k 为整数且不等于 0）已经为人们所接受。这就说明，当 n、m 随机分布时，1/3 的碳纳米管为金属性碳纳米管，而 2/3 为半导体性碳纳米管［图 1-1（d）］。

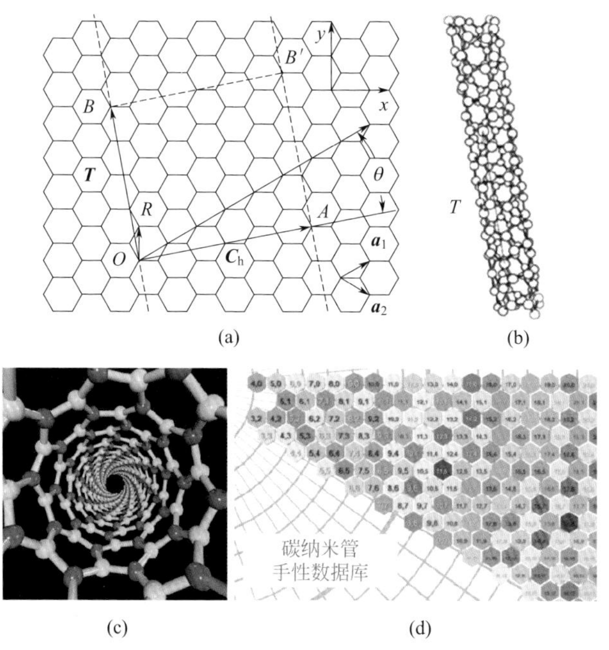

图1-1 石墨烯和单壁碳纳米管的几何结构示意图

（a）单层石墨烯的晶胞。**OA** 是（4，2）型碳纳米管的手性矢量 $\boldsymbol{C}_h$，**OB** 是其平移矢量 $\boldsymbol{T}$，$OAB'B$ 是其单胞。（b）（4，2）型碳纳米管结构[11]。（c）碳纳米管的螺旋结构及碳 - 碳键电子自旋结构。（d）不同手性碳纳米管的瑞利共振光谱图

2. 碳纳米管的电子结构

石墨烯是碳纳米管的母体，其 π 轨道比 σ 轨道更加靠近费米能级，因此电子的 π-π^* 跃迁最为重要。如果不考虑 σ-π 杂化，利用最邻近紧束缚方法可以计算得到石墨烯的 π 电子能量等能面。其中 π 和 π^* 轨道在 K 点相交，因而石墨烯是一种半金属，其具有良好的电子与空穴的导通能力，但没有带隙。石墨烯和碳纳米管物性的特殊性正是由于 K 点附近近乎线性的能量色散关系决定的。

石墨烯的色散关系在紧束缚近似模型下可表示为

$$E_{\pm}(\boldsymbol{k}) = \pm t\sqrt{3 + 2\cos(\sqrt{3}k_y a) + 4\cos\frac{3}{2}k_x a\cos\frac{\sqrt{3}}{2}k_y a} \tag{1-5}$$

式中，$\boldsymbol{k}$为波矢量，$\boldsymbol{k}=(k_x,k_y)$；t为紧束缚近似下最邻近原子间的相互作用；a为最邻近原子间距；正负号分别对应导带和价带的色散关系。因此我们可以看出，石墨烯的导带和价带完全对称，从能带图（图1-2）可以看出，石墨烯在倒格子空间内的导带和价带相交于6个点，根据对称性将其标记为K点和K'点，这些交点称为狄拉克点。

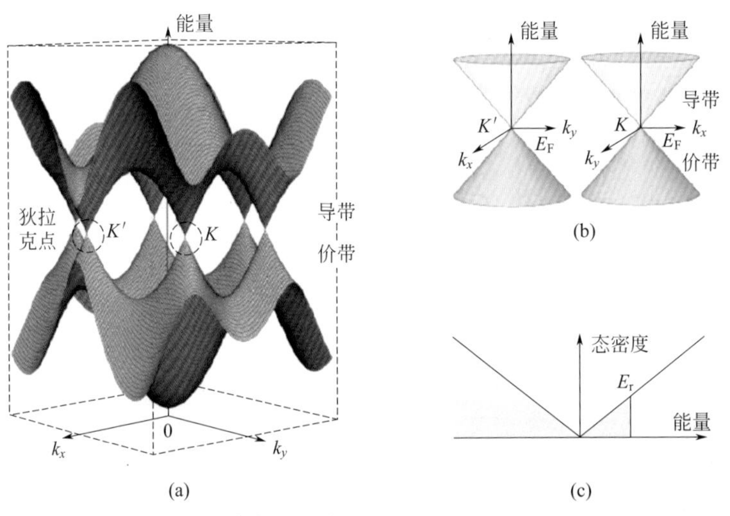

图1-2 石墨烯能带图[12]

（a）费米能级附近的石墨烯能带；（b）狄拉克点处的能带；（c）态密度图

当将石墨烯条带卷曲为直径在纳米尺度的碳纳米管时，轴向波函数依然保持石墨烯的连续状态，但周向的波函数会受到量子限域效应而分裂成分立的能级。具体来说，碳纳米管的波函数在周向上需要满足周期性边界条件

$$\boldsymbol{kC_{\mathrm{h}}} = 2\pi q \tag{1-6}$$

式中，q为正整数。即碳纳米管波函数沿周向环绕一周后其相位必须保持不变。

由于碳纳米管的布里渊区也是一维的，因此量子化为N个波矢量后的径向波函数使得碳纳米管在一维布里渊区内形成了具有N个子带的一维色散关系。图1-3展示了石墨烯能带结构量子化为碳纳米管能带结构的过程，其中的虚线表示碳纳米管轴向的波矢量。

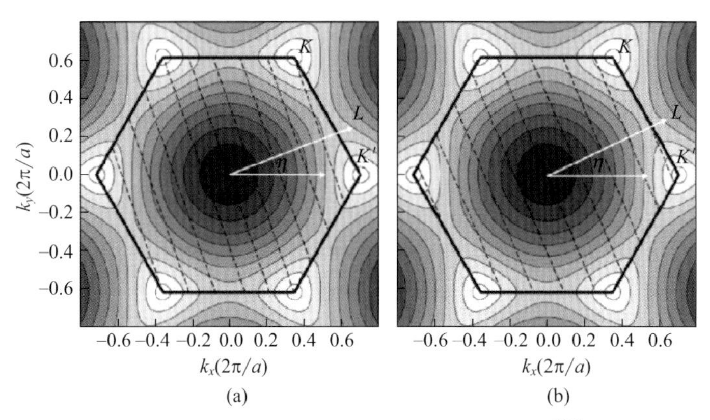

图1-3　石墨烯与碳纳米管在波矢空间内的能带结构[12]

图 1-4（a）中的粗实线是碳纳米管的“分割线”。碳纳米管的手性指数将决定这些分割线的长度、方向和间距，并且它们对石墨烯的能量进行了特定的量子化。如果将这些分割线沿着交点折叠并且投影，便可以得到碳纳米管的电子能带结构［图 1-4（b）］以及电子态密度［图 1-4（c）］。图 1-4（c）中很多尖锐的峰被称为范霍夫奇点，是源自于一维材料的电子限域效应，而在费米能级附近的几个奇点均是源于最接近 K 点的分割线。

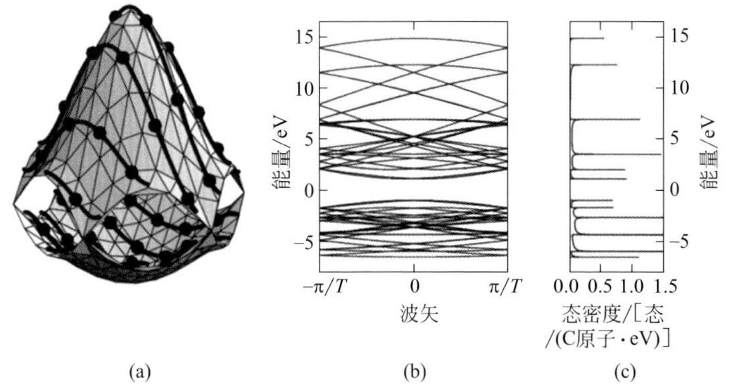

图1-4　石墨烯和单壁碳纳米管的电子结构示意图[11]

（a）π电子最邻近紧束缚方法计算得到的石墨烯电子等能面（只绘出第一布里渊区），价带与导带交于K点。粗实线是（4,2）型碳纳米管的分割线；（b）从（a）经过布里渊区折叠方法得到的（4，2）型碳管电子能带结构图（T——一个倒易晶格周期）；（c）为（b）对应的电子态密度示意图

3. 碳纳米管的导电特性

碳纳米管所具有的导电属性，即金属性或半导体性，在电子结构图中取决于是否有分割线穿过 K 点。如果有分割线穿过 K 点，则在费米能级位置会有允许的态密度，表现出金属性，从手性指数上表现为（$n-m$）可以被 3 整除。如果（$n-m$）不能被 3 整除，则没有分割线穿过 K 点，表现为半导体性。以上的抽象过程可以通过卷曲成碳纳米管前的石墨烯条带来进行理解，如果沿着卷曲径向上波函数从条带边缘前进到另一边缘的对应重合点，其波函数相位变化本身就保持不变，则卷曲得到的碳纳米管会保持石墨烯的零带隙能带结构。如果在条带上前进后波函数相位发生了变化，则需要加入一个额外的动量补偿才能够满足周期性边界条件，因此碳纳米管的带隙将被打开。一般还依据 MOD（$2n+m$,3）的数值分为 MOD1 和 MOD2 型半导体碳管，两类碳纳米管在光电特性上有不同的表现。由于碳纳米管具有带隙并有很高的电子、空穴迁移率，这样很容易与光发生瑞利共振增强，表现出与带隙成倍数关系时的颜色。

若忽略卷曲效应对碳纳米管的影响，我们可以由其色散关系得出，碳纳米管的带隙（E_g）与其直径（d_{CNT}）成反比：

$$E_g = \frac{|t|a_{CC}}{d_{CNT}} = \frac{0.7\text{eV}}{d_{CNT}} \tag{1-7}$$

当碳纳米管直径很小时，其卷曲曲率较大，对碳纳米管能带的影响不能忽略，因此其带隙与直径的关系需要在上式基础上进行修正。

碳纳米管这种分半导体性和金属性，且半导体管的带隙随直径可调的独特特性，使其有潜力在电子学中分别作为半导体和导体被应用，同时在光电子学中可以通过管径的控制来调节其特征波长。这种优势使其在电子学和光电子学中具有极大的应用潜力，也受到了研究人员的广泛关注。但是，如何选择性生长所需管径和带隙的碳纳米管材料，也是伴随碳纳米管领域的一大研究难题。

二、碳纳米管的优异性能与应用

碳纳米管是一种具有狄拉克材料结构的一维碳纳米材料，其典型的狄拉克双锥电子结构使得费米面附近的电子态主要为扩展 π 态[13]。由于没有表面悬挂键，表面和纳米碳结构的缺陷对扩展 π 态的散射几乎不太影响电子在这些材料中的传输，室温下电子和空穴在碳纳米管中电子迁移率高达 100000cm^2/（V·s），比目前最好的硅基晶体管迁移率高出 2 个数量级。在小偏压情况下，电子能量不足以激发碳纳米管中的光学声子，但与碳纳米管中的声学声子相互作用又很弱，其平均自由程可长达数微米，使得载流子在典型的几百纳米长的碳纳米管器件中呈现完美的弹道输运性质[14]。此外，由于纳米碳结构没有金属中那种可以导致原子运动的低能位错或缺陷，因而可以承受超过 $10^9 A/cm^2$ 的电流，远远超过集成电路中铜线所能承受的 $10^6 A/cm^2$ 的上限，典型的金属性碳纳米管的室温电导率为 $10^6 S/cm$，超过导电性能优异的铜。碳纳米管中的 C—C 键是自然界中最强的化学键之一，这使其不仅具有极佳的导电性能，还具有极高的热导率［3000 ~ 5000W/（m・K）］，结构完美的碳纳米管热导率甚至可以超过 6000W/（m・K），是金属铜的 10 倍以上。同时半导体性碳纳米管属于直接带隙半导体，所有能带间跃迁不需要声子辅助，是很好的红外发光材料。理论分析表明，基于碳纳米结构的电子器件可以有非常好的高频响应。对于弹道输运的晶体管其工作频率有望超过 THz，性能优于所有已知的半导体材料[15]（图 1-5）。

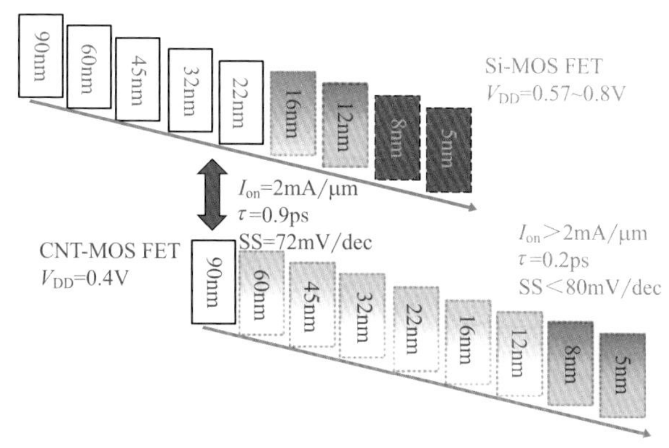

图1-5　硅基和碳纳米管的CMOS（互补金属氧化物半导体）技术发展比较示意图[13]

1. 碳纳米管的电学优势

碳纳米管作为新一代电子材料具有不可替代的优势，具体来说，包含以下四方面特征（图 1-6）。第一，碳纳米管相比传统半导体材料具有显著的饱和速度优势，其饱和速度是硅的 5 倍。按照开态电流模型预测，在相同的开态电流和阈值电压条件下，碳纳米管可以在更低的工作电压下工作，从而降低工作能耗。

$$I_{on} = C_{gate} v_{sat} (V_{dd} - V_{th}) \tag{1-8}$$

式中，I_{on}为开态电流；C_{gate}为栅电容；v_{sat}为载流子饱和速度；V_{dd}为工作电压；V_{th}为阈值电压。

第二，碳纳米管具有纳米甚至亚纳米级尺寸，可以方便金属栅极对其进行有效的开断控制。特别是在亚纳米尺寸下碳纳米管相比硅具有更低的亚阈值斜率，即更快的通断速率。第三，碳纳米管可以与金属电极形成端部连接[16]，相比其他半导体材料与金属电极形成的侧向连接，这种端部连接可以保持较低的电极接触电阻，并且不会随着沟道尺寸发生变化，可以有效降低器件的输出功耗。第四，结构完美的碳纳米管具有准狄拉克材料结构[17]，其电子、空穴对称的高迁移率特征使其避免载流子非弹性散射输运过程的能量损耗，有利于实现发挥高速器件的本征性能优势。

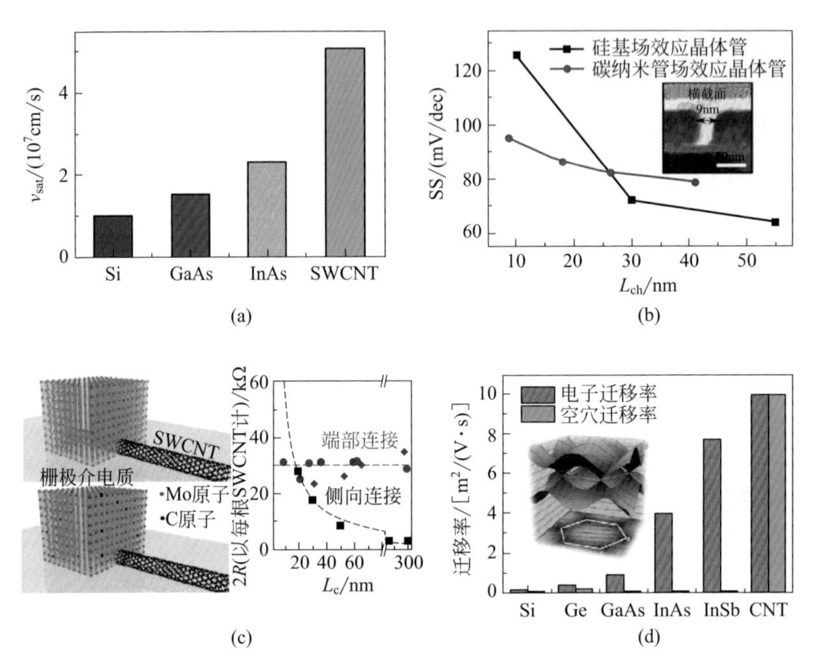

图1-6　碳纳米管用于电子器件的优势

（a）半导体材料的载流子饱和速度比较；（b）硅和碳基晶体管器件的亚阈值（SS）斜率比较[18]；（c）碳纳米管与金属电极接触的端部连接和侧向连接[16]；（d）半导体材料的电子、空穴迁移率比较

L_{ch}—沟道长度；L_c—电极接触长度

2. 碳纳米管的电子器件应用

近年来，基于碳纳米管发展了一系列高性能电子器件应用（图 1-7）。从单根碳纳米管层面，发展了亚 10nm 碳纳米管晶体管[18]和最短沟道 5nm 碳纳米管晶体管器件[19]，均展现了碳纳米管在小尺度下相比硅基材料的优异性能，碳纳米管互补包栅的新型器件结构[20]也拓展了其在数字电路超大规模集成方面的优势。另外，从阵列碳纳米管层面，在过去 10 年时间内，碳纳米管电子器件经历了碳纳米管计算机[6]、碳纳米管三维集成[21]和微处理器[22]的发展阶段。在复杂器件结构体系和高集成度的条件下，碳纳米管均展现了优异的应用潜力和性能。

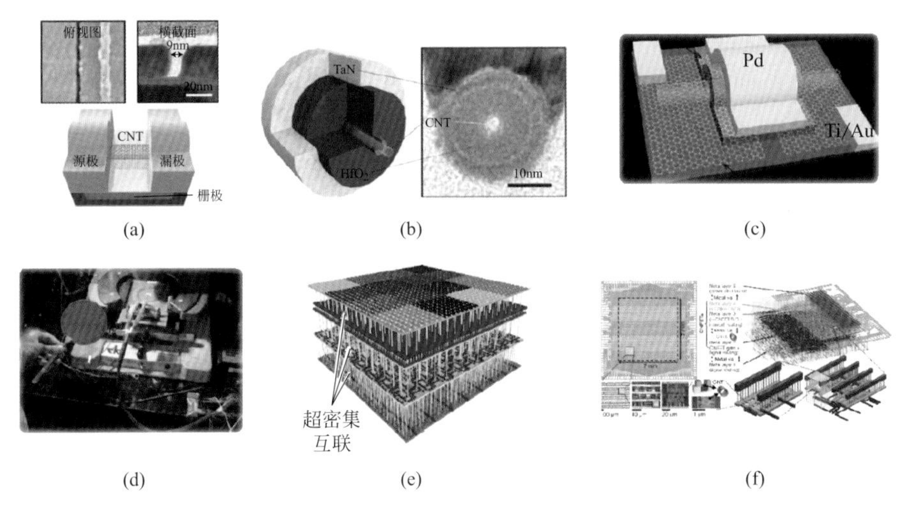

图1-7　碳纳米管基电子器件的应用

（a）亚10nm碳纳米管晶体管器件[18]；（b）互补包栅型碳纳米管器件结构[20]；（c）最短沟道5nm碳纳米管晶体管器件[19]；（d）碳纳米管计算机[6]；（e）碳纳米管三维集成器件[21]；（f）碳纳米管微处理器[22]

对于通常的碳纳米管来说，由于暴露在空气中，会在表面吸附水分子，导致制备的场效应晶体管器件存在回滞现象[23]，这可以通过覆盖PMMA（聚甲基丙烯酸甲酯）等物质或制备悬空晶体管器件等方法予以减小，但这都在一定程度上使得相应的工艺变得复杂。同时，由于表面还会吸附氧，对半导体性碳纳米管形成掺杂，得到的实际上是p型碳纳米管。因此，碳纳米管与金属的接触通常情况下存在肖特基势垒，影响输运速度。斯坦福大学的戴宏杰课题组采用高功函数的金属钯作为电极，首次实现了碳纳米管场效应晶体管的高效弹道输运[14]。

而北京大学的彭练矛课题组则采用低功函数的金属钪作为电极，实现了n型碳纳米管晶体管的高效弹道输运。因此我们可以通过不同功函数的金属制备相应的p型和n型碳纳米管器件，从而制备互补金属氧化物半导体集成电路和相应的电学器件[24]。这在器件性能上是优异的，但是工艺也相对复杂，第一部碳纳米管计算机事实上也只利用了p型碳纳米管制备p型金属氧化物半导体集成电路[6]。另外，还可以通过原子层沉积制备不同的绝缘层或者掺杂等方法来实现p型和n型的碳纳米管，从而制备相应的CMOS器件[25]（图1-8）。

除了CMOS技术的发展外，以IBM的A. D. Franklin和北京大学彭练矛等人为代表的研究者围绕小尺寸碳纳米管也做了许多前瞻性的突出贡献。比如成功制备出沟道为9nm和5nm的电子器件[19]，这也表明了碳纳米管在后摩尔时代的应用潜力。由于碳纳米管优异的电学性能，结合上面提及的各种特点，相应的逻辑运算最早在2001年实现。2006年，IBM的Ph. Avouris等在一根碳纳米管上成功集成了相应的逻辑器件[26]。环式振荡器是检验沟道材料对于半导体电子适用性的终极应用形式，结构完美的单手性碳纳米管有利于实现各个集成器件功能的协调一致性，从而展现碳基环式振荡器的极致性能。

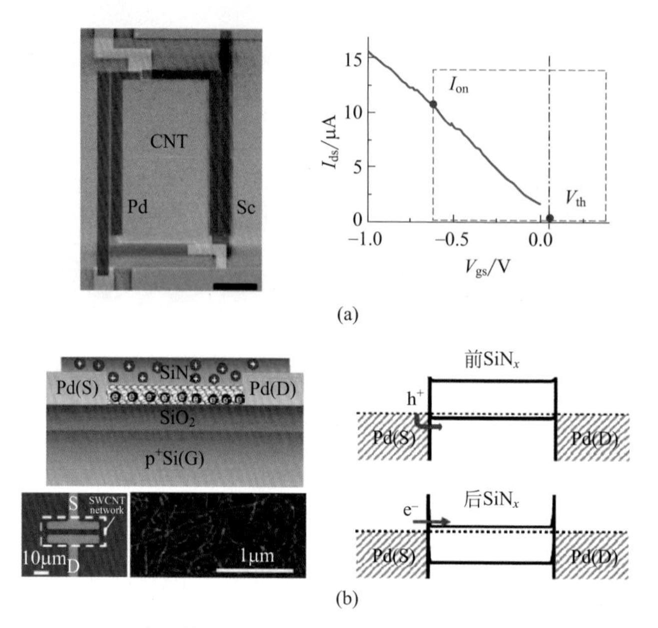

图1-8　碳纳米管的CMOS器件

（a）依靠改变金属电极实现[27]；（b）通过原子层沉积制备不同的绝缘层实现[25]

I_{on}—开态电流；I_{ds}—漏电流；V_{gs}—栅电压；V_{th}—阈值电压

3. 碳纳米管的其他应用

除上述优异的电学性能外，理论计算及实验结果表明，碳纳米管还具有优异的力学、热学和光学性能，从而拓展了碳纳米管在纳米光电学方面的应用[4, 14]。例如，在力学性能方面[28, 29]，碳纳米管杨氏模量达到 1TPa，拉伸强度高达 120GPa，超过目前 T1000 碳纤维拉伸强度的 10 倍以上。在热学性能方面，单壁碳纳米管热导率高达 6600W/（m·K）[30]，是目前室温下最好的导热材料金刚石的 3 倍以上，在硅基芯片散热和热管理方面展现极大优势[31]。结合其优异的光学性能，基于单壁碳纳米管做成的柔性薄膜晶体管导电性和透明度与传统的氧化铟锡（ITO）相当，但在红外波段具有更高的透明度[32, 33]，有望替代 ITO 规模应用于显示器、触摸屏、LED 灯。目前取得规模化进展的当属复合材料领域，利用碳纳米管材料大的长径比等结构特点，以极小的添加比例［如 0.01%（质量分数）］即可在材料中形成渗流网络，现今已广泛应用于汽车部件、电磁屏蔽、运动器械、锂离子电池、超级电容器、饮用水过滤器中，但上述应用利用的仅是非完美结构的碳纳米管原材料，远未充分发挥碳纳米管的极致性能。相比之下，新一代高端碳基微电子领域将充分展现完美结构碳纳米管接近理论的优异性能，具有巨大的研究和应用价值。

第三节 碳纳米管的宏量制备

一、碳纳米管的工程化

纵然碳纳米管有着如此奇妙的性质，但要很好地应用这一材料，还要解决从纳米到微米和宏观材料组装及功能化等一系列工程问题。这其中一个重要的方面是这种超长的一维纳米结构在制备过程中的工程问题，这些复杂的过程放大导致碳纳米管的成本极高。90% 纯度的多壁碳纳米管国际市场报价为 60 美元 /g；高纯度的单壁碳纳米管的价格更动辄达到 1000 美元 /g 左右；当采用高纯硅片作为基板，每批次仅做数毫克样品，市售价格在 2000 美元 / 片。有资料分析，只有当碳纳米管的价格降至 2 美元 /lb（1lb=453.6g），即 0.4 美分 /g 时，碳纳米管才能得到工程应用。而只有生产能力达到 12.5t/d 时，碳纳米管的价格才能达到 4 美元 /kg。因此，要使纳米管真正走出实验室进入实用，必须解决的首要问题是在工业上能大量生产出高质量的碳纳米管。目前国际上许多新型纳米材料从概念提出到结构表征、理论分析、批量制备和应用需要很长的时间以及巨大的投入。如何将科学与工程有机结合，解决研发所需时间长与资金投入大这个重要的问题。鉴于此，今天的碳纳米管研究乃至纳米材料研究已经不能仅仅依赖于物理学、化学和材料学，而更需要工程学科的介入。

1. 碳纳米管工程化的关键技术

碳纳米管工程化的困难之一是碳纳米管的工程科学及过程放大存在认识上的不足和技术瓶颈。碳纳米管生长需要在化学上重新组装 C—C 共价键，而 C—C 是最强的化学键之一。这种价键的重组过程需要在高温下进行，且往往伴随着强吸热或放热过程。但是碳纳米管的极大长径比以及相互缠绕形成的聚团往往具有很低的密度，这样会使得在宏量制备过程中的强放热以及物料的传递形成瓶颈，从而使碳纳米管的生长过程很难在等温下进行。如果需要获得稳定的碳纳米管产品，碳纳米管就需要在等温下操作。纳米材料堆积密度较低，属于多孔结构，进而造成其热量、质量传递困难。这类气固体系进行强放热 / 吸热反应的同时，而又需要等温过程等温操作是纳米材料宏量制备遇到的首要工程难题。另外，这类新型纳米材料的流动以及相互作用状态复杂，一般气体与材料的作用在边界层尺度以下，不能采用连续流体假设，难以利用传流化工的方法进行分析以及过程放大。

流态化是解决气固反应体系传热、传质一类问题的革命性方法。通过将不具有良好导热和传质能力的多孔固体在气体的吹动下，形成流化状态，可使多孔固体传热能力比流化前提高数千到数十万倍，使反应器内形成浓度、温度均匀的反应条件，从而成为目前石油化工以及煤化工进行碳分子重组反应的核心技术，并极大地提高了过程效率。大约 30 年前，我们开始关注在流态化领域中，由于颗粒尺寸减小所引起的纳米颗粒不可流化的问题，并通过对纳米颗粒聚团行为的分析，发现有一定长径比的非球形纳米颗粒因其所受范德华力的非各向同性作用，容易形成纳米颗粒聚团，而一定聚团的颗粒不仅粒度增大，密度也下降，从而有形成可流化 A 类聚团颗粒的相变，也称为聚团流态化行为。这些基础化学工程科学问题的理解演化形成了宏量生长碳纳米管的工程学基础。其基本出发点还是分析自然界中的微米颗粒（如花粉等）是通过怎样的方法减少相互作用力，使其可以在空气中稳定飘浮。微米级的花粉不能简单地被看成为球形粉体进行处理，实际上是表面带有多级纳米结构的颗粒。这种表面纳米结构会使其之间的相互作用呈数量级下降，由此引出了纳米聚团流化的概念。

2. 碳纳米管宏量制备的科学问题

如果从根本上审视纳米材料的制备问题，其中的关键在于考察物质之间的相互转化——包括不同时空尺度之间的转化，以及与之相关的物质、能量、动量传递过程。在这个过程中，需要考虑：原子 / 分子尺度上物质的转化规律；颗粒尺度下相互作用问题；设备尺度下的流动、传递行为；以及过程尺度的优化综合问题。对于以碳纳米管阵列为代表的功能材料加工过程，其过程的出口体现在最终带有功能的产品上，但是其生长行为却是发生在原子 / 分子尺度上，是以纳米金属与所形成的碳纳米管端口边界的模板自催化生长而形成。结合碳纳米管阵列的宏量可控制备，对于这种纳米过程工程，还需要考虑：在碳纳米管生成过程中分子层次上的原子的模板自组装问题、单颗粒尺度上多根碳纳米管之间的组织行为、设备结构中相应碳纳米管阵列结构上的表面与界面问题；碳纳米管阵列的应用与功能的关系等。所以碳纳米管阵列材料的发展为过程工程提出了崭新的问题和挑战。如何将化学工程的基本方法应用于带有规整结构的纳米材料（如碳纳米管阵列）的制备，并为化学工程提供新的内容，是科技工作中面临的重大问题。

随着碳纳米管研究的深入，碳纳米管的宏量制备也取得了长足进展。通过化学气相沉积方法批量制备碳纳米管已经被诸多公司采用。目前碳纳米管的主要集中产地在中国、日本、美国、德国、英国、法国、比利时和韩国。据高工锂电统计，由于近年来中国锂离子电池的快速发展及碳纳米管导电剂的应用，含量为4% 碳纳米管浆料的导电剂用量 2019 年为 3.5 万吨，从而带动了国内近万吨的碳纳米管的产能发展。韩国 LG 公司也宣布建立一个 1700t/a 碳纳米管生产线，用于锂离子电池中。本书试图以清华大学绿色反应工程与工艺北京市重点实验室 20 年来对碳纳米管的宏量制备及其应用领域的研究成果为基础，同时也兼容国内外在该领域的相关内容，力求能够反映国际上该领域的最新成果。本书以聚团结构为依据进行划分，将详细论述聚团状单壁碳纳米管、垂直阵列碳纳米管、水平阵列状碳纳米管以及特种碳纳米管的宏量制备，并探讨制备过程中的问题和控制手段，从而为碳纳米管的实用化铺平道路。

二、碳纳米管的应用

碳纳米管的优异性质还体现在力学、化学稳定性、电学等的结合上，如利用其导电与透光特性制备的透明导电导体已经制成了手机的触摸屏，利用其柔性与导电制成柔性电极材料，利用其导电、力学以及柔性可以制成人造肌肉等。碳纳米管在各个方面都表现出优异的性能，以及巨大的应用前景。现阶段，实现这些应用的基础往往不是一根一根地做碳纳米管，而是大量碳纳米管的合成、应用。在实际应用过程中，碳纳米管的排列形式会显著影响其性能。如果能够控制碳纳米管的排列使其性能得到发挥，必将得到更高性能的材料和产品。

按照形貌的不同，碳纳米管一般可以分为三种不同的类型：聚团状碳纳米管、垂直阵列碳纳米管和水平阵列超长碳纳米管（简称超长碳纳米管）。其中，超长碳纳米管是指管与管之间距离较大、沿气流定向、平行排列于平整基板表面生长、长度可以达到厘米级甚至米级以上的一种碳纳米管类型。这种类型的碳纳米管具有较小的管径，其管壁数一般为 1 ~ 5，它们遵循自由生长的机理，可以摆脱相互之间的干扰，容易达到厘米级以上的长度，并且具有相对完美的结构，更容易体现出碳纳米管的理论优异性能。

超长碳纳米管具有远远超过聚团状碳纳米管和垂直阵列碳纳米管所能达到的长度，并且具有很低的缺陷密度，从而具有优异的性能。比如，超长碳纳米管具有极高的电子迁移率、完美的结构和超强、超韧特性，这些独特性能使得超长碳纳米管在未来半导体产业、透明显示、超强纤维及航天航空领域有着极为广阔的应用前景，是这些领域非常重要的尖端基础材料之一，目前已可进行 99.9999% 高纯半导体性超长碳纳米管 4in（1in=2.54cm）硅片级制备，相信未来这类高端电子、结构材料会得到更广泛的应用。

实现超长碳纳米管上述应用的前提是批量、可控地制备出宏观长度结构完美的碳纳米管，在宏观尺度下发挥其优良特性。然而，这是一个非常有挑战性的难题。从碳纳米管的生长过程而言，根据其气 - 液 - 固（vapor-liquid-solid，VLS）生长机理，碳原子在过渡金属催化剂颗粒表面先溶解、达到过饱和、再析出自组装形成碳纳米管的过程是一个条件极为苛刻的过程。这个过程中的质量、热量和动量传递均达到了很高的状态，对温度、催化剂颗粒的种类和尺寸等有着极高的要求。这个过程中的任何细微条件变化，都极可能使碳纳米管的生长过程受到干扰，从而产生结构缺陷甚至停止生长。由于前述的石墨六元环的拓扑保护，使得以其端口为模板的催化自组装有较好的稳定性。因此，可控地制备出宏观长度、结构完美、不含任何缺陷的碳纳米管对生长条件和设备有着极高的要求，面临着许多挑战。

在过去十几年间，超长碳纳米管的结构可控制备及性能研究取得了一系列进展。例如，发展了晶格导向、电场导向以及气流导向等多种表面定向生长方法；其长度从 1998 年报道的数微米发展到 2019 年报道的 65cm[34]；以硅为基底制备的超长碳纳米管水平阵列的最大密度从最初的数毫米一根提高到每毫米数百根，以石英为基底的阵列密度已经达到每毫米数万根[35]；半导体性碳纳米管的选择性达到 95%，对金属性碳纳米管的选择性达到 80%。同时，超长碳纳米管的应用研究也取得了一定进展，例如，2013 年，斯坦福大学一研究组利用石英基底上制备的超长碳纳米管，制备出世界上第一台碳纳米管计算机[6]，展示了超长碳纳米管巨大的应用价值。2019 年 MIT 利用阵列碳纳米管制成了 1.4 万个晶体管的 CNT 计算机芯片[22]，IBM 公司宣布投资 30 亿美元开发以碳纳米管为基础的下一代计算机芯片，NASA（美国国家航空航天局）宣布发射碳纳米管为基础材料的火箭，这对于碳纳米管在高端电子与航空、航天的应用带来了春天。

参考文献

[1] Radushkevich L V, Lukyanovich V M. O strukture ugleroda, obrazujucegosja pritermiceskom razlozenii okisi ugleroda na zeleznom kontakte. Zurn Fisic Chim, 1952, 26:88-95.

[2] Iijima S. Helical microtubules of graphitic carbon. Nature, 1991, 354:56-58.

[3] Cao Q, Tersoff J, Farmer D B, et al. Carbon nanotube transistors scaled to a 40-nanometer footprint. Science, 2017, 356:1369-1372.

[4] Sharma A, Singh V, Bougher T L, et al. A carbon nanotube optical rectenna. Nat Nanotechnol, 2015, 10:1027-1032.

[5] Bai Y, Zhang R, Ye X, et al. Carbon nanotube bundles with tensile strength over 80GPa. Nat Nanotechnol, 2018, 13:589-595.

[6] Shulaker M M, Hills G, Patil N, et al. Carbon nanotube computer. Nature, 2013, 501:526-530.

[7] Rao R, Pint C L, Islam A E, et al. Carbon nanotubes and related nanomaterials: Critical advances and challenges for synthesis toward mainstream commercial applications. ACS Nano, 2018, 12:11756-11784.

[8] Baughman R H, Zakhidov A A, De Heer W A. Carbon nanotubes—the route toward applications. Science, 2002, 297:787.

[9] Ouyang M, Huang J-L, Cheung C L, Lieber C M. Energy gaps in "Metallic" single-walled carbon nanotubes. Science, 2001, 292 (5517): 702.

[10] Deshpande V V, Chandra B, Caldwell R, et al. Mott insulating state in ultraclean carbon nanotubes. Science, 2009, 323:106.

[11] Dresselhaus M S, Dresselhaus G, Saito R, et al. Raman spectroscopy of carbon nanotubes. Phys Rep, 2005, 409:47-99.

[12] Ando T. The electronic properties of graphene and carbon nanotubes. NPG Asia Materials, 2009, 1:17-21.

[13] Peng L, Zhang Z, Wang S, et al. Carbon based nanoelectronics: Materials and devices. Sci Sin Tech, 2014, 44:1071.

[14] Javey A, Guo J, Wang Q, et al. Ballistic carbon nanotube field-effect transistors. Nature, 2003, 424:654.

[15] 彭练矛，张志勇，王胜，等. 碳基纳电子材料与器件. 中国科学：技术科学，2014, 44:1071-1086.

[16] Cao Q, Han S-J, Tersoff J, et al. End-bonded contacts for carbon nanotube transistors with low, size-independent resistance. Science, 2015, 350:68-72.

[17] Zhang R, Zhang Y, Wei F. Controlled synthesis of ultralong carbon nanotubes with perfect structures and extraordinary properties. Acc Chem Res, 2017, 50:179-189.

[18] Franklin A D, Luisier M, Han S-J, et al. Sub-10nm carbon nanotube transistor. Nano Lett, 2012, 12:758-762.

[19] Qiu C, Zhang Z, Xiao M, et al. Scaling carbon nanotube complementary transistors to 5-nm gate lengths. Science, 2017, 355:271.

[20] Franklin A D, Koswatta S O, Farmer D B, et al. Carbon nanotube complementary wrap-gate transistors. Nano Lett, 2013, 13:2490-2495.

[21] Shulaker M M, Hills G, Park R S, et al. Three-dimensional integration of nanotechnologies for computing and data storage on a single chip. Nature, 2017, 547:74-78.

[22] Hills G, Lau C, Wright A, et al. Modern microprocessor built from complementary carbon nanotube transistors. Nature, 2019, 572:595-602.

[23] Kim W, Javey A, Vermesh O, et al. Hysteresis caused by water molecules in carbon nanotube field-effect transistors. Nano Lett, 2003, 3:193-198.

[24] Zhang Z, Wang S, Wang Z, et al. Almost perfectly symmetric SWCNT-based CMOS devices and scaling. ACS Nano, 2009, 3:3781-3787.

[25] Ha T-J, Chen K, Chuang S, et al. Highly uniform and stable n-type carbon nanotube transistors by using positively charged silicon nitride thin films. Nano Lett, 2015, 15:392-397.

[26] Zhihong C, Joerg A, Yu-Ming L, et al. An integrated logic circuit assembled on a single carbon nanotube. Science, 2006, 311:1735-1735.

[27] Ding L, Zhang Z, Liang S, et al. CMOS-based carbon nanotube pass-transistor logic integrated circuits. Nat Commun, 2012, 3:677.

[28] Chen W, Cheng H, Hsu Y. Mechanical properties of carbon nanotubes using molecular dynamics simulations with the inlayer van der Waals interactions. Computer Modeling in Engineering and Sciences, 2007, 20:123.

[29] Buongiorno Nardelli M, Fattebert J L, Orlikowski D, et al. Mechanical properties, defects and electronic behavior of carbon nanotubes. Carbon, 2000, 38:1703-1711.

[30] Berber S, Kwon Y-K, Tománek D. Unusually high thermal conductivity of carbon nanotubes. Phys Rev Lett, 2000, 84:4613-4616.

[31] Kordás K, Tóth G, Moilanen P, et al. Chip cooling with integrated carbon nanotube microfin architectures. Appl Phys Lett, 2007, 90:123105.

[32] Wu Z, Chen Z, Du X, et al. Transparent, conductive carbon nanotube films. Science, 2004, 305:1273.

[33] Cao Q, Zhu Z-T, Lemaitre M G, et al. Transparent flexible organic thin-film transistors that use printed single-walled carbon nanotube electrodes. Appl Phys Lett, 2006, 88:113511.

[34] Zhu Z, Wei N, Cheng W, et al. Rate-selected growth of ultrapure semiconducting carbon nanotube arrays.Nat Commun, 2019, 10(1): 4467.

[35] Hu Y, Kang L, Zhao Q, et al. Growth of high-density horizontally aligned SWNT arrays using Trojan catalysts. Nat Commun, 2015, 6:6099.

第二章

水平阵列碳纳米管的制备

碳纳米管的极致性能只有在其结构完美的情况下才能实现，而在多数情况下碳纳米管中空位[1]、掺杂[2]、五元环或七元环[3]等结构缺陷都会导致各方面性能的显著降低[4]。比如，曾有报道指出存在缺陷的单壁碳纳米管的拉伸强度仅为13 ~ 52GPa[5]，热导率也不足3000W/（m•K）[6]。因此，如何精确调控碳原子排列，可控制备结构完美、性能优异的碳纳米管，如今依然是一个十分具有挑战性的课题。

在碳纳米管的三种形貌（聚团状碳纳米管[7]、垂直阵列碳纳米管[8]和水平阵列碳纳米管[9]）中，只有水平阵列碳纳米管能呈现出无缺陷的完美结构。此种碳纳米管在生长过程中相互干扰较少，管与管之间遵循相对独立的自由生长机制，因此有利于形成小管径、少壁数、低缺陷密度等较为理想的结构特征。在此背景下，能否实现高品质水平阵列碳纳米管的宏量制备依然是碳纳米管走向未来高端应用的关键所在。

在过去的20多年中，研究者们对水平阵列碳纳米管的制备已开展了大量研究，但其制备技术在手性控制、阵列长度和密度、结构一致性等方面仍面临着诸多挑战，因而难以满足相关基础研究和实际应用的需求。只有从水平阵列碳纳米管的生长机理层面入手，从原子层面上充分理解其生长行为，并对其生长条件进行精准调控，才可制备出宏观长度、结构完美、性质优异的碳纳米管，继而助力其在高端应用领域的发展。因此，本章将从水平阵列碳纳米管的生长机理、结构控制、基础性质和宏量制备技术四个方面进行介绍。

第一节
概述

一、碳纳米管原子层面的生长机理及影响因素

自1991年Iijima首次报道碳纳米管以来[10]，研究者们主要发展了三种制备方法，分别为电弧放电法[11]、激光烧蚀法[12]和化学气相沉积法（chemical vapor deposition，CVD）[13]。这三者中，CVD法由于其条件温和可控、产率较高的特点而备受研究者关注，并逐渐发展成为一种高效制备碳纳米管的策略和方法。CVD法通常采用的催化剂可大致分为两类：非金属催化剂和金属催化剂。前者的典型代表是二氧化硅纳米颗粒[14]。然而，目前基于非金属催化剂所制备的碳纳米管长度通常在纳米至微米量级，且生长速度与金属催化过程相比有几个数量级的差别，远远不能满足人们对高品质、快速生长碳纳米管阵列的需求，因此

研究者们更多采用活性较高、结构可调控性更强的金属催化剂来制备碳纳米管阵列。基于金属催化剂的水平阵列碳纳米管生长机理又可分为气 - 液 - 固（vapor-liquid-solid，VLS）机理和气 - 固 - 固（vapor-solid-solid，VSS）机理[15]。

1．VLS 生长机理

VLS 生长机理是指金属催化剂在高温下处于熔融状态，而气相碳源分解后所产生的离散碳原子溶解于催化剂中，直至过饱和而析出。成核析出的石墨片以帽状的形式存在于催化剂表面，随后管状部分以自组装的方式逐渐延长而形成碳纳米管[16]。Maruyama 等最先采用分子动力学模拟等计算手段分析了碳纳米管在催化剂上的生长过程，并印证了 VLS 机理。他们的计算结果清晰地显示了呈六边形网络状的石墨片从 Ni 团簇表面析出并逐渐生成管状结构的过程［图 2-1（a）］[17]。Ding 等基于 VLS 机理和分子动力学模拟，详尽地分析了碳纳米管在金属碳化物上的成核生长行为，并指出催化剂颗粒内的温度和浓度分布对碳纳米管生长存在显著影响［图 2-1（b）］[18]。只有在合适的温度范围内，碳纳米管才能稳定地从催化剂表面析出并延长。在此过程中，碳原子与催化剂之间适宜的相互作用是碳纳米管成核及生长的关键[19]。如果两者作用力过强，则会导致石墨片对催化剂的包覆，进而导致积碳失活；如果作用力过弱，则会致使碳纳米管脱离催化剂颗粒而终止生长。

许多课题组从理论和实验的角度出发，对 VLS 机理的生长动力学展开了深入研究。比如，基于经典的晶体位错理论和密度泛函理论计算（density-functional theory，DFT），Ding 等得出了 VLS 机理下碳纳米管生长速率和手性角的正比关系［图 2-1（c）］[20]。他们将手性角为 0° 的碳纳米管（即锯齿型碳纳米管）视为结构完美的晶体，而其他手性的碳纳米管则可看作是沿轴向发生了一定的螺旋位错，且位错的程度正比于手性角。更大的手性角意味着碳纳米管与熔融催化剂的界面上有更多的弯结数量，而这些弯结可作为插入碳原子的活性位点，促使碳纳米管进行螺旋式生长。他们所提出的螺旋位错理论已被众多实验结果所证实[21]。比如，Purcell 等使用场发射显微镜直接观测单根碳纳米管从形核到生长的过程，发现碳纳米管在 11min 的生长过程中旋转了 180 圈，且每一圈是由约 24 个离散步骤所构成[21]。这一结果与螺旋位错理论所描述的生长过程十分一致，因此是该理论的一个很好的印证。根据螺旋位错理论可知，具有不同手性角的碳纳米管的生长速率也各不相同，所以理论上可以利用生长速率的差异来实现不同手性碳纳米管的选择性制备。魏飞课题组基于此思想开发了一种基于速率选择性的高纯度半导体性碳纳米管制备方法[22]。研究发现，半导体性碳纳米管的生长速率大约为金属性碳纳米管的 10 倍，因而当水平碳纳米管阵列的长度在 154mm 以上时，半导体性碳纳米管所占比例可达 99.9% 以上。用长度为 154mm 的水平碳纳米管阵列所制备的晶体管器件具有高达 14A/m 的电流密度、10^9 的开关比以及

4000cm²/（V·s）的迁移率，表现出极为优越的电学性能。

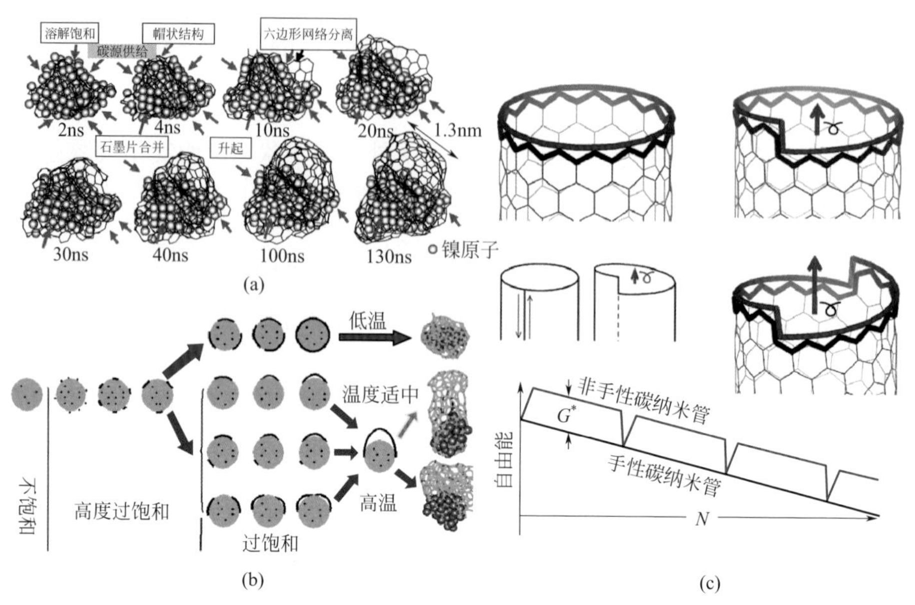

图2-1　碳纳米管的VLS生长机理

（a）Ni团簇上碳纳米管成核过程的分子动力学模拟[17]；（b）催化剂颗粒中温度及碳源浓度对碳纳米管生长的影响[18]；（c）螺旋位错理论示意图及自由能变化曲线（G^*为生成新弯结所需的额外自由能；N为增加的碳原子数）[20]

2. VSS 生长机理

VSS 生长机理则往往适用于金属催化剂熔点较高或生长温度较低的情况[23]。此时催化剂颗粒保持固相状态，气相碳源分解而成的碳原子较少或几乎不溶解于催化剂颗粒，而是在催化剂表面迁移后自组装形成碳纳米管［图 2-2（a）］[24]。许多研究中使用环境透射电子显微镜（environmental transmission electron microscopy, ETEM）原位观测了碳纳米管的生长过程，并发现此过程中催化剂颗粒始终保持晶相结构，从而验证了 VSS 机理[25]。虽然 VSS 机理中离散碳原子主要通过表面扩散的机制实现碳纳米管的组装，但有时碳原子在催化剂纳米颗粒中的溶解现象也不容忽略。对于一些与碳作用力较强的金属纳米颗粒，它们在一定条件下与碳源接触时有生成金属碳化物的趋势，进而有可能改变催化剂的活性和稳定性。碳原子的溶解和碳化物的生成不但取决于金属纳米颗粒自身的物理化学性质，很大程度上还取决于反应条件（如温度、反应气氛等）。比如，Kauppinen 等在 ETEM 下观察了 Co/MgO 催化剂上的碳纳米管生长过程（温度为 600℃，CO 分压为 630Pa），发现生长过程中 Co 以单金属纳米颗粒的形式分散在 MgO 表面。此过程中 Co 纳米颗粒保持单一晶相，并没有碳化物的物相生成[24]。而在 Sharma[26]、

Takeda[27]、Wagner[28] 等课题组的相关报道中同样使用了 Co 催化剂，但生长温度、碳源种类和分压均有所不同，从而导致了 Co_2C、Co_3C 乃至多种碳化物混合物相的形成，侧面证明了 VSS 生长机理中渗碳和碳纳米管生长并存的机制。

由于 VSS 生长机理中催化剂保持固相状态，其组成、形貌都相对固定，结构也较为明确，所以在此机理下催化剂颗粒可以作为生长特定手性碳纳米管的模板 [29]。Zhang 等提出了用碳纳米管与固体催化剂的对称性匹配理论来解释 VSS 机理下特定手性碳纳米管的富集现象［图 2-2（b）］[30]。他们采用理论计算方法得出了不同手性指数的碳纳米管在 WC（1 0 0）晶面上的形成能，并发现手性指数为（8,4）的碳纳米管具有最低的形成能，这是因为（8,4）手性的碳纳米管与具有 4 重旋转对称性的 WC（1 0 0）晶面之间的对称性匹配度较高。他们进而利用对称性匹配理论，在具有 6 重旋转对称性的 Mo_2C 催化剂上成功生长了高手性选择性的碳纳米管阵列，其中（12,6）手性的碳纳米管占比高达 92%。但这类生长过程由于要求催化剂晶格与碳纳米管结构的匹配，常常带来碳纳米管失活、生长长度较短的问题。

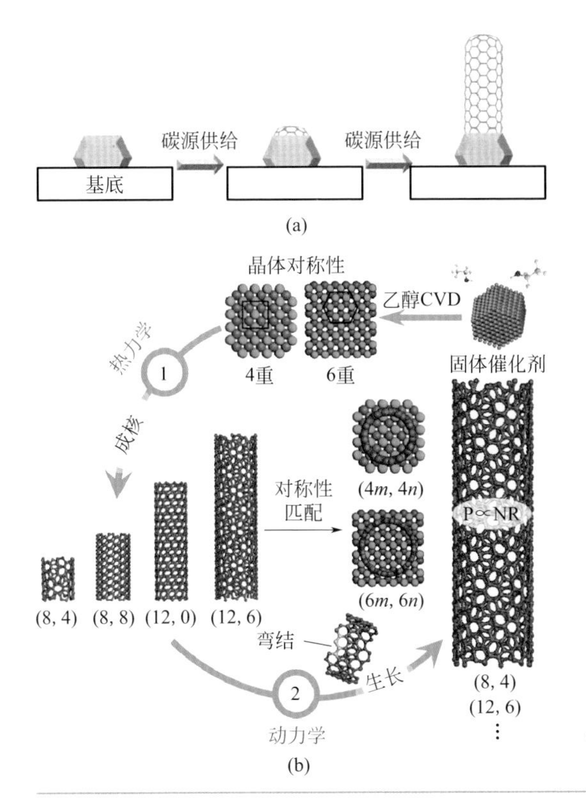

图2-2
碳纳米管的VSS生长机理
（a）VSS生长机理示意图[23]；（b）基于对称性匹配理论制备特定手性碳纳米管的示意图[30]

总而言之，碳纳米管原子层面的生长机理不但与催化剂自身性质息息相关，还在很大程度上受反应条件的影响。只有在原子层面上对碳纳米管的生长机理有所认识，才能对催化剂、基底、反应条件乃至反应器进行理性的设计，以实现高品质水平阵列碳纳米管的可控制备。

二、水平阵列碳纳米管的生长模式

一般认为，碳纳米管的生长模式可分为顶端生长（tip-growth）和底端生长（base-growth）。顶端生长模式是指在碳纳米管生长过程中，碳纳米管底端固定于基底之上，催化剂颗粒始终处于碳纳米管的顶端，从而使得新生成的碳纳米管位于顶端；底端生长模式则是指催化剂颗粒固定于基底上，碳纳米管从催化剂表面析出并向上生长（图 2-3）。形成这两种不同生长模式的原因在于，不同体系下催化剂 - 基底之间的作用力大小存在明显差别。较强的相互作用会将催化剂颗粒锚定在基底上，从而形成底端生长模式；相反，较弱的作用力无法将催化剂颗粒固定在基底表面，此时所生长的碳纳米管会将催化剂托举起来，形成顶端生长模式。

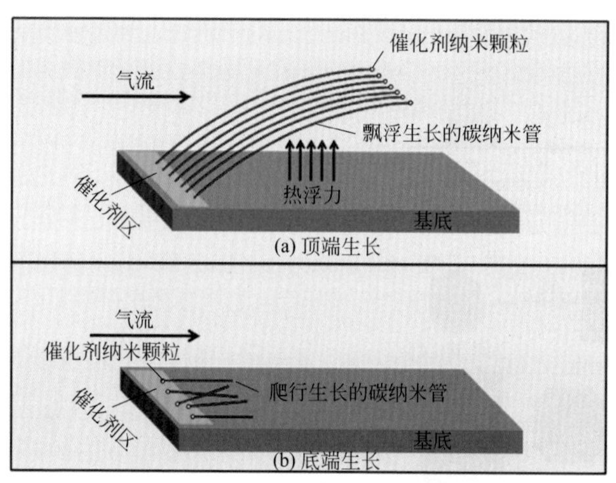

图2-3 碳纳米管顶端生长和底端生长模式对比[31]

1. 顶端生长模式

2004 年，Liu 等以气流导向的方法制备了高度取向的水平阵列碳纳米管[32]。他们发现在 CVD 生长碳纳米管阵列的过程中，碳纳米管的顶端飘浮在层流气流中，并且催化剂颗粒处于碳纳米管的顶端，形似一个“风筝”[图 2-4(a)]。因此，碳纳米管的顶端生长模式又被称为“风筝机理”。他们认为在 CVD 过程中，气相主体与基底间的温度差产生了一个竖直向上的热浮力。这种热浮力对碳纳米管起到托举作用，同时又与碳管所受重力、气流曳力、胡克弹力和范德华力相平衡，最终使得碳纳米管一端固定在基底上，而另一端稳定飘浮在气流中。随着碳纳米管的长度不断增加，碳纳米管的顶端在气流的作用下持续向前生长。他们通过原子力显微镜的表征证明了催化剂颗粒确实存在于碳纳米管的顶端［图 2-4（b）］，因而验证了碳纳米管生长遵循顶端生长模式。后续又有更多的研究表明[33-35]，水平阵列碳纳米管甚至可以跨越基底上数百微米宽的沟槽和数十微米高的障碍物生长［图 2-4（c）~（e）］，为“风筝机理”的合理性提供了更有力的证据。

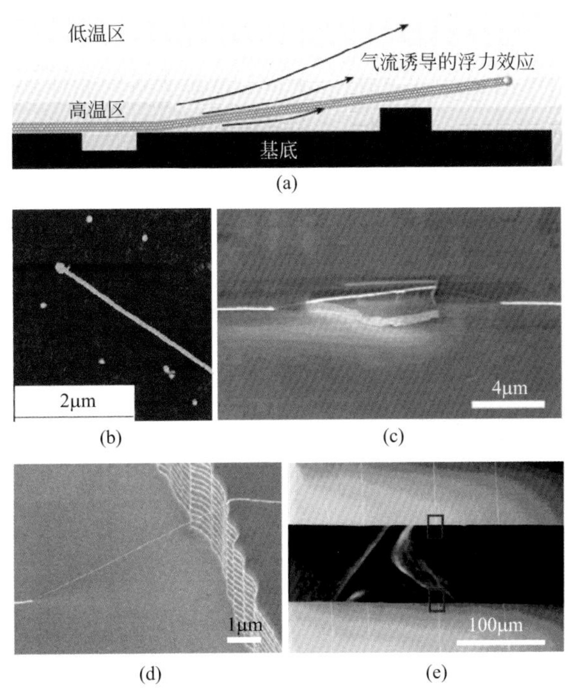

图2-4　碳纳米管的顶端生长模式

（a）“风筝机理”示意图[33]；（b）水平阵列碳纳米管及其顶部催化剂纳米颗粒的原子力显微镜照片[32]；（c）跨越微米级障碍的水平阵列单壁碳纳米管的扫描电子显微镜照片[33]；（d）跨越台阶状障碍的水平阵列单壁碳纳米管的扫描电镜照片[34]；（e）跨越沟槽的水平阵列碳纳米管的扫描电镜照片[35]

2. 底端生长模式

除顶端生长以外，还有大量研究结果从多个角度证明了底端生长模式的存在。在 2005 年，Zhou 等曾报道生长在蓝宝石 a 面上的水平阵列碳纳米管自发取向的现象，且生长方向垂直于［0001］晶向［图 2-5（a）和（b）］[36]。此种自动取向的机制在于碳纳米管与蓝宝石基底间较强的相互作用，也表明此时的碳纳米管生长极有可能是底端生长为主导。Takahashi 等则报道了在蓝宝石基底上使

用 $^{13}C/^{12}C$ 同位素标记的碳纳米管生长［图 2-5（c）和（d）］[37]。他们先以 $^{13}CH_4$ 作为碳源生长碳纳米管，随后切换为 $^{12}CH_4$，并由拉曼光谱表征了水平阵列碳纳米管的 G 带沿碳纳米管轴向的分布。结果显示，碳纳米管阵列中靠近催化剂区的一端具有更高的 G 带波数，表明此段是由 $^{12}CH_4$ 生长而来的碳纳米管，从而为底端生长机理提供了有力的证据。Robinson 等则通过 Si/SiO_2 基底上铁催化剂的重新活化以及碳纳米管的重新生长来辨识碳纳米管的生长模式［图 2-5（e）］[38]。他们把第一次生长在 Si/SiO_2 基底上的碳纳米管作为参考，随后将基底上的铁纳米颗粒催化剂重新活化并再次生长出碳纳米管，这一方法直接证明了底端生长模式。O’Brien 经过研究发现，并非只有顶端生长的水平阵列碳纳米管能够跨越基底上的障碍和沟槽[35]。他们仔细观察了跨越沟槽生长的碳纳米管的顶端，然而并未发现催化剂颗粒。他们据此推断，遵循底端生长的碳纳米管在生长过程中也有可能呈一端飘浮的状态。

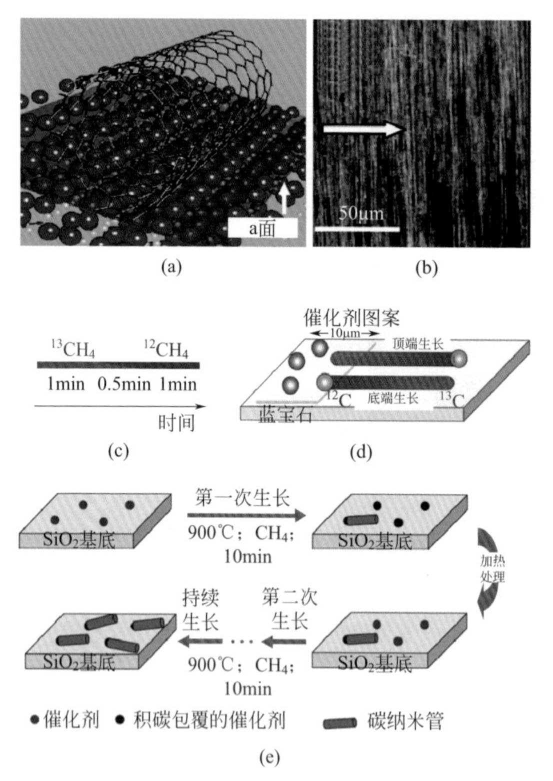

图2-5 碳纳米管的底端生长模式

（a）碳纳米管在蓝宝石a面上自发取向的示意图；（b）蓝宝石a面上生长的水平阵列碳纳米管的扫描电镜照片[36]；（c）$^{13}C/^{12}C$ 同位素标记的通入时机；（d）同位素标记条件下顶端生长和底端生长模式分别对应的生长结果[37]；（e）铁纳米颗粒催化剂在空气中的重新活化和多次生长过程示意图[38]

需要注意的是，水平阵列碳纳米管所属的生长模式并不是非此即彼，在很多情况下顶端生长和底端生长模式同时存在。何种生长模式占主导取决于具体实验条件。比如，已有大量的实验研究表明，在石英基底上生长的水平阵列碳纳米管通常遵循底端生长模式，而在硅片基底上则通常遵循顶端生长模式，这可能与基板 - 碳纳米管的作用强弱有很大关系。不同的生长模式也会使得所生长的碳纳米管在长度、缺陷浓度、生长速度等方面存在差异。一般而言，顶端生长模式更有利于高速生长具有宏观长度、完美结构的水平阵列碳纳米管，这是因为顶端生长的碳纳米管由于生长位点所受到的作用力弱，可以较大程度地摆脱基底和其他碳纳米管对生长的干扰。相比之下，底端生长模式虽然在长度、生长速度、结构完美性等方面存在一定劣势，但更有利于在基底上生长较高密度的碳纳米管阵列。

三、水平阵列碳纳米管的Schulz-Flory 分布生长理论

前面从原子层面上解释了碳纳米管的生长机理和生长模式，但无法完全解释整个碳纳米管阵列的生长行为。仅凭以上的理论，依然存在诸多科学问题难以解答。比如，为何水平阵列碳纳米管的密度过低？为何水平阵列碳纳米管的数量密度会沿轴向急剧下降？如何才能生长出宏观长度、结构完美的碳纳米管？基于多年的研究基础，我们提出了水平阵列碳纳米管的 Schulz-Flory 分布生长理论来解释以上问题 [39]。

1. Schulz-Flory 分布生长理论的推导

Schulz-Flory 分布最早是用来描述聚合反应产物中线型分子的分子量分布的一种概率分布 [40]。如果定义聚合物链上增加一个单体的概率为 p，则链终止的概率为（$1-p$），进而可知具有 x 个链节的聚合物分子所占摩尔分数 P_x 可用式（2-1）表示。

$$P_x = p^{x-1}(1-p) \tag{2-1}$$

此式即为 Schulz-Flory 分布的数学表达式。从这一表达式可以看出，链长较长的分子所占摩尔分数较低；而当 p 增加时，可以有效地提高链长较长的分子所占比例。Schulz-Flory 分布理论已经广泛应用于描述各种线型聚合物的聚合反应过程和产物分布 [41]，并且也适用于碳纤维的制备过程 [42]。

根据之前介绍的螺旋位错理论 [20]，碳纳米管可视为一种一维螺旋状的线型分子。在碳纳米管生长过程中，碳原子以碳原子对的形式增加到螺旋生长的碳原子链上 [21]，从而形成一种由碳原子构成的螺旋线型聚合物［图 2-6（a）］。对于水平阵列碳纳米管而言，可以认为所处反应气氛中的碳源分子都具有相同的活

性，也具有相同的反应概率。我们在实验中还发现水平阵列碳纳米管以恒定速率生长［图 2-6（b）］[43]，这一现象在其他课题组的工作中也有所报道[21]，从而充分说明生长过程受动力学控制。此外，由顶端生长的基本模式出发，可以确定碳纳米管在生长过程中并不产生新的成核位点。综合以上几点，可以认为碳纳米管的生长完全符合 Schulz-Flory 分布理论的前提条件：各碳源分子的活性相等、生长（聚合）过程受动力学控制和生长环境稳定。因此，Schulz-Flory 分布生长理论可以合理描述水平阵列碳纳米管的生长行为。

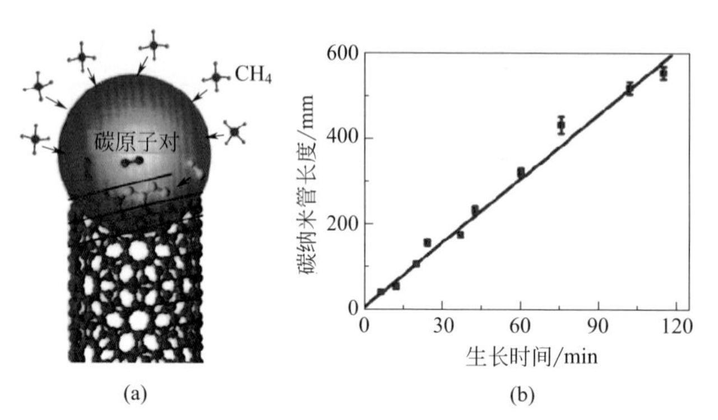

图2-6 （a）基于螺旋位错理论的碳纳米管生长过程示意图；（b）水平阵列碳纳米管长度与生长时间的关系[39]

根据 Schulz-Flory 分布理论，聚合物链上增加一个单体的概率 p 是决定产物分布的最关键的因素。类比到碳纳米管的生长过程，也可以将碳纳米管上增加一个碳原子对的概率定义为 p。然而由于实验技术限制，这一数据是难以准确获得的。此外，碳纳米管可以看作是由数百万乃至数亿碳原子对所自组装形成的集合体，使用基于单个碳原子对的统计方法来描述碳纳米管的生长行为以及阵列的数量分布是不太合适的。因此，需要定义一个更为合理且易于获得的参数来描述水平阵列碳纳米管的生长过程。

在碳纳米管生长过程中，温度[43]、碳源[44]、催化剂种类和组成[45]、基底种类[46]、氢气和碳源的比例[47]、添加剂[43]、气速[48]等因素都会对碳纳米管的生长行为产生显著的影响，但碳纳米管能否持续生长则主要取决于催化剂能否保持活性以及碳源供应是否充足。通常情况下，后者的条件都可以得到满足，因此真正的决定性因素在于催化剂的活性。以上诸多影响因素，从本质上而言都可归纳到对催化剂活性的影响。所以对于水平阵列碳纳米管的生长过程，在碳源供应充足的前提下只需考虑催化剂活性在生长过程中的变化即可。水平阵列碳纳米管的生长过程中，催化剂的状态只有两种：保持活性和失活。碳纳米管每增加一个单位长度（如 1mm）时，催化剂保持活性不变的概率是一定值，我们将其定义为催化剂活性概率 α。反之，催化剂失活概率即为（$1-\alpha$）（图 2-7）。根据 Schulz-Flory 分布理论，同一批水平阵列碳纳米管中，长度为 L 的碳纳米管所占比例为 $P_L=\alpha^{(L-1)}(1-\alpha)$。如果将水平阵列碳纳米管起始处的密度设为 1，则在长度为 L 处的碳纳米管数量密度为 $d_L=\alpha^{(L-1)}$。

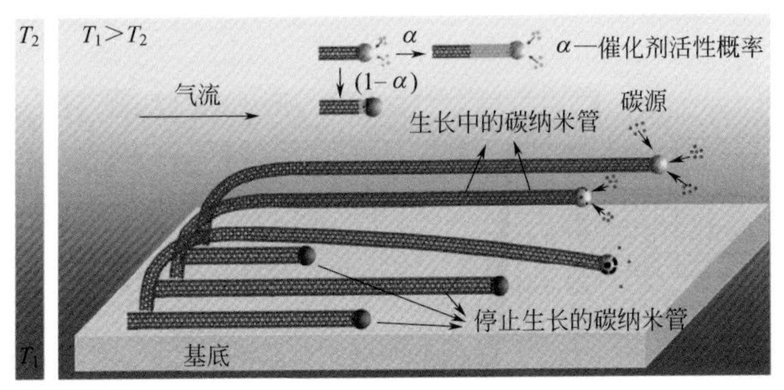

图2-7 水平阵列碳纳米管生长过程中催化剂的等概率失活示意图[39]

2. Schulz-Flory 分布生长理论的相关结论

在水平阵列碳纳米管的 Schulz-Flory 分布生长理论中，催化剂活性概率是反映生长行为和数量分布的核心与关键。从以上介绍的公式中可知，较低的催化剂活性概率会导致碳纳米管终止生长的概率增大，长碳纳米管所占比例减小［图 2-8（a）和（b）］。反之，如果可以达到较高的催化剂活性概率，就可提高长碳纳米管所占比例，继而说明此种条件下碳纳米管能以较大的概率维持稳定的长时间生长，以达到较长的长度。该理论的另一衍生结论是，对于特定长度的碳纳米管，其所占比例对于催化剂活性概率存在一个峰值，即随着活性概率的增加而呈现出先增大后减小的趋势，所以可以通过调控催化剂活性概率来实现某种长度的碳纳米管的富集。另外，水平阵列碳纳米管的 Schulz-Flory 分布生长理论中还表明，由于催化剂活性概率在技术上不可能达到 100%，所以碳纳米管不可能无限制地生长下去，即碳纳米管因催化剂失活而停止生长是必然的，并且数量密度随长度增加呈指数衰减趋势。即使催化剂活性概率达到 99% 以上，长度在 50 个单位长度（如 50mm）以上的碳纳米管所占比例也不足 1%。催化剂的活性概率越低，则衰减趋势越明显。实验结果显示，在 Si/SiO_2 基底上生长的碳纳米管水平阵列密度随轴向长度增加而不断降低［图 2-8（c）］，并且所得数量分布与 Schulz-Flory 分布生长理论所描述的分布状况高度吻合［图 2-8（d）和（f）］，因而印证了该理论的合理性。

Schulz-Flory 分布生长理论揭示了水平阵列碳纳米管停止生长以及数量密

度随长度增加而急剧下降的机制，并指出催化剂活性概率是控制水平阵列碳纳米管生长和数量分布的决定性要素。因此，提高催化剂活性概率是制备宏观长度、密度较高的水平阵列碳纳米管的唯一途径，这意味着要尽可能维持催化剂在一定生长条件下的活性，提高催化剂的寿命。为达到这一目的，可以从多个方面对生长条件进行调控，比如保持碳纳米管生长过程中温度、气速的稳定和均一分布、通入弱氧化性的助长剂以消除催化剂表面的积碳、严格控制碳源纯度等。

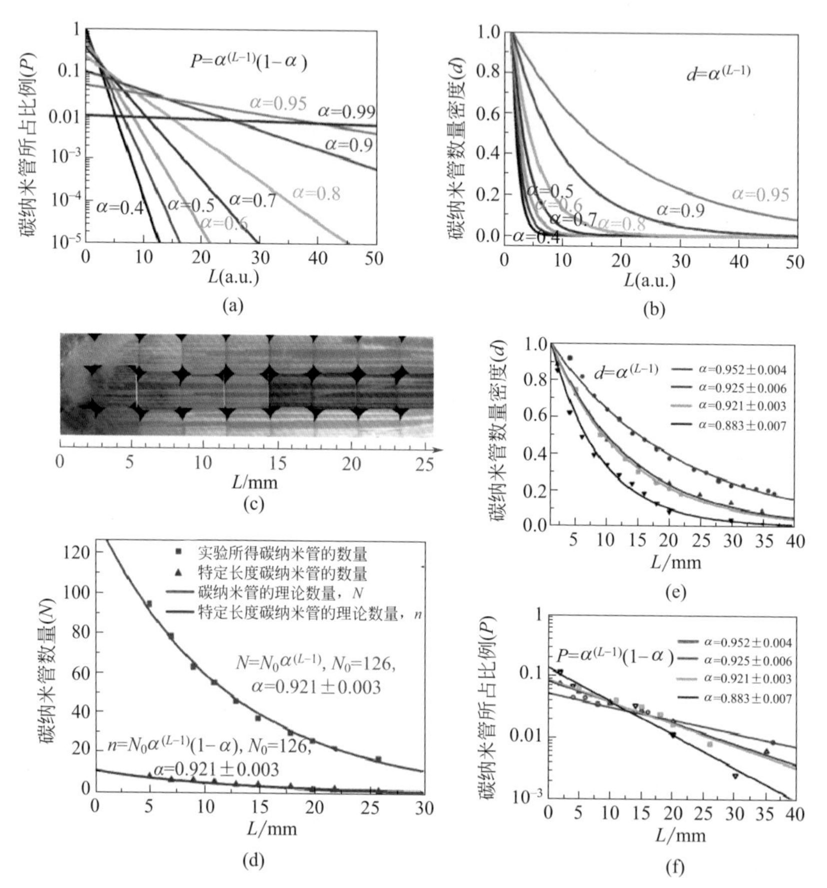

图2-8　Schulz-Flory分布生长理论所得的理论数量密度分布和实际水平阵列碳纳米管数量密度分布[39]

（a）不同催化剂活性概率下水平阵列碳纳米管理论所占比例；（b）不同催化剂活性概率下水平阵列碳纳米管理论数量密度；（c）典型水平阵列碳纳米管的扫描电镜照片；（d）碳纳米管实际数量随轴向长度的分布；（e）碳纳米管实际数量密度随轴向长度的分布及其催化剂活性概率；（f）实验中各长度的碳纳米管所占比例及其催化剂活性概率

Schulz-Flory 分布生长理论明确指出，无论催化剂活性概率有多高，依然仅有极小比例的碳纳米管可以生长到较长的长度。此时若要提高同一批次中长碳纳米管的绝对数量，可以从提高水平阵列碳纳米管的起始数量 N_0 入手。为达到这一目的，则需采取一定措施来提高催化剂的分散度、改善水平阵列碳纳米管飘浮生长条件等。Schulz-Flory 分布生长理论也可在一定程度上反映生长条件对碳纳米管结构的影响。此理论指出，较低的催化剂活性概率表明催化剂在该生长条件下活性低、寿命短，换言之，此时的生长条件不利于水平阵列碳纳米管的稳定生长。在这样的条件下，碳纳米管中产生缺陷的概率也会增加，继而导致碳纳米管结构的不完美性。相反，当催化剂活性概率较高时，碳纳米管可以保持稳态快速生长，适宜的生长条件也可在一定程度上减少缺陷的产生。

四、碳纳米管克隆生长机理

水平阵列碳纳米管的手性选择性和手性一致性对于微、纳米电子器件的应用而言十分关键。然而，特定手性碳纳米管的制备却依然是一个很大的挑战。研究者曾从催化剂、碳源、生长条件等方面入手，试图精准调控水平阵列碳纳米管的手性，但往往所得碳纳米管的手性分布较宽，因而难以满足相关应用需求。

在此背景下，Liu 等借用生物中克隆的概念，提出了一种碳纳米管克隆生长的机理，以实现对水平阵列碳纳米管手性的调控［图 2-9（a）～（c）］[49]。在碳纳米管克隆生长机理中，事先完成生长的碳纳米管同时起到种子和催化剂的作用。一方面，它们的开口端无需金属催化剂就可以作为成核位点，使得碳原子能够自发地在开口端自组装形成碳纳米管。另一方面，以事先生长的碳纳米管为模板，随后在其开口端上组装而成的与原先的碳纳米管具有相同的手性。因此，新长出的碳纳米管就可看作是原先的碳纳米管的“复制品”，如同克隆一般具有相同的结构，也自然具有相同的手性。若采用这样的制备策略，就无需统一批次中所有水平阵列碳纳米管具有高度一致的手性，而只需将具有特定手性的碳纳米管分拣并克隆生长，就能得到大量相同手性的复制品。

他们所采用的具体方法是，先使用金属催化剂在 Si/SiO_2 或石英基底上生长水平阵列碳纳米管［图 2-9（a）、（d）、（e）］。而后用电子束曝光技术和氧等离子体处理方法将碳纳米管切割成多段，并在每小段的两端形成开口端［图 2-9（b）、（f）、（g）］。最后，经 Ar/H_2 处理后的碳纳米管种子再次经历 CVD 生长，在两端长出新的碳纳米管［图 2-9（c）、（h）、（i）］。

Liu 等进而对克隆生长的机理进行了更深层次的探究。经过严格的表征证明，碳纳米管种子开口端并无残留的金属催化剂和其他杂质，所以新碳纳米管的生长是非催化生长过程。他们推测，高温下分解后的碳源形成 C_x（主要为 C_2 和 C_3）自由基，并直接与碳纳米管种子的开口端相结合，从而长出新碳纳米管。量子化学计算也指出这一过程不存在能垒，因而很可能是一个自发的、非催化的生长过程。

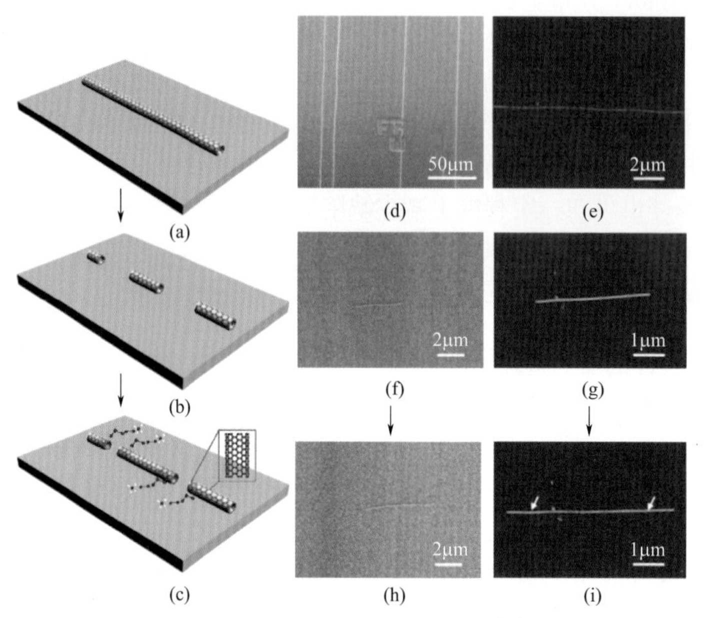

图2-9　碳纳米管克隆生长示意图及其生长结果[49]

（a）所制备的水平阵列碳纳米管；（b）两端开口的碳纳米管种子；（c）从各管段（种子）上克隆生长得到的新碳纳米管；（d）（e）所制备的水平阵列碳纳米管的扫描电镜照片和原子力显微镜照片；（f）（g）碳纳米管种子的扫描电镜照片和原子力显微镜照片；（h）（i）克隆生长得到的新碳纳米管的扫描电镜照片和原子力显微镜照片

在此工作的基础上，Liu 等继续研究了以半个富勒烯分子作为种子的克隆生长［图 2-10（a）］[50]。后来，又有课题组将克隆生长技术与特定手性碳纳米管的分离技术相结合，成功以高纯度的（7,6）、（6,5）、（7,7）手性碳纳米管作为克隆生长的种子，并采用气相外延法生长出了相应的克隆碳纳米管阵列［图 2-10（b）］[51]。然而，目前克隆生长碳纳米管所面临的最大的挑战在于产率过低。在 Liu 等最初提出克隆生长策略的工作中，Si/SiO_2 基底上仅有 9% 的碳纳米管管段可以实现再次生长，而在石英基底上，这一效率也仅为 40%。由于作为种子的水平阵列碳纳米管自身就难以大批量生产，再加之较低的克隆生长效率和较为苛刻的处理条件，所以目前此种技术还无法用来实现特定手性碳纳米管的高效制备。因此，碳纳米管克隆生长的广泛应用还有待于相关的基础科学探究和技术突破。

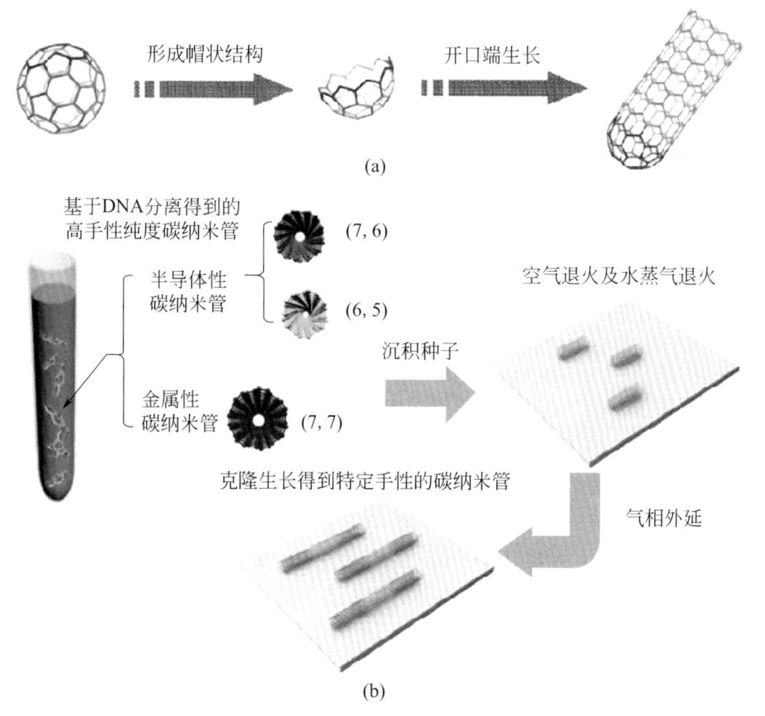

图2-10　基于富勒烯和特定手性碳纳米管的克隆生长

（a）以富勒烯分子为种子克隆生长碳纳米管的示意图[50]；（b）利用气相外延法克隆生长特定手性碳纳米管的示意图[51]

第二节
水平阵列碳纳米管的结构控制

一、水平阵列手性碳纳米管自催化生长与定向进化方法

碳纳米管的生长是个自催化生长过程，即生成的碳纳米管同时也会作为催化剂，进一步催化后续碳纳米管的生长。同时丁峰等提出的碳纳米管的螺旋生长模式[52]也被广泛证明，许多实验证据显示不对称的手性碳纳米管会在生长一段时间后表现出定向进化的特征。这类自催化、非对称催化生长、螺旋生长与进化带来的碳纳米管手性的选择性均是在碳纳米管生长过程中自发实现的，因而使我们

有理由更进一步思考碳纳米管的生长过程是个类生物进化的过程。生态系统是一个由物质与能量相互作用形成的有机整体，与一般物质系统不同，由于具有远离热力学平衡的发达组织和结构，这个系统是一个从环境逐渐走向复杂、有序并可以进化的系统[53]。这使得系统内的物质在进化和演变的进程中，能够有方向性地逐步改变以便增加反馈和自催化[54]。其中，生命物质可以实现长程稳定的不对称自催化，即从分子到器官的各个层次进行自我复制，并且在繁殖的过程中生成的手性产物也作为该反应的催化剂，从而使得单一手性对映体能够在与环境的非线性响应进化过程中被系统选择[55]。同型的手性是生命物质赖以起源与存在的分子基础，如果手性混乱，生命的高度有序性将不可保障，生命物质将没有或仅有很低的生物功能，无法形成真正意义上的生命。然而，当今世界，人类对于物质结构的操纵能力达到了前所未有的高度，新材料制备方法层出不穷，从而使得人类能够精确控制物质的纳米结构甚至单个原子。材料的革新技术将对生物、能源、信息、环境等领域的技术进步和产业发展发挥举足轻重的关键作用。但是传统开发新材料的过程，多采用试错法，实验步骤繁琐、研发周期长，难以满足产业驱动的新技术高速更新迭代的需求。近年来，随着国际上对新物质研发的关注和投入不断提高，人们正尝试采用更科学的方法来替代耗费资源的试错法，并逐步发展形成自上而下的“理性设计”和自下而上的“定向演化”两条技术路线（图 2-11）。

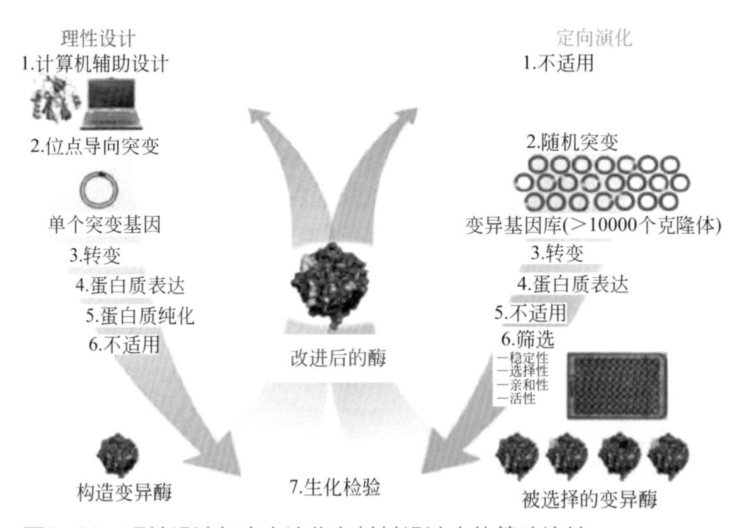

图2-11　理性设计与定向演化在材料设计中的策略比较

1. 理性设计与定向进化比较

理性设计策略是指将所有的实验数据和计算模拟数据整合起来，形成具有一定数量的数据库。在数据库中，根据材料的某些属性建立机器学习模型，便可快速对材料的性能进行预测，甚至是自上而下的理性设计新材料[56]。然而，在这一领域中，最大的困难是标记材料基因片段的因子种类繁杂，如原子在元素周期表中的位置、电负性、摩尔体积等。即使数据库的容量不断扩增，也无法涵盖全部材料的构效关系，难以精确地建立材料结构与功能之间的关系。比较而言，定向演化策略具有更高的设计效率[57]，这其中最核心的思想是利用生物界在动态生长迭代过程中的自发熵减及进化收敛性的反热力学第二定律特征。在这一思路下，研究者不需要针对材料的工作机理和构效关系做出假设，而是利用生物进化的原理，经过多轮筛选，从突变文库中选择出具有所需特性的材料。与理性设计策略相类似，定向演化在实施前同样需要建立一个由随机试验产生的庞大数据库。具体地，对于氨基酸而言，首先构建基因片段随机变异的突变文库，然后让不同结构的氨基酸表达出蛋白质，并针对蛋白质的特定功能对其进行筛选，从而获得符合要求的突变体进入下一轮。通常，这些突变体带有能表达出具有所需特性蛋白质的突变基因。之后，在所获得的突变体基础上进行进一步突变，构建新的突变文库，再进行下一轮筛选。这样，经过多轮选择或筛选的过程，就有可能得到设计者所期望的最终产物。近年来，科学家成功运用定向演化技术设计出具有不同活性和抗性的酶[58,59]，从而满足不同极端条件下的工业应用。此外，还将其扩展到农作物育种领域，结合基因编辑技术提高或改变农作物的除草剂抗性、光合作用、生物性与非生物性压力抗性[60]。可见，定向演化技术具有很强的应用潜力，可以开发新型的生命物质用于化学合成工业，从而合成出单纯使用化学合成方法难以经济性地实现其合成的产物。

2. 碳纳米管的定向进化

然而，当前通过定向演化技术实现材料性能的调控与构建仍停留在作为生命体核心的氨基酸分子水平。直接在控制其遗传信息的链式原子骨架水平上实现手性结构和性能的精准调控是一项更为高效却艰巨的挑战。对于非生命体甚至是无机物的碳，是否也存在类似的自催化、螺旋生长及进化过程呢？目前为止，虽然人们认识到了大量的碳自催化过程及非对称自催化行为、手性生长特征，但关于这类非生命体的进化生长则还很少涉及。碳是构成生命的基础元素，最简单的碳原子链式组合便是碳纳米管。精准调控碳纳米管的手性不仅有利于发挥其本征优异的光、电、力和热学性能，对于生命信息碳骨架的解构与认知更有极大的推动作用。如果将碳纳米管的手性视为生命体的性状，那么决定其准确表达的遗传信息在于催化剂与碳纳米管种子接触界面的 sp^2 碳边缘排列状态[61]。如果将采用界面匹配实现手性碳纳米管选择性制备比作理性设计策略，那么便要求催化剂具有多重对称的晶面结构以及合适的碳纳米管 - 催化剂界面能[30,62]，然而这部分信息与手性之间对应关系的缺失给这种自上而下的调控方式带来了难题。另外，实际表达出的手性性状在后续动力学生长过程中也难以做到持续稳定并且完美地组装[63]，这给宏量制备碳纳米管并展现其理论上的优异性能带来了巨大挑战。而对于液相催化剂，由于在高温反应阶段，催化剂处于熔融态，没有确定的晶面和形态，难以实现特定手性碳纳米管的可控制备，因此每种手性碳纳米管在液相催化剂表面成核的概率是相当的，这为采用定向演化法实现碳纳米管的选择性制备提供了庞大的等概率种群变异数据库。每一根手性不同的碳纳米管在催化剂作用下进行碳原子对的组装和伸长生长，每一次碳原子对组装后都会产生新一代碳纳米管。这一代碳纳米管所具有的活性将成为新的筛选因子，决定能否继续实现下一次碳原子对的组装和迭代生长。如此循环往复，形成了类似自然选择的有效机制。我们认为，最终获得的超长碳纳米管会表现出集群效应，展现相近的结构属性和性能特征，由此建立基于液相催化剂的定向演化选择机制。这种策略为不确定催化剂与碳纳米管界面信息的体系以及结构更为复杂的多壁碳纳米管，提供了一种有效的筛选和自发分离机制。

二、高纯度碳纳米管的自纯化生长调控

1. 超长碳纳米管结构随长度的变化

具有完美结构的超长碳纳米管在电子器件应用中可以避免由于原子结构缺陷带来的载流子散射，因而更容易实现弹道输运，发挥超长碳纳米管在电学方面的本征优异性能[64]。然而，在同一批次的水平超长碳纳米管阵列中，长度超过分米级的碳纳米管产量是极其稀少的。这是由于制备结构完美的超长碳纳米管是一个巨大的熵减过程，在一般的制备过程中很难实现。特别是超长碳纳米管的数量会随着长度的变化符合指数衰减的 Schulz-Flory 分布[39]，也从侧面进一步说明这种熵减过程的困难。对于超长碳纳米管个体生长而言，每增加一对碳原子对后，碳纳米管能否继续保持稳定生长状态的概率是相等的。但对于碳纳米管阵列而言，不同生长条件下制备的碳纳米管具有不同的催化剂活性概率（用于描述当碳纳米管增加一个单位长度后催化剂仍能保持足够的活性来维持碳纳米管稳定生长的概率）。对于任意催化剂活性概率，超长碳纳米管的数量都会随着长度增加而呈现指数衰减的规律。催化剂活性概率越低，意味着长碳纳米管的比例越低。另外，液相催化剂与手性碳纳米管的界面之间具有随机匹配性，这使得直接从催化剂设计层面优化碳纳米管选择性变得更加困难。因此，要想直接控制产量已经较低的超长碳纳米管的选择性对于碳纳米管的原位生长而言是一项艰巨的挑战。在过去的研究中，笔者课题组发现超长碳纳米管在从催化剂区初始生长出来的时候尽管数量相对较多，但并不具有选择性。然而，当碳纳米管的长度超过 30mm

后，却展现了近 93% 的半导体性碳纳米管选择性[65]。受限于超长碳纳米管制备和表征的苛刻条件，至今还并没有针对碳纳米管长度与其结构之间依赖或变化关系的研究。

我们首先按照超长碳纳米管生长的最优条件在刻有狭缝和数字标记的硅片上制备了四批次超长水平碳纳米管阵列，并对不同狭缝处的碳纳米管进行微区拉曼表征，以探究超长碳纳米管的结构随长度的变化规律。为了区分不同批次超长碳纳米管数量随长度的衰变情况，我们采用 $N=N_0e^{-\Gamma L}$ 进行描述，其中 Γ 表示衰变系数，用以描述碳纳米管数量随长度衰变的速率，衰变系数越低，代表碳纳米管的数量随长度衰变越慢，相应地，长碳纳米管的产量也越高。如图 2-12 为衰变系数 0.00721 的超长碳纳米管拉曼光谱集群随长度的变化关系。可以看出，随着碳纳米管长度的增加，能检测到的碳纳米管数量在逐渐减少，这和预想的指数衰减规律是一致的。另外，对于长度较短的碳纳米管（小于 10mm），我们检测到的金属性碳纳米管含量有 9.09%［拉曼光谱中 G 峰为 BWF（Breit-Wigner-Fano）峰形］，而带有原子结构缺陷的碳纳米管含量为 2.53%。可见，碳纳米管在长度较短的时候，有较高比例的金属性和有缺陷的碳纳米管。我们猜测，这些碳纳米管大致位于催化剂区，刚生长出的碳纳米管数量较多，并且在飘浮的初始阶段会受到碳纳米管间范德华力和相互搭接的影响，同时部分结焦失活的催化剂原子岛也会阻碍碳纳米管的原子组装及飘浮生长，导致部分碳纳米管在早期生长阶段出现较多结构缺陷。实际上，长度小于 10mm 的碳纳米管阵列中有结构缺陷的碳纳米管含量应当比 2.53% 更高，因为我们检测的仅仅是在 10mm 处的碳纳米管拉曼光谱，不排除有些碳纳米管已经在这长度之前停止生长。但考虑到与其作为比较的均是不同长度位置的碳纳米管拉曼光谱，所以具有一定的可比性和参照性。Esko 等对浮游生长的单壁碳纳米管进行过深入的手性分布统计，他们发现，在初期生长较短的碳纳米管时，其手性分布是等概率的，也就是说，金属性与半导体性碳纳米管的比例是 1∶2 的关系。我们有理由相信，对于 VLS 生长机制下的碳纳米管，在生长初期，金属性与半导体性碳纳米管也不具选择性。同时，我们发现，这些金属性碳纳米管和有结构缺陷的碳纳米管含量随着碳纳米管长度增加在逐渐减少。当碳纳米管长度达到 40mm 时，有缺陷的碳纳米管衰变殆尽，在碳纳米管长度达到 50mm 时，金属性碳纳米管也不复存在。这种缺陷碳纳米管、金属管及半导体管的比例变化是在生长过程中随着长长表现出来的选择性，十分像生物进化过程中的行为，但更进一步的机理尚需今后深入分析。

类似地，我们在其他衰变系数的碳纳米管阵列中也发现相同的规律。如图 2-13 所示，衰变系数为 0.0130 的碳纳米管阵列在长度为 20mm 处金属性碳纳米管含量为 6.88%，有缺陷的碳纳米管含量为 0.63%。衰变系数为 0.0234 的碳纳米管阵列在长度为 20mm 处金属性碳纳米管含量为 5.88%，有缺陷碳纳米管含量

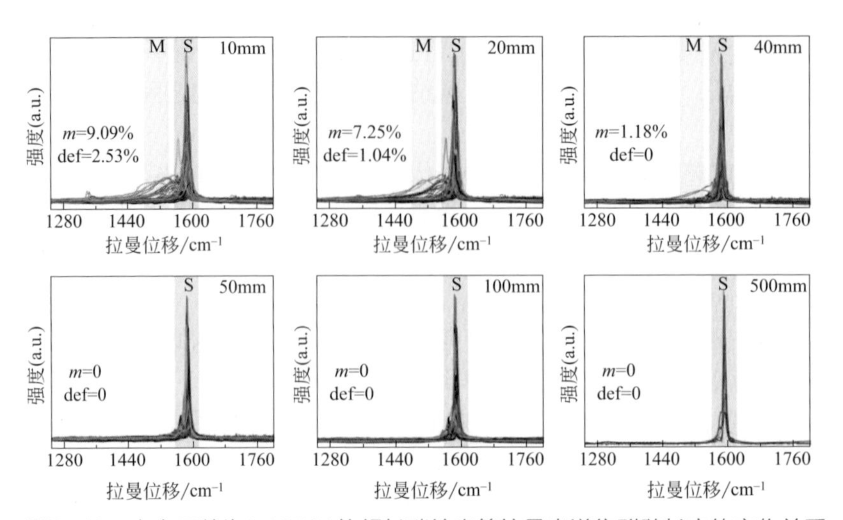

图2-12　衰变系数为0.00721的超长碳纳米管拉曼光谱集群随长度的变化关系

m—金属性碳纳米管含量，%；def—有缺陷的碳纳米管含量，%；M—金属性碳纳米管；S—半导体性碳纳米管

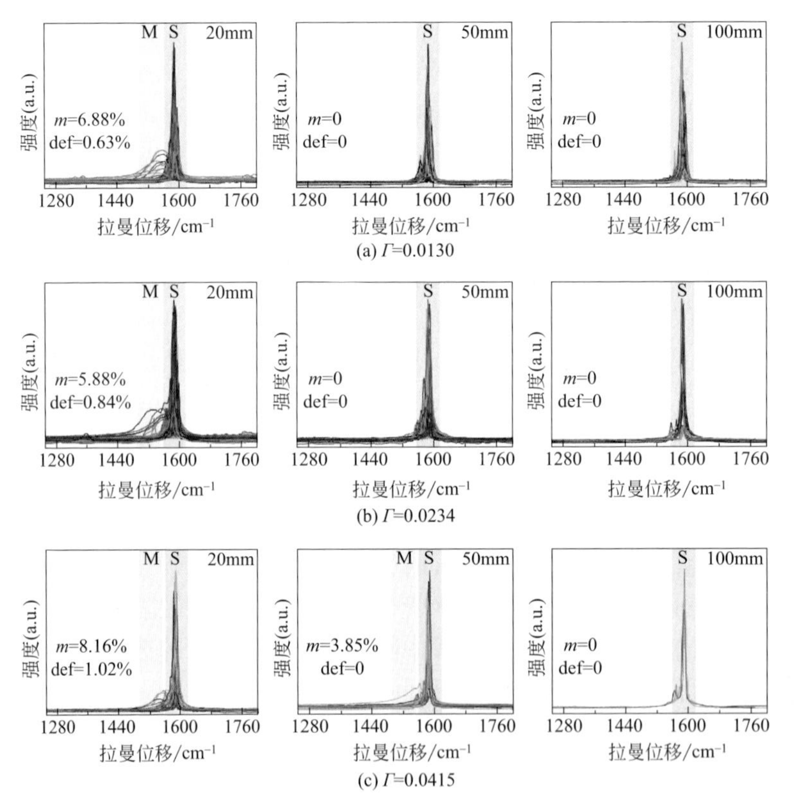

图2-13　不同衰变系数的超长碳纳米管拉曼光谱随长度的变化关系

m—金属性碳纳米管含量，%；def—有缺陷的碳纳米管含量，%；M—金属性碳纳米管；S—半导体性碳纳米管

为 0.84%。这两批碳纳米管阵列在长度达到 50mm 处金属性和有缺陷的碳纳米管均衰变殆尽，展现了完美结构和纯半导体性。而衰变系数为 0.0415 的碳纳米管阵列在长度为 20mm 处的金属性碳纳米管含量为 8.16%，有缺陷的碳纳米管含量为 1.02%，在 50mm 处金属性碳纳米管含量下降至 3.85%，且碳纳米管均具有完美结构。由此说明，不论对于哪一衰变系数的碳纳米管阵列，有缺陷的碳纳米管均在长度达到 50mm 前衰变殆尽。这是由于进入超长生长区域的碳纳米管密度较低、碳纳米管之间的距离较大，每一根碳纳米管都可以独立自由生长而不受到催化剂原子岛或其他碳纳米管的干扰。另外，不同衰变系数的碳纳米管阵列即使在长度较短的位置（小于 20mm），有结构缺陷的碳纳米管含量最高也仅有 1.02%。说明经过优化后的生长条件可以实现较高的催化剂活性概率，所制备的超长碳纳米管多数展现出本征的完美结构。

2. 金属性与半导体性碳纳米管半衰期差异

在碳纳米管长度增长的过程中，除了有缺陷的碳纳米管含量在不断衰减，金属性碳纳米管的比例也在不断降低，而且二者几乎同步衰减。在碳纳米管长度超过 50mm 后，除了衰变系数为 0.0415 的碳纳米管阵列外，其他碳纳米管阵列的金属性碳纳米管和有缺陷的碳纳米管均衰减殆尽。这也说明，碳纳米管结构的改变，包括金属性碳纳米管和有缺陷的碳纳米管的含量变化与所采用的生长条件有关。衰变系数较大意味着催化剂活性概率较低，所制备的金属性和有缺陷的碳纳米管比例也较高。为了更直观地体现不同衰减系数下金属性和半导体性碳纳米管的数量随长度变化关系，我们统计了碳纳米管、金属性碳纳米管与半导体性碳纳米管的数量随长度的变化。对应于上述四种衰变系数（0.00721、0.0130、0.0234、0.0415）的碳纳米管阵列，碳纳米管的数量随长度的变化均满足指数衰减的 Schulz-Flory 分布规律，这类似于原子核衰变。衰变是微观世界里的粒子行为，而微观世界的规律之一是单个微观事件无法预测，即对于一个特定原子或生长的碳纳米管而言，只知道衰变概率，无法确定何时衰变，需要借助量子理论对大量原子核或生长的碳纳米管做出行为预测。对于每一根碳纳米管来说，增加一对碳原子后碳纳米管的生长或死亡是等概率，无法预测的。可以通过理论或经验模型的构建判断影响其死亡的因素，从而方便人为地从外界进行调控。但对于数量巨大的碳纳米管群体，则会满足量子统计规律，从而方便对碳纳米管阵列群体的行为做出预测。单根碳纳米管的催化剂表面活性位数量会随着碳纳米管长度增加逐渐衰减直至碳纳米管死亡。从阵列群体看，随着碳纳米管长度不断增加，其数量将按指数衰减规律逐渐减少。在原子物理学中，引入半衰期这一概念来描述当原子核质量下降到一半时所需的时间。类似地，借鉴半衰期的概念，我们定义碳纳米管数量下降到一半时的碳纳米管长度为超长水平碳纳米管阵列的半衰期长度。对于衰变系数较小的碳纳米管阵列，其半衰期长度较大，反映出碳纳米管的衰变速度较低。从统计数据可得，衰变系数为 0.00721 的碳纳米管阵列半衰期长度可以达到 96.1mm，说明在这一生长条件下具有较高的长碳纳米管产量。

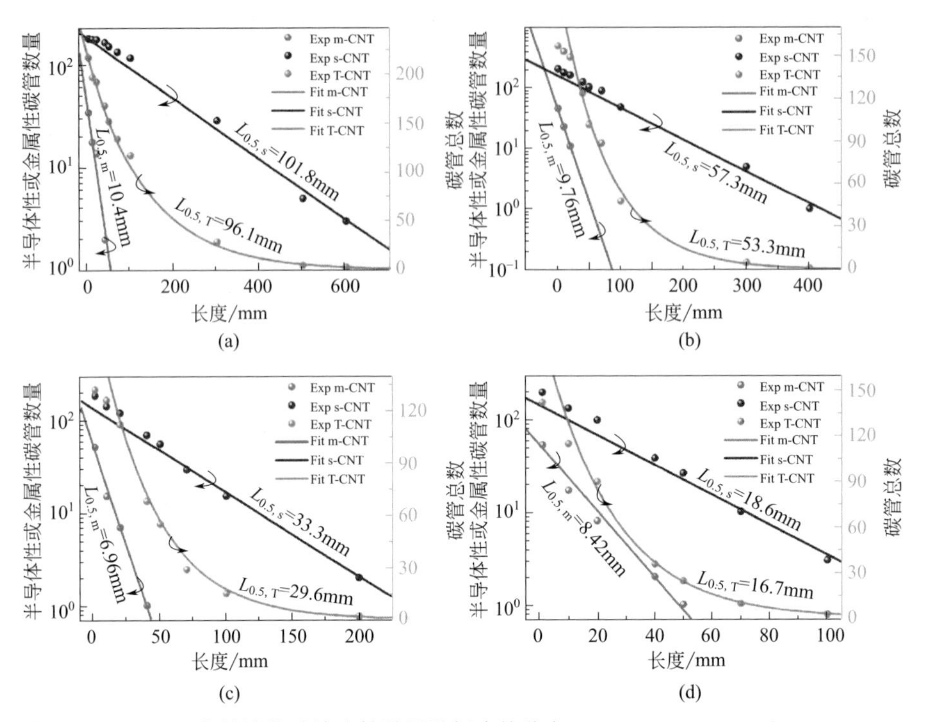

图2-14 不同导电特性的碳纳米管数量随长度的分布

（a）~（d）衰变系数分别为0.00721、0.0130、0.0234、0.0415的碳纳米管数量衰变变化关系

Exp—实验值；Fit—拟合值；m—金属性碳纳米管；s—半导体性碳纳米管；T—碳纳米管总体

进一步地，借助于表征手段的发展，可以通过拉曼光谱对金属性和半导体性碳纳米管分别进行检测和统计[66]，方便探究不同导电属性的碳纳米管数量随长度的衰减规律。从图 2-14 可见，金属性和半导体性碳纳米管的数量随长度的变化均满足指数衰减的 Schulz-Flory 分布规律，但是二者具有不同的半衰期长度。对于衰变系数为 0.00721 的碳纳米管阵列，半导体性碳纳米管的半衰期长度为 101.8mm，与碳纳米管总体的半衰期长度（96.1mm）接近，而金属性碳纳米管的半衰期长度只有 10.4mm，大约是半导体性碳纳米管半衰期长度的 1/10。对于其他衰变系数的碳纳米管阵列而言，半导体性碳纳米管均具有和碳纳米管总体水平相当的半衰期长度，但金属性碳纳米管与半导体性碳纳米管的半衰期长度相差的水平各有不同。从定量数据看，碳纳米管阵列的衰变系数越小，金属性碳纳米管与半导体性碳纳米管的半衰期长度越接近。这主要是因为，对于衰变系数较小

的碳纳米管阵列，碳纳米管的总体产量较低，统计的样本量不足以反映出二者衰变速率的显著差异。但从不同批次碳纳米管样品的统计结果可以确定的是，金属性碳纳米管具有比半导体性碳纳米管更小的半衰期长度，这意味着金属性碳纳米管具有更快的衰变速率。从前面我们对缺陷碳纳米管的分析可以看到，这种金属性碳纳米管的快速衰变并不是由于其转变成了半导体管造成的，因为带缺陷的管生长时的稳定性更差，金属性碳纳米管，由于其可以是没手性的结构，从统计上看，其稳定性生长也不如手性稳定的半导体管，说明带手性的半导体碳纳米管在生长过程中有特别的稳定性。

3. 碳纳米管长度决定的半导体性碳纳米管纯度控制

为了排除不同批次碳纳米管阵列的衰变系数影响，我们将上述四组样品中不同长度下碳纳米管的总数以及金属性和半导体性碳纳米管的数量进行加总，以便对金属性和半导体性碳纳米管的半衰期长度差异做出更为准确的估计。如图 2-15（a）为 4 种具有不同衰变系数的碳纳米管样品加和的数量随长度分布关系曲线，共计约 710 根悬空超长碳纳米管。根据统计结果可以看出，有缺陷的碳纳米管、金属性和半导体性碳纳米管的数量随长度变化关系均满足指数衰减的 Schulz-Flory 分布规律，并且半导体性碳纳米管的半衰期长度达到 74.4mm，是金属性碳纳米管的 10 倍以上。从开始时碳纳米管的缺陷多，随长度迅速衰减，说明带缺陷的管很难超长生长，结构一致的碳纳米管有更长的寿命与稳定性。而通过外延曲线到碳纳米管初生阶段，金属性与半导体性比例接近 1∶2 则可以说明，开始形成的碳纳米管金属性与半导体性的比例是符合其结构关系中的随机分布的，对于成核生长过程，初始阶段并没有选择性。而超长、完美碳纳米管的选择性与结构进化的核心来自于稳定生长时期的定向进化生长行为，即带缺陷的碳纳米管生长过程中半衰期很短，其次是金属性碳纳米管会从开始时占 33% 的比例关系中以比半导体性快一个数量级的衰减速度下随生长长度迅速衰减。这其中的一个原因可能是缺陷碳纳米管及金属性碳纳米管的手性稳定性不如半导体性碳纳米管。同时，只有在样本统计数量较大的情况下，金属性和半导体性碳纳米管的半衰期长度差异才更加显著，这和四组样品中衰变系数较小的碳纳米管阵列样品结果保持一致，说明长碳纳米管的产量越高，金属性和半导体性碳纳米管的衰变行为越发分明，并且二者的衰变速率差值逐渐趋向 10 倍。

这种半衰期长度的差异实际上是统计不同长度处金属性和半导体性碳纳米管含量后最终汇总的结果，与我们在本节一开始提到的金属管拉曼峰随长度增加逐渐减少的结果保持一致。关于金属性碳纳米管提前衰减的原因，我们猜测有以下两种可能：一种是金属性碳纳米管在生长过程中发生结构转变，变为半导体性碳纳米管；另一种是金属性碳纳米管相比半导体性碳纳米管具有更低的生长速率。

然而，按我们优化后的超长碳纳米管制备方法，碳纳米管在生长过程中发生结构转变的概率很低。从图 2-15（b）中不同的单根超长碳纳米管瑞利散射表征来看，碳纳米管均具有手性一致性，并且每一根碳纳米管首尾的 RBM（径向呼吸模式）峰位保持一致，也说明尽管不同的碳纳米管手性存在差异，但同一根超长碳纳米管可以保持长程手性一致性。另外，图 2-15（d）拉曼 G 峰中洛伦兹峰形的 TO 模式也进一步说明这些碳纳米管均为半导体性碳纳米管[66]。可见，超长碳纳米管在生长过程中发生结构性转变的概率是很低的。

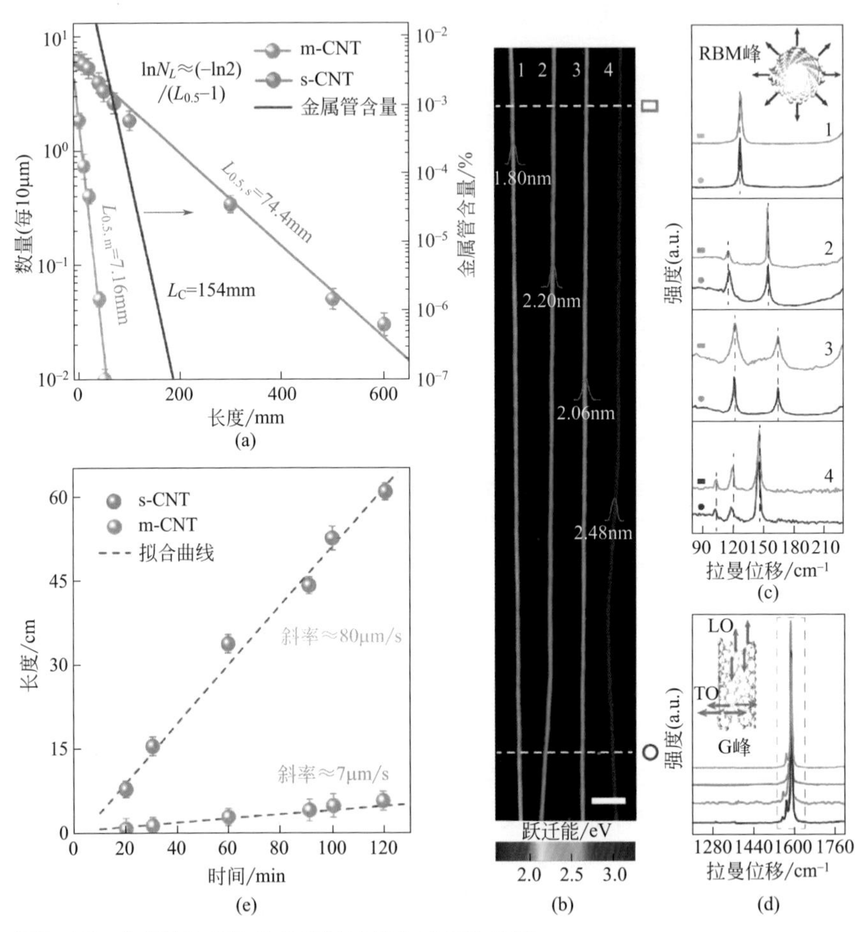

图2-15　金属性和半导体性碳纳米管生长行为分析

（a）不同长度位置处金属性和半导体性碳纳米管的数量统计，金属管含量曲线是将不同长度处金属管数量除以总碳管数量得到的；（b）代表性超长碳纳米管的瑞利散射图像，内图为采用原子力显微镜测试的碳管直径，比例尺为 10μm；（c）图（b）中每一根碳纳米管头部和尾部的拉曼 RBM 峰；（d）图（b）中每一根超长碳纳米管的拉曼 G 峰（LO 和 TO 分别为 G 带的轴向和径向拉伸模式）；（e）金属性和半导体性碳纳米管生长速率测算，误差棒代表不同生长时间下最长的 10 根金属性或半导体性碳纳米管长度的标准差另一种可能的原因是金属性与半导体性碳纳米管的生长速率存在本征差异。我们测试了不同生长时间下最长的10根金属性及半导体性碳纳米管的平均长度，以便测算其生长速度。如图2-15（e）所示，无论是金属性还是半导体性碳纳米管，其生长速度始终保持恒定，证明二者的生长是动力学控制过程。另外，由两条曲线的斜率可知，半导体性碳纳米管的生长速率达到80μm/s，是金属性碳纳米管的10倍以上。可见，二者的生长速度差值和半衰期长度差值具有相当的水平，说明半导体性与金属性碳纳米管的数量随长度衰减的速率差异是由二者的生长速度不同所造成的。进一步地，如果将不同长度处金属性碳纳米管的数量除以对应长度下碳纳米管的总体数量得到如图2-15（a）中所示的金属管含量曲线，可以发现，由于金属管与半导体管具有不同的生长和衰变速率，金属性碳纳米管的含量随着长度增加逐渐减少。由此可以提出一种新的超长碳纳米管选择性制备策略，即根据不同导电属性碳纳米管的生长速率差异，通过优化碳纳米管的长度实现半导体性碳纳米管的一步法自发纯化和选择性制备，并且半导体性碳纳米管的纯度可以根据长度的调控实现精细化控制。

4．高纯度半导体性碳纳米管阵列的制备与纯度验证

根据碳纳米管半衰期长度的定义，可以得到长度为L时的碳纳米管数量将满足$\ln N_L = \ln N_0 - \dfrac{\ln 2}{L_{0.5}-1}(L-1)$，较大的半衰期长度将导致碳纳米管数量随长度较慢的衰变速率$\left|-\dfrac{\ln 2}{L_{0.5}-1}\right|$。金属性碳纳米管的半衰期长度是半导体性碳纳米管的1/10，说明在碳纳米管自然伸长生长的过程中，金属性碳纳米管会先于半导体性碳纳米管衰减殆尽。

按照图2-15（a）中所预测的，当碳纳米管的长度超过154mm后，理论上金属性碳纳米管将衰减殆尽，半导体性碳纳米管的纯度将达到99.9999%，从而可以满足IBM所提出的高性能碳纳米管基电子器件的要求。为了进一步验证这一统计模型的准确性，检验长度超过154mm后半导体性碳纳米管的纯度，我们采用以下三种方法进行验证和说明。

（1）悬空碳纳米管的拉曼检测　首先逐根进行超长碳纳米管的拉曼检测，统计样本将近10000根。为了更为真实准确地反映出碳纳米管导电属性，我们在拉曼测试方法和装置上进行了改进。拉曼光谱检测采用的是Horiba HR 800测试仪器，装配有液氮冷却的硅CCD检测器和三个单线激光器［532nm（2.33eV）、633nm（1.96eV）和785nm（1.58eV）］，散射光由100倍的空气物镜进行采集（激光光斑直径大约1μm）。所使用的生长基底为带有300nm氧化层厚度的硅晶圆，表面有经过光刻和干法处理的狭缝（300nm深，5 ~ 20μm宽）和数字标记。飘浮生长的超长碳纳米管在停止生长后会落在基底表面，跨越狭缝。针对跨越狭缝的悬空碳纳米管进行拉曼检测，可以展现碳纳米管本征的性质[67]，免于受到基底 / 碳纳米管之间的范德华作用力影响。另外，研究表明，碳纳米管表面吸附的氧分子会使碳纳米管的费米能级发生偏移，从而改变金属性碳纳米管 G 峰中的 BWF 峰形态[68]。为了降低误差，消除碳纳米管表面吸附的影响，我们将样品封装在热台中，在测量之前向热台中通入流量为 100mL/min（标准状况）的氩气并在 450℃环境下退火 15min，从而除去碳纳米管表面的氧气分子，进而增强碳纳米管拉曼峰的本征强度。为了提高碳纳米管的检测效率，所采用的样品为多次重复生长后的悬空超长碳纳米管。所统计的近 10000 根长度超过 154mm 的超长碳纳米管无结构缺陷，也无金属管成分，证明了碳纳米管的半导体纯度至少在 99.99% 以上。如图 2-16 所示。

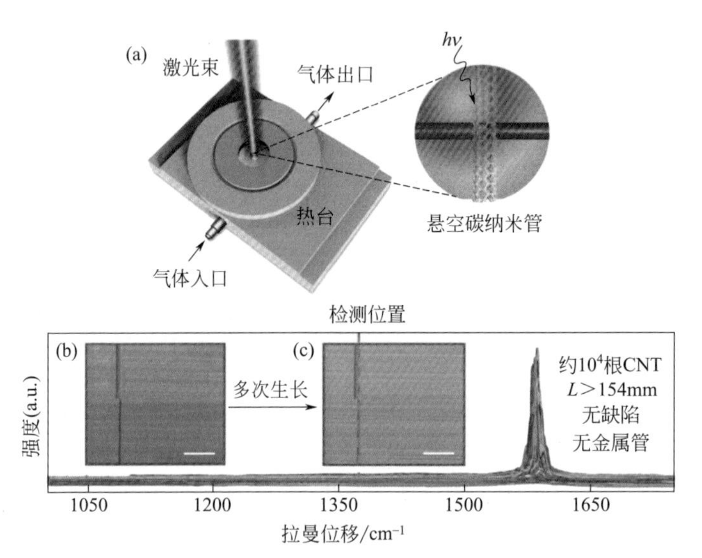

图2-16 （a）超长碳纳米管拉曼光谱测试方法示意图；（b）（c）重复生长的高密度悬空碳纳米管阵列及其拉曼光谱G峰

需要指出的是，按我们的方法所制备的超长碳纳米管，均会与所用的激光产生共振，基本不会存在含有金属性成分的碳纳米管层未被检测到的情况。因为这些超长碳纳米管外径分布在 2.0 ~ 3.5nm，内径分布在 1.3 ~ 1.8nm，且集中分布值为 1.7nm。如图 2-17 为碳纳米管直径与激光跃迁能的 Kataura 关系图，可以反映出不同手性碳纳米管的跃迁能激发与共振范围，其中橘色图标代表金属性碳纳米管，紫色图标代表半导体性碳纳米管，同一支上相连的几个手性为同一家族，表现为具有相同的 $2n+m$ 值。从图中可以看出，对于金属性碳纳米管成分，共振的跃迁能范围在 1.5 ~ 2.0eV 和 2.5 ~ 3.0eV。然而，在 2.5 ~ 3.0eV 范围内的金属性碳纳米管成分大部分是高参数的手性碳纳米管家族，如 $2n+m=36,39,42$，这些碳纳米管在我们所制备的超长碳纳米管样品中几乎不存在。另外，所采用的单波长激光（2.33eV、1.96eV、1.58eV）基本上覆盖到所制备的全部超长碳纳米管手性类型。并且根据碳纳米管光子激发的量子相干特性，对于双壁碳纳米管，当有一层碳纳米管与激光共振时，便可以实现两层碳纳米管均共振的情况[69]，相应地，各层碳纳米管的导电特性均会反映在拉曼谱峰中。

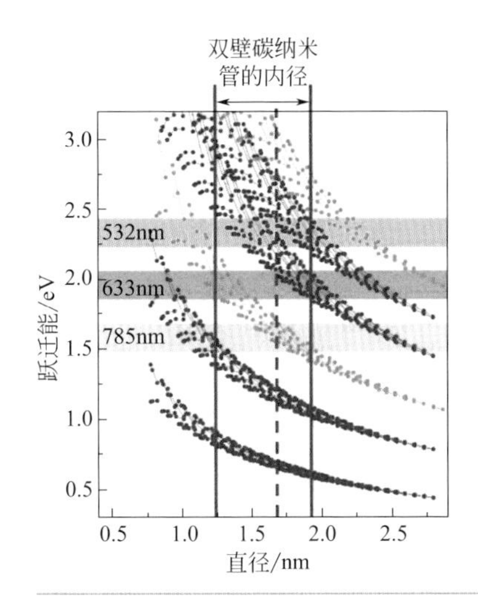

图2-17　标准化的Kataura图

橘色和紫色的图标分别代表金属性和半导体性碳纳米管的跃迁能，矩形阴影表示所用的激光激发能，垂直线表示所制备的双壁碳纳米管内径，虚线表示主要的内径分布

（2）表面活性剂增强拉曼检测　第二种检测方法是采用表面活性剂增强金属性碳纳米管的拉曼 BWF 峰特性。研究表明，给电子型表面活性剂可以增强金属性碳纳米管的导电属性[70]。为此，我们首先将胆酸盐的重水溶液（1%）滴在生长有超长碳纳米管的基底表面并均匀涂覆，然后进行拉曼检测。经过给电子表面活性剂的增强作用，如果碳纳米管中存在金属性成分，将会被敏感地检测出来。

作为对照，我们首先用拉曼光谱检测了表面活性剂处理后的催化剂区域碳纳米管。如图 2-18（a）和（c）所示，经表面活性剂处理后，基底表面的碳纳米管会在表面张力的作用下呈现波浪形状。用拉曼检测其中的碳纳米管，由图 2-18（b）可以看出，在表面活性剂处理前的金属性碳纳米管 BWF 峰强度较弱，而处理后的碳纳米管在拉曼光谱检测下象征金属性成分的 BWF 峰强度明显增高。此外，处理后的碳纳米管在 D 带（$1350cm^{-1}$）处有一定的峰强度，而处理前无明显峰，说明这些结构缺陷是表面活性剂处理过程所带来的，而不是碳纳米管生长过程中的本征缺陷。另外，从半导体性碳纳米管的检测结果可以看出，这种表面活性剂的处理方法对于半导体性碳纳米管的拉曼峰形和峰强度无明显影响。可见，这一方法尽管会引入少量结构缺陷，但可以方便地增强金属性碳纳米管导电特性，而不影响半导体性碳纳米管的峰特性，可以作为一种有效的强化检测金属性碳纳米管的方法。对长度超过 154mm 的超长碳纳米管进行表面活性剂处理，然后检测了 36 根碳纳米管表面的 G 峰，均未发现金属性碳纳米管成分［见图 2-18（d）］，进一步说明长度超过 154mm 的超长碳纳米管具有很高的半导体选择性。

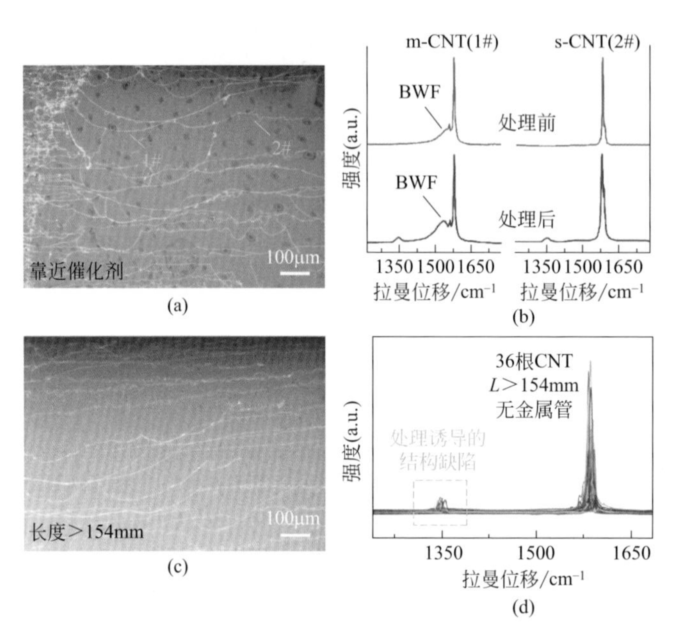

图2-18　（a）（c）靠近催化剂区域和长度大于154mm的超长碳纳米管经过表面活性剂处理后的SEM图；（b）两根靠近催化剂区域的碳纳米管在表面活性剂处理前后的拉曼光谱；（d）36根长度大于154mm的超长碳纳米管的拉曼光谱

（3）不同制备条件下的拉曼检测　第三种检测方法是采用不同的反应条件制备超长碳纳米管，用拉曼检测长度大于 154mm 的碳纳米管 G 峰。如图 2-19 所示，在碳纳米管的最优生长条件附近对反应参数进行调控，制备了四批次的水平阵列超长碳纳米管。对长度超过 154mm 的超长碳纳米管进行拉曼表征和分析，我们发现，只要是在最优生长条件范围内，不管何种反应条件，所制备的长度超过 154mm 的超长碳纳米管均呈现出极高的半导体性，并未检测到任何金属性碳纳米管成分。

需要说明的是，我们在采用拉曼光谱对碳纳米管的导电属性进行检测时，并未对碳纳米管的壁数加以区分和鉴别。尽管由于碳纳米管管层间的量子耦合效应，只要在多壁碳纳米管中存在金属性碳纳米管成分，便会在拉曼 G 峰中展现出 BWF 峰形，但是，无法由 G 峰的分峰数量给出准确的碳纳米管壁数甄别。因为实际观测到的拉曼 G 峰中的模态数量还取决于激光功率和碳纳米管的手性结构[71]。但是，根据以上三种检测方法，已经可以证明，当碳纳米管的长度超过 154mm 后可以实现高半导体选择性，依靠碳纳米管长度优化制备高纯度碳纳米管这一方法具有高效性和鲁棒性。

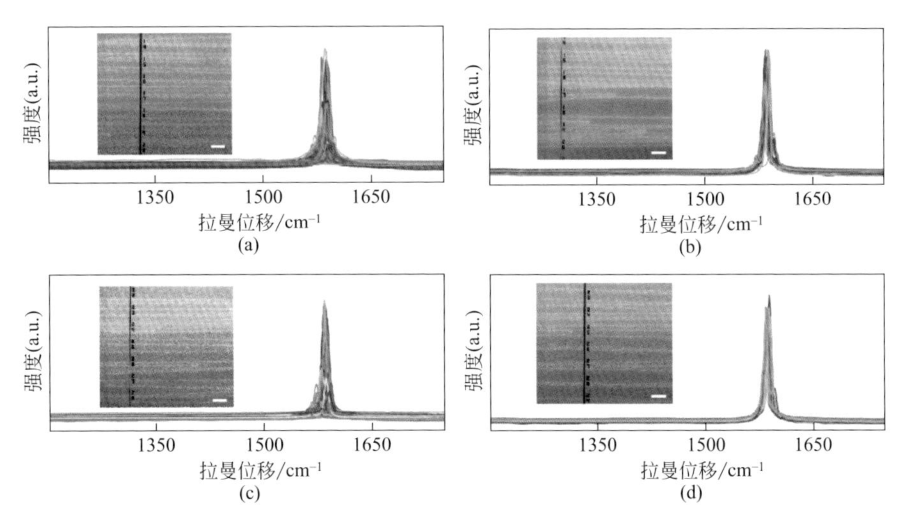

图2-19 不同条件下制备的长度超过154mm的超长碳纳米管扫描电镜及拉曼光谱表征
（a）温度1010℃，含水量0.4%；（b）温度1000℃，含水量0.4%；（c）温度1010℃，含水量0.5%；（d）温度1000℃，含水量0.5%。比例尺，200μm

三、高密度单色碳纳米管线团的原位组装

目前，半导体性碳纳米管在制造晶体管、存储器、逻辑电路、传感器等器件方面展现了极大的优势，这与其优异的电学性能密不可分[64]。超长碳纳米管具有结构完美、手性一致的特征，由单根超长碳纳米管制成的晶体管，其迁移率比硅高出 70%，用其制作的场效应器件的开关比更是在 10^7 以上[63]，这些电学性能评价参数均高于目前广泛使用的硅基材料，并且碳纳米管电子器件具有尺寸小、速度快、功耗低等优点，可见碳纳米管在微、纳米电子器件方面极具潜力，极有可能取代硅迎来碳基集成电路的时代。

要想实现规模化应用碳基集成电路，除了要求半导体纯度达到 99.9999% 以上外，对密度也提出了 125 根 /μm 的要求[72]，目前很难同时实现这两个目标。北京大学张锦教授课题组利用氧化铝特殊晶格导向作用研发“特洛伊催化剂”，制备出 130 根 /μm 高密度单壁碳纳米管阵列[73]，但其半导体纯度无法达到要求，且夹带有催化剂杂质，纯化困难。清华大学魏飞教授课题组通过工艺开发制备出世界上最长的 550mm 超长碳纳米管 [39]，并且证明单根超长碳纳米管具有全同手性的结构，通过悬挂 TiO_2 颗粒的方法实现单根碳纳米管可视化 [74] 并抽出多壁碳纳米管内层缠绕获得高密度的单壁碳纳米管线轴，这种方法一定程度上满足了集成电路的要求，但在缠绕过程中难以保证缠绕在探针上碳纳米管的均匀性并且对探针的洁净程度要求较高。

针对碳基集成电路的技术要求，下面创造性地提出一种利用声波或磁场辅助原位卷绕单根超长碳纳米管制备单色碳纳米管线团的方法，并结合共振瑞利散射原理实现半导体性碳纳米管的筛选。

1. 声波辅助卷绕碳纳米管的机理

在此研究的单一手性碳纳米管线团制备方法是基于超长碳纳米管制备工艺改进的原位干扰气流制备线团的方法。首先是超长碳纳米管的制备，其制备工艺条件如下所述：

① 原料气纯度及配比　原料中微量的硫化物和砷化物会使催化剂中毒，应使用高纯气体并控制硫化物 < 0.3μL/L，砷化物 < 0.3μL/L，氢 / 甲烷体积比应控制在 1.2 ～ 4.8；

② 反应温度　使用甲烷作碳源应控制反应温度为 800 ～ 1200℃，并使温度波动范围为 ±1℃，升温速率应控制在 10 ～ 80℃ /min，下限取决于加热炉特性；

③ 反应压力　权衡热力学和产物性质影响，反应全程应维持恒正压操作，并控制压力波动范围为 ±1Pa；

④ 停留时间　平推流反应器内应控制在 8 ～ 35min，对特殊反应器结构应避免“死区”；

⑤ 水蒸气含量　水蒸气在反应中起消碳和分压作用，应控制其摩尔分数在 0.2% ～ 0.8%；

⑥ 气流均匀性　应控制为稳定层流，径向扰动 < ±3mm，在反应器截面上均匀分布。

（1）碳纳米管线团的制备装置　用此工艺方法制备的超长碳纳米管可实现全同手性，并且具有完美的结构。而原位制备线团是通过改进实验装置实现的，具体实验装置如图 2-20 所示。向反应装置中引入声波是通过一个函数信号发生器输出一定频率（10μHz ～ 10kHz）、一定振幅（峰峰值电压 5mV ～ 70V）的电信号，经过一个发声装置，如扬声器、旋笛、压电式换能器或磁致伸缩式换能器，实现电信号向声波振动的转化，再经过一个聚能器或变幅杆实现声波能量的汇聚和放大。将此装置连接到设计的新型反应器出气端，经聚能器放大后的声波从反应器出口端进入，经过反射和传播到达碳纳米管生长区，影响反应气流，使气流导向作用下飘浮生长的碳纳米管卷曲缠绕，获得超长单根手性一致的碳纳米管线团。

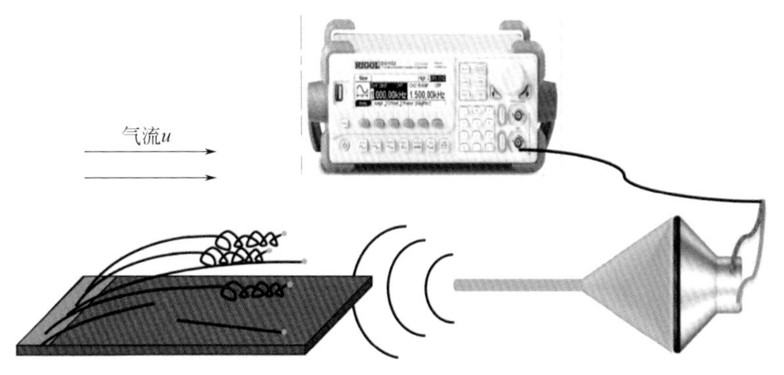

图2-20　利用声波排列原位制备单一手性碳纳米管线团装置示意图

（2）碳纳米管线团的自组装模型　在声波作用下，沿飘浮超长碳纳米管长度方向除了曳力外，还有声波施加的简谐外力，在此针对碳纳米管的受力情况建立数学模型进行分析说明，如图 2-21 所示。

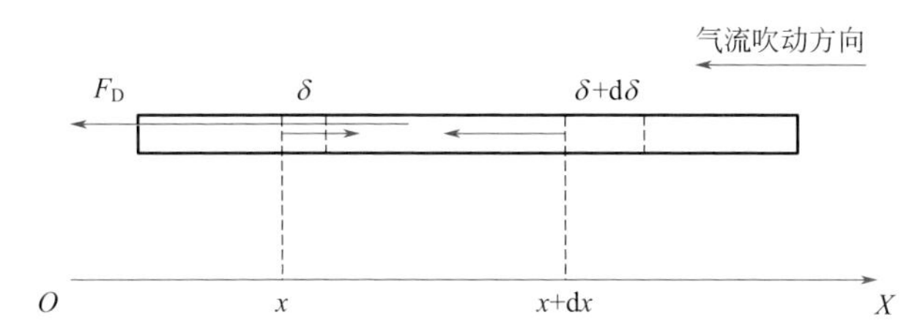

图2-21　声波扰动飘浮碳纳米管受力数学模型建立

假定碳纳米管超长部分与基底平行，声波施加的简谐外力和曳力作用在同一直线，假定总长为 L，截面积为 S，取一线元 dx 作为研究对象。

根据纵波传播特点，在 $x=0$ 处受到声波给予的简谐外力时，振动沿碳纳米管本身传播，假定在 x 处引起伸缩形变量为 $\delta(t,x)$，在 x+dx 处引起伸缩形变量为 $\delta(t,x+\mathrm{d}x)$，则总伸缩形变量为

$$\delta(t,x+\mathrm{d}x)-\delta(t,x)=\frac{\partial\delta(t,x)}{\partial x}\mathrm{d}x \tag{2-2}$$

相对形变量，即产生的应变为

$$\frac{\dfrac{\partial\delta}{\partial x}\mathrm{d}x}{\mathrm{d}x}=\frac{\partial\delta}{\partial x} \tag{2-3}$$

假定振动伸缩在弹性范围内，则由弹性定律得

$$\frac{F_x}{S}=-E\frac{\partial\delta x}{\partial x} \tag{2-4}$$

$$\frac{F_{x+\mathrm{d}x}}{S}=-E\frac{\partial\delta x+\mathrm{d}x}{\partial x} \tag{2-5}$$

反应气流中雷诺数 Re=0.061，可见气体在生长区内的流动已属于爬流，黏性力起主要作用，惯性力的影响极小。当气流沿着生长中的超长碳纳米管流动时，会产生更大的阻力，相应地，也会给超长碳纳米管施加一定大小的曳力，以维持其飘浮自由生长。从分子动力学的角度看，气流施加给碳纳米管的曳力是微观上气体分子与碳原子层相互碰撞的结果。Li 等利用分子动力学模拟的方法研究发现，当气体分子与纳米颗粒相互碰撞时会发生反射碰撞或扩散碰撞，随着纳米颗粒直径的增加，气体分子与颗粒的碰撞有向扩散碰撞发展的趋势，并针对两种碰撞建立了数学模型[75]。Wong R.Y. 在此基础上考虑了气体分子与碳纳米管之间的相互作用势，对模型进行了修正和完善[76]。为使问题简化，此处不考虑气流与碳纳米管的相互作用势，仅引用此数学模型对气流与碳纳米管的曳力进行计算，其计算方式如式（2-6）所示。

$$F_\mathrm{D}=\frac{1}{2}\sqrt{2\pi m_\mathrm{r}kT}NLD\varOmega_{s(d)}^{(1,1)*}V \tag{2-6}$$

式中　F_D——气流曳力，N；

m_r——折合质量，kg，$m_\mathrm{r}=\dfrac{m_\mathrm{g}m_\mathrm{t}}{m_\mathrm{g}+m_\mathrm{t}}$，$m_\mathrm{g}$ 表示碳纳米管周围气体分子质量，m_t 表示碳纳米管质量；

k——玻尔兹曼常数，其值为 1.380649×10^{-23}J/K；

T——热力学温度，K；

N——分子数密度，个 /m^3；

L——碳纳米管长度，m；

D——碳纳米管直径，m；

$\varOmega_{s(d)}^{(1,1)*}$——折合碰撞积分；

V——碳纳米管飘浮速度，m/s。

将上述模型应用于实验体系。取 $L=1$cm，$D=1.2$nm，$T=1273$K，碳纳米管层间距 $b=0.34$nm，密度 $\rho=2.1$g/cm^3，则分子数密度为

$$N=\frac{n}{V}N_\mathrm{A}=\frac{p}{RT}N_\mathrm{A}=\frac{1.01\times10^5}{8.314\times1273}\times6.02\times10^{23}=5.745\times10^{24}\text{（个/m}^3\text{）} \tag{2-7}$$

碳纳米管的质量为

$$m_\mathrm{t}=\rho V_\mathrm{t}=2100\times1\times10^{-2}\times0.785\times[(1.2\times10^{-9})^2-(0.86\times10^{-9})^2]=1.155\times10^{-17}(\mathrm{kg}) \tag{2-8}$$

碳纳米管周围气体的质量为

$$m_{\mathrm{g}}=\rho_{\mathrm{m}}\frac{\pi}{4}D^{2}L=0.064\times0.785\times(1.2\times10^{-9})^{2}\times0.01=7.23\times10^{-22}(\mathrm{kg}) \tag{2-9}$$

折合质量为

$$m_{\mathrm{r}}=\frac{m_{\mathrm{g}}m_{\mathrm{t}}}{m_{\mathrm{g}}+m_{\mathrm{t}}}\approx m_{\mathrm{g}}=7.23\times10^{-22}\,\mathrm{kg} \tag{2-10}$$

研究发现，超长碳纳米管在飘浮生长过程中，其最大飘浮高度至少为 1.5mm，反应器为矩形风洞，径向高度为 12mm，流速分布为抛物线形，取中心高度 y_0=6mm，飘浮的碳纳米管所处的高度 y=4.5mm，则碳纳米管在该处的飘浮速度为

$$V=u_{x}=\frac{3u}{2y_{0}^{2}}(y_{0}^{2}-y^{2})=\frac{3\times1.82\times10^{-3}}{2\times(6\times10^{-3})^{2}}\times[(6\times10^{-3})^{2}-(4.5\times10^{-3})^{2}]=1.2(\mathrm{mm/s}) \tag{2-11}$$

关于折合碰撞积分$\Omega_{s(d)}^{(1,1)*}$的求解，Li 等给出不同扩散类型的解值。当碰撞为反射碰撞时，$\Omega_{s(d)}^{(1,1)*}=\frac{4}{3}$；当碰撞为扩散碰撞时，$\Omega_{s(d)}^{(1,1)*}=1+\frac{3\pi^{2}}{64}$。这样，碳纳米管在飘浮过程中受到的曳力便可有数值解。在数学模型建立过程中，我们把碳纳米管截面尺寸和在气流中的飘浮速度作为变量，得到曳力表达式（2-12）。

$$F_{\mathrm{D}}=\frac{1}{2}\sqrt{2\pi m_{\mathrm{r}}kT}\,N\sqrt{\frac{4S}{\pi}}\Omega_{s(d)}^{(1,1)*}V\mathrm{d}x=P\sqrt{\frac{4S}{\pi}}V\mathrm{d}x\left[P=\frac{1}{2}\sqrt{2\pi m_{\mathrm{r}}kT}\,N\Omega_{s(d)}^{(1,1)*}\right] \tag{2-12}$$

则碳纳米管所受合力为

$$\mathrm{d}F_{x}=F_{x}-F_{x+\mathrm{d}x}-F_{\mathrm{D}}=-\frac{\partial F_{x}}{\partial x}\mathrm{d}x-F_{\mathrm{D}}=SE\frac{\partial^{2}\delta}{\partial x^{2}}\mathrm{d}x-P\sqrt{\frac{4S}{\pi}}V\mathrm{d}x \tag{2-13}$$

式中，E 为弹性模量。

由牛顿第二定律得

$$SE\frac{\partial^{2}\delta}{\partial x^{2}}\mathrm{d}x-P\sqrt{\frac{4S}{\pi}}V\mathrm{d}x=\rho S\mathrm{d}x\frac{\partial^{2}\delta}{\partial t^{2}} \tag{2-14}$$

边界条件（B.C.）为

$$\left(\frac{\partial\delta}{\partial x}\right)_{x=0}=-\frac{F_{\mathrm{a}}}{SE}\sin wt \tag{2-15}$$

$$\delta_{x=L}=0 \tag{2-16}$$

（3）碳纳米管线团的声诱导涡形成机制　由此可见，在声场和气流场叠加的复合场作用下，飘浮的超长碳纳米管已经不能像在一般的气流场中那样稳定地伸长生长。在曳力和简谐外力作用下，飘浮的超长碳纳米管处于振荡的不稳

定态，将对流体中的扰动格外敏感。其实，在我们过去的研究中已经发现，气流和声场的耦合作用会打破原有的悬空碳纳米管与平稳气流之间的平衡态，使得碳纳米管跟随气流运动。也有实验表明，碳纳米管很容易通过原位生长或是后期排列的方法形成诸如蛇纹管、纳米环或者线圈等特殊形态[77-79]，可见碳纳米管具有良好的柔韧性，这种柔性和良好的气流跟随性使得依靠声场原位组装一维超长碳纳米管制备超长碳纳米管线团成为可能。与文献中报道的一个流体力学实验（图2-22）类似[80]，在我们新设计的宽高比为120∶12的方形层状反应器中，碳纳米管线团的生长气流是一类平板泊肃叶流动，起初反应器内的流场是双抛物线形，而后由扬声器产生声波，经由反应器壁面小孔产生射流，干扰原本平稳的层流流场。不同点在于碳纳米管线团生长气流的雷诺数为10^{-2}，因此它同时也是一种微流动。在此，由声波产生的振动造成了微观尺度的扰动。如实验所报道的，30Hz或50Hz的低频振动便可对雷诺数为1000的流动造成17%或14%的速度脉动，而后产生湍动能和亚临界层流向湍流过渡[80]。相应地，我们体系中采用的15～35Hz振动理应造成微观尺度的速度脉动和薄层流体间的剪切，进而发展成为小尺度的涡流。正如涡动力学方程式（2-17）所示[81]，这些涡流主要是由体系中较低的雷诺数带来的较大的黏性扩散所导致的（ω代表涡量，v代表流体动力学黏度，在二维流动中对流项和拉伸项忽略不计）。

$$\frac{\partial \omega}{\partial t}=v\nabla^2 w \quad (2\text{-}17)$$

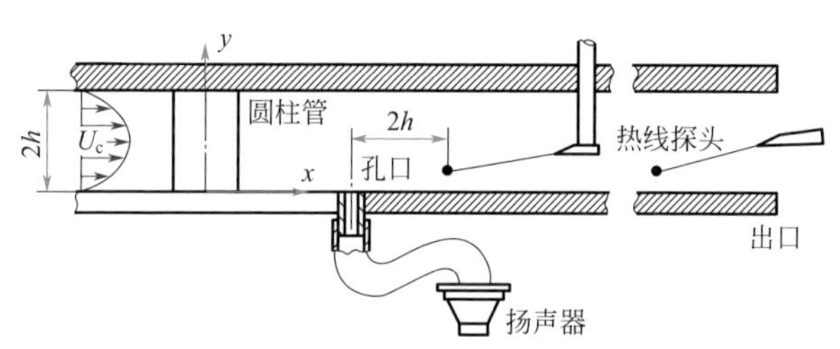

图2-22　文献报道的利用声波扰动流场形成涡实验装置[86]

此外，如果我们把单根飘浮碳纳米管视为研究对象，其飘浮高度由几十微米到几百微米，碳纳米管间距在100μm以上，其流动也可类比为微机电系统（micro electro mechanical system，MEMS）中的微流动[82]。体系的克努森数（Kn）介于10^{-3}～10^{-2}之间，所以滑移流为主要的运动形态[82]。报道的实验和模拟结果显示，这种滑移流与流动距离并非线性关系[83]。并且按照方程式（2-18）所示[84]（p代表压力，ρ代表流体密度），压力梯度是涡演变的另一原因。

$$\frac{1}{\rho}\frac{\partial p}{\partial x}=-v\frac{\partial \omega}{\partial y} \quad (2\text{-}18)$$

随着涡不断向下游传递，它们会聚集成为更大的涡，彼此相互作用，或拉伸或旋转，最后消耗至最低能量，形成更小的涡。由于这种相互作用具有空间对称性，这些涡会发展成为各向同性，形成一个个小圆环 [85]，即碳纳米管线团的内部二级结构。我们把单根超长碳纳米管经由上述一系列过程最终形成具有特殊环状二级结构线团的过程称为声诱导涡机制（acoustic-induced vortex mechanism）。此外，这些二级结构小圆环的尺寸与涡的最小尺度和声波的频率似有密切联系。探究碳纳米管线团的形貌与声波之间的关系不仅有助于实现碳纳米管线团的可控制备，也有利于推动和发展一维纳米线的动态精准自组装相关技术。

2. 碳纳米管线团的声辅助制备

（1）碳纳米管线团的结构与形态　采用化学气相沉积方法制备超长碳纳米管的过程与很多因素有关，如反应温度、气速、反应物组成和气流，其中气流的稳定性对于控制碳纳米管的形态起到关键作用。我们特殊设计的层状方形反应器，具有较大的宽高比（120∶12），这种扁槽形反应器大大减少了气流在径向上的速度脉动，从而有效保证了反应气流在反应过程中的稳定性。但气流也因此对流场中的扰动变得格外敏感，使得在气流场和声场耦合作用下，原本飘浮的超长碳纳米管容易卷绕成碳纳米管线团。图 2-23（a）是在声波频率 30Hz、气速 1.7mm/s 条件下制备的碳纳米管线团，该碳纳米管线团系由 150mm 长单根碳纳米管在声诱导涡的机制下卷绕而成，在卷绕的过程中形成了上百个次级小圆环，圆环的平均直径为（18.7±0.35）μm，整个线团的面积达到 $10^4μm^2$。在这一反应条件下，催化剂的活性概率可以达到 92%。根据 Schulz-Flory 分布规律所预测的，对于这一活性概率条件，长度大于 150mm 的碳纳米管数量相比催化剂区域会减少 66.7%，碳纳米管间的距离为 2 ~ 6mm，这样稀疏的阵列密度可以保证碳纳米管线团是由单根超长碳纳米管卷绕而成，因为所制备的碳纳米管线团宽度均在几百微米，远小于碳纳米管间距。并且碳纳米管间距会随着碳管长度增加而进一步增大，从而为制备更大面积的碳纳米管线团创造了可能。

此外，线团中碳纳米管的平均密度达到每 100μm 上百根，局部区域的最大密度达到每 100μm 上千根。正如我们在本章一开始提到的，IBM 认为，要想实现基于碳纳米管的高性能电子器件应用，碳纳米管的密度要达到 125 根 /μm。但我们一直忽视的前提是，这是建立在直径为 1nm 的单壁碳纳米管基础上，并假定单根碳纳米管的电流输出为 3μA。最新研究表明，单根全半导体性三壁碳纳米管的电流输出可以达到 17μA[65]，是单壁碳纳米管的近 6 倍，在达到相同总电流输出 0.375mA/μm 的条件下，三壁碳纳米管的密度只需达到 22 根 /μm 即可满足高性能碳纳米管电子器件的需求。直接采用声诱导涡方法原位制备的碳纳米管线团局部最大密度达到每 100μm 上千根，说明已经可以达到这一密度要求的一半，如果再进一步实现更长碳纳米管的原位卷绕或采用后期致密化的方法提高碳纳米管线团的密度，便有望实现既定的电流密度，从而推动基于碳纳米管线团的高性能电子器件应用。为了进一步分析碳纳米管线团的结构，我们采用醋酸纤维素薄膜转移硅基底表面的碳纳米管线团进行透射电子显微镜表征。根据图 2-23（b）球差校正透射电子显微表征分析，该碳纳米管线团由三壁碳纳米管卷绕而成。由 SEM 和 TEM 图像分析可见，碳纳米管线团在高倍率和低倍率视场下均保持环状次级结构，且圆环的直径在 10 ~ 20μm［图 2-23（c）~（f）］。这种自组装形成的特殊碳纳米管结构与以往报道的蛇形碳纳米管在形成机理上有显著差别。蛇形碳纳米管的形成遵循“降落的意大利面（falling spaghetti）”机理[77]，是气流导向和晶格导向的叠加作用机理。而碳纳米管线团遵循“声诱导涡”形成机理，是气流场和声场叠加作用的结果。

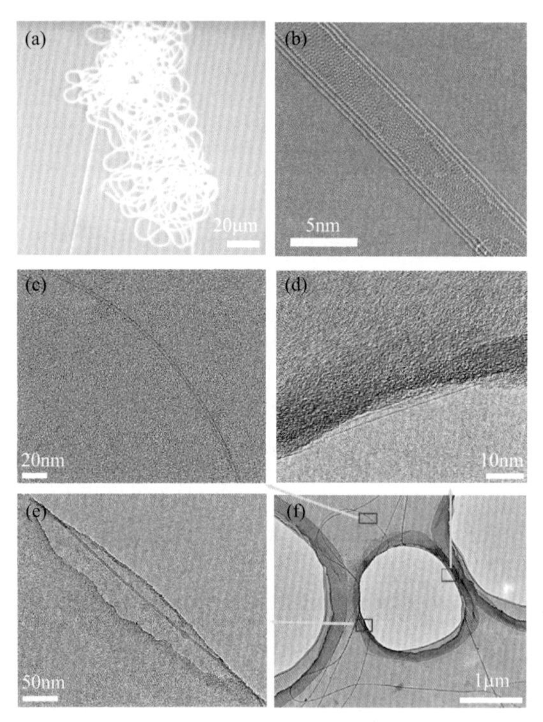

图2-23　制备的碳纳米管线团及其转移

（a）碳纳米管线团的扫描电子显微图像，制备条件：频率 30Hz，气速 1.7mm/s；（b）碳纳米管线团的球差校正透射电子显微图像；（c）~（f）转移后的碳纳米管线团的高分辨透射电子显微图像

（2）碳纳米管线团的尺寸控制　观察比较不同的碳纳米管线团，可以发现，不同的碳纳米管线团具有不同的次级圆环平均直径，我们猜测这与制备过程中采用的生长条件和声波状态有关。为此，我们精细地调控碳纳米管线团的制备条

件，其中，气速选用我们过去探究的制备超长碳纳米管的最优气速[39]（1.2mm/s，1.7mm/s）。受雷诺数和克努森数的影响，气速存在两个最优值。在其他条件不变的情况下，这两个气速对应的催化剂活性概率具有大小相当的局部最优值。通过调变声波频率，我们发现所制备的碳纳米管线团面积在 $1\times10^4 \sim 3\times10^4\mu m^2$ 波动。并且，声波频率（f）、气流速度（u）和碳纳米管线团的次级圆环直径（D）满足斯特鲁哈尔数（Strouhal number，St）模型［式（2-19）］[86-89]。

$$St=\frac{fD}{u} \tag{2-19}$$

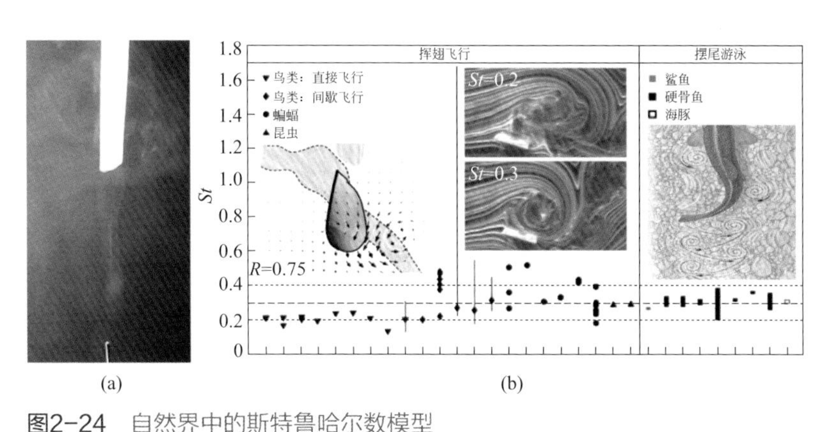

图2-24　自然界中的斯特鲁哈尔数模型

（a）外加声波诱导烟雾中形成涡团的模拟视频截图；（b）飞行生物挥翅和水生生物摆尾动力学过程的斯特鲁哈尔数统计（R 为翅膀长度位置）[86-89]

这个无量纲参数模型常常被用来描述水生生物摆尾和飞行生物挥翅过程的动力学普适规律（图 2-24）。生物在摆尾或挥翅的同时会扰动后方的流场，形成一系列涡的团簇，而这些涡在耗散的同时会产生一个反向的驱动力，推动生物继续前行。实际上，更为机理性的分析是 Feignebaum 在研究非线性映射时给出的 Feignebaum 数：4.6692，即由层流到湍流过程中可以利用熵最大所产生的熵驱动使过程能量最小，对于一个非线性系统，这个迭代距离是 4.6692。研究发现，为了获得更大的前进效率，生物摆尾或挥翅的频率、产生涡的直径和前进的速率之间满足斯特鲁哈尔数模型。由自然选择决定的 St 的大小总位于 0.2 ~ 0.4 范围内。同时，Feignebaum 数的倒数（0.214）也在这一范围内，这意味着只要用 21% 左右的能量驱动，便可以使得生物在摆尾或挥翅过程中利用熵驱动以一种最低能量耗散的方式高效运动。类似地，我们发现，这一熵驱动规律在碳纳米管线团的制备这一纳米尺度下同样满足。在最优气速下，通过调控声波频率，所制备的碳纳米管线团次级圆环直径均符合 Feignebaum 数的倒数关系，且 $0.2 < St < 0.4$［图 2-25（a）和（b）］。这一规律为我们提供了一种碳纳米管线团规模与次级结

构的调控策略，即在斯特鲁哈尔数模型的基础上改变声波频率。据此，我们可以得到相应的操作曲线［图 2-25（c）］，通过调变声波的频率和气流速度可实现对流场中涡尺度的控制，进而控制碳纳米管线团的面积。经检验，在不同条件下制备的碳纳米管线团实验数据均在操作线范围内。但是，需要注意的是，制备碳纳米管线团所采用的声波频率需限定在 10 ~ 40Hz 范围内，因为过高的频率会使得碳纳米管被声波震断，频率过低，声波对碳纳米管的形态将不发挥作用。根据上述分析，我们可以发现，水平阵列碳纳米管的准直性会受到声波与气流熵驱动耦合作用的影响。这种相互作用与干扰可以实现单根超长碳纳米管原位卷绕，原本飘浮生长的碳纳米管准直性也会因此下降。

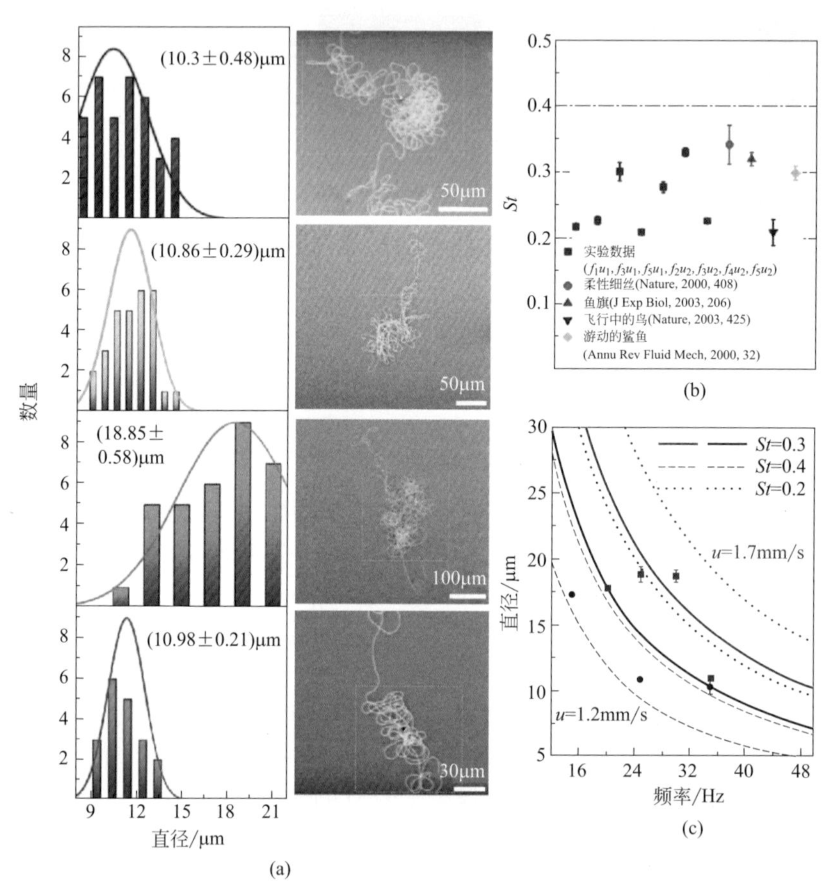

图2-25　制备的碳纳米管线团

（a）不同条件下制备的碳纳米管线团及其次级圆环直径分布统计，从上至下的反应条件：f=35Hz，u=1.2mm/s；f=25Hz，u=1.2mm/s；f=25Hz，u=1.7mm/s；f=35Hz，u=1.7mm/s。（b）不同条件下制备的碳纳米管线团和自然界生物的St数比较，实验数据中，f_1 ~ f_5为15 ~ 35Hz依次间隔5Hz，u_1=1.2mm/s，u_2=1.7mm/s。（c）声波频率与碳纳米管线团次级圆环直径控制曲线，蓝色线表示反应气速为1.2mm/s，红色线表示反应气速为1.7mm/s

3. 单色碳纳米管线团的高效分拣

由于缠绕形成的碳纳米管线团来源于同一根超长碳纳米管，因此理论上具有完全一致的手性结构。但是考虑到碳纳米管的光学极化特性，对于碳纳米管线团这种弯曲结构很难直接通过光学表征获得全貌，并且从不同视角观测将得到不同的碳纳米管线团形貌。为此，我们将碳纳米管线团样品置于瑞利散射光学显微镜平台，通过旋转载物台，获取不同角度下的碳纳米管形貌，得到图 2-26。将不同角度拍摄的碳纳米管线团图像合并可以得到单色碳纳米管线团的全貌，所得到的瑞利散射图像与扫描电镜图像具有一致的对应关系。对碳纳米管线团不同位置处分别进行拉曼和瑞利散射表征，单一颜色和相同的 RBM 峰位证明碳纳米管线团具有全同手性，拉曼光谱中 1350cm^{-1}（D 带）处没有明显峰证明碳纳米管线团具有完美结构。

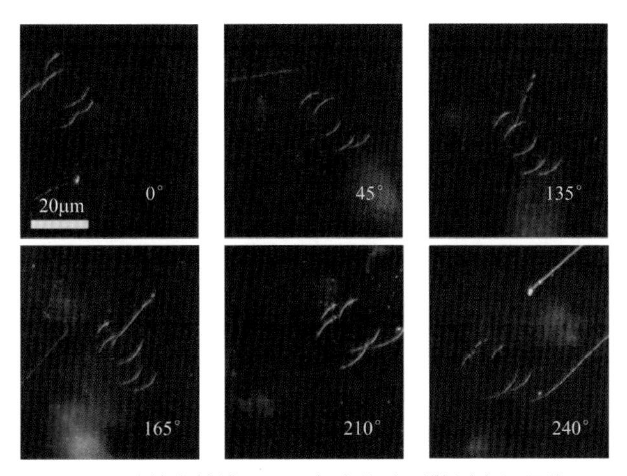

图2-26　碳纳米管线团不同角度的瑞利散射表征图像

瑞利散射光谱表征提供了一种碳纳米管的实时真彩色光学可视化表征[90]，可以通过碳纳米管在超连续激光共振激发下的颜色直接鉴别碳纳米管的手性一致性，对不同手性的碳纳米管进行有效筛分。同时，可以根据如图 2-27 所示的光谱给出具体手性碳纳米管的吸收共振峰，方便我们进一步选取特定波长的单线激光进行高效筛选和分离。以往对于不同手性碳纳米管阵列的筛分需要通过拉曼面扫描模式逐个鉴别碳纳米管的手性，然后再进行标记和筛选，常常需要耗费大量的时间和精力在碳纳米管的定位上。但对于碳纳米管线团而言，通过将单根分米级以上长度的超长碳纳米管卷绕成大面积碳纳米管线团，可以将单根碳纳米管的识别与分离转变为对微小颗粒的检测。这种微米级颗粒尺度为纳米线材料的定位提供了极大的便利性和可操作性，同时在超连续激光激发下，具有弯曲结构的碳纳米管线团更容易出现曲率诱导增强的光学效应，因此，极大程度上优化了单手性碳纳米管的识别与分离。

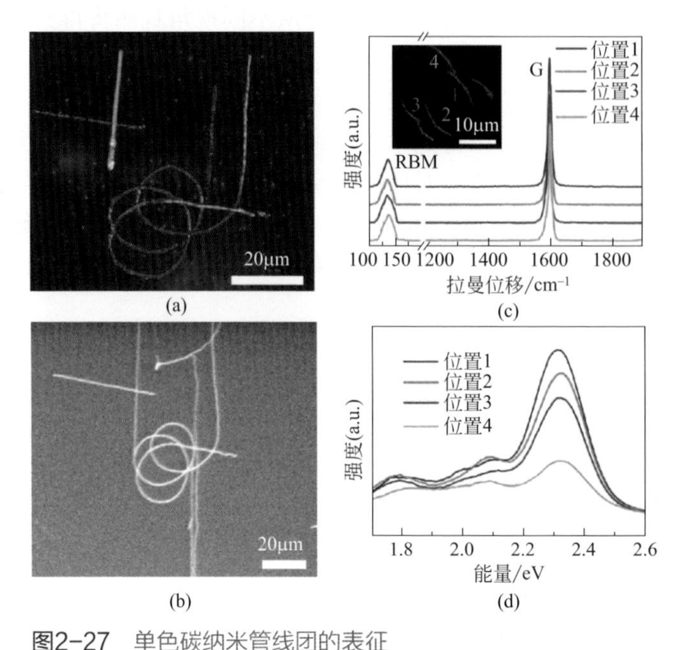

图2-27 单色碳纳米管线团的表征

（a）（b）同一碳纳米管线团的瑞利散射和扫描电镜图像；（c）碳纳米管线团不同位置处的拉曼光谱；（d）碳纳米管线团不同位置处的瑞利光谱

4. 单色碳纳米管线团的电子器件

（1）碳纳米管线团的器件构筑　为了进一步探究超长碳纳米管及单色碳纳米管线团在电子器件中的电学行为，验证其在碳基电子器件中的应用范式，我们用不同导电属性的碳纳米管线团作为沟道材料制作了底栅场效应晶体管器件。相比于单根超长碳纳米管，碳纳米管线团具有面积大、二维无序缠绕等特征，采用插指器件结构更有利于充分利用碳纳米管线团的每一部分，实现全局的电流传输，进而提高器件的电流传输密度。对于具体的器件加工，首先在硅/氧化硅基底表面的碳纳米管线团上用电子束光刻和高真空电子束蒸镀工艺沉积钛/金（5nm/40nm）作为接触电极，然后采用相同的工艺沉积 70nm 厚的金属钯，所制作的插指器件沟道长度为 700nm，电学测量采用 Keithley 2612B，在室温和大气环境下进行。器件结构如图 2-28（a）和（b）所示，一组相互交叉的栅形电极压在碳纳米管线团表面作为接触电极，栅形电极两端各有一个宽的条形电极，可用于与探针接触并实现电流传输和测量。由图 2-28(d)中非线性的电流 - 电压关系曲线可以看出，金属电极与碳纳米管之间形成了良好的欧姆接触。

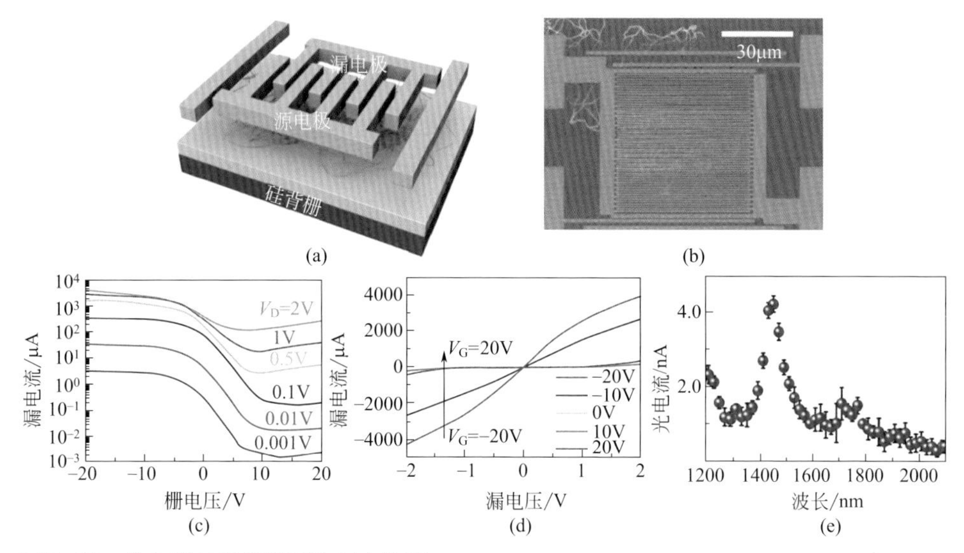

图2-28　单色碳纳米管线团的光电性质

（a）碳纳米管线团的插指晶体管器件结构示意图；（b）晶体管器件的SEM表征图像；（c）不同漏电压（V_D）下碳纳米管线团器件的转移特性曲线；（d）不同栅电压（V_G）下的碳纳米管线团器件的输出特性曲线；（e）碳纳米管器件的光导谱

通过探针在碳纳米管线团器件源、漏两端施加不同的漏电压，测试器件的栅电压 - 漏电流转移特性曲线。由图 2-28（c）可以看出，在不同的漏电压下，器件的开关比（开态电流与关态电流的比值）均大于 1000。可见，作为沟道材料的碳纳米管线团是由全半导体性碳纳米管卷绕而成。并且，在漏电压为 2V 的条件下，器件的最大开态输出电流达到 4.4mA，说明基于碳纳米管线团构筑的电子器件可以兼顾实现高电流输出和高开关比电学特性。同时，这 1mA 级的电流输出也是目前基于单根碳纳米管器件的最高输出电流记录。与其他同类采用碳纳米管制作的器件相比，碳纳米管线团具有较高的电流输出密度，可以满足多数主流电子器件的应用需求 [91,92]，如光探测器、射频电路等，同时也接近逻辑电路的应用标准［图 2-29（a）］。在光效应方面，从图 2-28（e）可以看出，碳纳米管线团器件对短波红外有敏感响应，光电流达到 4.0nA，说明碳纳米管线团具有手性一致性并且在光电器件领域具有优异的应用优势。此外，这种电学测量的方式也可以为确定碳纳米管线团的平均面密度提供一种有效措施。考虑到碳纳米管线团由单根超长碳纳米管卷绕而成，其形态常常表现为在线团的前端有单独的一段碳纳米管，可以在碳纳米管线团和单独的碳纳米管表面同时搭接金属电极构筑晶体管器件。在已知碳纳米管壁数的前提下，根据两个器件输出电流的比值可以确定碳纳米管线团的平均面密度。如图 2-29（b）为金属性碳纳米管线团构筑的晶体管器件，开关比小于 10。从其器件结构可以看出，上边缘和下边缘分别只压在了一节碳纳米管上，而中间的插指部分压在了碳纳米管线团上。根据这三者的转移特性曲线可以看出，插指部分的最大开态电流是边缘部分的 10 倍以上，说明碳纳米管线团的平均面密度约为 10CNT/100μm^2。另外，上下两个边缘部分的转移特性曲线基本重合，表明单根碳纳米管径缠绕形成碳纳米管线团后的结构与性能依然保持不变，进一步证明了碳纳米管线团及单根超长碳纳米管的手性一致性。

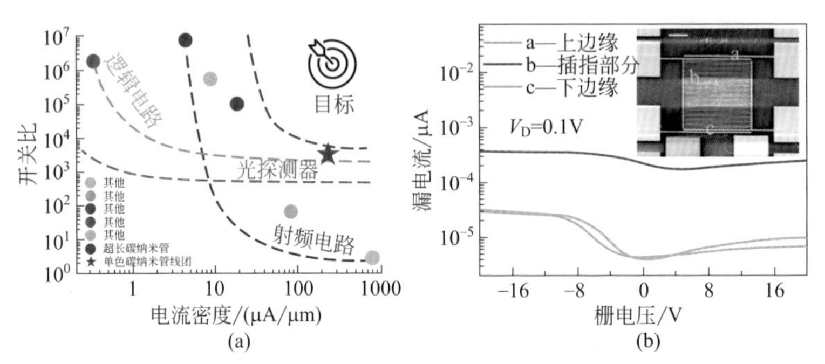

图2-29 （a）碳纳米管器件应用标准与不同类型碳纳米管性能比较，所示标准为将IBM所提的碳纳米管密度和半导体性碳纳米管纯度指标转化为电学可测量值，分别对应电流密度和开关比，这里假设碳纳米管开态电流为10μA；（b）金属性碳纳米管线团晶体管器件的转移特性曲线，内图为器件的SEM图，比例尺为50μm

实际上，在过去基于碳纳米管的电学应用中，以多壁碳纳米管作为沟道材料并不受到推崇。包括 IBM 所提出的高性能碳纳米管基电子器件应用指标也只是针对单壁碳纳米管。这其中的主要原因在于，在全部的手性碳纳米管中，金属性碳纳米管占比 1/3，这意味着对于一根三壁碳纳米管来说，其中一壁是金属性的概率极高。由于多壁碳纳米管用作沟道材料时，所有管层会同时传输电流，如果有任一管层是金属性，器件的通断便不受栅极控制甚至容易击穿金属电极。然而，采用我们的方法制备的少壁碳纳米管，用作沟道材料所制作的晶体管器件开关比高达 $10^5 \sim 10^7$（图 2-30），并且输出电流很容易超过 15μA，远远优于单壁碳纳米管所能达到的输出电流水平。但是，从图 2-28 中的电学测试结果来看，当单根碳纳米管卷绕成碳纳米管线团后，器件的开关比会下降至 $10^3 \sim 10^5$。为了探究卷绕对碳纳米管电学性能的影响，我们分析了一根波浪形碳纳米管所制作的晶体管器件性能。

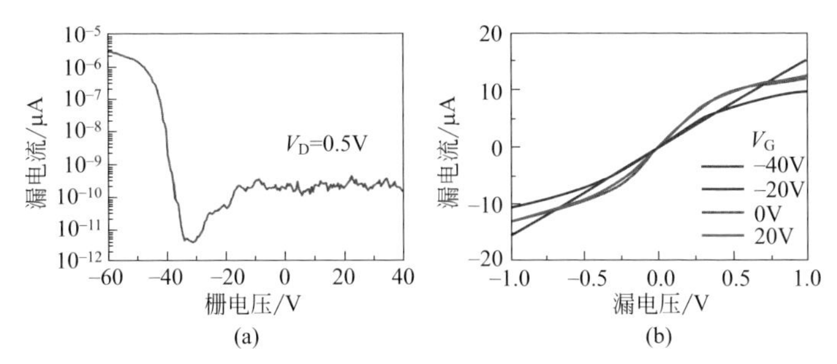

图2-30 基于单根超长碳纳米管构筑的晶体管器件转移（a）和输出（b）特性曲线

（2）弯曲结构对碳纳米管电学性质的影响　如图2-31（a）中所示，一根超长碳纳米管在气流扰动下形成曲折波浪形碳纳米管。碳纳米管经历一个折回形成两节碳纳米管，两个折回便形成三节碳纳米管，这种结构可以方便我们探究碳纳米管的曲折回环结构对其电学性能造成的影响。为此，我们将金属电极分别与折回形成的两节碳纳米管［图2-31（a）中标记“2”的位置］和三节碳纳米管［图2-31（a）中标记“3”的位置］进行接触，同时与单节碳纳米管接触制作的器件［图2-31（a）中标记“1”的位置］进行对比。图2-31（b）和（c）分别是折形碳纳米管的转移和输出特性曲线。随着电极所接触的碳纳米管节数增多，输出电流也随之增加。但是，当碳纳米管节数由一节增加到三节时，器件的开关比下降一个数量级，这与碳纳米管线团器件开关比有所降低的结果保持一致。我们由此猜测，随着金属电极所接触的碳纳米管节数增多，电学特性发生改变极有可能是因为碳纳米管在回环弯曲过程中产生了较大的应力。这会导致器件中产生额外的电阻[93]，进而等效提高了碳纳米管的带隙，降低了碳纳米管的电导。如图2-31（d）~（f），在关态下，这种效应对于电子和空穴的影响是等效的，弯曲的碳纳米管由于应力导致的电阻增加使得导带和价带同等程度的改变，由蓝色线位置扩张到红色线位置。但是，在开态下，载流子的电学行为会因碳纳米管的壁数不同而有所差异。以单壁碳纳米管和双壁碳纳米管为例，不管碳纳米管弯曲与否，价带在开态下均会处于费米能级处（由于对称的双极性特征，碳纳米管和金属电极的费米能级重合）。然而，对于弯曲的双壁碳纳米管而言，尽管和单壁碳纳米管一样，在弯曲的过程中会产生较大的应力，但双壁碳纳米管的内层在开态状态下也会传输电流，从而削弱了碳纳米管由于弯曲带来的电阻增加效应，在能带中表现为导带升高的程度不如单壁碳纳米管。可见，单壁碳纳米管和双壁碳纳米管在弯曲和竖直状态下关态一致，但双壁碳纳米管的开态会受到抑制，因而表现出更低的开关比。但尽管如此，用半导体性碳纳米管卷绕形成的碳纳米管线团器件开关比仍然可以达到10^5以上，并且展现出了优异的电流密度和手性结构一致性，在新一代碳基电子器件领域具有显著优势。

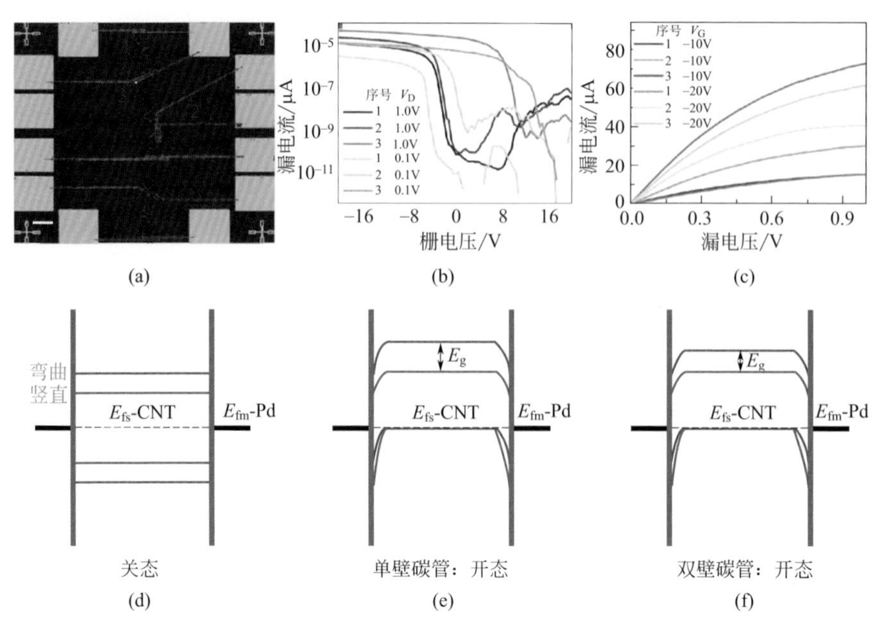

图2-31　波浪形碳纳米管的电学性能与行为分析

（a）电学器件结构，比例尺50μm；（b）（c）不同节数碳纳米管的转移和输出特性曲线；（d）~（f）器件的能带示意图

E_f—费米能级；E_g—弯曲和竖直碳纳米管的导带能量差；下角m，s分别代表金属性和半导体性碳纳米管

这种单色碳纳米管线团由单根结构完美的超长碳纳米管卷绕而成，具有mm^2级的面积，可实现4mA以上的电流输出，相较原有单根碳纳米管电流输出提高1000倍以上，是迄今为止基于单根碳纳米管的最高输出电流记录。由这种大面积单色碳纳米管线团构筑的器件展现了诸多碳基电子奇特的光电特性，目前，我们正在联合开发基于这种单色碳纳米管线团的大规模集成电路及光学器件（图2-32），以期充分挖掘这种新型材料在微电子领域的高端应用。

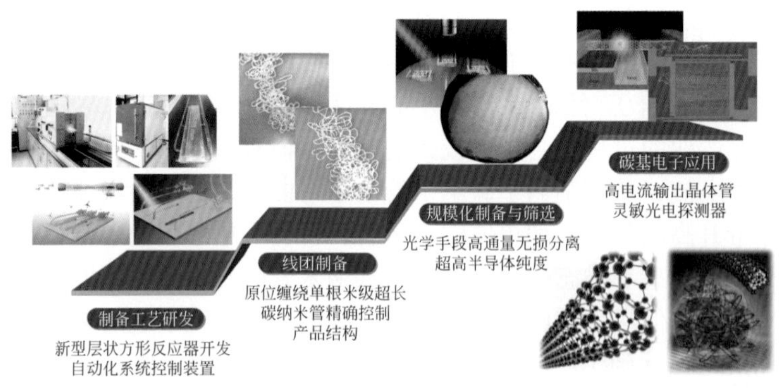

图2-32　一种高电流输出碳纳米管线团的技术发展路线图

四、超长水平阵列碳纳米管的制备

Schulz-Flory 分布生长理论指出，水平阵列碳纳米管的生长过程受催化剂活性概率的控制，且数量密度随长度增加表现出指数衰减的趋势。生长条件的适宜与否，直接决定了催化剂活性概率，从而对水平阵列碳纳米管的数量密度分布、缺陷程度等方面产生深刻的影响。从图 2-33 中可以清晰地看出，催化剂活性概率的不同对水平阵列碳纳米管的形貌有着十分显著的影响。所以，若要制备宏观长度、密度较高、结构完美的水平阵列碳纳米管，就必须提高催化剂活性概率，即最大限度地提高催化剂的活性和寿命。

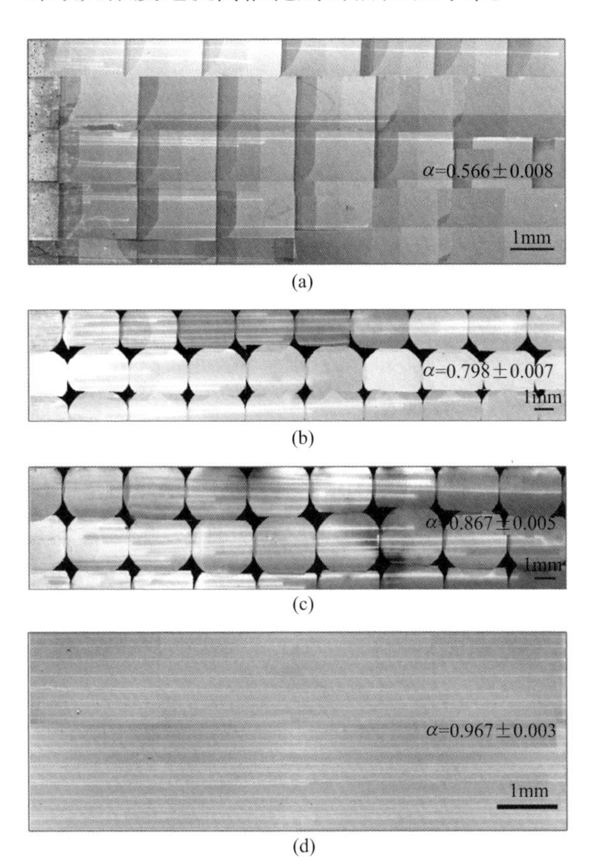

图2-33　不同催化剂活性概率下的水平阵列碳纳米管典型形貌[39]

水平阵列碳纳米管的生长过程是一个十分复杂且条件苛刻的过程，所以催化剂活性和寿命的影响因素也十分繁多。其中，较为主要的影响因素包括碳源种类、生长基底、催化剂、温度、通水量、反应物组成和反应气速等。

（1）碳源种类　为生长超长水平阵列碳纳米管，需要选用分解温度高、分解速率缓慢、不易产生积碳的有机物作为碳源。在以往的报道中，许多课题组通常选用甲烷、一氧化碳、乙醇等作为碳源。魏飞课题组根据多年来积累的经验，认为甲烷最有利于水平阵列碳纳米管的顶端生长，并有助于生长宏观长度、结构完美的碳纳米管。

（2）生长基底　正如先前在水平阵列碳纳米管的生长模式中所介绍的，带有数百纳米厚的氧化层的单晶硅片与碳纳米管间的相互作用力较小，因此有利于碳纳米管遵循顶端生长模式，实现在气流中的飘浮生长。

（3）催化剂　基于大量的前期研究，魏飞课题组选用 $FeCl_3$ 的乙醇溶液作为催化剂前驱体，并在高温下用氢气将其还原为高活性的铁纳米颗粒。Ding 等的理论研究表明，铁纳米颗粒催化剂具有非常高的缺陷修复效率，因而十分有利于生长结构完美的水平阵列碳纳米管[94]。催化剂前驱体的浓度对碳纳米管的生长也有较大影响，因为溶液浓度会直接影响催化剂的负载量，并密切影响铁纳米颗粒在高温下的聚并行为。此外，催化剂前驱体的负载方式的影响也十分显著。本工作中使用硅橡胶微接触印刷的方式将催化剂前驱体溶液按压在硅片的侧面，以使得催化剂纳米颗粒能较好地分散，且在边缘处产生向上的气流以带动碳纳米管飘浮生长。

（4）温度　生长温度直接影响催化剂的活性，因而对催化剂活性概率也有显著的影响。一般认为温度越高，则催化剂活性越高，但在过高的温度下，快速分解后的碳源会以无定形碳的形式覆盖在催化剂表面而导致失活。因此，只有保持在一个较为狭窄的生长温度窗口内，才能维持碳纳米管催化剂的活性与寿命［图 2-34（a）］。

（5）通水量　Hata 研究组曾报道，向 CVD 系统中引入水等弱氧化剂有助于刻蚀碳纳米管生长过程中覆盖在催化剂表面的无定形碳，以提高催化剂的寿命，并且有利于碳纳米管的高速稳定生长[95]。他们采用微量水作为助剂，生长了长度高达 2.5mm 的单壁碳纳米管垂直阵列，催化剂的利用效率高达 84%，生长速率也可达到 4.2μm/s。少量的水有助于提高碳纳米管生长效率、降低缺陷密度；而过量的水会将无定形碳和碳纳米管一同刻蚀，反而降低催化剂活性概率，因此 CVD 过程中水的通入量也存在一个最优值［图 2-34（b）］。

（6）反应物组成　在原料气的各组分中，除了水的通入量，氢气和甲烷的比例也会对催化剂活性概率有着显著的影响。经大量实验研究发现，为使催化剂活性概率最大化，氢气 / 甲烷比也存在一个最优的操作窗口，在本工作中这一最优的比值约为 2［图 2-34（c）］。魏飞课题组认为，氢气 / 甲烷比对水平阵列碳纳米管生长产生影响的机制在于影响了反应气氛中的化学平衡。

（7）反应气速　反应气速对于生长环境中气流的雷诺数和理查森数都有直接的影响，继而影响碳纳米管在气流中的飘浮状态[48]。一般而言，气速较低时雷诺数较小，有利于产生稳定的层流，但同时会导致理查森数的增大，从而不利于碳纳米管从基底上飘浮起来。两个参数对于水平阵列碳纳米管的飘浮生长存在显著的协同作用，对实际生长结果的影响十分复杂，所以在实验结果中显示出两个最优值［图 2-34（d）］。在生长碳纳米管所用石英管反应器的管径一定的前提下，反应气速的改变也会影响碳源的供应，进而使催化剂活性概率对气速条件更为敏感。

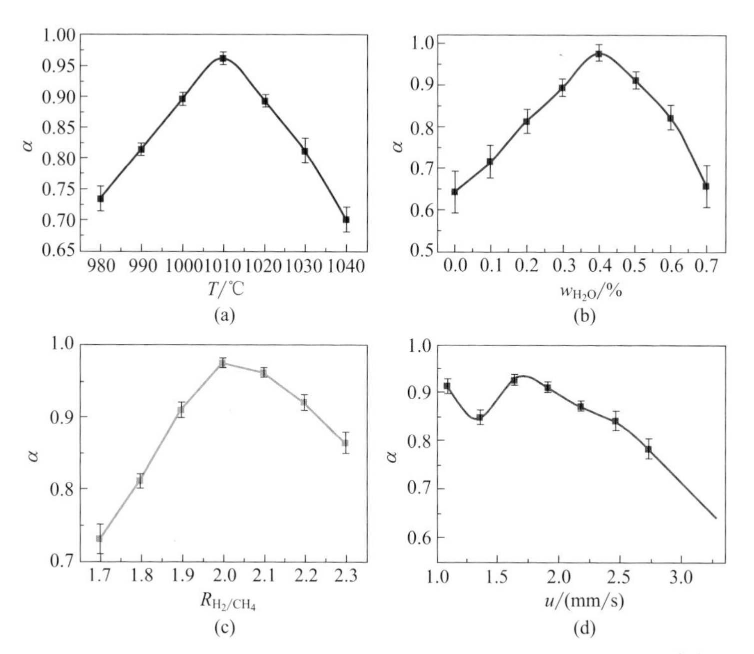

图2-34 基于催化剂活性概率的水平阵列碳纳米管生长条件优化[39]

（a）生长温度的影响；（b）通水量的影响；（c）氢气/甲烷比的影响；（d）反应气速的影响

魏飞课题组针对以上主要的影响因素进行了大量实验优化工作，以提高催化剂在水平阵列碳纳米管生长过程中的活性和寿命。除以上所提及的各影响因素以外，管式炉恒温区的长度也有可能成为超长水平阵列碳纳米管生长的限制因素。由于管式炉的恒温区通常较窄，当制备长达米级的碳纳米管时必然会造成反应器内温度的不均一，从而无法保证催化剂纳米颗粒在生长过程中始终保持高度的活性。虽然理论上可以制造恒温区长度更长的管式炉，但其不能随着碳纳米管长度的增长而无限延长。所以，如何设计一种能够摆脱管式炉恒温区长度限制的制备方法，成为制备超长水平阵列碳纳米管的又一要素。

魏飞课题组开发了一种移动恒温区法来摆脱恒温区长度的限制。此种方法的设计思想是基于水平阵列碳纳米管的顶端生长模式，使管式炉的恒温区随着碳纳米管的最前端平稳移动。此法可使催化剂所处环境的温度几乎始终保持恒定，促进超长水平阵列碳纳米管的稳定快速生长。移动恒温区法的装置示意图和实验装置照片如图 2-35 所示。将管式炉安装在滑轨上，并通过电机带动其以一定速率匀速移动，即可实现碳纳米管顶端与管式炉恒温区的同步移动。

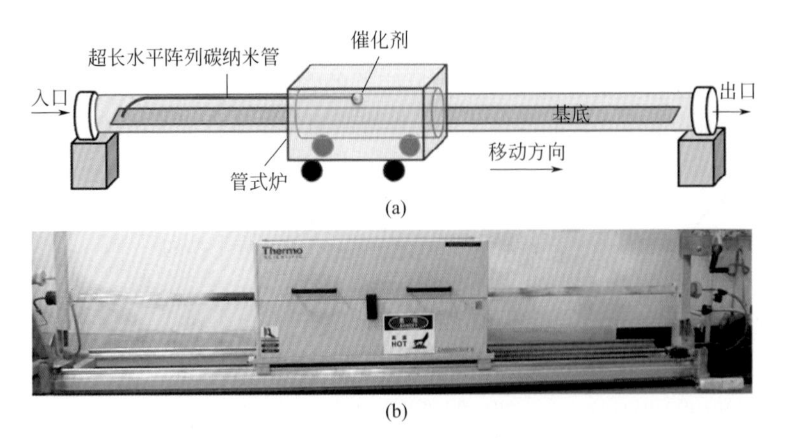

图2-35　移动恒温区法制备超长水平阵列碳纳米管

（a）移动恒温区法装置示意图；（b）实验装置照片

魏飞课题组在对生长条件进行高度优化和精准控制的前提下，再结合以移动恒温区法，极大地提高了催化剂的活性和寿命，并使催化剂活性概率在最优条件下可达 99.5%。这一数值意味着碳纳米管上每增加一对碳原子对的失活概率仅有 120 亿分之一。我们也通过这种方法成功制备了长达 55cm 的结构完美的碳纳米管［图 2-36（a）］。拉曼光谱表征中，未出现表征碳纳米管缺陷程度的 D 峰，因而证明了它的完美结构［图 2-36（c）］。另外，它的断裂伸长率高达 15%，拉伸强度高达 120GPa［图 2-36（d）］，均十分接近于理论预测极限，从而展示出这种宏观长度的碳纳米管具有非常优异的力学性能。

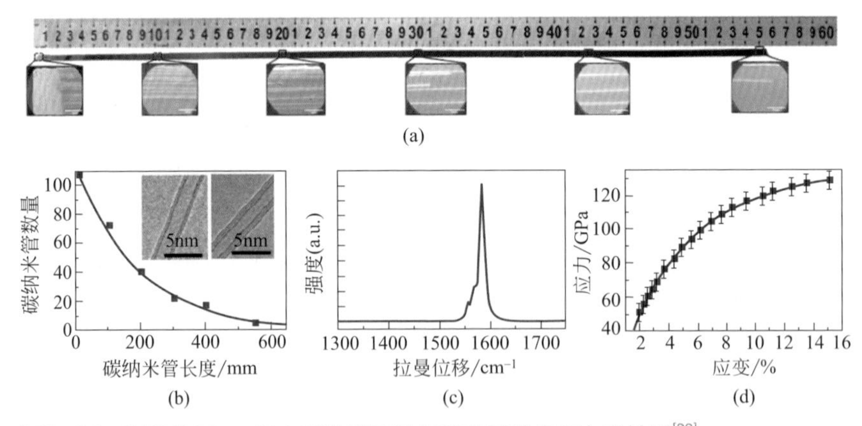

图2-36　制备的55cm长水平阵列碳纳米管及其结构和力学性质[39]

（a）55cm长碳纳米管的扫描电镜照片；（b）水平阵列碳纳米管的数量分布；（c）水平阵列碳纳米管的拉曼光谱；（d）宏观长度碳纳米管的应力 - 应变曲线

第三节
结构完美的水平阵列碳纳米管性质与应用

一、碳纳米管力学性质及其机械储能应用

人们对超强、超韧材料的追求一直是实现并超越梦想的基础。1895 年，苏联火箭专家 Konstantin Tsiokovky 提出了一个设想：人们可以在地球上建造一架太空天梯进入太空［图 2-37（a）］[96]。斯坦李等提出的蜘蛛侠的蜘蛛丝等超韧材料的幻想也深入人心。自从 1860 年英国人将竹碳丝引入灯泡，爱迪生将灯泡推向全世界后，人们认识到碳材料不仅耐高温、导电，同时也是强度高、重量轻的材料，其后多个学术组织进行了各种碳化纤维的研究，直到日本近藤昭男利用丙烯腈纤维碳化并不断改进得到了可以实用的 T300 碳纤维，经历了百余年时间碳纤维才成为大众心中超强材料的代名词。随后的改进则是将纤维的缺陷从最初的微米级下降到纳米级，用了近 50 年时间，达到目前在航空航天、军事、体育及日常生活中广泛使用的超强材料。而真正成为可以大幅盈利的材料则是波音 787 大量使用以后，所以，超强材料的研发、形成产业到可以盈利是梦想长存、路途漫长的科技、产业成长过程。当 1998 年美国提出国家纳米发展计划时，在前言中所举的例子就是，如果设想可以做一种材料，其强度是钢的 100 倍、密度是钢的 1/6［图 2-37（b）］，而且这种材料可以大规模生产，对于美国的科技、国防、国家安全会带来什么？这种材料指的就是碳纳米管。虽然到目前为止，这类材料的大规模制备尚未实现，但其代表的强大国家的力量是显而易见的。

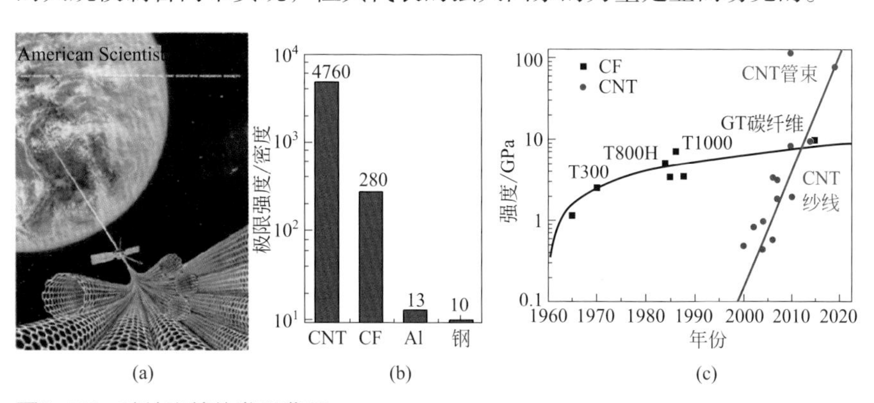

图2-37　碳纳米管的发展背景

（a）《科学美国人》封面展示碳纳米管太空电梯缆绳[96]；（b）碳纳米管与其他材料的比强度对比；（c）碳纳米管和碳纤维的强度与发展历史对比

以目前的碳纤维的强度，要想将天梯这个梦想变成现实还远远不够，需要寻找一种比强度比目前最好的碳纤维至少高2倍的材料。在目前已发现的所有材料中，唯一有可能实现上述梦想的就是碳纳米管。为此美国国家航空航天局多年前设立了一个200万美元的挑战赛，目标是得到比目前最好碳纤维比强度高一倍的材料，该挑战赛进行了8届，最终因没有团队胜出而终止。但碳纳米管的宏观强度在其被学术界重视的这近三十年来得到了突飞猛进的提高，见图2-37（c），不仅以很快的速度超过了碳纤维，而且近期的宏观强度已超过目前最好的碳纤维一个数量级。虽然目前该类碳纳米管的批量制备还远未达到碳纤维的水平。

不仅仅是制备太空天梯缆绳，即使是制备防弹衣及超强纤维等，也要求碳纳米管具有无缺陷的结构、宏观的长度、超强的强度与模量及耐久性、抗疲劳性和化学稳定性。然而，目前最长的碳纳米管也仅为650mm，尚无法制备出米级以上长度的碳纳米管。此外，实际制备的碳纳米管往往存在一些结构缺陷，这些缺陷就会成为其结构和性能的最薄弱环节。碳纳米管的长度越长，出现缺陷的概率越大，由于碳纳米管的直径小，使得Anderson局域化[97,98]的影响大，导致其力学及电学等方面的实际性能急剧下降。因此，如何通过可控生长的方式制备出宏观长度、结构完美、性能优异的碳纳米管，使其原子结构能够按照人们的意愿进行排列，依然是一个十分困难的课题。

如果有了强度高、韧性好、断裂伸长率大的纤维材料，首先想到的应用就是古代的箭与弩，这类机械储能模式是个很好的高能量密度与功率密度的储能形式。作为一种重要的储能方式，机械能存储方式如抽水储能、压缩空气储能和飞轮储能（flywheel energy storage，FES）等也得到了广泛的利用。碳纳米管（CNT）的杨氏模量大于1TPa，抗拉强度超过100GPa，断裂应变高达17%，远远超过碳纤维[99-102]，在作为机械储能材料方面呈现出了很大的优越性。本节将以碳纳米管机械储能应用为导向，介绍与其相关的碳纳米管力学领域的主要理论和实验进展，展示碳纳米管储能可以在能量密度与功率密度上超越目前的大部分机械、化学的储能方法，并对碳纳米管机械储能未来的发展趋势进行展望。

1. 碳纳米管力学性质的理论研究

由于碳-碳 sp^2 共价键具有强度高、化学稳定性好的特点，而碳纳米管又是长程无悬键结构，其力学行为广泛受到学术界关注。Perepelkin等曾经基于石墨的1.06TPa的面内模量[103,104]估计出石墨的抗拉强度为130GPa。自从1991年碳纳米管被学术界重视以来，由于其和石墨烯片原子结构的相似性，碳纳米管就被认为应具有可以与石墨相比拟的面内高强度和高模量。后来，通过分子动力学（MD）模拟，它们的特性得到了广泛的研究。1993 年，Overney 等使用从头计算法得到了短单壁碳纳米管（SWCNT）的杨氏模量的范围为 1.5 ~ 5.0TPa，Treacy 等[105,106]随后也通过实验证实了这一点。拉伸模量也通过能量的方式进行了估算。Tibbetts 等发现碳纳米管的应变能与半径的平方成反比，小直径碳纳米管的强度会有所下降[107-109]。采用势能的二阶导数，Gao 等给出了碳纳米管的杨氏模量为 640.3 ~ 673.5GPa[109]。采用分子动力学模拟，Lu 等得到了约 1TPa 的杨氏模量和约 0.5GPa 的剪切模量[110]。他们也得出碳纳米管的半径，手性以及管壁的数目对其杨氏模量影响不大。Yao 和 Lordi 使用不同势函数模型得到了碳纳米管具有 1TPa 的杨氏模量[111]。此外，研究碳纳米管的泊松比、弹性模量和形变特性与碳纳米管结构的关系发现[112]，碳纳米管的泊松比表现出手性依赖性。然而，弹性模量却对手性不敏感，多壁碳纳米管（MWCNT）和单壁碳纳米管的杨氏模量分别为 0.8 ~ 1.6TPa 和 0.73 ~ 1.1TPa，泊松比为 0.27 ~ 0.33。对于直径小于 0.4nm 的单壁碳纳米管，采用从头计算法得出其杨氏模量会显著降低。而对于更大的直径的碳纳米管而言，其杨氏模量是一个常数（约 1.0TPa）且对直径和手性不敏感[113]。

Yakobson 等利用分子动力学模拟研究了碳纳米管在高应变速率下的拉伸行为，证明了碳纳米管的断裂应变随着温度的升高缓慢下降，且与碳纳米管的手性关系不大[114]。Belytschko 等证明了碳纳米管的手性对它们的抗拉强度有一定的影响［图 2-38（a）］[115]。另一项模拟研究证明，以每小时 1% 的应变速率拉伸微米长的无缺陷单壁碳纳米管，大直径和小直径碳纳米管的屈服应变分别为 12%±1% 和 9%±1%，断裂应变约为 18%[116]。掺杂原子、空位、五元环和七元环等是碳纳米管中几种常见的结构缺陷类型，它们可以显著地改变碳纳米管的电、热和力学性能。其中五边形 / 七边形（或 5/7 圆环）缺陷［图 2-38（b）］是一类重要的缺陷类型，它可以通过键的 Stone-Wales 旋转变形形成[117]。Nardelli 等模拟了 5/7 位错缺陷的形成[118]。Yakobson[119]和 Nardelli 等[118]通过模拟预测的与 5/7 位错缺陷相关的强度限制机制后来通过 Huang 等[120]的碳纳米管超塑性形变实验得到了证实。碳纳米管拉伸过程中碳 - 碳键的旋转和断裂对于理解碳纳米管的拉伸行为是很重要的。Dumitrica 等计算了任意碳纳米管在实际条件下的屈服应变[121]。他们证实了在塑性断裂和脆性断裂之间存在一个竞争的关系，并给出了断裂模式与手性、受力时间和温度［图 2-38（c）］互相依赖的关系图。

Ding 等通过量子力学计算发现，金属杂质会严重影响碳纳米管和碳纳米管纤维的力学性能[122,123]。他们发现一个金属催化剂原子可以使得断裂应变减少 40%。他们还证明了强度的降低程度几乎与碳纳米管的直径无关。此外，他们得出，少量的拓扑缺陷就可以使得碳纳米管的机械强度降低 1 个量级［图 2-38（d）］。

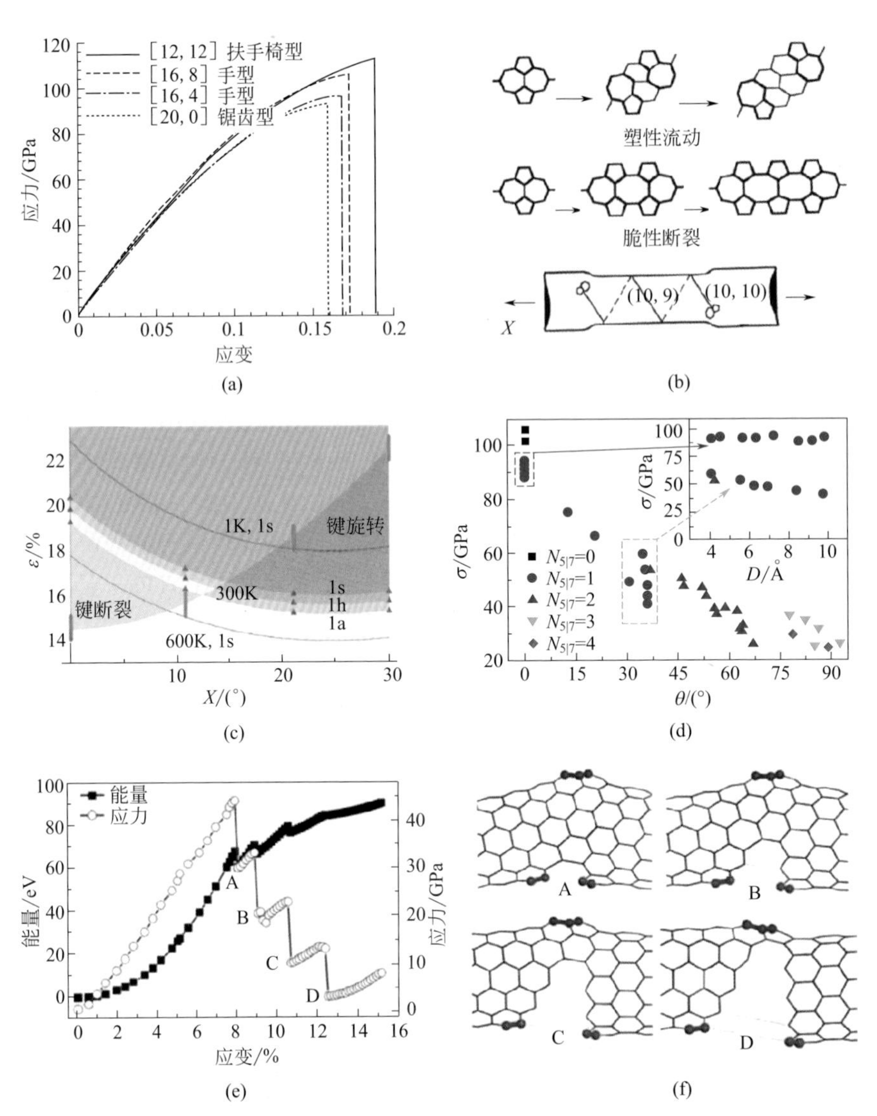

图2-38　碳纳米管拉伸力学行为的计算模拟

（a）不同手性碳纳米管的应力-应变曲线[115]；（b）5/7位错引起的碳纳米管的脆性塑性行为[119]；（c）碳纳米管的断裂应变与手性、受力时间和温度关系图[121]；（d）拉伸强度与碳纳米管管壁弯曲角度以及拓扑缺陷数目的关系[123]；（e）（6,6）-（11,0）-35.81°碳纳米管的应变能和拉伸应力随应变的变化；（f）应变的快照，（6,6）-（11,0）-35.81°碳纳米管在断裂过程中的示意图

五元环和七元环分别用蓝色和红色球标记

图2-38（e）展示了含有一个拓扑缺陷的（6，6）-（11，0）-35.81°碳纳米管应变能和应力与拉伸应变的关系。拉伸开始时，应力高度集中在七边形周围的区域，但靠近五边形的C—C键几乎完好无损。因此五元环周围的部分对承载没

有贡献。随着拉伸载荷增加，拓扑缺陷附近的键按顺序中断。七元环的两个边键首先会被打破，然后裂纹逐渐地从七元环逐步扩展到五元环［见图 2-38（f）A → B → C → D］。应变能方面，在开始的时候，应变能随应变的增加呈抛物线形增长。七元环的一对 C—C 键［图 2-38（f）］在约 7% 拉伸应变处断裂。当两个 C—C 键断裂后，累积应变能释放，如图 2-38（e）所示。然后，更多的应变能逐渐在裂纹两边的两个 C—C 键累积并最终致其破裂。这样的过程重复数次，直到整个 CNT 断裂成两部分。打破一对 C—C 键所需要的应力在整个断裂过程中几乎呈线性减少。换句话说，打破最初的那对碳碳键所需要的应力决定了含有一个拓扑缺陷的整个碳纳米管的强度。而单一拓扑缺陷就可以使得碳纳米管的强度下降一半，故其揭示了合成无缺陷结构的碳纳米管对于利用其理想的强度至关重要。

2. 碳纳米管力学性质的实验研究

除了理论研究之外，碳纳米管的力学性质的实验研究也有了很大的进展。早期对碳纳米管力学行为的测量主要是在电子显微镜下进行的。Treacy 等用透射电镜通过研究几种碳纳米管的固有热振动得到其杨氏模量为 0.41 ~ 4.15TPa［图 2-39（a）］[106]。之后，Poncharal 等采用了机电共振得到的碳纳米管的杨氏模量为 0.7 ~ 1.3TPa[124]。Falvo 等研究多壁碳纳米管的可逆弯曲，报道了其具有非常好的柔韧性[125]。1997 年，Wong 等[133]采用原子力显微镜进行了碳纳米管力学性质的首次直接测量，他们得到了多壁碳纳米管的平均杨氏模量为 1.28TPa，平均弯曲强度为 14GPa［图 2-39（b）］。基于相似的方法，Salvetat 等[126]后来测试得到碳纳米管的平均杨氏模量为 810GPa。由于早期制备的碳纳米管的缺陷控制不好，再加之大部分是底部生长模式下的碳纳米管，由于生长应力的原因缺陷多。对于线形的材料来说，其强度则会随长度呈 Weibull 分布迅速下降。MIT 等美国众多实验室对各种不同方法制备的碳纳米管的单根及管束进行测量后，均发现宏观长度与大管束条件下，碳纳米管的强度并不理想。从碳纤维的发展中我们知道，其强度与一致性提高的核心之一是控制碳纤维的缺陷程度从 70 年代的微米级降低到目前的纳米级。而丁峰等的理论研究指出，对于碳纳米管，单个的五 / 七元环缺陷可使碳纳米管的强度下降 40%[123]。因而，对于碳纳米管而言，高强度意味着制备出宏观长度上没有缺陷的碳纳米管，这时碳纳米管的强度才会不随长度而变化。为此，诺贝尔奖得主 Smalley 等提出了利用碳纳米管为模板生长碳纳米管的克隆技术制备碳纳米管单晶，从而实现超强材料的概念。由于碳纳米管的克隆技术太难，直到前几年才由南加州大学的周崇武教授实现了 40μm 长的碳纳米管克隆[127]。

此外，2000 年，Yu 等在扫描电子显微镜下对多壁碳纳米管的力学性能进行了直接测量。基于应力 - 应变曲线，他们获得了多壁碳纳米管的杨氏模量为

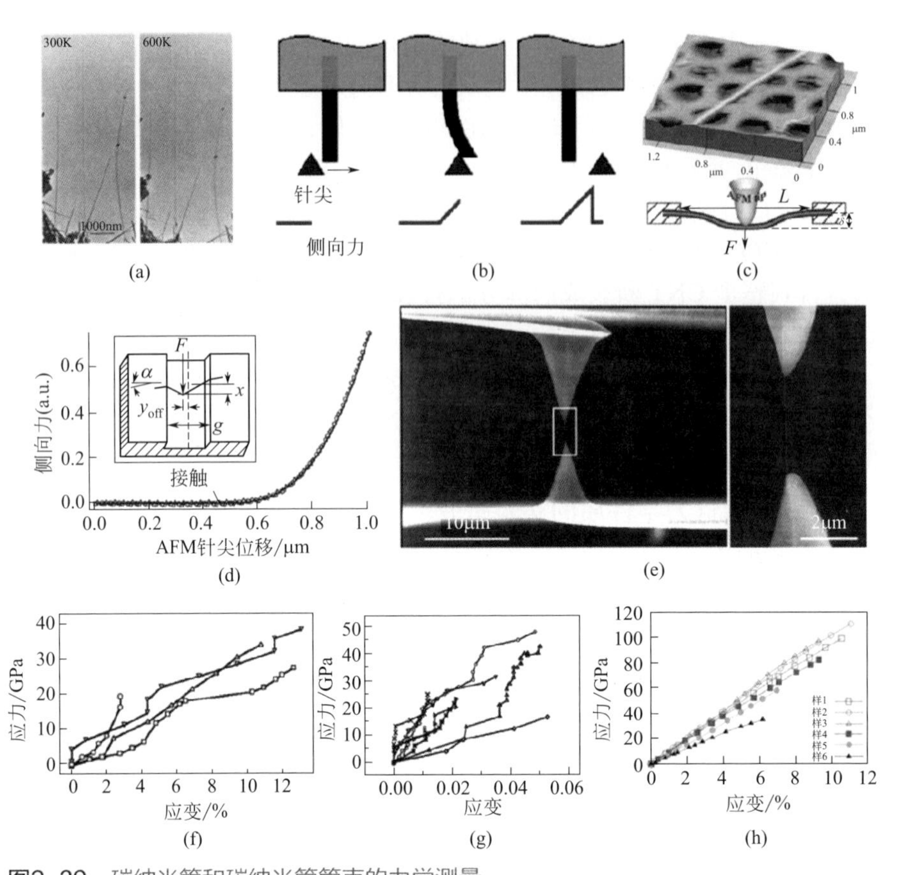

图2-39 碳纳米管和碳纳米管管束的力学测量

（a）通过本征热振动进行模量测试[106]；（b）AFM针尖弯曲碳纳米管进行模量测量[133]；（c）单壁碳纳米管管束的力学测试原理图[134]；（d）侧向力与AFM针尖位置的关系[135]；（e）在扫描电镜下对多壁碳纳米管进行力学测试[99]；（f）多壁碳纳米管的应力-应变曲线[99]；（g）单壁碳纳米管管束的应力-应变曲线[136]；（h）缺陷较少的多壁碳纳米管的应力-应变曲线[137]

0.27 ~ 0.95TPa[99]。更重要的是，他们获得的多壁碳纳米管的断裂应变和拉伸强度分别高达12%和11 ~ 63GPa［图2-39（e）和（f）］。此外，他们观察到了多壁碳纳米管的断裂遵循“剑鞘”机制，即外壁在拉伸载荷作用下首先断裂，碳纳米管的管间作用力很弱，作为结构材料主要是外层起作用，这也是为什么大量的力学研究希望集中于单壁碳纳米管的原因。Heinz等将光学表征和磁驱动技术结合起来测量出单壁碳纳米管的杨氏模量约为（0.91±0.16）TPa，并得出碳纳米管优异的力学性质不依赖于它们的手性[128]。Peng等提出了一种原位三探针测量方法测试了碳纳米管在拉伸下的弯曲共振特性和其结构之间的关系[129]。他们计算出碳纳米管作为弦而非梁的最短的长度可以仅为36nm。一个2.2nm直径的单壁碳纳米管弦作为共振传感器，其敏感度可以高达 0.25MHz/pN。Cronin 等采用拉曼光谱，得到碳纳米管的拉伸断裂应变为 13.7%，抗拉强度为 99GPa[130]。Chen 等在扫描电子显微镜中使用纳米操纵手测试了单壁碳纳米管和三壁碳纳米管的拉伸力学性能。他们发现，其拉伸强度和断裂应变仅为 13 ~ 46GPa 和 1.5% ~ 4.9%。他们认为这些较差的结果可能是缺陷导致的[131]。此外，Lou 等得出氮的掺杂会极大地削弱碳纳米管的抗拉强度[132]。

3. 超长碳纳米管的静态拉伸力学性能

根据上述数据，很少有实验同时观察到高强度（超过 100GPa）、高断裂应变（超过 15%）和高拉伸模量（大于 1TPa）。这主要是由于上述测试的碳纳米管样品存在明显结构缺陷。对于缺陷少的多壁碳纳米管，Espinosa 等[137]发现其平均抗拉强度超过 100GPa［图 2-39（h）］。Demczyk 对单个无缺陷的碳纳米管进行了拉伸试验，得到其拉伸模量为 0.9TPa，抗拉强度高达 150GPa[100]。与垂直阵列和聚团状碳纳米管相比，超长碳纳米管具有无缺陷的原子结构、干净的表面、宏观的长度和一致的取向。Zhang 等用气流吹动法测定了合成的超长碳纳米管的力学性能[138]。结果表明，它们在毫米级长度的断裂应变高达 17%，拉伸强度超过 100GPa［图 2-40（a）］。经过 1000 个应变张弛周期后，得到其应力 - 应变曲线没有发生变化［图 2-40（b）］。在 3% 最大应变下进行循环加载［图 2-40（c）］，在超过 1.8 亿次循环后超长碳纳米管仍未发生疲劳断裂。

对于单根碳纳米管，如果我们使用 A，A_{T}，σ，ε，ρ 分别表示外壁横截截面积（圆筒截面）、外壁封闭截面积（圆柱截面）、应力、应变和密度的话，拉伸应变势能的质量能量密度可以表示为 $u_m = \dfrac{1}{\rho}\dfrac{A}{A_{\mathrm{T}}}\int_0^z \sigma \mathrm{d}\varepsilon$，类似的，我们也能得到体积能量密度[139,140]。如图 2-40（d）所示，当我们对单壁碳纳米管施加 15% 的拉伸应变时，计算得到的最高应变势能体积能量密度约为 2.3×10^6W • h/m^3（1.4×10^3W • h/kg）。对应的管束的应变势能的体积能量密度为 2.1×10^6W • h/m^3，比单根的碳纳米管降低约 9%。此外，Zhang 等实验测量了三根超长碳纳米管的力学性能，得到了它们的应变势能能量密度和功率密度分别高达 1125W • h/kg 和 144MW/kg［图 2-40（a）］[140]。从这些结果可以看出，碳纳米管不仅拉伸强度高出目前最好的碳纤维，同时韧性也高出目前最好的蜘蛛丝 40 倍以上，从储能能力上看，碳纳米管的能量密度与功率密度都高出目前的锂离子电池 6 倍以上。

4. 单根超长碳纳米管的耐疲劳性

材料在实际应用过程中一个主要的破坏模式是发生疲劳破坏。也就是说，在

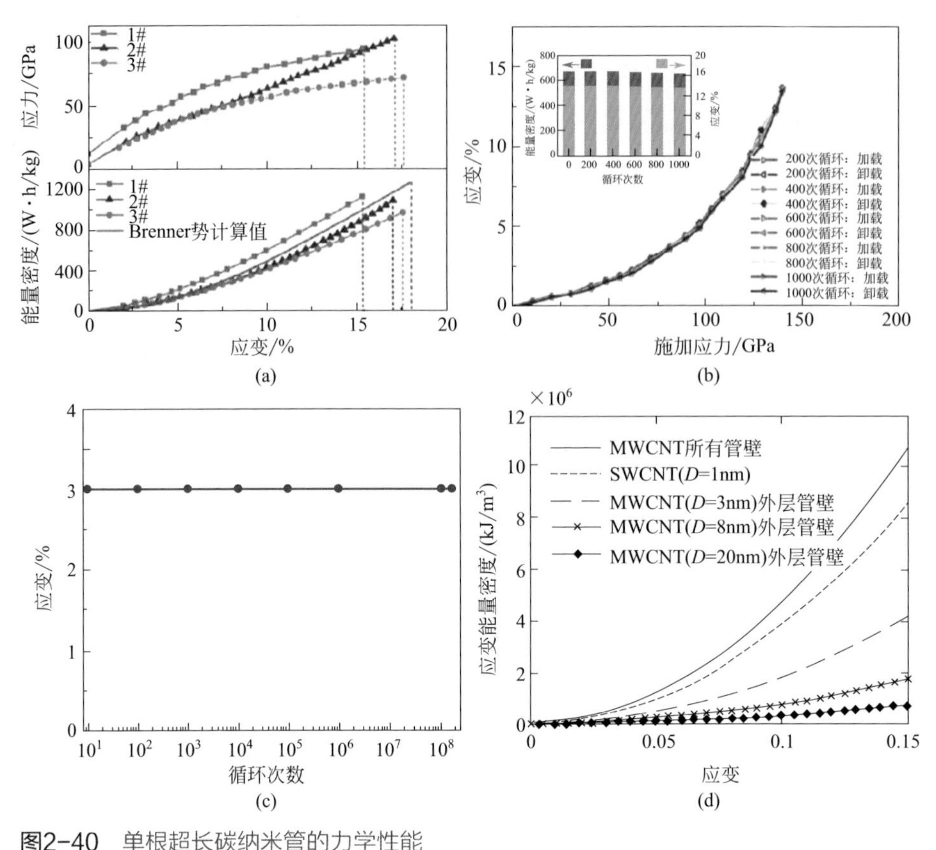

图2-40 单根超长碳纳米管的力学性能

（a）抗拉强度超过100GPa，断裂应变超过17%的超长碳纳米管[138]；（b）碳纳米管经过一定的应变张弛循环后的应力-应变曲线[138]；（c）超长碳纳米管优异的耐疲劳性能[138]；（d）碳纳米管的应变能量密度与拉伸应变的关系[139]

循环载荷下，材料在应力水平低于静态拉伸强度的情况下被破坏。当前人们对于疲劳过程的理解一般都是基于含有缺陷的体相材料。在循环应力条件下，缺陷会导致应力集中的产生，裂纹扩展到临界长度以后就会发生材料的破坏。然而，对于像碳纳米管这类的无缺陷的纳米材料而言，其疲劳行为和疲劳机理是尚不清楚的。最近，Wei 等设计了一个非接触模式的声波共振测试（acoustic-resonance-test，ART）系统［图2-41(a)］，研究了厘米级长度的碳纳米管的本征疲劳行为[141]。他们发现碳纳米管具有十分优异的抗疲劳性能，超过其他各种工程材料［图2-41(b)(d)］。此外，碳纳米管的疲劳行为表现出了比较明显的温度依赖性［图2-41(c)］。而且，他们论证了在低温下，碳纳米管的疲劳破坏受到第一个单键尺寸缺陷产生的主导。

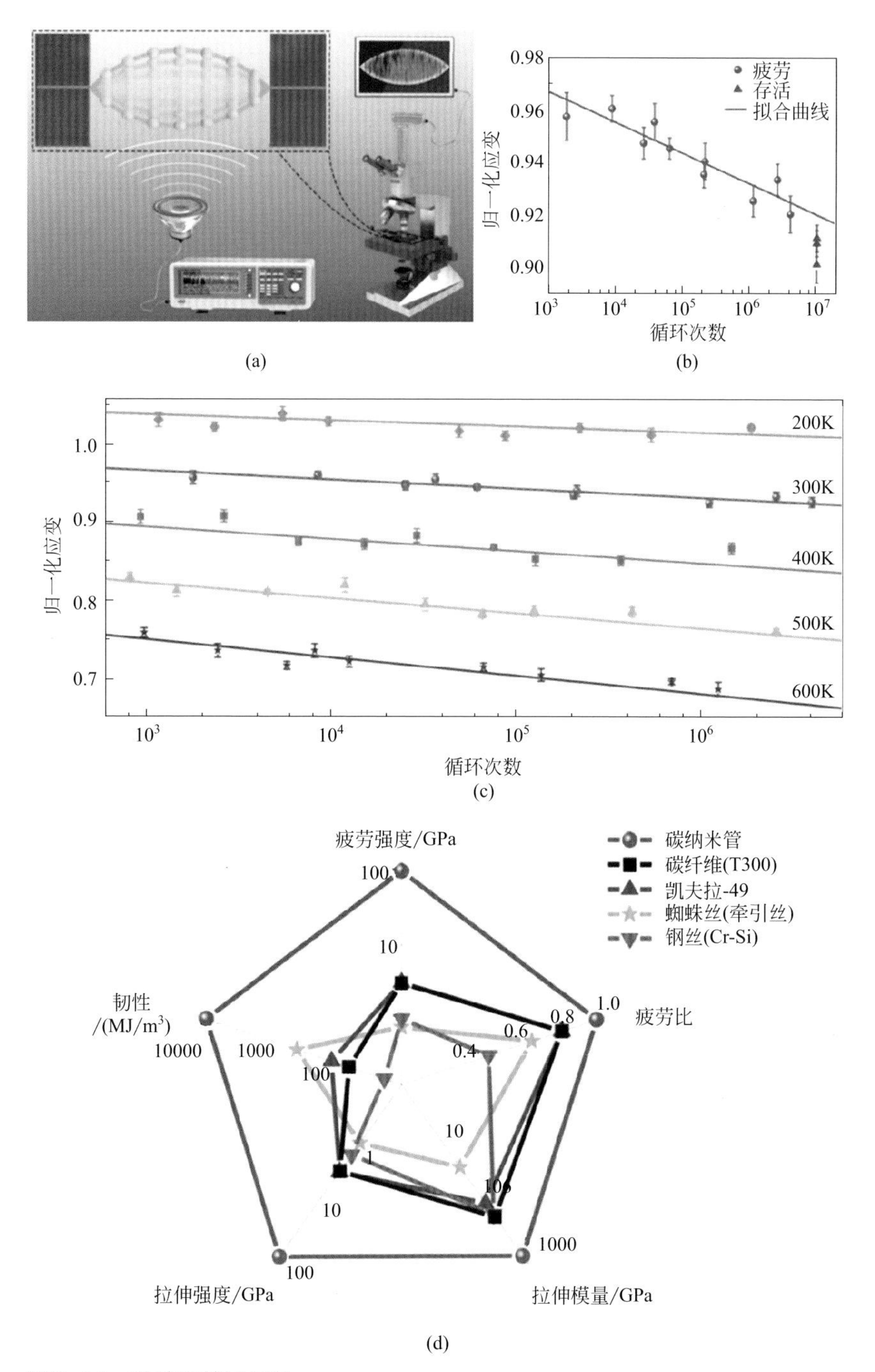

图2-41　碳纳米管的疲劳

（a）声波共振测试系统（ART）的原理图[141]；（b）碳纳米管在室温下的疲劳行为[141]；（c）碳纳米管在不同温度下的疲劳行为[141]；（d）碳纳米管与其他高性能材料的力学性能对比[141]

二、碳纳米管聚集体的力学性能

1. 普通碳纳米管管束的力学性质

1998 年，成会明等采用浮游气相沉积法制备出了单壁碳纳米管束绳[142]。后来他们测试得到这些碳纳米管束绳具有（3.6±0.4）GPa 的平均拉伸强度[143]。1999 年，Smalley 等采用 AFM 测试了单壁碳纳米管管束的断裂伸长率［图 2-39（d）］，发现它们有一个最大值为 5.8%±0.9%。他们还估计了这些管束的抗拉强度约为（45±7）GPa[135]。对小直径的单壁碳纳米管管束，Salvetat 等采用类似的方式得出其拉伸模量约为 1TPa［图 2-39（c）］[134]。此外，他们还发现了大直径管束的力学性能受到管间滑移的影响较大。Yu 等在扫描电子显微镜中测量了单壁碳纳米管管束的力学性质[136]，得到了 10 ~ 52GPa 的拉伸强度和 214W•h/kg 的断裂韧性［图 2-39（g）］。他们还得出管间滑移使得其力学性质与单根碳纳米管相比有较大幅度的下降。Xie 等也报道了其对于多壁碳纳米管管束的力学测试结果[144]。他们测试得到了 0.45TPa 的拉伸模量和 4GPa 拉伸强度。2011 年，Espinosa 等采用原位 TEM 拉伸试验平台对高能电子辐照交联后的双壁碳纳米管管束进行了研究[145]，测试得到管束的抗拉强度和模量分别约为 17GPa 和 0.7TPa。

2. 碳纳米管纤维的力学性质

如何制备强度可与单根碳纳米管媲美的碳纳米管纤维是一个很大的挑战。目前主要的三种制备碳纳米管纤维的方法有：碳纳米管溶液纺丝法（也称为湿法）[146]、垂直碳纳米管阵列纺丝法[147]和碳纳米管气凝胶纺丝法[148]。

溶液纺丝法已广泛应用于合成凯夫拉、丙烯酸和聚丙烯腈纤维等[149]。在最近的几年里，一系列的溶液纺丝法被报道出来以制备纯碳纳米管纤维和基于碳纳米管的复合材料[150-152]。在 2000 年，Vigolo 等首次采用溶液纺丝法制备了单壁碳纳米管纤维[146]。他们将单壁碳纳米管首先分散到十二烷基硫酸钠（SDS）中，然后将这种分散液注入聚乙烯醇（PVA）溶液中，他们观察到了连续的碳纳米管丝带被制备出来。经清洗后，其抗拉强度为 150MPa［图 2-42（a）］。然而，该方法仍存在一些缺点，如纤维较短（约 10cm），生产速度慢（约 1cm/min），后期处理困难[151]，因此很难制备出长而不乱的纤维。基于这种方法，Dalton 等制备了 100m 长的碳纳米管复合纤维材料，成丝速率超过 70cm/min[150,151]。纤维的拉伸强度为 1.8GPa，断裂能为 158W • h/kg，远高于凯夫拉纤维（9W • h/kg）和蜘蛛丝纤维（46W • h/kg）。PVA 链有利于增强碳纳米管纤维管间力的传递，但是与纯碳纳米管纤维相比其热导率和电导率却会降低[153]，尽管如此，制备纯碳纳米管纤维仍具有十分重要的意义。Ericson 等将单壁碳纳米管分散到硫酸中，在酸根阴离子的协助下促进其取向排列一致[154]。Pascoli 等进一步改进了溶液纺

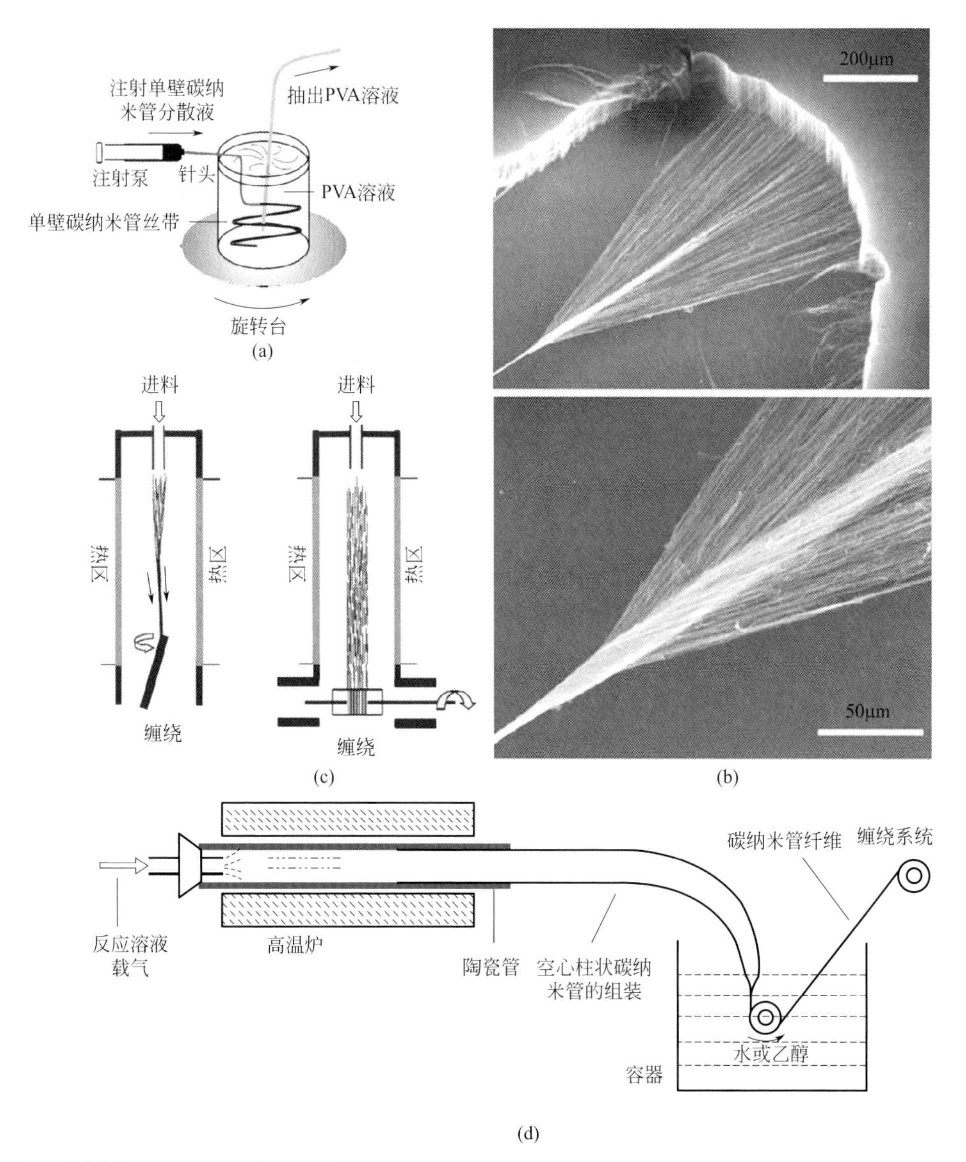

图2-42　碳纳米管纤维的制备

（a）碳纳米管纤维的湿纺方法示意图[146]；（b）垂直碳纳米管阵列纺制的碳纳米管纤维的SEM图像[156]；（c）碳纳米管气凝胶纺制碳纳米管纤维和薄膜的示意图[148]；（d）从筒状碳纳米管聚集体纺制碳纳米管纤维的示意图[157]

丝的方法，利用氯磺酸等更强的质子酸溶解碳纳米管进行纺丝，得到了可以与碳纤维相比的强度及比铜的比电导率更优越的碳纳米管纤维，并在 Rice 大学技术的基础上成立了公司进行深入的产业化开发。纳米管溶致液晶可被纺成大尺度纤维，其最后的纯碳纳米管纤维长度可达 30m 或更长，直径约为 50 μm。此外，它们抗拉强度约为（116±10）MPa，杨氏模量约为（120±10）GPa。由于不含聚合物，其热导率和电导率都很高。Kozlov 等指出需要采用特殊的装置来防止这些由于长时间和硫酸接触而可能发生的质子化作用[153]。因此，不含硫酸的纺丝法渐渐被开发出来[149,153,155]。例如，将 SWCNT/LDS 溶液注入盐酸中可以形成凝胶纤维[153]，将凝胶纤维完全洗涤并在氩气氛中 1000℃退火后即可得到无残留杂质的单壁碳纳米管纤维产品。Zhang 等开发了另一种方法。他们将碳纳米管分散到乙二醇中，然后将它们注射入乙醚溶液[149]。乙二醇迅速扩散到乙醚中，乙醚又进入纤维中。通过采用 280℃加热产物去除残留的乙二醇。由于液晶相的形成和剪切力的作用，这些碳纳米管可以形成良好的取向从而排列整齐。最后得到的多壁碳纳米管纤维的抗拉强度为（0.15±0.06）GPa，低于 CNT/PVA 纤维，却表现出了很高的导电性。

此外，就像从茧中抽丝一样，还可以通过垂直阵列碳纳米管来制备碳纳米管纤维。2002 年，Fan 等用垂直阵列碳纳米管纺出来了碳纳米管细线（直径 200μm，长度为 30cm）[147]。这根碳纳米管线展示出了极好的电性能。在那之后，几个研究小组开始了这个方向的研究。他们发现，碳纳米管阵列的形貌对其可纺性有较大的影响。然而，形成这些纤维的碳纳米管致密度较差[158,159]，载荷的传递不够充分，从而使得它们的强度较低[147]。为了解决这个问题，Zhang 等在碳纳米管抽丝过程中引入了加捻过程[156]，拉伸 - 加捻过程中形成的结构如图 2-42（b）所示。碳纳米管纤维直径可以小至 1μm，纤维的拉伸强度为 150 ~ 300MPa。同时，其柔韧性和强度经高低温和打结后并没有发生明显变化。同步抽丝和加捻装置的设计等许多方法也被用来提高生产效率和产物的性能[160-162]。另一种提高纤维性能的方法是采用较高的碳纳米管阵列纺丝。例如，Zhu 等[162,163]通过不同高度的碳纳米管垂直阵列纺丝制备了碳纳米管纤维，得到纤维的最佳拉伸强度为 3.3GPa、杨氏模量为 263GPa、断裂能为 278W • h/kg。此外，Zhu 等发现缠结结构对于连续的碳纳米管纺丝过程有较大影响[164]。Ray Baughman 等利用这类碳纳米管纤维制备了更多的功能性材料，如人造肌肉等，其性能比动物的肌肉性能提高数十倍，核心是利用了碳纳米管的力学性能、导电性与高比表面积及各向异性结构。

除了以上的后处理方法，碳纳米管纤维也可以直接在合成反应炉中原位制备。Zhu 等采用了浮游气相沉积法（FCCVD）制备碳纳米管纤维[165]。他们将噻吩和二茂铁的正己烷溶液引入炉内加热到碳源的裂解温度，得到的产物单壁碳纳米管线长度约 20cm。从上面撕下来的管束（直径 5 ~ 20 μm）的强度和拉伸模量分别约为 1GPa 和 100GPa。Li 等在 FCCVD 的基础上引入加捻实现了原位连续纺丝，其示意图如图 2-42（c）所示[148]。前驱体溶液和氢气一同引入 CVD 反应炉形成气凝胶，气凝胶引出炉膛被收集进而形成连续的纤维或者膜。气凝胶纺丝法制备的碳纳米管纤维可以同时拥有高的强度和模量，其强度可以高达 8.8GPa[166]，高于所有的商业化高强度纤维。Motta 等[167]研究了工艺参数对此类碳纳米管纤维力学性能的影响。结果表明，碳源类型对纤维性能不是很重要；然而，催化剂含量对纤维的结构和性能却有较大的影响；较低的铁催化剂含量会使得产物中少壁管含量增加，从而提高碳纳米管纤维的强度。此外，较大的牵引速率有助于实现较高的纤维致密度和取向程度[166,168]，进而提高纤维的强度和模量。

最近，Wang 等采用机械辊压的方式对用 FCCVD 方法连续制备的碳纳米管纤维进行致密化处理［图 2-42（d）］[157]。这种致密化可以将其电学性能和力学性能提升 1 个数量级，表现出十分优异的综合性能（拉伸强度 4.34GPa，断裂伸长率 10%，电导率 2×10^4S/cm）。类似的，他们报道了一个具有超高拉伸强度（9.6GPa）的碳纳米管薄膜，该强度超越了目前其他所有的人造纤维和薄膜[169]。基于他们的碳纳米管薄膜制备的飞轮理论上将具有约 890W • h/kg 的能量密度。

利用 FCCVD 方法制备连续长纤维的方法还引起了产业界的广泛重视，发展了有十余家高科技公司进行相关的技术开发，其中 Nanocomp 公司是产业化做得较好的之一，他们可以利用该技术生产数千公里长碳纳米管纤维，其强度与导电性综合指标优于目前广泛使用的铜线，已在 NASA 的多种卫星上作为导线使用，并有希望在大型民用机上替代铜线以减轻卫星、飞机重量。另外 NASA 也在将该类材料用于火箭主体，以提高其性能。据不完全统计，国际上在该方向的投入是碳纳米管应用的核心领域之一，其研发与几十年前的碳纤维类似，主要是集中在碳纳米管飞机叶片，火箭、飞机结构材料与导电材料等领域。虽然目前碳纳米管的专利中国的申请量最多，但从这些面向未来可以形成战略性技术的专利布局来看，美国等发达国家与大公司则更多。

3. 超长碳纳米管管束的力学性能

如上所述，碳纳米管可分为三种类型：聚团状碳纳米管[7,170]、垂直阵列碳纳米管[171,172]和超长水平阵列碳纳米管（简称“超长碳纳米管”）[173-175]。要想获得具有无缺陷结构的厘米级长度的聚团状碳纳米管或垂直阵列碳纳米管几乎是不可能的。碳纳米管中的缺陷，如五元环、七元环、空位或掺杂物会对它们的力学性质造成很大的影响[100,176-178]。虽然有很多关于使用聚团状碳纳米管或垂直阵列碳纳米管制备碳纳米管纤维的报道，但是所构成纤维的碳纳米管的长度通常限制在毫米级以下，并且含有大量的结构缺陷。这些碳纳米管纤维的抗拉强度通常在 0.5 ~ 8.8GPa 之间[150,166,179-181]，远远低于单根碳纳米管的强度。这是由于这些短的碳纳米管之间相互缠绕或重叠，其纤维强度主要受制于较弱的范德华力相互作用，而无法充分利用单根碳纳米管的本征共价键的强度［图 2-43（a）］[181,182]。

Yakobson 等也从理论上证明了这一点，碳纳米管越短，形成的管束的强度就越差[183]。只有当碳纳米管足够长的时候，其形成的纤维的强度才可以接近单根碳纳米管［图 2-43（b）］。相比之下，超长碳纳米管具有宏观的长度（长径比可高达 10^6 ~ 10^8）、洁净的表面、无缺陷的结构以及一致的取向，在制备超强连续碳纳米管纤维方面具有巨大的优势。

Bai 等使用超长碳纳米管制备了具有特定碳纳米管数量和平行排列结构的超长连续碳纳米管管束（CNTB）。然后，他们定量地研究了其结构和力学性能之间的关系[184]。在生长过程中，超长碳纳米管会飘浮在气流中[185]。因此，他们提出了一种气流聚焦（gas flow focusing，GFF）的方法，原位合成了超长碳纳米管管束［图 2-43（c）（d）］。力学测试结果表明，其拉伸强度随着管束根数的增加呈现指数级的下降［图 2-43（e）］。进一步研究发现，虽然管束上每根碳纳米管都是完美的，但每根碳纳米管的受力并不均匀，碳纳米管管束的拉伸强度会受到丹尼尔效应的控制[186]，即束纤维的平均抗拉强度随单纤维数量的增加而下降。组成这些管束的碳纳米管有着不均匀的初始张力，从而导致它们无法同时均匀地承受载荷，进而使得整体的抗拉强度降低。这类现象在建造悬索桥时也会遇到，即一般的悬索桥数千米长的主缆是由数万根直径几毫米近 2GPa 的非加捻钢丝束组成，建造时需将钢丝束分成数百组，调节每根钢丝间的受力，要求其方差小于设计值，才可将数十万吨的桥支撑起来。但对于毫米级的碳纳米管管束，虽然其长径比与悬索桥主缆接近，由于纳米级的直径，调节每根碳纳米管的受力则极具难度。他们提出了一种“同步张弛”（synchronous tightening and relaxing，STR）的策略来可控地释放初始应力，调节它们处于较为一致的状态，提升了管束的拉伸强度。其方法的核心是利用碳纳米管在弯曲曲率半径大于 10μm 后，作用力很弱，而完美碳纳米管的强度高、断裂伸长率大，这样管束在进行整体牵伸时，只要控制牵伸力小于单根管的断裂强度而使管间滑动，并同步地进行松弛，则不同受力的碳纳米管在反复进行该处理后，受力趋于一致。如图 2-43（e）所示，未经过“同步张弛”法处理的超长碳纳米管管束，当管束根数趋于无穷大的时候，其平均拉伸强度将最终降低至约为 47GPa。然而，经过 STR 处理后，当管束根数趋于无穷大的时候，其平均抗拉强度将可以达到 80GPa（假定平均密度为 $1.6g/cm^3$，计算得到的比强度为 50N · m/kg）。图 2-43（f）表示超长碳纳米管管束、高性能商业纤维[187,188]以及其他碳纳米管纤维［如气凝胶纺丝纤维（ACNTF）[166]、垂直阵列纺丝纤维（VACNTF）[162]、溶液纺丝纤维（SCNTF）[189]］的拉伸强度的比较。可以看出，超长碳纳米管管束的抗拉强度至少为其他材料的 9 ~ 45 倍，在制造超强纤维方面显示出了巨大的优越性。此外，由这种超长碳纳米管管束制成的飞轮其能量密度可以高达约 8571W · h/kg，超越了目前已知所有的其他材质飞轮。

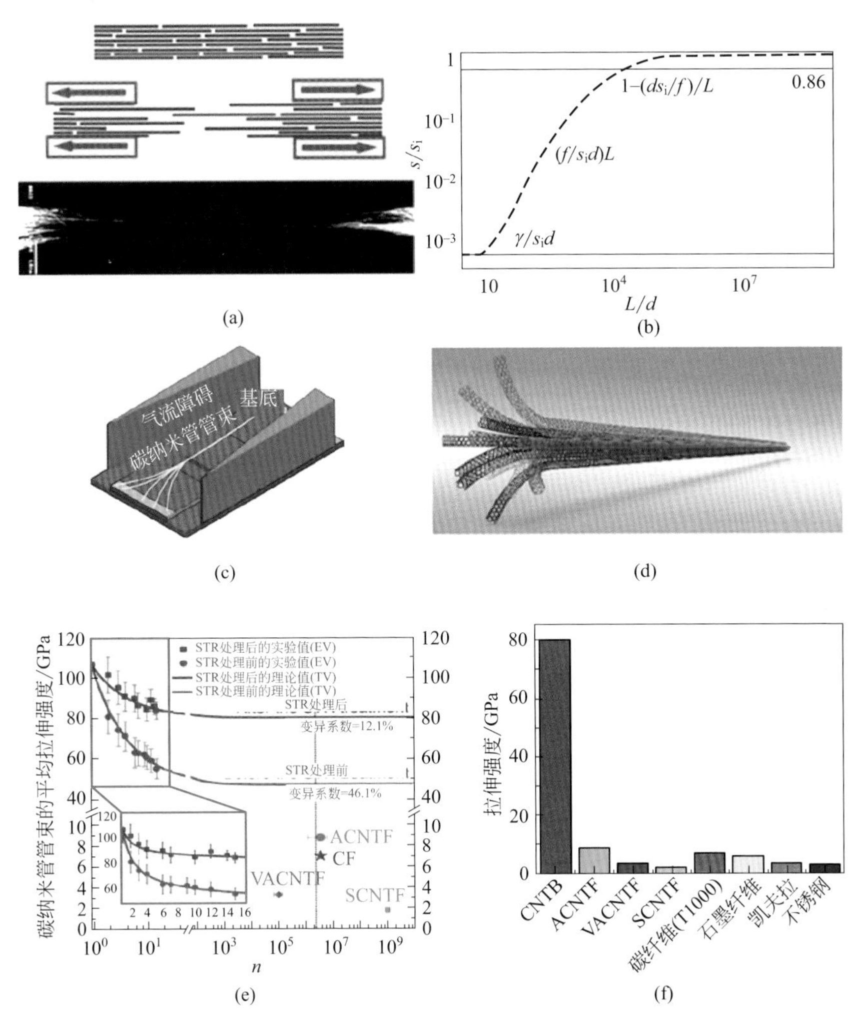

图2-43 超长碳纳米管管束的制备及力学性能研究

（a）具有短单元长度的碳纳米管纤维的简易模型[182]；（b）碳纳米管管束强度与碳纳米管长径比（L/d）的关系[190]；（c）气流聚焦法（GFF）原位制备碳纳米管管束的原理图[184]；（d）由超长碳纳米管组成的连续超长碳纳米管管束示意图[184]；（e）经STR处理前后超长碳纳米管管束的平均抗拉强度与构件数（n）的关系[184]，点和曲线分别代表实验值（EV）和理论计算值（TV）；（f）超长碳纳米管管束、高性能商用材料与其他碳纳米管纤维的强度比较[162,166,184,188,189]

s_i—碳纳米管本征强度；L—碳纳米管单元的长度；d—碳纳米管单元的直径；f—横向摩擦力；γ—表面能

4. 飞轮储能简介

在机械储能领域，飞轮储能具有能量密度高、功率密度大、重量轻、精度高、功耗低、耐久性好、可靠性好、温度范围宽等多方面优点，可以被应用于发电站、微型卫星等领域，近年来受到了越来越多的关注[191,192]。一个典型的飞轮储能系统可以在旋转的飞轮中储存动能，储存的动能可以通过发电机将储存的动能转化为电能放电。相反的，在充电过程中，电能通过电动机驱动飞轮转换电能为动能储存起来。飞轮储能系统的关键性能指标最高能量密度主要由飞轮材料决定，这是由于其能量密度大小取决于飞轮的转速高低，进而飞轮材料需要有高的比强度来承受大的离心力可能造成的破坏。典型的高比强度纤维材料包括凯夫拉[193,194]、碳纤维[195-197]和蜘蛛丝[198,199]等。目前的高性能飞轮主要由高强纤维（如碳纤维等）复合材料制造。碳纤维具有约 5GPa 的拉伸强度和约 290GPa 的杨氏模量。为了进一步提高飞轮储能系统的性能，寻找具有更好力学性能的新材料具有重要意义。

表2-1　飞轮转子材料对比[199-201]

时间	类型	材料	强度/MPa	密度/（kg/m³）	比强度/（N·m/kg）	质量能量密度/（W·h/kg）
现在	钢	17-7PH 不锈钢	1650	7800	0.21	36
		钢（AlSi 4340）	1800	7800	0.23	39
	合金	铝（7075）	572	2810	0.20	34
		合金（AlMnMg）	600	2700	0.22	38
	钛合金	钛合金 Ti-15V-3Cr-3Al-3Sn ST	1380	4760	0.29	49
		TiAl6Zr	1200	4500	0.27	45
	复合材料	Advantex E-glass（玻璃纤维）	1400	2146	0.65	110
		玻璃纤维（60%）	1600	2000	0.80	135
		碳纤维（60%）	2400	1500	1.60	269
		Toray T1000G复合材料	3040	1800	1.69	284
		Toray T1000G纤维	6370	1800	3.54	596
	碳纳米管	溶液纺丝碳纳米管纤维	1800	1110	1.62	278
		垂直阵列纺丝碳纳米管纤维	3300	800	4.13	707
		气凝胶纺丝碳纳米管纤维	8800	2000	4.40	754
2020		先进碳纳米管纤维	15000	1600	9.38	1607
2030		超长碳纳米管管束	40000	1600	25.00	4286
2040		超长碳纳米管管束	80000	1600	50.00	8571
2050	金刚石	[100]晶向的金刚石	225000	3520	63.92	10958
		[110]晶向的金刚石	130000	3520	36.93	6331
		[111]晶向的金刚石	90000	3520	25.57	4383

5. 碳纳米管用于飞轮储能

碳纳米管的抗拉强度高、密度低，作为飞轮材料具有相当大的优势。表 2-1 和图 2-44（a）为不同材料作为飞轮材料的性能对比结果[200-203]。由表 2-1 及图 2-44（d）可以看出[139,204]，碳纳米管材质飞轮的理论能量密度高于绝大多数工程材料。目前工程上已经使用的最好的飞轮材料是碳纤维增强的聚合物（碳纤维增强复合材料）。如果使用碳纳米管作为飞轮材料，对于当前碳纳米管纤维可以实现的强度而言，我们可以看到湿法碳纳米管纤维飞轮的理论能量密度与碳纤维增强复合材料飞轮基本相当。垂直阵列碳纳米管纤维以及气凝胶碳纳米管纤维的能量密度是碳纤维增强复合材料飞轮的 2 ~ 3 倍。前面我们已经介绍了超长碳纳米管管束，通过控制其结构无缺陷、洁净、取向一致，初始应力分布均匀并且结构连续，就可以使得宏观直径尺寸的超长碳纳米管管束仍可保持 80GPa 的拉伸强度，接近单根碳纳米管。因而，由超长碳纳米管管束制备的飞轮将具有高达 8571W・h/kg 的理论能量密度［图 2-44（d）］，高出目前其他所有工程材料。这个能量密度是碳纤维增强复合材料飞轮的 32 倍，锂电池的 57 倍，钢飞轮的 220 倍，超级电容器的 1429 倍，钢弹簧的 22 万倍。就目前的发展速度，中期目标（4286W・h/kg）在 2030 年之前有望达到，最终目标（8571W・h/kg）在 2040 年之前有望实现。高的能量密度并不是碳纳米管飞轮储能的唯一优点。如果使用超长碳纳米管管束飞轮存储系统为电磁炮供能，其功率密度可以高达 2.06GW/kg[205]。事实上，飞轮吸收能量过程以及释放过程都可以或快或慢。因此，能量既能够以高功率又能够以低功率供给应用体系。另外，碳纳米管飞轮储能可以有更高的循环寿命，并且不易受到环境因素的影响。由于其不易受到环境温度的影响，碳纳米管飞轮储能将可以用于超高/低温环境。锂离子电池的典型工作温度为 −20 ~ 60℃[206]。研究证明碳纳米管的热稳定温度可以高达 2000℃，因而碳纳米管飞轮将有更大的温度适用范围[207]。在碳纳米管之后，金刚石可能会成为杀手锏级的飞轮材料。研究计算表明，[100] 晶向的金刚石的强度高达 225GPa，甚至高于碳纳米管，同时也高于 [111] 晶向（190GPa）和 [110] 晶向（130GPa）[图 2-44（b）（c）][208,209]。如图 2-44（d）所示，采用连续单晶金刚石 < 100 > 纤维所制备的飞轮用于机械能存储，其能量密度将可以达到 10958W・h/kg，甚至超越超长碳纳米管管束飞轮，这个目标将有望在 2050 年之前实现。

三、碳纳米管晶体管与感光器件

碳纳米管根据其导电性质可以分为半导体性碳纳米管和金属性碳纳米管，而其中半导体性碳纳米管优异的电学性质引起了研究者们的广泛关注。相比于本征

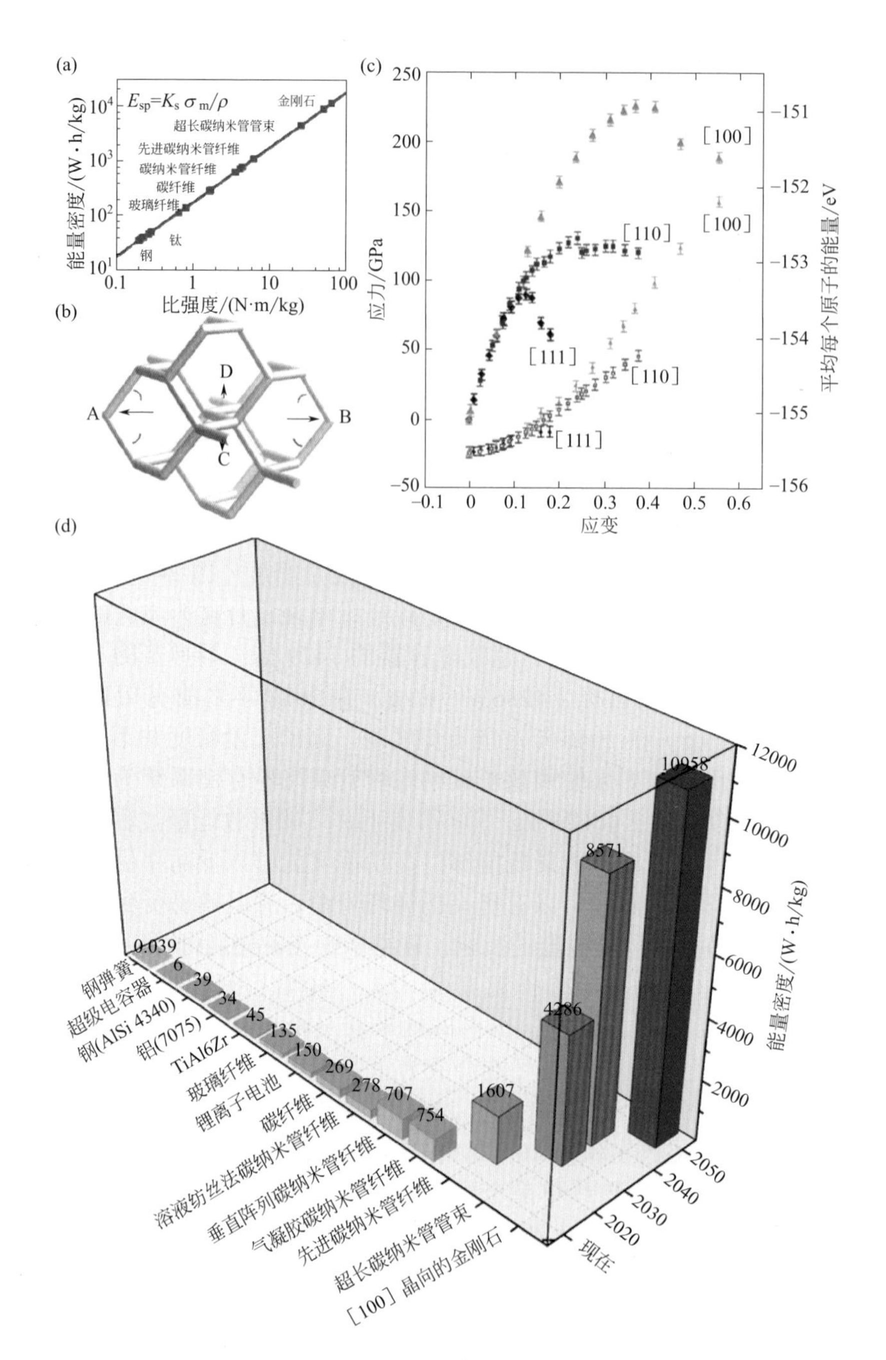

图2-44 不同材料和不同储能系统的能量密度比较

（a）用于飞轮储能的各种材料的理论能量密度与材料比强度的关系[138,139,200-202,210,211]；（b）张力沿 < 100 > 方向（AB）和 < 110 > 方向（CD，沿 zigzag 方向）的说明[208]；（c）金刚石在不同方向受拉时的应力-应变曲线[208]；（d）不同飞轮储能材料以及与其他储能系统的能量密度比较[138,139,200-202,210,211]

硅基半导体材料，半导体性碳纳米管具有更高的电子迁移率，并且其带隙可以通过碳纳米管的管径进行调变，因而可用于制备场效应管。此外，基于碳纳米管的电子器件具有尺寸小、速度快、功耗低等优势。目前，半导体性碳纳米管在制造晶体管、存储器、逻辑电路、传感器等器件方面展示出了巨大的优势。这些电子器件的神奇之处在于它们具有更高的迁移率、电流密度和更强的场效应。在此，将主要介绍碳纳米管的电学性质及其在晶体管和感光器件中的应用。

1．基于碳纳米管的晶体管

晶体管是电子电路的基本组成部分，而场效应晶体管（field effect transistors，FET）则是基本的开关和放大逻辑器件。经典的 FET 结构中包含三个电极，分别为源极（S）、漏极（D）和栅极（G），源极和漏极之间以沟道相连，而栅极与沟道之间以电介质（通常为氧化物）分隔。人们很早就意识到，半导体性碳纳米管所具有的电学、热学、力学和化学性质能够全方面满足下一代电子器件的需要。1998 年，Dekker 等首次用单壁碳纳米管制成了碳纳米管 FET[212]。在他们的 FET 中，两个铂电极分别充当源极和漏极，而带有氧化层的掺杂硅片基底则作为背栅［图 2-45（a）(b)］。从那以后，人们开始大量研究碳纳米管 FET，而其中单壁碳纳米管 FET 又占了绝大多数[213]。碳纳米管 FET 主要包括两种架构：顶栅和背栅［图 2-45（c）(d)］。相比于背栅，顶栅结构的碳纳米管 FET 在碳纳米管的上方也设置一个栅极，且在碳纳米管和顶栅之间以绝缘体隔开［图 2-45（d）(e)］[214]。通过对栅极施加特定电压，就可以实现碳纳米管 FET 的导通和关断。

当金属电极和半导体相接触时，由于金属和半导体的费米能级通常无法适配，从而会导致两者间的电荷传输。在此前提下，就会在金属电极和半导体之间形成一定的 Schottky 势垒[215]。对于 Dekker 等所制备的碳纳米管 FET，当施加较大的栅极偏置电压时，其 Schottky 势垒显著降低，进而使其具有非常高的电流开关比[212]。为尽量避免 Schottky 势垒的影响，Peng 等在碳纳米管 FET 制备方面开展了大量研究工作，以实现理想欧姆接触并提高碳纳米管 FET 的性能[216]。他们发现，金属钯与半导体性碳纳米管的价带、金属钪与半导体性碳纳米管的导带所形成的组合可实现理想欧姆接触［图 2-46（a）］，使得制成的 n 型和 p 型碳纳米管 FET 具有接近于弹道极限的性能［图 2-46（b）］[217]。

此外，还有许多研究工作从栅极电介质材料的角度入手，开发了 HfO_2[214]、ZrO_2[218]、Al_2O_3[219]、Y_2O_3[220] 等一系列高介电常数材料，用以提高碳纳米管 FET 的效率。比如，Pang 等采用高品质的 Y_2O_3 作为高介电常数的栅极电介质，并制备了具有极佳性能的碳纳米管 FET，其亚阈值摆幅低至 60mV/dec［图 2-47（a）～（d）］[221]。到目前为止，人们已实现对具有高跨导值、低亚阈值摆幅和

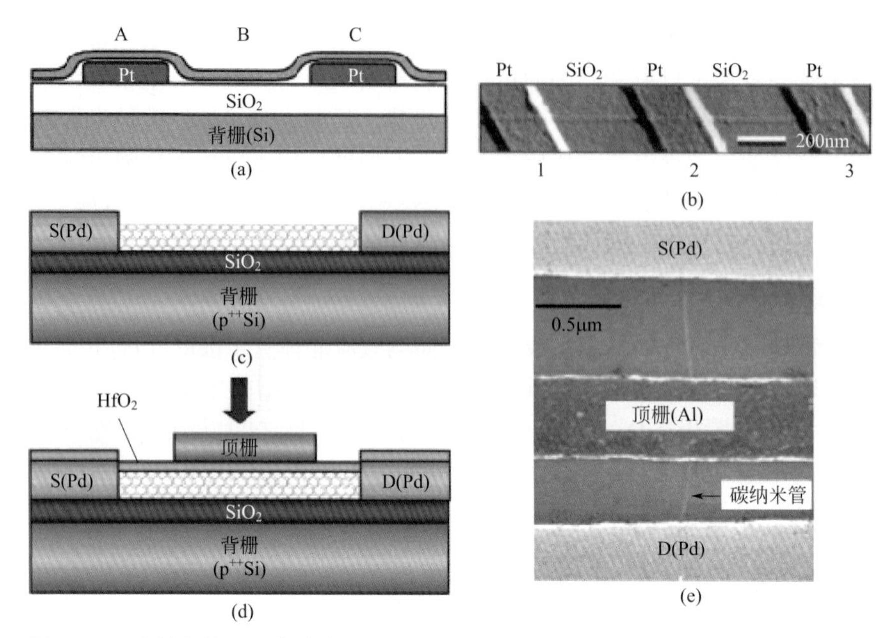

图2-45 碳纳米管FET的结构

（a）碳纳米管FET的侧面结构示意图；（b）单根单壁碳纳米管跨越三个铂电极的原子力显微镜照片[212]；（c）（d）碳纳米管FET的顶栅和背栅架构示意图；（e）顶栅碳纳米管FET的扫描电镜照片[214]

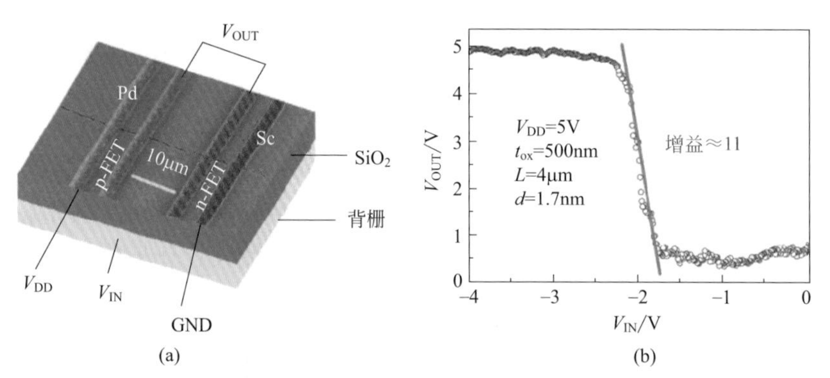

图2-46 碳纳米管FET中理想欧姆接触的实现[217]

（a）使用同一根单壁碳纳米管制备的n型和p型FET；（b）该碳纳米管FET的电荷传输特性（背栅氧化层厚度为500nm，碳纳米管直径为1.7nm，沟道长度为4μm）

长栅极长度（> 100nm）的 n 型和 p 型碳纳米管 FET 器件的制备[222,223]。一般而言，FET 的亚阈值摆幅越低则关态电流越低，从而在相同电压下的功率耗散也就越低。目前，碳纳米管 FET 的尺寸已可达到亚 10nm 级别，并且其开态电流和亚阈值摆幅等方面的性能已远远优于硅基金属氧化物半导体 FET。此外，Zhou 等还曾报道，碳纳米管 FET 的能带结构可以通过选区化学门控的手段加以调控

［图 2-47（e）（f）］[224]。他们将 FET 器件中碳纳米管与电极接触的部分暴露在氧化性或还原性的气氛中，或是选择性地将碳纳米管的中间部分暴露在特定环境下。通过以上手段，他们实现了对碳纳米管 FET 的阈值电压和亚阈值摆幅的调控［图 2-47（g）～（j）］。

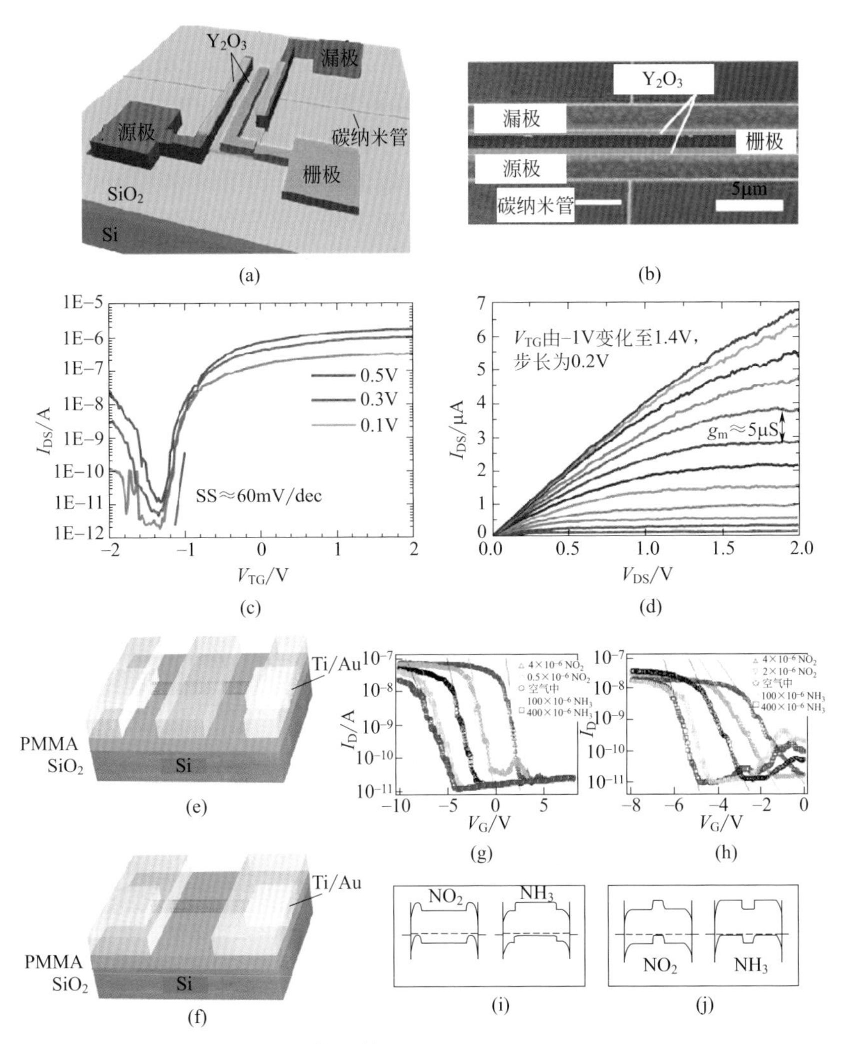

图2-47　碳纳米管FET的性能调控

（a）基于Y_2O_3栅极电介质的碳纳米管FET结构示意图；（b）基于Y_2O_3栅极电介质的碳纳米管FET的扫描电镜照片；（c）器件在V_{DS}为0.1V、0.3V、0.5V下的传输特性；（d）器件的输出特性（V_{TG}为顶栅电压；I_{DS}为源极和漏极间的电流；V_{DS}为源极和漏极间的电压）[221]；（e）（f）选取化学门控法调控碳纳米管FET能带结构的示意图（分别为暴露碳纳米管与电极接触部分和暴露碳纳米管中间部分）；（g）将碳纳米管与电极接触部分暴露于不同气氛时的I_D-V_G曲线（I_D为漏电流；V_G为栅极电压）；（h）将碳纳米管中间部分暴露于不同气氛时的I_D-V_G曲线；（i）（j）两种暴露方式下接触不同气体时的能带结构变化[224]

通常情况下，基于中等管径或大管径碳纳米管所制备的FET在开关比、关态电流等方面的表现会比小管径碳纳米管制成的FET稍差一些。为解决这一问题，Pang等设计了一种反馈栅极FET结构[225]。此种反馈栅极FET与顶栅FET的区别之处在于，它增加了一个直接与漏极相连的反馈栅极［图2-48（a）］。测试结果表明，用1.5nm长的半导体性碳纳米管所制备的反馈栅极FET具有极低的关态电流（1×10^{-13}A）和非常高的开关比（$>1\times10^{8}$）。并且，即便在室温条件以及较大的源-漏偏置电压下，亚阈值摆幅也仅为75mV/dec［图2-48（b）］。反馈栅极结构不但可以用来制备碳纳米管FET，并将其用于静态功耗较低的逻辑电路，还可应用于其他窄带宽的半导体器件，从而抑制漏电流。以上示例中所提及的碳纳米管FET均是基于单根碳纳米管所制备的器件，而实际上半导体性碳纳米管阵列也可直接用来制备FET［图2-48（c）（d）］，但此时对于碳纳米管阵列的管壁数分布、管径分布、缺陷浓度、半导体性碳纳米管所占比例等性质都有较高的要求[44]。

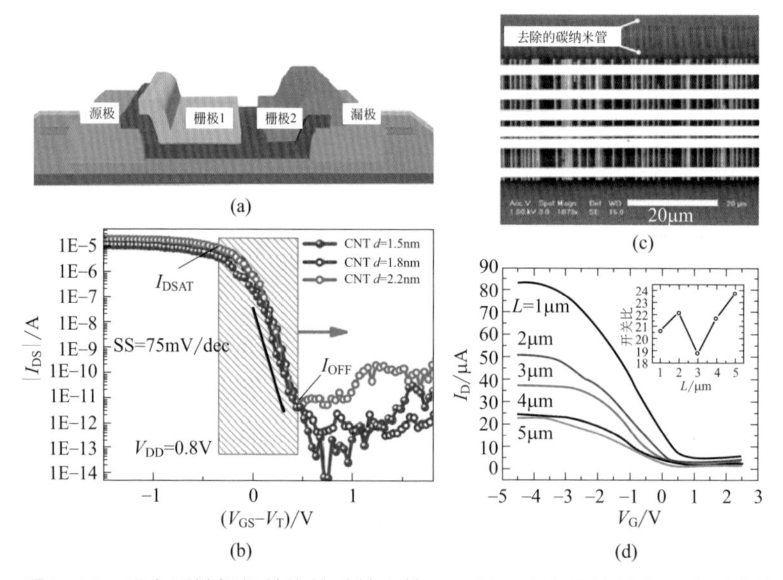

图2-48　具有反馈栅极结构的碳纳米管FET以及由半导体性水平阵列碳纳米管制备的FET

（a）具有反馈栅极结构的碳纳米管FET示意图；（b）由不同管径的碳纳米管所制成的反馈栅极结构碳纳米管FET的传输特性（I_{DSAT}为饱和电流；SS为亚阈值摆幅；$V_{GS}-V_T$为净栅极电压；V_{DD}为工作电压）[225]；（c）由半导体性水平阵列碳纳米管制备的FET的扫描电镜照片；（d）不同沟道长度下碳纳米管FET的传输特性曲线[44]

2. 基于碳纳米管的感光器件

人们对于半导体性碳纳米管的光电性质及其在光电器件中的应用已经展开了一定的研究，并基于半导体性碳纳米管发展了光伏电池、发光二极管、感光器件等一系列应用[226]。比如，Peng等用非对称接触方法制备了碳纳米管二极管，可用于对红外光的探测与响应[227]。此种碳纳米管二极管在宽达 120dB 的范围内所产生的光电流具有良好的线性度，并且在强度达 $100kW/cm^2$ 的光源照射下并未显示出信号衰减。此外，这种碳纳米管二极管对于波长 1165 ~ 2100nm 的红外光均有连续的响应，从而在宽波长范围红外传感领域展现出良好的应用前景。后来，他们又基于溶液处理过的碳纳米管和无掺杂技术，制备了高性能的感光二极管[228]。他们在此工作中制备的感光器件使用光电压作为信号，而非以往工作中常用的光电流信号。他们指出，使用光电压信号的优势主要在于对散粒噪声和 $1/f$ 噪声的有效抑制，并且通过引入虚触点还可放大信号，从而进一步提高信噪比。他们所设计的碳纳米管红外线探测器可在室温下稳定工作，并对宽波长范围内的红外光源有着高灵敏度的响应。另外，Peng 等还将 150 × 150 的碳纳米管红外线探测器阵列安装于单个芯片之上，进而显示出此种探测器制备过程的可放大性，并展现出在成像领域的潜在应用（图 2-49）。在先前研究的基础上，Peng 等进一步利用半导体性碳纳米管制备了碳纳米管红外成像传感器，并且发现其性能与碳纳米管沟道的长度关系密切[229]。

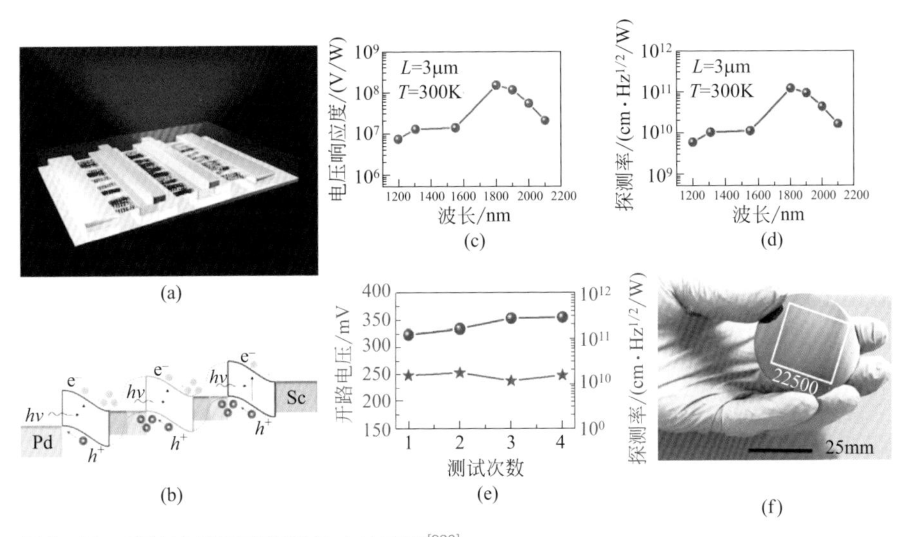

图2-49 碳纳米管在感光器件中的应用[228]

（a）基于碳纳米管薄膜的级联光伏器件示意图；（b）光照下器件内电子激发过程的能带结构示意图；（c）~（e）碳纳米管红外感光器件的性能表征；（f）由 22500（150 × 150）个碳纳米管红外感光器件组装成的单个芯片

四、碳纳米管集成电路与芯片

1. 碳基集成电路与芯片的发展背景

英特尔公司的创始人 Gordon Moore 曾提出著名的摩尔定律：芯片中的晶体管数量每 18 ~ 24 个月可增加一倍，这也意味着芯片的性能会不断以指数形式增长。然而近年来，芯片中晶体管数量翻倍所需的时间逐渐延长，人们逐渐意识到了“后摩尔时代”的到来。硅基半导体发展速度减缓的根本原因在于，晶体管的制程不能无限制地缩小，否则将引起量子隧穿效应，从而产生漏电流，严重影响芯片自身的性能。此外，当晶体管制程进一步减小，器件在单位面积上的产热量也将急剧上升，因而给芯片散热带来更多负担。在此背景下，以半导体性碳纳米管为代表的碳基半导体引起了人们的关注。半导体性碳纳米管的载流子迁移率可达 $100000cm^2/(V\cdot s)$，为硅的 100 倍；饱和速度可达 $4\times10^7cm/s$，为硅的 4 倍；由半导体性碳纳米管制成的晶体管开关比高达 10^7 以上，为硅的 1000 倍；碳纳米管优良的导热和相际传热性能也可在很大程度上改善电子器件的散热。在上一节中已介绍了许多关于碳纳米管 FET 的研究工作 [220,225]，而在本节中将进一步介绍由碳纳米管器件所组成的集成电路及芯片。

在过去 20 年中，基于碳纳米管的集成电路制造已经取得了非常大的进展。2001 年，Avouris 等制备了 n 型和 p 型碳纳米管 FET，并将其组装成了逻辑门电路［图 2-50（a）(b)］[230]，为构建计算机的基础结构单元打下了基础。2002 年，Dai 等利用碳纳米管水平阵列制备了 n 型和 p 型碳纳米管 FET 阵列［图 2-50（c）～（f)］，并将其集成为与、或、或非、与非逻辑门和环形振荡器（频率约为 220Hz）[231]。2009 年，Zhou 等综合利用碳纳米管晶圆级生长技术、碳纳米管转移技术、金属性碳纳米管的去除技术、化学掺杂技术，以晶圆级的半导体性碳纳米管阵列为基础制备了高开关比的晶体管，电流密度高达 20A/m[232]。此外，他们还设计并制备了相应的互补型逆变器，增益系数可达到 5 左右。Peng 等在碳纳米管集成电路方面也做出了许多创新性的工作。比如，他们报道了基于碳纳米管传输管的集成电路，并以此大大减少了碳纳米管 FET 的使用 [233]。这种传输管的架构极大地简化了碳纳米管集成电路的设计和制造，并且可以在提高性能的同时减低功耗。他们还开发了一种模块化的方法，在单根碳纳米管上构建了复杂的通用集成电路 [234]。

2. 碳基集成电路与芯片对碳纳米管阵列的要求

由于碳纳米管阵列中的金属性碳纳米管会促使漏电流的形成，并对晶体管器件的逻辑功能造成严重影响。因此，制造大规模碳纳米管集成电路乃至芯片的一个难点在于，如何提高碳纳米管水平阵列中半导体性碳纳米管的所占比例，或是尽可能降低集成电路和芯片对于半导体性碳纳米管纯度的要求。另外，水平阵列碳纳米管的阵列密度对于晶体管的跨导和栅极效率具有显著的影响。阵列密度过低时，晶体管的跨导一般无法达到 0.4mS/μm，该数值低于相似特征尺度下的硅基互补金属氧化物半导体（CMOS）FET 所能达到的 0.5mS/μm。过高的阵列密度又会导致水平阵列碳纳米管之间的屏蔽效应加剧，反而又会劣化器件性能，因此阵列密度应处于某一合理的范围内。IBM 公司曾提出，为实现大规模碳基集成电路的制造，在所有碳纳米管均为单壁管的前提下半导体性碳纳米管所占比例应

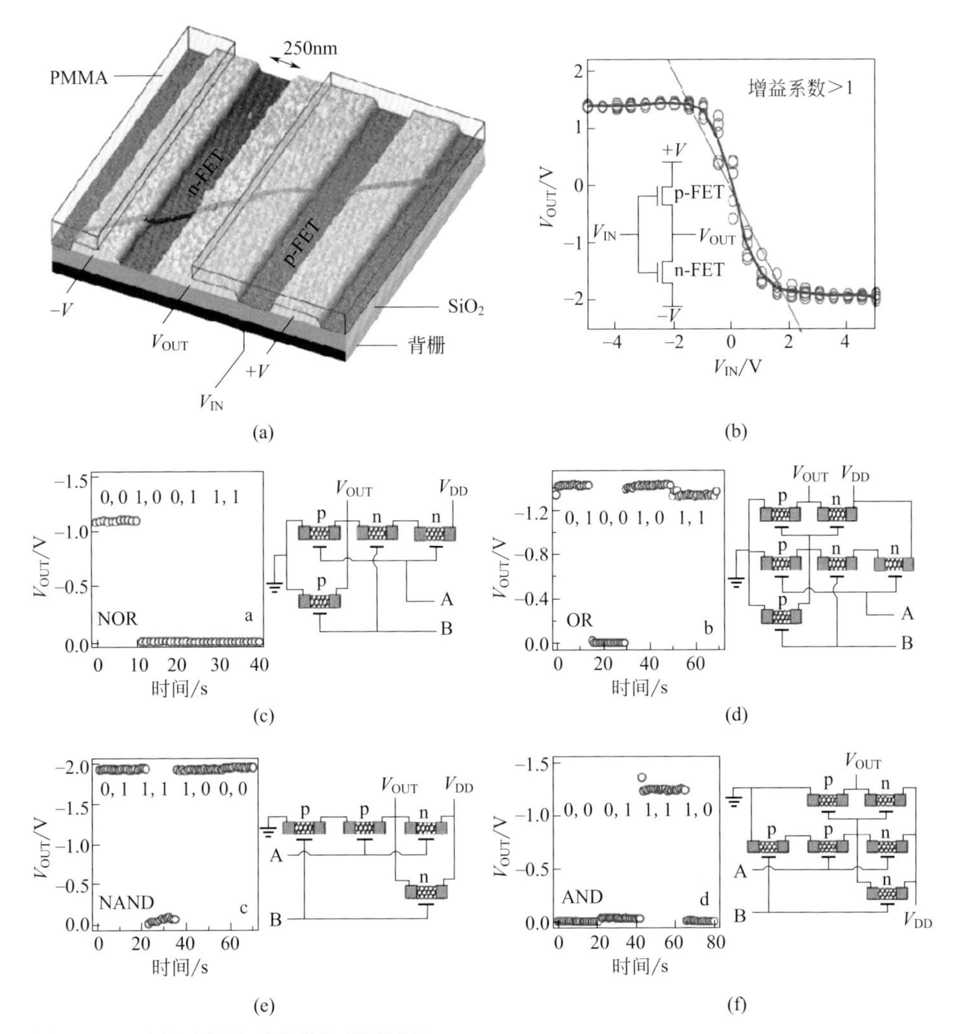

图2-50　碳纳米管集成电路和逻辑电路

（a）由n型和p型碳纳米管FET组合成的逻辑门电路的原子力显微镜照片；（b）所制成的电压逆变器的输出特性[230]；（c）～（f）由多级互补碳纳米管FET组成的或非（NOR）、或（OR）、与非（NAND）、与（AND）逻辑门的输出特性[231]

达到 99.9999%，且阵列密度须达到 125 根 /μm。由此可知，碳纳米管集成电路和芯片的应用基础依然是高纯度、高密度、高清洁度的半导体性碳纳米管水平阵列的可控制备，为此研究者们已经做出了许多有意义的尝试和探索。2013 年，斯坦福大学的 Shulaker 等制造出了第一个真正意义上的碳纳米管计算机，同时也是当时最为复杂的碳基电子系统［图 2-51（a）～（c）］[235]。此台计算机可以实现计数和整数排序等基本功能，并能执行商用 MIPS 命令集中的二十余条命令。为解决半导体性碳纳米管纯度的问题，他们采用了一种“缺陷免疫方法”

以使得碳纳米管集成电路最低程度地受金属性碳纳米管的影响。他们的具体做法是利用电击穿在金属性碳纳米管中产生大电流脉冲，使其在空气中自行发生焦耳加热，并最终被氧化而去除。这一研究首次证明了碳基材料用作大规模集成电路和芯片的可行性，并为碳纳米管纯化、器件制造、集成化等多个技术领域提供了很好的借鉴。2019 年，Shulaker 等利用互补型碳纳米管 FET 阵列制造出了现代意义上的微处理器 RV16X-NANO，其中集成了 14000 个以上的碳纳米管 FET［图 2-51（d）（e）］[236]。RV16X-NANO 是基于商用 RISC-V 指令集处理器的

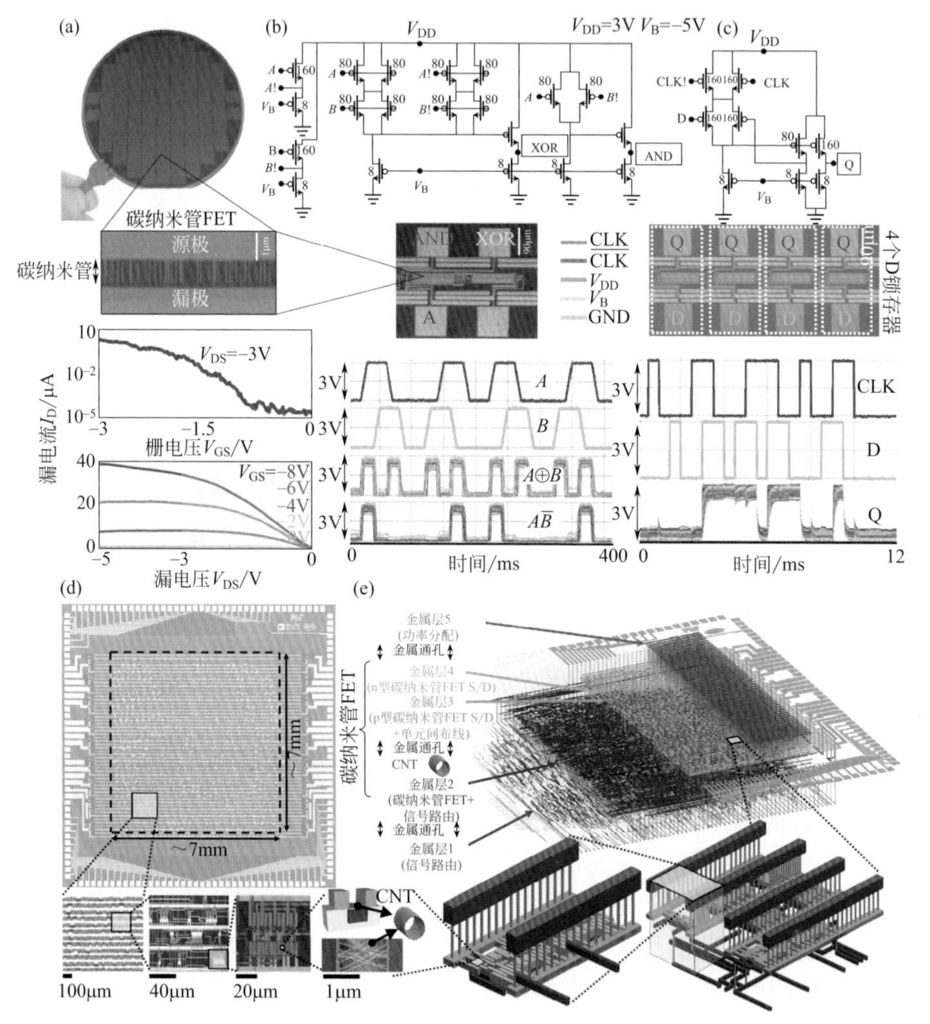

图2-51　碳纳米管芯片

（a）集成碳纳米管 FET 的 4in（1in=2.54cm）硅片照片、碳纳米管 FET 的扫描电镜照片及其输出特性曲线；（b）碳纳米管计算机运算单元的示意图、扫描电镜照片及输出信号；（c）碳纳米管计算机 D 锁存器的示意图、扫描电镜照片及输出信号[235]；（d）RV16X-NANO 芯片的照片；（e）RV16X-NANO 芯片的三维结构示意图[236]

16 位微处理器，并且能在 16 位数据和地址上运行标准 RISC-V 32 位指令。在此工作中，他们通过对电路的设计降低了对半导体性碳纳米管纯度的要求（从 99.999999% 降低到了 99.99%），从而使得如此大规模的碳纳米管集成电路成为可能。

3. 面向碳基集成电路与芯片的阵列制备工艺

Sun 等利用 DNA 砖块技术组装了规整的沟槽状模板，用以容纳碳纳米管，并使其以均一的间距定向排列[237]。为增强 DNA 砖块模板与碳纳米管之间发生自组装的驱动力，他们在模板的沟槽中选择性地暴露出单链 DNA，并在碳纳米管表面修饰与之互补的单链 DNA［图 2-52（a）］。从而碳纳米管可以自发地陷入模板的沟槽中，形成等距排列的高取向度阵列。碳纳米管之间的间距可由沟槽侧壁的 DNA 砖块数量控制，宽度可在 10.4 ~ 25.3nm 的范围内自由地调控。以此种方法可以在液相中形成规整、高密度的碳纳米管阵列，经一定的器件制造技术即可在特定基底上制备碳纳米管阵列 FET［图 2-52（b）~（d）］。由上述步骤制备的碳纳米管阵列在沉积到基底上时，DNA 砖块模板的取向较为杂乱。为解决这一问题，他们利用硅片表面 PMMA 膜孔洞的诱导和取向，成功实现了高质量碳纳米管阵列的定向沉积［图 2-53（e）］。以此技术为平台，后续再结合以电极沉积、表面清洁等技术，就可完成碳纳米管 FET 及衍生的大规模集成电路应用[238]。

Peng 等则提出了“多次分散提纯”的策略：在分散液中利用共轭高分子 PCz（聚咔唑）对半导体性单壁碳纳米管进行选择性提纯，再经多次重复分散和提纯，最终得到半导体性碳纳米管纯度大于 99.9999% 的分散液（纯度由 1300 个宽沟道碳纳米管 FET 的电学性质所表征）[239]。Peng 等为实现高纯度半导体性碳纳米管在晶圆级基底上的定向、高密度排列，进而发展了一种“维度限制自取向”的方法。他们在高纯度半导体性碳纳米管的三氯乙烷分散液中竖直插入一片 4in 硅片，并在硅片与分散液接触界面的附近滴入少量的 2- 丁烯 -1,4- 二醇。由于 2- 丁烯 -1,4- 二醇与三氯乙烷形成不相容的两相，且 2- 丁烯 -1,4- 二醇与包裹在碳纳米管外部的 PCz 分子有强烈的氢键作用，所以碳纳米管可以被“萃取”到 2- 丁烯 -1,4- 二醇相中［图 2-53（a）］。包裹了 PCz 分子的碳纳米管在 2- 丁烯 -1,4- 二醇的作用下发生自组装行为，并在硅片附近自发地取向排列。此时将硅片缓慢向上提拉，就可在其表面获得高取向度（可达 8.3°）、高密度（100 ~ 200CNT/μm 范围内可调控）、高纯度（半导体性占比 > 99.9999%）、管径均一（1.45nm ± 0.23nm）的碳纳米管阵列，可以用来制备高性能大规模集成电路［图 2-53（b）］。由此法制得的碳纳米管阵列 FET 表现出了目前报道中的最高的性能，在 −1V 的偏置电压下的开态电流达到 1.3mA/μm，在 −0.1V 的低偏置

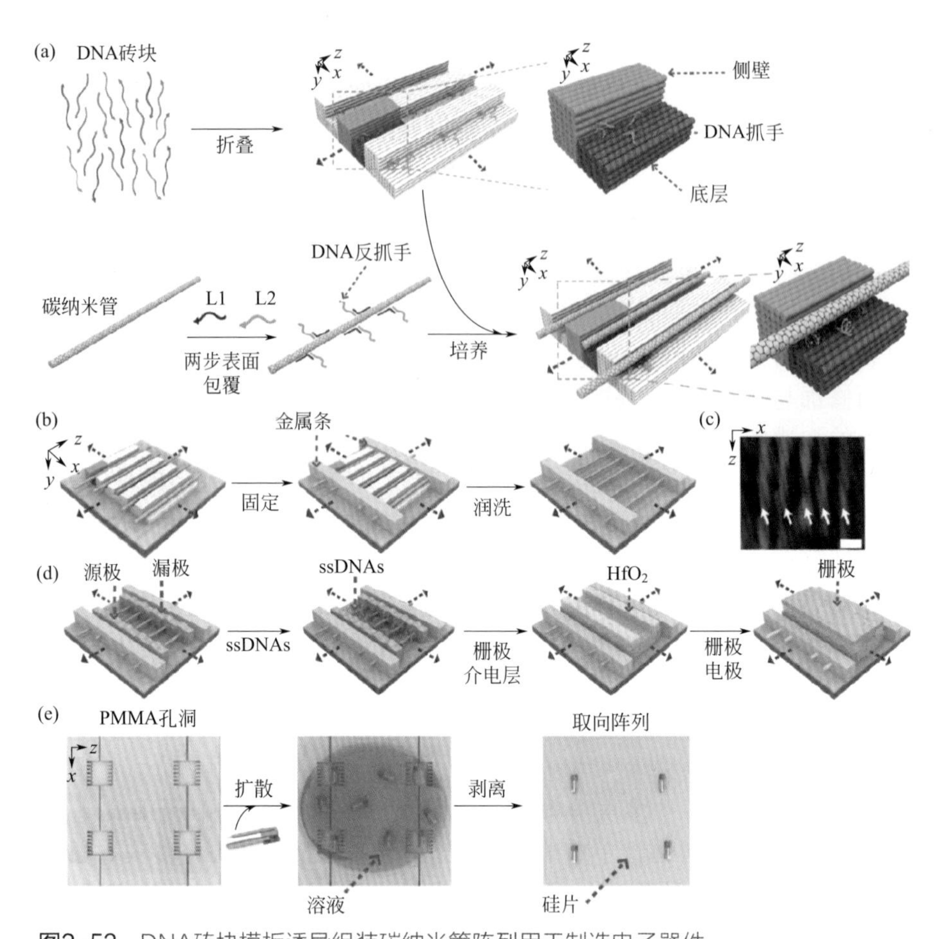

图2-52 DNA砖块模板诱导组装碳纳米管阵列用于制造电子器件

（a）DNA砖块模板诱导组装碳纳米管阵列过程示意图[237]；（b）碳纳米管规整阵列的润洗和沉积过程；（c）碳纳米管规整阵列的原子力显微镜照片；（d）在碳纳米管规整阵列上制备FET的步骤示意；（e）在硅片基底上借助PMMA孔洞实现规整碳纳米管阵列的诱导和取向[238]

电压下开关比也达到了 10^5 以上［图 2-53（c）］。基于成熟的碳纳米管阵列制备技术和 FET 器件制备技术，碳纳米管阵列 FET 的跨导也首次达到了 0.9mS/μm（偏置电压为 −1V），远远高于先前相关报道中的数值。以这种高性能 FET 为基础就有望实现碳基集成电路的制造。他们进而尝试在 5mm × 5mm 的区域内制备了几百个顶栅架构的五级环形振荡器。其中，碳纳米管阵列 FET 的沟道和栅极长度分别为 225nm 和 165nm，开态电流达到约 0.75mA/μm，峰值跨导可达 0.5mS/μm 以上。在输入电压为 2.6V 的条件下，环形振荡器的最高频率可达 8.06GHz，这表明单级开关速率达到 80.6GHz，单级延迟仅为 12.4ps［图 2-53（d）～（f）］。

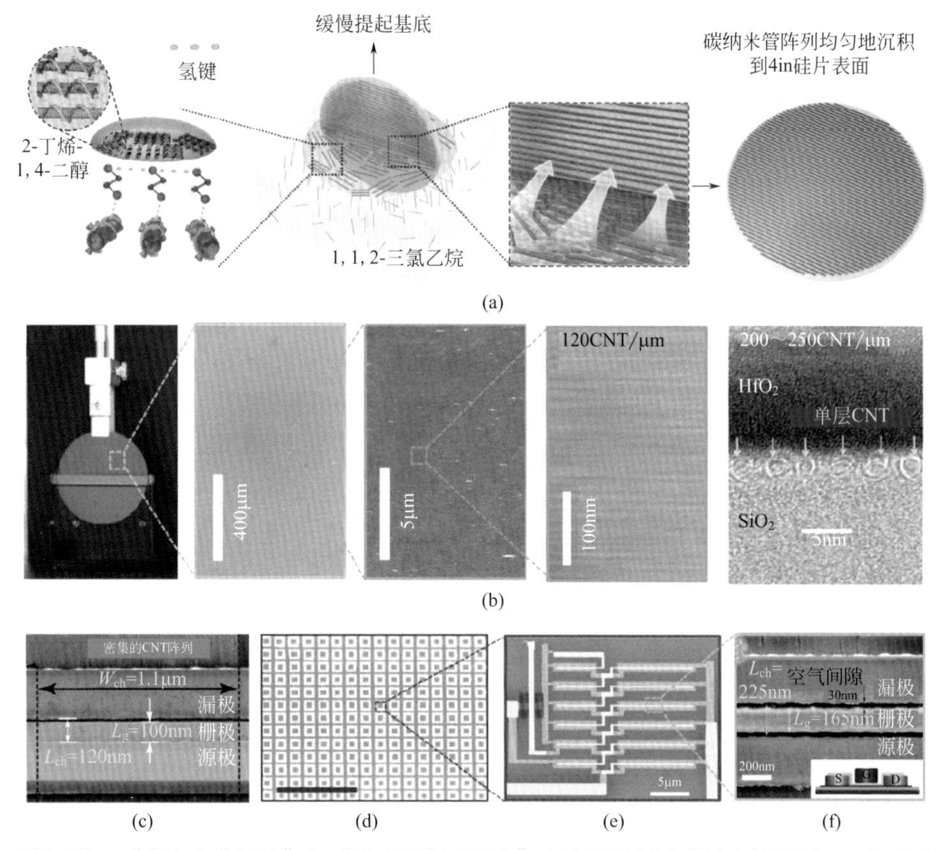

图2-53 “多次分散提纯”和“维度限制自取向”方法用于制造碳纳米管阵列FET和环形振荡器

(a)“维度限制自取向”方法示意图；(b)“维度限制自取向”方法中提拉涂膜过程的光学照片、所得碳纳米管阵列的SEM和TEM照片；(c)使用高取向度、高密度、高纯度、管径均一的碳纳米管阵列所制备的FET的SEM照片；(d)五级环形振荡器的光学显微照片；(e)环形振荡器的伪彩色SEM照片；(f)构建环形振荡器所用FET的伪彩色SEM照片[239]

五、碳纳米管的热学性质

1．碳纳米管自身的导热性质

随着各种电子器件的集成化和微型化，单个电子器件的功率密度以及单位体积内的产热量表现出显著增加的趋势。因此，电子器件的散热问题逐渐成为制约其性能的关键要素之一，构筑电子器件所用材料的散热能力也逐渐成为相关领域的关注点[240]。

碳纳米管作为一种一维量子材料，具有极为优异的热学性质。近十几年来，已有大量关于碳纳米管热学性质的研究，尤其在它的热导率测量方面已有充分的研究。通常认为碳纳米管的热导率可与石墨烯的面内热导率及金刚石的热导率相比拟[241]。碳纳米管的热导率与其结构及缺陷程度的关系十分密切，同时也受测量条件和碳纳米管所处环境的影响。在以往的实验研究中，样品结构和测试条件的差异导致各课题组报道的热导率之间存在显著的差异[242]。Zettl 等研究了单壁碳纳米管在 8 ~ 350K 范围内的热导率，并且发现当温度在 30K 以下时热导率与温度存在线性关系［图 2-54（a）］[243]。他们指出，单壁碳纳米管的导热能力主要由声子贡献。当温度在 8 ~ 350K 范围内时，单壁碳纳米管具有高达 0.5 ~ 1.5μm 的声子平均自由程，因而使其具有非常优异的导热性质。Srivastava 等在 100 ~ 500K 的范围内测量了单壁碳纳米管的热导率，并指出热导率受管径影响较大，但与碳纳米管手性的关联并不显著[244]。在单壁碳纳米管的热导率与温度的关系图中，热导率通常存在一个峰值，且这一峰值所对应的温度随管径的增加而增加。这一现象主要由两方面原因造成：一方面是声子在高温下运动速度加快，对热导率起增益作用；另一方面，在高温下 Umklapp 散射效应加剧，又对热导率起负面作用[245,246]。Berber 等的研究中也发现了类似的规律，并测得室温下单根（10,10）碳纳米管的热导率可高达 6600W/（m•K）［图 2-54（b）］[247]。

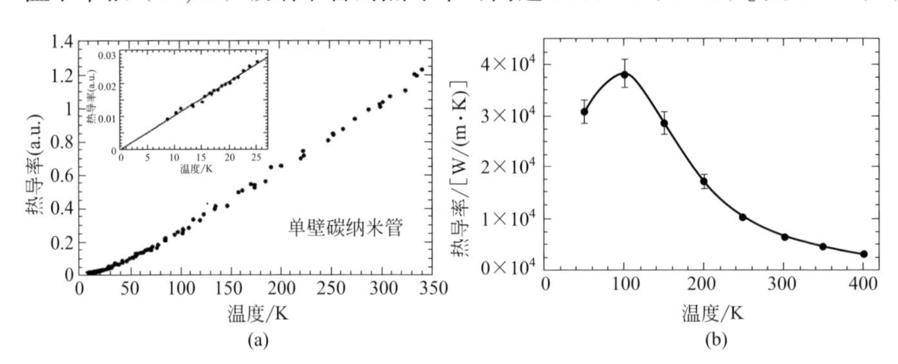

图2-54　单壁碳纳米管热导率的测量

（a）8 ~ 350K 温度范围内单壁碳纳米管的热导率（插图为30K以下温度的局部放大图；显示出线性规律）[243]；（b）（10,10）手性单壁碳纳米管的热导率与温度的关系[247]

除单壁碳纳米管外，还有很多研究组报道了多壁碳纳米管的热导率的测量值。McEuen 首次在介观尺度下直接测量了单根多壁碳纳米管的热导率，并得出室温下其值为 3000W/（m・K）[6]。他们使用了微纳加工的实验装置以测量单根多壁碳纳米管的热导率，从而使测量值更接近于材料本征的性能，因此热导率比多壁碳纳米管的宏观样品高出 2 个数量级，声子平均自由程也达到了 500nm［图 2-55（a）（b）］。Shimizu 等报道了一种基于 T 形传感器测量悬空碳纳米管热导率的方法［图 2-55（c）（d）］[248]。他们在研究中发现，多壁碳纳米管的热导率随着管径的增加而减小，而当管径达到 9.8nm 时，多壁碳纳米管的热导率仍能达到 2000W/（m·K）。

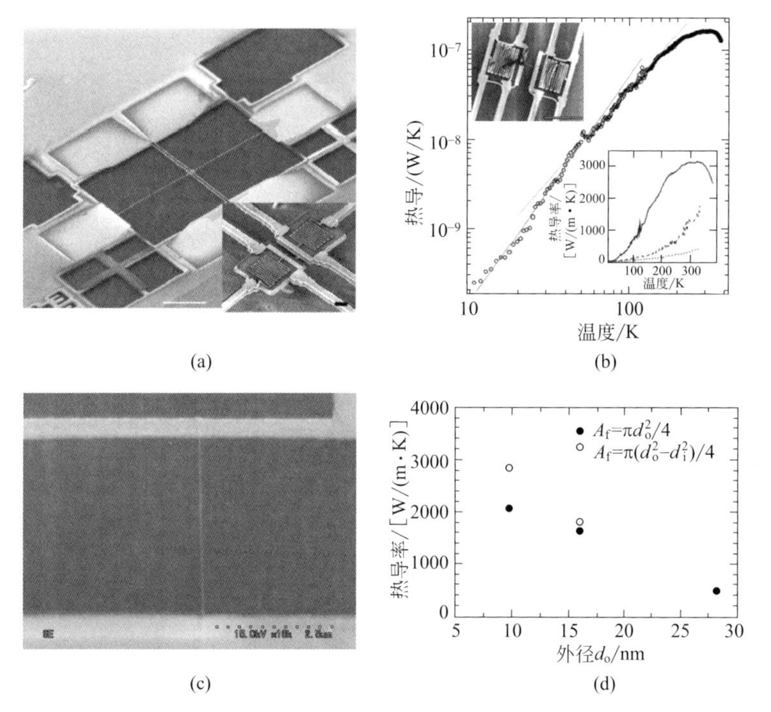

图2-55　多壁碳纳米管热导率的测量

（a）微纳加工制造的碳纳米管热导率测量装置的扫描电镜照片；（b）单根多壁碳纳米管（直径为14nm）的热导与温度的关系[6]；（c）T形传感器及单根悬空碳纳米管的扫描电镜照片；（d）不同直径的多壁碳纳米管的热导率（A_f为碳纳米管截面积；d_o为外径；d_i为内径）[248]

2. 碳纳米管的相际传热性质

（1）碳纳米管与固体基底间的相际传热　电子器件散热性能的增强，不但要求所用材料自身的导热性能优良，还需解决相际传热效率的问题。目前关于碳纳米管的相际传热也已经有了一定的研究，比如，Richardson 等采用热传感器薄膜研究了单根光学激发的金属性单壁碳纳米管的热量产生及耗散行为[249]。他们通过热传感器薄膜所显示的温度分布，表征了单根碳纳米管在光学激发下的吸收截面积［图 2-56（a）（b）］。当光源偏振方向与单壁碳纳米管平行时，吸收截面积为 $9.4\times10^{-17}m^2/\mu m$；当光源偏振方向与单壁碳纳米管垂直时，该值为 $2.4\times10^{-17}m^2/\mu m$。他们继而控制热传感器薄膜（基底）与单壁碳纳米管之间的温差在 315K 左右，并计算出此时相际的热通量高达 $6.6MW/m^2$。Fan 等则设计了相关试验来测量碳纳米管与不同材料接触时的热边界热阻，其中包括与金属和聚合物材料接触的诸多情况［图 2-56（c）］[250]。测量结果表明碳纳米管 / 聚合物的热边界热阻低于碳纳米管 / 金属［图 2-56（d）］。他们认为此现象主要包含两方面原因：一方面是在低频率下碳纳米管与金属间的声子振动模式重叠程度较低；另一方面是在中高频范围内金属 - 碳纳米管界面上的声子传递系数较低；在两种因素的综合影响下，就会导致碳纳米管 / 金属之间较高的热边界热阻。

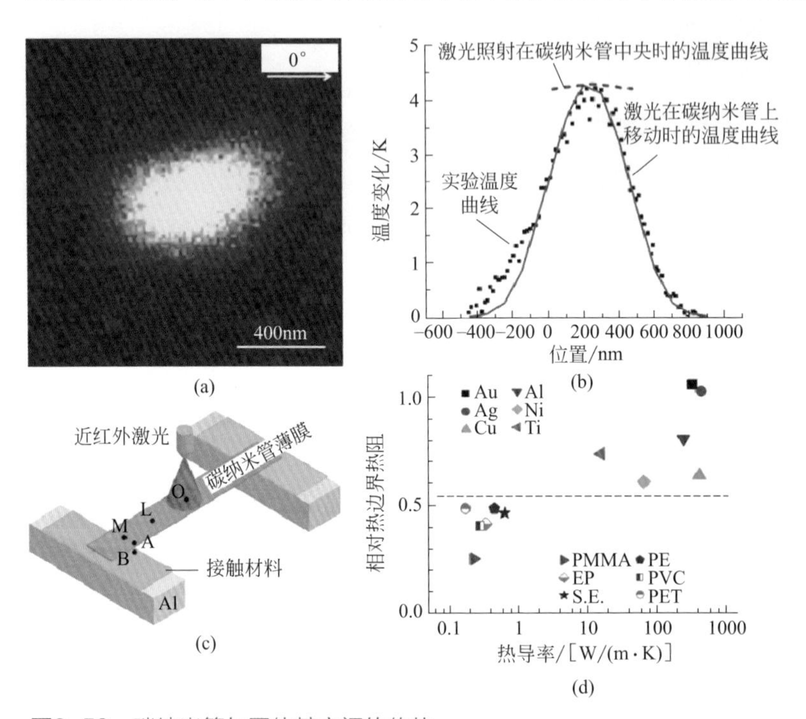

图2-56　碳纳米管与固体基底间的传热

（a）单壁碳纳米管的拉曼散射图像，激光的偏振方向与碳纳米管轴向平行；（b）热传感器薄膜的温度变化曲线[249]；（c）热边界热阻测量装置的示意图；（d）碳纳米管与不同材料相接触时的热边界热阻（S.E. 为硅橡胶）[250]

（2）碳纳米管与空气之间的相际传热　除了与固相基底的相际传热外，碳纳米管与空气之间的传热性能对于相关电子器件而言也尤为重要。因此，魏飞课题组深入探究了悬空的单壁碳纳米管与空气间的传热系数[251]。以悬空生长在硅片狭槽上的单壁碳纳米管为研究对象［图 2-57（a）、（b）］，建立了严格的数学物理模型，并结合拉曼光谱的试验手段准确测量出了碳纳米管在空气中的传热系数［图 2-57（c）］。首先，水平碳纳米管的长径比极大，因此可以用一维方程描述碳纳米管轴向上的稳态传热［式（2-20）］。

$$\lambda \frac{\partial^2 T}{\partial x^2} - h\frac{A}{V}(T - T_0) + \frac{S}{\pi\delta} = 0 \tag{2-20}$$

式中　λ——碳纳米管的热导率，W/（m・K）；

h——碳纳米管在空气中的传热系数，W/（m^2・K）；

S——单位面积上的内部热功率，W/m^2；

δ——碳纳米管管层厚度，m；

A——碳纳米管表面积，m^2；

V——碳纳米管体积，m^3。

对于被激光加热的碳纳米管，单位面积上的内部热功率可以用 Gaussian 分布表示［式（2-21）］。

$$S=\alpha J_0\exp\left[-4\ln 2\left(\frac{x}{D_1}\right)^2\right] \tag{2-21}$$

式中　α——碳纳米管的光学系数；

J_0——单位面积上的最大激光功率，W/m^2；

D_1——激光光斑直径，m；

x——碳纳米管上任意一点到激光光斑中心的距离，m。

由以上两式，再结合以一定的边界条件，就可解出悬空单壁碳纳米管在激光照射下的轴向温度分布［式（2-22）～式（2-24）］　。

$$T=C_1\exp\left(\sqrt{\frac{hA}{\lambda V}}x\right)+C_2\exp\left(-\sqrt{\frac{hA}{\lambda V}}x\right)+\left(T_0+\frac{SV}{hA}\right) \tag{2-22}$$

式中

$$C_1=-\frac{SV}{hA}-C_2 \tag{2-23}$$

$$C_2=\frac{\left[1-\exp\left(\sqrt{\frac{4h}{\lambda D}}L\right)\right]\frac{SV}{hA}}{\exp\left(\sqrt{\frac{4h}{\lambda D}}L\right)-\exp\left(-\sqrt{\frac{4h}{\lambda D}}L\right)} \tag{2-24}$$

同时，碳纳米管 G 峰的位移与其温度呈线性关系，且随着温度的升高而下降。因此，只需用拉曼光谱即可反映出碳纳米管上激光光斑处的温度［图 2-57（d）］。而后，将激光光斑聚焦于悬空单壁碳纳米管的中点处，并改变激光的功率，再与光斑处的温度（由拉曼光谱 G 峰位移得来）相结合，就可以计算出单壁碳纳米管在空气中的传热系数。经计算，这一数值在 7.5×10^4 ～ 8.9×10^4W/（m^2・K）的范围内，与先前报道的理论结果［9.0×10^4W/（m^2•K）］和试验结果［7.9×10^4W/（m^2・K）］十分接近［图 2-57（e）］[252,253]，从而说明这种结构完美的碳纳米管具有极其优越的热交换性能。基于此模型，我们推测碳纳米管在空气中的传热系数最大值在过渡区内取得，并且所估计的最大值与气体动力学理论所预测的结果十分一致。此时，碳纳米管的直径在几纳米的量级，同时受到连续层和非连续层的显著影响。后来，我们通过测量直流电加热条件下的温升来获得碳纳米管的热导率，并消除了激光加热的影响[254]。将热导率作为已知量，并求解传热方程，即可计算出碳纳米管对激光的吸收率。对于一根长度为24.8μm、直径为3nm的碳纳米管，测得其热导率为2630W/（m·K），光学吸收率为0.194%。

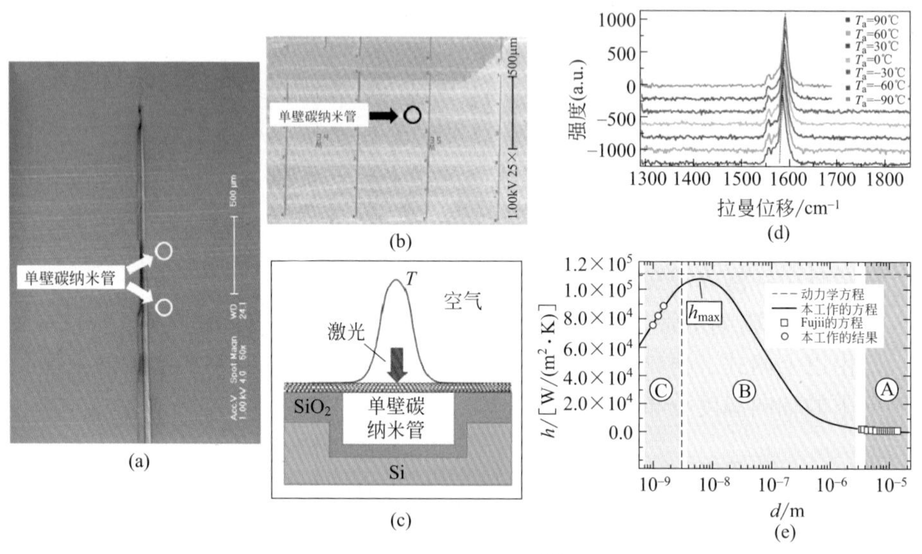

图2-57　单壁碳纳米管在空气中的传热系数的测量[251]

（a）（b）用于测量传热系数的单壁碳纳米管的扫描电镜照片，其中图（a）的狭缝较图（b）更宽；（c）激光照射单壁碳纳米管测量空气中传热系数的物理模型示意图；（d）由温度变化导致的拉曼光谱G峰位移；（e）传热系数与碳纳米管直径的关系，其中A、B、C分别为连续区、过渡区和自由分子区域

正如以上所介绍的，碳纳米管自身具有优异的导热性质和相际传热性质。然而对于面向电子器件应用的碳纳米管而言，更需要考察其在实际器件中的产热和传热行为，此时的情况会比测量单根碳纳米管热学性质时复杂得多。实际生长的水平阵列碳纳米管具有一定的直径、手性、缺陷浓度分布，此种阵列结构不均一性则会大大影响电子器件的性能[255]，同时也会导致器件中产热（主要为焦耳加热）和传热的不均一性[256]。Rogers课题组利用扫描焦耳扩展显微技术定量探究了晶体管中高度取向的水平阵列碳纳米管的产热和传热特性[257]。此种方法的空间分辨率可达100nm，温度分辨率可达0.7K，因此可以用来准确描述阵列中单根碳纳米管上的温度分布情况。经过详尽的测量和研究，他们发现水平阵列碳纳米管的手性、直径和点缺陷对其轴向上的温度分布有着非常显著的影响。

六、水平阵列碳纳米管的管层间超润滑性质

1．超润滑的概念

超润滑（又称结构润滑）现象是 20 世纪 90 年代早期由日本学者 Motohisa Hirano 提出的概念，即指当晶体表面以非公度形式接触时，有可能出现界面摩擦和磨损几乎为零的现象[258]。超润滑现象为解决摩擦中能量耗散和材料磨损问题提供了新的思路和途径。

摩擦与能源问题息息相关，是人类社会面临的最具挑战性的问题之一。据相关数据统计，每年全世界有 30% ~ 50% 的一次能源在摩擦过程中被损耗；在工业发达国家，每年因摩擦或磨损所造成的损失约占 GDP 的 5% ~ 7%[259,260]。随着如今纳米技术的不断发展，各类材料特征尺寸显著减小的同时也伴随着比表面积的增加，进而使得摩擦问题显得更加突出。在此背景下，微、纳米尺度下的摩擦现象往往成为限制整个材料或器件性能和寿命的关键因素。为缓解摩擦问题，人们已经发展了多种方法，如使用润滑油、加入气垫层、以滚动代替滑动等，但仍然无法从根本上解决微、纳米尺度下的摩擦问题。并且，以上几种方法对摩擦和磨损的削减程度通常十分有限。如果要从根本上解决摩擦问题，实现能源和材料的极低损耗乃至零损耗，最为根本的途径就是实现固体界面上的超润滑。

然而，超润滑现象的构成条件通常十分苛刻。过去 20 多年间，有关的超润滑研究大多是在超高真空的环境和纳米尺度下进行的[261-263]。Dienwiebel 等学者都曾经认为变形等因素会限制大气环境下大尺度超润滑的实现[264]。要实现宏观尺度的超润滑，需要材料具有超高的模量和十分完美的结构。这就意味着固体材料要在宏观尺度上达到原子级平整，并且不能有缺陷和位错。如此苛刻的条件使得研究者们普遍认为，常规材料在大尺度下不可能实现超润滑。

多壁碳纳米管可以看作是由多层石墨烯薄片同轴卷曲而成的一维材料，相邻的管壁间仅存在范德华相互作用，并有报道曾指出多壁碳纳米管的管层之间可以实现相对滑移和转动[265,266]。另外，在生长条件适宜的条件下，能够可控制备出长达米级、结构完美的多壁碳纳米管[22,39]。因此，多壁碳纳米管是用来研究宏观尺度超润滑现象的理想材料。然而，以往人们对于多壁碳纳米管中可能存在的超润滑现象认知较少，原因主要在于两方面：一是碳纳米管所处尺度过小，对于其可视化和精准操作仍存在技术上的困难；二是以往超长碳纳米管的制备技术不够成熟，无法制备出宏观长度、不含缺陷的多壁碳纳米管。

2．碳纳米管管层间的超润滑性质

（1）管层间超润滑现象的光学可视化　利用魏飞课题组开发的基于自组装 TiO_2 纳米颗粒的碳纳米管光学可视化技术，可以在光学显微镜下实现对狭缝上悬

空的碳纳米管进行简便的操纵［图 2-58（a）～（e）］[103,267]。当对悬空碳纳米管引入一股气流时，悬空碳纳米管会随之发生弯曲，且弯曲的程度随气速的增大而增大。当气速增大到一定程度时，会出现某两个 TiO_2 纳米颗粒的间距突然增大的现象，这表明双壁碳纳米管的外层发生了断裂［图 2-58（f）］。此时双壁碳纳米管的内层受气流曳力作用而被抽出，管层之间也仅存在较弱的范德华力。当突然关闭气流时，双壁碳纳米管的内层又会瞬间回复到碳纳米管的外层中。对于图中的双壁碳纳米管，其长度在厘米以上，而管径却仅有 2 ～ 3nm，因此长径比达到了 10^7 数量级。在此情形之下，如果碳纳米管管层间存在较大的摩擦力，则内层碳纳米管与外层管壁之间发生厘米级的滑移，并在撤去外力后自动回复到外层管壁中。因此，通过以上的试验现象可以定性判断，此根双壁碳纳米管的管层间存在宏观长度的超润滑现象。在以往针对碳纳米管管层间摩擦现象的研究中，都是在超高真空环境下进行试验，且仅局限于微、纳米尺度。在大气环境下发现的管层间厘米级自由滑动，得益于所制备的超长双壁碳纳米管具有完美的结构[268]。

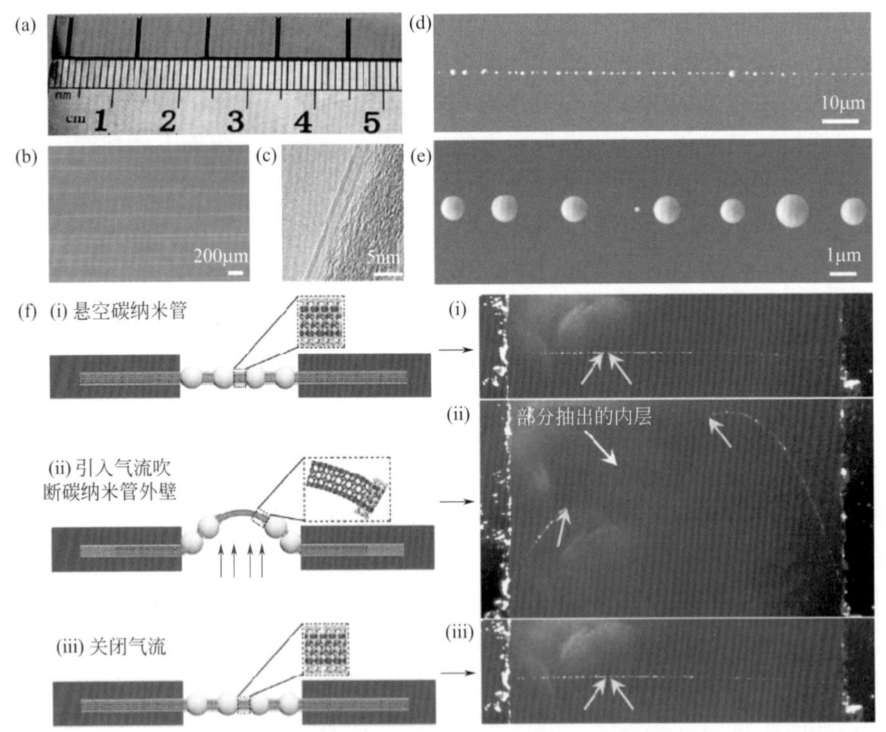

图2-58　超长双壁碳纳米管的内层滑动现象[268]

（a）用于生长超长水平碳纳米管阵列的带狭槽的硅片基底；（b）典型水平碳纳米管阵列的扫描电镜照片；（c）所制备的双壁碳纳米管的透射电镜照片；（d）（e）负载 TiO_2 纳米颗粒的悬空碳纳米管的扫描电镜照片；（f）双壁碳纳米管内层滑动现象的示意图（左）和相应的光学显微镜照片（右）

（2）碳纳米管的操纵与管层间摩擦力的测量　进一步地，我们使用安装在扫描电镜中的纳米操纵手来实现对双壁碳纳米管管层间摩擦力的精确操控和测量［图 2-59（a）（b）］。安装于扫描电镜中的四探针操纵系统具有足够的移动精度；安装于钨探针顶端的硅纳米线事先用电场诱导共振方法测出固有频率[269]，从而可作为精密的力传感器，足以胜任对极低摩擦力的精准定量测量［图 2-59（c）］。双壁碳纳米管内层管壁的抽出和管层间摩擦力的测量如图 2-59（d）所示。在透射电镜下，可以清晰地看出抽出内层后双壁碳纳米管各处的结构［图 2-59（e）～（h）］。

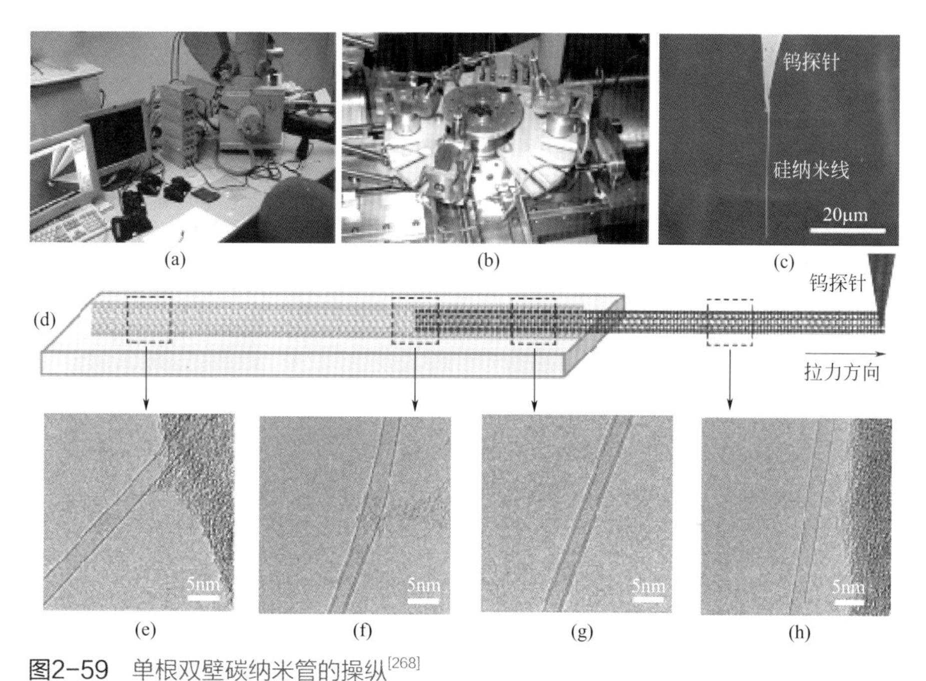

图2-59　单根双壁碳纳米管的操纵[268]

（a）（b）安装有四探针系统的扫描电镜的外部和内部照片；（c）钨探针及硅纳米线的扫描电镜照片；（d）双壁碳纳米管内层由钨探针抽出过程的示意图；（e）～（h）内层抽出后的双壁碳纳米管各部分的透射电镜照片

在扫描电镜下的内层抽出试验中，由于扫描电镜自身的分辨率无法支持分辨双壁碳纳米管的内外层，所以负载在双壁碳纳米管外层的 TiO_2 纳米颗粒起到了关键性的标记作用。在探针对悬空的双壁碳纳米管进行平动拉伸的过程中，碳纳米管的外层会在某处发生断裂，随后内层被持续抽出。因为外层上的 TiO_2 纳米颗粒在整个抽出过程中保持原位不动，从而可以借助它们对抽出过程进行监测［图 2-60（a）、（b）］。利用上述抽出方法，我们成功地将一根长达 10.59mm 的双壁碳纳米管内层抽出［图 2-60（e）、（f）］，这一数值比以往报道中的抽出长度至少高出 50 倍[270]。

在测量管层间摩擦力之前，先用一根钨探针将双壁碳纳米管内层部分抽出，再将抽出的碳纳米管内层转移到另一钨探针的硅纳米线上。随后，再把硅纳米线用作力悬臂继续将碳纳米管内层抽出，而在此过程中硅纳米线会因管壁间的摩擦力产生一定的弯曲［图 2-60（c）］。结合硅纳米线自身的力学性质，即可通过硅纳米线的弯曲程度计算出管层间摩擦力的大小。我们在此过程中发现，硅纳米线的弯曲程度在整个抽出过程中几乎保持不变，这表明管层间的摩擦力不随内外层重叠面积的变化而变化，而是一个与长度无关的定值［图 2-60（d）］。

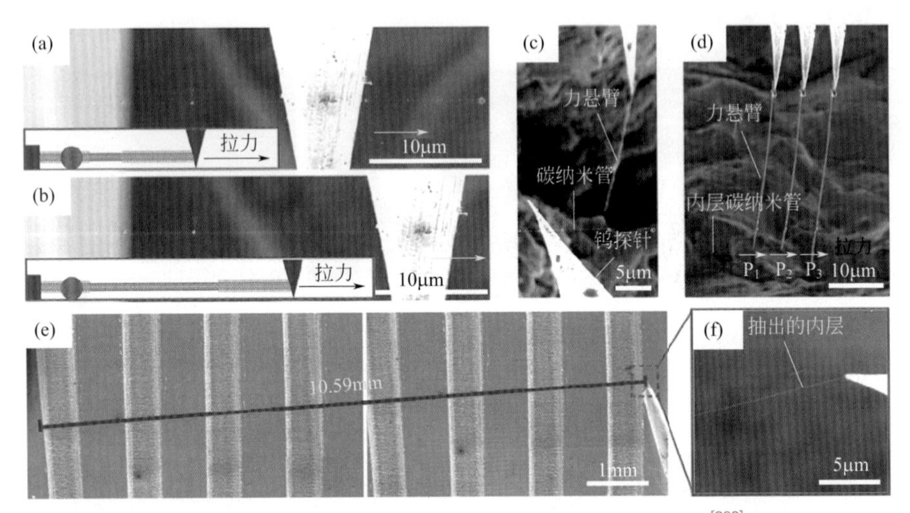

图2-60　扫描电镜下将双壁碳纳米管内层抽出并测量摩擦力的过程[268]

（a）（b）用钨探针将双壁碳纳米管内层抽出的过程；（c）将所抽出的碳纳米管内层转移至力悬臂；（d）用力悬臂的弯曲程度测量双壁碳纳米管管层间摩擦力，其中P_1、P_2、P_3分别代表抽出过程中力悬臂所处位置；（e）从双壁碳纳米管中抽出的长达10.59mm的内层管壁；（f）所抽出内层的高分辨扫描电镜照片

利用这一方法测量三根双壁碳纳米管的管层间摩擦力，所得到的最大测量值也低于 5nN，总体测量值的水平为以往报道最低数值的 1/100 ~ 1/5［图 2-61（a）］[265,270-272]，从而定量地证明了双壁碳纳米管管层间的超润滑现象。从本质上而言，碳纳米管管层间仅存在两层石墨层间的范德华相互作用，也即两层碳原子之间的 π-π^* 相互作用，这一作用力的大小可通过式（2-25）计算[272,273]

$$F_{\mathrm{vdw}} = -\gamma C = -0.16C \qquad (2\text{-}25)$$

式中　γ——碳纳米管管层间内聚能密度，nN/nm；

C——碳纳米管管层间发生相对滑移的临界管层周长，nm。

根据上式计算得到的理论范德华力与理论计算结果基本一致。再由双壁碳纳米管内层抽出时的耗散能变化可计算出此三根碳纳米管的比表面能，其平均值为 0.218J/m^2［图 2-61（b）］。这一结果仅略高于碳纳米管的理论比表面能

（0.14 ～ 0.2J/m^2）[272,274]，而远低于以往报道中的试验数值（0.45 ～ 0.67J/m^2）[271]。另外，还可计算出双壁碳纳米管管层间的剪切强度仅为 2.6Pa，比目前报道的多壁碳纳米管和石墨的剪切强度的最低值低了至少 4 个数量级 [272,275]。

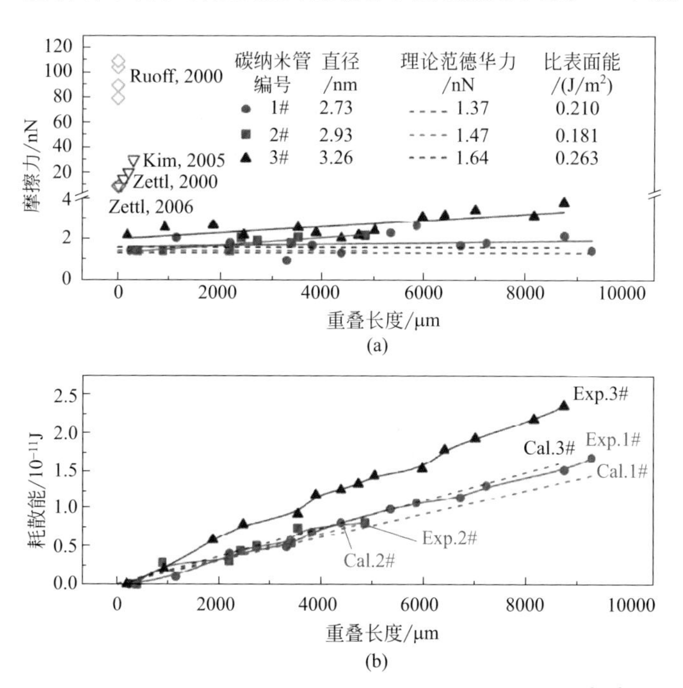

图2-61 双壁碳纳米管管层间摩擦力和耗散能测量结果[268]

（a）三根双壁碳纳米管管层间的摩擦力与内外层重叠长度的关系，其中作为对比的文献值引用自 Ruoff（2000）[271]，Kim（2005）[270]，Zettl（2000）[265]，Zettl（2006）[272]；（b）三根双壁碳纳米管管层间的耗散能与内外层重叠长度的关系，图中 Exp. 表示实验值，Cal. 表示理论计算值

（3）管层间超润滑现象的机理　关于大气条件下双壁碳纳米管管层间存在厘米级超润滑现象，其机理可以从两方面进行解释。一方面是碳纳米管内外层之间以非公度形式接触，也即两层的相对位置不存在能量上的择优取向。已有理论计算结果表明，两石墨片间以 AB 堆垛方式公度接触时比其他非公度接触的情况具有更高的相互作用能，说明公度接触的石墨片之间具有更强的作用力。双壁碳纳米管也可以看作是两层卷曲的石墨片，因此也可以将以上理论合理应用于双壁碳纳米管超润滑现象的解释中。根据碳纳米管手性的定义，只有当内外层都为扶手椅型或都为锯齿型时，碳纳米管的管壁间才形成公度接触，而这种情况一般而言是十分少见的。因此，绝大多数的双壁碳纳米管均能满足管层间呈非公度接触的前提条件。另一方面，管层间范德华力的相互抵消大大降低了抽出过程中的剪切作用。对于结构完美的双壁碳纳米管，当内层被抽出时，在内外层之间重叠的部

分不断有新的范德华力形成，同时又有等量的范德华力消失，两者相互抵消［图 2-62（a）］。只有内层末端的边缘处的范德华力真正起到作用，并且其大小取决于断口处碳原子数量，因此管层间总的范德华力取决于管径大小。

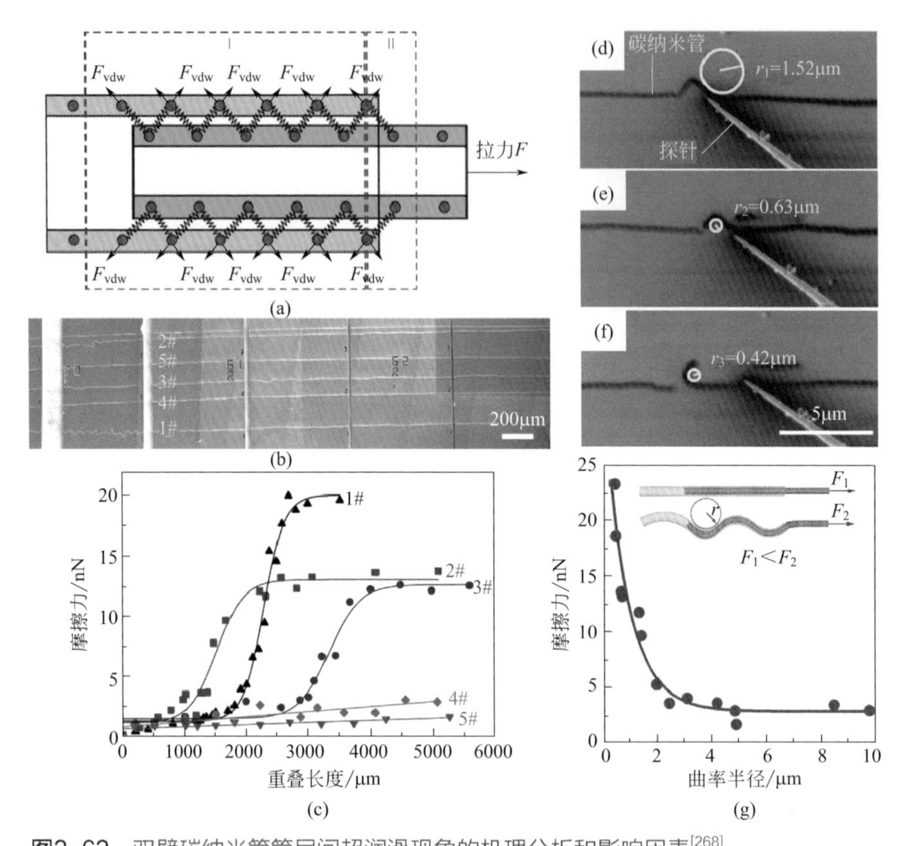

图2-62　双壁碳纳米管管层间超润滑现象的机理分析和影响因素[268]

（a）抽出双壁碳纳米管内层时管层间范德华力示意图；（b）五根具有不同弯曲程度的双壁碳纳米管样品的扫描电镜照片；（c）五根双壁碳纳米管管层间摩擦力与管层间重叠长度的关系；（d）～（f）具有不同弯曲程度（曲率半径，r）的双壁碳纳米管的扫描电镜照片；（g）管层间最大摩擦力与曲率半径的关系

除了以上两点机理层面的原因，本工作中所使用的结构完美且笔直的双壁碳纳米管样品也是实现管层间超润滑的关键要素。理论计算表明，碳纳米管中少量的缺陷就可使管层间剪切强度提高几个数量级[276]。比如，管层间存在一个空穴时，将会导致管层间相互作用力增加 6.4 ～ 7.8nN。假定双壁碳纳米管管层间每隔 1mm 出现一个空穴，则 1cm 长的碳纳米管管层间作用力会增加 60 ～ 80nN。而本工作所测量的摩擦力远远小于此值，继而说明所制备的样品结构十分完美，并不存在假设中的缺陷。另外，双壁碳纳米管轴向的弯曲也会导致管层间摩擦的急剧升高。我们通过实验发现，在抽出一根具有多处弯曲的双壁碳纳米管的内层

时，若内层未脱离最大轴向弯曲的位置，则摩擦力始终保持着较高的水平；当内层脱离此位置后，摩擦力则迅速降低［图 2-62（b）(c）]。因而可以推测，双壁碳纳米管的最大管层间摩擦力主要取决于最大轴向弯曲程度。进一步地，我们使用碳纳米管弯曲部位的曲率半径来表征轴向弯曲程度，并将其与最大管层间摩擦力相关联［图 2-62（d）～（g）]。当曲率半径过小时，双壁碳纳米管会受到较大的弯曲应力，从而使得内外管层间距发生变化，进一步导致内层被抽出时受到较大的剪切作用。

第四节
结构完美的水平阵列碳纳米管的批量制备技术

一、批量化超长碳纳米管制备

在针对超长碳纳米管生长条件和可控制备方法探索的基础上，我们确定了关于制备超长碳纳米管的优化工艺条件和各反应参数对超长碳纳米管生长状况的影响。

1. 制备超长碳纳米管的工艺条件

（1）原料气纯度及配比　原料中微量的硫化物和砷化物会使催化剂中毒，应使用高纯气体并控制硫化物 < 0.3μL/L，砷化物 < 0.3μL/L，氢 / 甲烷体积比应控制在 1.2 ～ 4.8。

（2）反应温度　使用甲烷作碳源应控制反应温度为 800 ～ 1200℃，并使温度波动范围 < ±1℃，升温速率应控制在 10 ～ 80℃/min，下限取决于加热炉特性。

（3）反应压力　权衡热力学和产物性质影响，反应全程应维持恒正压操作，并控制压力波动范围 < ±1Pa。

（4）停留时间　平推流反应器内应控制在 8 ～ 35min，对特殊反应器结构应避免“死区”。

（5）水蒸气含量　反应中起消碳和分压作用，摩尔分数应控制在 0.2% ～ 0.8%。

（6）气流均匀性　应控制为稳定层流，径向扰动 < ±3mm，在反应器截面上均匀分布。

2. 新型反应器内制备超长碳纳米管最优条件

（1）含水量　最优值确定在 0.46% ~ 0.52%，且在此范围内变化影响不大。

（2）氢烷比　最优值确定在 2.06 ~ 2.2，在此范围内偏高更有利。

（3）反应气速　最优值确定在 1.9 ~ 1.95mm/s，在此范围内变化影响不大。

（4）硅片位置　中部偏向出口位置流动稳定，温度恒定，利于生长。

（5）生长次数　连续反应近五次后，管壁沉积一定碳源，营造稳定生长环境。

基于这些研究结果，我们尝试在 600mm×120mm 规格的石英基板上同时放置多片硅片生长基底进行生长。在多片同时生长的实验过程中，我们发现硅片与硅片之间的相对位置同样会对生长状况有影响。其中有两种典型的摆放方式，在此列出实验结果进行说明。

当两片硅片如图 2-63 所示摆放时，2# 硅片的生长状况明显好于 1# 硅片，表现在长度和密度均高于 1# 样品。分析其原因：在 2# 硅片前面摆放的大面积圆形硅片起到整流作用，使得气流在经过 2# 样品时分布变得更加均匀，横向的气速分布也基本一致，这种稳定的气流有利于超长碳纳米管的生长。作为对比，图 2-64 所示硅片摆放方式为两硅片并排，一个竖直放置，一个横向放置，然而实验结果是横向放置的硅片表面超长碳纳米管生长状态更好。说明当气流通过时，竖直放置的硅片只有小面积区域接触气流，由于硅片厚度带来的影响，导致硅片中央和两侧气速分布不均，而横放的硅片接触到的气流面积大，相比竖直放置气速分布较均匀。

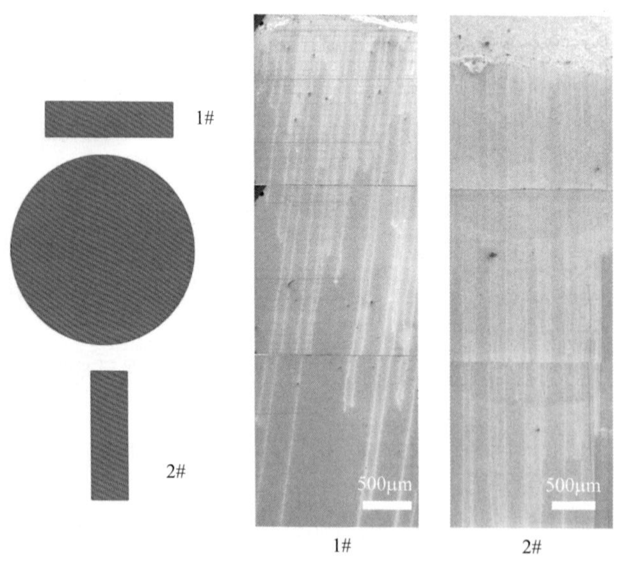

图2-63　硅片摆放方式对生长的影响

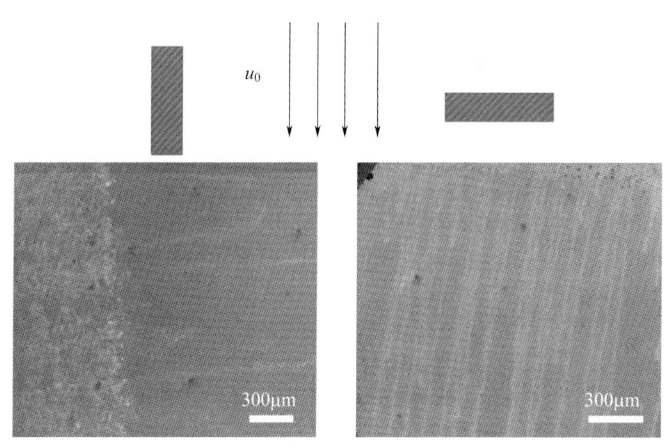

图2-64　硅片摆放方式对生长的影响（对照组）

在考虑了多片同时生长时相对位置的影响这一因素后，我们最终成功在600mm×120mm规格的基板上同时放置近20片30mm×20mm的硅片进行超长碳纳米管的制备，每一片均可保持品质较高的形貌特征，在此列出两个硅片上碳纳米管生长情况的全局图（图2-65和图2-66）。

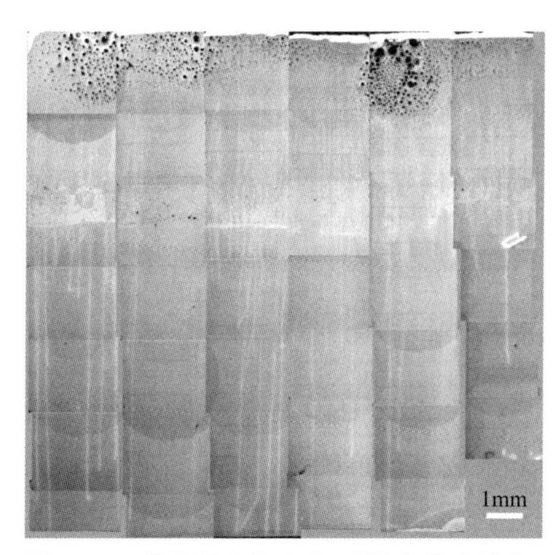

图2-65　批量化制备超长碳纳米管硅片表面全局形貌

二、大面积超长碳纳米管的制备与表征

虽然通过新设计的反应器已经成功实现了超长碳纳米管的批量化制备，并且也解决了以往用管式炉制备时基底尺寸受限的问题，但实际工业生产提出了更高的要求，希望能直接用4in甚至10in的大面积硅片作生长基底批量制备超长碳纳米管。

图2-66
批量化制备超长碳纳米管高密度样品全局形貌

为此，我们尝试直接在4in的大面积硅片表面制备超长碳纳米管。首先，采用压印法将液相催化剂（三氯化铁的乙醇溶液）按压在4in硅晶圆的边缘[277]。然后，按照本节在一开始提出的制备超长碳纳米管的最优生长条件直接在晶圆表面制备超长碳纳米管。然而，4in晶圆基底相比过去使用的长条状基底，表征手段成为其形态观测中一项最为棘手的问题。在我们当时的实验室条件，很难找到能容纳如此大面积基底的表征仪器腔体。对此，我们发展了两种方法来判断晶圆基底表面超长碳纳米管的有无。

1. 间接法

即在晶圆基底前方放置一长条形硅片用来压印催化剂，在晶圆基底下方放置另一长条硅片用来表征。因为在较高的催化剂活性概率下，碳纳米管的长度可达到米级，由此我们根据下方长条硅片基底承接到的碳纳米管数量间接判断晶圆基底表面超长碳纳米管的生长情况。

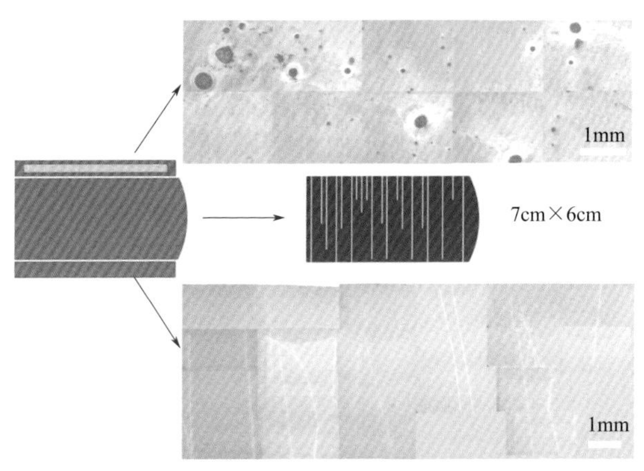

图2-67 大面积超长碳纳米管的间接法表征

为了保证各个基底之间的衔接部分不会对气流场造成扰动，我们将 4in 的晶圆基底裁剪掉上下两部分，留下 7cm × 6cm 规格的大面积基底。由图 2-67 可见，上方硅片的催化剂区呈现高密度碳纳米管阵列，对照我们在前面提到的催化剂区形貌与实际生长情况之间的对应关系，催化剂区域雪花状的碳纳米管形态可以说明，此时碳纳米管的生长状态已在稳定范围内。从下方硅片的表征结果可见，部分超长碳纳米管延伸至尾部硅片，其取向弯曲是因为超长碳纳米管由大面积生长基底跨缝生长至尾部基底时受基底作用力弱，因而呈现不规则排列。

2. 直接观测法

碳纳米管具有纳米级尺寸，远小于可见光波长，难以在一般的光学显微镜下实现可视化。在化学气相沉积法制备过程中，碳源裂解产生碳纳米管的同时，也会产生较多的无定形碳和官能团，如果不进行特殊处理，这些杂质会吸附在碳纳米管表面。为此，我们采用水蒸气辅助冷凝可视化的方法对碳纳米管进行表征（图 2-68）[278]。通过增设金属接头和胶皮管，使普通商用加湿器产生定向的饱和水蒸气，喷熏到负载有超长碳纳米管的晶圆基底表面。碳纳米管表面的杂质为水蒸气提供了大量的成核位点，水蒸气首先会在这些位点形成纳米尺寸的水滴，然后水滴会逐渐变大并散射更多的光线，从而使得碳纳米管的轮廓逐渐清晰。为了延长水蒸气在基底表面停留的时间，我们在基底下方放置液氮以降低晶圆基底表面的温度，从而实现水蒸气在基底表面更长的时间冷凝，方便我们用相机拍摄记录。

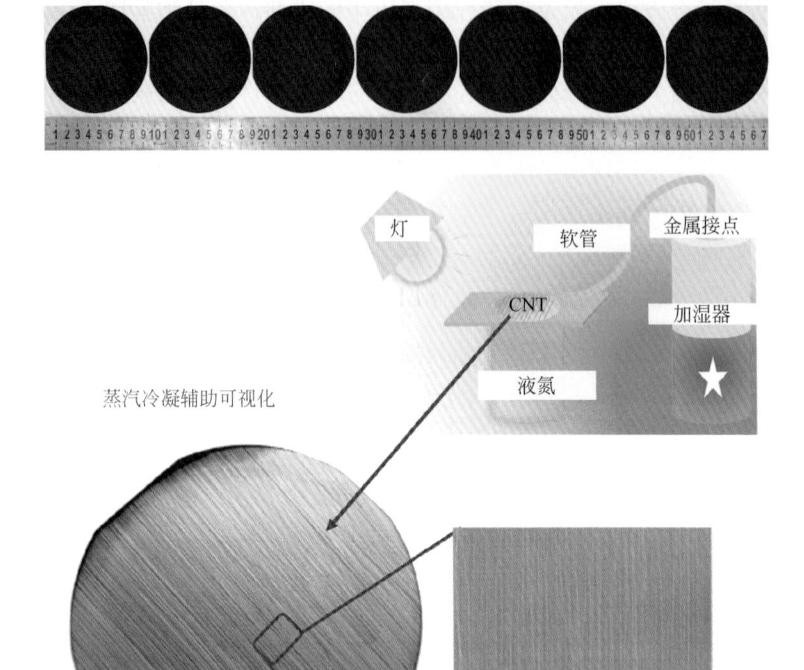

图2-68　大面积超长碳纳米管的水蒸气辅助冷凝可视化

水蒸气冷凝可视化的方法不仅适用于表面负载有杂质的碳纳米管，对于表面洁净的碳纳米管同样适用。我们将晶圆表面的超长碳纳米管在700℃氢气氛围下进行退火，以便除去碳纳米管表面吸附的无定形碳。然后，对基底表面进行氩等离子体处理10s。经过处理后，基底表面会呈现亲水性特征，将水蒸气喷熏到基底表面，首先会形成水滴，随着水蒸气浓度升高，水滴逐渐变大并相互聚集形成薄膜。由于碳纳米管本身具有疏水性特征，在水薄膜覆盖的基底表面会显现出清晰的轮廓。

这种蒸汽辅助冷凝可视化的方法可以直接实现在大气环境下用肉眼识别碳纳米管的表面形貌，并且可以和其他光谱表征手段进行联用，方便对碳纳米管的结构进行精细和深入的表征。例如，将晶圆基底置于瑞利散射光谱下，在超连续激光的激发下，碳纳米管会呈现出与其手性结构相关的颜色[90,279]，从而证明了单根超长碳纳米管可以保持分米级长度范围内手性结构一致，但是不同手性的超长碳纳米管仍然具有不同的颜色。如图2-69所示，为了进一步检验长程结构一致性特征，我们将晶圆基底置于拉曼光谱下，用单波长激光器激发相同的超长碳纳米管[66]，发现同一根超长碳纳米管不同长度位置处具有相同的RBM峰形和峰位，再次证明了超长碳纳米管的手性结构一致性。同时，在各个管层均被激发的情况下，拉曼光谱RBM峰的数量也可以反映出碳纳米管的壁数，如图2-69（h）和（i）为双峰，表明碳纳米管为双壁碳纳米管，这种长程手性一致性也体现了碳原子对组装的定向性和完美结构。

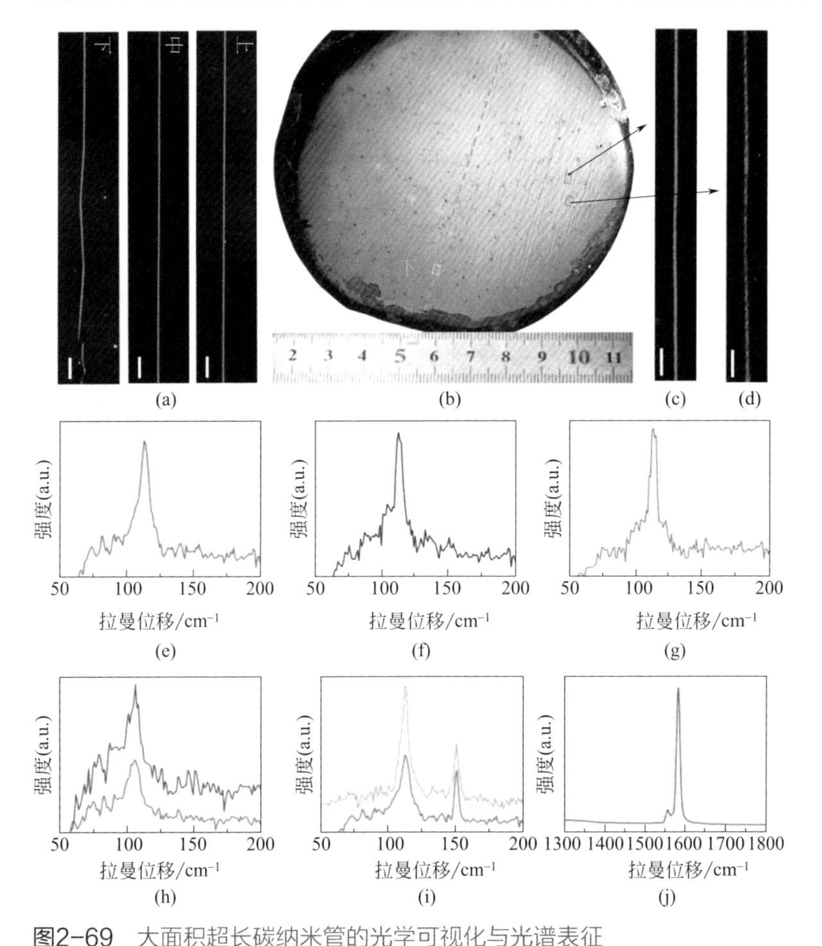

图2-69　大面积超长碳纳米管的光学可视化与光谱表征

（a）（b）晶圆基底表面单根100mm长单色碳纳米管的瑞利图像，（a）中三个图像分别对应（b）中所示碳纳米管不同位置处瑞利图像，（b）为采用氩等离子体处理后的晶圆表面超长碳纳米管光学可视化图像；（c）（d）不同手性结构的单色碳纳米管；（e）～（g）（a）中碳纳米管拉曼光谱RBM峰；（h）（i）（c）和（d）中碳纳米管上、下不同位置处的拉曼光谱RBM峰；（j）拉曼光谱G峰，在1350cm^{-1}处没有峰，暗示碳纳米管无结构缺陷。比例尺：（a）中为20μm，（c）和（d）中为5μm

参考文献

[1] Lu A, Pan B J P R L. Nature of single vacancy in achiral carbon nanotubes[J]. Phys Rev Lett, 2004, 92(10): 105504.

[2] Tian G-L, Zhao M-Q, Zhang Q, et al. Self-organization of nitrogen-doped carbon nanotubes into double-helix structures[J]. Carbon, 2012, 50(14): 5323-5330.

[3] Chico L, Crespi V H, Benedict L X, et al. Pure carbon nanoscale devices: Nanotube heterojunctions[J]. Phys Rev Lett, 1996, 76(6): 971-974.

[4] Charlier J C. Defects in carbon nanotubes[J]. Acc Chem Res, 2002, 35(12): 1063-1069.

[5] Yu M-F, Files B S, Arepalli S, et al. Tensile loading of ropes of single wall carbon nanotubes and their mechanical properties[J]. Phys Rev Lett, 2000, 84(24): 5552-5555.

[6] Kim P, Shi L, Majumdar A, et al. Thermal transport measurements of individual multiwalled nanotubes[J]. Phys Rev Lett, 2001, 87(21): 215502.

[7] Wang Y, Wei F, Gu G, et al. Agglomerated carbon nanotubes and its mass production in a fluidized-bed reactor[J]. Phys B, 2002, 323(1): 327-329.

[8] Wen Q, Qian W, Wei F, et al. CO_2-Assisted SWNT growth on porous catalysts[J]. Chem Mater, 2007, 19(6): 1226-1230.

[9] Ago H, Nakamura Y, Ogawa Y, et al. Combinatorial catalyst approach for high-density growth of horizontally aligned single-walled carbon nanotubes on sapphire[J]. Carbon, 2011, 49(1): 176-186.

[10] Iijima S. Helical microtubules of graphitic carbon[J]. Nature, 1991, 354(6348): 56-58.

[11] Journet C, Maser W K, Bernier P, et al. Large-scale production of single-walled carbon nanotubes by the electric-arc technique[J]. Nature, 1997, 388(6644): 756-758.

[12] Maser W K, Muñoz E, Benito A M, et al. Production of high-density single-walled nanotube material by a simple laser-ablation method[J]. Chem Phys Lett, 1998, 292(4): 587-593.

[13] Huang S, Maynor B, Cai X, et al. Ultralong, well-Aligned single-walled carbon nanotube architectures on surfaces[J]. Adv Mater, 2003, 15(19): 1651-1655.

[14] Liu B, Ren W, Gao L, et al. Metal-catalyst-free growth of single-walled carbon nanotubes[J]. J Am Chem Soc, 2009, 131(6): 2082-2083.

[15] Wagner R, Ellis W. Vapor-liquid-solid mechanism of single crystal growth[J]. Appl Phys Lett, 1964, 4(5): 89-90.

[16] Harutyunyan A R, Tokune T, Mora E. Liquid as a required catalyst phase for carbon single-walled nanotube growth[J]. Appl Phys Lett, 2005, 87(5): 051919.

[17] Shibuta Y, Maruyama S. Molecular dynamics simulation of formation process of single-walled carbon nanotubes by CCVD method[J]. Chem Phys Lett, 2003, 382(3): 381-386.

[18] Ding F, Bolton K, Rosén A. Nucleation and growth of single-walled carbon nanotubes: A molecular dynamics study[J]. J Phys Chem B, 2004, 108(45): 17369-17377.

[19] Ding F, Larsson P, Larsson J A, et al. The importance of strong carbon-metal adhesion for catalytic nucleation of single-walled carbon nanotubes[J]. Nano Lett, 2008, 8(2): 463-468.

[20] Ding F, Harutyunyan A R, Yakobson B I. Dislocation theory of chirality-controlled nanotube growth[J]. Proc Natl Acad Sci, 2009, 106(8): 2506.

[21] Marchand M, Journet C, Guillot D, et al. Growing a carbon nanotube atom by atom: “And Yet It Does Turn” [J].

Nano Lett, 2009, 9(8): 2961-2966.

[22] Zhu Z, Wei N, Cheng W, et al. Rate-selected growth of ultrapure semiconducting carbon nanotube arrays[J]. Nat Commun, 2019, 10(1): 4467.

[23] Yang F, Wang X, Li M, et al. Templated synthesis of single-walled carbon nanotubes with specific structure[J]. Acc Chem Res, 2016, 49(4): 606-615.

[24] He M, Jiang H, Liu B, et al. Chiral-selective growth of single-walled carbon nanotubes on lattice-mismatched epitaxial cobalt nanoparticles[J]. Sci Rep, 2013, 3(1): 1460.

[25] Helveg S, López-Cartes C, Sehested J, et al. Atomic-scale imaging of carbon nanofibre growth[J]. Nature, 2004, 427(6973): 426-429.

[26] Picher M, Lin P A, Gomez-Ballesteros J L, et al. Nucleation of graphene and its conversion to single-walled carbon nanotubes[J]. Nano Lett, 2014, 14(11): 6104-6108.

[27] Kohigashi Y, Yoshida H, Homma Y, et al. Structurally inhomogeneous nanoparticulate catalysts in cobalt-catalyzed carbon nanotube growth[J]. Appl Phys Lett, 2014, 105(7): 073108.

[28] Zhang L, He M, Hansen T W, et al. Growth termination and multiple nucleation of single-wall carbon nanotubes evidenced by in situ transmission electron microscopy[J]. ACS Nano, 2017, 11(5): 4483-4493.

[29] Yang F, Wang X, Zhang D, et al. Chirality-specific growth of single-walled carbon nanotubes on solid alloy catalysts[J]. Nature, 2014, 510(7506): 522-524.

[30] Zhang S, Kang L, Wang X, et al. Arrays of horizontal carbon nanotubes of controlled chirality grown using designed catalysts[J]. Nature, 2017, 543(7644): 234-238.

[31] Zhang R, Xie H, Zhang Y, et al. The reason for the low density of horizontally aligned ultralong carbon nanotube arrays[J]. Carbon, 2013, 52: 232-238.

[32] Huang S, Woodson M, Smalley R, et al. Growth mechanism of oriented long single walled carbon nanotubes using "fast-heating" chemical vapor deposition process[J]. Nano Lett, 2004, 4(6): 1025-1028.

[33] Jin Z, Chu H, Wang J, et al. Ultralow feeding gas flow guiding growth of large-scale horizontally aligned single-walled carbon nanotube arrays[J]. Nano Lett, 2007, 7(7): 2073-2079.

[34] Rao F, Zhou Y, Li T, et al. Horizontally aligned single-walled carbon nanotubes can bridge wide trenches and climb high steps[J]. Chem Eng J, 2010, 157(2): 590-597.

[35] Huang L, White B, Sfeir M Y, et al. Cobalt ultrathin film catalyzed ethanol chemical vapor deposition of single-walled carbon nanotubes[J]. J Phys Chem B, 2006, 110(23): 11103-11109.

[36] Han S, Liu X, Zhou C. Template-free directional growth of single-walled carbon nanotubes on a- and r-plane sapphire[J]. J Am Chem Soc, 2005, 127(15): 5294-5295.

[37] Ago H, Ishigami N, Yoshihara N, et al. Visualization of horizontally-aligned single-walled carbon nanotube growth with $^{13}C/^{12}C$ isotopes[J]. J Phys Chem C, 2008, 112(6): 1735-1738.

[38] He M, Duan X, Wang X, et al. Iron catalysts reactivation for efficient CVD growth of SWNT with base-growth mode on surface[J]. J Phys Chem B, 2004, 108(34): 12665-12668.

[39] Zhang R, Zhang Y, Zhang Q, et al. Growth of half-meter long carbon nanotubes based on Schulz–Flory distribution[J]. ACS Nano, 2013, 7(7): 6156-6161.

[40] Flory P J. Molecular size distribution in linear condensation polymers[J]. J Am Chem Soc, 1936, 58(10): 1877-1885.

[41] Bianchini C, Giambastiani G, Guerrero I R, et al. Simultaneous polymerization and Schulz-Flory oligomerization of ethylene made possible by activation with MAO of a C1-symmetric [2,6-bis(arylimino)pyridyl]iron dichloride

precursor[J]. Organometallics, 2004, 23(26): 6087-6089.

[42] Gupta S K, Gupta N, Kunzru D. Vapor grown carbon fibers from pyrolysis of hydrocarbons: Modeling of filament growth and poisoning[J]. J Anal Appl Pyrolysis, 1993, 26(3): 131-144.

[43] Wen Q, Zhang R, Qian W, et al. Growing 20cm long DWNTs/TWNTs at a rapid growth rate of 80-90μm/s[J]. Chem Mater, 2010, 22(4): 1294-1296.

[44] Ding L, Tselev A, Wang J, et al. Selective growth of well-aligned semiconducting single-walled carbon nanotubes[J]. Nano Lett, 2009, 9(2): 800-805.

[45] Li Y, Cui R, Ding L, et al. How catalysts affect the growth of single-walled carbon nanotubes on substrates[J]. Adv Mater, 2010, 22(13): 1508-1515.

[46] Su M, Li Y, Maynor B, et al. Lattice-oriented growth of single-walled carbon nanotubes[J]. J Phys Chem B, 2000, 104(28): 6505-6508.

[47] Wen Q, Qian W, Nie J, et al. 100mm long, semiconducting triple-walled carbon nanotubes[J]. Adv Mater, 2010, 22(16): 1867-1871.

[48] Peng B, Yao Y, Zhang J. Effect of the reynolds and richardson numbers on the growth of well-aligned ultralong single-walled carbon nanotubes[J]. J Phys Chem C, 2010, 114(30): 12960-12965.

[49] Yao Y, Feng C, Zhang J, et al. "Cloning" of single-walled carbon nanotubes via open-end growth mechanism[J]. Nano Lett, 2009, 9(4): 1673-1677.

[50] Yu X, Zhang J, Choi W, et al. Cap formation engineering: From opened C_{60} to single-walled carbon nanotubes[J]. Nano Lett, 2010, 10(9): 3343-3349.

[51] Liu J, Wang C, Tu X, et al. Chirality-controlled synthesis of single-wall carbon nanotubes using vapour-phase epitaxy[J]. Nat Commun, 2012, 3(1): 1199.

[52] Ding F, Harutyunyan A R, Yakobson B I. Dislocation theory of chirality-controlled nanotube growth[J]. Proceedings of the National Academy of Sciences, 2009, 106(8): 2506.

[53] Veldhuis M P, Berg M P, Loreau M, et al. Ecological autocatalysis: a central principle in ecosystem organization?[J]. Ecol Monogr, 2018, 88(3): 304-319.

[54] Bissette A J, Fletcher S P. Mechanisms of autocatalysis[J]. Angew Chem Int Ed, 2013, 52(49): 12800-12826.

[55] Salam A. The role of chirality in the origin of life[J]. Journal of Molecular Evolution, 1991, 33(2): 105-113.

[56] Butler K T, Davies D W, Cartwright H, et al. Machine learning for molecular and materials science[J]. Nature, 2018, 559(7715): 547-555.

[57] Cobb R E, Chao R, Zhao H. Directed evolution: Past, present, and future[J]. AIChE J, 2013, 59(5): 1432-1440.

[58] Bloom J D, Arnold F H. In the light of directed evolution: Pathways of adaptive protein evolution[J]. Proceedings of the National Academy of Sciences, 2009, 106(Supplement 1): 9995.

[59] May O, Nguyen P T, Arnold F H. Inverting enantioselectivity by directed evolution of hydantoinase for improved production of L-methionine[J]. Nature Biotechnology, 2000, 18(3): 317-320.

[60] Engqvist M K M, Rabe K S. Applications of protein engineering and directed evolution in plant research[J]. Plant physiol,2019, 179(3): 907-917.

[61] Magnin Y, Amara H, Ducastelle F, et al. Entropy-driven stability of chiral single-walled carbon nanotubes[J]. Science, 2018, 362(6411): 212.

[62] Yang F, Wang X, Zhang D, et al. Chirality-specific growth of single-walled carbon nanotubes on solid alloy catalysts[J]. Nature, 2014, 510(7506): 522-524.

[63] Zhu Z, Wei N, Xie H, et al. Acoustic-assisted assembly of an individual monochromatic ultralong carbon

nanotube for high on-current transistors[J]. Science Advances, 2016, 2(e1601572).

[64] Avouris P, Chen Z, Perebeinos V. Carbon-based electronics[J]. Nature Nanotechnology, 2007, 2: 605.

[65] Wen Q, Qian W, Nie J, et al. 100 mm Long, semiconducting triple-walled carbon nanotubes[J]. Advanced Materials, 2010, 22(16): 1867-1871.

[66] Dresselhaus M S, Dresselhaus G, Saito R, et al. Raman spectroscopy of carbon nanotubes[J]. Physics Reports, 2005, 409(2): 47-99.

[67] Liu K, Wang W, Wu M, et al. Intrinsic radial breathing oscillation in suspended single-walled carbon nanotubes[J]. Physical Review B, 2011, 83(11): 113404.

[68] Nguyen K T, Gaur A, Shim M. Fano lineshape and phonon softening in single isolated metallic carbon nanotubes[J]. Physical Review Letters, 2007, 98(14): 145504.

[69] Liu K, Hong X, Wu M, et al. Quantum-coupled radial-breathing oscillations in double-walled carbon nanotubes[J]. Nature Communications, 2013, 4: 1375.

[70] Blackburn J L, Engtrakul C, Mcdonald T J, et al. Effects of surfactant and boron doping on the BWF feature in the Raman spectrum of single-wall carbon nanotube aqueous dispersions[J]. The Journal of Physical Chemistry B, 2006, 110(50): 25551-25558.

[71] Levshov D I, Tran H N, Paillet M, et al. Accurate determination of the chiral indices of individual carbon nanotubes by combining electron diffraction and Resonant Raman spectroscopy[J]. Carbon, 2017, 114: 141-159.

[72] Franklin A D. The road to carbon nanotube transistors[J]. Nature, 2013, 498: 443.

[73] Hu Y, Kang L, Zhao Q, et al. Growth of high-density horizontally aligned SWNT arrays using Trojan catalysts[J]. Nature Communications, 2015, 6: 6099.

[74] Zhang R, Zhang Y, Zhang Q, et al. Optical visualization of individual ultralong carbon nanotubes by chemical vapour deposition of titanium dioxide nanoparticles[J]. Nature Communications, 2013, 4(1): 1727.

[75] Li Z, Wang H J P R L. Gas-nanoparticle scattering: A molecular view of momentum accommodation function[J]. Physical Review Letters, 2005, 95(1): 014502.

[76] Wong R Y, Liu C, Wang J, et al. Evaluation of the drag force on single-walled carbon nanotubes in rarefied gases[J]. J Nanoscience Nanotechnology, 2012, 12(3): 2311-2319.

[77] Geblinger N, Ismach A, Joselevich E. Self-organized nanotube serpentines[J]. Nat Nano, 2008, 3(4): 195-200.

[78] Yao Y, Dai X, Feng C, et al. Crinkling ultralong carbon nanotubes into serpentines by a controlled landing process[J]. Advanced Materials, 2009, 21(41): 4158-4162.

[79] Shadmi N, Kremen A, Frenkel Y, et al. Defect-free carbon nanotube coils[J]. Nano Letters, 2015.

[80] Nishioka M, Asai M. Some observations of the subcritical transition in plane Poiseuille flow[J].J Fluid Mech,1985, 150: 441-450.

[81] Buresti G. Notes on the role of viscosity, vorticity and dissipation in incompressible flows[J]. Meccanica, 2009, 44(4): 469.

[82] Gad-el-Hak M. The fluid mechanics of microdevices—the Freeman scholar lecture[J]. Journal of Fluids Engineering, 1999, 121: 5-33.

[83] Chen C S, Lee S M, Sheu J D. Numerical analysis of gas flow in microchannels[J]. Numerical Heat Transfer, Part A: Applications, 1998, 33(7): 749-762.

[84] Buresti G. Notes on the role of viscosity, vorticity and dissipation in incompressible flows[J]. Meccanica, 2009, 44(4): 469-487.

[85] Wu J-Z, Ma H-Y, Zhou M-D. Introduction to vorticity and vortex dynamics[M]. Berlin: Springer, 2015.

[86] Zhang J, Childress S, Libchaber A, et al. Flexible filaments in a flowing soap film as a model for one-dimensional flags in a two-dimensional wind[J]. Nature, 2000, 408(6814): 835-839.

[87] Liao J C, Beal D N, Lauder G V, et al. The Karman gait: novel body kinematics of rainbow trout swimming in a vortex street[J]. J Exp Biol, 2003, 206(Pt 6): 1059-73.

[88] Taylor G K, Nudds R L, Thomas A L R. Flying and swimming animals cruise at a Strouhal number tuned for high power efficiency[J]. Nature, 2003, 425(6959): 707-711.

[89] Triantafyllou M S, Triantafyllou G S, Yue D K P. Hydrodynamics of fishlike swimming[J]. Annual Review of Fluid Mechanics, 2000, 32(1): 33-53.

[90] Wu W, Yue J, Lin X, et al. True-color real-time imaging and spectroscopy of carbon nanotubes on substrates using enhanced Rayleigh scattering[J]. Nano Research, 2015, 8(8): 2721-2732.

[91] Cao Q, Han S J, Tulevski G S, et al. Arrays of single-walled carbon nanotubes with full surface coverage for high-performance electronics[J]. Nat Nanotechnol, 2013, 8(3): 180-186.

[92] Geblinger N, Ismach A, Joselevich E. Self-organized nanotube serpentines[J]. Nat Nanotechnol, 2008, 3(4): 195-200.

[93] Ning Z, Chen Q, Wei J, et al. Directly correlating the strain-induced electronic property change to the chirality of individual single-walled and few-walled carbon nanotubes[J]. Nanoscale, 2015, 7(30): 13116-13124.

[94] Yuan Q H, Xu Z P, Yakobson B I, et al. Efficient defect healing in catalytic carbon nanotube growth[J]. Phys Rev Lett, 2012, 108(24): 5.

[95] Hata K, Futaba D N, Mizuno K, et al. Water-assisted highly efficient synthesis of impurity-free single-walled carbon nanotubes[J]. Science, 2004, 306(5700): 1362-1364.

[96] Yakobson B I, Smalley R E. Fullerene nanotubes: C1,000,000 and beyond: Some unusual new molecules—long, hollow fibers with tantalizing electronic and mechanical properties—have joined diamonds and graphite in the carbon family[J]. Am Sci, 1997, 85(4): 324-337.

[97] Fishman S, Grempel D R, Prange R E. Chaos, quantum recurrences, and anderson localization[J]. Physical Review Letters, 1982, 49(8): 509-512.

[98] Lahini Y, Avidan A, Pozzi F, et al. Anderson localization and nonlinearity in one-dimensional disordered photonic lattices[J]. Physical Review Letters,2008, 100(1): 013906.1-013906.4.

[99] Yu M F, Lourie O, Dyer M J, et al. Strength and breaking mechanism of multiwalled carbon nanotubes under tensile load[J]. Science, 2000, 287(5453): 637-640.

[100] Demczyk B G, Wang Y M, Cumings J, et al. Direct mechanical measurement of the tensile strength and elastic modulus of multiwalled carbon nanotubes[J]. Mater Sci Eng A, 2002, 334(1-2): 173-178.

[101] Bai Y, Shen B, Zhang S, et al. Storage of mechanical energy based on carbon nanotubes with high energy density and power density[J]. Adv Mater, 2019, 31(9): e1800680.

[102] Zhang R, Wen Q, Qian W, et al. Superstrong ultralong carbon nanotubes for mechanical energy storage[J]. Adv Mater, 2011, 23(30): 3387-3391.

[103] Perepelkin K E Comparative estimate of the theoretical,highest attainable strength of rigidity of oriented layer structures.Sov Mater Sci, 1974, 8: 198-202；Kelly BT. The physics of graphite [M] London: Applied science Pressures, 1981: 245.

[104] Kelly A, Macmillan N H. Strong Solids[M]. UK: Oxford University Press, 1986.

[105] Overney G, Zhong W, Tomanek D. Structural rigidity and low-frequency vibrational-modes of long carbon tubules[J]. Zeit Fur Phys D-Atom Molec Clus, 1993, 27(1): 93-96.

[106] Treacy M M J, Ebbesen T W, Gibson J M. Exceptionally high Young's modulus observed for individual carbon

nanotubes[J]. Nature, 1996, 381(6584): 678-680.

[107] Tibbetts G G. Why are carbon filaments tubular?[J]. J Cryst Growth, 1984, 66(3): 632-638.

[108] Robertson D H, Brenner D W, Mintmire J W. Energetics of nanoscale graphitic tubules[J]. Phys Rev B, 1992, 45(21): 12592-12595.

[109] Gao G, Cagin T, Goddard W A. Energetics, structure, mechanical and vibrational properties of single-walled carbon nanotubes[J]. Nanotechnology, 1999, 9(3): 184-191.

[110] Lu J P. Elastic properties of carbon nanotubes and nanoropes[J]. Phys Rev Lett, 1997, 79(7): 1297-1300.

[111] Yao N, Lordi V. Young's modulus of single-walled carbon nanotubes[J]. J Appl Phys, 1998, 84(4): 1939-1943.

[112] Natsuki T, Tantrakarn K, Endo M. Effects of carbon nanotube structures on mechanical properties[J]. Appl Phys A, 2004, 79(1): 117-124.

[113] Hung N T, Van Truong D, Van Thanh V, et al. Intrinsic strength and failure behaviors of ultra-small single-walled carbon nanotubes[J]. Comp Mater Sci, 2016, 114: 167-171.

[114] Yakobson B I, Campbell M P, Brabec C J, et al. High strain rate fracture and C-chain unraveling in carbon nanotubes[J]. Comp Mater Sci, 1997, 8(4): 341-348.

[115] Belytschko T, Xiao S P, Schatz G C, et al. Atomistic simulations of nanotube fracture[J]. Phys Rev B, 2002, 65(23): 235430.

[116] Wei C, Cho K, Srivastava D. Tensile strength of carbon nanotubes under realistic temperature and strain rate[J]. Phys Rev B, 2003, 67(11): 115407.

[117] Dresselhaus M S, Dresselhaus G, Eklund P C. Science of Fullerenes and Carbon Nanotubes[M]. San Diego: Academic Press, 1996: xvii-xviii.

[118] Nardelli M B, Yakobson B I, Bernholc J. Brittle and ductile behavior in carbon nanotubes[J]. Phys Rev Lett, 1998, 81(21): 4656-4659.

[119] Yakobson B. Mechanical relaxation and "intramolecular plasticity" in carbon nanotubes[J]. Appl Phys Lett, 1998, 72(8): 918-920.

[120] Huang J Y, Chen S, Wang Z Q, et al. Superplastic carbon nanotubes[J]. Nature, 2006, 439(7074): 281.

[121] Dumitrica T, Hua M, Yakobson B I. Symmetry-, time-, and temperature-dependent strength of carbon nanotubes[J]. Proc Natl Acad Sci U S A, 2006, 103(16): 6105-6109.

[122] Yuan Q H, Li L, Li Q S, et al. Effect of metal impurities on the tensile strength of carbon nanotubes: A theoretical study[J]. J Phys Chem C, 2013, 117(10): 5470-5474.

[123] Zhu L, Wang J, Ding F. The great reduction of a carbon nanotube's mechanical performance by a few topological defects[J]. ACS Nano, 2016, 10(6): 6410-6415.

[124] Poncharal P, Wang Z L, Ugarte D, et al. Electrostatic deflections and electromechanical resonances of carbon nanotubes[J]. Science, 1999, 283(5407): 1513-1516.

[125] Falvo M R, Clary G J, Taylor R M, et al. Bending and buckling of carbon nanotubes under large strain[J]. Nature, 1997, 389(6651): 582-584.

[126] Salvetat J P, Kulik A J, Bonard J M, et al. Elastic modulus of ordered and disordered multiwalled carbon nanotubes[J]. Adv Mater, 1999, 11(2): 161-165.

[127] Chen Y, Shen Z, Xu Z, et al. Helicity-dependent single-walled carbon nanotube alignment on graphite for helical angle and handedness recognition[J]. Nature Commun, 2013, 4: 2205

[128] Wu Y, Huang M, Wang F, et al. Determination of the Young's modulus of structurally defined carbon nanotubes[J]. Nano Lett, 2008, 8(12): 4158-4161.

[129] Wei X L, Chen Q, Xu S Y, et al. Beam to string transition of vibrating carbon nanotubes under axial tension[J]. Adv Funct Mater, 2009, 19(11): 1753-1758.

[130] Chang C C, Hsu I K, Aykol M, et al. A new lower limit for the ultimate breaking strain of carbon nanotubes[J]. ACS Nano, 2010, 4(9): 5095-100.

[131] Wei X L, Chen Q, Peng L M, et al. Tensile loading of double-walled and triple-walled carbon nanotubes and their mechanical properties[J]. J Phys Chem C, 2009, 113(39): 17002-17005.

[132] Ganesan Y, Peng C, Lu Y, et al. Effect of nitrogen doping on the mechanical properties of carbon nanotubes[J]. ACS Nano, 2010, 4(12): 7637-7643.

[133] Wong E W, Sheehan P E, Lieber C M. Nanobeam mechanics: Elasticity, strength, and toughness of nanorods and nanotubes[J]. Science, 1997, 277(5334): 1971-1975.

[134] Salvetat J P, Briggs G a D, Bonard J M, et al. Elastic and shear moduli of single-walled carbon nanotube ropes[J]. Phys Rev Lett, 1999, 82(5): 944-947.

[135] Walters D A, Ericson L M, Casavant M J, et al. Elastic strain of freely suspended single-wall carbon nanotube ropes[J]. Appl Phys Lett, 1999, 74(25): 3803-3805.

[136] Yu M F, Files B S, Arepalli S, et al. Tensile loading of ropes of single wall carbon nanotubes and their mechanical properties[J]. Phys Rev Lett, 2000, 84(24): 5552-5555.

[137] Peng B, Locascio M, Zapol P, et al. Measurements of near-ultimate strength for multiwalled carbon nanotubes and irradiation-induced crosslinking improvements[J]. Nat Nanotechnol, 2008, 3(10): 626-631.

[138] Liu B, Tang D-M, Sun C, et al. Importance of oxygen in the metal-free catalytic growth of single-walled carbon nanotubes from SiO_x by a vapor-solid-solid mechanism[J]. J Am Chem Soc, 2011, 133(2): 197-199.

[139] Hill F A, Havel T F, Livermore C. Modeling mechanical energy storage in springs based on carbon nanotubes[J]. Nanotechnology, 2009, 20(25): 255704.

[140] Zhang R, Wen Q, Qian W, et al. Superstrong ultralong carbon nanotubes for mechanical energy storage[J]. Adv Mater, 2011, 23(30): 3387-3391.

[141] Bai Y, Yue H, Wang J, et al. Super-durable ultralong carbon nanotubes[J]. Science, 2020, 369(6507): 1104-1106.

[142] Cheng H M, Li F, Su G, et al. Large-scale and low-cost synthesis of single-walled carbon nanotubes by the catalytic pyrolysis of hydrocarbons[J]. Appl Phys Lett, 1998, 72(25): 3282-3284.

[143] Li F, Cheng H M, Bai S, et al. Tensile strength of single-walled carbon nanotubes directly measured from their macroscopic ropes[J]. Appl Phys Lett, 2000, 77(20): 3161-3163.

[144] Xie S S, Li W Z, Pan Z W, et al. Mechanical and physical properties on carbon nanotube[J]. J Phys Chem Solids, 2000, 61(7): 1153-1158.

[145] Filleter T, Bernal R, Li S, et al. Ultrahigh strength and stiffness in cross-linked hierarchical carbon nanotube bundles[J]. Adv Mater, 2011, 23(25): 2855-2860.

[146] Vigolo B, Penicaud A, Coulon C, et al. Macroscopic fibers and ribbons of oriented carbon nanotubes[J]. Science, 2000, 290(5495): 1331-1334.

[147] Jiang K, Li Q, Fan S. Nanotechnology: spinning continuous carbon nanotube yarns[J]. Nature, 2002, 419(6909): 801.

[148] Li Y L, Kinloch I A, Windle A H. Direct spinning of carbon nanotube fibers from chemical vapor deposition synthesis[J]. Science, 2004, 304(5668): 276-278.

[149] Zhang S, Koziol K K, Kinloch I A, et al. Macroscopic fibers of well-aligned carbon nanotubes by wet spinning[J]. Small, 2008, 4(8): 1217-1222.

[150] Dalton A B, Collins S, Munoz E, et al. Super-tough carbon-nanotube fibres[J]. Nature, 2003, 423(6941): 703.

[151] Dalton A B, Collins S, Razal J, et al. Continuous carbon nanotube composite fibers: Properties, potential applications, and problems[J]. J Mater Chem, 2004, 14(1): 1-3.

[152] Wang A. Spinning methods for carbon nanotube fibers[D]. Cincinnati: University of Cincinnati, 2014.

[153] Kozlov M E, Capps R C, Sampson W M, et al. Spinning solid and hollow polymer-free carbon nanotube fibers[J]. Adv Mater, 2005, 17(5): 614-617.

[154] Ericson L M, Fan H, Peng H, et al. Macroscopic, neat, single-walled carbon nanotube fibers[J]. Science, 2004, 305(5689): 1447-1450.

[155] Steinmetz J, Glerup M, Paillet M, et al. Production of pure nanotube fibers using a modified wet-spinning method[J]. Carbon, 2005, 43(11): 2397-2400.

[156] Zhang M, Atkinson K R, Baughman R H. Multifunctional carbon nanotube yarns by downsizing and ancient technology[J]. Science, 2004, 306(5700): 1358-1361.

[157] Wang J N, Luo X G, Wu T, et al. High-strength carbon nanotube fibre-like ribbon with high ductility and high electrical conductivity[J]. Nat Commun, 2014, 5: 3848.

[158] Zhang Y, Zou G, Doorn S K, et al. Tailoring the morphology of carbon nanotube arrays: From spinnable forests to undulating foams[J]. ACS Nano, 2009, 3(8): 2157-2162.

[159] Huynh C P, Hawkins S C. Understanding the synthesis of directly spinnable carbon nanotube forests[J]. Carbon, 2010, 48(4): 1105-1115.

[160] Nakayama Y. Synthesis, nanoprocessing, and yarn application of carbon nanotubes[J]. Jpn J Appl Phys, 2008, 47(10): 8149-8156.

[161] Liu K, Sun Y, Zhou R, et al. Carbon nanotube yarns with high tensile strength made by a twisting and shrinking method[J]. Nanotechnology, 2010, 21(4): 045708.

[162] Zhang X F, Li Q W, Holesinger T G, et al. Ultrastrong, stiff, and lightweight carbon-nanotube fibers[J]. Adv Mater, 2007, 19(23): 4198.

[163] Zhang X, Li Q, Tu Y, et al. Strong carbon-nanotube fibers spun from long carbon-nanotube arrays[J]. Small, 2007, 3(2): 244-248.

[164] Zhu C, Cheng C, He Y H, et al. A self-entanglement mechanism for continuous pulling of carbon nanotube yarns[J]. Carbon, 2011, 49(15): 4996-5001.

[165] Zhu H W, Xu C L, Wu D H, et al. Direct synthesis of long single-walled carbon nanotube strands[J]. Science, 2002, 296(5569): 884-886.

[166] Koziol K, Vilatela J, Moisala A, et al. High-performance carbon nanotube fiber[J]. Science, 2007, 318(5858): 1892-1895.

[167] Motta M, Li Y L, Kinloch I, et al. Mechanical properties of continuously spun fibers of carbon nanotubes[J]. Nano Lett, 2005, 5(8): 1529-1533.

[168] Motta M, Moisala A, Kinloch I A, et al. High performance fibres from 'Dog Bone' carbon nanotubes[J]. Adv Mater, 2007, 19(21): 3721-3726.

[169] Xu W, Chen Y, Zhan H, et al. High-strength carbon nanotube film from improving alignment and densification[J]. Nano Lett, 2016, 16(2): 946-952.

[170] Wang Y, Wei F, Luo G, et al. The large-scale production of carbon nanotubes in a nano-agglomerate fluidized-bed reactor[J]. Chem Phys Lett, 2002, 364(5): 568-572.

[171] Ren Z, Huang Z, Xu J, et al. Synthesis of large arrays of well-aligned carbon nanotubes on glass[J]. Science,

1998, 282(5391): 1105-1107.

[172] Jo S, Tu Y, Huang Z, et al. Effect of length and spacing of vertically aligned carbon nanotubes on field emission properties[J]. Appl Phys Lett, 2003, 82(20): 3520-3522.

[173] Xie H, Zhang R, Zhang Y, et al. Graphene/graphite sheet assisted growth of high-areal-density horizontally aligned carbon nanotubes[J]. Chem Commun, 2014, 50(76): 11158-11161.

[174] Zhang R, Zhang Y, Wei F. Horizontally aligned carbon nanotube arrays: growth mechanism, controlled synthesis, characterization, properties and applications[J]. Chem Soc Rev, 2017, 46(12): 3661-3715.

[175] Zhang R, Zhang Y, Wei F. Controlled synthesis of ultralong carbon nanotubes with perfect structures and extraordinary properties[J]. Acc Chem Res, 2017, 50(2): 179-189.

[176] Sammalkorpi M, Krasheninnikov A, Kuronen A, et al. Mechanical properties of carbon nanotubes with vacancies and related defects[J]. Phys Rev B, 2004, 70(24): 245416.

[177] Zhu L, Wang J, Ding F. The great reduction of a carbon nanotube's mechanical performance by a few topological defects[J]. ACS Nano, 2016, 10(6): 6410-6415.

[178] Zhang S L, Mielke S L, Khare R, et al. Mechanics of defects in carbon nanotubes: Atomistic and multiscale simulations[J]. Phys Rev B, 2005, 71(11).

[179] Beese A M, Wei X, Sarkar S, et al. Key factors limiting carbon nanotube yarn strength: exploring processing-structure-property relationships[J]. ACS Nano, 2014, 8(11): 11454-11466.

[180] Ericson L M, Fan H, Peng H, et al. Macroscopic, neat, single-walled carbon nanotube fibers[J]. Science, 2004, 305(5689): 1447-1450.

[181] Zhang X, Jiang K, Feng C, et al. Spinning and processing continuous yarns from 4-inch wafer scale super-aligned carbon nanotube arrays[J]. Adv Mater, 2006, 18(12): 1505-1510.

[182] Vilatela J J, Elliott J A, Windle A H. A model for the strength of yarn-like carbon nanotube fibers[J]. ACS Nano, 2011, 5(3): 1921-1927.

[183] Yakobson B I, Samsonidze G, Samsonidze G G. Atomistic theory of mechanical relaxation in fullerene nanotubes[J]. Carbon, 2000, 38(11): 1675-1680.

[184] Bai Y, Zhang R, Ye X, et al. Carbon nanotube bundles with tensile strength over 80GPa[J]. Nat Nanotechnol, 2018, 13(7): 589-595.

[185] Zhang R, Zhang Y, Zhang Q, et al. Growth of half-meter long carbon nanotubes based on Schulz-Flory distribution[J]. ACS Nano, 2013, 7(7): 6156-6161.

[186] Daniels H E. The statistical theory of the strength of bundles of threads. Ⅰ [J]. Proc Roy Soc Lond Ser A, 1945, 183(995): 0405-0435.

[187] Minus M L, Kumar S. The processing, properties, and structure of carbon fibers[J]. Jom, 2005, 57(2): 52-58.

[188] Chae H G, Kumar S. Rigid-rod polymeric fibers[J]. J Appl Polym Sci, 2006, 100(1): 791-802.

[189] Dalton A B, Collins S, Munoz E, et al. Super-tough carbon-nanotube fibres - These extraordinary composite fibres can be woven into electronic textiles[J]. Nature, 2003, 423(6941): 703.

[190] Yakobson B I, Samsonidze G, Samsonidze G G. Atomistic theory of mechanical relaxation in fullerene nanotubes[J]. Carbon, 2000, 38(11-12): 1675-1680.

[191] Pena-Alzola R, Sebastian R, Quesada J, et al. Review of flywheel based energy storage systems[C]. IEEE 2011 Int Conf Pow Eng, 2011: 1-6.

[192] Hebner R, Beno J, Walls A. Flywheel batteries come around again[J]. IEEE Spectr, 2002, 39(4): 46.

[193] Wu S R, Sheu G S, Shyu S S. Kevlar fiber–epoxy adhesion and its effect on composite mechanical and fracture

properties by plasma and chemical treatment[J]. J Appl Polym Sci, 1996, 62(9): 1347-1360.

[194] Weerasooriya T. Mechanical Properties of Kevlar® KM2 Single Fiber[J]. J Eng Mater Technol, 2005, 127(2): 197-203.

[195] Chand S. Review Carbon fibers for composites[J]. J Mater Sci, 2000, 35(6): 1303-1313.

[196] Rodriguez N M. A Review of catalytically grown carbon nanofibers[J]. J Mater Res, 1993, 8(12): 3233-3250.

[197] Tibbetts G G, Lake M L, Strong K L, et al. A Review of the fabrication and properties of vapor-grown carbon nanofiber/polymer composites[J]. Comp Sci Technol, 2007, 67(7): 1709-1718.

[198] Vollrath F, Knight D P. Liquid crystalline spinning of spider silk[J]. Nature, 2001, 410(6828): 541-548.

[199] Heim M, Keerl D, Scheibel T. Spider Silk: From soluble protein to extraordinary fiber[J]. Angew Chem Int Edit, 2009, 48(20): 3584-3596.

[200] Yulong P, Cavagnino A, Vaschetto S, et al. Flywheel energy storage systems for power systems application[C]. Inter Conf Clean Electr Pow (ICCEP), 2017: 492-501.

[201] Lu W, Zu M, Byun J H, et al. State of the art of carbon nanotube fibers: Opportunities and challenges[J]. Adv Mater, 2012, 24(14): 1805-1833.

[202] Luo X G, Liu Z Y, Xu B, et al. Compressive strength of diamond from first-principles calculation[J]. J Phys Chem C, 2010, 114(41): 17851-17853.

[203] Bai Y, Shen B, Zhang S, et al. Storage of mechanical energy based on carbon nanotubes with high energy density and power density[J]. Adv Mater, 2019, 31(9): e1800680.

[204] Hill F A. Mechanical energy storage in carbon nanotube springs[D]. Cambridge: Massachusetts Institute of Technology, 2011.

[205] Aanstoos T A, Kajs J P, Brinkman W G, et al. High voltage stator for a flywheel energy storage system[J]. Ieee T Magn, 2001, 37(1): 242-247.

[206] Hossain S, Linden D. Handbook of batteries[J]. McGraw-Hill Inc, 1995, 70: 71.

[207] Kim Y A, Muramatsu H, Hayashi T, et al. Thermal stability and structural changes of double-walled carbon nanotubes by heat treatment[J]. Chem Phys Lett, 2004, 398(1-3): 87-92.

[208] Telling R H, Pickard C J, Payne M C, et al. Theoretical strength and cleavage of diamond[J]. Phys Rev Lett, 2000, 84(22): 5160-5163.

[209] Shenderova O, Brenner D, Ruoff R S. Would diamond nanorods be stronger than fullerene nanotubes?[J]. Nano Lett, 2003, 3(6): 805-809.

[210] Tarascon J-M, Armand M. Issues and challenges facing rechargeable lithium batteries, Materials For Sustainable Energy: A Collection of Peer-Reviewed Research and Review Articles from Nature Publishing Group, France: World Scientific, 2011: 171-179.

[211] Madou M J. Fundamentals of microfabrication: the science of miniaturization[M]. Japan: CRC press, 2002.

[212] Tans S J, Verschueren A R M, Dekker C. Room-temperature transistor based on a single carbon nanotube[J]. Nature, 1998, 393(6680): 49-52.

[213] Liu K, Wang W, Xu Z, et al. Chirality-dependent transport properties of double-walled nanotubes measured in situ on their field-effect transistors[J]. J Am Chem Soc, 2009, 131(1): 62-63.

[214] Javey A, Guo J, Farmer D B, et al. Carbon nanotube field-effect transistors with integrated ohmic contacts and high-κ gate dielectrics[J]. Nano Lett, 2004, 4(3): 447-450.

[215] Heinze S, Tersoff J, Martel R, et al. Carbon nanotubes as Schottky barrier transistors[J]. Phys Rev Lett, 2002, 89(10): 106801.

[216] Zhang Z, Wang S, Ding L, et al. Self-aligned ballistic n-type single-walled carbon nanotube field-effect

transistors with adjustable threshold voltage[J]. Nano Lett, 2008, 8(11): 3696-3701.

[217] Zhang Z, Liang X, Wang S, et al. Doping-free fabrication of carbon nanotube based ballistic CMOS devices and circuits[J]. Nano Lett, 2007, 7(12): 3603-3607.

[218] Wilk G D, Wallace R M, Anthony J M. High-κ gate dielectrics: Current status and materials properties considerations[J]. J Appl Phys, 2001, 89(10): 5243-5275.

[219] Fu L, Liu Y Q, Liu Z M, et al. Carbon nanotubes coated with alumina as gate dielectrics of field-effect transistors[J]. Adv Mater, 2006, 18(2): 181-185.

[220] Ding L, Zhang Z, Su J, et al. Exploration of yttria films as gate dielectrics in sub-50nm carbon nanotube field-effect transistors[J]. Nanoscale, 2014, 6(19): 11316-11321.

[221] Wang Z, Xu H, Zhang Z, et al. Growth and performance of yttrium oxide as an ideal high-κ gate dielectric for carbon-based electronics[J]. Nano Lett, 2010, 10(6): 2024-2030.

[222] Yu-Ming L, Appenzeller J, Knoch J, et al. High-performance carbon nanotube field-effect transistor with tunable polarities[J]. IEEE Trans Nanotechnol, 2005, 4(5): 481-489.

[223] Franklin A D, Koswatta S O, Farmer D B, et al. Carbon nanotube complementary wrap-gate transistors[J]. Nano Lett, 2013, 13(6): 2490-2495.

[224] Liu X, Luo Z, Han S, et al. Band engineering of carbon nanotube field-effect transistors via selected area chemical gating[J]. Appl Phys Lett, 2005, 86(24): 243501.

[225] Qiu C, Zhang Z, Zhong D, et al. Carbon nanotube feedback-gate field-effect transistor: suppressing current leakage and increasing On/Off ratio[J]. ACS Nano, 2015, 9(1): 969-977.

[226] Yang L, Wang S, Zeng Q, et al. Carbon nanotube photoelectronic and photovoltaic devices and their applications in infrared detection[J]. Small, 2013, 9(8): 1225-1236.

[227] Wei N, Liu Y, Xie H, et al. Carbon nanotube light sensors with linear dynamic range of over 120dB[J]. Appl Phys Lett, 2014, 105(7): 073107.

[228] Liu Y, Wei N, Zeng Q, et al. Room temperature broadband infrared carbon nanotube photodetector with high detectivity and stability[J]. Adv Opt Mater, 2016, 4(2): 238-245.

[229] Liu Y, Wei N, Zhao Q, et al. Room temperature infrared imaging sensors based on highly purified semiconducting carbon nanotubes[J]. Nanoscale, 2015, 7(15): 6805-6812.

[230] Derycke V, Martel R, Appenzeller J, et al. Carbon nanotube inter- and intramolecular logic gates[J]. Nano Lett, 2001, 1(9): 453-456.

[231] Javey A, Wang Q, Ural A, et al. Carbon nanotube transistor arrays for multistage complementary logic and ring oscillators[J]. Nano Lett, 2002, 2(9): 929-932.

[232] Ryu K, Badmaev A, Wang C, et al. CMOS-analogous wafer-scale nanotube-on-insulator approach for submicrometer devices and integrated circuits using aligned nanotubes[J]. Nano Lett, 2009, 9(1): 189-197.

[233] Ding L, Zhang Z, Liang S, et al. CMOS-based carbon nanotube pass-transistor logic integrated circuits[J]. Nat Commun, 2012, 3(1): 677.

[234] Pei T, Zhang P, Zhang Z, et al. Modularized construction of general integrated circuits on individual carbon nanotubes[J]. Nano Lett, 2014, 14(6): 3102-3109.

[235] Shulaker M M, Hills G, Patil N, et al. Carbon nanotube computer[J]. Nature, 2013, 501(7468): 526-530.

[236] Hills G, Lau C, Wright A, et al. Modern microprocessor built from complementary carbon nanotube transistors[J]. Nature, 2019, 572(7771): 595-602.

[237] Sun W, Shen J, Zhao Z, et al. Precise pitch-scaling of carbon nanotube arrays within three-dimensional DNA

nanotrenches[J]. Science, 2020, 368(6493): 874-877.

[238] Zhao M, Chen Y, Wang K, et al. DNA-directed nanofabrication of high-performance carbon nanotube field-effect transistors[J]. Science, 2020, 368(6493): 878-881.

[239] Liu L, Han J, Xu L, et al. Aligned, high-density semiconducting carbon nanotube arrays for high-performance electronics[J]. Science, 2020, 368(6493): 850-856.

[240] Pop E, Sinha S, Goodson K E. Heat generation and transport in nanometer-scale transistors[J]. Pro IEEE, 2006, 94(8): 1587-1601.

[241] Che J, Çagin T, Goddard W A. Thermal conductivity of carbon nanotubes[J]. Nanotechnology, 2000, 11(2): 65-69.

[242] Sun K, Stroscio M A, Dutta M. Thermal conductivity of carbon nanotubes[J]. J Appl Phys, 2009, 105(7): 074316.

[243] Hone J, Whitney M, Piskoti C, et al. Thermal conductivity of single-walled carbon nanotubes[J]. Phys Rev B, 1999, 59(4): R2514.

[244] Osman M A, Srivastava D J N. Temperature dependence of the thermal conductivity of single-wall carbon nanotubes[J]. Nanotechnology, 2001, 12(1): 21.

[245] Emery V, Bruinsma R, Barišić S J P R L. Electron-electron umklapp scattering in organic superconductors[J]. Phys Rev Lett, 1982, 48(15): 1039.

[246] Yao Z, Kane C L, Dekker C. High-field electrical transport in single-wall carbon nanotubes[J]. Phys Rev Lett, 2000, 84(13): 2941-2944.

[247] Berber S, Kwon Y-K, Tománek D. Unusually high thermal conductivity of carbon nanotubes[J]. Phys Rev Lett, 2000, 84(20): 4613-4616.

[248] Fujii M, Zhang X, Xie H, et al. Measuring the thermal conductivity of a single carbon nanotube[J]. Phys Rev Lett, 2005, 95(6): 065502.

[249] Wang D, Carlson M T, Richardson H H. Absorption cross section and interfacial thermal conductance from an individual optically excited single-walled carbon nanotube[J]. ACS Nano, 2011, 5(9): 7391-7396.

[250] Li Q, Liu C, Fan S. Thermal boundary resistances of carbon nanotubes in contact with metals and polymers[J]. Nano Lett, 2009, 9(11): 3805-3809.

[251] Wang H-D, Liu J-H, Guo Z-Y, et al. Thermal transport across the interface between a suspended single-walled carbon nanotube and air[J]. Nanoscale Microscale Thermophys Eng, 2013, 17(4): 349-365.

[252] Hu M, Shenogin S, Keblinski P, et al. Thermal energy exchange between carbon nanotube and air[J]. Appl Phys Lett, 2007, 90(23): 231905.

[253] Hsu I K, Pettes M T, Aykol M, et al. Direct observation of heat dissipation in individual suspended carbon nanotubes using a two-laser technique[J]. J Appl Phys, 2011, 110(4): 044328.

[254] Wang H, Liu J, Zhang X, et al. Raman measurement of heat transfer in suspended individual carbon nanotube[J]. J Nanosci Nanotechnol, 2015, 15(4): 2939-2943.

[255] Purewal M S, Hong B H, Ravi A, et al. Scaling of resistance and electron mean free path of single-walled carbon nanotubes[J]. Phys Rev Lett, 2007, 98(18): 186808.

[256] Pop E, Mann D A, Goodson K E, et al. Electrical and thermal transport in metallic single-wall carbon nanotubes on insulating substrates[J]. J Appl Phys, 2007, 101(9): 093710.

[257] Xie X, Grosse K L, Song J, et al. Quantitative thermal imaging of single-walled carbon nanotube devices by scanning joule expansion microscopy[J]. ACS Nano, 2012, 6(11): 10267-10275.

[258] Hirano M, Shinjo K J P R B. Atomistic locking and friction[J]. Phys Rev B, 1990, 41(17): 11837.

[259] Amiri M, Khonsari M M J E. On the thermodynamics of friction and wear—a review[J]. Entropy, 2010, 12(5): 1021-1049.

[260] Mo Yunhui,Tao Dehua, Wei Xicheng, et al. Research on friction-coatings with activated ultra-thick tin-base[M]. Berlin: Springer, 2009: 915-919.

[261] Hirano M, Shinjo K, Kaneko R, et al. Observation of superlubricity by scanning tunneling microscopy[J]. Phys Rev Lett, 1997, 78(8): 1448.

[262] Mate C M, McClelland G M, Erlandsson R, et al. Atomic-scale friction of a tungsten tip on a graphite surface[J] Phys Rev Lett, 1987,59(17): 1942-1945.

[263] Dietzel D, Ritter C, Mönninghoff T, et al. Frictional duality observed during nanoparticle sliding[J]. Phys Rev Lett, 2008, 101(12): 125505.

[264] Dienwiebel M, Verhoeven G S, Pradeep N, et al. Superlubricity of graphite[J]. Phys Rev Lett, 2004, 92(12): 126101.

[265] Cumings J, Zettl A. Low-friction nanoscale linear bearing realized from multiwall carbon nanotubes[J]. Science, 2000, 289(5479): 602-604.

[266] Zheng Q, Jiang Q J P R L. Multiwalled carbon nanotubes as gigahertz oscillators[J]. Phys Rev Lett, 2002, 88(4): 045503.

[267] Zhang R, Zhang Y, Zhang Q, et al. Optical visualization of individual ultralong carbon nanotubes by chemical vapour deposition of titanium dioxide nanoparticles[J]. Nat Commun, 2013, 4(1): 1727.

[268] Zhang R, Ning Z, Zhang Y, et al. Superlubricity in centimetres-long double-walled carbon nanotubes under ambient conditions[J]. Nat Nanotechnol, 2013, 8(12): 912-916.

[269] Wei X-L, Liu Y, Chen Q, et al. The very-low shear modulus of multi-walled carbon nanotubes determined simultaneously with the axial young's modulus via in situ experiments[J]. Adv Funct Mater, 2008, 18(10): 1555-1562.

[270] Hong B H, Small J P, Purewal M S, et al. Extracting subnanometer single shells from ultralong multiwalled carbon nanotubes[J]. PNAS, 2005, 102(40): 14155.

[271] Yu M-F, Yakobson B I, Ruoff R S. Controlled sliding and pullout of nested shells in individual multiwalled carbon nanotubes[J]. J Phys Chem B, 2000, 104(37): 8764-8767.

[272] Kis A, Jensen K, Aloni S, et al. Interlayer forces and ultralow sliding friction in multiwalled carbon nanotubes[J]. Phys Rev Lett, 2006, 97(2): 025501.

[273] Zheng Q, Liu J Z, Jiang Q. Excess van der Waals interaction energy of a multiwalled carbon nanotube with an extruded core and the induced core oscillation[J]. Phys. Rev. B, 2002, 65(24): 245409.

[274] Gnecco E, Bennewitz R, Gyalog T, et al. Friction experiments on the nanometre scale[J]. J Phys Cond Matter, 2001, 13(31): R619.

[275] Liu Z, Yang J, Grey F, et al. Observation of microscale superlubricity in graphite[J]. Phys Rev Lett, 2012, 108(20): 205503.

[276] Guo W, Zhong W, Dai Y, et al. Coupled defect-size effects on interlayer friction in multiwalled carbon nanotubes[J]. Phys Rev B, 2005, 72(7): 075409.

[277] Li Y, Cui R, Ding L, et al. How catalysts affect the growth of single-walled carbon nanotubes on substrates[J]. Advanced Materials, 2010, 22(13): 1508-1515.

[278] Wang J, Li T, Xia B, et al. Vapor-condensation-assisted optical microscopy for ultralong carbon nanotubes and other nanostructures[J]. Nano Letters, 2014, 14(6): 3527-3533.

[279] Liu K, Hong X, Zhou Q, et al. High-throughput optical imaging and spectroscopy of individual carbon nanotubes in devices[J]. Nat Nano, 2013, 8(12): 917-922.

第三章

垂直阵列碳纳米管的可控宏量制备

垂直阵列碳纳米管是指碳纳米管以与基板形成垂直取向，密集定向排列形成的碳纳米管集合体。与无序的聚团状的碳纳米管相比，在垂直阵列中碳纳米管具有较大的长径比、较一致的取向、较高的纯度，也有利于发挥其优良的性能。垂直阵列碳纳米管的生长是一个碳纳米管自组织生长的过程，超长碳纳米管之间相互作用形成了协同生长的模式。本章概述了垂直阵列碳纳米管的性质和基本制备方法，着重介绍垂直阵列碳纳米管的协同生长机制，生长过程的调变手段及催化剂设计策略，并针对垂直阵列碳纳米管的宏量制备和放大生产过程中的多因素分析进行了探讨。希望本章节的相关内容能促进垂直阵列碳纳米管的研究和发展。

第一节
概述

一、垂直阵列碳纳米管阵列

高长径比的碳纳米管之间倾向于通过不同的聚团形式形成碳纳米管宏观体，如图 3-1 所示。图 3-1（a）为多孔催化剂中制备的碳纳米管之间无序缠绕形成的聚团状碳纳米管结构的扫描电子显微镜（scanning electron microscope，SEM）像。目前，聚团碳纳米管可以采用粉末催化剂为载体进行批量生产。例如，本研究组在 2000 年利用流化床工艺实现了聚团状碳纳米管的批量制备，但形成的此类聚团状碳纳米管中碳纳米管严重纠缠，弯曲的曲率半径小，具有大量本征缺陷，使其生长过程中长度显著受限。同时其聚团结构紧密，分散较困难，为后续的应用带来一定障碍[1]。目前聚团状碳纳米管主要在分散后用作添加剂作为高分子材料的增强剂、电极材料导电剂等，不能完全体现碳纳米管材料超高长径比的优势。

图 3-1（b）为碳纳米管以极低的密度在硅片上水平生长形成的水平定向碳纳米管。此类结构中碳纳米管在生长过程中基本不形成纠缠，碳纳米管可通过飘浮生长的模式自由生长[2]，获得超长碳纳米管。自由生长的模式也使该碳纳米管具有近乎完美的结构并在较长尺度内保持螺旋度的一致，体现出优异的碳纳米管本征力学、电学性能[3]；也可通过生长过程中的调变获得碳纳米管异质结[4]。但目前其制备效率仍偏低，不能进行规模化的制备及相关应用。

图 3-1（c）给出的是垂直碳纳米管阵列结构 [6]，该结构中碳纳米管之间以垂直于基板的方向近似相互平行排列，形成了这种碳纳米管宏观体。在碳纳米管阵列中，碳纳米管长度与阵列高度相当，长径比大且纠缠程度较低。相比无序碳纳米管，这种具有定向结构的碳纳米管宏观体同时体现出碳纳米管 *c* 轴的优异性能及其定向排列所带来的有序结构的优势，具有广阔的应用前景 [7]。碳纳米管阵列本身就可以用作功能器件，如利用其力学性能的阵列电刷 [8]、阵列弹簧 [9]、阵列纳米刷 [10] 等；利用其电学性质的场发射器件 [11]、电池电极材料 [12]、超级电容器电极材料 [13]、电化学传感器 [14] 等；利用其热学性能的芯片散热器 [15, 16]；利用其孔道及表面性质的碳纳米管阵列膜 [17]、阵列超疏水材料 [18] 等。阵列中碳纳米管有序的排列形式也使其很容易加工成例如碳纳米管丝 [19]、碳纳米管膜 [20, 21] 等宏观体 [22]，从而大大拓展其应用空间。目前，碳纳米管膜、丝可用作强度材料 [23]，人工肌肉 [24]，灯丝材料 [20]，光学偏振材料 [20]，透射微栅 [25]，碳纳米管扬声器 [26] 等。基于阵列中碳纳米管的有序性及大长径比，即使将其分散用于添加剂仍体现出优于聚团状碳纳米管的性能，并在高分子增强等体系中得到应用 [27]。若能实现碳纳米管阵列的批量、可控制备，则可进一步推进其作为功能材料在各个领域的应用。

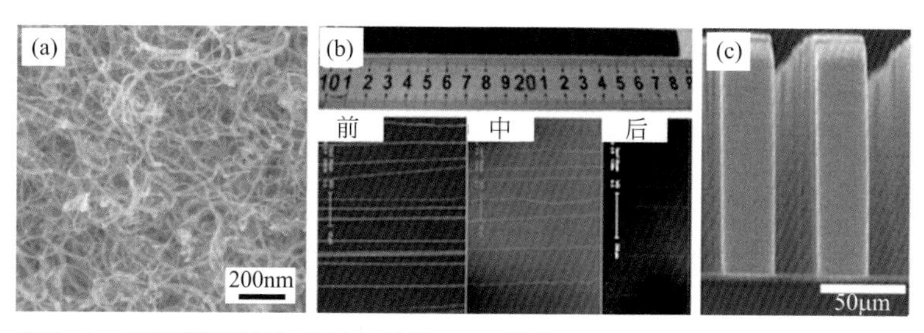

图3-1　不同聚团结构碳纳米管的SEM图像

（a）粉末催化剂上制备的聚团状碳纳米管 [1]；（b）水平生长的定向碳纳米管 [5]；（c）垂直碳纳米管阵列 [6]

二、垂直阵列碳纳米管制备方法

碳纳米管阵列可通过“后处理”及“直接生长”两种方法制备。其中“后处理”方法一般涉及碳纳米管的生长以及后续的物理、化学处理方法。所涉及的物理方法一般包括流体定向、剪切定向等。例如，de Heer 研究组将碳纳米管溶液进行过滤，利用其通过滤膜时流体辅助定向作用形成定向的碳纳米管阵列结构 [28]。Ajayan 研究组通过将碳纳米管分散后与环氧乙烷树脂复合，并通过切片的方式获得聚合物薄片（厚度为 1 ～ 50μm），在切片的过程中碳纳米管被机械剪切力定向，并沿刀片运动的方向形成定向碳纳米管阵列 [29]。而碳纳米管的化学组装也可形成碳纳米管定向阵列结构，该结构较适宜于在电化学传感器等设备中进行应用[30]。碳纳米管阵列的“直接生长”过程可以追溯到1996年[31]，此后碳纳米管阵列的制备手段得到了长足的发展。直接生长法制备的碳纳米管阵列具有较高的长度、数密度等，并且相对后处理的手段更容易进行大量制备，为后续的应用提供了方便。而碳纳米管的“直接生长”法又可分为石墨电弧法、激光蒸发法以及化学气相沉积法[32]。其中，石墨电弧法以及激光蒸发法利用高能量输入促进碳原子的自组装形成碳纳米管，但是可控程度较低。而化学气相沉积法主要优势体现在制备环境相对温和、可控程度较高，是目前用于制备碳纳米管及碳纳米管阵列最主要的手段[33]。

1. 模板辅助化学气相沉积法

模板辅助法制备碳纳米管阵列的主要思路是利用模板内有序的孔道结构对碳纳米管的生长实现定向。1996年碳纳米管阵列的首次直接生长制备过程就是由解思深院士领导的研究小组通过模板辅助的方法实现的[31]。他们采用溶胶-凝胶法，将铁纳米催化剂颗粒分散在硅溶胶中，并在700℃下以乙炔为碳源直接生长获得了碳纳米管阵列[图3-2（a）]。对此方法进行改良并延长制备时间，通过48h的制备获得了长度达到2mm的碳纳米管阵列[34][图3-2（b）]。而后，定向的碳纳米管阵列也可以在阳极氧化铝[35][图3-2（c）]、分子筛[36]等模板中获得。通过对模板的结构进行人为控制，模板辅助化学气相沉积法可用于制备具有丰富结构的碳纳米管阵列，例如树枝状碳纳米管阵列[37]、直径低至0.4nm的碳纳米管[36]的定向阵列等。

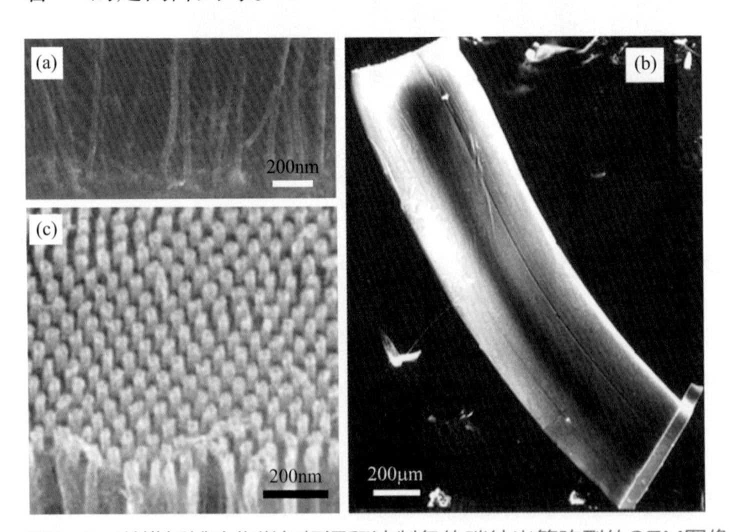

图3-2 以模板辅助化学气相沉积法制备的碳纳米管阵列的SEM图像

（a）硅溶胶中获得的定向碳纳米管阵列[31]；（b）模板辅助法获得的长度2mm以上的碳纳米管阵列[34]；（c）阳极氧化铝模板中获得的碳纳米管阵列[38]

在模板辅助化学气相沉积法中，碳纳米管的生长和其生长过程中的定向分别由催化剂颗粒与模板孔道限制实现，一定程度上对碳纳米管的生长和其聚团行为进行了解耦。这种方法利用清晰的物理概念实现了碳纳米管阵列的直接生长，并在一些需要对碳纳米管排列和长度等需要进行精确控制的场合仍然具有十分显著的优势。同时，也应该看到模板辅助化学气相沉积法中碳纳米管阵列的制备涉及模板的设计和制备、碳纳米管的生长、模板的去除等多个步骤，在工程化等方面存在较显著的困难。

2. 热化学气相沉积法

随着对碳纳米管阵列制备研究的深入，人们逐渐发现具有规则孔道的模板不是碳纳米管阵列制备的必需条件，通过在基板表面采用物理气相沉积、液相负载等方法预制备催化剂层，则可以在退火过程中获得致密的催化剂颗粒，并使碳纳米管之间自组装形成碳纳米管阵列。

物理气相沉积法作为微电子加工中广泛使用的一种薄膜制备技术，在碳纳米管阵列的热化学气相法制备中也最早被用于制备催化剂薄膜。1997 年，Terrones 等首先利用物理气相沉积法制备了催化剂层，并在此基础上实现了碳纳米管阵列的制备。他们利用蒸镀的方法制备钴催化剂薄膜，而后利用激光束控制激光刻槽内钴催化剂颗粒的形成，并在刻槽附近通过生长形成定向排列的碳纳米管[39]。此后，Ren 等在 1998 年开发了一种等离子体辅助的化学气相沉积法[40]，他们首先通过磁控溅射的方法在玻璃基板上获得镍薄膜，而后通过氨气环境下的退火形成镍催化剂颗粒，并在低于 666℃的温度下制备了垂直于玻璃基板表面的定向碳纳米管阵列。利用等离子体辅助的化学气相沉积法，可以大幅降低制备过程中基板表面的温度，从而实现与微电子加工过程兼容的碳纳米管阵列制备过程。随着研究的拓展和深入，直流等离子体[41]、热丝直流等离子体[42]、射频等离子体[43]、微波增强等离子体[44]、电子回旋共振等离子体[45]技术也被应用于化学气相沉积中进行碳纳米管阵列的制备。

1999 年，范守善院士等在多孔硅表面利用电子束蒸镀获得 5nm 铁催化剂薄膜，经过空气环境中退火形成催化剂颗粒，而后在 700℃的生长温度下以乙烯为碳源直接制备了多壁碳纳米管阵列[6]。同时，利用催化剂层制备过程中的掩模技术，他们还实现了催化剂层的图案化并获得了图案化的多壁碳纳米管阵列［图 3-3（a）~（c）］。该工作可以用于制备大面积均匀的碳纳米管阵列，在此工作的基础上，碳纳米管阵列制备的可控性得到了广泛的研究。2004 年，Hata 等利用类似的制备过程，通过对催化剂层的改良以及对生长气氛进行调变，实现了单壁碳纳米管阵列的制备[46]。他们在硅片表面利用电子束蒸镀的方法分别制备了厚度为 10nm 的三氧化二铝阻挡层以及 1nm 的铁催化剂层，利用生长过程中微量的水蒸气作助剂，在10min的生长时间内获得了高度达2.5mm的单壁碳纳米管阵列［图3-3（d）（e）］。利用物理气相沉积法获得催化剂薄膜，可通过镀膜过程对膜厚等参数进行精确控制，通过对催化剂的种类、退火过程等进行控制可一定程度上实现碳纳米管阵列的可控制备，同时该过程与微电子工业的加工过程相对兼容，是制备基于碳纳米管阵列的器件的优选过程。但同时也应注意到该过程对基板平整度等条件要求较高，不适用于具有曲率的表面，且生长过程多采用固定床的反应器形式，从而限制了它的制备效率。

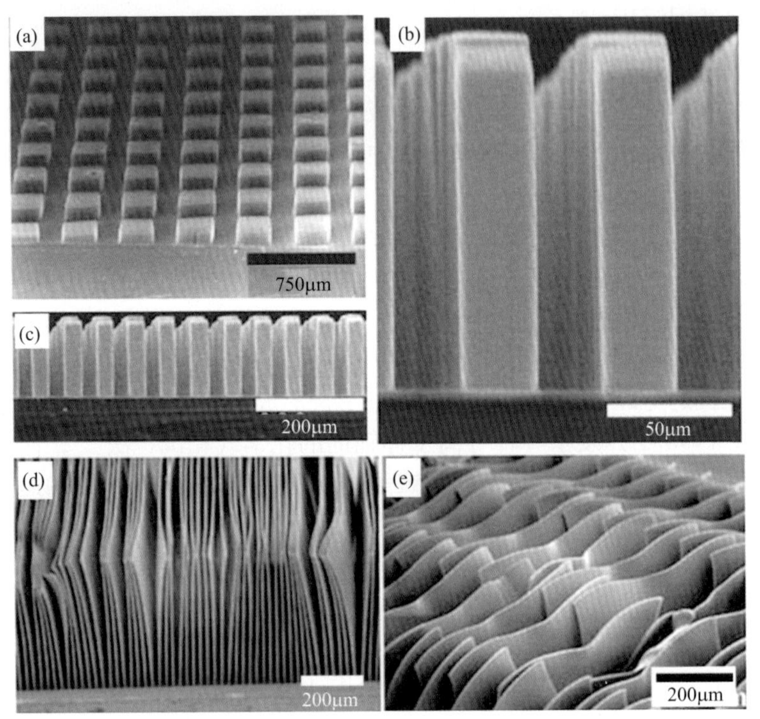

图3-3 物理气相沉积获得催化剂层再通过热化学气相沉积制备的碳纳米管阵列的SEM图像
（a）~（c）多壁碳纳米管阵列[6]；（d）（e）单壁碳纳米管阵列[46]

热化学气相沉积法中另一类催化剂的预负载方法为液相过程相关的过程。在此类过程中，催化剂或催化剂载体首先形成溶液，随后催化剂溶液被负载到基板表面实现催化剂层的制备。例如Murakami等利用浸渍涂布中Langmuir-Blodgett膜形成的过程，在石英片表面获得钴钼催化剂前体溶液薄膜。在900℃的生长温度下利用乙醇作为碳源实现了单壁碳纳米管薄膜的制备［图3-4（a）（b）］[47]。另外，该方法也适用于采用胶体作为催化剂前体的过程，催化剂颗粒的初始尺寸可通过胶体尺寸得到控制，并负载到不同的基板表面实现碳纳米管阵列的生长。

利用此法可实现不锈钢材料表面的碳纳米管阵列制备[48]。利用液相负载的方法，本研究组之前也实现了高比表面积材料内的碳纳米管制备，我们采用层状蛭石催化剂为载体，利用液相离子交换的方法在层间负载铁催化剂活性材料，并通过高温退火在层间获得高密度催化剂颗粒用于碳纳米管阵列的制备，在层间实现了碳纳米管阵列的插层生长，大大提高了碳纳米管的制备效率［图 3-4（c）～（e）］[49, 50]。

图3-4　液相负载获得的催化剂通过热化学气相沉积制备的碳纳米管阵列

（a）（b）石英片浸渍涂覆法获得的碳纳米管阵列SEM图像[47]；（c）蛭石-碳纳米管阵列插层结构示意图；（d）蛭石催化剂在阵列生长前后的光学照片；（e）蛭石-碳纳米管阵列插层结构SEM图像[49]

3. 浮游化学气相沉积

在浮游化学气相沉积过程中，催化剂前体（有机金属化合物，金属盐等）随碳源一起引入反应器中。在反应区，催化剂前体裂解并原位形成催化剂颗粒以实现碳纳米管阵列的生长，该方法简单易行，受到了研究者的广泛关注。1997 年，Sen 等[51]首先发现羰基金属及茂金属可直接用于聚团状碳纳米管的制备，其中金属作为催化剂而有机基团用作碳源，但生长效率较低。此后，通过添加额外的碳源，碳纳米管的制备效率得到大幅提高。Andrews 等[52]在 1999 年通过该方法在 675℃的生长温度下获得了多壁碳纳米管阵列［图 3-5（a）］。而后，众多研究者对该方法进行了系统的研究和优化，大大拓宽了浮游催化过程适用的过程和条件。可在浮游化学气相沉积过程使用的碳源包括：低碳烷烃[53]、低碳烯烃[54]、苯的衍生物[55]、松节油[56]、樟脑[57]、乙醇[58]等；使用的催化剂气体包括：羰基金属[59]、茂金属[60]、金属酞菁化合物[61]等。

浮游化学气相沉积过程中，催化剂及碳纳米管原位生成并组装形成宏观体，故而提供了丰富的调变空间。例如，通过对气相产物进行收集可获得碳纳米管膜[62]；在浮游化学气相沉积时添加噻吩等添加剂可获得单壁碳纳米管管束[63]；利用碳纳米管在气相生成的特点，采用二氯苯为碳源可获得碳纳米管海绵[64]等众多结构。在利用浮游催化过程制备多壁碳纳米管阵列的过程中也可以通过制备条件对壁数等进行调控。值得一提的是浮游催化过程对基板的形状等没有苛刻要求，在陶瓷[65]、石英[66]等众多表面，甚至是非平整表面都可通过浮游催化过程进行碳纳米管阵列的组装。如图 3-5（b）中就是 Ajayan 研究组利用碳纳米管生长对硅及氧化硅表面的选择性，在曲面基板上获得的雏菊结构的碳纳米管阵列[67]。

图3-5　浮游化学气相沉积过程制备的碳纳米管阵列

（a）石英基板上获得的碳纳米管阵列侧面 SEM 图像[52]；（b）雏菊结构碳纳米管阵列[67]

浮游催化过程避免了复杂的催化剂预制备过程，简化了碳纳米管阵列的制备流程，在降低制备成本的同时，该过程对基板、催化剂、碳源有较大选择范围，也丰富了碳纳米管阵列结构调变空间。但在该过程中，催化剂颗粒的形成与碳纳米管的生长过程耦合在一起，为碳纳米管阵列结构的精细调变带来了一定的困难。

第二节
垂直阵列碳纳米管的协同生长

一、垂直阵列碳纳米管的协同生长机制

1．阵列碳纳米管分层生长实验

采用环己烷为碳源、二茂铁为催化剂前驱物，通过浮游催化过程，在石英基

片上实现了碳纳米管阵列的生长。为真实地获得阵列端部的详细信息，我们采用原料控制碳纳米管阵列生长的方法实现了碳纳米管的分层生长。

不同于大部分非均相催化过程，碳纳米管作为一种产物，不会从催化剂颗粒上脱附，而会直接沉积到催化剂上。通过碳源依次通入 15min、25min、40min 和 40min，我们获得了总长度达 4.5mm 的碳纳米管阵列。如图 3-6（a）所示，四段的长度依次为 520μm、900μm、1545μm 和 1568μm。SEM 照片显示，阵列的顶

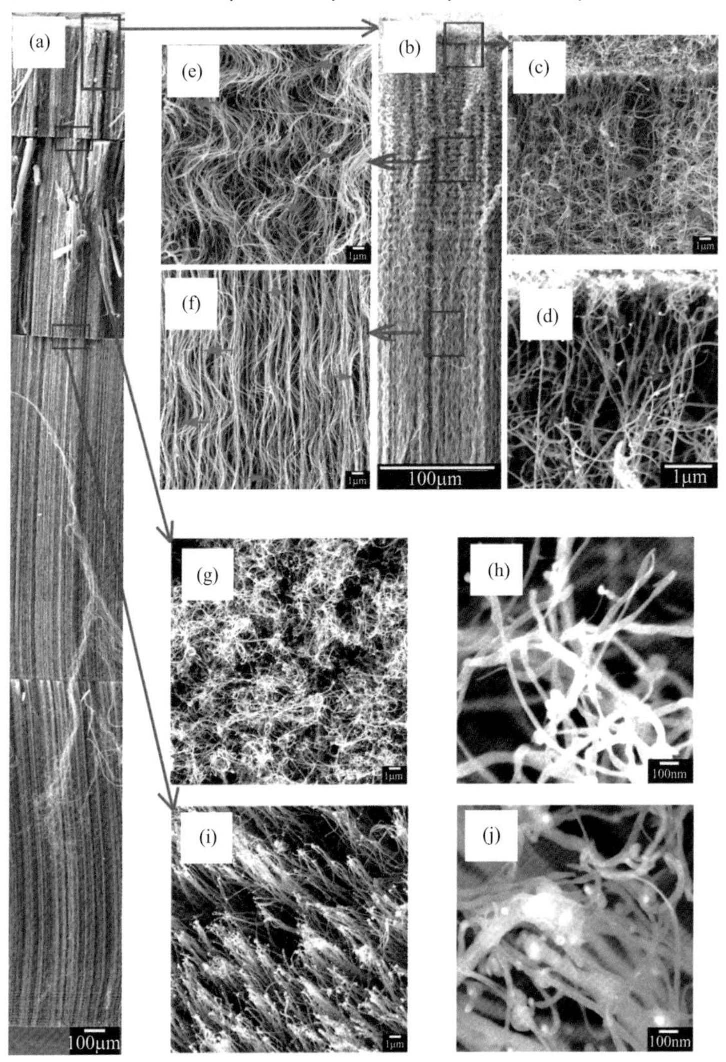

图3-6 四层碳纳米管阵列的形貌[68]

（a）全貌；（b）一层侧视图；（c）顶部视图；（d）第一层阵列的放大图；第一层阵列在 60μm（e）和 360μm（f）处的侧视图；第二层阵列的顶部的低倍（g）和高倍（h）照片；在第二层阵列的底部的低倍（i）和高倍（j）照片；在各层阵列中都可以找到类型一［直管，如图（c）（e）（f）中箭头所指］和类型二（弯管）碳纳米管

部是双层结构，中间含一层 60nm 的过渡层。在过渡层上方，主要为无规缠绕的碳纳米管，其是在浮游过程中于碳纳米管阵列顶部发生的表面反应积碳所致。而在过渡层以下，则为规整的碳纳米管阵列结构［图 3-6（b）～（f）］。在下面规整的阵列中，可以简化认为存在两种管：一种和顶部相连的直管（类型一），另一种为弯管（类型二）。

图 3-6（c）（d）（g）（h）为碳纳米管顶部的照片，为一层无序的网状结构。在这种网状结构中，大部分碳纳米管与阵列中的管直接相连，同时也有发现一部分小直径碳纳米管。在碳纳米管阵列的底部［图 3-6（i）］，碳纳米管形成小束。通过背散射图像［图 3-6（j）］可以看出，碳纳米管底部存在催化剂颗粒，进一步验证了碳纳米管的底部生长。对于上述的四层阵列，除第一层顶部外，每一层表现的形貌和生长现象基本相同。

在本研究的操作窗口内，如图 3-7（a）所示，碳纳米管长度随时间基本呈线性生长，生长速度维持在约 32μm/min。进一步采用了 Raman 光谱研究阵列中碳纳米管性质随高度的变化，如图 3-7（b）所示，碳纳米管 Raman 光谱图中 G 峰的峰位随高度发生移动。将四层阵列的 G 峰峰位对其距每层顶部高度作图，得到图 3-7（c）。可以看到，每层阵列的 G 峰均呈现相同的趋势，且到 40μm 后 G 峰的峰位基本稳定。为进一步描述阵列中碳纳米管随高度的形貌变化，我们引入了曲折因子的概念[69]。对于阵列中类型二的弯管，其曲折因子定义为两点间的碳纳米管长度除以两点之间距离，如图 3-7（d）中内插图所示。相比小角 X 射线散射或者中子散射[70]，这种方法具有更高的分辨率。从图 3-7（d）提供的趋势变化可以看出，类型二弯管的曲折因子随其距顶部的距离逐渐下降，到 160μm 后基本稳定在 1.20。Raman 光谱中 G 峰位移以及曲折因子转变定量地描述了图 3-6（c）～（f）中形貌从无序到有序的转变。

2. 阵列中碳纳米管曲折因子变化

为进一步讨论形貌，我们需先明确阵列中碳纳米管的类型。类型一为直碳纳米管，大部分与顶部的网状结构相连［图 3-6（c）（e）（f）］，并延伸到底部；类型二为弯碳纳米管，顶部不与网状结构相连［图 3-6（d）］，并且曲折程度发生显著变化［图 3-6（d）］。在浮游催化过程中，最初生长的碳纳米管可以向各个方向延伸，形成一层缠绕的网络；而后续生长的碳纳米管继续形核生长会遇到水平方向上其他碳纳米管的占位阻碍，从而其被迫在类型一直管的空隙间——即垂直方向上延伸。类型二弯管受到类型一直管的压缩，从而产生了应力。通过类型二弯管屈服长度特征（200μm 后）尺寸可以估算出单根碳纳米管受力大小为 5×10^{-7}N。从类型二弯管的曲折程度并借助屈服模型可以发现，单根碳纳米管受力程度有所变化，这一点也在 Raman 光谱的 G 峰移动过程中得到了证实。如

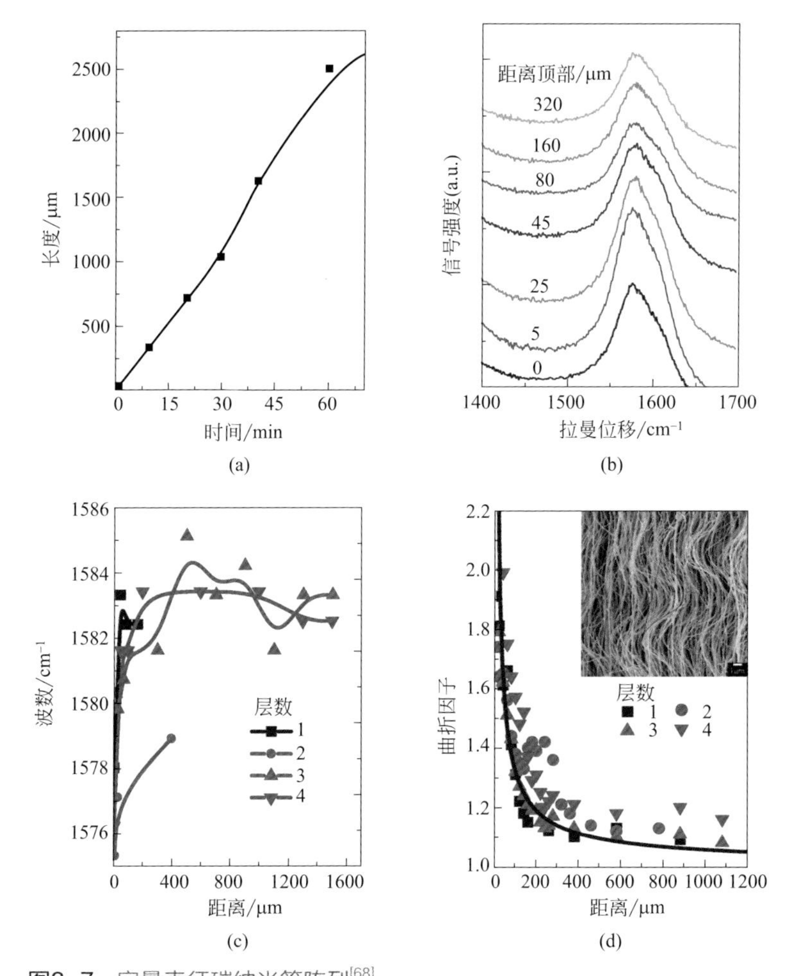

图3-7　定量表征碳纳米管阵列[68]

（a）浮游过程生长碳纳米管阵列；（b）第一层碳纳米管阵列的拉曼谱图；（c）各层阵列G峰峰位随高度的变化；（d）类型二碳纳米管的曲折因子随阵列高度变化，曲折因子为弯管中蓝线与红线的比值

图 3-7（c）所示，G 峰峰位沿距离阵列顶部的长度而升高。在碳纳米管受到应力的时候，这种峰位的移动容易观察到 [71]。Merlen 认为其由于碳纳米管受到高压的应力进而导致碳碳原子相互作用力硬化，从而其共振频率也发生了变化 [72]。根据上一章的单根碳纳米管力学行为与拉曼位移的关系，每移动 7.8cm^{-1} 对应管的受力为 10GPa，可见在碳纳米管阵列生长初期，其所受到的力均在 10GPa 左右，但这个作用力会随着阵列管的增长快速降低。由于碳纳米管之间的生长速度差别大，使其相互缠绕时受力不均，会带来碳纳米管的弯曲程度不同，从而受到的应力也发生了变化，其多壁碳纳米管的碳 - 碳之间的振动频率变化，进而导致 G 峰的位移发生变化。由于这种类型一和类型二碳纳米管之间的相互作用，使碳纳

米管之间实现了协同生长。这样形成的碳纳米管阵列顶部存在无序缠绕的拓扑网络；随着生长的进行，类型二碳纳米管的弯曲程度变小，进而形成有序结构。这两种管的相互作用可以通过微观力学的测量得到证实[73]。两种类型碳纳米管的持续协同生长形成了规整的碳纳米管阵列结构。

上述提到的无序 - 有序的转变可以使用描述液晶结构形成的 Onsager virial 理论进一步解释[74]。碳纳米管可以近似看作棒状结构，这种棒状的结构存在两个显著的相区：无序结构和有序组装，主要由棒状材料所张成的空间角决定。这种转变可通过 $d/(vL)$ 所表达的空间角数值来判断，其中 d 为直径；v 为体积分数；L 为长度。当 $d/(vL) < 3.3$ 时，无序的结构更为稳定；当 $d/(vL) > 4.8$ 时，有序的组装是稳定相；处于二者之间则为分相结构[74]。所以当碳纳米管处于生长初期，碳纳米管比较短，$d/(vL)$ 数值较小，所以无序的堆积更为稳定。随着 L 的增长，根据 Onsager virial 理论预测，这种转变在碳纳米管长度大于 10μm 后应该显现，而实验观测值约为 160μm。这种差别主要体现在碳纳米管长度过长后并不与 Onsager virial 理论的假设一致。如果这种转变没有实现，则其仍保持缠绕的结构，形成无规缠绕的聚团状碳纳米管结构[75]；如果只是小区域内（如基板诱导的几个微米的小区域）的转变，则容易形成小的碳纳米管绳[76]；只有大区域内实现这种转变，才能诱导整个阵列的协同生长。这种热力学诱导的熵驱动效应导致了多种碳纳米管团聚结构的形成。

3. 阵列碳纳米管生长机制模型

在进一步明确上述实验结果的基础上，我们提出碳纳米管阵列的协同生长模型：催化剂颗粒在平整基板上形成［图 3-8（a）］，碳源在催化剂颗粒表面裂解，形成碳纳米管。生长获得的碳纳米管仍然停留在催化剂表面，如同森林中的树木一样，其生长点在根部。在生长初期，碳纳米管可以沿各个方向生长［图 3-8（b）］。无序的碳纳米管生长相互缠绕，在平整的基板上形成拓扑的网络结构。随着反应的进行，有新的碳纳米管形核、生长。新的碳纳米管仍然在基板的表面生长，但是生长方向受到先前生长的碳纳米管的空间位阻——其在水平方向遇到的阻力显著大于垂直方向受到的阻力。这样后续生长的碳纳米管顶着初始生长的碳纳米管，在其缝隙中取向生长。由于其受到初始管的压力，后续生长的碳纳米管不与顶部相连，呈现弯曲的类型二碳纳米管；而初始生长的碳纳米管受到类型二碳纳米管的推力，产生平直的类型一碳纳米管［图 3-8（c）］。所以初期的无序结构在这种相互作用的持续进行下演变为有序的阵列结构［图 3-8（d）］。这种结构的碳纳米管在生长中如果受到外界压力作用，则类型二管的弯曲程度显著增加[77]。在阵列生长过程中，催化剂的密度以及基板（催化剂载体）的曲率对碳纳米管阵列的形成有显著影响。根据目前已报道的实验数据以及我们的结果，催化剂的密度控制在 $10^{10}cm^{-2}$，曲率直径小于 1μm，该模型所阐述的机制会发生。这一机制可用于进一步解释报道中阵列的微观结构，对于垂直阵列的获得以及结构调变有广泛的借鉴意义。

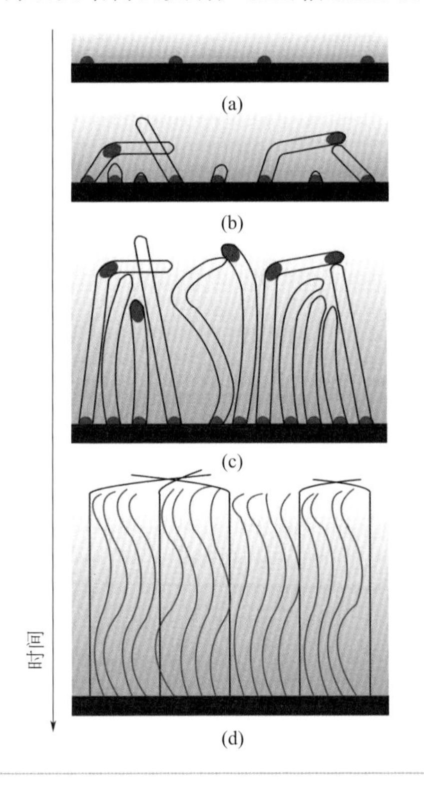

图3-8
碳纳米管阵列伴随应力协同生长的示意图[68]
（a）催化剂形成；（b）碳纳米管在基板表面的形核，以及先形核的碳纳米管生长形成网络结构；（c）后续生长的碳纳米管在横向遇到空间位阻，受迫向上生长形成弯管（类型二），先形核的碳纳米管（类型一）被弯管顶起；（d）类型一和类型二协同生长，形成碳纳米管阵列

二、不同曲率表面碳纳米管的生长行为

为了考察不同形貌的表面对碳纳米管阵列生长的影响，采用具有不同表面形貌的石英片作为模型基板进行碳纳米管阵列生长研究。分别采用平整石英片、具有直径10μm 左右凹陷结构的石英片，以及具有亚微米级不平整度的石英片作为基板。以二茂铁粉末为催化剂前体，乙烯为碳源，在 800℃的反应温度下进行碳纳米管阵列的制备。

1．平整基板表面阵列生长情况

图 3-9 给出了平整石英基板上碳纳米管阵列的生长行为，在生长初期，基片表面形成催化剂层，碳纳米管开始生长并互相缠绕形成了致密、均匀的顶部网状结构。随着生长的进行，后续生长的碳纳米管受到横向空间位阻的影响只能向上生长，并形成一定的弯曲结构以保持自身结构的稳定性，使碳纳米管进入稳定生长的阶段。随着生长的进行其长度不断增加，1h 的生长形成了高度达到毫米级

的碳纳米管阵列。图 3-9（e）给出了碳纳米管阵列顶部的网络结构，可以看出，在整个阵列的生长过程中，虽然由于浮游化学气相沉积过程中杂质的沉积造成碳纳米管阵列顶部附着有大量杂质，但阵列顶部始终存在着这一致密、均匀、无序的碳纳米管网络结构。在以平整石英片为基板的条件下，可获得高度达毫米级的碳纳米管阵列，同时从图 3-9（f）中也可以看出在平整基板上获得的碳纳米管阵列排列整齐，存在与前文所述机制中对应的弯管与直管两类碳纳米管，其中直管

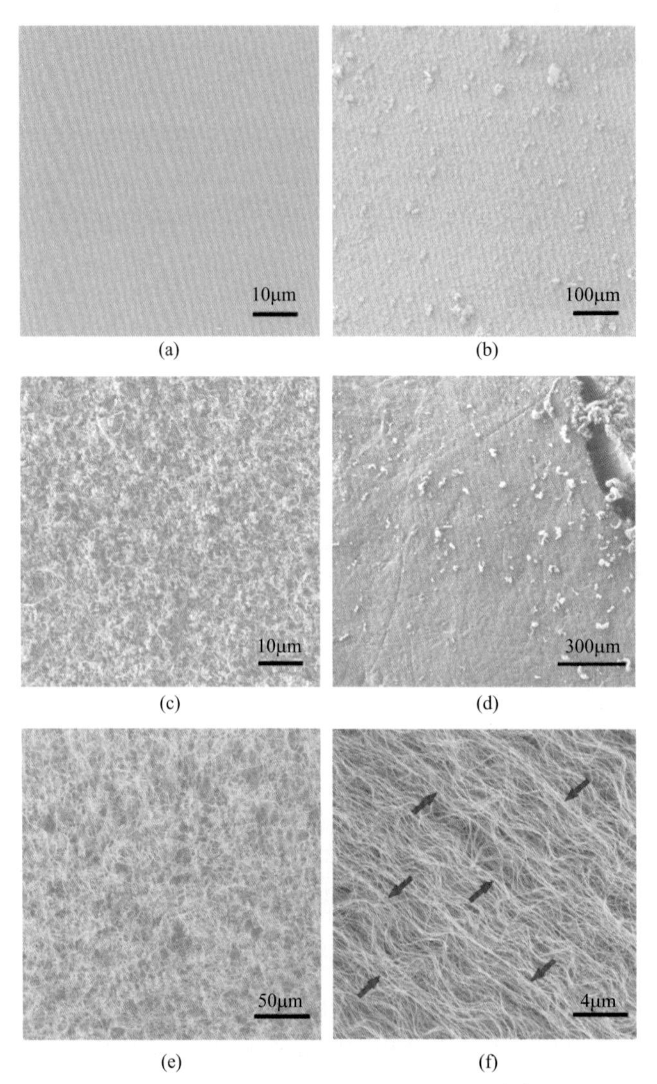

图3-9　平整石英表面获得的碳纳米管阵列形貌[78]

（a）石英基板表面形貌；（b）（c）石英表面生长 5min 获得阵列的低倍及高倍 SEM 图像；（d）（e）生长 1h 后碳纳米管阵列顶部形貌低倍及高倍 SEM 图像；（f）阵列侧面 SEM 图像，呈现弯管、直管两类碳纳米管

与顶部网络相连形成碳纳米管阵列的骨架结构，弯管在直管形成的网络之下生长，受应力影响产生周期性弯曲结构。在平整石英基板表面获得的碳纳米管整体曲折因子较低，为 1.09±0.04（曲折因子计算的尺度为 10μm），碳纳米管的产率约为 2.0mg/(h·cm^2)，与报道中类似体系产率相近。

2. 非平整基板表面阵列生长情况

图 3-10 给出了 10μm 左右凹陷结构的石英表面的碳纳米管生长过程，基板

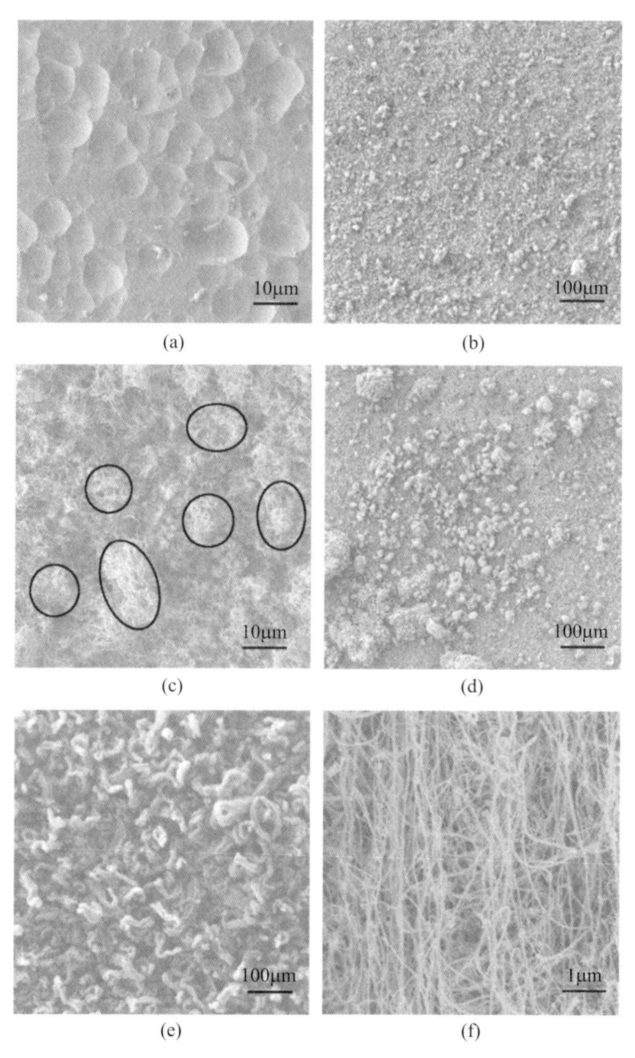

图3-10 具有10μm左右凹陷结构的石英表面获得的碳纳米管阵列形貌[78]

（a）石英基板表面形貌；（b）（c）石英表面生长 5min 获得阵列的低倍及高倍SEM图像；（d）生长10min后碳纳米管顶部形貌SEM图像；（e）生长1h后碳纳米管管束形貌SEM图像；（f）碳纳米管管束侧面SEM图像

表面具有 10μm 尺度的凹陷，凹陷内的结构较平滑。随着生长的进行，碳纳米管开始生长，并在基板顶部相互交织形成一个网络结构。但是从图中可以明显看出该网络结构并不均匀，而是呈现许多小的聚团结构［图 3-10（c）中圆圈所示］，且该碳纳米管初期生长形成的小聚团结构的特征尺寸与原始石英片表面结构凹陷的特征尺寸相当。随着生长的进行，这一聚团结构会愈加明显，可在硅片表面观察到由碳纳米管聚团形成的众多突起。经过 1h 的反应，此基板上形成了许多由碳纳米管交织而成的管束状结构。在管束内部碳纳米管成阵列结构，单一的碳纳米管管束的直径大约在 10μm，与初始基板上的凹陷尺寸相对应。碳纳米管管束的长度大约在 100μm，由于单束碳纳米管管束直径较小，其在生长过程中管束的结构稳定性更难以维持。相比于大面积碳纳米管阵列，碳纳米管管束在生长过程中容易倒伏并引入应力使碳纳米管管束终止生长，所以长度远小于平整基片上获得的碳纳米管阵列。同时，也可以注意到每一小束中碳纳米管的排列虽然仍具有方向性，但是相对平整基板上获得的阵列其排列的整齐程度明显下降，这也说明在碳纳米管管束的生长过程中其碳纳米管生长速率不均匀性增加。在此基板表面获得的碳纳米管曲折因子有所升高，为 1.41±0.10，碳纳米管的产率约为 0.4mg/(h·cm^2)，产率较平整基板表面略有下降，且生长速度降低一个数量级以上。

三、不同结构表面碳纳米管生长机制分析

通过调变基板表面的不平整程度，我们采用相同的生长过程获得不同的碳纳米管聚团结构。在此基础上，分析提出了基板形貌对碳纳米管聚团行为影响的机制模型。具有不同表面形貌的基板在碳纳米管生长初期起到了截然不同的作用，也导致了最后不同碳管形态的产生。

图 3-11（a）给出了平整基板表面碳纳米管生长过程的示意图。在平整基板上，基板上各个位置对于催化剂的形核以及碳纳米管的生长都是一致的。在这样的情况下生长开始时由于不受到空间阻碍，碳纳米管可以自由生长并和四周的碳纳米管互相纠缠形成顶部的网络，由于催化剂的密度和颗粒尺寸相对均匀，这一网络结构相对均匀并且可以在整个生长过程中保持在阵列顶部。其后生长的碳纳米管由于受到左右的位阻影响只能在竖直方向上，在顶部网络结构之下进行生长，并最终形成均匀的阵列结构。在整个生长过程中，阵列各个位置碳纳米管生长速度等的差异相对较小，各个位置应力等因素相对均匀，从而使阵列可以较稳定地生长，并达到毫米级高度，且阵列中碳纳米管曲折因子较低。

当基板上存在 10μm 尺度的凹陷时［图 3-11（b）］，初期生长的碳纳米管只

能与同一凹坑内的碳纳米管纠缠成为限制在单一凹陷内的网络结构，而无法与其他凹坑内的碳纳米管形成协同。随着生长的进行，凹坑内后生长的碳纳米管在顶部网络的限制下生长并最终形成碳纳米管管束的结构。在这一生长过程中，不同位置的铁催化剂颗粒差异增大，且由于碳纳米管管束尺寸较低，容易在生长过程中倒伏引入巨大的应力，造成阵列结构的失稳及碳纳米管生长的终止，故而碳纳米管管束的长度往往较低，在 100μm 左右。由于在表面具有不同曲率的位置，催化剂颗粒的尺寸和碳纳米管的生长可能存在差异，所以导致了最终碳纳米管管束中的碳纳米管取向相对较差，且碳纳米管的曲折因子显著增加。

而在砂纸打磨后具有亚微米级缺陷的基板上［图 3-11（c）］，由于其沟壑的尺寸过小（约 100nm），其中仅能存在几颗碳纳米管生长的催化剂颗粒，碳纳米管之间无法形成协同。在碳纳米管生长之后互相无序缠绕形成硬聚团，使碳纳米管曲折因子巨大，从而因总体长径比过大而迅速失稳，导致最终停止生长。由于表面结构复杂，催化剂颗粒不均匀性大大增加，使碳纳米管样品的管径和生长速度均存在较宽分布。

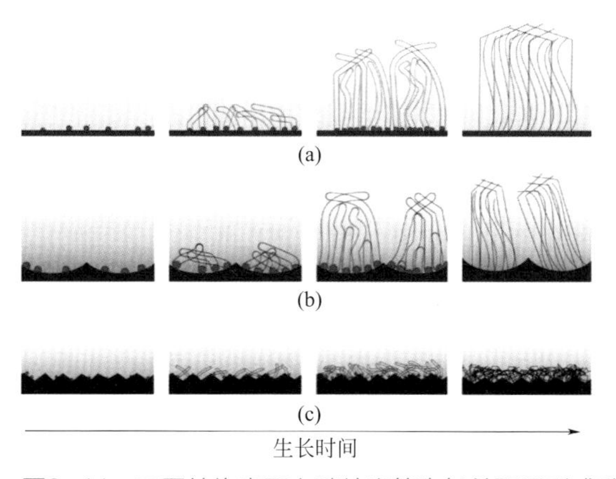

图3-11 不同结构表面上碳纳米管生长并聚团形成碳纳米管阵列、碳纳米管管束或无序碳纳米管聚团的机制示意图[78]

（a）平整石英表面；（b）具有 10μm 左右凹陷结构的石英表面；（c）具有亚微米级不平整度的石英表面

该过程也可以用力学稳定性进行解释，碳纳米管是一种大高径比的一维材料，随其生长的进行，高径比不断增加，从而导致了结构的不稳定性。该结构的稳定性与 L/D 的值相关，其中，L 为特征长度；D 为特征宽度。在平整表面上，碳纳米管在整个基板表面形成协同，特征宽度 D 可认为是基板宽度，故 L/D 值较小，碳纳米管阵列结构稳定可实现稳定生长。当基板上存在 10μm 尺度的凹陷时，碳纳米管只能在单个凹陷内部形成协同，特征宽度为 10μm，在生长初期该碳纳米管管束可保持稳定，随着生长的进行 L/D 增大并导致结构失稳及碳纳米管管束停止生长，此例中 L/D 的值约为 10。而在具有亚微米级缺陷的基板上，碳纳米管之间无法形成协同作用，特征尺寸可认为是单根碳纳米管直径，故其生长过程中因长径比增大而迅速失稳，形成碳纳米管聚团。

此结果揭示了非平整表面下碳纳米管的生长行为，基板表面的凹陷及粗糙程度对碳纳米管的协同生长具有重要影响。但是值得注意的是管径在 40nm 左右的碳纳米管在 10μm 的尺度内即可形成协同并生长为碳纳米管管束，对于更小直径的碳纳米管需求的协同尺度可能更小。另外，大量的具有曲面结构的基板，如陶瓷小球、石英纤维等曲率半径在亚微米级别，不会对碳纳米管协同效应产生重要影响，同样适合作为基板应用于碳纳米管阵列的制备。从而为具有不同结构的基板表面制备碳纳米管阵列奠定了基础。

四、利用曲面基板实现碳纳米管阵列的制备

在上述分析的理论支持下，我们在各种非平整表面实现了碳纳米管阵列的制备，如陶瓷小球[54]、石英纤维[79]等。阵列在不同曲率半径的表面实现了不同的组装模式并获得了形态各异的碳纳米管阵列。

在直径约为 0.8mm 的陶瓷球形颗粒表面，通过浮游催化过程可获得碳纳米管阵列（图 3-12）。该阵列长度达 1mm 以上，随着生长的进行，球形的颗粒表面导致阵列在生长过程中开裂并形成辐射状的生长形态，阵列中碳纳米管的 SEM 图像显示碳纳米管呈现良好的定向结构，由直管、弯管两类碳纳米管共同形成协同的生长状态。该辐射状生长的状态下，分裂的碳纳米管块状结构仍保持较小的高径比，使其能保持稳定的生长状态，并获得较长的碳纳米管。

图3-12 （a）在陶瓷小球表面生长的碳纳米管阵列低倍照片；（b）陶瓷小球表面获得的阵列的高倍SEM照片，箭头指示阵列中存在的直管[80]

同时，我们也在直径 10μm 的石英纤维表面通过原子层沉积[81]的方式，以乙酰丙酮铁及臭氧为反应物，交替通入载有基板的真空腔体中，将氧化铁以单原子层的形式一层层镀在基板表面。该自限制的沉积过程可在异型基板的各个表面同时实现催化剂层的沉积。在实现了铁催化剂层的沉积后，以乙烯为碳源进行了碳纳米管阵列的制备。图 3-13 给出了组装形成的碳纳米管结构的 SEM 图像，在石英纤维表面获得的阵列长度在 100μm 左右，并且自组装形成片状结构。从片状的侧面可以观察到碳纳米管整齐排列形成的有序结构。该片状碳纳米管阵列的形成过程如下：由于石英纤维上均匀镀有催化剂层，碳纳米管从纤维各个位置开始生长、纠缠形成网络并限制后续碳纳米管沿纤维法向生长；随着碳纳米管长度增长，其面积不断增大的顶部网络受应力开裂，并引导碳纳米管向单一方向生长，最终形成此类片状组装结构。这一点也从阵列的顶部和底部 SEM 图像中得到印证。在此类组装过程中，碳纳米管需要在更大的面积上形成协同以维持其生长的稳定结构，这也为我们利用基板的结构调控碳纳米管阵列组装行为提供了空间。值得指出的是由于组装该阵列的碳纳米管管径较小（小于 10nm），具有更低的刚性，故可在更高曲率的表面形成碳纳米管之间的协同并形成阵列结构。

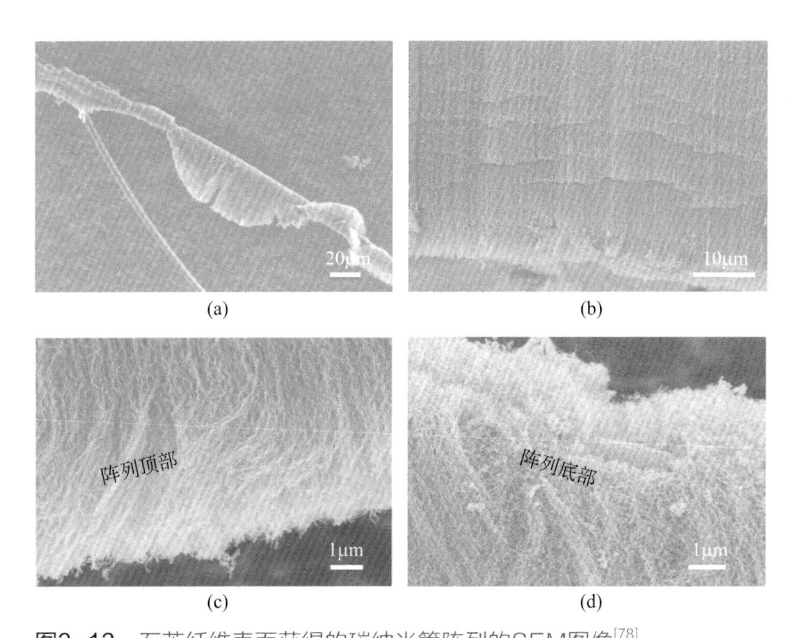

图3-13 石英纤维表面获得的碳纳米管阵列的SEM图像[78]

（a）低倍 SEM 图像；（b）阵列侧面 SEM 图像；（c）阵列顶部的 SEM 图像；（d）阵列底部的 SEM 图像

第三节
垂直阵列碳纳米管调变及催化剂设计

一、碳纳米管多级结构调变概述

碳纳米管阵列的结构和性质主要由基元碳纳米管结构，以及碳纳米管排列形成宏观体的方式决定。一方面，碳纳米管本身的结构特点，如管径、管壁数、螺旋度等会带来其力学、电学等方面性质的巨大差异；另一方面，碳纳米管相互排列形成碳纳米管阵列的过程中，其数密度、表面结构等特征也显著影响着碳纳米管阵列包括电导率、热导率、表面亲疏水性、阵列内传递特性等的一系列性能。随着制备技术的提高，碳纳米管阵列已在一些方面部分实现可控制备。

1．碳纳米管管径、壁数

碳纳米管的管径及壁数对其本征的性能起决定性作用。例如，碳纳米管的杨氏模量依赖于碳纳米管管径，在管径 1 ~ 2nm 之间时达到 1TPa 以上，管径变大时杨氏模量逐渐降低并趋于石墨的面内杨氏模量（350GPa）。同时，碳纳米管用于导电、力学等应用体系中时，主要起作用的是其外层管壁，故具有较低壁数的碳纳米管在类似的电学、力学应用中均具有显著优势。由此可见，实现碳纳米管阵列制备过程对碳纳米管管径、管壁数的调控，对其性能及应用都有十分重要的影响。

除了少数采用非金属催化剂制备的碳纳米管之外，碳纳米管的制备主要基于金属催化剂颗粒。在碳纳米管生长的气 - 液 - 固模型中[82]，碳源溶于催化剂颗粒，最终饱和并析出形成碳纳米管。该过程中，获得的碳纳米管的结构与金属催化剂颗粒紧密相关。一般认为，碳纳米管的管径与催化其生长的金属颗粒尺寸成正相关，尺寸在 0.5 ~ 5nm 之间的催化剂颗粒更适于单壁碳纳米管的生长，尺寸在 8nm 以上的更倾向于形成多壁碳纳米管。在碳纳米管管径的可控制备中，催化剂颗粒的结构至关重要，如何控制催化剂颗粒的形核尺寸以及控制其在生长过程中的聚并及 Oswald 熟化是其中的核心。

为了控制催化剂的形核尺寸，最直观的方法就是改变催化剂层的厚度或催化剂前体的量。例如，Hata 领导的研究组通过在硅片表面利用物理气相沉积的方法获得了不同厚度的铁催化剂薄膜，并研究了催化剂层厚度对碳纳米管阵列形成的影响[83]。他们发现碳纳米管的管径和管壁数与铁催化剂层厚度成正比［图 3-14（a）（b）］。利用 1.5nm 厚的铁催化剂层，他们实现了管径小于 4nm 的单壁碳纳米管阵列的制备。同时，催化剂层形成催化剂颗粒的退火过程对颗粒的形成和碳纳米管的生长也起着十分重要的影响，Iwasaki 等的研究结果表明不同的退火温度会对催化剂颗粒的形核产生显著影响，进而影响阵列中碳纳米管的壁数分布[84]。

在催化剂形核之后，其倾向于在表面不断聚并形成尺寸较大的催化剂颗粒，从而产生管径较粗的碳纳米管。这方面，催化剂与基板之间的结合力是其中的核心问题。在早期研究中，研究者就注意到基板的化学组成对碳纳米管生长起重要作用，例如硅与二氧化硅表面就对碳纳米管是否生长起重要作用[85]。随着研究的深入，人们注意到在一些表面能较高、与催化剂颗粒相互作用较弱的表面，如二氧化硅表面，催化剂倾向于聚并形成大颗粒；在一些表面能较低的基板表面，如三氧化二铝[86]、氮化钛等[87]则限制催化剂颗粒在生长过程中的聚并，其适宜的表面粗糙度也有利于催化剂颗粒的分散；而对硅等表面来说，其在高温下与铁等催化剂发生化学反应，从而导致催化剂活性的丧失，不适于进行碳纳米管的生长[88]。另外，在催化剂中添加钼等元素，可利用其对催化剂颗粒的钉扎作用，在生长过程中限制铁颗粒的聚并[89]，同时含钼组分具有更高的催化碳纳米管生长的活性，可提高碳纳米管生长效率[90]。例如在水滑石型催化剂中，采用钼元素作为铁催化剂的助剂，可以通过“钉扎”作用显著降低催化剂颗粒的尺寸［图 3-14（c）～（h）］，从而实现单壁碳纳米管阵列的制备[89]。

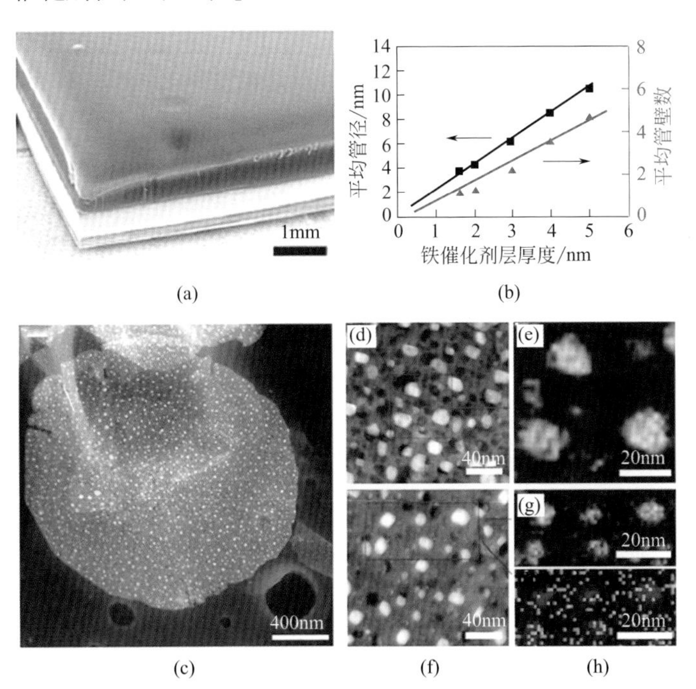

图3-14 （a）硅片-铁催化剂薄膜体系制备的碳纳米管阵列；（b）碳纳米管管径、管壁数与铁催化剂薄膜厚度相关性[83]；（c）水滑石型催化剂的扫描透射显微镜照片；（d）（e）无钼掺杂时高角环形暗场扫描透射电子显微镜像及铁元素分布；（f）～（h）钼掺杂时高角环形暗场扫描透射电子显微镜像、铁元素分布及铁-钼元素分布[89]

2. 元素掺杂的碳纳米管

通过掺杂来改变材料的性能是一种常见的手段，例如微电子工业中通过对硅片进行硼、磷元素的掺杂可分别获得 p 型和 n 型半导体材料。而对于碳纳米管这种材料，进行杂元素的掺杂则可引入官能团，改变碳纳米管的化学惰性，从而使其在作为氧还原催化剂、催化剂载体、场发射器件等过程中具有特殊性能。目前对碳纳米管的掺杂主要集中在氮、硼两种元素的掺杂。

硼掺杂可通过引入大量空穴使硼掺杂碳纳米管呈现金属性[91]，同时硼元素的掺杂也可大幅提高碳纳米管的石墨化程度[92]，其在场发射器件[93]、二次电池[94]、透明导电膜[95]等场合均有广泛应用。硼掺杂碳纳米管的制备可通过化学气相沉积法、石墨电弧法、激光蒸发法等多种方法实现。例如，对乙炔 / 硼烷混合体系进行热裂解实现掺杂[96]；通过对掺杂有硼元素的石墨电极进行电弧法也可获得硼掺杂的碳纳米管[97]，其中硼（原子）的含量约为 1%。

目前，氮掺杂的碳纳米管在包括电化学反应、催化等诸多领域都有广泛的应用前景。例如，氮掺杂碳纳米管用作超级电容器电极材料时体现部分赝电容性能，性能远优于纯碳纳米管；其可以直接作为催化剂用于氧还原[98]、加氢[99]等反应中；其也可以作为良好的金属催化剂载体用于氨分解[100]等反应中。氮掺杂碳纳米管的定向阵列结合了氮掺杂碳纳米管的性能和定向阵列长度均一、孔分布均匀等特点，在场发射器件[101]、燃料电池[102]中，氮掺杂碳纳米管阵列均体现出优异的性能。氮掺杂碳纳米管的制备主要通过在碳纳米管的化学气相沉积过程中添加合适的氮源实现[103]。最早关于碳纳米管中氮掺杂的报道是通过对吡啶等含氮苯系衍生物进行热裂解实现的[104]，通过将吡啶与羰基铁或钴催化剂共裂解可以大大提高聚团状氮掺杂碳纳米管的产率。氮元素的掺杂改变碳纳米管石墨层结构，使其产生缺陷并倾向于弯曲形成竹节状的结构。在研究中，人们还发现利用合适的条件，将含氮有机物在铁 / 石英片或钴 / 石英片等体系表面进行裂解可以获得成束的氮掺杂碳纳米管[105]，碳纳米管中氮（原子）的含量可达 3%。但是此类固定床反应器中氮掺杂碳纳米管的产率较低，限制了其作为功能材料的具体应用。

3. 碳纳米管阵列长度

碳纳米管阵列中，碳纳米管长度一般认为与阵列高度相当，实现阵列高度的调变也即实现了碳纳米管长度的调变。在碳纳米管阵列制备过程中，往往存在线性的初期生长阶段以及阵列生长逐渐失活的阶段，如何获得高度在毫米级以上的碳纳米管阵列仍是一项重要问题。其中，通过生长过程中含氧物质的添加实现碳纳米管阵列的超长生长是一类典型的体系。Hata 研究组在 2004 年首先提出以水蒸气为助剂，在铁催化剂薄膜上实现了单壁碳纳米管阵列的快速生长，在 10min 的生长时间内获得了高度达 2.5mm 的阵列[46]。此后，人们发现碳纳米管制备过程中，氧气[106]、二氧化碳[107]等含氧物质的添加也可促进碳纳米管阵列的生长。为了考察水蒸气在催化过程中起到的作用，Hata等在催化剂表面进行了细致的透射电子显微镜（transmission electron microscope，TEM）分析，并提出水蒸气存在下的不同反应途径[108]。无水蒸气存在条件下，催化剂催化碳纳米管生长以及催化剂颗粒被碳层包覆失活两个过程同时进行，不可逆失活过程导致供碳纳米管生长的催化剂颗粒不断减少并最终生长停止。而在水蒸气存在的条件下，其可重新活化失活的催化剂颗粒，提供一条失活催化剂到碳纳米管的路线，从而使碳纳米管的生长成为主要过程［图3-15（a）（b）］。

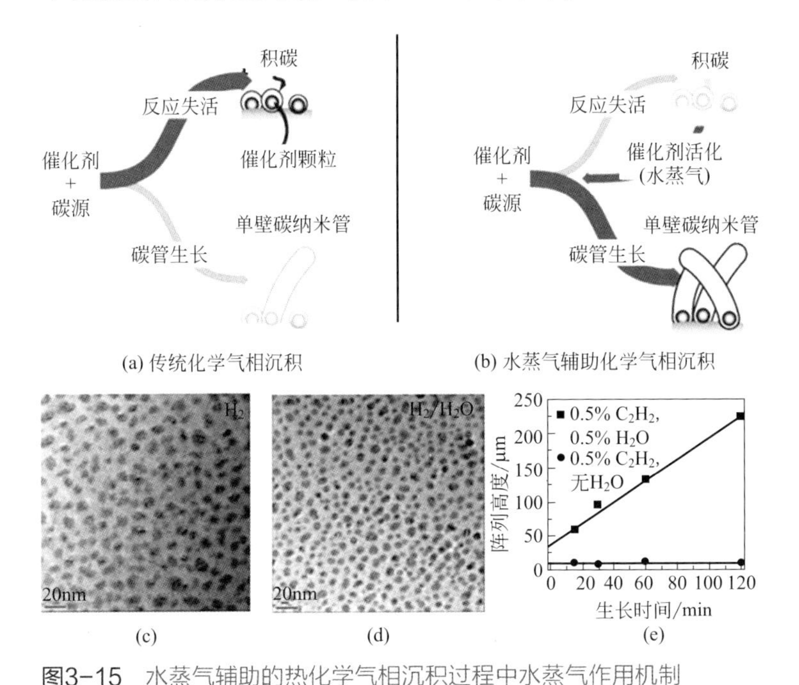

图3-15　水蒸气辅助的热化学气相沉积过程中水蒸气作用机制

（a）（b）传统及水蒸气辅助化学气相沉积过程反应路径[108]；（c）不含水蒸气的退火过程形成的催化剂；（d）含水蒸气的退火过程形成的催化剂；（e）水蒸气对碳纳米管阵列生长高度影响曲线[109]

同时，有研究显示，在水蒸气存在的情况下，催化剂在基板表面通过Oswald熟化、形成大催化剂颗粒的过程被大大减缓［图3-15（c）（e）］，可能与水蒸气改变基板表面官能团分布有关[109]。在此基础上，Hata等研究了不同碳源和生长促进剂搭配的情况下碳纳米管阵列的生长行为，并提出快速生长的气氛必须包含两类物质：一类为包含氧元素的生长促进剂，另一类为不包含氧元素的碳源[110]。这也大大拓展了碳纳米管阵列生长的可控区间。Ajayan等利用浮游催化过程中氧气的添加，实现了长度达15mm的碳纳米管阵列的制备[111]，是目前碳纳米管阵列长度最高纪录之一。

二、碳纳米管/石墨烯杂合组装结构

与多壁碳纳米管相比，单壁碳纳米管往往具有更高的比表面积、更好的石墨化程度等本征特性，因而其往往具有多壁碳纳米管所不具备的优异性能[112]。多数情况下，由于缺乏保持金属纳米颗粒的高温稳定性的有效手段，使得如何构建单壁碳纳米管与石墨烯有效结合的单壁碳纳米管 / 石墨烯（G/SWCNT）杂合组装结构成为 G/CNT 杂合物制备方面的难点与热点。本工作中，考虑到基于 LDH（层状双金属氢氧化物）的金属纳米颗粒具有极为优异的高温稳定性，我们有望基于 LDH 实现 G/SWCNT 杂合物的有效制备，其工作思路如图 3-16 所示。首先，以含过渡金属组分的 LDH 作为催化剂前驱物，通过高温 CVD 的方法使碳源在相应的 LDO（层状双金属氧化物）片表面上沉积石墨烯；在此过程中，碳源裂解所产生的 H_2 会导致 LDO 片的还原而逐渐形成金属纳米颗粒，进而催化单壁碳纳米管的生长；之后再将 LDO 片除去即可得到 G/SWCNT 杂合组装结构。需要注意的是由于 LDH 片的两侧均可以生长 G/SWCNT 杂合物，因而基于 LDH 得到的 G/SWCNT 杂合结构是由两个 G/SWCNT 杂合物通过石墨烯片堆叠而成的组装结构。

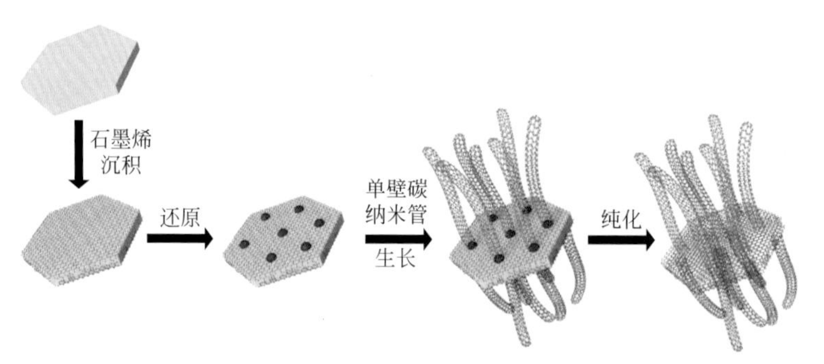

图3-16 基于LDH制备单壁碳纳米管/石墨烯工作思路示意图[113]

1. 杂化物生长过程及形貌

实验中，我们将组分为 n（Fe）∶n（Mg）∶n（Al）= 0.4∶3∶1 的 FeMgAl LDH 置于直径为 25mm 的管式炉中，然后在 400mL/min 的 Ar 氛围中升温至 950℃，再通入 400mL/min 的 CH_4 来实现 G/SWCNT 杂合物的生长。之后，将所得的产物先用 1mol/L 的 HCl 溶液在 80℃下处理 3h 以除去 FeMgAl LDO 片中的镁和铁的氧化物，然后再用 12mol/L 的 NaOH 溶液在 150℃下处理以除去 LDO 片中的 Al_2O_3 和尖晶石相，从而将 LDO 片除去。最后，将去除 LDO 片后的产物在 750℃下的 CO_2 气氛中处理 30min，然后再用 1mol/L 的 HCl 溶液在 80℃下处理 1h，以去除杂合结构中的碳包铁结构，从而得到纯度较高的 G/SWCNT 杂合物。

图 3-17（a）给出了 FeMgAl LDH 生长 G/SWCNT 杂合结构后的扫描电镜照片，如图所示，其具有与单双壁碳纳米管网状交织结构类似的结构特征。然而，透射电镜照片显示，在该杂合结构中，单壁碳纳米管在 Fe 纳米颗粒的催化下生长出来，与此同时，石墨烯则可以沉积在 LDO 片的表面［图 3-17（b）］。进一步的实验表明较高的温度是该石墨烯沉积的必要条件，例如若将反应温度降至 900℃则不会发现 LDO 片上石墨烯的沉积，而如果将反应温度提高至 1000℃则同样可以

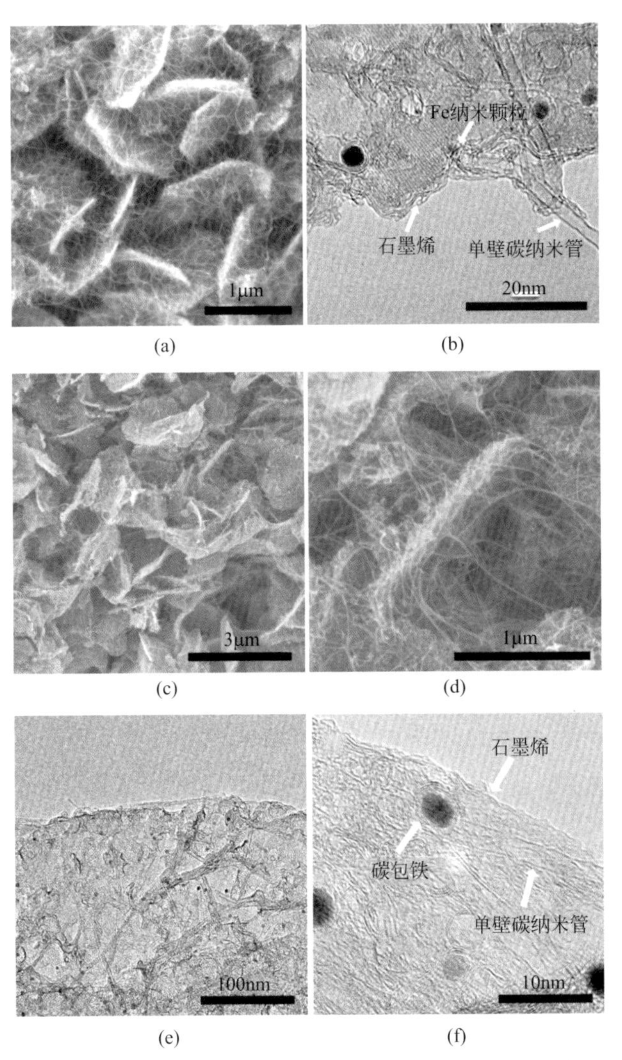

图3-17 FeMgAl LDH在950℃下，以CH_4为碳源生长G/SWCNT杂合物后的扫描（a）及透射（b）电镜照片；纯化之后的G/SWCNT杂合物的扫描［（c）（d）］和透射［（e）（f）］电镜照片[113]

发现类似的 G/SWCNT 杂合结构的沉积。图 3-17（c）~（f）给出了纯化之后得到的 G/SWCNT 杂合物的扫描和透射电镜照片，可以看到该杂合物呈现单壁碳纳米管生长在石墨烯片上且二者相互交织的网状结构，且杂合结构中石墨烯的层数较少（< 4），并依然含有少量的碳包铁结构。

对于 G/SWCNT 杂合组装结构而言，单壁碳纳米管和石墨烯之间的连接状况直接决定二者之间的界面特性，因而是决定其性能的关键。在基于 LDH 生长 G/SWCNT 杂合物的初期，由于 FeMgAl LDO 片尚未被还原形成 Fe 纳米颗粒，因而碳源 CH_4 会先在 LDO 片的表面上裂解沉积石墨烯。与此同时，CH_4 裂解产生的 H_2 引发 Fe 的氧化物的还原，形成的 Fe 纳米颗粒进而催化单壁碳纳米管的生长。由于 Fe 纳米颗粒在高温下（950℃）对碳原子具有较高的溶解度[114]，因而无论 LDO 表面沉积的石墨烯中的碳原子还是单壁碳纳米管中的碳原子均可溶解在 Fe 纳米颗粒中。依据碳纳米管生长的气 - 液 - 固模型，石墨烯和单壁碳纳米管中的碳原子得以在 Fe 纳米颗粒中进行重组，从而促使二者之间得以实现有效的连接。图 3-18 给出了 G/SWCNT 杂合物中单壁碳纳米管和石墨烯连接界面处的高分辨透射电镜照片。由图 3-18（a）可以看出，单壁碳纳米管在 Fe 纳米颗粒的催化作用下生长出来，且 Fe 纳米颗粒的周围可以观察到明显的石墨层包覆。当去除 Fe 纳米颗粒后，在单壁碳纳米管的端部可以发现环形的石墨层的存在。该结构并未在基于 LDH 单独生长单壁碳纳米管时出现。依据 G/SWCNT 杂合结构的理论模型，该环形石墨层可能代表单壁碳纳米管与石墨烯共价连接时其连接处在石墨烯上存在的孔洞[115]。该结果表明，LDO 片上单壁碳纳米管的底部生长模式是实现其和石墨烯有效连接的关键。

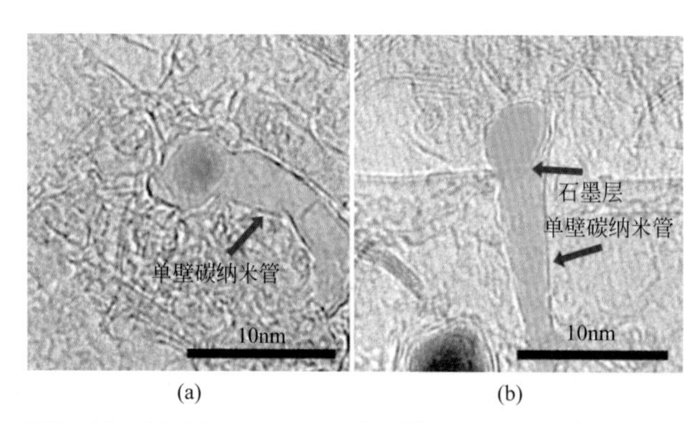

图3-18 基于FeMgAl LDH得到的G/SWCNT杂合物中单壁碳纳米管与石墨烯连接界面的高分辨透射电镜照片[113]

（a）去除Fe纳米颗粒之前；（b）去除Fe纳米颗粒之后

2. 杂化物成分分析

图 3-19（a）比较了 G/SWCNT 杂合物及其与同样基于 FeMgAl LDH 的在

900℃下生长的单壁碳纳米管的 Raman 谱图。G/SWCNT 杂合物的 Raman 谱图中同样可以观察到明显的 RBM 峰，表明大量单壁碳纳米管与少层石墨烯的存在。此外，G/SWCNT 杂合物的 I_D/I_G 的比值为 0.28，远大于单壁碳纳米管的 0.12，表明以 LDO 片为基板沉积的石墨烯或者其与单壁碳纳米管的连接处具有较高的缺陷密度。图 3-19（b）的热重分析结果显示纯化后的 G/SWCNT 杂合物的纯度可达到约 97.5%，且只有在 500℃左右的一个失重段，表明 G/SWCNT 杂合物中无定形碳的含量较少且石墨烯与单壁碳纳米管具有类似的热稳定性。

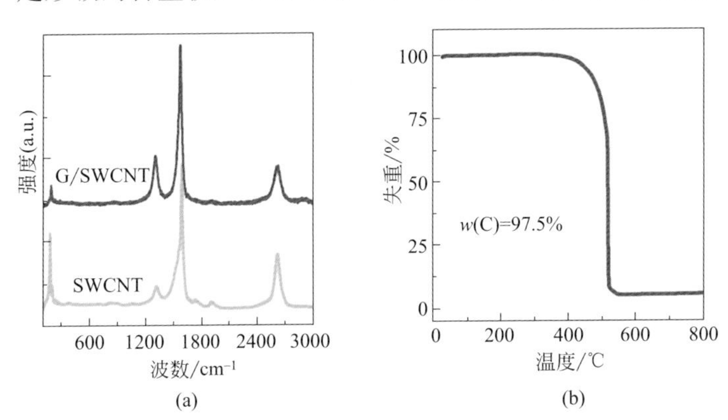

图3-19 基于FeMgAl LDH的G/SWCNT杂合物及其与900℃下生长的单壁碳纳米管的Raman谱图（a）；纯化后的G/SWCNT杂合物在O_2气氛下的热重分析结果（b）[113]

作为一种杂合结构，石墨烯与单壁碳纳米管的相对含量同样是 G/SWCNT 杂合物的一个关键的结构特征。为了能通过区分石墨烯与单壁碳纳米管的热稳定性以表征其相对含量，我们在弱氧化剂 CO_2 的气氛下对 G/SWCNT 杂合物进行了热重分析。如图 3-20（a）所示，G/SWCNT 杂合物在 CO_2 气氛中煅烧时出现两个明显的失重段：阶段Ⅰ～Ⅲ和阶段Ⅲ～Ⅳ。我们对不同煅烧阶段的 G/SWCNT 样品进行了透射电镜表征。结果显示，阶段Ⅰ时样品为具有完整石墨烯片的 G/SWCNT 杂合物的结构［图 3-20（b）］；阶段Ⅱ时会有部分的石墨烯片被 CO_2 氧化，且有明显的 Fe 纳米颗粒迁移现象［图 3-20（c）］；阶段Ⅲ时样品中则基本没有发现石墨烯，而大量的单壁碳纳米管则得以保留［图 3-20（d）］，且 Fe 纳米颗粒出现明显的聚团；而阶段Ⅳ后的产物呈现黄棕色，表明碳材料已经完全被氧化。作为对比，我们对纯度为 94.0% 的单壁碳纳米管同样进行了 CO_2 气氛下的热重分析，结果进一步验证了单壁碳纳米管在 CO_2 气氛下的氧化主要发生在阶段Ⅲ对应的温度之后。因此，CO_2 气氛下 G/SWCNT 杂合物表现的两个明显的失重阶段分别代表石墨烯和单壁碳纳米管的氧化。这是由于 G/SWCNT 杂合物中石墨烯与 Fe 纳米颗粒具有更为紧密的接触，而 Fe 纳米颗粒的催化作用以及迁移效应在极大程度上降低了石墨烯的热稳定性，从而实现了 CO_2 气氛下单壁碳纳米管与石墨烯的选择性氧化。

结果表明，基于组分为 n（Fe）∶n（Mg）∶n（Al）= 0.4∶3∶1 的 FeMgAl LDH 制备的 G/SWCNT 杂合物中，石墨烯与单壁碳纳米管的质量比约为 3 : 2。

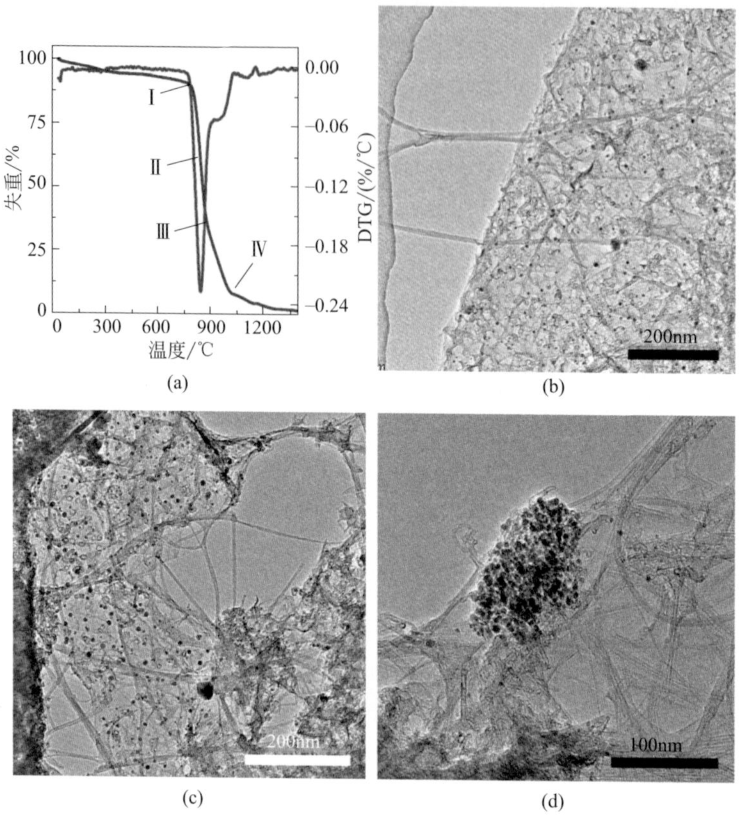

图3-20　基于FeMgAl LDH的G/SWCNT杂合物在CO_2气氛下的热重分析结果（a）；不同阶段时G/SWCNT杂合物的透射电镜照片：阶段Ⅰ（b）；阶段Ⅱ（c）；阶段Ⅲ（d）[113]

三、基于LDH的碳纳米管双螺旋的制备

无论在自然界还是人们的日常生活中，螺旋都是一种极为常见的几何结构。从宏观的银河系的星球分布、人类的艺术以及建筑作品，到微观的纳米世界中，人们往往都会发现螺旋结构的存在。由于其潜在的奇特性能与广泛应用，无机纳米材料的螺旋结构，尤其是由两条全同的单螺旋无机纳米材料同轴或者沿轴向由一定的位移方式排列而形成的双螺旋结构的构建一直受到科学家们的广泛关注[116]。无机纳米材料可以依据有序的晶面位错等因素形成单螺旋结构，然而其相互之间薄弱的相互作用力使得无机材料的双螺旋结构的合成成为一个难点。以碳纳米管为基元构建的螺旋结构可以为进一步深入地研究碳纳米管优异的电磁学、力学以及热学方面的性

能提供一个新的平台。研究表明，碳纳米管中五元、六元、七元环的有序交替排列可以形成稳定的碳纳米管单螺旋结构。作为一种具有特殊结构的碳纳米管，螺旋碳纳米管在具有普通碳纳米管本征优异性能之外，同时也具有其独特的螺旋状结构所带来的优势[117]。然而，目前人工合成的碳纳米管均为单螺旋碳纳米管，性能更为优异的双螺旋碳纳米管的人工合成长期以来一直是螺旋碳纳米管研究的热点与难点。

1．碳纳米管阵列螺旋组装行为

在基于 LDH 的碳纳米管阵列组装结构的基础之上，通过进一步提高基于 LDH 的催化剂纳米颗粒密度方法，使得基于 LDH 生长的碳纳米管阵列进一步自组装形成双螺旋结构[118]；通过调控高密度的催化剂纳米颗粒的粒径，依次实现了多壁、双壁以及单壁碳纳米管双螺旋的合成[118, 119]；根据实验结果汇总，提出表明碳纳米管多级组装结构的形貌与催化剂纳米颗粒的粒径和密度相互关系的相图；通过对碳纳米管双螺旋组装过程的电镜观察以及模型模拟，探讨了碳纳米管双螺旋组装结构的形成机理[120]。在此基础上，我们提出了基于 LDH 膜的碳纳米管双螺旋的宏量制备。

在前文所述的研究工作中，我们通过将 FeMgAl LDH 中 Fe 的含量由 n(Fe)∶n(Mg)∶n(Al) = 0.05∶2∶1 提高至 n(Fe)∶n(Mg)∶n(Al) = 0.2∶2∶1，使得基于 LDH 的催化剂纳米颗粒的密度由 $3.9\times10^{13}m^{-2}$ 提高至 $5.5\times10^{14}m^{-2}$，从而使得低催化剂颗粒密度下生长的碳纳米管网状交织结构转变为高密度时的碳纳米管阵列的组装结构［图 3-21（a）（b）］。本工作中，我们进一步地将 FeMgAl LDH 中 Fe 的含量提高至 n(Fe)∶n(Mg)∶n(Al) = 0.4∶2∶1，然后将其在 600mL/min 的 Ar 气氛中升温至 750℃，再通入 200mL/min 的 H_2 对其还原 30min，发现其所形成的 Fe 纳米颗粒的粒径为 10nm 左右，而其密度则高达 $1.2\times10^{15}m^{-2}$［图 3-21（c）］。当以该组分的 FeMgAl LDH 为催化剂前驱物、以 C_2H_4 为碳源进行反应时间为 1h 的碳纳米管的生长时，我们发现产物中存在大量的直径在 3 ~ 5μm、长度在几十至上百微米的螺旋状碳纳米管绳［图 3-21（d）］。

高倍的扫描电镜照片表明，该螺旋状的碳纳米管绳是由两条直径在 1μm 左右、由上千根碳纳米管组成的螺旋状碳纳米管管束相互紧密缠绕而成的［图 3-22（a）］。这两条碳纳米管管束由位于碳纳米管绳顶端的 FeMgAl LDO 片连接，二者分别从 LDO 片的两侧生长而出，并以相同的螺距相互紧密缠绕［图 3-22（b）（c）］。将该碳纳米管绳进行简单的拉伸发现，其呈现出明显的双螺旋结构，而且组成该双螺旋结构的两条碳纳米管管束具有相同的螺旋方向。产物中左旋和右旋的双螺旋结构均可以被发现，并未观察到其左旋或右旋的选择性［图 3-22（d）（e）］。透射电镜照片表明，所制得的碳纳米管双螺旋中的碳纳米管显示出较好的直径为 5nm 左右的双壁碳纳米管的选择性［图 3-22（f）~（h）］。该结果表明，我们以可形成密度高达 $1.2\times10^{15}m^{-2}$ 的 Fe 纳米颗粒的 FeMgAl LDH 为催化剂前驱体，通过 CVD 的方法，可以得到自组装形成的双壁碳纳米管双螺旋结构。

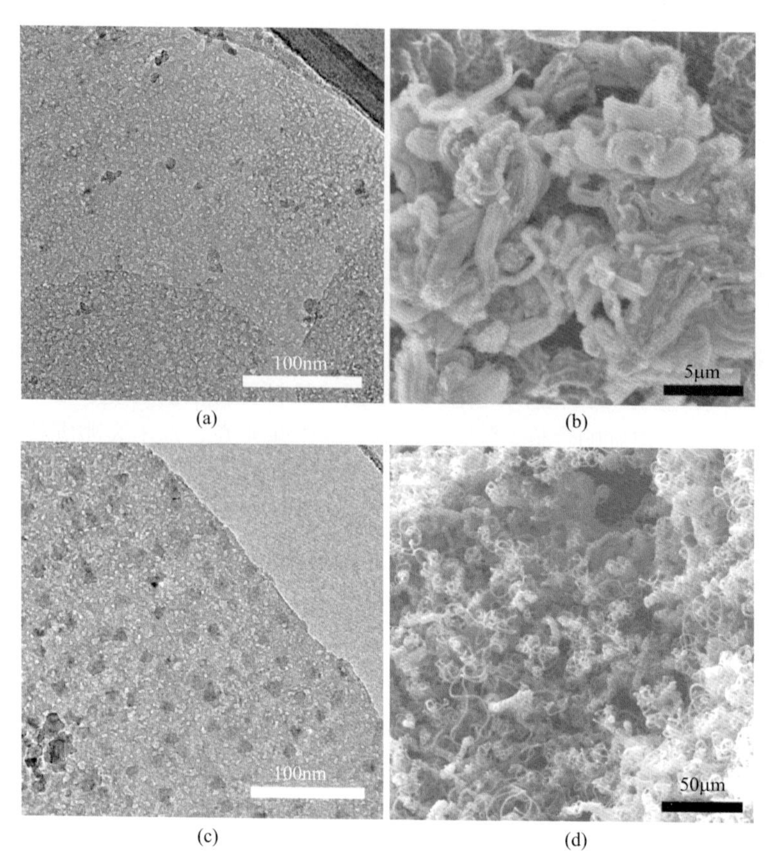

图3-21 组分为n(Fe):n(Mg):n(Al)=0.2:2:1的FeMgAl LDH在750℃下还原30min得到的催化剂颗粒的透射电镜照片(a)及其生长碳纳米管后的产物的扫描电镜照片(b);组分为n(Fe):n(Mg):n(Al)=0.4:2:1的FeMgAl LDH在750℃下还原30min得到的催化剂颗粒的透射电镜照片(c)及其生长碳纳米管后的产物的扫描电镜照片(d)[113]

碳纳米管双螺旋实际应用的一个关键前提在于其可控制备，这包括碳纳米管双螺旋生长的选择性及其结构的调控。其中碳纳米管双螺旋结构的调控包括碳纳米管的管径、管壁数，碳纳米管双螺旋的直径、螺距、长度等的调控。由前文的叙述可以看出，在碳纳米管双螺旋中，碳纳米管管束以自组装的形式相互之间以相近的、较小的螺旋角紧密缠绕，因而碳纳米管双螺旋的直径、螺距等基本是由碳纳米管管束的直径来决定。而碳纳米管管束的直径往往与LDO片的直径基本相当。因此，LDO片的尺寸，即LDH片的尺寸是决定碳纳米管双螺旋微米尺度上的结构，如螺旋的直径、螺距等的主要因素。然而，目前本实验室LDH的制备技术中，尺寸可控的LDH片的制备仍在进一步研究之中。因此，碳纳米管双螺旋的直径、螺距等的调控仍有待进一步的深入研究。在此主要讨论碳纳米管双螺旋结构中纳米尺度上的碳纳米管的管径、管壁数的调控。

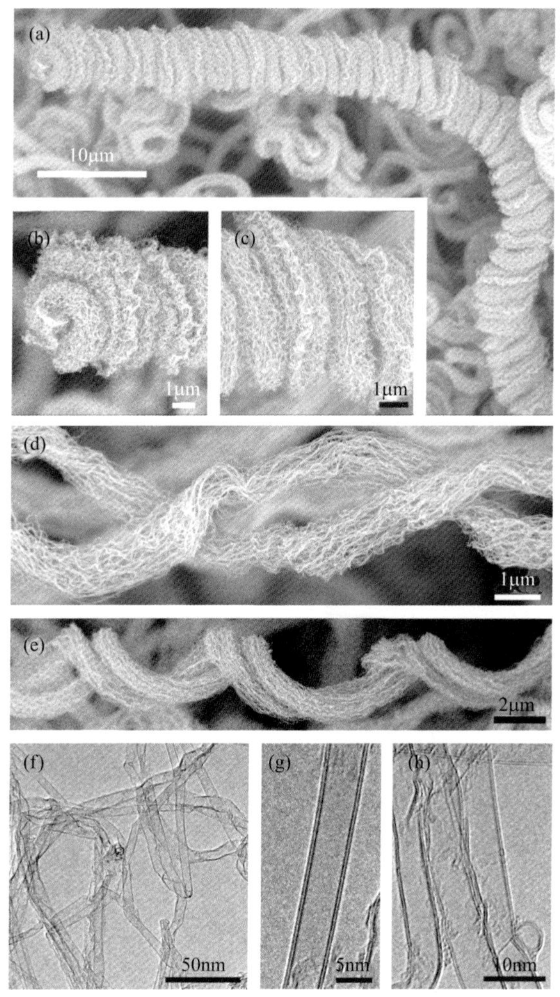

图3-22 基于组分为n(Fe):n(Mg):n(Al)=0.4:2:1的FeMgAl LDH生长得到的碳纳米管双螺旋的扫描电镜照片[(a)~(c)];拉伸后的左旋(d)和右旋(e)碳纳米管双螺旋的扫描电镜照片;该双螺旋结构中碳纳米管的透射电镜照片[(f)~(h)][113]

2. 多壁碳纳米管双螺旋的制备

在前文所述的工作中,我们基于n(Fe)∶n(Mg)∶n(Al)=0.4∶2∶1的FeMgAl LDH实现了直径在5nm左右的双壁碳纳米管双螺旋的制备。一般而言,控制碳纳米管双螺旋中碳纳米管的管径和管壁数的关键在于调控基于LDH片的催化剂纳米颗粒的粒径。一方面,提高FeMgAl LDH中催化剂活性组分Fe的含量可以有效地提高基于LDH的Fe纳米颗粒的粒径。例如,进一步的实验中我们发现

组分为 $n(Fe):n(Mg):n(Al)=0.8:2:1$ 的 FeMgAl LDH 在 750℃、H_2 氛围中还原 30min 可形成粒径在 14nm 左右、密度为 $1.5\times10^{15}m^{-2}$ 的 Fe 纳米颗粒。该结果还说明相对于组分为 $n(Fe):n(Mg):n(Al)=0.4:2:1$ 的 FeMgAl LDH，Fe 含量的进一步提高对于增加 Fe 纳米颗粒的密度效果有限，但会引起其粒径的增大。采用该组分的 FeMgAl LDH 为催化剂前驱物，以 C_2H_4 为碳源，在 750℃下反应 1h 可实现直径在 10nm 左右的多壁碳纳米管双螺旋的制备。

另一方面，不同的催化剂活性组分在相同的煅烧还原条件下所得到的催化剂颗粒的大小及其催化碳纳米管生长的行为也会有一定的差别。例如，我们分别以组分为 $n(Co):n(Mg):n(Al)=0.4:2:1$ 的 CoMgAl LDH 和组分为 $n(Fe):n(Co):n(Mg):n(Al)=0.2:0.2:2:1$ 的 FeCoMgAl LDH 为催化剂前驱物，以 C_2H_4 为碳源，通过 CVD 的方法同样可以得到直径在 10nm 左右的多壁碳纳米管双螺旋（图 3-23）。需要注意的是，多壁碳纳米管双螺旋中的碳纳米管的直径可以通过改变催化剂中活性组分的含量、反应温度以及碳源种类等反应条件来进行进一步的调控。

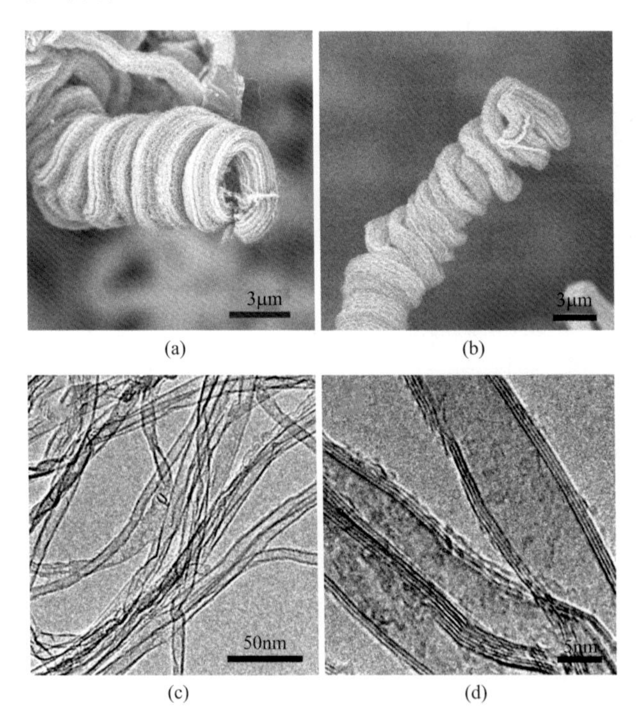

图3-23　基于组分为 $n(Co):n(Mg):n(Al)=0.4:2:1$ 的CoMgAl LDH（a）和组分为 $n(Fe):n(Co):n(Mg):n(Al)=0.2:0.2:2:1$ 的FeCoMgAl LDH（b）所制备的多壁碳纳米管双螺旋的扫描电镜照片；基于组分为 $n(Fe):n(Co):n(Mg):n(Al)=0.2:0.2:2:1$ 的FeCoMgAl LDH所制备的多壁碳纳米管双螺旋的透射电镜照片［（c）（d）］[113]。

3. 单壁碳纳米管双螺旋的制备

单壁碳纳米管双螺旋成功制备的关键在于获得基于 LDH 的小粒径、高密度的催化剂纳米颗粒。在早期的研究工作中我们发现基于 MoO_4^{2-}插层的 FeMoMgAl LDH 可以形成粒径为 2.7nm 左右、密度高达 $8\times10^{15}m^{-2}$ 的 Fe 纳米颗粒。本工作中，我们同样以 FeMoMgAl LDH 为催化剂前驱体，以反应活性更高的 C_2H_4 替代 CH_4 为碳源，通过在 850℃下的 CVD 的方法成功地制备出单壁碳纳米管的双螺旋结构，其形貌结构如图 3-24 所示。基于 FeMoMgAl LDH 得到的单壁碳纳米管双螺旋与双壁以及多壁碳纳米管双螺旋具有类似的形貌结构，不过其管束之间缠绕更加紧密，而且管束中碳纳米管的密度也大为增加［图 3-24（a）~（f）］。这一方面是由于基于 FeMoMgAl LDH 生成的 Fe 催化剂纳米颗粒的密度更高而使得生长的碳纳米管的密度更高；另一方面则是由于单壁碳纳米管的管径更细，相互之间的范德华作用力更强，因而聚集程度更高。透射电镜结果表明，所得到的碳纳米管双螺旋的管束与 LDO 片之间连接紧密，而且碳纳米管管束的形貌也比较稳定而不易被超声作用破坏［图 3-24（e）（f）］。高分辨透射电镜照片表明，该双螺旋结构主要由直径为 1 ~ 3nm 的单壁碳纳米管组成［图 3-24（g）］。Raman 图谱中较强的 RBM 峰以及较低的 I_D/I_G 值也进一步从较宏观的角度证明了该双螺旋结构的主要成分为单壁碳纳米管［图 3-24（h）］。

依据图 3-24（a）~（d）所示的单壁碳纳米管双螺旋的结构特征，我们可以通过计算得到该结构中单壁碳纳米管管束的长度达到了 1.4mm 以上，这说明我们实现了直径为 1μm 左右的毫米级的超长碳纳米管纤维的制备。热重分析结果显示该单壁碳纳米管双螺旋结构中，单壁碳纳米管的产率可达到 300g（SWCNT）/g（cat）以上，表明单壁碳纳米管的双螺旋组装是大幅度提高单壁碳纳米管的产率，进而实现单壁碳纳米管宏量制备的有效方式。

综合前文所述，碳纳米管的多级组装结构与催化其生长的催化剂纳米颗粒的密度和直径密切相关。结合本工作的大量实验结果以及文献中已有的部分报道[121, 122]，上述关系可以由图 3-25 所示的相图来表明。一般而言，对于粒径为 8nm 左右的催化剂纳米颗粒，当其密度在 $10^{14}m^{-2}$ 量级及以下时，往往只能获得碳纳米管网状交织结构；当催化剂纳米颗粒的密度在 10^{14} ~ $10^{15}m^{-2}$ 量级之间时，生长的碳纳米管可以通过自组装的形式形成碳纳米管阵列的组装结构；当催化剂纳米颗粒的密度高于 $10^{15}m^{-2}$ 时，生长的碳纳米管阵列可以通过进一步的自组装形成碳纳米管双螺旋的组装结构。当催化剂纳米颗粒的粒径降至 5nm 以下时，则可以获得单壁或者双壁碳纳米管的多级组装结构，不过不同组装结构之间的分界点会往较高颗粒密度的方向偏移；相反地，催化剂纳米颗粒粒径的增大则会导致该分界点往较低颗粒密度的方向偏移。该相图对于基于其他催化剂的碳纳米管多级组装结构的制备，尤其是基于片层状催化剂的碳纳米管双螺旋组装结构的制备具有一定的参考与指导价值。

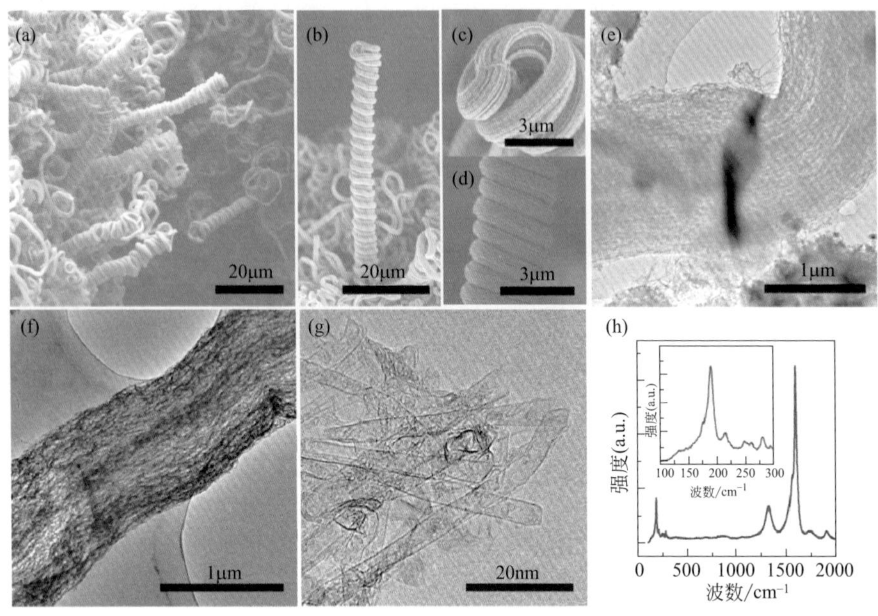

图3-24 基于FeMoMgAl LDH得到的单壁碳纳米管双螺旋的扫描电镜照片［（a）~（d）］、透射电镜照片［（e）（f）］、高分辨透射电镜照片（g）和Raman图谱（h）[113]

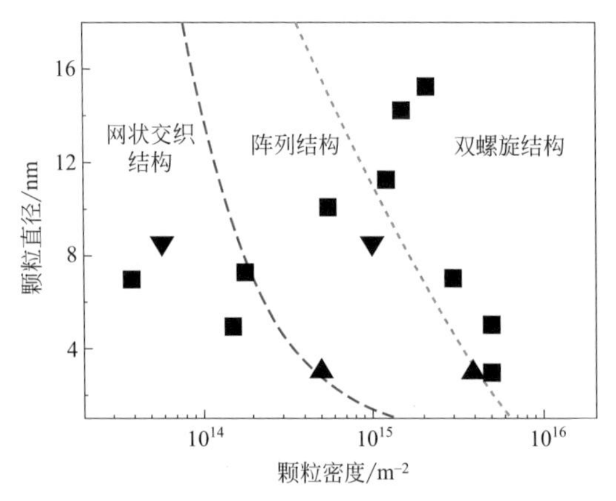

图3-25 表明碳纳米管组装结构的形貌与催化其生长的催化剂纳米颗粒的颗粒密度和颗粒直径相互关系的相图（■本研究组；▲文献[121]；▼文献[122]）

第四节
垂直阵列碳纳米管结构的批量制备

一、碳纳米管批量制备的工程原理

碳纳米管批量制备中存在着催化过程与反应热、质量传递的强耦合，故而单纯地了解碳纳米管合成的化学过程无法实现碳纳米管阵列批量制备过程的设计。从形态上看，碳纳米管产品不能被认为是一类均匀的物质。它们的动量、热量、质量传递特性与普通的流体和粉末有显著的区别[123,124]。碳纳米管的批量制备是一个包含了宏观流动、反应、热量传递及质量传递的连续过程。对碳纳米管的批量生产而言，碳纳米管生长不仅从原子角度考虑要作为一个宏观连续过程，还需要考虑介观纳米结构和碳纳米管架构调控，这些无论在原子还是宏观的级别上都是相互关联的。虽然由于碳纳米管可被视为连续流体，该过程与传统的化工过程和粉末技术单元操作相似，仍有必要考虑碳纳米管的结构。微观和宏观规模上的差距需要进一步的研究，批量制备过程可从图 3-26 所示的五个尺度进行分析。

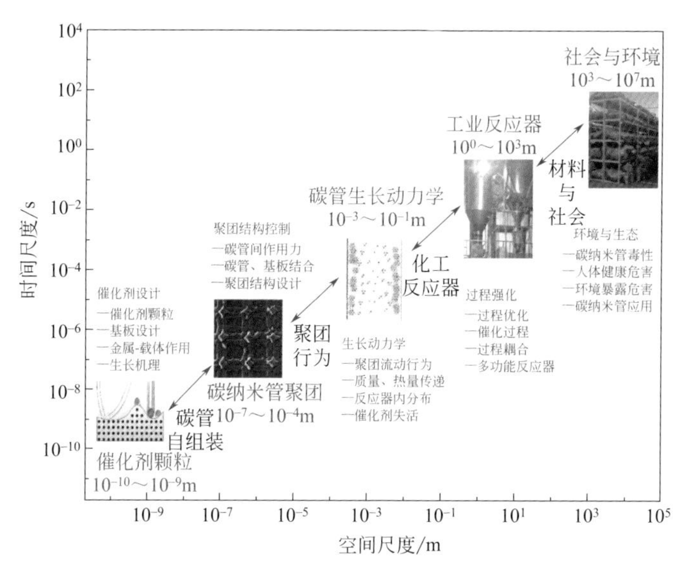

图3-26　碳纳米管批量制备的时空分析[80]

① 碳纳米管在原子水平上的自组装，包括碳纳米管生长条件和生长机理、催化剂设计以及单根碳纳米管的可控制备。许多碳纳米管产品的特性，比如管壁数、管径、长度、缺陷、手性、结晶性、石墨化程度在这个尺度上被决定。

② 随着碳纳米管逐渐变长，由于其大长径比和强相互作用，碳纳米管开始聚集形成聚团状碳纳米管颗粒、碳纳米管阵列、水平生长碳纳米管等，这主要由碳管 - 碳管以及碳管 - 基板之间的作用力决定。实际上，碳纳米管的聚集结构是其原子结构与批量制备的桥梁。一方面，碳纳米管之间的相互作用导致应力，从而使许多碳纳米管聚团结构逐渐形成；另一方面，不同聚团形态的碳纳米管有着不同的亲水特性、热 / 质量转移速率以及催化剂失活行为，这决定了它们批量制备的不同策略。介观水平包括聚集态纳米结构的行为，如：凝聚形态、聚团机理、聚团应力等。

③ 传递现象及碳纳米管的生长动力学，其包括流体力学、热 / 质量转移、表观 / 本征动力学以及催化剂的失活。碳纳米管可以随机地被组织和排列成特殊的聚合物，类似于高分子聚合物。但碳纳米管有更高的分子量。由于碳纳米管及其聚合物独特的传递特性和生长动力学，传统加工必须为碳纳米管的制备做出相应调整，并考虑到外场的变化对碳纳米管生长的影响。同时，纳米材料在反应器中不同的流体力学行为也是反应器设计和过程放大的关键。

④ 过程强化包括使用更好的加工工艺操作、新的催化路线、经济的原料和进料方式等。碳纳米管的生长，特别是碳纳米管阵列生长对过程的要求较高，如何利用反应器形式的创新，保持稳定的生产状态，并通过过程的耦合，降低生产的成本也是过程强化的核心目标。

⑤ 环境和生态方面的考虑，以及碳纳米管的包装、运输、应用、标准化和商品化。随着其批量制备和应用越来越多，碳纳米管会更多地与公众接触，安全、人体健康和生态影响也需逐步纳入考虑[125]。将碳纳米管作为新型功能材料，寻找其安全的使用方式以改善我们的日常生活是一个目标。这是碳纳米管工业可持续发展的重要一步，且同时需要对碳纳米管的结构设计及其有效的过程制备设立安全要求。

二、碳纳米管阵列的工程化制备

碳纳米管阵列在制备和应用方面存在的工程化难题一直是阻碍其真正实用化的障碍，如何实现碳纳米管制备的工程化也是一个典型的化学工程问题。为解决此问题，应从催化剂的设计、碳纳米管聚团结构的形成，以及与之相适应的反应器形式三个方面入手实现碳纳米管阵列的工程化[126]。

为实现碳纳米管阵列的大批量工程化制备，首先应实现其催化剂的规模化制备。为此，笔者研究组提出了一套基于蛭石催化剂的批量制备碳纳米管阵列的过程[49, 50]，第一，以蛭石这种可大量获得的天然矿石作为催化剂载体，利用液相浸渍的离子交换过程向蛭石层间负载铁 / 钼活性组分，从而实现了催化剂的批量制备，避免了电子束蒸镀等复杂且不易进行批量放大的物理催化剂制备方式。第二，在碳纳米管生长以及聚团结构形成的过程中，蛭石中的平面片层结构为碳纳米管之间组装形成碳纳米管阵列提供了良好的基板，碳纳米管可在蛭石催化剂的平面片层之间插层生长，形成无机片层、碳纳米管阵列交叠的结构，从而实现了碳纳米管阵列的制备[127]。第三，针对固定床反应器在碳纳米管及碳纳米管阵列制备过程中空间利用率低、过程不可连续的困难，魏飞课题组在 2002 年提出利用流化床法实现聚团碳纳米管的大规模制备[1, 124, 128]。为了实现碳纳米管阵列的批量制备，利用流化床反应体系，采用粒度合适的催化剂颗粒，使其在整个生长过程中保持良好的流化行为。利用流化床反应器中高传质、高传热的特点，实现了碳纳米管阵列在蛭石催化剂上的批量制备[129]。通过液相催化剂制备过程，水滑石等催化剂体系也有望成为碳纳米管阵列制备的下一代催化剂[130]。

除了以上提及的流化床方法，也有研究组采用磁控溅射[131]或电子束蒸镀[132]的方法对碳纳米管阵列的制备进行了放大。此类方法在阵列的结构控制方面体现出一定的优势，但在放大规模上仍受到很大限制。例如，Hata 研究组通过对其生长过程中气流分布等过程进行调控，可大幅提高均匀碳纳米管阵列生长面积[133]，目前已可实现 A4 纸尺寸的硅片上碳纳米管阵列的均匀生长。Rice 大学 Hauge 研究组提出的在三氧化二铝 / 铁薄膜上制备单壁阵列碳纳米管的方法，可一定程度上实现催化剂的大量连续制备[134]。Noda 研究组采用磁控溅射与流化床过程结合的方式，在陶瓷球表面进行了碳纳米管阵列的制备[135]。此类方法通过精确的镀膜过程对催化剂层进行精确调控，有望实现管径、壁数的精确控制。同时，由于该生长过程与微电子工业兼容程度较高，若能进一步将该制备过程工业化，有望为基于碳纳米管阵列的器件发展提供材料。

在碳纳米管阵列批量制备后，如何实现批量分离也是一个工程化中的核心问题。碳纳米管阵列的生长主要在惰性基板表面进行，获得的最终产物也依附于如石英、硅片、三氧化二铝等表面。而在具体应用中，惰性基板往往是一类杂质，需要在应用之前将其去除，也即实现碳纳米管阵列与基板的分离。目前，已有研究组通过各类手段对碳纳米管阵列进行剥离。例如，通过机械剥离的方法，可直接将碳纳米管阵列从基板表面剥离[136]。Zhu 等利用机械压印的方法[16]，将硅片表面的碳纳米管阵列压印到锡 / 铅合金表面，利用该合金与碳纳米管阵列更强的结合力将其从硅片表面剥离。Murakami 等利用碳纳米管阵列、石英片、水三者的界面作用力将碳纳米管阵列从石英表面分离，并可漂浮于水面上[137]。以上提到的操作方法有各自的适用场合，但是从工程化的角度看都存在显著的应用障碍：首先，目前的各种方法主要针对如石英、硅片等平整表面，对异形表面上生长的碳纳米管阵列无法起到分离效果；其次，目前的分离方法都会对碳纳米管阵列的结构，尤其是端部结构产生较大破坏；另外，某些分离方法还会为碳纳米管阵列引入杂质。由此看来，碳纳米管阵列的工程化应用仍需一种可以将阵列进行批量无损分离的方法。此外，碳纳米管阵列批量制备过程中，化学气相沉积过程会导致烃类碳源在气相中裂解，产生的热解炭会不断在碳纳米管阵列表面作为杂质沉积[138]。该沉积过程会显著降低碳纳米管阵列的纯度，从而对如高分子增强等应用产生不良影响。尤其对于浮游化学气相沉积过程这样一类气相同时存在催化剂前体以及碳源的制备方式，随着生长的进行大量热解炭杂质会沉积在碳纳米管表面。如能对其进行简单易行的批量纯化，则可大幅提高碳纳米管阵列的纯度并推动后续应用。

三、氮掺杂碳纳米管阵列的工程化制备

氮掺杂碳纳米管是碳纳米管的一类衍生材料，将氮原子引入碳纳米管中可调变碳纳米管的结构及其表面性能，从而使化学惰性的碳纳米管管壁呈现一定化学活性。目前，氮掺杂碳纳米管在包括电化学、催化等领域都有广泛应用前景。例如，氮掺杂碳纳米管可直接作为催化剂用于氧还原、脱水等反应；也可以作为良好的金属催化剂载体用于氨分解等反应。氮掺杂碳纳米管阵列结合了氮掺杂碳纳米管的性能及定向阵列长度均一、孔分布均匀等特点，能发挥更优的性能。如在场发射器件、燃料电池中，氮掺杂碳纳米管阵列均体现出优异性能。

截至目前，氮掺杂碳纳米管主要制备手段为粉末催化剂上的聚团氮掺杂碳纳米管。氮掺杂碳纳米管阵列的制备则主要在一些平面基板表面，利用固定床反应器实现。由于氮掺杂碳纳米管定向阵列的产量与生长基板的表面积成正比，且采用片状基板的固定床反应器空间利用率较低，目前制备条件下氮掺杂碳纳米管定向阵列制备效率较低，限制了其作为先进功能材料的具体应用。我们注意到流化床体系是一种非常适合碳纳米管阵列批量制备的体系，在碳纳米管阵列的制备过程中，催化剂颗粒由气体携带并在反应腔内运动，一方面提供了足够的碳纳米管阵列生长空间，另一方面也实现了质量、热量的迅速传递，为碳纳米管阵列的生长提供了良好的环境。图 3-27 给出了用于大规模制备碳纳米管阵列的流化床反应器照片及其示意图。

基于之前的分析，碳纳米管阵列生长仅需求微米级别以上的平整表面，故而可以在适合流化的颗粒范围内发掘大量适合阵列生长的催化剂颗粒[139]。我们以粒度在数百微米、堆积密度为 160kg/m^3、适合流化的蛭石催化剂为例，发展了一套基于高比表面积催化剂颗粒用以批量制备氮掺杂碳纳米管阵列的方法，并首次

在流化床反应器中实现了该过程。

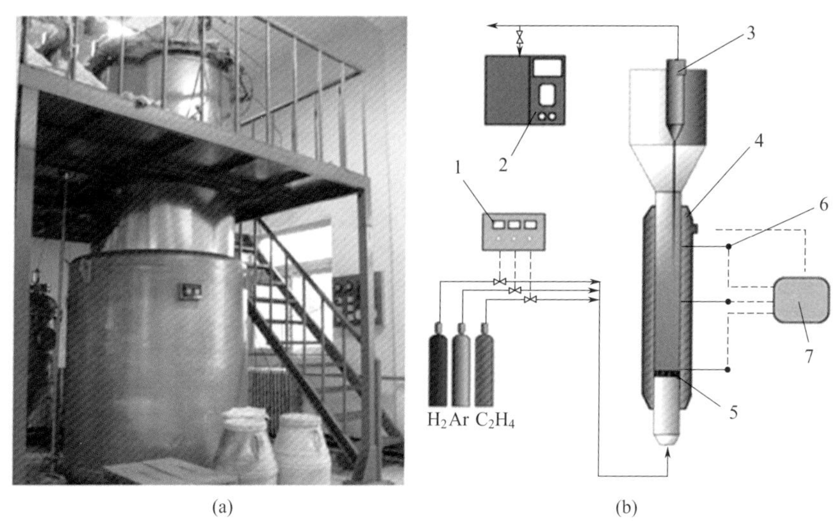

图3-27 流化床制备碳纳米管阵列的示范装置（a）[1,80]；流化床制备碳纳米管阵列的装置示意图（b）

1—色谱仪；2—质量流量计；3—旋风分离器；4—反应器炉体；5—气体分布器；6—温度测试系统；7—温度控制系统

1．氮掺杂碳纳米管阵列制备及形貌

蛭石是一种片层状材料，通过粉碎筛分获得粒度在 100μm 左右的蛭石颗粒经过离子交换环节负载含铁 / 钼组分的活性物质，活性成分负载于颗粒的片层结构之间。经计算，该颗粒的最小流化速度 u_{mf} 为 1.6cm/s。在氮掺杂碳纳米管阵列的制备过程中，我们以氩气 / 氢气气氛作为载气、乙烯作为碳源、氨气作为氮源进行碳纳米管阵列的制备。过程中气速保持在 7cm/s 左右，以使该蛭石催化剂颗粒始终处于稳定的流化状态下。经过 750℃、30min 的制备过程，颗粒表面由棕色转变为黑色，说明在此过程中材料的表面实现了碳材料的沉积，我们也对此样品进行了深入的表征以验证此材料的结构特征。

图 3-28（a）给出了 750℃生长 30min 后催化剂颗粒的低倍 SEM 图像，从图片中可以分辨出蛭石催化剂的片层结构，且该结构由于碳材料的插层生长部分被撑开形成典型的“蠕虫”状结构。图 3-28（b）的高倍 SEM 照片给出了插层状的碳纳米管阵列生长结构，可以看到图中的碳纳米管阵列长度在 20μm，呈柱状生长于蛭石的片层间。随着生长的进行，片层中的应力不断增加导致部分片层破裂，然而获得的阵列碳纳米管仍然均匀排列形成了定向结构。对材料分散并进行 TEM 表征的结果显示该样品呈现竹节状的氮掺杂碳纳米管特征，氮原子的掺杂

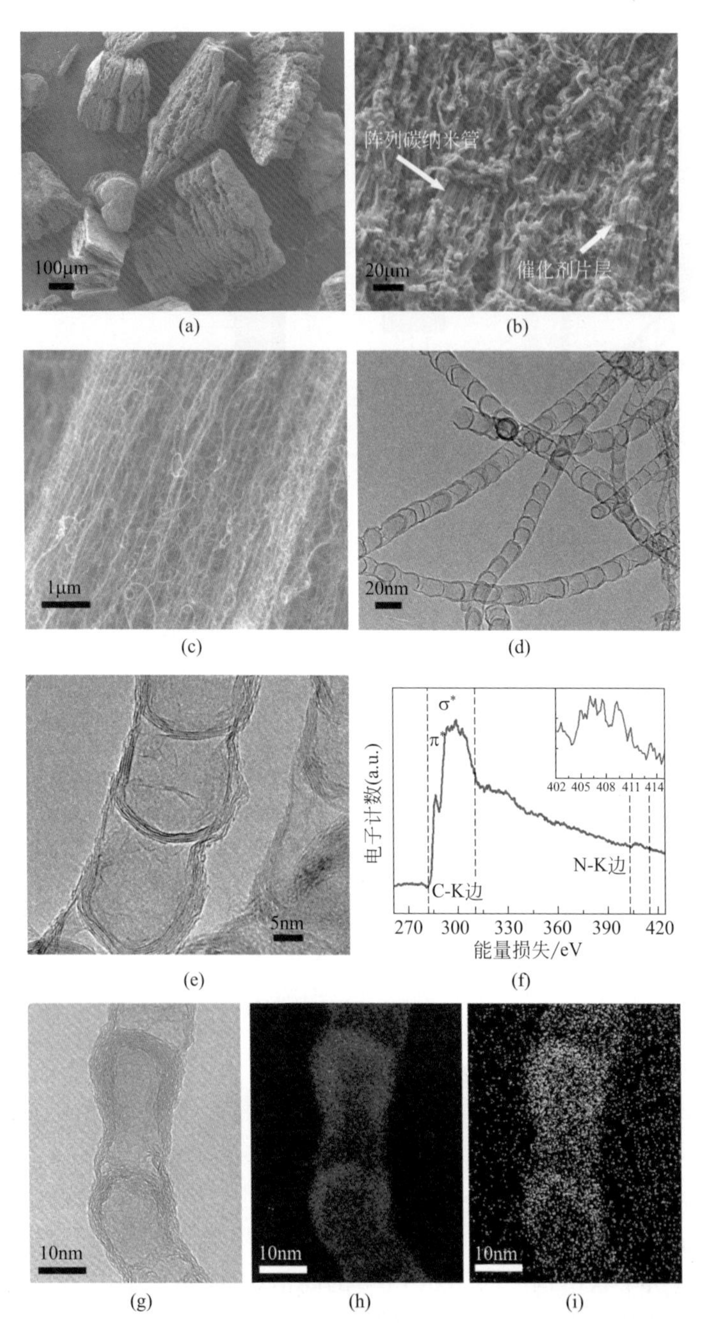

图3-28 以氨气为氮源750℃制备的氮掺杂碳纳米管阵列的低倍（a）和高倍（b）SEM图像；蛭石片层间氮掺杂碳纳米管阵列的高倍SEM图像（c）；氮掺杂碳纳米管的低倍（d）及高倍（e）TEM图像；掺氮碳纳米管的EELS图（f），插图为氮元素K边的放大图；掺氮碳纳米管的高分辨TEM图像（g），对应的碳元素的能量过滤TEM图像（h）及氮元素的能量过滤TEM图像（i）[78]

会改变石墨层的结构从而导致边壁结构改变，这与非掺杂碳纳米管的完整管壁及连续石墨边壁结构不同。在生长过程中，碳源、氮源分解并溶于催化剂颗粒中，碳、氮原子在催化剂表面的迁移为生长的主导过程而非体相扩散。故而氮掺杂的石墨层从催化剂表面周期性形成、脱离并形成了竹节状结构[140]。本样品中氮掺杂碳纳米管外径约为15nm，壁数小于10，形成的“竹节”结构长度在10 ~ 20nm左右［图3-28（d）（e）］。

为了进一步验证该材料的化学组成，我们分别采用能量损失谱（EELS）和能量过滤TEM（EFTEM）图像对样品进行了分析。用EELS对含有数根氮掺杂碳纳米管的直径100nm左右的圆形区域进行了分析，确认了谱中存在氮元素K边在403eV左右的峰[141]［图3-28（f）］。EFTEM对样品进行扫描也给出了样品中碳、氮的元素分布。氮掺杂碳纳米管的竹节状结构清晰、均匀，说明碳、氮两种元素在碳纳米管结构中分布均匀［图3-28（g）~（i）］。

2. 氮掺杂碳纳米管阵列成分分析

利用XPS，我们测定了样品中氮元素含量为4.23%，并对XPS谱中氮区的细谱进行了分析，获得了含氮官能团相关信息［图3-29（a）］。不同含氮官能团中氮原子所处的化学环境差异会使其在XPS谱上的结合能产生差别。吡啶氮、吡咯氮、石墨氮（替代石墨层中是sp^2碳原子）、氮氧基团、化学吸附的氮氧化物分别在XPS谱中对应398.8eV、400.0eV、400.9eV、403.0eV及405.2eV的位置[142]。750℃下氨气为氮源制备的氮掺杂碳纳米管中氮元素主要以吡啶氮、石墨氮及化学吸附氮的形式存在，三者的相对比例分别为39.1%、55.1%及5.8%。拉曼谱图给出的G、D峰比为0.868［图3-29（b）］，说明氮掺杂碳纳米管的石墨化程度较低（非掺杂样品G、D峰比为0.94）。石墨化程度的下降主要是由于氮原子掺杂导致官能团的引入和非六元环结构的产生。同时，样品在空气中的热重分析给出了49.1%的失重率［图3-29（c）］，由此推算，此样品的氮掺杂碳纳米管收率为2.01g（NCNT）/［g（cat）• h］。热重曲线失重峰位置为385.3℃，远低于未掺杂碳纳米管的失重峰位置680℃，说明氮原子的引入显著降低了碳纳米管的热稳定性。

3. 生长条件对氮掺杂碳纳米管阵列的影响

以氨气为氮源，我们在不同温度下进行了氮掺杂碳纳米管阵列的制备实验（650℃、700℃、750℃、800℃）。图3-30给出了原始蛭石催化剂形貌及其在650℃、700℃、800℃下进行碳纳米管生长后蛭石催化剂的形貌。可以看到原始催化剂呈现扁平的盘状结构，由片层堆叠而成。随着碳纳米管在片层间的插层生长，蛭石催化剂颗粒厚度增加。在生长倍率较高的条件下，蛭石片层被撑开形成“蠕虫”状颗粒结构。值得指出的是虽然颗粒的尺寸在生长过程中有所增加，但其在整个生长过程中仍可保持稳定的流化状态。

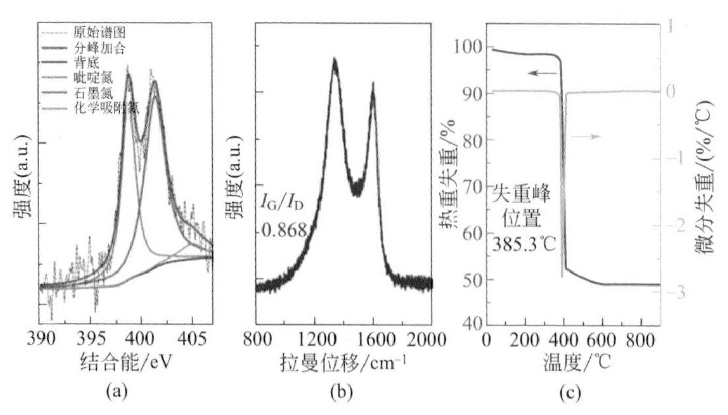

图3-29 750℃下氨气为氮源制备的氮掺杂碳纳米管阵列的[78]氮区XPS精细谱（a）、拉曼谱（b）和热重及微分热重曲线（c）

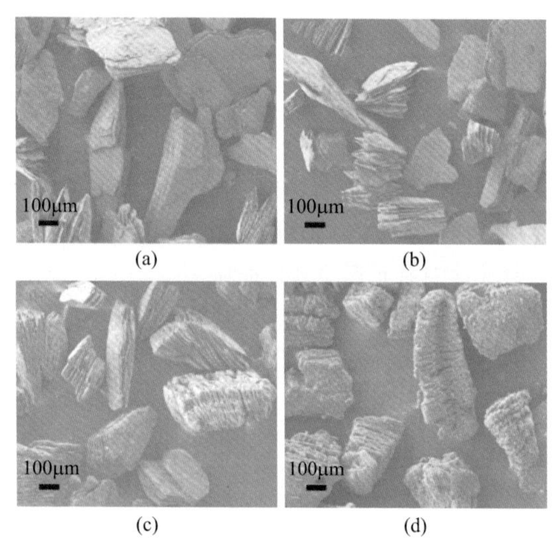

图3-30 原始层状蛭石催化剂颗粒形貌（a）；不同温度下生长获得的氮掺杂碳纳米管阵列插层的蛭石催化剂颗粒形貌：650℃（b）、700℃（c）、800℃（d）[78]

图 3-31 给出了不同制备温度下获得的氮掺杂碳纳米管的低倍及高倍 TEM 图像。650℃下制备获得的竹节状碳纳米管呈现与 750℃下类似的结构，且碳纳米管管径小于 10nm。而随着生长温度增加，氮掺杂碳纳米管管径从 10nm 增加到 20nm。这主要是由于高温下蛭石片层表面的活性催化剂纳米颗粒倾向于聚并形成大颗粒，并催化大管径的氮掺杂碳纳米管的形成。与未掺杂碳纳米管不同的是，尽管生长温度不同，管径也存在巨大差异，但是氮掺杂的碳纳米管具有相近

的管壁数。这与氮元素存在条件下金属催化剂催化活性变得不稳定有关，碳、氮原子主要通过催化剂上的表面扩散形成石墨层结构，体相扩散受到抑制导致石墨层壁数受催化剂颗粒尺寸影响不大，竹节状结构也有利于生长过程中应力的释放[143]。

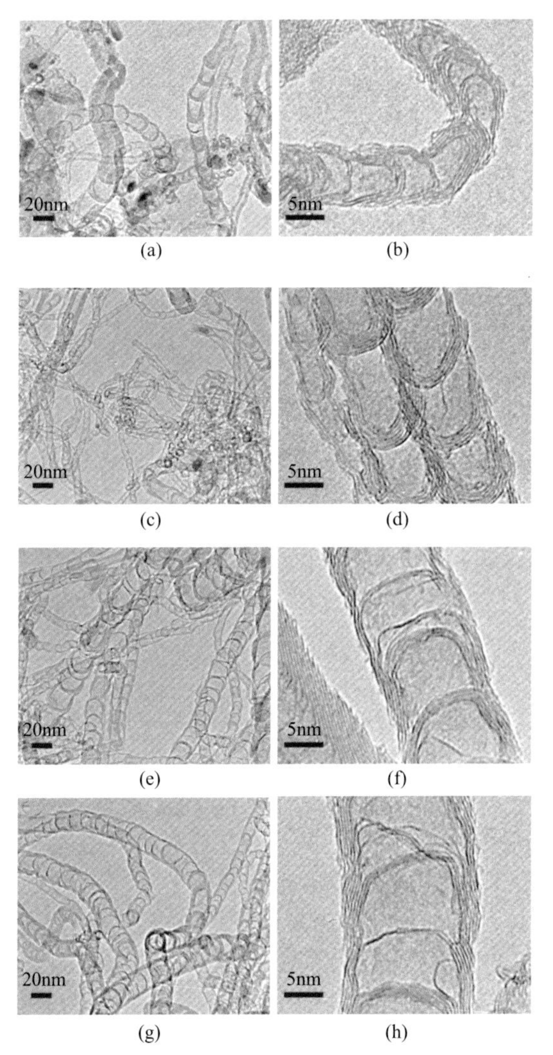

图3-31 不同温度下获得的氮掺杂碳纳米管的低倍及高倍TEM图像[78]

（a）（b）650℃；（c）（d）700℃；（e）（f）750℃；（g）（h）800℃

不同温度下获得氮掺杂碳纳米管样品的拉曼分析结果显示样品 G、D 峰比随反应温度的升高有较大的提高（图 3-32），说明较高制备温度有利于样品石墨化程度的提高。同时较高制备温度也提高了氮掺杂碳纳米管的产率，这与高温下较大的碳纳米管管径及较高的生长速率相关。由热重测试给出的碳纳米管的产率在 650 ~ 800℃的生长温度区间内从 0.17g（NCNT）/［g（cat）• h］上升到 2.95g（NCNT）/［g（cat）• h］。

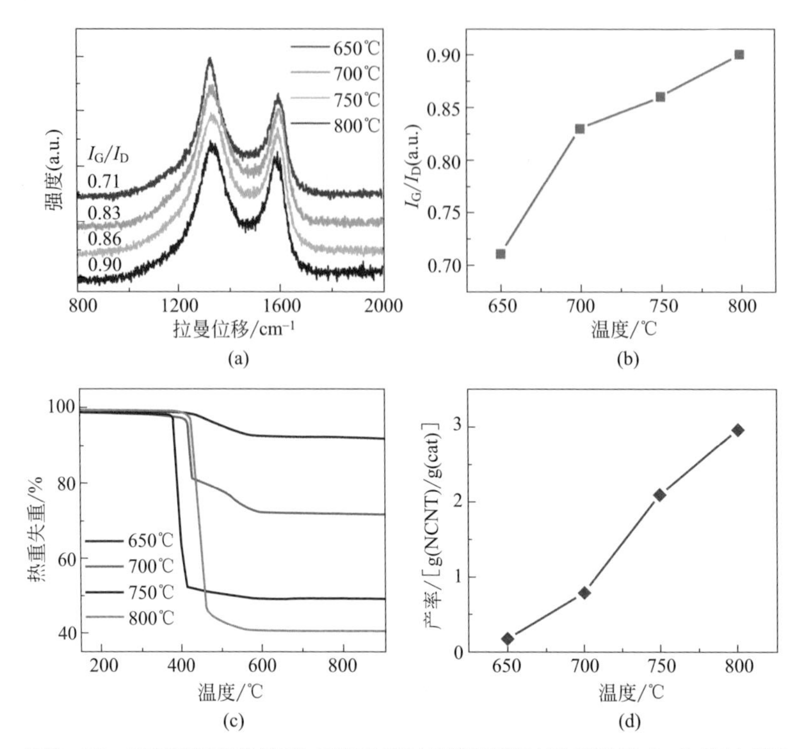

图3-32 不同温度下制备的氮掺杂碳纳米管阵列的拉曼谱图（a）和拉曼G、D峰比变化曲线（b）及热重曲线（c）以及根据热重曲线计算的氮掺杂碳纳米管阵列产率（d）[78]

我们同样也采用 XPS 分析了样品中的氮元素含量及含氮官能团组成的变化（图 3-33）。在 650℃、700℃、750℃和 800℃制备的氮掺杂碳纳米管中的氮元素含量分别为 2.03%、2.20%、4.23% 和 2.41%。氮元素区域的 XPS 精细谱说明温度对含氮官能团的分布具有较显著的影响。吡啶氮官能团出现在所有的四个样品中，它能在较低的温度下生成并且是竹节状结构产生的重要原因之一。不同于石墨氮结构，吡啶氮的出现影响下一个六元环的产生并形成缺陷，这些缺陷导致石墨层的弯曲并最终形成竹节状碳纳米管中石墨层结构。由氮元素取代石墨层内部碳形成的石墨氮同样在所有的样品中均存在。当氮掺杂碳纳米管在 750℃以上的温度下制备时，氮氧基团及化学吸附氮可被检出。基于不同含氮官能团对应 XPS 谱的峰面积，我们绘制了氮掺杂碳纳米管中含氮官能团比例随制备温度变化的曲线（图 3-34）。主要的四种含氮官能团的量均随制备温度变化，其中吡啶氮在较低温度下生成，其含量随制备温度的升高从 87% 下降到 30%，与报道的吡啶氮高温性质一致[144]。而氮原子对石墨层中碳的取代在较高温度下发生，石墨氮的含量比例在750℃时达到最高，为55%。而氮氧基团及化学吸附氮仅在高生长温度下出现。

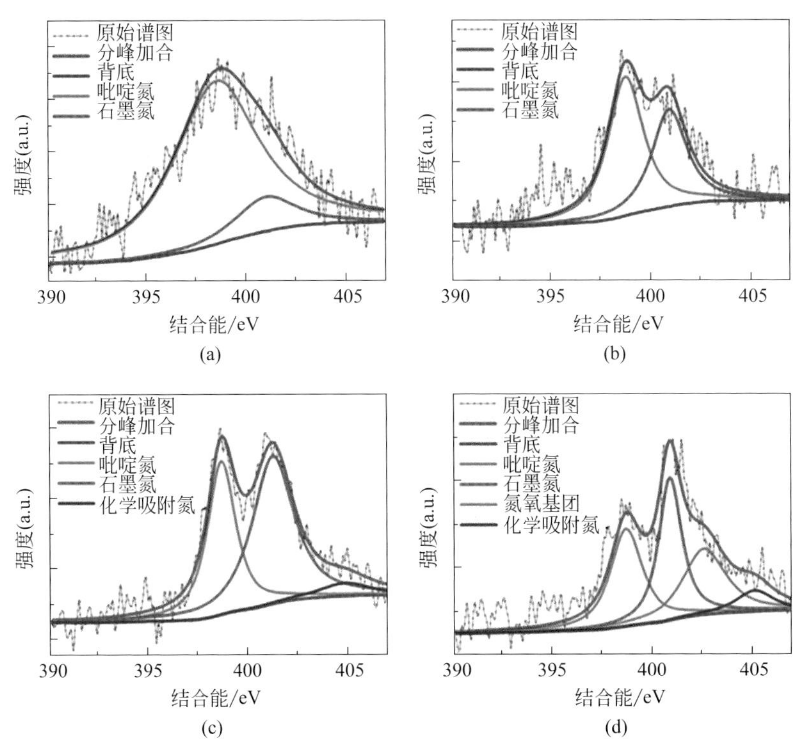

图3-33　不同温度下制备的氮掺杂碳纳米管阵列氮区域的XPS精细谱[78]
（a）650℃；（b）700℃；（c）750℃；（d）800℃

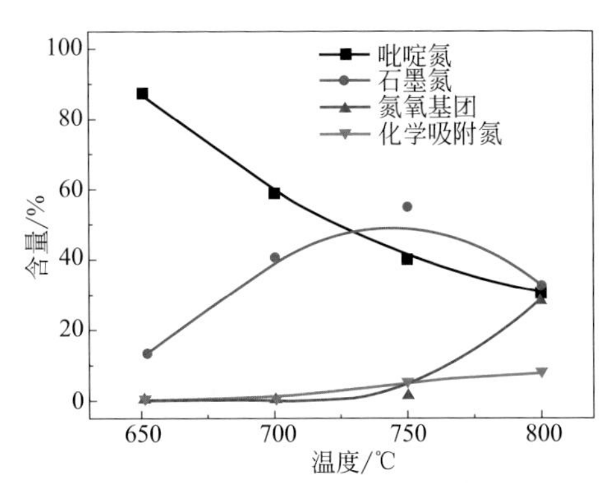

图3-34　氮掺杂碳纳米管阵列中含氮官能团的含量随制备温度的变化[78]

四、流化床中单壁碳纳米管/石墨烯杂合物的宏量制备

基于 LDH 生长 G/SWCNT 杂合物后的产物具有与单双壁碳纳米管网状交织结构类似的表观结构形貌，因而二者也应具有类似的流化行为。所以，我们期望通过流化床反应器来实现基于 LDH 的 G/SWCNT 杂合组装结构的宏量制备。实验中，我们采用不同 Fe 含量组分为 n（Fe）∶n（Mg）∶n（Al）= M∶2∶1 的 FeMgAl LDH 为催化剂前驱物（其中 M = 0.05、0.1、0.2、0.4 和 0.8），在内径为 20mm 的流化床反应器中，以 CH_4 为碳源、Ar 气为载气，反应气速为 11.4cm/s，在 950℃下进行了 G/SWCNT 杂合物的生长。结果表明，去除 FeMgAl LDO 片之后，不同组分的 FeMgAl LDH 生长的 G/SWCNT 杂合物均呈现出类似的单壁碳纳米管与石墨烯交织的网状结构［图 3-35（a）］。透射电镜表征结果说明基于不同 Fe 含量的 FeMgAl LDH 均可实现 G/SWCNT 杂合物的有效制备，且随着 Fe 含量的增加，G/SWCNT 杂合物中碳包铁的含量及其粒径均逐渐增加。这是由于 LDH 中 Fe 含量的提高使得还原后的 Fe 纳米颗粒的粒径逐渐增大，从而更易于形成碳包铁结构。

FeMgAl LDH 中 Fe 的含量对于 G/SWCNT 杂合物的生长具有极其重要的影响。如图 3-36（a）所示，当 Fe 含量由 n（Fe）∶n（Al）= 0.05 增加到 0.4 时，G/SWCNT 杂合物的生长倍率可以由 0.57g（G/SWCNT）/g（cat）增加到 0.93g（G/SWCNT）/g（cat），说明基于 FeMgAl LDH 的 G/SWCNT 杂合物具有较高的生长倍率。随着 Fe 含量的进一步增加，G/SWCNT 杂合物的生长倍率则会出现一定的下降趋势。经过 HCl 和 NaOH 溶液处理将 FeMgAl LDO 片去除之后的 G/SWCNT 杂合物的纯度则随着 Fe 含量的增加迅速降低，由 n（Fe）∶n（Al）= 0.05 时的 97.6% 降低至 n（Fe）∶n（Al）= 0.8 时的 75.0%［图 3-36（b）］，进一步表明 Fe 含量的增加会导致大量碳包铁结构的生成。CO_2 热重分析结果表明当 n（Fe）∶n（Al）= 0.05 时，G/SWCNT 杂合物中石墨烯和单壁碳纳米管的质量比约为 15.1，说明在 Fe 含量极少时单壁碳纳米管的生长受到极大的限制；当 n（Fe）∶n（Al）= 0.1 和 0.2 时，石墨烯和单壁碳纳米管的质量比分别降为 1.2 和 0.41；然而，当 Fe 含量进一步提高时，石墨烯和单壁碳纳米管的质量比则又开始增加，分别为 n（Fe）∶n（Al）= 0.4 时的 1.4 和 n（Fe）∶n（Al）= 0.8 时的 7.8［图 3-36（c）］。由于不同 Fe 含量的 FeMgAl LDH 片的大小基本一致，其表面上沉积的石墨烯的量理论上应不会有太大变化，而基于 CO_2 热重分析表征 G/SWCNT 杂合物中石墨烯和单壁碳纳米管含量的方法中，碳包铁结构中包覆在 Fe 颗粒周围的石墨层也被计算在石墨烯的质量内。因此，我们认为初期 Fe 含量的增加带来的石墨烯和单壁碳纳米管的质量比的迅速降低是单壁碳纳米管的生长量提高的原因；而后期 Fe 含量进一步增加所导致的石墨烯和

单壁碳纳米管的质量比的提高则是由于大量石墨烯沉积在 Fe 颗粒上而以碳包铁的形式存在。需要注意的是 G/SWCNT 杂合物中的碳包铁结构可通过 CO_2 高温煅烧结合酸处理的方法得以去除，从而得到纯度较高的 G/SWCNT 杂合物。该结果表明，基于流化床反应器技术，有望实现 G/SWCNT 杂合物的宏量制备。

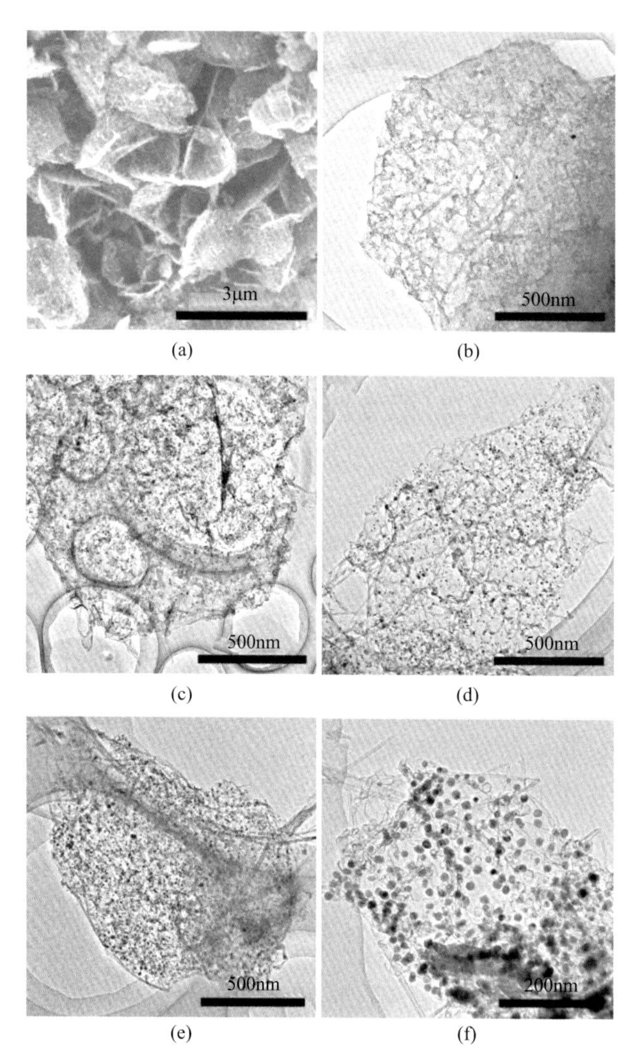

图3-35 流化床中基于FeMgAl LDH制备的G/SWCNT杂合物的典型扫描电镜照片（a）；流化床中基于不同Fe含量FeMgAl LDH制备的G/SWCNT杂合物的透射电镜照片：n（Fe）：n（Al）=0.05（b），0.1（c），0.2（d），0.4（e），0.8（f）[113]

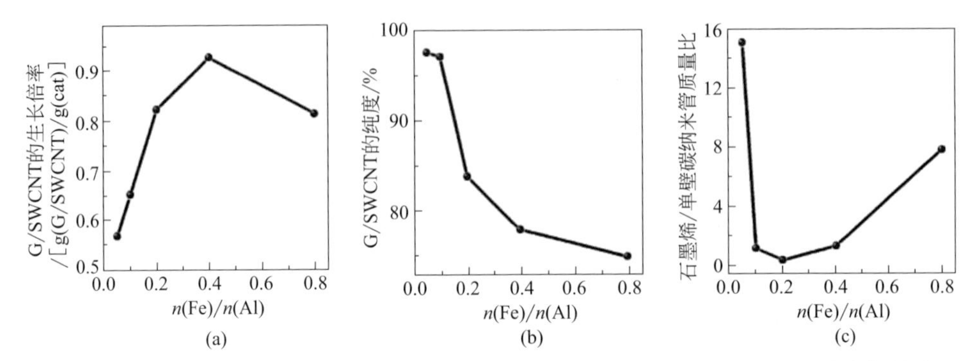

图3-36 流化床中基于不同Fe含量的FeMgAl LDH制备的G/SWCNT杂合物的生长倍率（a）、去除LDO片后的纯度（b）及其中石墨烯和单壁碳纳米管含量的比值（c）[113]

第五节 阵列碳纳米管放大生产的多因素分析

一、纳米聚团流化

纳米材料的广阔应用前景使得开发具有大批量制备、处理纳米粉体能力的实用化技术成为亟待解决的问题。纳米粉体的制备和处理过程主要可分为气相过程和液相过程。作为一种高效的气固接触技术，流态化技术是粉体制备、加工及非均相催化反应的实用技术，已经在许多物理、化学过程中得到成功应用，具有处理能力大、易于实现连续化操作等优点。以往的观念认为纳米颗粒因颗粒间作用力过强而根本无法实现流化。但是实践证明，某些纳米粒子可以通过自聚集以聚团的形式平稳流化。纳米聚团流化正是充分利用纳米材料易于聚团的特点，使流态化技术能够用于处理纳米粉体，并有望成为高效的纳米粉体气相处理方法，这对于纳米粉体的制备、处理及改性意义重大。另外，纳米聚团流化现象涉及纳米粉体的聚团形成机制、纳米粉体聚团与气体的相互作用及聚团间相互作用，聚团结构及形态等若干科学问题，具有重要的学术意义[145]。

纳米颗粒，一般是指直径在100nm以下的颗粒，又称作超细粉体；而细颗粒则指10μm以下的颗粒。为区分颗粒的流化性能，Geldart的颗粒分类法获得了广泛认可。如图3-37所示，该方法根据颗粒的平均粒径以及流化介质之间的密度差将颗粒分为四大类。按上述分类，纳米颗粒属于 Geldart 的 C 类，应当具有典型的细颗粒的流化特征，即有容易产生沟流、黏附于壁面、节涌等现象，流化现象不稳定，数据重复性差。但我们的研究表明，某些种类的纳米颗粒能够顺利实现流化，这些体系的流化均有一共同的特点，即颗粒间形成聚团，以聚团形式流化。颗粒聚团是纳米颗粒体系的普遍现象。这一方面是因为颗粒粒径小，比表面积大，表面能高，颗粒间黏结力极强，其聚团不可避免；另一方面，由于纳米颗粒的粒径决定单个纳米颗粒的终端速度很小，以常规的流态化知识而论，若流化以单个纳米颗粒的终端速度为基础，以常规的流态化知识而论，操作线速需极低用以防止大量颗粒逸出，而过低的气速又不足以分散纳米颗粒，因此发生聚团是一个自然的倾向。当纳米颗粒发生聚团后，可以粗略地把流化的实际单元看成纳米颗粒聚团而不是单个的纳米颗粒，于是改变了颗粒体系在 Geldart 分类中的位置，使得纳米颗粒表现出迥异于 C 类颗粒的流化性能。

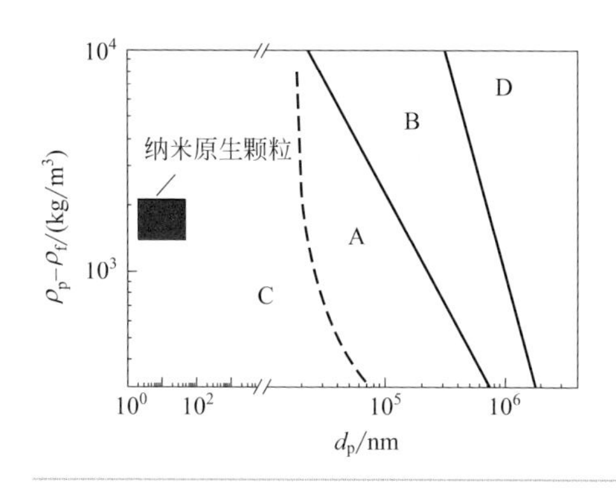

图3-37
Geldart颗粒分类图[145]

对于传统流化体系，随表观气速的提高，流化床历经鼓泡流态化、湍动流态化和快速流态化等不同的流型。其中，鼓泡流态化和快速流态化分别以浓相和稀相为连续相，而湍动流态化则是位于鼓泡流态化和快速流态化之间的中间流型，没有明显的连续相。与鼓泡流态化相比，湍动流态化气体短路减少、气固接触得以强化，从而使得湍动流化床称为优于鼓泡流化床的气固流化床反应器。由于绝大多数工业流化床反应器均操作在鼓泡流态化或湍动流态化区域，对流型的判定及对不同流型下流化体系的流动行为特征研究具有重要的现实意义。

1. 颗粒间作用力与流化性能的分析框架

颗粒间作用力的强弱对其流化性能有至关重要的影响，在颗粒和流化介质均不发生改变的情况下，如果调变颗粒间的作用力，会使得原先属于一类的颗粒表现出另一类颗粒的流化行为，即所谓的类转变。这一类研究充分表明：颗粒间作用力对流化行为具有决定性的影响，调变颗粒间作用力有可能改善颗粒的流化性能。以下从颗粒间作用力的角度入手，探讨纳米颗粒聚团具有良好流化性能的原因。在此之前，先建立颗粒间作用力与颗粒流化性能关系的分析框架。

颗粒床层从固定床状态进入流化床状态实际上是气流的剪切作用对床层的切削破坏过程，至于颗粒床层能否和何时进入流化床状态，则与颗粒堆积体的抗拉强度有关。当床层处于固定床 - 流化床状态转变过程时，其床层内颗粒受力情况如式（3-1）中，左边第一项为颗粒所受重力与浮力之差，第二项为床层达到最大抗拉强度时传递到单个颗粒的平均抗拉力，右边为气流曳力可表达为气速和床层孔隙率的函数。该方程可用于判断颗粒的流化性能，当气速达到颗粒终端速度 U_t 时，如果等式右边的曳力项数值大于等式左边三个力的合力，则表明在气速达到颗粒终端速度以前，已经可以实现床层的破碎，颗粒可以单分散地进入气相，从而实现颗粒床层由固定床状态到流化床状态的转变；反之，则表明即使气速达到终端颗粒速度，床层仍无法被气流破碎进入流化床状态，即颗粒不能流化。

$$(\rho_p-\rho_f)\frac{\pi d_p^3}{6}g+F_T(\varepsilon)=F_D(U_g,\varepsilon) \tag{3-1}$$

对于上式中的单个颗粒所受曳力 F_D，可得到其与床层压降、空隙率的关系式：

$$F_D=\frac{\pi d_p^3}{6}\frac{\varepsilon}{1-\varepsilon}\frac{\Delta p}{L} \tag{3-2}$$

其中床层压降为

$$\frac{\Delta p}{L}=\begin{cases}17.3\dfrac{\mu U_g}{d_p^2}(1-\varepsilon)\varepsilon^{-4.8}, & Re_t\leqslant 0.2\\[2ex] 17.3\dfrac{\mu U_g}{d_p^2}(1-\varepsilon)\varepsilon^{-4.8}+0.336\dfrac{\rho_f U_g^2}{d_p}(1-\varepsilon)\varepsilon^{-4.8}, & 0.2<Re_t<500\\[2ex] 0.336\dfrac{\rho_f U_g^2}{d_p}(1-\varepsilon)\varepsilon^{-4.8}, & Re_t>500\end{cases} \tag{3-3}$$

式中，Re_t为用颗粒终端速度计算的雷诺数；ε为床层空隙率；Δp为床层压降；L为固体床层高度。对相同大小球状颗粒堆积形成的固定床，其极限抗拉强度为

$$\sigma=\frac{9}{8}\frac{1-\varepsilon}{\pi d_p^2}kF_H \tag{3-4}$$

式中，F_H为相邻两颗粒发生接触时的黏性力；k为颗粒配位数，其中$k\approx\pi/\varepsilon$。对固定床任取一截面，则单个颗粒在该截面上的平均截面积为

$$A_e=\frac{1}{d_p}\int_0^{d_p}\pi[x(d_p-x)]\mathrm{d}x=\frac{\pi}{6}d_p^2 \tag{3-5}$$

若该截面上有 n 个颗粒，A 为该截面总的截面积，则有

$$nA_{\mathrm{e}}=(1-\varepsilon)A \tag{3-6}$$

从而可得到单个颗粒承受的最大平均抗拉力为

$$F_{\mathrm{T}}=\frac{\sigma A}{n}=\frac{3}{16}\frac{\pi}{\varepsilon}F_{\mathrm{H}} \tag{3-7}$$

至此，已对式（3-1）中关键两项 F_{T} 和 F_{D} 给出了分析和表达，为更清楚地分析颗粒的流化性能还需要定义一个关键参数即黏性数 Co，它为颗粒间黏性力与颗粒自身重力和所受浮力之差的比值，对气固体系因气固相密度差异一般较大，可近似为颗粒间黏性力与颗粒自身重力之比，是一个反映颗粒黏性力相对强弱的参数。

$$Co=\frac{F_{\mathrm{H}}}{(\rho_{\mathrm{p}}-\rho_{\mathrm{f}})\dfrac{\pi d_{\mathrm{p}}^{3}}{6}g}\approx\frac{F_{\mathrm{H}}}{G} \tag{3-8}$$

则式（3-1）可化为

$$(\rho_{\mathrm{p}}-\rho_{\mathrm{f}})\frac{\pi d_{\mathrm{p}}^{3}}{6}g\left(1+\frac{3}{16}\frac{\pi}{\varepsilon}Co\right)=F_{\mathrm{D}}(U_{\mathrm{g}},\varepsilon) \tag{3-9}$$

由该式可知，在讨论颗粒的流化性能时，颗粒间黏性力与颗粒间重力的相对大小（即 Co），而不是绝对值更为重要。若取 $\varepsilon=0.5$，根据式（3-9）可计算得到颗粒能否流化的临界黏性数 $Co_{\mathrm{A\text{-}C}}=11$，当 $Co_{\mathrm{A\text{-}C}}<Co$ 时颗粒不能被流化；当 $Co_{\mathrm{A\text{-}C}}>Co$ 时颗粒能够被流化，其物理意义为如果颗粒间的黏性力为颗粒重力的 11 倍以上，则颗粒无法流化。Co 中包含颗粒间的黏性力 F_{H}，对于颗粒体系而言，颗粒的作用力 F_{H} 主要包括范德华力和液桥力。一般情况下，在干燥的气相中，由于水分的存在而引起的液桥力可以被忽略，此时范德华力要远大于其他颗粒间作用力。鉴于 CNT 流化床制备是干燥气相条件下的颗粒流化问题，可将问题简化为颗粒间作用力以范德华力为主，其他作用则予以忽略。此时黏性数 Co 近似为范德华力与颗粒重力之比。

范德华力的重要特征为，它是一种近程力。即两颗粒间距离与两颗粒直径之和在 100nm 以内，其范德华力与距离成平方反比关系；两颗粒间距离超过 100nm，则与间距成立方反比关系；间距在二者之间则与距离的 2 ~ 3 次方成反比。可见，范德华力随距离增加迅速衰减，一般情况下，与紧密接触的颗粒相比，不直接接触的颗粒之间范德华力影响很小，可以忽略。因此对表面光滑的颗粒，其 Co 为

$$Co=\frac{F_{\mathrm{vdw}}}{G}=\frac{A}{4\pi g s_{0}^{2}}\frac{1}{\rho_{\mathrm{g}}d_{\mathrm{p}}^{2}}\propto\frac{1}{\rho_{\mathrm{p}}d_{\mathrm{p}}^{2}} \tag{3-10}$$

式中，G为重力；s_0为系统两颗粒的平均间距。

至此，已建立了以 Co 为重要参数的分析颗粒流化性能的方程，并将其中各项阐明。对应于 Geldart 颗粒分类，可用该方程给出如下解释。当 $Co_{\mathrm{A\text{-}C}}<Co$ 时

颗粒不能被流化，属于 C 类颗粒；当 $Co_{\text{A-C}} > Co$ 时颗粒能够被流化，此时颗粒可进一步分为 Co 非远小于 1 时的 A 类颗粒以及 Co 远小于 1 的 B 或 D 类颗粒。

2. 纳米颗粒聚团流化的操作域

纳米颗粒属于 C 类颗粒，当颗粒粒径 $d_p = 10\text{nm}$，$\rho_p = 2560\text{kg/m}^3$，其黏性数 Co_p 可计算得 $Co_p \approx 2\times10^5$，表明其黏性极强难以流化。在实际过程中，此类粉体以聚团而不是以原生颗粒为单位进行流化。对包括纳米颗粒内的 C 类颗粒而言，聚团的形成是一种普遍现象，聚团的黏性数 Co_{agg} 有两种极限情况，图 3-38 展示了这两种极限情况对应于两种聚团间的接触方式：点接触和面接触，分别对应于聚团黏性力最小和最大的情况。

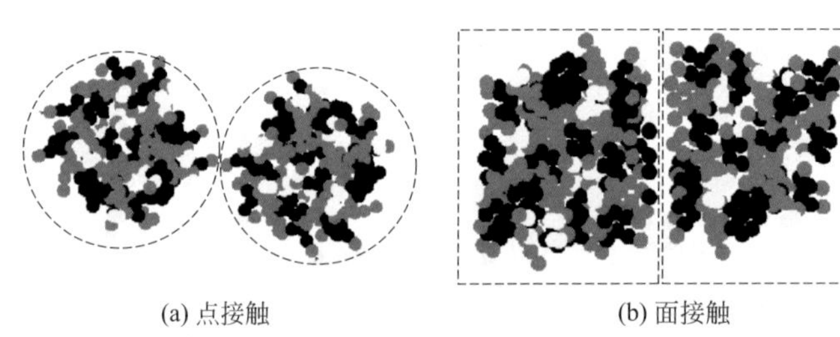

图3-38　聚团间接触的两种极限情况[145]

面接触的情形比较复杂，难以准确判断接触面上发生接触的颗粒数目，为此给出一个极限情况。若两个接触的聚团视为固定床，则聚团间黏性力为床层抗拉力，这是聚团作用力的极大值。则聚团黏性数与颗粒黏性数之比为

$$\frac{Co_{\text{agg}}}{Co_p} \approx \frac{2}{\varepsilon}\frac{1}{L} \tag{3-11}$$

如果定义聚团的特征尺度为 Kd_p，则上式分别变为

$$\frac{Co_{\text{agg}}}{Co_p} = \begin{cases} \dfrac{1}{1-\varepsilon}\dfrac{1}{K^3}, & \text{点接触} \\ \dfrac{2}{\varepsilon}\dfrac{1}{K}, & \text{面接触} \end{cases} \tag{3-12}$$

相对于聚团密度和颗粒密度的差异，聚团尺寸与颗粒尺寸的差异大得多，因此无论哪种接触情况，都有 $Co_{\text{agg}}/Co_p \ll 1$，因此对于包括纳米颗粒在内的 C 类颗粒，以聚团流化单元进入流化状态是唯一的可能，将这种由于聚团尺寸增大导致粉体以聚团形式进行流化的效应称为尺寸效应。

对于存在多级团聚结构的纳米粉体，即在此类粉体中存在由于纳米原生颗粒黏附形成的立体链枝结构，由立体链枝结构形成的简单聚团，而最终的流化聚团则由简单聚团相互黏附而成。由上述分析可知，若将原生纳米颗粒、立体链枝结

构、简单聚团和复合聚团的黏性数分别记为 Co_p、Co_{chain}、Co_s 和 Co_c，则有

$$Co_p > Co_{chain} > Co_s > Co_c \tag{3-13}$$

因此，此类粉体在流化过程中必然倾向于以复合聚团为流化单元进入流化状态。与普通颗粒的流化不同，此类粉体的流化聚团即复合聚团是在流化过程中形成的，在流化之前，其固定床可以看作是由简单聚团堆积而成，流化聚团的形成过程可以看作是气流从粉体堆积相对松散、聚团间黏性力相对较弱处切割分离出复合聚团的过程。同时，聚团间的接触方式非常复杂，有相当的概率发生面接触，这决定了要准确计算出聚团间黏性数是非常困难的，但考虑到在实际流化过程中，此类粉体表现出 A、B 类颗粒的流化性能，必然有 $Co_c < 11$。如图 3-39（a）所示，多级聚团结构使得符合聚团的黏性数较原生纳米颗粒有 9 ~ 11 个量级的下降，因此是聚团流化而不是原生纳米颗粒流化是必然趋势。以松散并极为疏松的复合聚团为流化单元进行流化使得此类粉体流化单元的物性与传统流化体系有很大差异，尤其是聚团密度与流化介质的密度差异明显减小，如图 3-39（b）所示，这是此类纳米粉体表现出不同于传统流化体系流动、混合特性的重要原因。

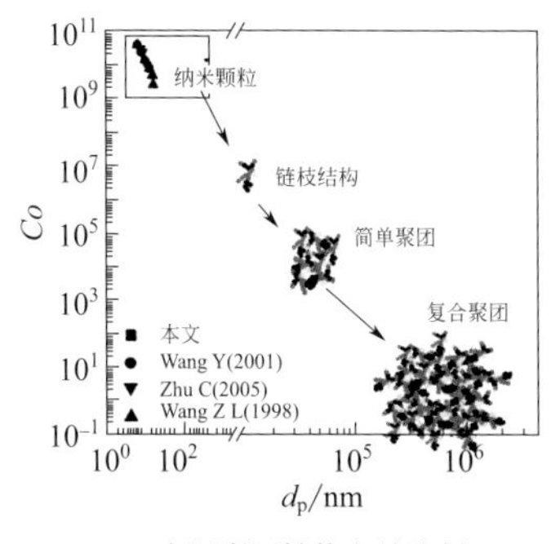

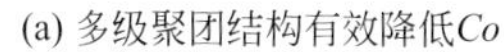
(a) 多级聚团结构有效降低 Co

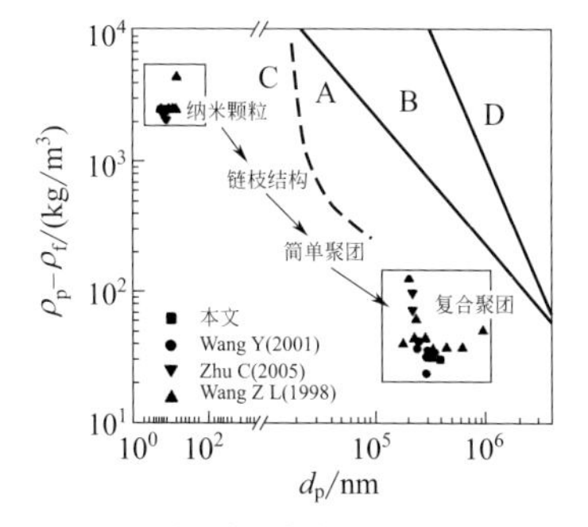

(b) 多级聚团结构与颗粒/聚团物性

图3-39 聚团形成与流化性能[145]

综上所述，对一般气固体系而言，可用黏性数 Co 判定其颗粒间作用力的相对强弱，帮助判定其流化性能；影响 Co 值的主要因素是颗粒密度、粒径和表面粗糙度；对于包括纳米颗粒在内的 C 类颗粒，由于其聚团的形成导致其聚团黏性数低于原生颗粒黏性数，其倾向于以聚团为流化单元进入流化状态。

二、质量、热量传递核算

1. 外扩散判断

假设催化剂是粒径 d_p 为 100μm 的球形颗粒，其颗粒内空隙率高达 80%，而堆

积床层空隙率 ε 约为 20%，800℃下反应，其混合气体密度 ρ 粗略估计为 0.25g/L，黏度 μ 为 2×10^{-5}Pa•s，流速 U_g 为 0.05m/s，甲烷浓度为 6mol/m³，扩散系数 $D_{AB}=6.62\text{cm}^2/\text{s}$，根据 Thoenes-Kramers 关系式 $Sh'=Re'Sc^{1/3}$，可计算出固定床传质系数 k_c:

$$
\begin{aligned}
Re' &= \frac{d_p U_g \rho}{\mu(1-\varepsilon)} = 78.13 \\
Sc &= \frac{\mu}{\rho D_{AB}} = 1.21\times10^{-4} \\
Sh' &= Re' Sc^{1/3} = 3.87 \\
k_c &= \frac{Sh' D_{AB}(1-\varepsilon)}{d_p \varepsilon} = 102.1\text{m/s}
\end{aligned}
\tag{3-14}
$$

对于单个颗粒，通过其表面的甲烷最大传质通量 N 约为

$$
N = \frac{6k_c C_A}{\rho_p d_p (1-\varepsilon)} = 183.7\text{mol/(s}\cdot\text{g)}
\tag{3-15}
$$

而催化剂上最大表观反应速率 r_{obs} 约为 10^{-3}mol/（s•g），远远小于 N。因此，我们可以认为 CNT 生长过程中基本不存在外扩散控制。当 d_p 增加到 10mm 以上时才存在一定的外扩散影响。

2. 内扩散判断

合成 CNT 的气体主要含有 Ar、CH_4 和 H_2。鉴于三组分扩散系数较难计算，这里先计算 CH_4-H_2 二元组分在反应体系下的扩散系数约为 6.62cm²/s。至于 CH_4 和 H_2 的 Knudsen 扩散系数 D_k 分别为 0.41cm²/s 和 1.15cm²/s。当分子扩散和 Knudsen 扩散同时存在时，甲烷和氢气的总扩散系数分别为 0.38cm²/s 和 0.95cm²/s。由于甲烷分子扩散系数远大于 Knudsen 扩散系数，扩散以后者为主，总的扩散系数接近于 Knudsen 扩散系数，可见采用二元组分计算的分子扩散系数的偏差对结果影响较小。

在 850℃时催化剂的动力学常数约为 100s^{-1}，此值是以催化剂堆体积为基准的动力学常数。催化剂的堆密度为 350g/L，真密度约为 3500g/L，其空隙率高达 90%，但由于大部分孔都是颗粒的内孔，扣除这部分孔容后的空隙率仅约为 20%，与普通固体颗粒的堆积空隙率相当。折算以催化剂粒子体积为基准的动力学常数则为 125s^{-1}。CH_4 裂解反应可以看作是一级反应，对于 100μm 的球形催化剂颗粒，其 Thiele 模数为

$$
\phi_s = R\sqrt{\frac{k_V}{D_e}} = 0.34
\tag{3-16}
$$

对 1mm 的球形催化剂颗粒，其 Thiele 模数则为 3.4。可以认为 100μm 的球形催化剂颗粒基本不存在内扩散的影响，但若催化剂颗粒增大到 1mm 以上，则会存在较大的内扩散影响。

3. 热量传递

CNT 生产对温度等环境的要求非常苛刻，一般低于 730℃下甲烷转化率较低，但超过 730℃时甲烷转化率迅速上升且之后的转化率下降则是催化剂失活的缘故。而甲烷裂解反应是个中等吸热反应，

$$CH_4 \longrightarrow C + 2H_2 + 75kJ/mol \tag{3-17}$$

在反应温度（750 ~ 850℃）下，其反应热约为 90kJ/mol。催化剂最高活性时的积碳速率约为 0.005 ~ 0.025g/［g（cat）•s］，这里取值为 0.01g/［g（cat）•s］，则单位质量催化剂上反应热功率约为 0.075kW。当热量传递阻力较大时将导致较大的温度差异，从而有可能低于反应温度。所以在反应器内获得均匀的温度场是高选择性合成 CNT 的关键。

流化床内催化剂颗粒处于剧烈的湍动状态，粒子间具有较强的传热能力，可以认为其温度非常均匀，则热阻主要来自于粒子与壁面的换热。一般的，流化床反应器内颗粒与壁面的对流传热系数约为 200W/（m^2 • K），可满足 CNT 制备过程的温度分布要求[146]。

三、流化床反应器中合成碳纳米管

碳纳米管合成过程是一个快速的过程，其积碳速率高达 0.01g/［g（cat）•s］，如此快的反应速率使得反应过程中很容易受到内扩散控制和热量传递的影响。为了消除内扩散的影响，催化剂的粒径大小一般不能大于 1mm，若采用固定床操作将会有很大的压力降。并且甲烷裂解反应是个强吸热反应，在放大过程中热效应显著，固定床中较差的传热能力使得反应器放大过程中会存在较大的温度差异。另外，CNT 合成过程也是一个快速失活的过程，一般其平均失活时间为 1 ~ 3min，需要不停地移入新鲜的催化剂和移出失活的产品。

在 CNT 生产过程放大中，流化床反应器比固定床反应器具有更多的优势：流化床反应器中的催化剂颗粒一般仅为数十微米，可以消除内扩散的影响；颗粒处于流动状态，具有较低的压力降，可以方便地连续处理固体物料的移入或移出；并且由于颗粒的剧烈湍动，其传热和传质能力较强，内部的温度分布比较均匀，非常适合 CNT 制备的过程需求[147]。

1. 高空速流化床中制备 CNT

为了实现高甲烷空速下的操作，我们采取了催化剂连续进料的方案。在反应初期，为了维持正常的流化操作，先在反应器内预先放置了一定量已失活的粗产品，然后通过螺旋进料器将催化剂定量地送入反应器中，催化剂在反应器中下落以及和床层填料混合的过程中同步实现了升温和裂解甲烷的过程，其设备示意如图 3-40。

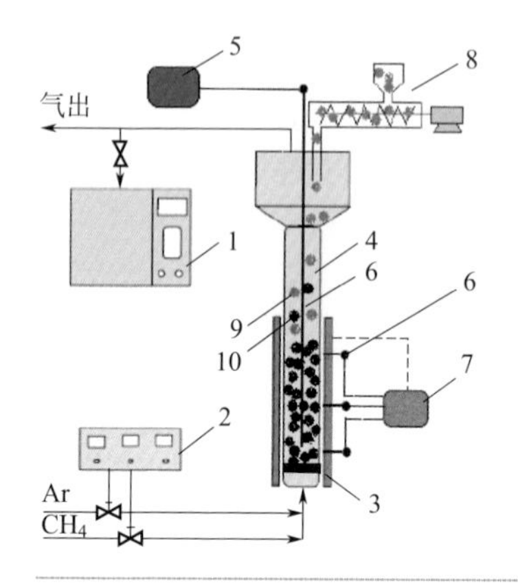

图3-40
流化床反应器连续进料制备CNT示意图[146]
1—气相色谱仪；2—流量控制器；3—气体分布器；4—流化床反应器；5—温度记录器；6—热电偶；7—炉温控制器；8—螺旋进料器；9—新鲜催化剂；10—粗产品

一方面，水热基础处理后的催化剂具有较高的活性，少量的催化剂即可实现较高的甲烷转化率，所以不需要把大量的催化剂一起放在反应器内，而是采取少量多次的进料方法，在保证较高的甲烷转化率的情况下，实现了高的甲烷操作空速，避免了催化剂被氢气过度还原和烧结。另一方面，该积碳反应是一个快速失活的过程，失活后的催化剂可以停留在反应器内，其颗粒流化性能基本与新鲜催化剂接近，可以作为惰性填料，起到稀释新鲜催化剂床层的作用，避免了浅床层操作的弊端。

粗产品经过盐酸酸洗除去催化剂载体和活性金属后，样品几乎不存在无定形碳和 CNT，碳产品纯度高达 98%，比表面积高达 950m^2/g [图 3-41（a），（b）]。对约 150 根碳纳米管进行统计，结果显示纯化后的样品中有 87% 的 DWCNT、SWCHT 和极少量的三壁碳纳米管 [如图 3-41（c）]。直径分布主要集中于 1.0 ~ 4.0nm，很好地符合对数正态分布，平均粒径为 2.1nm，方差为 0.9nm，其中 DWCNT 的直径集中于 1.4 ~ 4.0nm，而 SWCNT 则主要为 1 ~ 1.5nm [图 3-41（d）]。DWCNT 的高选择性合成归功于在流化床中有效地控制了 CH_4 空速，从而降低了 H_2 的浓度和催化剂烧结时间。

综上，通过对纳米管工程放大过程中的流态化机制的分析，采用流化床连续进料的方式，提高了甲烷空速，缩短了烧结时间，可以有效地获得高选择性的 DWCNT 产品，解决了 DWCNT 工程放大的瓶颈，为大批量工业化奠定了基础。

2. 阵列 CNT 的工业生产和应用情况

化学气相沉积法合成碳纳米管是一类固相体积不断增大，且催化剂上持续析出碳的特殊催化过程。流化床中气体悬浮固体的操作特征及其巨大的稀相空间，可容纳体积不断膨胀的碳纳米管，对保证过程的稳定与连续化操作非常关键。使用甲烷为碳源时，由于甲烷化学惰性，低温下其转化率很低，催化剂虽可保持较长的寿命，但反应器生产强度很低；高温甲烷转化率大幅提高，但催化剂积碳或烧结加剧，瞬间失活。显然温度均一的反应器无法兼顾催化剂寿命与转化效率的要求。

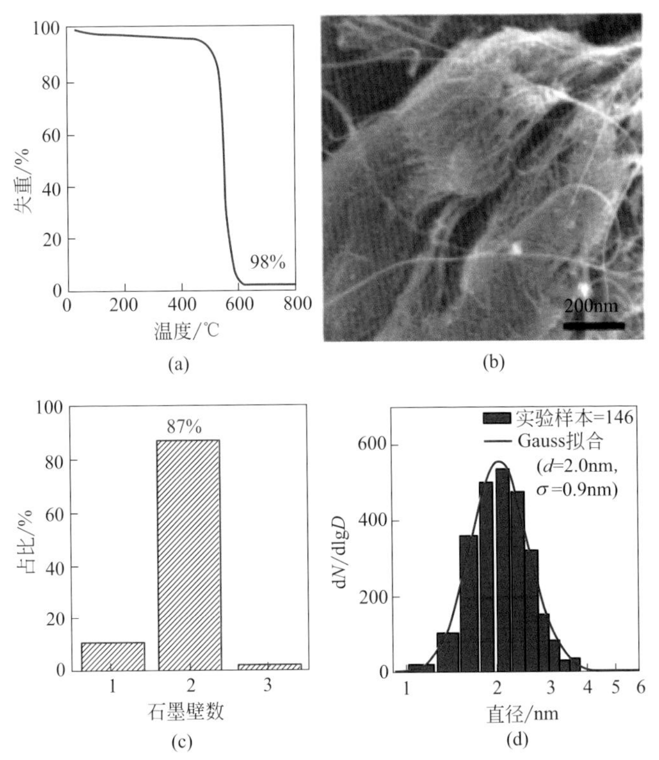

图3-41 纯化后产品的TGA（a）、SEM（b）、壁数分布（c）及直径分布（d）[147]

为此，特提出两段变温流化床技术。下段为低温段（700℃），上段为高温段（850℃）。所通入的气流将催化剂悬浮，由下段带入上段。在高温下催化剂可快速裂解甲烷而生成碳；当所生成的碳大于催化剂所能够迁移的碳（接近于催化剂被碳包附失活的状态）时，在上段（高温）中的催化剂由于重力作用自然下落到下段。而催化剂在下段由于温度低，基本不裂解甲烷。上下段的温度差恰好成为碳在催化剂体相内向外扩散及析出的推动力。这样，碳进行有序迁移生成碳纳米管，而不是无序堆积将催化剂包覆。

催化剂在碳析出后表面更新，活性恢复，然后再随着气流到达上段（高温），进行下一轮的甲烷裂解反应。这样利用多段流化床的变温操作特性及反应器内固体流动的特性，可有效抑制催化剂生成碳纳米管过程。保持下段温度不变，而逐渐提高上段的温度时，多段流化床中甲烷的转化率约为高温与低温的平均温度下的转化率，但催化剂在高温段的有效寿命由数秒延长到了数十小时[148]。

碳纳米管产品由实验室的小试放大到工业规模时，化学反应、物质流动、热量传递三者对流化床尺寸的要求及依赖关系完全不一致。一般而言，反应器增大后，操作气速会随着流化床床径呈线性增加，从而造成小试与大反应器不在同一流动区域，并会引起反应器内传热传质的巨大变化。因此，如何判断并消除这一过程中化学反应、物质流动、热量传递三者依赖关系是工业放大过程的核心。

针对碳纳米管的生长过程，不同物质流动会对化学反应、热量传递造成极大的影响，工业化进程难度极大。通过利用纳米片状催化剂层保护，优化催化剂的粒度分布及活性元素含量，研究了纳米管生长过程不同阶段所需要的气体配比及空速条件，利用多段式流化床碳纳米管制备工艺，实现了反应过程中气体配比可变、空速可调，确保碳纳米管的持续稳定量产。经过工程逐级放大，自主设计和开发了全套碳纳米管反应器关键技术，包括三级流化整体流化床结构、气体分布器、气体固体分离器、裂解反应进程控制系统、温度与流量高精度连锁控制系统、安全紧急停车系统等，最终开发了直径 1m、高 20m 的流化床反应器，首次实现了 1000t/a 垂直阵列碳纳米管（Flotube7000）整套工艺流程及装备，所制备的阵列碳纳米管长度大于 20μm，管径在 5 ～ 11nm 之间（图 3-42），取得了定向碳纳米管工业化批量制备的重大突破。

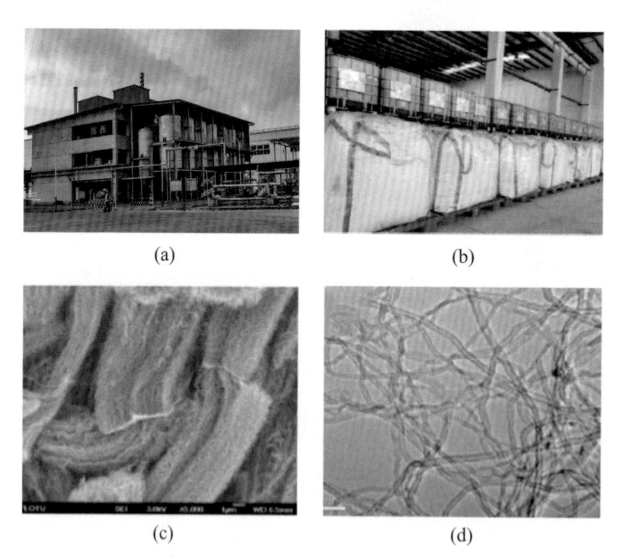

图3-42　碳纳米管阵列流化床批量制备，生产线与阵列碳纳米管产品[80]

（a）生产设备照片；（b）产品照片；（c）产品扫描电镜照片；（d）产品透射电镜照片

3．碳纳米管 / 石墨烯杂合物的工业生产和应用情况

石墨烯杂合物，是碳纳米管 - 石墨烯杂合物的简称，笔者课题组提出了在反应器中原位生长石墨烯和单壁碳纳米管的制备技术［图 3-43（a）］，与单壁碳纳米管的一维结构和石墨烯的二维结构不同，碳纳米管的存在使二维的石墨烯具有了三维的结构，有效地防止了石墨烯和单壁碳纳米管之间的聚并，而且同时具有

石墨烯的大比表面积和单壁碳纳米管优异的导电性能。

利用碳纳米管和石墨烯生长温度不容的特性，利用变温流化床技术，通过对石墨烯杂合物制备过程中的高效催化剂制备及设备调控［图 3-43（b）］、新型高温流化床 CVD 生长条件优化［图 3-43（c）］、产品精制［图 3-43（d）］与催化剂回收耦合等过程进行研究，开发了一条现代化的、绿色清洁的、有完全自主知识产权的石墨烯 - 碳纳米管杂合物生产线。碳纳米管 / 石墨烯杂合物产品年生产能力达 5t，单壁碳纳米管年生产能力达到 8t。催化剂在整个产品中占据超过 1/3

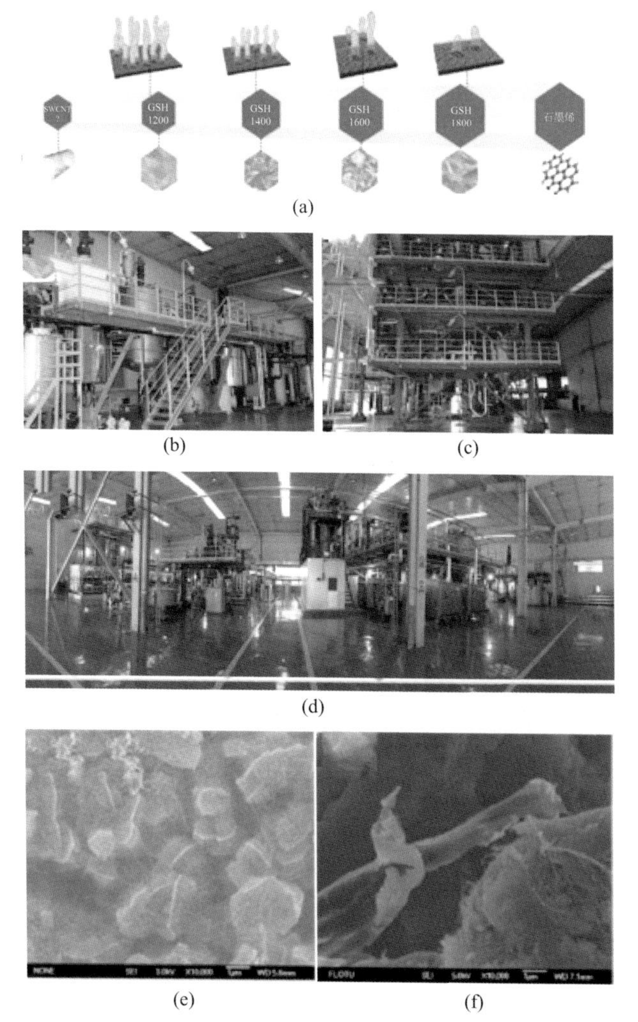

图3-43　碳纳米管/石墨烯杂合物系列产品与生产设备[80]

（a）碳纳米管 / 石墨烯杂合物生长原理；（b）催化剂制备区框架及设备；（c）杂合物制备区框架及设备；（d）产品精制框架及设备；（e）（f）碳纳米管 / 石墨烯杂合物的电子显微镜形貌图

的成本，因此催化剂回收可大大降低单壁碳纳米管 / 石墨烯杂合物的生产成本，该生产线催化剂回收率大于 95%。

石墨烯杂合物产品平均比表面积 > 1200m²/g，纯度 > 97.5%，催化剂回收率 > 90%，生产线可生产 5 种规格的杂合物产品（图 3-44），其规格和产品性质如表 3-1 所示，成功将石墨烯杂合物的制备从实验室规模放大至工业规模 [149]，

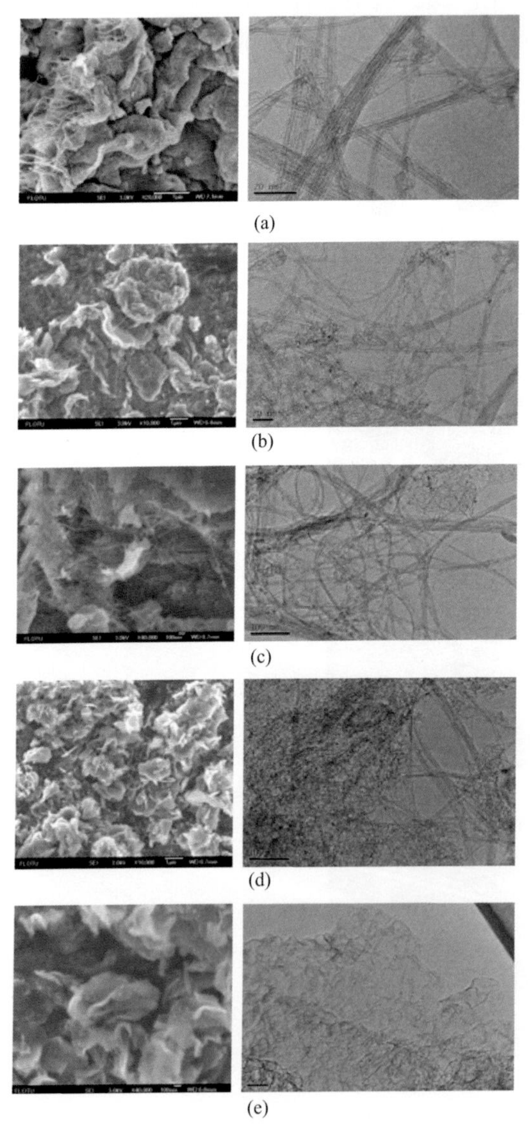

图3-44　大量制备的5种规格的碳纳米管/石墨烯杂合物产品形貌图

（a）GNH1000；（b）GNH1200；（c）GNH1400；（d）GNH1600；（e）GNH1800

有利地推动了纳米材料在电子、信息、储能器件、复合碳材料、电子屏蔽、VOC气体减排等领域的研究和应用，对推动纳米材料、电子、储能、环保等高端行业的发展具有重要的意义。

表3-1　5种单壁碳纳米管-石墨烯杂合物规格参数

规格	比表面积/（m^2/g）	纯度/%
GNH1000	800～1100	＞97.5
GNH1200	1200±100	＞97.5
GNH1400	1400±100	＞97.5
GNH1600	1600±100	＞97.5
GNH1800	1800±100	＞97.5

参考文献

[1] Wei F, Zhang Q, Qian W-Z, et al. The mass production of carbon nanotubes using a nano-agglomerate fluidized bed reactor: A multiscale space–time analysis [J]. Powder Technology, 2008, 183(1): 10-20.

[2] Jin Z, Chu H, Wang J, et al. Ultralow feeding gas flow guiding growth of large-scale horizontally aligned single-walled carbon nanotube arrays [J]. Nano Letters, 2007, 7(7): 2073-2079；Ma Y, Wang B, Wu Y, et al. The production of horizontally aligned single-walled carbon nanotubes [J]. Carbon, 2011, 49(13): 4098-4110.

[3] Zhang R, Wen Q, Qian W, et al. Superstrong ultralong carbon nanotubes for mechanical energy storage [J]. Advanced Materials, 2011, 23(30): 3387-3391；Wen Q, Qian W, Nie J, et al. 100mm long, semiconducting triple-walled carbon nanotubes [J]. Advanced Materials, 2010, 22(16): 1867-1871.

[4] Yao Y, Li Q, Zhang J, et al. Temperature-mediated growth of single-walled carbon-nanotube intramolecular junctions [J]. Nature materials, 2007, 6(4): 283-286.

[5] Wang X, Li Q, Xie J, et al. Fabrication of ultralong and electrically uniform single-walled carbon nanotubes on clean substrates [J]. Nano Letters, 2009, 9(9): 3137-3141.

[6] Fan S S, Chapline M G, Franklin N R, et al. Self-oriented regular arrays of carbon nanotubes and their field emission properties [J]. Science, 1999, 283(5401): 512-514.

[7] 魏飞，张强，骞伟中，等. 碳纳米管阵列研究进展 [J]. 新型炭材料，2007, 22 (3): 271-282.

[8] Toth G, Mäklin J, Halonen N, et al. Carbon-nanotube-based electrical brush contacts [J]. Advanced Materials, 2009, 21(20): 2054-2058.

[9] Cao A Y, Dickrell P L, Sawyer W G, et al. Super-compressible foamlike carbon nanotube films [J]. Science, 2005, 310(5752): 1307-1310.

[10] Cao A, Veedu V P, Li X, et al. Multifunctional brushes made from carbon nanotubes [J]. Nature materials, 2005, 4(7): 540-545.

[11] De Heer W A, Bonard J M, Fauth K, et al. Electron field emitters based on carbon nanotube films [J]. Advanced Materials, 1997, 9(1): 87-89；Zhbanov A, Sinitsyn N, Torgashov G. Nanoelectronic devices based on carbon nanotubes [J].

Radiophysics and quantum electronics, 2004, 47(5): 435-452.

[12] Evanoff K, Khan J, Balandin A A, et al. Towards ultrathick battery electrodes: aligned carbon nanotube-enabled architecture [J]. Advanced Materials, 2012, 24(4): 533-537; Che G, Lakshmi B B, Fisher E R, et al. Carbon nanotubule membranes for electrochemical energy storage and production [J]. Nature, 1998, 393(6683): 346-349.

[13] Futaba D N, Hata K, Yamada T, et al. Shape-engineerable and highly densely packed single-walled carbon nanotubes and their application as super-capacitor electrodes [J]. Nature materials, 2006, 5(12): 987-994; Zhang H, Cao G, Wang Z, et al. Growth of manganese oxide nanoflowers on vertically-aligned carbon nanotube arrays for high-rate electrochemical capacitive energy storage [J]. Nano Letters, 2008, 8(9): 2664-2668.

[14] Baughman R H, Zakhidov A A, De Heer W A. Carbon nanotubes - the route toward applications [J]. Science, 2002, 297(5582): 787-792.

[15] Kordas K, Toth G, Moilanen P, et al. Chip cooling with integrated carbon nanotube microfin architectures [J]. Applied Physics Letters, 2007, 90(12): 123105.

[16] Zhu L, Sun Y, Hess D W, et al. Well-aligned open-ended carbon nanotube architectures: an approach for device assembly [J]. Nano Letters, 2006, 6(2): 243-247.

[17] Hinds B J, Chopra N, Rantell T, et al. Aligned multiwalled carbon nanotube membranes [J]. Science, 2004, 303(5654): 62-65; Li X, Zhu G, Dordick J S, et al. Compression-modulated tunable-pore carbon-nanotube membrane filters [J]. Small, 2007, 3(4): 595-599; Yu M, Funke H H, Falconer J L, et al. High density, vertically-aligned carbon nanotube membranes [J]. Nano Letters, 2009, 9(1): 225-229.

[18] Ci L, Manikoth S M, Li X, et al. Ultrathick freestanding aligned carbon nanotube films [J]. Advanced Materials, 2007, 19(20): 3300-3303.

[19] Zhang X F, Li Q W, Holesinger T G, et al. Ultrastrong, stiff, and lightweight carbon-nanotube fibers [J]. Advanced Materials, 2007, 19(23): 4198-4201; Zhang X, Jiang K, Feng C, et al. Spinning and processing continuous yarns from 4-inch wafer scale super-aligned carbon nanotube arrays [J]. Advanced Materials, 2006, 18(12): 1505-1510.

[20] Jiang K L, Li Q Q, Fan S S. Nanotechnology: Spinning continuous carbon nanotube yarns [J]. Nature, 2002, 419(6909): 801.

[21] Zhang M, Fang S, Zakhidov A A, et al. Strong, transparent, multifunctional, carbon nanotube sheets [J]. Science, 2005, 309(5738): 1215-1219.

[22] Liu L Q, Ma W J, Zhang Z. Macroscopic carbon nanotube assemblies: Preparation, properties, and potential applications [J]. Small, 2011, 7(11): 1504-1520; Jiang K L, Wang J P, Li Q Q, et al. Superaligned carbon nanotube arrays, films, and yarns: A road to applications [J]. Advanced Materials, 2011, 23(9): 1154-1161.

[23] Zhang X, Li Q, Tu Y, et al. Strong carbon-nanotube fibers spun from long carbon-nanotube arrays [J]. Small, 2007, 3(2): 244-248.

[24] Foroughi J, Spinks G M, Wallace G G, et al. Torsional carbon nanotube artificial muscles [J]. Science, 2011, 334(6055): 494-497.

[25] Zhang L, Feng C, Chen Z, et al. Superaligned carbon nanotube grid for high resolution transmission electron microscopy of nanomaterials [J]. Nano Letters, 2008, 8(8): 2564-2569.

[26] Xiao L, Chen Z, Feng C, et al. Flexible, stretchable, transparent carbon nanotube thin film loudspeakers [J]. Nano Letters, 2008, 8(12): 4539-4545.

[27] Coleman J, Khan U, Blau W, et al. Small but strong: A review of the mechanical properties of carbon nanotube–polymer composites [J]. Carbon, 2006, 44(9): 1624-1652.

[28] De Heer W A, Bacsa W S, Chatelain A, et al. Aligned carbon nanotube films - production and pptical and electronic properties [J]. Science, 1995, 268(5212): 845-847.

[29] Ajayan P M, Stephan O, Colliex C, et al. Aligned carbon nanotube arrays formed by cutting a polymer resin-nanotube composite [J]. Science, 1994, 265(5176): 1212-1214.

[30] Diao P, Liu Z F. Vertically aligned single-walled carbon nanotubes by chemical assembly--methodology, properties, and applications [J]. Advanced Materials, 2010, 22(13): 1430-1449.

[31] Li W Z, Xie S S, Qian L X, et al. Large-scale synthesis of aligned carbon nanotubes [J]. Science, 1996, 274(5293): 1701-1703.

[32] Awasthi K, Srivastava A, Srivastava O N. Synthesis of carbon nanotubes [J]. J Nanosci Nanotechnol, 2005, 5(10): 1616-1636.

[33] Seah C-M, Chai S-P, Mohamed A R. Synthesis of aligned carbon nanotubes [J]. Carbon, 2011, 49(14): 4613-4635; Huczko A. Synthesis of aligned carbon nanotubes [J]. Applied Physics a-Materials Science & Processing, 2002, 74(5): 617-638.

[34] Pan Z W, Xie S S, Chang B H, et al. Very long carbon nanotubes [J]. Nature, 1998, 394(6694): 631-632.

[35] Hou P X, Liu C, Shi C, et al. Carbon nanotubes prepared by anodic aluminum oxide template method [J]. Chinese Science Bulletin, 2011, 57(2-3): 187-204.

[36] Tang Z K, Zhang L, Wang N, et al. Superconductivity in 4 angstrom single-walled carbon nanotubes [J]. Science, 2001, 292(5526): 2462-2465.

[37] Meng G W, Jung Y J, Cao A Y, et al. Controlled fabrication of hierarchically branched nanopores, nanotubes, and nanowires [J]. Proceedings of the National Academy of Sciences, 2005, 102(20): 7074-7078.

[38] Bae E J, Choi W B, Jeong K S, et al. Selective growth of carbon nanotubes on pre-patterned porous anodic aluminum oxide [J]. Advanced Materials, 2002, 14(4): 277-279.

[39] Terrones M, Grobert N, Olivares J, et al. Controlled production of aligned-nanotube bundles [J]. Nature, 1997, 388(6637): 52-55.

[40] Ren Z F, Huang Z P, Xu J W, et al. Synthesis of large arrays of well-aligned carbon nanotubes on glass [J]. Science, 1998, 282(5391): 1105-1107.

[41] Melechko A V, Merkulov V I, Mcknight T E, et al. Vertically aligned carbon nanofibers and related structures: Controlled synthesis and directed assembly [J]. Journal of Applied Physics, 2005, 97(4): 041301.

[42] Li H J, Li J J, Gu C Z. Local field emission from individual vertical carbon nanofibers grown on tungsten filament [J]. Carbon, 2005, 43(4): 849-853.

[43] Jung Y S, Jeon D Y. Surface structure and field emission property of carbon nanotubes grown by radio-frequency plasma-enhanced chemical vapor deposition [J]. Applied Surface Science, 2002, 193(1-4): 129-137.

[44] Choi Y C, Shin Y M, Lim S C, et al. Effect of surface morphology of Ni thin film on the growth of aligned carbon nanotubes by microwave plasma-enhanced chemical vapor deposition [J]. Journal of Applied Physics, 2000, 88(8): 4898-4903.

[45] Chen P L, Chang J K, Kuo C T, et al. Anodic aluminum oxide template assisted growth of vertically aligned carbon nanotube arrays by ECR-CVD [J]. Diamond and Related Materials, 2004, 12(10-11): 1949-1953.

[46] Hata K, Futaba D N, Mizuno K, et al. Water-assisted highly efficient synthesis of impurity-free single-walled carbon nanotubes [J]. Science, 2004, 306(5700): 1362-1364.

[47] Murakami Y, Chiashi S, Miyauchi Y, et al. Growth of vertically aligned single-walled carbon nanotube films on quartz substrates and their optical anisotropy [J]. Chemical Physics Letters, 2004, 385(3-4): 298-303.

[48] Hiraoka T, Yamada T, Hata K, et al. Synthesis of single- and double-walled carbon nanotube forests on conducting metal foils [J]. Journal of the American Chemical Society, 2006, 128(41): 13338-13339.

[49] Zhang Q, Zhao M, Liu Y, et al. Energy-absorbing hybrid composites based on alternate carbon-nanotube and inorganic layers [J]. Advanced Materials, 2009, 21(28): 2876-2880.

[50] Zhang Q, Zhao M-Q, Huang J-Q, et al. Vertically aligned carbon nanotube arrays grown on a lamellar catalyst by fluidized bed catalytic chemical vapor deposition [J]. Carbon, 2009, 47(11): 2600-2610; Zhang Q, Zhao M-Q, Huang J-Q, et al. Mass production of aligned carbon nanotube arrays by fluidized bed catalytic chemical vapor deposition [J]. Carbon, 2010, 48(4): 1196-1209.

[51] Sen R, Govindaraj A, Rao C N R. Carbon nanotubes by the metallocene route [J]. Chemical Physics Letters, 1997, 267(3-4): 276-280; Sen R, Govindaraj A, Rao C N R. Metal-billed and hollow carbon nanotubes obtained by the decomposition of metal-containing free precursor molecules [J]. Chemistry of Materials, 1997, 9(10): 2078-2081.

[52] Andrews R, Jacques D, Rao A M, et al. Continuous production of aligned carbon nanotubes: A step closer to commercial realization [J]. Chemical Physics Letters, 1999, 303(5-6): 467-474.

[53] Darabont A, Nemes-Incze P, Kertész K, et al. Synthesis of carbon nanotubes by spray pyrolysis and their investigation by electron microscopy [J]. Journal of Optoelectronics and Advanced Materials, 2005, 7(2): 631-636.

[54] Zhang Q, Huang J, Zhao M, et al. Radial growth of vertically aligned carbon nanotube arrays from ethylene on ceramic spheres [J]. Carbon, 2008, 46(8): 1152-1158.

[55] Mckee G S B, Flowers J S, Vecchio K S. Length and the oxidation kinetics of chemical-vapor-deposition-generated multiwalled carbon nanotubes [J]. Journal of Physical Chemistry C, 2008, 112(27): 10108-10113; Singh C, Shaffer M S P, Windle A H. Production of controlled architectures of aligned carbon nanotubes by an injection chemical vapour deposition method [J]. Carbon, 2003, 41(2): 359-368; Zhang X F, Cao A Y, Wei B Q, et al. Rapid growth of well-aligned carbon nanotube arrays [J]. Chemical Physics Letters, 2002, 362(3-4): 285-290.

[56] Afre R A, Soga T, Jimbo T, et al. Growth of vertically aligned carbon nanotubes on silicon and quartz substrate by spray pyrolysis of a natural precursor: Turpentine oil [J]. Chemical Physics Letters, 2005, 414(1-3): 6-10.

[57] Kumar M, Ando Y. A simple method of producing aligned carbon nanotubes from an unconventional precursor - camphor [J]. Chemical Physics Letters, 2003, 374(5-6): 521-526.

[58] Su L F, Wang J N, Yu F, et al. Continuous production of single-wall carbon nanotubes by spray pyrolysis of alcohol with dissolved ferrocene [J]. Chemical Physics Letters, 2006, 420(4-6): 421-425.

[59] Marangoni R, Serp P, Feurer R, et al. Carbon nanotubes produced by substrate free metalorganic chemical vapor deposition of iron catalysts and ethylene [J]. Carbon, 2001, 39(3): 443-450.

[60] Rao C, Govindaraj A. Carbon nanotubes from organometallic precursors [J]. Accounts of Chemical Research, 2002, 35(12): 998-1007; Mi W L, Lin Y S, Li Y D. Vertically aligned carbon nanotube membranes on macroporous alumina supports [J]. Journal of Membrane Science, 2007, 304(1-2): 1-7.

[61] Yang Y Y, Huang S M, He H Z, et al. Patterned growth of well-aligned carbon nanotubes: A photolithographic approach [J]. Journal of the American Chemical Society, 1999, 121(46): 10832-10833; Huang S M, Dai L M, Mau A W H. Patterned growth and contact transfer of well-aligned carbon nanotube films [J]. Journal of Physical Chemistry B, 1999, 103(21): 4223-4227.

[62] Liu Q, Ren W, Wang D W, et al. In situ assembly of multi-sheeted buckybooks from single-walled carbon nanotubes [J]. ACS Nano, 2009, 3(3): 707-713.

[63] Zhu H W, Xu C L, Wu D H, et al. Direct synthesis of long single-walled carbon nanotube strands [J]. Science, 2002, 296(5569): 884-886; Wei J Q, Zhu H W, Jia Y, et al. The effect of sulfur on the number of layers in a carbon nanotube [J]. Carbon, 2007, 45(11): 2152-2158; Cheng H M, Li F, Sun X, et al. Bulk morphology and diameter distribution of single-walled carbon nanotubes synthesized by catalytic decomposition of hydrocarbons [J]. Chemical

Physics Letters, 1998, 289(5-6): 602-610.

[64] Gui X, Wei J, Wang K, et al. Carbon nanotube sponges [J]. Advanced Materials, 2010, 22(5): 617-621.

[65] Zhang Q, Huang J, Wei F, et al. Large scale production of carbon nanotube arrays on the sphere surface from liquefied petroleum gas at low cost [J]. Chinese Science Bulletin, 2007, 52(21): 2896-2902; Xiang R, Luo G H, Qian W Z, et al. Large area growth of aligned CNT arrays on spheres: Towards large scale and continuous production [J]. Chemical Vapor Deposition, 2007, 13(10): 533-536.

[66] Zhang Q, Wang D G, Huang J Q, et al. Dry spinning yarns from vertically aligned carbon nanotube arrays produced by an improved floating catalyst chemical vapor deposition method [J]. Carbon, 2010, 48(10): 2855-2861; Zhang Q, Huang J Q, Zhao M Q, et al. Modulating the diameter of carbon nanotubes in array form via floating catalyst chemical vapor deposition [J]. Applied Physics a-Materials Science & Processing, 2009, 94(4): 853-860.

[67] Wei B Q, Vajtai R, Jung Y, et al. Organized assembly of carbon nanotubes - cunning refinements help to customize the architecture of nanotube structures [J]. Nature, 2002, 416(6880): 495-496.

[68] Zhang Q, Zhou W P, Qian W Z, et al. Synchronous growth of vertically aligned carbon nanotubes with pristine stress in the heterogeneous catalysis process [J]. Journal of Physical Chemistry C, 2007, 111(40): 14638-14643.

[69] Zhou W P, Wu Y L, Wei F, et al. Elastic deformation of multiwalled carbon nanotubes in electrospun MWCNTs-PEO and MWCNTs-PVA nanofibers [J]. Polymer, 2005, 46(26): 12689-12695.

[70] Wang H, Xu Z, Eres G. Order in vertically aligned carbon nanotube arrays [J]. Applied Physics Letters, 2006, 88(21): 213111; Wang B N, Bennett R D, Verploegen E, et al. Quantitative characterization of the morphology of multiwall carbon nanotube films by small-angle X-ray scattering [J]. Journal of Physical Chemistry C, 2007, 111(16): 5859-5865.

[71] Thomsen C, Reich S, Jantoljak H, et al. Raman spectroscopy on single- and multi-walled nanotubes under high pressure [J]. Applied Physics a-Materials Science & Processing, 1999, 69(3): 309-312; Hadjiev V G, Iliev M N, Arepalli S, et al. Raman scattering test of single-wall carbon nanotube composites [J]. Applied Physics Letters, 2001, 78(21): 3193-3195; Wood J R, Zhao Q, Wagner H D. Orientation of carbon nanotubes in polymers and its detection by Raman spectroscopy [J]. Composites Part A, 2001, 34(3-4): 391-399.

[72] Merlen A, Bendiab N, Toulemonde P, et al. Resonant Raman spectroscopy of single-wall carbon nanotubes under pressure [J]. Physical Review B, 2005, 72(3): 035409.

[73] Mccarter C M, Richards R F, Mesarovic S D, et al. Mechanical compliance of photolithographically defined vertically aligned carbon nanotube turf [J]. Journal of Materials Science, 2006, 41(23): 7872-7878; Mesarovic S D, Mccarter C M, Bahr D F, et al. Mechanical behavior of a carbon nanotube turf [J]. Scripta Materialia, 2007, 56(2): 157-160.

[74] Vroege G J, Lekkerkerker H N W. Phase-transitions in lyotropic colloidal and polymer liquid-crystals [J]. Rep Prog Phys, 1992, 55(8): 1241-1309.

[75] Hao Y, Zhang Q F, Wei F, et al. Agglomerated CNTs synthesized in a fluidized bed reactor: Agglomerate structure and formation mechanism [J]. Carbon, 2003, 41(14): 2855-2863.

[76] Zhang X F, Cao A Y, Li Y H, et al. Self-organized arrays of carbon nanotube ropes [J]. Chemical Physics Letters, 2002, 351(3-4): 183-188; Huang J Q, Zhang Q, Xu G H, et al. Substrate morphology induced self-organization into carbon nanotube arrays, ropes, and agglomerates [J]. Nanotechnology, 2008, 19(43): 435602.

[77] Hart A J, Slocum A H. Force output, control of film structure, and microscale shape transfer by carbon nanotube growth under mechanical pressure [J]. Nano Letters, 2006, 6(6): 1254-1260.

[78] 黄佳琦. 碳纳米管阵列的制备、组装及其在电化学储能中的应用 [D]. 北京：清华大学，2012.

[79] Zhou K, Huang J Q, Zhang Q, et al. Multi-directional growth of aligned carbon nanotubes over catalyst film prepared by atomic layer deposition [J]. Nanoscale Research Letters, 2010, 5(10): 1555-1560；Zhang Q, Qian W, Xiang R, et al. In situ growth of carbon nanotubes on inorganic fibers with different surface properties [J]. Materials Chemistry and Physics, 2008, 107(2-3): 317-321.

[80] 张强．宏量可控制备碳纳米管阵列 [D]．北京：清华大学，2009.

[81] Knez M, Nielsch K, Niinistö L. Synthesis and surface engineering of complex nanostructures by atomic layer deposition [J]. Advanced Materials, 2007, 19(21): 3425-3438；Leskela M, Ritala M. Atomic layer deposition chemistry: recent developments and future challenges [J]. Angewandte Chemie International Edition, 2003, 42(45): 5548-5554.

[82] Baker R T K. Catalytic growth of carbon filaments [J]. Carbon, 1989, 27(3): 315-323.

[83] Zhao B, Futaba D N, Yasuda S, et al. Exploring advantages of diverse carbon nanotube forests with tailored structures synthesized by supergrowth from engineered catalysts [J]. ACS Nano, 2009, 3(1): 108-114.

[84] Iwasaki T, Maki T, Yokoyama D, et al. Highly selective growth of vertically aligned double-walled carbon nanotubes by a controlled heating method and their electric double-layer capacitor properties [J]. Physica Status Solidi-Rapid Research Letters, 2008, 2(2): 53-55.

[85] Zhang Z J, Wei B Q, Ramanath G, et al. Substrate-site selective growth of aligned carbon nanotubes [J]. Applied Physics Letters, 2000, 77(23): 3764-3766；Cao A Y, Ajayan P M, Ramanath G, et al. Silicon oxide thickness-dependent growth of carbon nanotubes [J]. Applied Physics Letters, 2004, 84(1): 109-111.

[86] De Los Arcos T, Wu Z M, Oelhafen P. Is aluminum a suitable buffer layer for carbon nanotube growth? [J]. Chemical Physics Letters, 2003, 380(3-4): 419-423.

[87] De Los Arcos T, Gunnargarnier M, Oelhafen P, et al. Strong influence of buffer layer type on carbon nanotube characteristics [J]. Carbon, 2004, 42(1): 187-190.

[88] De Los Arcos T, Vonau F, Garnier M G, et al. Influence of iron–silicon interaction on the growth of carbon nanotubes produced by chemical vapor deposition [J]. Applied Physics Letters, 2002, 80(13): 2383.

[89] Zhao M-Q, Zhang Q, Zhang W, et al. Embedded high density metal nanoparticles with extraordinary thermal stability derived from guest- host mediated layered double hydroxides [J]. Journal of the American Chemical Society, 2010, 132(42): 14739-14741.

[90] Yoshida H, Shimizu T, Uchiyama T, et al. Atomic-scale analysis on the role of molybdenum in iron-catalyzed carbon nanotube growth [J]. Nano Letters, 2009, 9(11): 3810-3815.

[91] Hsu W, Chu S, Munoz-Picone E, et al. Metallic behaviour of boron-containing carbon nanotubes [J]. Chemical Physics Letters, 2000, 323(5): 572-579.

[92] Redlich P, Loeffler J, Ajayan P, et al. B-C-N nanotubes and boron doping of carbon nanotubes [J]. Chemical Physics Letters, 1996, 260(3): 465-470.

[93] Sharma R, Late D, Joag D, et al. Field emission properties of boron and nitrogen doped carbon nanotubes [J]. Chemical Physics Letters, 2006, 428(1): 102-108.

[94] Tanaka U, Sogabe T, Sakagoshi H, et al. Anode property of boron-doped graphite materials for rechargeable lithium-ion batteries [J]. Carbon, 2001, 39(6): 931-936.

[95] Liu X, Romero H, Gutierrez H, et al. Transparent boron-doped carbon nanotube films [J]. Nano Letters, 2008, 8(9): 2613-2619.

[96] Satishkumar B C, Govindaraj A, Harikumar K R, et al. Boron-carbon nanotubes from the pyrolysis of C_2H_2-B_2H_6 mixtures [J]. Chemical Physics Letters, 1999, 300(3): 473-477.

[97] Vieira S, Stéphan O, Carroll D L. Effect of growth conditions on B-doped carbon nanotubes [J]. Journal of

Materials Research, 2006, 21(12): 3058-3064.

[98] Chen Z, Higgins D, Chen Z W. Nitrogen doped carbon nanotubes and their impact on the oxygen reduction reaction in fuel cells [J]. Carbon, 2010, 48(11): 3057-3065.

[99] Amadou J, Chizari K, Houlle M, et al. N-doped carbon nanotubes for liquid-phase C=C bond hydrogenation [J]. Catalysis Today, 2008, 138(1-2): 62-68.

[100] Chen J L, Zhu Z H, Wang S B, et al. Effects of nitrogen doping on the structure of carbon nanotubes (CNTs)and activity of Ru/CNTs in ammonia decomposition [J]. Chemical Engineering Journal, 2010, 156(2): 404-410.

[101] Ghosh K, Kumar M, Maruyama T, et al. Tailoring the field emission property of nitrogen-doped carbon nanotubes by controlling the graphitic/pyridinic substitution [J]. Carbon, 2010, 48(1): 191-200.

[102] Gong K, Du F, Xia Z, et al. Nitrogen-doped carbon nanotube arrays with high electrocatalytic activity for oxygen reduction [J]. Science, 2009, 323(5915): 760-764.

[103] Sen R, Satishkumar B, Govindaraj A, et al. Nitrogen-containing carbon nanotubes [J]. Journal of Materials Chemistry, 1997, 7(12): 2335-2337.

[104] Sen R, Satishkumar B, Govindaraj A, et al. B-C-N, C-N and B-N nanotubes produced by the pyrolysis of precursor molecules over Co catalysts [J]. Chemical Physics Letters, 1998, 287(5): 671-676.

[105] Nath M, Satishkumar B C, Govindaraj A, et al. Production of bundles of aligned carbon and carbon-nitrogen nanotubes by the pyrolysis of precursors on silica-supported iron and cobalt catalysts [J]. Chemical Physics Letters, 2000, 322(5): 333-340.

[106] Zhang G, Mann D, Zhang L, et al. Ultra-high-yield growth of vertical single-walled carbon nanotubes: Hidden roles of hydrogen and oxygen [J]. Proceedings of the National Academy of Sciences, 2005, 102(45): 16141-16145.

[107] Pint C L, Pheasant S T, Parra-Vasquez A N G, et al. Investigation of optimal parameters for oxide-assisted growth of vertically aligned single-walled carbon nanotubes [J]. Journal of Physical Chemistry C, 2009, 113(10): 4125-4133.

[108] Yamada T, Maigne A, Yudasaka M, et al. Revealing the secret of water-assisted carbon nanotube synthesis by microscopic observation of the interaction of water on the catalysts [J]. Nano Letters, 2008, 8(12): 4288-4292.

[109] Amama P B, Pint C L, Mcjilton L, et al. Role of water in super growth of single-walled carbon nanotube carpets [J]. Nano Letters, 2009, 9(1): 44-49.

[110] Futaba D N, Goto J, Yasuda S, et al. General rules governing the highly efficient growth of carbon nanotubes [J]. Advanced Materials, 2009, 21(47): 4811-4815.

[111] Li X, Zhang X, Ci L, et al. Air-assisted growth of ultra-long carbon nanotube bundles [J]. Nanotechnology, 2008, 19(45): 455609.

[112] Zhou W Y, Bai X D, Wang E G, et al. Synthesis, structure, and properties of single-walled carbon nanotubes [J]. Advanced Materials, 2009, 21(45): 4565-4583.

[113] 赵梦强．基于水滑石类化合物的碳纳米管多级组装结构 [D]．北京：清华大学，2013.

[114] Rinaldi A, Tessonnier J P, Schuster M E, et al. Dissolved carbon controls the initial stages of nanocarbon growth [J]. Angewandte Chemie-International Edition, 2011, 50(14): 3313-3317.

[115] Dimitrakakis G K, Tylianakis E, Froudakis G E. Pillared graphene: A new 3-D network nanostructure for enhanced hydrogen storage [J]. Nano Letters, 2008, 8(10): 3166-3170；Xu L, Wei N, Zheng Y, et al. Graphene-nanotube 3D networks: Intriguing thermal and mechanical properties [J]. Journal of Materials Chemistry, 2011, 22(4): 1435-1444.

[116] Su D S. Inorganic materials with double-helix structures [J]. Angewandte Chemie-International Edition, 2011, 50(21): 4747-4750.

[117] Hanus M J, Harris A I. Synthesis, characterisation and applications of coiled carbon nanotubes [J]. J Nanosci Nanotechnol, 2010, 10(4): 2261-2283; Huang J, Zhang Q, Wei F. Coiled carbon nanotubes [J]. Progress in Chemistry, 2009, 21(4): 637-643.

[118] Zhang Q, Zhao M Q, Tang D M, et al. Carbon-nanotube-array double helices [J]. Angew Chem Int Ed, 2010, 49(21): 3642-3645.

[119] Zhao M Q, Huang J Q, Zhang Q A, et al. Stretchable single-walled carbon nanotube double helices derived from molybdenum-containing layered double hydroxides [J]. Carbon, 2011, 49(6): 2148-2152; Zhao M Q, Zhang Q, Zhang W, et al. Embedded high density metal nanoparticles with extraordinary thermal stability derived from guest-host mediated layered double hydroxides [J]. J Am Chem Soc, 2010, 132(42): 14739-14741.

[120] Zhao M Q, Zhang Q, Tian G L, et al. Space confinement and rotation stress induced self-organization of double-helix nanostructure: A nanotube twist with a moving catalyst head [J]. ACS Nano, 2012, 6(5): 4520-4529.

[121] Xu M, Futaba D N, Yumura M, et al. Alignment control of carbon nanotube forest from random to nearly perfectly aligned by utilizing the crowding effect [J]. ACS Nano, 2012, 6(7): 5837-5844.

[122] Alvarez N T, Li F, Pint C L, et al. Uniform large diameter carbon nanotubes in vertical arrays from premade near-monodisperse nanoparticles [J]. Chemistry of Materials, 2011, 23(15): 3466-3475.

[123] Wang Y, Wei F, Gu G S, et al. Agglomerated carbon nanotubes and its mass production in a fluidized-bed reactor [J]. Physica B: Condensed Matter, 2002, 323(1-4): 327-329; Wei F, Huang C, Wang Y. Fluidization of carbon nanotubes [J]. China Particuology, 2005, 3(1-2): 40-41.

[124] Wang Y, Wei F, Luo G H, et al. The large-scale production of carbon nanotubes in a nano-agglomerate fluidized-bed reactor [J]. Chemical Physics Letters, 2002, 364(5-6): 568-572.

[125] Meng H, Xia T, George S, et al. A predictive toxicological paradigm for the safety assessment of nanomaterials [J]. ACS Nano, 2009, 3(7): 1620-1627; Donaldson K, Aitken R, Tran L, et al. Carbon nanotubes: A review of their properties in relation to pulmonary toxicology and workplace safety [J]. Toxicological Sciences, 2006, 92(1): 5-22.

[126] Zhang Q, Huang J Q, Zhao M Q, et al. Carbon nanotube mass production: Principles and processes [J]. ChemSusChem, 2011, 4(7): 864-889.

[127] Zhao M Q, Zhang Q, Huang J Q, et al. Large scale intercalated growth of short aligned carbon nanotubes among vermiculite layers in a fluidized bed reactor [J]. Journal of Physics and Chemistry of Solids, 2010, 71(4): 624-626.

[128] Qian W Z, Wei F, Wang Z W, et al. Production of carbon nanotubes in a packed bed and a fluidized bed [J]. AIChE Journal, 2003, 49(3): 619-625.

[129] Zhang Q, Zhao M Q, Huang J Q, et al. Comparison of vertically aligned carbon nanotube array intercalated production among vermiculites in fixed and fluidized bed reactors [J]. Powder Technology, 2010, 198(2): 285-291.

[130] Zhao M Q, Zhang Q, Huang J Q, et al. Layered double hydroxides as catalysts for the efficient growth of high quality single-walled carbon nanotubes in a fluidized bed reactor [J]. Carbon, 2010, 48(11): 3260-3270.

[131] Noda S, Sugime H, Osawa T, et al. A simple combinatorial method to discover Co–Mo binary catalysts that grow vertically aligned single-walled carbon nanotubes [J]. Carbon, 2006, 44(8): 1414-1419.

[132] Yamada T, Namai T, Hata K, et al. Size-selective growth of double-walled carbon nanotube forests from engineered iron catalysts [J]. Nature nanotechnology, 2006, 1(2): 131-136.

[133] Yasuda S, Futaba D N, Yamada T, et al. Improved and large area single-walled carbon nanotube forest growth by controlling the gas flow direction [J]. ACS Nano, 2009, 3(12): 4164-4170.

[134] Pint C L, Pheasant S T, Pasquali M, et al. Synthesis of high aspect-ratio carbon nanotube “flying carpets” from nanostructured flake substrates [J]. Nano Letters, 2008, 8(7): 1879-1883.

[135] Kim D Y, Sugime H, Hasegawa K, et al. Sub-millimeter-long carbon nanotubes repeatedly grown on and separated from ceramic beads in a single fluidized bed reactor [J]. Carbon, 2011, 49(6): 1972-1979；Kim D Y, Sugime H, Hasegawa K, et al. Fluidized-bed synthesis of sub-millimeter-long single walled carbon nanotube arrays [J]. Carbon, 2012, 50(4): 1538-1545.

[136] Liu K, Jiang K, Wei Y, et al. Controlled termination of the growth of vertically aligned carbon nanotube arrays [J]. Advanced Materials, 2007, 19(7): 975-978.

[137] Murakami Y, Maruyama S. Detachment of vertically aligned single-walled carbon nanotube films from substrates and their re-attachment to arbitrary surfaces [J]. Chemical Physics Letters, 2006, 422(4-6): 575-580.

[138] Yasuda S, Hiraoka T, Futaba D N, et al. Existence and kinetics of graphitic carbonaceous impurities in carbon nanotube forests to assess the absolute purity [J]. Nano Letters, 2009, 9(2): 769-773.

[139] Geldart D. Types of gas fluidization [J]. Powder Technology, 1973, 7: 285-292.

[140] Vandommele S, Romeroizquirdo A, Brydson R, et al. Tuning nitrogen functionalities in catalytically grown nitrogen-containing carbon nanotubes [J]. Carbon, 2008, 46(1): 138-148.

[141] Zheng W Q, Zhang J, Zhu B, et al. Structure-function correlations for Ru/CNT in the catalytic decomposition of ammonia [J]. ChemSusChem, 2010, 3(2): 226-230.

[142] Liu H, Zhang Y, Li R, et al. Structural and morphological control of aligned nitrogen-doped carbon nanotubes [J]. Carbon, 2010, 48(5): 1498-1507；Hulicova-Jurcakova D, Kodama M, Shiraishi S, et al. Nitrogen-enriched nonporous carbon electrodes with extraordinary supercapacitance [J]. Advanced Functional Materials, 2009, 19(11): 1800-1809.

[143] Choi H C, Park J, Kim B. Distribution and structure of N atoms in multiwalled carbon nanotubes using variable-energy X-ray photoelectron spectroscopy [J]. Journal of Physical Chemistry B, 2005, 109(10): 4333-4340.

[144] Arrigo R, Havecker M, Schlogl R, et al. Dynamic surface rearrangement and thermal stability of nitrogen functional groups on carbon nanotubes [J]. Chemical Communications, 2008, 40: 4891-4893；Arrigo R, Havecker M, Wrabetz S, et al. Tuning the acid/case properties of nanocarbons by functionalization via amination [J]. Journal of the American Chemical Society, 2010, 132(28): 9616-9630.

[145] 黄苍．纳米粉体聚团流化特性研究 [D]．北京：清华大学，2007.

[146] 余皓．纳米聚团流化床法大批量制备碳纳米管的研究 [D]．北京：清华大学，2004.

[147] 刘毅．双壁碳纳米管批量制备研究 [D]．北京：清华大学，2008.

[148] 骞伟中，魏飞，王垚，等．多段流化床技术用于多相催化与纳米材料合成过程 [J]．化工学报，2010, 61 (9): 2186-2191.

[149] 魏飞，田桂丽，赵孟强，等．一种杂原子掺杂碳纳米管 - 石墨烯复合物及其制备方法：CA130407985A[P], 2013-11-27.

第四章

碳纳米管提纯和分散

碳纳米管的完美结构受到很多关注，人们对于碳管的关注点逐步从基础研究走向大规模应用。如碳纳米管用于锂离子电池、新型复合材料、透明导电膜以及燃料电池等领域。人们除了对碳管的形貌、结构有很高要求之外，对碳管的质量也提出更多的要求。如现代电子学应用，碳纳米管的半导体纯度要达到99.9999%的基本门槛，而电池中的应用一般对于过渡金属的要求也在mg/L级。

碳纳米管的生长通常是以金属作为催化剂，这就不可避免地在产品中带有金属杂质，这对碳管产品的性能有很大的影响。比如：碳纳米管作为锂离子电池导电添加剂，过量的金属杂质可能阻碍锂离子的可逆迁移，并形成枝晶导致电池短路；在橡胶复合材料中，碳纳米管中的金属会引起橡胶轮胎老化，使其强度变差。此外，在碳纳米管生长过程中，还伴随着少量的无定形碳和颗粒状的结晶碳的形成，也会降低碳纳米管的质量。在电子信息等应用中，人们希望获得特定手性和结构的碳纳米管，同样需要对碳纳米管进行提纯和品质提升。因此，获得高纯度、高质量碳纳米管产品成为充分发挥纳米管本征的优异性能，制约其更深度应用的瓶颈之一。本章首先关注碳纳米管纯度提升技术，然后围绕碳纳米管的水系和有机系分散进行介绍，进而为搭建好碳纳米管制备和应用的桥梁提供思路。

第一节 碳纳米管提纯

一、碳纳米管杂质形成机理

在化学气相沉积制备碳纳米管过程中需要使用铁等过渡金属作为催化剂。在其生长机理的研究中[1, 2]，人们发现烷烃等碳源裂解的碳原子由催化剂表面向内部扩散，达到饱和后再由催化剂表面析出，从而长出碳纳米管。在这一过程中，不可避免会产生一些杂质，如外层被沉积的石墨层所包覆的纳米铁颗粒（即碳包铁结构）。有效控制杂质碳包铁结构的形成，降低其在最终产品中的含量，对提升碳纳米管质量和后续提纯都十分重要。

针对铁基催化剂体系生长的单壁碳纳米管样品中碳包铁杂质难以去除的问题，魏飞教授课题组从原位表征工作状态下的催化剂入手[3, 4]，借助在线热重-质谱联用仪提供的实时数据，研究了单壁碳纳米管生长和杂质形成的机制。选取FeMgAl LDH｛化学通式为$[Mg_{1-x-y}Fe_xAl_y(OH)_2](CO_3)_{(x+y)/2}\cdot mH_2O$，其中

Fe、Mg、Al 的摩尔比为 0.2∶3∶1｝为催化剂前驱体，以其焙烧产物制备单壁碳纳米管的催化生长过程为研究对象，发现在碳纳米管生长过程中，单壁碳纳米管在 2min 内以 32kg/［kg（cat）• h］的空速高速生长，其中伴随着一个慢速的碳包铁的生长过程。单壁碳纳米管生长过程的原位热重曲线与热重微分曲线如图 4-1 所示，其生长经历了明显区分的两个阶段。第一阶段从初始到大约 120s。这一阶段的反应非常迅速，单壁碳纳米管在催化剂上的沉积量高速攀升，沉积速率也在约 27s 时达到峰值，约为 0.009g（CNT）/［g（cat）• s］。第二阶段则是从约 120s 开始到停止通入反应气体、生长过程结束为止。在这一阶段，单壁碳纳米管的沉积速率较初始时大幅降低甚至停滞。总积碳量虽然仍有小幅提高［约为 0.024g/g（cat）］，但远远小于第一阶段累积的积碳量［约为 0.45g/g（cat）］。这一现象表明，催化单壁碳纳米管生长的 FeMgAl LDO 催化剂很可能仅能在非常短的一段时间内保持其催化活性[3]。

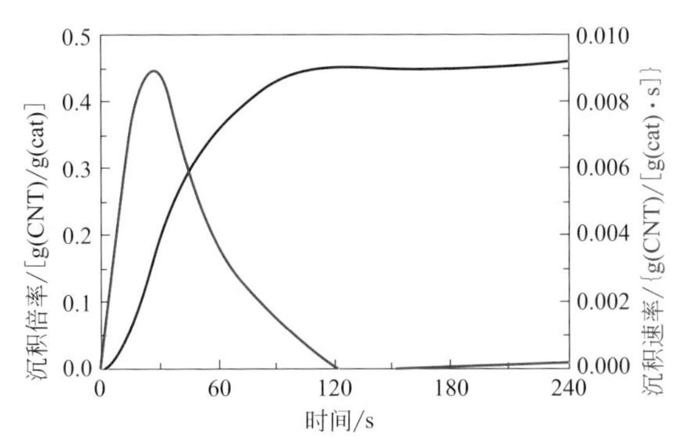

图4-1 FeMgAl LDH作为催化剂前驱体生长单壁碳纳米管过程的热重（TG）曲线与热重微分（DTG）曲线[3]

为了验证这一推测，该课题组对在此热重反应器中生长持续时间分别为 2min 和 10min 的单壁碳纳米管样品进行了制备与分析。扫描电镜照片如图 4-2（a）和（b）所示，可以观察到 FeMgAl LDO 催化剂的片层基板两侧均有明显的单壁碳纳米管的沉积。从形貌上来看，两个样品之间并未体现出显著的差异。更高分辨率的透射电镜照片如图 4-2（c）所示：在经过仅 2min 左右的 900℃高温气相沉积后，样品中除催化剂金属纳米颗粒外，已存在大量的单壁碳纳米管，且此时的纳米铁颗粒外层与 FeMgAl LDO 片层间均少有石墨层的包覆。但当生长持续时间延长到 10min（900℃）时，单壁碳纳米管的产品形貌发生了明显的变化，如图 4-2（d）所示，大部分的催化剂纳米铁颗粒外层出现了被石墨层包覆的现象，杂质碳包铁结构明显增加。据此可以推测：在单壁碳纳米管催化生长过程初始的 2min 内，积碳量的增加主要来自于单壁碳纳米管的生成，其平均积碳速率达到 0.003g（C）/［g（cat）• s］。在 2min 左右的快速反应之后，催化单壁碳纳米管生长的催化剂纳米铁颗粒迅速失活，单壁碳纳米管的生长基本停止，此后积碳量的小幅增加主要来自于纳米铁颗粒上石墨层的沉积（即杂质碳包铁结构的生成）[3]。由于碳包铁结构的外层石墨在后续的酸纯化处理中会阻碍酸与杂质内部纳米铁颗粒的直接接触，使得这一部分的非碳杂质在纯化后依然被留在单壁碳纳米管产品中，从而降低了最终产品的纯度。

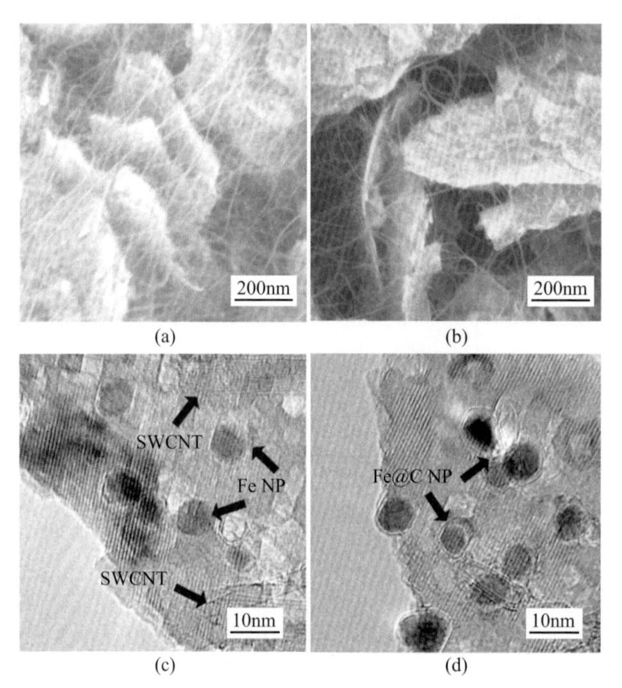

图4-2　生长持续时间为2min（a）和10min（b）的单壁碳纳米管的扫描电子显微镜（SEM）照片；生长持续时间2min的单壁碳纳米管样品的透射电子显微镜（TEM）照片（c），其中纳米铁颗粒外层基本没有石墨的包覆；生长持续时间为10min的单壁碳纳米管样品的TEM照片（d），纳米铁颗粒外层出现明显的石墨层包覆[3]

二、单壁碳纳米管的纯度提升

综合上述原位表征数据及关于反应机制等的分析与讨论，可以推测：如果能够适当地减少单壁碳纳米管催化生长的持续时间，就可以在基本不影响单壁碳纳米管产率的基础上有效减少杂质碳包铁结构的含量，从而实现对单壁碳纳米管产品纯度的提升。为了验证这一结论在实际制备过程中的可靠性，魏飞课题组将单壁碳纳米管的催化生长反应从小型的在线热重反应器移至用于实际批量化生产的流化床体系中，并分别以 2min、10min 和 30min 作为生长持续时间（其余操作条件相同，与在线热重反应器中条件类似）制备出 3 个样品，再经过收集以及后续的酸处理和碱处理过程除去催化剂 FeMgAl LDO 基板，可得纯化的单壁碳纳米管产品，分别标记为 SWCNT-2、SWCNT-10 和 SWCNT-30。

通过透射电镜表征分析其形貌，可以发现与样品 SWCNT-2［如图 4-3（a）所示］相比，样品 SWCNT-10［如图 4-3（b）所示］中纳米铁颗粒的含量有所提升。而当生长持续时间延长到 30min 时，这一趋势更加明显，且残余的铁颗粒的大小与包覆在铁颗粒外层的石墨层厚度亦显著增加［如图 4-3（c）所示］。氧气气氛下这 3 个样品的热重曲线［如图 4-3（d）所示］显示，SWCNT-2、SWCNT-10 与 SWCNT-30 的碳含量分别为 98.5%、92.7% 和 90.4%：即随着生长时间的减少，

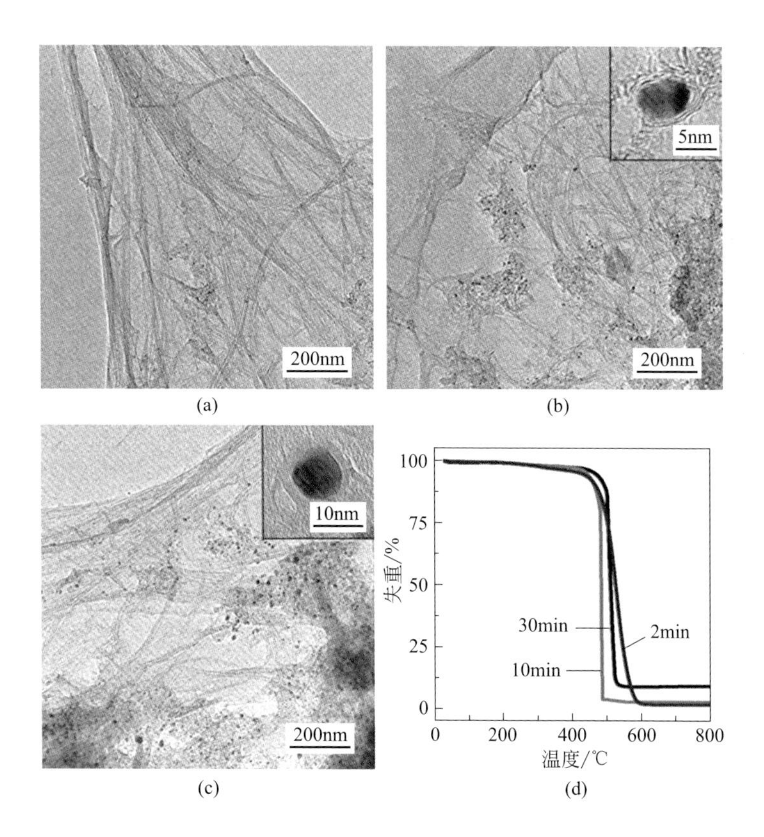

图4-3　小型流化床反应器内：（a）生长持续时间为2min的单壁碳纳米管纯化后的TEM照片；（b）生长持续时间为10min的单壁碳纳米管纯化后的TEM照片，其中右上角插图反映其中碳包铁结构的形貌；（c）生长持续时间为30min的单壁碳纳米管纯化后的TEM照片，其中右上角插图反映其中碳包铁结构的形貌；（d）上述3个不同生长持续时间的单壁碳纳米管样品在氧气气氛下的热重曲线[3]

产品纯度呈上升趋势。这与我们基于原位数据分析所预测的结果具有很好的一致性，说明在实际制备中适当控制反应持续时间的策略对提升产品纯度有利。值得关注的是，相比于样品 SWCNT-2，样品 SWCNT-10 的热稳定性有所下降。这是由于样品 SWCNT-10 中存在更多的金属纳米铁颗粒，这些铁颗粒在氧气氧化碳的反应中能起到一定的催化作用，故而提升了样品 SWCNT-10 在氧气条件下的反应活性。但与之相反，样品 SWCNT-30 虽然相比样品 SWCNT-10 拥有更大量的残余铁颗粒，氧气下的热稳定性却有所提升，这可能是由于样品 SWCNT-30 的铁颗粒外层石墨层相对 SWCNT-10 而言厚度更大，铁颗粒的催化作用不能充分发挥所致 [3]。因此，通过调控反应时间和催化剂活性可以获得更高品质和纯度的碳纳米管。

三、碳纳米管/石墨烯杂合物的纯度提升

在原位表征单壁碳纳米管催化生长过程研究的基础上，魏飞教授课题组将在线热重 - 质谱联用仪推广应用到了对单壁碳纳米管 / 石墨烯杂合物（GSHs）催化生长过程的深入探究和过程改进中。原位实验表明，单壁碳纳米管和石墨烯的催化生长在持续时间上存在明显的区分：在反应的初始阶段（0 ~ 90s），单壁碳纳米管在纳米铁颗粒的催化下快速生成，加之少量石墨烯的沉积，催化剂上的总积碳速率很快，最高达到 0.013g（C）/［g（cat）• s］，平均值为 0.009g（C）/［g（cat）• s］; 90s 过后反应来到第二阶段，纳米铁颗粒基本失活，单壁碳纳米管的生长几乎终止，但石墨烯和一部分杂质无定形碳的高温沉积仍将以一个较均匀的速度持续。这一阶段催化剂上的积碳速率大幅下降，平均值仅约为前一阶段的 1/3，即 0.003g（C）/［g（cat）• s］[5]。

基于上述原位表征分析所给出的过程机制，魏飞课题组提出了针对单壁碳纳米管 - 石墨烯杂合物两段式的生长策略以改进杂合物产品的质量。核心是从反应本身的动力学特点出发，将流化床中实际操作的反应过程分为两段：第一段控制时间在 90s 内，通入碳源流量较高，主要催化制备单壁碳纳米管；第二阶段主要沉积石墨烯的过程中则大幅调低通入碳源的流量，从而减少不必要的物料与能源损耗，同时抑制杂质无定形碳在高温下的生成。

在此策略指导下，制备出的两步法杂合物样品 GSHs 相比原一步法制备的样品而言，其拉曼光谱的 I_G/I_D 比值从 1.2 提升至 1.6，且 2D 峰的位置由 $2635cm^{-1}$ 处发生一个明显的左移至 $2608cm^{-1}$ 处，表明其石墨化程度得到了提高，且其中优质组分单壁碳纳米管与少层（主要是单层）石墨烯在样品中的占比也有显著增加。此外，两步法 GSHs 样品的比表面积达到 $833.2m^2/g$，远高于一步法 GSHs 样品的 $401.5m^2/g$。同时，两步法 GSHs 样品几乎在各项主要性能指标上都比一步

法 GSHs 展现出优越性，这证明了基于原位表征所提出的两段式生长的策略确实能够很好地抑制杂质无定形碳在第二阶段的沉积，从而有效地提升单壁碳纳米管 / 石墨烯杂合物的质量。

第二节
碳纳米管的预氧化

碳纳米管的预氧化是利用晶体性强的碳纳米管和无定形碳、碳包铁纳米颗粒、催化剂杂质反应活性不一样，在低于碳纳米管发生氧化的温度下进行氧化处理。通过精准控制反应温度、反应时间、氧化气体等实验参数达到打开碳包铁结构、去除无定形碳以便提纯的目的。由于碳纳米管的制备方法不同，选择的氧化气氛不同，实验中的氧化温度和反应时间也并不完全一致。气相氧化是一种较为温和的预氧化技术，常用的氧化剂有空气、二氧化碳、水蒸气或臭氧等。针对不同种类的碳纳米管，常见的预氧化方法有弱氧化性气体预氧化法和空气预氧化法。预氧化过程主要是去除无定形碳杂质，以及打开碳包铁结构，一般不能直接去除金属催化剂和基底杂质，它一般和酸洗或者高温提纯技术结合，以便提高碳纳米管的纯化效率。

一、单壁碳纳米管弱氧化处理

1. 二氧化碳氧化过程

流化床被公认为碳纳米管批量化制备中最有效的反应器。在实际使用流化床进行生产时，把反应时间准确控制在短短几分钟以内是比较困难的[6]。因此，铁基催化剂体系在高温条件下化学气相沉积制备的单壁碳纳米管样品中杂质碳包铁结构的形成几乎是不可避免的，需要开发有效的后处理手段从最终产品中尽可能除去这一部分杂质。考虑到不同结构的碳往往具有不同的反应活性，而与单壁碳纳米管相比，杂质碳包铁结构的外层石墨在碳被氧化的过程中铁颗粒可以起到催化作用，热稳定性较差，因此魏飞课题组首先引入弱氧化剂二氧化碳来探究这种反应活性上的差异。

课题组以经碱洗和酸洗过后的单壁碳纳米管样品 SWCNT-30 作为研究对象，基于在线热重分析仪原位表征单壁碳纳米管的氧化过程。通入弱氧化剂二氧化碳和保护气氩气的混合气（气体流量均为 50mL/min），升温速率为 20℃ / min，升温区间为 30 ~ 1400℃，所得热重及热重微分曲线如图 4-4（a）所示。SWCNT-30 样品的失重曲线表明，其弱氧化过程经历了 3 个明显区分的阶段：第一阶段的温度区间约在 747 ~ 846℃，标记为阶段Ⅰ，对应第一个失重峰，其所失质量占原样品质量的 8.3% 左右；第二阶段的温度区间约在 846 ~ 1070℃，标记为阶段Ⅱ，对应第二个失重峰，样品中的绝大部分在这个阶段被氧化，所失质量约占原样品质量的 81.4%；第三阶段的温度区间则在 1070 ~ 1090℃，标记为阶段Ⅲ，对应最后一个小失重峰。为了进一步研究这三个失重峰所对应的具体反应情况，分别对初始样品 SWCNT-30、反应进行到阶段Ⅰ结束的剩余样品、反应进行到阶段Ⅱ结束的剩余样品以及反应进行到阶段Ⅲ结束的剩余样品进行了透射电镜和拉曼光谱的表征比较。可以观察到，与初始样品的形貌［图 4-4（b）所示］相比，反应进行到阶段Ⅰ结束的样品［图 4-4（c）所示］中单壁碳纳米管的形貌并无明显差异，但杂质碳包铁结构的外层石墨基本消失，铁颗粒表面呈暴露状态。这一现象表明，阶段Ⅰ所对应的第一个失重峰可能主要来自于弱氧化剂二氧化碳对 SWCNT-30 样品中杂质碳包铁结构外层石墨的选择性氧化。在此条件下，二氧化碳与固态形式存在碳的反歧化反应的反应机制如下：

$$C + CO_2 \rightleftharpoons CO + C(O) \tag{4-1}$$

其中 C(O) 是在反应界面活性位上形成的中间产物。随着反应的深入进行，这一中间产物有可能占据该反应界面上的活性位点，阻碍活性位继续接触反应气体，成为反应的抑制剂，如式（4-2）所示：

$$C(O) \rightleftharpoons C{-}O \tag{4-2}$$

C(O) 也可能分解后离开反应界面，生成 CO 气体，如式（4-3）所示：

$$C(O) \rightleftharpoons CO \tag{4-3}$$

反应具体如何进行与纳米碳的结构及其附着的催化剂有关。鉴于作为过渡金属的纳米铁颗粒有极大可能影响其表面碳的电子云分布，使其有更大概率被氧化剂氧化，起到在苛刻条件下催化这一反应的作用，弱氧化剂二氧化碳更有可能去攻击 C—Fe 接触的界面，从而选择性氧化杂质碳包铁结构的外层石墨，而非单壁碳纳米管。

接着观察反应进行到阶段Ⅱ结束的样品 TEM 照片［图 4-4（d）所示］可以发现，残余样品是一小部分单壁碳纳米管和更大尺寸的铁颗粒。这表明在阶段Ⅱ，大部分的单壁碳纳米管也开始被氧化。与此同时，脱去了外层石墨束缚的纳米铁颗粒在高温条件下不断发生迁移和聚并，形成尺寸显著增大的颗粒[7]。反应到阶段Ⅲ结束后，残留样品中仅可观察到金属氧化物的残渣，已基本没有单壁碳纳米管的存在，弱氧化反应最终完成。

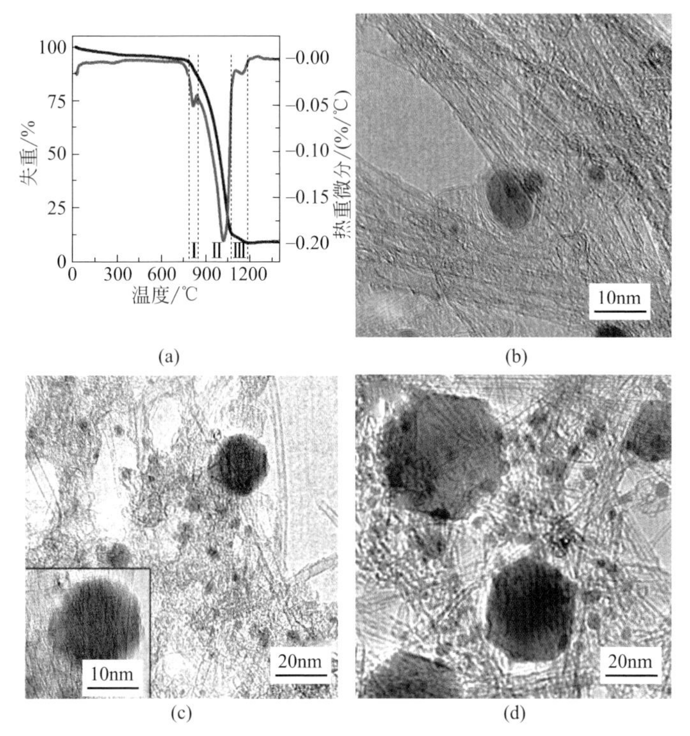

图4-4 （a）纯化后的单壁碳纳米管样品SWCNT-30在二氧化碳气氛下的热重曲线及热重微分曲线（升温速率20℃/min）；（b）未经过氧化反应的样品SWCNT-30的TEM照片；（c）在二氧化碳气氛下焙烧至907℃后的SWCNT-30样品的TEM照片，其中左下角插图显示此时样品中纳米铁颗粒的形貌；（d）在二氧化碳气氛下焙烧至1072℃后的SWCNT-30样品的TEM照片[3]

综合以上数据，可以推测：二氧化碳氧化单壁碳纳米管的过程大致分为3段，第一阶段对应杂质碳包铁结构的外层石墨被选择性氧化，第二阶段对应大部分单壁碳纳米管被氧化的过程，第三阶段则是剩余较高质量单壁碳纳米管被全部氧化。需要注意的是，对单壁碳纳米管来说，这样的三段式反应进程与强氧化剂氧气气氛下的氧化过程是有明显区别的。氧气由于氧化能力过于强大，单壁碳纳米管和碳包铁结构外层石墨被氧化的温度区间并无显著差异，因而单壁碳纳米管样品可能会不适于过于强烈的氧气氧化预处理。

2. 二氧化碳氧化反应动力学研究

深入探究二氧化碳气氛下单壁碳纳米管被氧化的反应动力学特性，以在线热重分析仪为反应器，考察样品在不同升温速率条件下失重情形的变化，以期获得相对应失重峰的活化能信息。为了尽可能获取反应更本征的信息，这里选取未纯化的单壁碳纳米管样品 SWCNT-30 为研究对象。由图 4-5（a）中可以看到，当采用不同的升温速率对单壁碳纳米管样品进行二氧化碳氧化时，与图 4-5（a）所示的三段式反应类似，其失重过程均分为明显的三段，对应三个不同的失重峰。

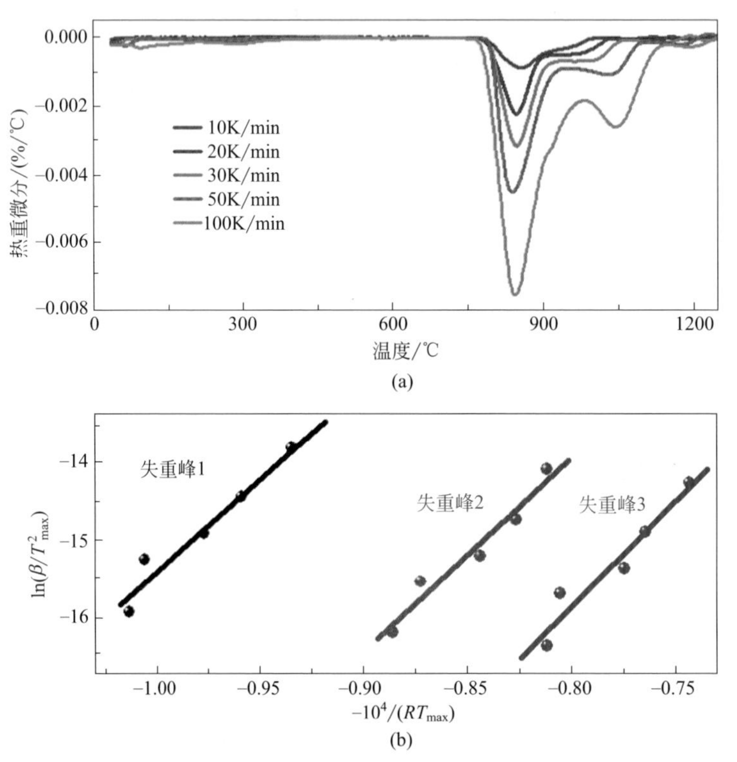

图4-5 （a）未纯化的单壁碳纳米管SWCNT-30在二氧化碳气氛下不同升温速率时的热重微分曲线；（b）对应三个失重峰的活化能的线性拟合图[3]

表 4-1 的统计列出了不同升温速率下对应失重峰的温度及其活化能。可以注意到随着升温速率的增加，三个失重峰的位置均呈向高温区间偏移的趋势。这是由于升温速率越快，对某种特定结构碳的氧化反应时间就越不充分，反应就越可能在更高的温度区域才得以完成。利用这一趋势，借助阿伦尼乌斯公式的变形形式［如式（4-4）所示］

$$\ln\frac{\beta}{T_{max}^2}=\ln\frac{AR}{E_a}-\frac{E_a}{RT_{max}} \tag{4-4}$$

理论上可以通过线性拟合，计算出这三个失重峰分别对应的活化能。式中，β 代表升温速率；A 代表指前因子；T_{max} 代表三个失重峰的峰温；E_a 则表示相应的活化能。如图 4-5（b）所示，对应这三个失重峰的 $\ln(\beta/T_{max}^2)$ 的计算值与

（$-RT_{max}$）$^{-1}$ 的计算值均表现出良好的线性相关性。故线性拟合图中的斜率即为各失重峰对应的活化能（E_a）。如表 4-1 所列，最终基于此方法计算所得的活化能对应情况如下：失重峰 1 对应杂质碳包铁结构的外层石墨被氧化的过程，活化能值为 240.5kJ/mol；失重峰 2 对应样品中大部分单壁碳纳米管被氧化的过程，活化能值稍高，为 254.0kJ/mol；失重峰 3 对应最后一部分高质量单壁碳纳米管的氧化，活化能值最高，达到 273.7kJ/mol。这一拟合结果进一步佐证了杂质碳包铁结构的外层石墨与单壁碳纳米管在二氧化碳气氛下热稳定性的差异。由于纳米铁颗粒在该条件下可被视为反应的催化剂，因此第一阶段中杂质碳包铁结构外层石墨被氧化所需的活化能相对最低。第二阶段与第三阶段均是单壁碳纳米管被氧化的反应，不同的是第三阶段剩余的单壁碳纳米管缺陷更少，是由结构更趋完美的 sp^2 杂化碳键合构成，因此要刻蚀这一部分管所需的外加能量必须更大，其对应的活化能值也最高。这一反应特性差异是氧化去除杂质碳的基础。

表4-1 不同升温速率下三个失重峰对应的温度及其活化能

升温速率/（℃/min）	10	20	30	40	50	活化能/（kJ/mol）
失重峰1/℃	913.5	922.4	958.0	981.2	1014.0	240.5
失重峰2/℃	1084.6	1105.1	1152.3	1181.7	1208.4	254.0
失重峰3/℃	1208.4	1220.0	1278.9	1299.4	1343.9	273.7

3．高纯单壁碳纳米管产品

基于上述原位表征分析表明，在合适温度条件下的二氧化碳氧化可以有效地实现对杂质碳包铁结构外层石墨的选择性刻蚀，使铁颗粒得以充分暴露。辅以后续的酸纯化处理，将有助于尽可能地减少杂质碳包铁结构在最终产品中的含量，从而提升产品的纯度与质量。选取在流化床中制备的生长持续时间为 30min、前期已通过酸处理和碱处理过程去除 FeMgAl LDO 催化剂基板的 SWCNT-30 样品为研究对象来验证这一推测的准确性。SWCNT-30 样品被置于水平的固定床反应器内，在二氧化碳气氛下升温至 850℃，并持续焙烧 1h，再将焙烧完成的样品重新用酸纯化，洗去暴露出来的铁颗粒，得到最终产品。

图 4-6（a）和（b）中的 SEM 和 TEM 照片显示，在最终样品中可观测到的杂质碳包铁结构非常少，视野内基本以单壁碳纳米管为主，可粗略判断其纯度确实得到了提升。氧气气氛的热重分析［图 4-6（c）］很好地佐证了这一结论：经二氧化碳处理后提纯样品的含碳量提升到了 99.5%，相比之下处理之前的样品含碳量仅为 90.4%，意味着绝大部分纳米铁颗粒在这一过程中被成功去除。图 4-6（d）的拉曼光谱中显著的径向呼吸峰的存在及较高的 I_G/I_D 比值（达到 18.7）也

表明了处理后的单壁碳纳米管具有很好的石墨化程度。且 BET 分析显示，该样品的比表面积高达 784.6m^2/g，孔容也达到 2.3cm^3/g，性能优异。综合上述表征分析可以认为，以二氧化碳预处理的方式辅助酸纯化的方法可以极为有效地实现对杂质碳包铁结构外层石墨的选择性刻蚀，从而显著降低杂质在最终样品中的含量，极大地提升单壁碳纳米管产品的纯度。

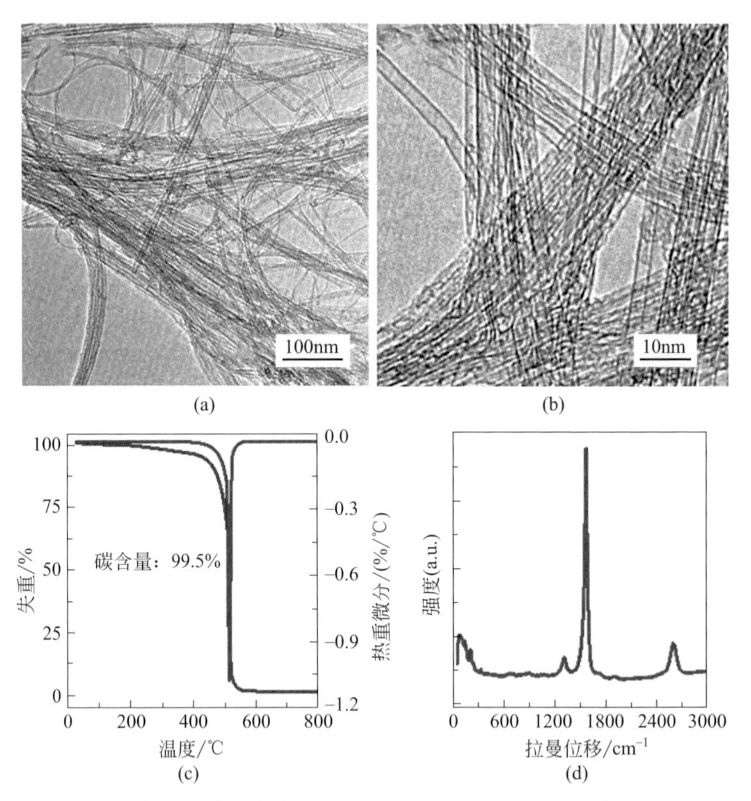

图4-6　预纯化的单壁碳纳米管样品SWCNT-30经过二氧化碳焙烧和酸处理后的扫描电镜（SEM）照片（a）和透射电镜（TEM）照片（b），氧气气氛下的热重曲线与热重微分曲线（c）和拉曼光谱图（d）[3]

二、多壁碳纳米管的空气氧化

空气预氧化同样利用了碳纳米管与其他碳质颗粒之间存在不同的热氧化速率，在空气或氧气环境中对原始碳纳米管进行热退火达到去除无定形碳、打开碳包铁结构，从而提纯碳纳米管的目的。相比于二氧化碳氧化技术，该方法反应迅速，能够强化处理效率。虽然碳质颗粒比碳纳米管的氧化腐蚀速率快，但是随着氧化时间的增加，更多的碳纳米管暴露在表面，碳纳米管在焙烧的过程中也会被腐蚀。因此一般的空气或氧气氧化提纯缺陷较多的碳纳米管，其产率可能会较低。

在电弧放电法制备多壁碳纳米管中有一定量的碳质颗粒杂质，例如富勒烯、碳包铁颗粒和无定形碳等。Y. H. Lee 等[8]将样品转移到旋转的加热设备，使碳纳米管和碳质颗粒充分暴露在空气中进行氧化，发现当温度高于 760℃时，所有的样品很快就被烧掉。当温度低于 700℃时，需要较长的退火时间。图 4-7（a）为磨碎后多壁碳纳米管样品的 SEM 图像，可以看出电弧法制备的多壁碳纳米管含有较多的碳质颗粒，它们混杂在一起。经过 760℃、10min 的空气退火处理的碳纳米管质量有了明显的改善[图 4-7（b）]，退火后的样品中碳纳米管含量预计在 80% 以上。此方法得到多壁碳纳米管的产率在 40% 左右，与之前报道的产率相比有了显著提高，这一改进是通过样品与空气的充分接触来实现的，它促进了碳质颗粒均匀地暴露在空气中被氧化刻蚀掉。需要注意的是，虽然由于氧化的选择性蚀刻，随着退火时间的延长，碳纳米管与碳粒子的相对数量会增加，但退火时间过长会导致碳纳米管的过度燃烧，大幅降低产率。因此，严格控制退火时间是保证纳米管质量和产量的关键。

图 4-7（c）对比了原始碳纳米管和退火氧化后的碳纳米管（760℃，40min）的拉曼光谱，它清楚地显示出以 1583cm^{-1} 为中心的峰值在预氧化后相对强度大幅提高，这表明预氧化的石墨化碳纳米管良好。原始样品的拉曼光谱在 1285cm^{-1} 处出现了一个相对较大的峰，这是由于石墨和非晶碳中存在的诸如五边形和七边形等缺陷造成的。退火后，D 峰值强度降低，而 G 峰值强度急剧增加，退火样品的 D 峰与 G 峰的强度比是原样品的 5 倍，这再次表明具有五边形、七边形和亚甲基碳的结构非结晶碳首先会被选择性氧化腐蚀掉。DFT 计算表明，碳纳米管边缘处 C—O 对的脱除能垒为 2.48eV，大于无定形碳表面 C—O 对的脱除能垒 0.3 ~ 2.1eV，这说明合理控制空气预氧化可以用于碳纳米管中杂质碳的选择性氧化脱除，而不会显著损失碳纳米管[8]。目前，为了改善碳纳米管和空气的充分接触，并提高处理效率，采用流化床或者沸腾床的碳纳米管氧化技术在生产应用中得到应用。

图4-7 多壁碳纳米管的SEM图像

（a）原始样品；（b）动态空气退火 10min；（c）空气预氧化前后拉曼光谱对比[8]

第三节
碳纳米管的酸洗提纯

碳纳米管的气相氧化能够去除无定形碳杂质，打开碳包铁结构的包覆层，但不能直接去除金属催化剂和基底杂质，获得高纯度碳管还需要经过提纯处理以去除催化剂和催化剂载体。因此，预氧化的碳纳米管一般和酸洗或者高温提纯技术结合，以便提高碳纳米管的纯化效率。酸洗是最常用去除金属杂质提高碳纳米管纯度的方法，当然氧化性较强的酸也可以刻蚀掉无定形碳，甚至也和碳纳米管自身发生反应，该方法涉及酸洗、分离干燥等过程。常用的酸有盐酸、氢氟酸、硝酸、硫酸等。根据碳纳米管制备方法和使用的催化剂类型选择合适的酸对碳纳米管进行酸洗，可以有效去除金属及其氧化物杂质。在大量的报道中，各种无机酸回流是最常用的处理方法。选择合适酸的类型，控制酸处理时间和回流温度是决定催化剂颗粒去除效果的主要因素。

盐酸在碳纳米管酸洗除杂中是一种广泛使用的非氧化性酸，可以很容易地将金属及其氧化物转变成一种无害的盐。一般的金属杂质，包括 Fe、Co、Ni、Al、Mg、Zn、Cu、Mn 等使用盐酸酸洗可以去除绝大部分。在连续酸洗回流条件下，使用低功率超声辅助可以强化酸洗效果，得到纯度高、纵横比大、缺陷极少的碳纳米管。为了更高效率地提纯，研究人员将化学气相沉积法制备的单壁碳纳米管均匀置于水平加热炉内，在空气气氛及无定形碳快速氧化温度下进行氧化；将氧化后的样品浸泡于盐酸溶液中去除催化剂颗粒并用去离子水多次清洗。干燥后，可得到纯净的单壁碳纳米管样品。该法可对单壁碳纳米管的提纯产率（$>90\%$，质量分数）和纯度（$>98\%$，质量分数）进行精确控制。盐酸提纯碳纳米管具有简单、大量、可工业化的特点，且适用于绝大部分化学气相沉积法制备的单壁及多壁碳纳米管的提纯，具有重要的工业应用前景。若催化剂颗粒负载在含有硅的基底上，可以用盐酸和一定比例的氢氟酸进行混合酸酸洗提纯，在不破坏碳纳米管结构的情况下移除催化剂载体。典型的是以蛭石负载 Fe 催化剂制备的阵列碳纳米管的酸洗提纯，该过程中一般使用盐酸和氢氟酸的混合酸酸洗[9]。

硝酸具有温和的氧化能力，也是碳纳米管酸洗最常用的试剂之一，它能够去除无定形碳、金属催化剂而不引入其他杂质。例如，对碳纳米管进行简单的浓硝酸回流处理，可以有效地溶解金属颗粒并打开碳纳米管的管尖。为了获得更好的氧化效果，有时会使用硝酸和盐酸的混合溶液进行酸洗，研究比较了硝酸（HNO_3）和硝酸与盐酸混合物（HNO_3/HCl）在 3∶1 比例下对碳纳米管的提纯效果，X 射线光电子能谱（XPS）分析发现经硝酸处理后，纯化后的碳纳米管的 C/Fe 原子比增加了 3 倍以上，而利用硝酸与盐酸混合物提纯的比例增加了 8 倍以上，说明混合酸之间存在协同效应[10]。分析可知，硝酸溶解了金属颗粒，盐酸确保了最终金属氧化物的去除。类似于混酸氧化提纯法，多种 H_2SO_4/H_2O_2，$KMnO_4/H_2SO_4$ 和 HNO_3/H_2SO_4 等复配酸除杂氧化剂也得到研究者的关注。

目前，采用混合酸进行酸洗提纯碳纳米管逐步发展成为较为成熟的生产技术。以碳纳米管最大的生产商江苏天奈科技股份有限公司（简称天奈科技）为例，蛭石阵列碳纳米管经过预氧化处理后，采用盐酸和氢氟酸洗涤的方法，足够将碳纳米管粉体中的金属杂质含量控制在产品指标要求，经过砂磨后可以制得普通导电浆料进行销售。为了进一步满足动力电池需求，降低金属杂质的含量，需要利用真空高温提纯技术获得高纯碳纳米管产品，后面会进一步介绍。

总之，碳纳米管与酸的相互作用使碳纳米管端口打开并溶解掉碳纳米管管尖上的金属颗粒，从而提高了碳纳米管的纯度。在酸洗过程中，碳纳米管可能会被氧化性酸切短，增加碳纳米管在大多数溶剂中的化学活性和溶解度，但是酸洗过程始终面临严重的环境问题和废水处理问题，更合理的酸洗技术及酸洗液利用，甚至发展无酸提纯技术得到关注。

第四节 碳纳米管的高温蒸发提纯

一、高温提纯中碳纳米管变化

1. 结构变化

金属催化剂的沸点随着压力的降低而降低。当真空度达到 1Pa 时，金属 Fe 的沸点在 1500℃左右，能够较快挥发。通常，将碳的失重控制在 5% 以下，先将碳管预氧化，目的是去除大部分无定形碳，尽量暴露出金属催化剂，然后依据杂质含量不同，可以直接或者简单酸洗后在真空高温炉中纯化。J. Chen 等通过高温加热除铁的方法在 2400℃下得到了铁含量很低的多壁碳纳米管[11]；黄巍等用高温真空炉在 2000℃下得到了碳相纯度在 99.9% 的多壁碳纳米管[12]，这些都证明了高温真空过程可以有效地除去金属催化剂颗粒物。在高温的过程中，多壁碳纳米管结构相对稳定；但是单壁碳纳米管并不具备多壁碳纳米管的高温稳定性能，在高温处理过程中很容易聚并成多壁碳纳米管。对双壁碳纳米管而言，它的稳定性强于单壁碳纳米管，严格控制真空提纯的温度，有望在低于双壁碳纳米管破坏温度的条件下除去在双壁碳纳米管中残留的金属催化剂[13]。在生产中，高温真空纯化技术在不断提升生产效率，成为高纯碳纳米管强化提纯的重要技术手段。

铁/氧化镁催化体系用化学气相沉积的方法可以大批量地制备双壁碳纳米管，但是，像制备单壁碳纳米管的过程一样，在产物中会有很多杂质，主要是无定形碳和石墨层包覆的金属催化剂颗粒[14]。将经过盐酸和氢氟酸酸洗后的双壁碳纳米管（标记为 DWNT-2）放在真空烧结炉里，维持压力 0.1 ~ 0.01Pa，在 1700 ~ 2200℃温度下进行高温提纯 1 ~ 2h，进行表征分析。如图 4-8 所示是酸洗后的双壁碳纳米管在 1700 ~ 2200℃处理不同时间的 XRD 图。可以看到，随着温度的升高，垂直于碳管轴向方向的（100）处峰的开始变得尖锐，这说明此时沿着这个方向上的晶粒的尺寸在变大。与（100）晶面方向相同的（002）的峰随着温度的升高，也变得更加尖锐。对于单壁碳管来说，XRD 图上在 26.2° 不能出峰，而对于双壁碳纳米管来说，由于其只有两层，层间出峰的强度会很弱，所以这里认为双壁碳管在 26.2° 也不能出峰。那么，可以认为在 26.2° 出峰的主要原因是在双壁碳管中混杂着多层石墨层的碳相杂质，如多壁碳管、碳片和包覆在金属催化剂外层的碳球。

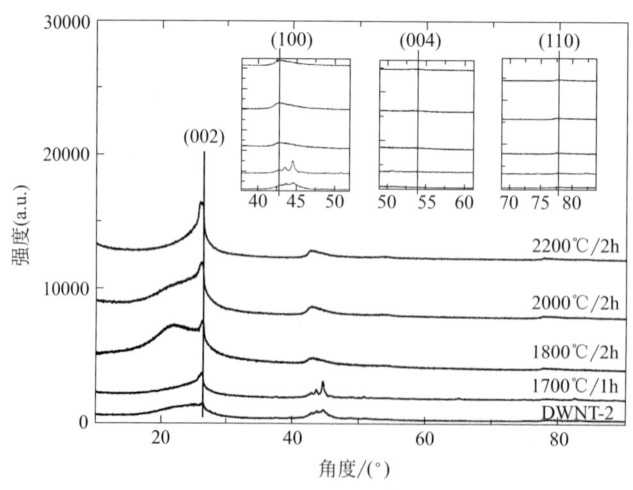

图4-8　不同温度下的双壁碳纳米管的XRD图[15]

如果认为制备出的双壁碳纳米管主要是由双壁碳管和多壁碳管（这里多层石墨层物质用多壁碳管来统一代替）组成的话，从图 4-8 已经观察到双壁碳纳米管在不同高温纯化后，26.2°处（002）峰会变得很尖锐，对应的峰面积也会发生相应的变化。通过拟合分析，随着双壁碳管处理温度的升高，（002）峰所对应的晶粒的尺寸在增加，说明沿着这个方向的石墨层的层数在不断地变大；同时拟合出的（002）峰面积也在不断地增大，反映出碳相中双壁碳纳米管的含量在不断地减小，而多壁碳纳米管的含量在不断增加。图 4-9（a）所示是计算出的不同拟合角度对应的晶粒尺寸的大小。从图上可以看出，22°处对应的晶粒的尺寸随着温度的升高基本上保持不变，而 26°处对应的晶粒的尺寸随着温度的升高不断地增大，呈现线性增大。说明随着温度的增加，沿着（002）方向上晶粒的尺寸在不断地变大，也就是垂直于碳管轴向上石墨层数在不断地增加。2200℃时晶粒的尺寸最大，这时在 XRD 图上（002）处的峰最尖锐，垂直于石墨层方向上的碳层最厚。双壁碳纳米管单根不稳定，很容易以束状的结构存在，在高温下，从 XRD 的结果可以知道石墨层的层数在不断地增加，合理的解释是当温度升高的时候，成束状的双壁碳纳米管会逐渐地聚并，这样，石墨层数才会不断增加。从图 4-9（b）上可以看出，随着温度的升高，双壁碳管的含量从最开始酸洗后的 94% 降到 2200℃时的 29%，说明这个时候双壁碳管大多已聚并成多壁碳管。当处理的温度在 1700℃时，双壁碳管在碳相体系中的含量可以达到 76%，尽管有些双壁碳管会聚并，但在这个温度下已经可以纯化出碳相纯度在 99% 的双壁碳纳米管，在整个碳相体系中，双壁碳管的含量还是占有相当大的比例。同时也可以看到，如果温度继续升高，尽管最后碳相的纯度很高，但是双壁碳管的含量降低得很快。

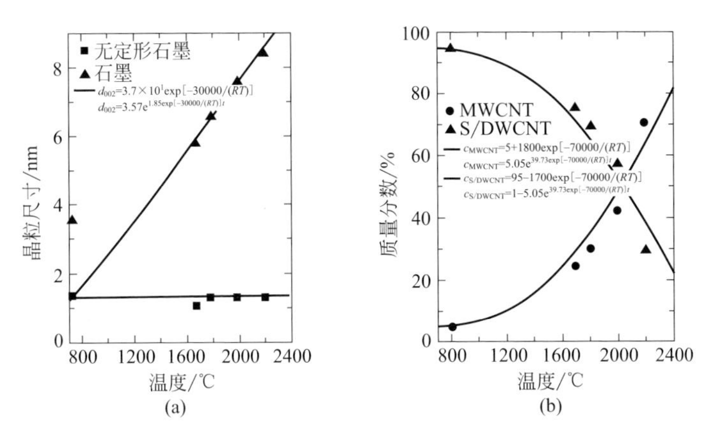

图4-9　双壁碳纳米管的晶粒尺寸（a）和双壁碳纳米管的含量（b）随温度变化关系图[15]

2. 形貌变化

XRD 是一种很宏观的表征碳管在高温过程中结构变化的工具，而具体到微观上在高温的过程中双壁碳纳米管经历怎样的变化，需要用透射电镜来进一步表征。如图 4-10（a）所示是盐酸酸洗后的双壁碳管，从图上可以看到一个成束状结构的双壁碳管束，由于单根的双壁碳管不稳定，很容易形成这样的束状结构。当温度升高到 1700℃时［图 4-10（b）］，仍然在视野里看到管束，这时双壁管仍然保持了稳定的结构，侧壁上没有看到明显的缺陷。当温度升高到 1800℃，这时管束开始发生聚并，从图 4-10（c）上也可以看到碳管发生弯折。当温度进一步升高到 2000℃时，这时仍然会看到结构很完整的双壁碳管束［图 4-10（d）］，但是，在这个温度下，已经可以看到不少多壁碳管的存在，如图 4-10（e）所示。在多壁碳管的周围，也会有少量零星单独的双壁碳管，这些单独的双壁碳管保持了稳定的结构。最后，当温度升高到 2200℃时，在视场里能找到的双壁管束已经不多［图 4-10（f）］，而更多出现的是如图 4-10（g）所示的多壁碳管。从这些碳管的形貌上看，与流化床中化学气相沉积制备出的多壁碳管有很大的不同。从形貌上，这种碳管可以在相当大的长度范围内不发生弯曲，并且，通过比较图 4-10（g）和（e），可以知道，在 2200℃时石墨层的层数更多，这与前面 XRD 的结果相一致。

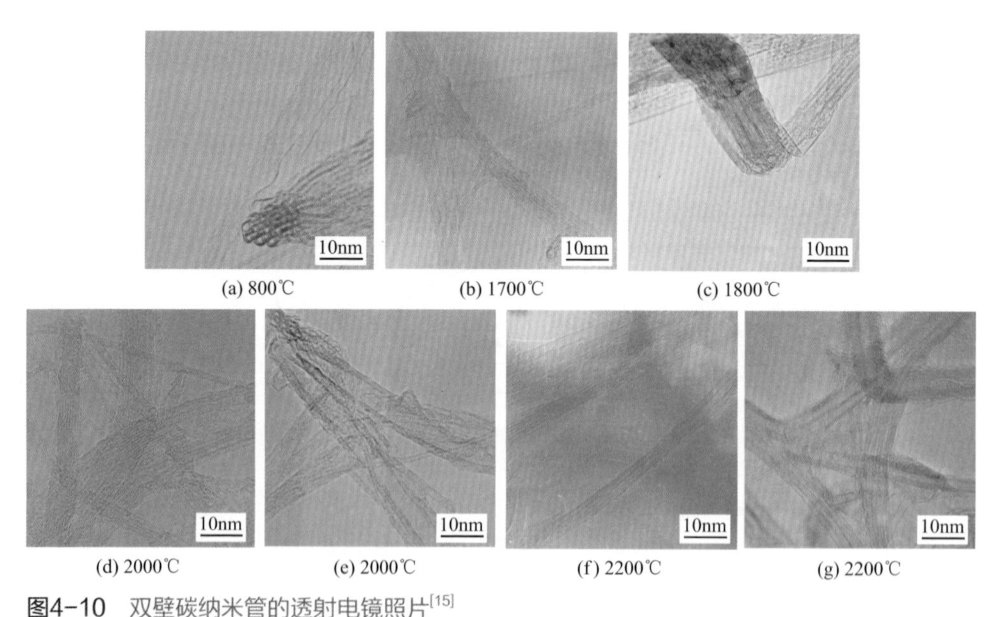

图4-10　双壁碳纳米管的透射电镜照片[15]

（a）酸洗；（b）1700℃；（c）1800℃；（d）（e）2000℃；（f）（g）2200℃

3. 性质变化

经过高温纯化后的碳纳米管除了结构上发生变化，其宏观性质也发生了改变。图 4-11（a）所示是双壁碳纳米管在不同纯化阶段的 TGA 图，从图上可以看出，双壁碳纳米管的粗产品有 30% 的碳含量，酸洗后可以洗去大多数残余的催化剂和载体。随着温度的升高，双壁管中的杂质含量不断地降低，1700℃后双壁管的碳相纯度已达 99%，这时碳管已经有了相当高的纯度。空气气氛 900℃下燃烧碳管会氧化残余的铁相，这时，假如认为残留的铁都被氧化成三氧化二铁的话，可以很容易地得到如图 4-11（b）所示的铁含量随温度的变化曲线，从图上可以看到，随着温度的升高，铁的含量不断地降低。在 2200℃时，铁的含量为零，这时可以认为是纯碳相的物质。

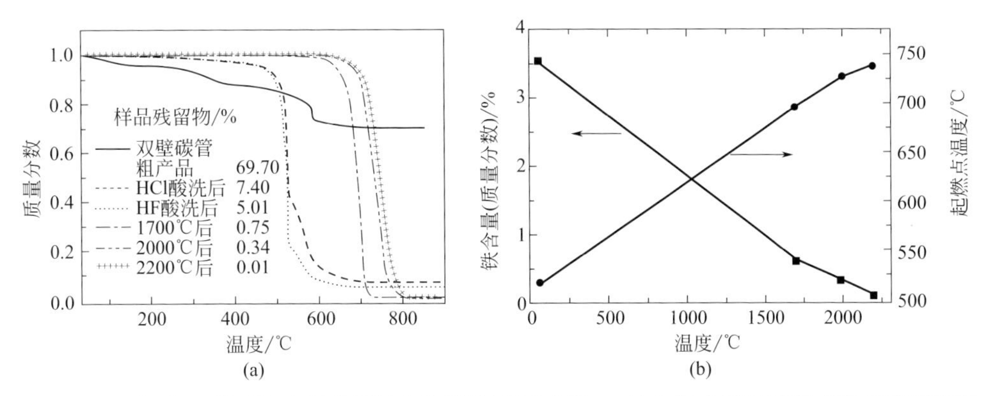

图4-11 （a）双壁碳纳米管不同纯化阶段的TGA曲线；（b）铁含量和起燃点温度随温度变化曲线[15]

另外，可以比较在不同纯化阶段双壁碳管起燃点温度的变化情况。酸洗后的双壁碳管的起燃点温度为 519℃，在 1700℃后为 696℃，而在 2200℃已达到 738℃，这比已经报道的双壁碳管的温度为 717℃要高，但比报道的单壁碳管起燃点温度在 800℃的值要低。单从起燃点温度看，双壁碳管在 1700℃后起燃点温度升高得多，这可能与碳管中的金属催化剂的除去有关，而进一步地升高纯化碳管的温度会使得起燃点温度进一步缓慢地增加。

如图 4-12 所示，用双壁碳管比表面积随温度的变化曲线来说明在升温提纯的过程中双壁碳管经历怎样的变化。从图 4-12 上可以看出，当温度升高到 1700℃后，双壁碳管的比表面积（BET）的值迅速减小，从最开始酸洗后的 540m^2/g 降低到 400m^2/g，当温度升高到 2200℃后，降低至 335m^2/g。单从比表面积（BET）的值来说，高温后比表面积的值已经降至多壁碳管（比表面积的值在 200 ~ 300m^2/g 左右）的水平，说明，如果进一步地把双壁碳管的纯化温度从 1700℃升高到 2000℃或者更高，在提纯双壁碳管的同时会使得双壁碳纳米管发生严重的聚并。

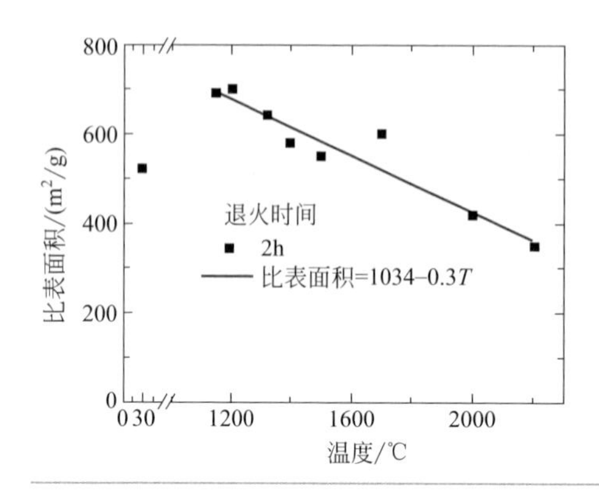

图4-12
双壁碳纳米管的比表面积（BET）随温度变化曲线[15]

表 4-2 为在不同纯化阶段双壁碳管的收率情况。从表中可以看到，盐酸酸洗后双壁碳管的收率低，这主要是因为在这个过程中氧化镁载体和部分的铁催化剂被洗掉。如果以盐酸酸洗后的双壁碳管的质量作为基准的话，可以看到整个过程中的收率很高，可达 85.6%，而通常液相氧化或者气相氧化方法纯化碳管的收率（质量分数）在 10% ~ 20% 左右。如果是大批量的清洗，相比过滤过程在真空烧结炉中被吸走的碳管所占的比例会更小，这样整个过程中的收率会更高，说明，高温真空的方法是一种很高收率纯化双壁碳纳米管的方法。

表4-2 双壁碳管在不同纯化阶段的收率

纯化方法	HCl酸洗后	HF酸洗后	真空烧结炉
收率/%	31	91	94.1

二、多壁聚团碳纳米管高温提纯

相比于双壁碳纳米管，化学气相沉积法生产的多壁碳纳米管在高温下的结构稳定性会高得多。魏飞教授课题组通过在 10^{-3} ~ 10Pa 的真空压力和 1500 ~ 2150℃的温度下真空高温退火制得纯度为 99.9% 的多壁碳纳米管[16]。图 4-13 为原生碳纳米管和经过 2000℃退火 5h 的碳纳米管样品的 TEM 照片，可以看出碳纳米管在形貌上变化不像上述双壁碳纳米管那么明显。通过热失重分析，经过高温提纯的多壁碳纳米管几乎没有金属残留，说明高温提纯效果显著。与酸洗处理相比，真空高温退火不仅能去除残留金属和残留金属氧化物，而且还能消除管壁缺陷，大大提高多壁碳纳米管的结晶度。而由于包裹的金属及碳纳米管管腔中金属的存在，酸洗提纯多壁碳纳米管难以达到高温提纯的纯度。

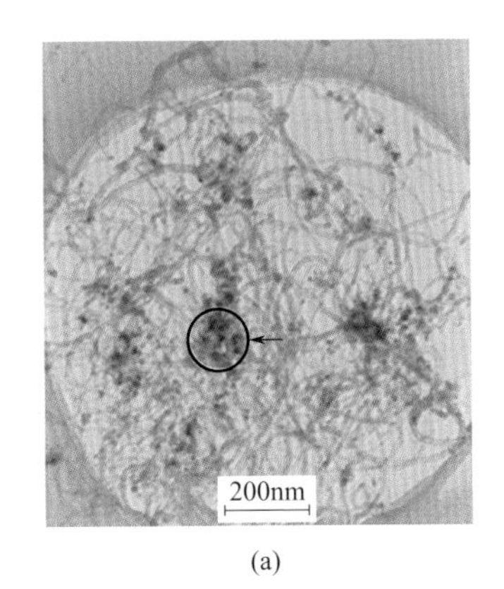

(a)

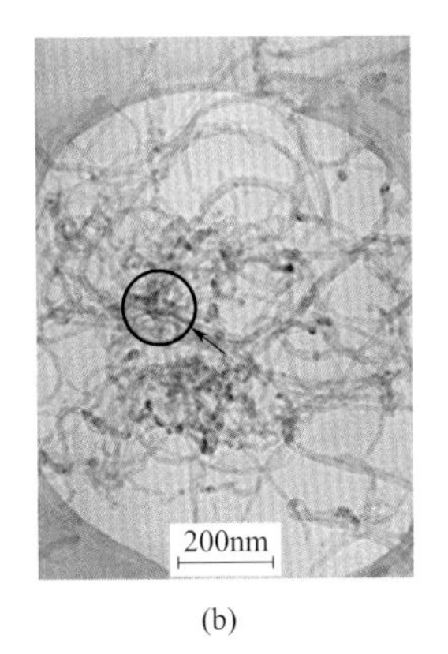

(b)

图4-13　多壁碳纳米管的TEM照片[12]
（a）原生；（b）2000℃退火 5h

三、真空高温提纯碳纳米管金属脱除机理

1. 双壁碳纳米管中包覆金属催化剂的脱除

双壁碳纳米管粗产品先后经过盐酸和氢氟酸洗去催化剂后，将其放于透射电子显微镜下观察。从图 4-14（a）可以看到，双壁碳纳米管中存在被碳层包覆的催化剂颗粒。由于碳层的存在，当用盐酸超声去除催化剂杂质时，难以有效将其去除。把碳管放在真空烧结炉内维持不同的温度和时间进行处理，以此来观察这些包覆的金属颗粒的脱除过程。当温度在 2000℃时，可以看到如图 4-14（b）所示的一个半空的催化剂球。在此温度下，碳层没有发生变化，而被碳层所包覆的部分催化剂会挥发走，这样留下一个半空的球。当温度在 2200℃时，此时透射电镜下已经很难找到催化剂的颗粒，见到的主要形态是如图 4-14（c）所示催化剂都挥发走，仅留下碳层的碳相空球。通过透射电镜的观察，可以大概地知道在用高温真空的方法对双壁碳管进行处理的过程中，随着温度的升高，催化剂球里面所残留的杂质会逐渐挥发，催化剂球的半径逐渐减小，直至最后留下一个碳相空球。

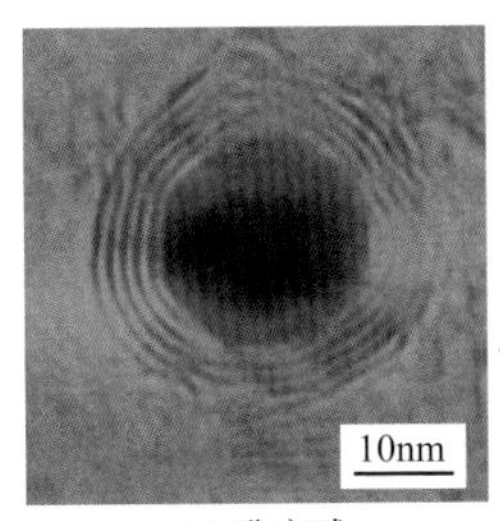

(a) 致密球

(b) 半空球

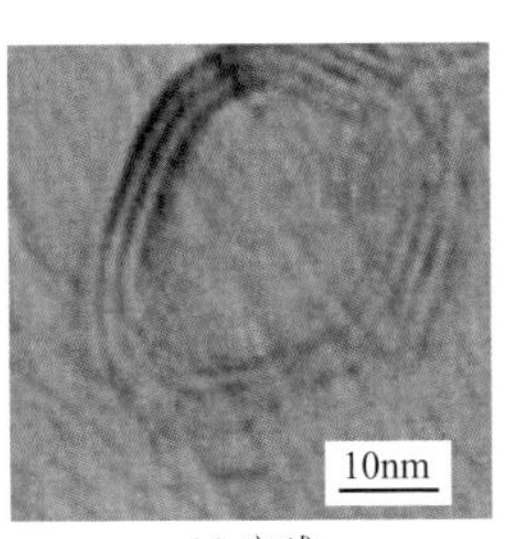

(c) 空球

图4-14　催化剂颗粒随温度的变化[15]

2. 阵列多壁碳纳米管中金属催化剂脱除

相比于双壁碳纳米管，高温提纯阵列多壁碳管要快得多。例如，1700℃下处理 1h，阵列多壁碳管的 TGA 从 89.9% 增加到 99.1%，碳相含量大约增加了 10%，而对于双壁碳管来说，碳相含量只增加了 5%。在相同的条件下，说明两者高温提纯过程中金属杂质的挥发存在较大的速度差异。为了进一步弄清阵列多壁碳管在何种温度下可以达到碳相纯度为 99%，如图 4-15 把不同长度的阵列多壁碳管在 1500℃下处理 2h，可以得到如表 4-3 所示的结果。

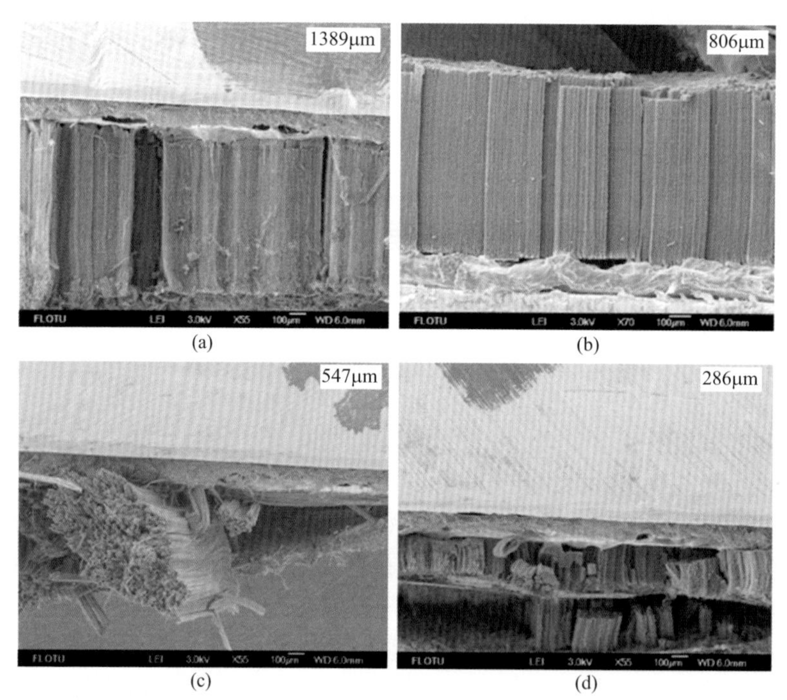

图4-15 不同长度的阵列多壁碳管扫描电镜照片[15]

表4-3 阵列多壁碳管 1500℃下处理 2h 的结果

样品	TGA/%		起燃点温度/℃	
	处理前	处理后	处理前	处理后
A（1389μm）	95.33	99.99	690	802
B（806μm）	95.38	99.92	616	794
C（547μm）	98.09	98.85	672	767
D（286μm）	94.51	99.99	678	777

从表 4-3 可以看出，阵列多壁碳管 1500℃下处理 2h 后，不管碳管的长度如何，最后 TGA 的结果都在 99% 附近，说明在这个处理条件下，阵列多壁碳管中残余的催化剂可以很快地挥发完。另外，对比处理前后碳管的起燃点温度可以发现，处理后碳管的起燃点温度有很明显的升高，并且碳管的最高起燃点温度可达 802℃，接近石墨的起燃点温度。

图 4-16 是阵列多壁碳管在处理前后的透射电镜照片。图 4-16（a）中所示是制备碳管过程中在碳管内部残留下来的金属催化剂，残留的金属催化剂由于受到管壁的限制，沿着轴向分布，并且在催化剂沿轴向的方向可以看到包覆催化剂的很薄的碳层。经过 1500℃处理后，如图 4-16（b）所示，可以看到金属催化剂挥发后剩余的空腔，沿着轴向的方向还可以看到没有随催化剂同时挥发的碳层。那么，金属催化剂是如何挥发走的，是沿着轴向的方向顺着端口处缺陷比较多的地方挥发走，还是沿着管壁的方向直接挥发走是进一步需要明确的问题。为此处理一批不同长度的阵列碳管，通过 TGA 的残余杂质变化快慢就可以说明铁是从碳管的轴向还是沿着管壁的方向挥发的。

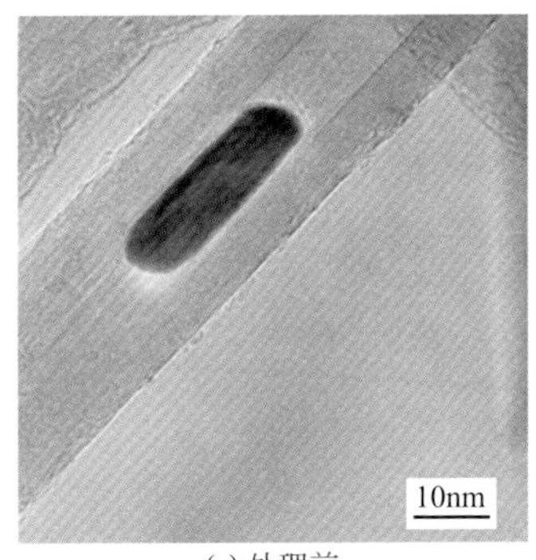

(a) 处理前

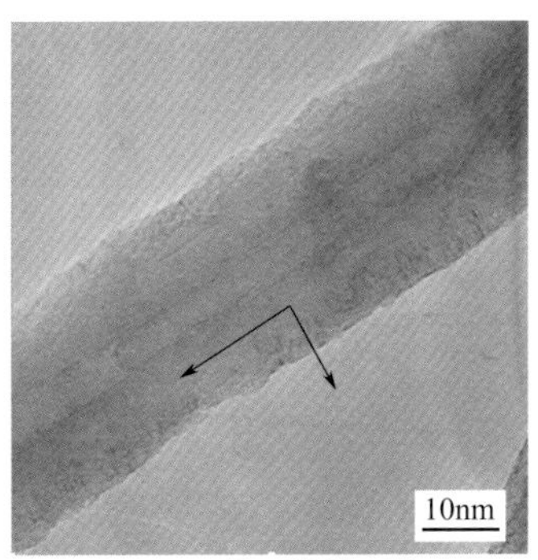

(b) 1500℃下处理2h后

图4-16　阵列多壁碳管透射电镜照片[15]

把不同长度的阵列多壁碳管 1500℃下处理 0.5h，如表 4-4 所示，最长的碳管 3.98mm，最短的碳管 0.53mm。从 TGA 的结果可以知道残留在碳管中的催化剂形式，因碳管是在空气气氛下 900℃被烧掉，那么最后的残余物是氧化物的形式，如假定剩下的全是三氧化二铁，则金属铁的质量可以知道，通过对比处理前后催化剂的挥发情况，以 100g 单位铁为基准，可以得到 1500℃下处理 0.5h 后铁的挥发情况。可以看到，长度较长的碳管挥发的速度最慢，而较短的碳管明显比长的碳管挥发快。

表4-4 阵列多壁碳管1500℃下处理0.5h的结果

长度/mm	TGA/%		100g催化剂挥发量/g
	处理前	处理后	
3.98	97.5	98.85	54
3.13	98.75	99.35	48
1.75	94.33	99.55	92.1
1.14	95.33	99.62	91.9
0.53	94.51	99.32	87.6

3. 不同碳纳米管中铁催化剂脱除快慢差异原因

为了能够更清楚地认识这个过程，把碳管长度平方后取倒数，如图 4-17 所示，在横坐标值很小的时候，阵列碳管的挥发很少，此时对应的阵列碳管的长度最大，说明碳管越长挥发得越慢。如果碳管是沿管壁方向挥发走的话，该是具有相同的挥发速度，因此，当升温的时候阵列碳管中的催化剂是沿轴向的方向挥发走。同时，也可以看到当碳管的长度降低到一定值之后，在此长度后的阵列碳管具有相同的挥发速度，这说明，在 1500℃下 0.5h 内，铁可以扩散的长度为 0.63mm（约 1.67mm 的一半）。因此，在高温下催化剂沿着轴向的方向挥发走。

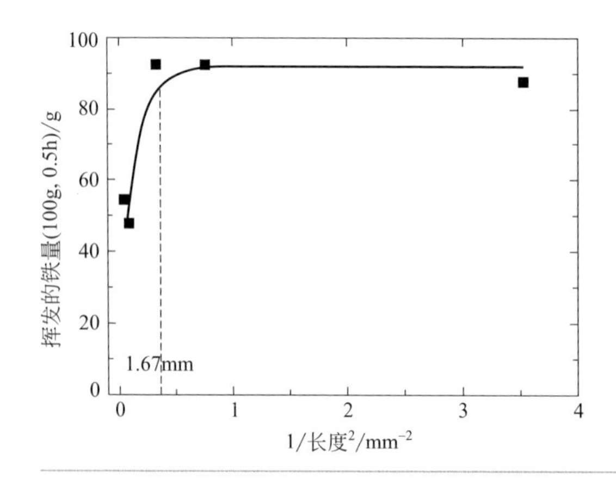

图4-17
铁的挥发与阵列多壁碳管长度的关系曲线[15]

为了能更清楚地对比铁在不同碳管中挥发速度的快慢，以 100g 铁催化剂计算作图。从图 4-18 可以看到，阵列多壁碳管的挥发速度最快，1500℃时已全部挥发走，而多壁碳管与双壁碳管相比的话，多壁碳管挥发更快。多壁碳管中的催化剂存在于碳管的管腔内，而双壁碳管中的催化剂被石墨层紧密地包覆。结合 XRD 表征发现，在阵列多壁碳管里的铁主要是 α 相和少量 γ 相的铁，多壁碳管里面的铁主要是 α 相的铁和Fe_3C，而双壁碳管里面的铁主要是α相的铁、Fe_3C和熔点最高的γ相的铁，这样也就能够解释为什么阵列多壁碳管挥发得最快，而双壁碳管挥发得最慢。α相的铁熔点最低，所以阵列多壁碳管中铁的挥发最快，而双壁碳管里面的铁比多壁碳管里多出了γ相的铁，γ相的铁熔点最高，所以双壁碳管挥发得最慢。

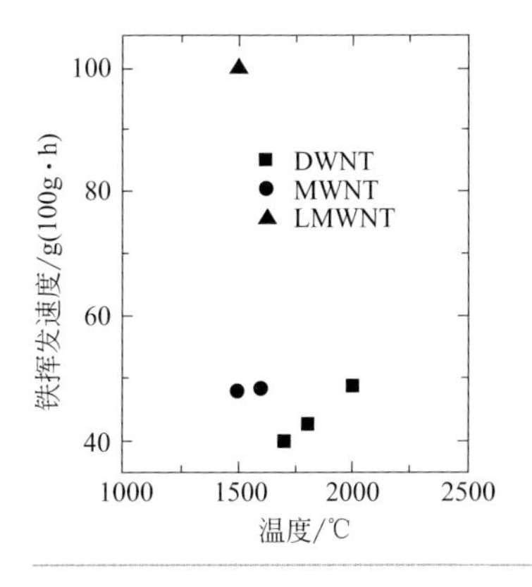

图4-18

不同碳管铁挥发速度和温度关系[14]

第五节
碳纳米管的氯化提纯

对于经过酸洗提纯后金属杂质较少的碳纳米管，或者对碳纳米管产品中金属杂质含量较少的产品，可以不经过酸洗提纯，而采用氯化提纯技术去除残余的金属杂质。氯化提纯是利用氯水或氯气的强氧化性，其可以和碳纳米管中残留的金属催化剂在常温或加热条件下反应生成氯化物，进一步去除金属氯化物来达到提纯碳纳米管的目的。研究表明Fe的氯化物易升华，其升华温度非常低（$FeCl_3$，300℃），因此可以利用$FeCl_3$气化温度低的特点，通过加热使$FeCl_3$气化与碳纳米管分离，从而达到提纯碳纳米管的目的。相比于高温提纯技术，氯化提纯可以降低能耗，同时避免高温处理过程中碳纳米管的管与管之间的聚并现象，可以最大限度地保持碳纳米管的结构完整性。

在气相氯化法的实施过程中，氯气分子能够和半包覆的残余Fe杂质充分接触，并能在加热条件下反应生成$FeCl_3$；同时，$FeCl_3$的升华温度较低，通过载气流动在抽真空的条件下，可以实现Fe杂质的极限脱除，相比溶液洗涤分离$FeCl_3$，气相提纯效率更高，适合大规模工业应用。另外，该气相氯化法还可以大幅度降低能源消耗；同时可以最大限度地保持碳纳米管的结构完整性，并减少聚并现象的发生。目前，氯化提纯过程可以在气相或者液相中实施，并结合其他提纯方法一同纯化碳纳米管，相比高温提纯技术，只有少数运用此方法提纯碳纳米管的研究报道。V. Gómez 等采用微波氧化预处理与气相氯化法相结合用以提纯碳纳米管[17]，在空气中对碳纳米管进行微波氧化处理，使包裹着残余金属 Fe 颗粒的碳壳被除去。金属 Fe 暴露在空气中，有利于后续的氯化处理，使提纯过程更加有效。I. Pełech 等进行了气相和液相氯化法去除碳纳米管中 Fe 杂质的对比研究[18]，首先通过氯化反应将 Fe 转化为 $FeCl_3$，然后通过丙酮和蒸馏水反复洗涤去除 $FeCl_3$。通过对比发现，气相氯化反应能够更加有效地去除 Fe 杂质，但是，后续采用的洗涤分离 $FeCl_3$ 的过程会产生大量的废液。

第六节
手性碳纳米管提纯技术

一、液相色谱技术

在各种分离技术中，凝胶色谱法具有简单、高效、低成本、易于自动化分离的特点，已发展成为一种重要的碳纳米管分离技术。在小手性角（< 20°）碳纳米管、大直径（> 1.2nm）碳纳米管的分离方面仍然面临着巨大的挑战，而且受制于分离效率和对高品质碳纳米管原材料的需求，分离制备的单一手性碳纳米管仍然难以满足实际应用的需求。

杨德华针对上述问题进行了系统研究[19]，针对碳纳米管分离的低效率，发展了高浓度单分散碳纳米管溶液的分散技术，通过提高碳纳米管分散液的浓度，将碳纳米管的分离效率提高了至少 300%，极大地提高了单一手性碳纳米管的分离效率和产量。在 SC + SDS（胆酸钠 + 十二烷基硫酸钠）的复合表面活性剂体系中，研究了不同温度、不同表面活性剂组分浓度下，凝胶对碳纳米管的选择性吸附[20]。发现复合表面活性剂组分浓度（质量分数）为 0.5% SC + 0.5% ~ 1.5% SDS 时，凝胶对碳纳米管手性角的选择性明显强于管径的选择性，而低温下（8 ~ 16℃）手性角选择性得到了进一步增强，凝胶对小手性角碳纳米管表现了很强的吸附力。在 SC+ SDS 体系与温控的协同作用下，成功地得到了 15 种高纯度单一手性碳纳米管及其部分镜像体，其中包含 11 种现有技术难以宏量分离的小手性角碳纳米管。这 15 种碳纳米管中有 10 种单一手性碳纳米管的纯度在 90% 以上，仅一种低于

80%。基于该方法本身的特点，对小手性角碳纳米管实现了高分辨率的宏量分离。

大管径碳纳米管的窄带隙使其更适合半导体领域应用。但是，在分离过程中大管径碳纳米管表面会包覆更多的 SDS，使分离变得困难。一方面 C—C 键的弯曲程度随着管径增加而减小，使大管径碳纳米管的表面更加趋近于石墨烯平面。这样，相对于小管径碳纳米管，SDS 分子在大管径碳纳米管表面包覆时，弯折程度下降，从而降低了需要克服的能量势垒，在大管径碳纳米管表面更容易形成包覆。另一方面是大管径碳纳米管的氧化相对更加容易，使碳纳米管表面带正电荷，吸引带负电的十二烷基硫酸根。针对此问题，设计和发展了 NaOH 辅助凝胶色谱技术[21]。通过引入 NaOH 调节溶液的酸碱度，来调节大管径碳纳米管表面 SDS 的包覆情况。研究发现，NaOH 适量引入可以中和溶液中的十二烷基硫酸根，选择性地抑制碳纳米管的氧化，减少表面活性剂（SDS）的包覆，从而精细地调控和增强碳纳米管与凝胶的相互作用力，实现不同管径甚至手性结构的分离。通过两步法进行分离（如图 4-19），其中两步法的第一步通过过载效应实现碳纳米管直径的粗分，为第二步分离提供分离的材料；第二步分离对第一步的各分离产物分别进行精细分离，以达到在管径分离的基础上，进一步提高半导体碳纳米管纯度，并提高半导体碳纳米管分离的分辨率，以得到手性富集的大管径碳纳米管。

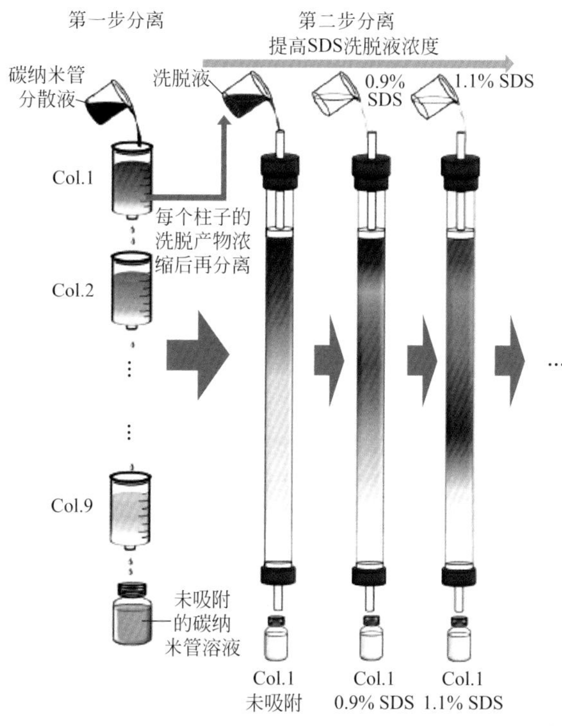

图4-19 “两步法”分离大管径碳纳米管的流程图[19]

二、密度梯度超速离心技术

单壁碳纳米管不同于多壁碳纳米管具有特殊的手性结构，它的纯度在电子应用中具有重要意义。大约 1/3 的单壁碳纳米管具有金属性质，其余 2/3 具有半导体性质。为解决不均一性的问题，M. C. Hersam 课题组使用密度梯度超速离心法对碳纳米管进行直径、带隙和电子性（金属性和半导体性）的分选提纯[22]。利用不同结构的单壁碳纳米管之间浮力密度（单位体积质量）的差异，在密度梯度下诱导碳纳米管纯化。使用表面活性剂在多个连续的密度梯度中分离，可以显著地提高单壁碳纳米管手性的分离度。这些材料被用于制造具有金属或半导体特性的碳纳米管薄膜电子器件。

密度梯度超速离心法仅限于含有少量纳米管结构的样品，并需要重复密度梯度超速离心操作。莱斯大学 R. B. Weisman 课题组采用非线性密度梯度超速离心法可以显著改善这一缺陷[23]。研究发现，通过 HiPCO 法（一氧化碳高压分解法）制备的单壁纳米管高度多分散样品可以很容易地进行一步分选，从而得到 10 种不同（n，m）的碳纳米管。离心后碳纳米管的照片［图 4-20（a）］显示广泛的彩色带，与分离组分的吸收光谱相对应［图 4-20（b）］。

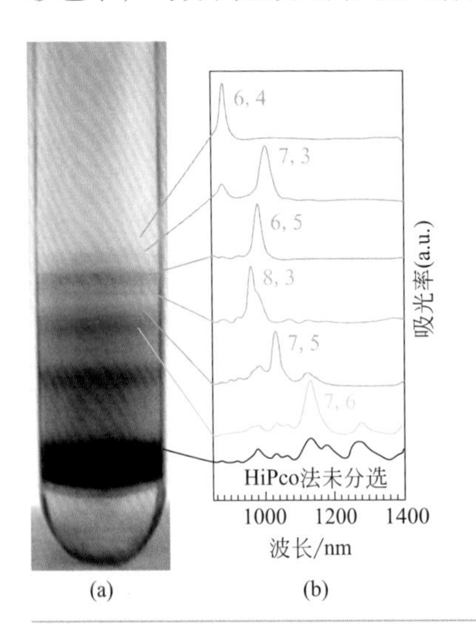

图4-20
非线性密度梯度超速离心法对HiPco单壁碳纳米管进行提纯分离[23]

三、原位生长调控技术

相比于手性分离技术，清华大学魏飞课题组提出了制备过程中直接获得高纯度的半导体纳米管制备技术[24, 25]。研究发现碳纳米管在生长过程中的原子组装速率与其带隙有密切关系，金属碳纳米管生长速率较慢，因此，气相化学沉积过程中，金属管数量随长度的指数衰减速率比半导体管高出数量级，在碳纳米管长度达到 154mm 后可实现 99.9999% 超长半导体管阵列的一步法制备（图 4-21），这一方法为制备结构完美、高纯半导体管水平阵列这一世界性难题提供了一项全新的技术路线，对新一代碳基电子材料的可控制备具有重要价值。

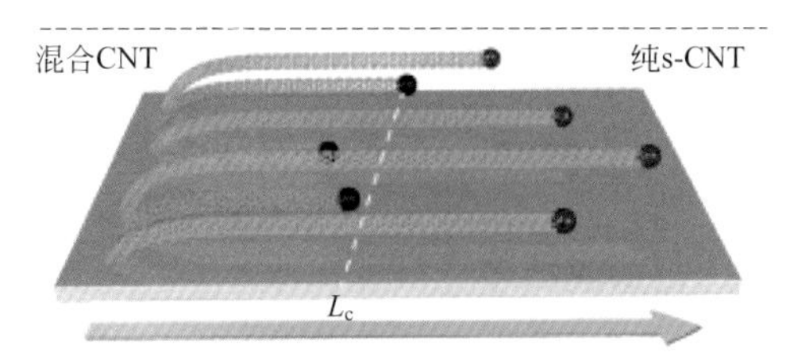

图4-21　高纯度半导体性碳纳米管阵列的速率选择生长[24]

由于制备的碳纳米管的杂质很大程度上取决于合成方法、实验条件和催化剂等因素，因此很难提出一个通用的纯化方法。纯化方法要根据碳纳米管的特征及目标应用来制定，并结合不同纯化优势为获得更高纯度的碳纳米管提供解决方案。当然，各国科学家普遍认为若能在制备碳纳米管的过程中准确控制好工艺条件，使生成的碳纳米管中杂质含量下降，将是提高碳纳米管纯度的关键。

第七节
碳纳米管的分散概述

碳纳米管具有优异的性质和广阔的应用空间，但是制约碳纳米管应用的一个瓶颈在于分散。碳纳米管的分散对其应用有重要意义。碳纳米管可以看作是一种长链线形的大分子材料。碳纳米管团聚体或者阵列中纳米管间有强烈的范德华力，且存在一定的物理纠缠，因此它们结合紧密，分散困难。要想得到均匀分散的碳纳米管必须同时满足 3 个条件：破坏长纤维纠缠黏结状态，克服碳纳米管间强范德华力，稳定碳纳米管分散状态。碳纳米管物理分散法主要有球磨、砂磨、超声波、流体剪切等。化学分散法主要有添加表面活性剂、强酸氧化、电化学氧化以及等离子体处理等。另外，还可以采用化学合成的方法将特定有机分子或官能团接枝到碳纳米管表面。目前，多种分散方法综合协同使用是常采用的碳纳米管分散工艺，如强酸氧化加超声波处理、超声波处理的同时添加表面活性剂、砂磨的同时添加表面活性剂等。多种方法综合使用：一方面提高了分散效率；另一方面提高了分散的程度和分散稳定性。

国内外关于碳纳米管分散性的研究主要集中在通过碳纳米管的表面改性增强其在溶剂中的溶解性和其他基质材料中的分散性[26]。改性方法可分为两大类，共价功能化和非共价功能化。共价功能化主要是通过用混酸或其他强氧化剂对碳纳米管进行处理，使开口的碳纳米管端部及表面共价地接上诸如羟基、羧基等活性基团以增加其水溶性，然后再接枝长链有机化合物等使其可溶于有机溶剂中。该法可制备分散性良好的碳纳米管悬浊液，但往往不同程度地破坏了碳纳米管结构的完整性，损害了其电子及力学性能。非共价功能化是基于碳纳米管的侧壁由片状层结构的石墨组成，碳原子的 sp^2 杂化形成高度离域化 π 电子。这些 π 电子可以被用来与含有 π 电子的其他化合物通过 π-π 非共价键作用相结合，得到功能化的碳纳米管。例如具有刚性主链的功能化分子以螺旋状构象包裹在碳纳米管表面，柔性聚合物分子以链间卷曲的构象包裹在碳纳米管表面。这种修饰方法不会对碳纳米管本身的结构造成破坏，可以得到结构保持完整的功能性碳纳米管。接下来，我们将讨论碳纳米管在水中和有机溶剂的分散性能研究进展。

第八节
碳纳米管的水系分散

碳纳米管水系分散可以追溯到 1994 年，S. C. Tsang 等发现把多壁碳纳米管放在强酸中超声处理，可对其进行切割，使碳纳米管开口提高碳纳米管分散性[27]。1998 年，R. E. Smalley 等发现：在 70℃下，单壁碳纳米管在氧化酸（浓硫酸∶浓硝酸 =3∶1 或浓硫酸：30% 过氧化氢 =4∶1）中可对其进行切割，使碳管长度变短且杂质减少[28]。氧化酸纯化后，SWCNT 在水溶液中会迅速形成絮团，而在阴离子表面活性剂如十二烷基硫酸钠或非离子表面活性剂 Triton X-100 的辅助下，可以制备稳定的碳纳米管水分散液。

当前，发展绿色高效的碳纳米管水分散液的制备方法变得很有必要。在中国古代，人们利用不完全燃烧得到纳米炭黑，添加含蛋白质的骨胶，通过研磨等复杂分散工艺流程制得了水溶性优异的墨。这给碳纳米管分散很好的启发，首先需要通过改变碳纳米管的表面特性，使碳纳米管容易分散在水中。人们将改变碳纳米管表面特性的方法分为共价修饰和非共价修饰两种。共价修饰法是通过活性分子直接共价侧壁功能化或通过强酸强碱氧化处理使碳纳米管的侧壁或者端口带有—COOH/—OH。研究表明，共价修饰能够改善碳纳米管在水中的分散性并具有较高的分散稳定性，但是会破坏碳纳米管共轭结构，使碳纳米管表面产生缺陷，破坏碳纳米管自身的电学性能，降低了碳纳米管的力学性能。非共价修饰主要是分散剂通过 π-π 相互作用、疏水作用等吸附在碳纳米管的表面使单根碳纳米管之间产生静电排斥或空间位阻，分散剂对碳纳米管的结构不产生破坏，但会引入外来的分散剂分子。目前，已报道的分散剂有表面活性剂、聚合物、生物分子等。受古代墨材料的启发，从碳纳米管制备源头对碳纳米管界面调控也变得非常重要。此外，碳纳米管的分散设备也非常关键，借助砂磨、超声、高速剪切等机械作用可以对分散碳纳米管起到强化作用。

一、酸氧化碳纳米管水分散

1．强酸氧化分散碳纳米管

强酸氧化碳纳米管是一种常见的水分散碳纳米管的方法。酸氧化碳纳米管一方面能够去除碳纳米管中的催化剂颗粒达到提纯碳管的目的；另一方面，会切短碳纳米管，降低碳管长径比，进而减弱碳纳米管之间作用力，且其表面引入的氧官能团具有亲水性促进碳管在水中的分散。

沙特基础工业公司（SABIC）和其收购的纳米技术公司（Black Diamond Structures，BDS）的专有技术 MOLECULAR REBAR® 可显著提高铅酸和锂离子电池的性能水平，在储能领域拥有极广的应用前景[29]。它采用酸（3∶1 的浓硫酸与硝酸）氧化碳纳米管，使其成为氧化水平（质量分数）为 1% ~ 15% 的离散碳纳米管，能够制备出易于在水中分散的碳纳米管，氧化后的碳纳米管的长径比在 10 ~ 500 范围内。随后，将氧化的碳纳米管添加到水中，以氧化碳纳米管质量 1.5 倍的浓度添加表面活性剂十二烷基苯磺酸钠，对溶液进行超声同时搅拌直至 CNT 完全分散在溶液中形成水系浆料。将酸氧化的碳纳米管水分散液用于铅酸电池，其循环寿命增加了 50%。与不含碳纳米管的浆料相比，使用碳纳米管浆料制作的碳 / 铅电极的黏附性能够改善 10% 以上，且在相同电解质浓度和温度下离子传输能力增大 10% 甚至更多。

江苏天奈科技股份有限公司采用化学气相沉积中的流化床工艺生产碳纳米管，公司碳纳米管和导电浆料年产能分别为 6750t 和 29000t 以上。采用表面酸氧化碳纳米管生产碳纳米管水系浆料，其碳管最高纯度为 99.9%，平均直径为 5 ~ 11nm。其分散剂采用聚苯乙烯磺酸锂、聚苯乙烯磺酸钠、萘磺酸 - 苯乙烯磺酸 - 马来酸酐聚合物的锂盐、萘磺酸 - 苯乙烯磺酸马来酸酐聚合物的钠盐中的一种或多种[30]。该水系浆料与电池材料混合成浆料应用于锂离子电池，能够显著提升锂电池能量密度与循环寿命，水系分散导电浆料有望应用于硅碳负极材料中。

中国科学院金属研究所成会明课题组发现碳纳米管经超强酸插层、溶胀和硝酸选择性氧化所含碳质副产物后可自发将碳纳米管分散到水中[31]。课题组采用浮游催化剂化学气相沉积（FCCVD）合成的 SWCNT 为原料，对其进行强酸氧化纯化和分散。如图 4-22 所示，制备态的单壁碳纳米管通常以束状形式存在，且含有大量的无定形碳和碳纳米颗粒等碳质副产物。超强酸能够插层、溶胀碳纳米管，使碳纳米管彼此分开并将其表面高反应活性的碳质副产物反应为亲水基团暴露出来，从而通过控制反应条件实现选择性功能化碳质副产物。

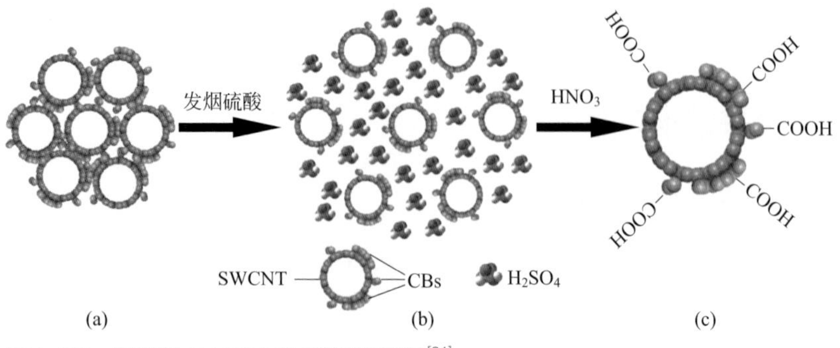

图4-22　可溶性SWCNT的制备原理图[31]

为优化实验条件，课题组研究了氧化温度、碳纳米管 / 发烟硫酸比、发烟硫酸插层温度等因素对碳纳米管的分散性影响。在浓硫酸 / 硝酸比例为 3∶1 下，发现氧化温度是制备可溶性单壁碳纳米管的最重要因素之一，如果氧化温度高于 95℃，则单壁碳纳米管的大部分被酸消耗；当氧化温度低于 60℃时，得到的单壁碳纳米管不溶，最佳的氧化温度为 70℃ ± 5℃。此外，通过实验可知，制备可溶性单壁碳纳米管的最佳条件为插层温度为 120℃，碳纳米管 / 发烟硫酸比为 50mg/30mL。

2. 超强酸分散碳纳米管原理

分析碳纳米管在超强酸中分散的原因，R. E. Smalley 课题组提出了 SWCNT 束在超强酸中溶胀的模型[32]，如图 4-23 所示。单壁碳纳米管之间存在着范德华力而紧密连接在一起［图 4-23（a）］，当加入超强酸后，单个纳米管被有序的硫酸层包围［图 4-23（b）］使单根碳纳米管分开。R. E. Smalley 等认为这可能是超强酸对单壁碳纳米管直接质子化的结果，是一个热力学上有利的过程。碳纳米管的两性特性表明，碳纳米管可表现为弱碱性并被质子化，直接导致整个碳纳米管的正电荷离域化。形成多碳正离子的过程可以看作是：

$$C_x + yAH \longrightarrow [C^{\delta+}{}_x H_y{}^{(1-k\delta)}] + yA^- \quad (4\text{-}5)$$

式中，$k = x/y$；x是给定碳纳米管中的碳原子数；y是溶解碳纳米管的质子数；δ是每个碳原子所带的正电荷。多碳正离子的形成和稳定性取决于共轭碱阴离子A^-的稳定性。被溶解的碳纳米管仅在低的浓度下以单个多碳正离子的形式存在于溶液中，并在高浓度下转变为向列相的中间相。而脱质子作用发生在碱的存在下，可以导致溶解的单壁碳纳米管沉淀。

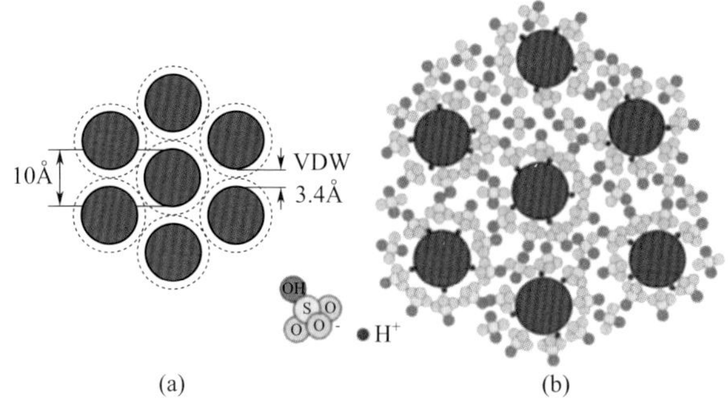

图4-23　SWCNT束在硫酸中插层、溶胀的模型[32]

VDW—范德华（van der waals）距离 1Å=10^{-10}m。

超强酸的插层、溶胀使单壁碳纳米管之间作用力减弱，要使单壁碳纳米管分散在水溶液中还需要对其进行硝酸氧化。由于合成的单壁碳纳米管存在一些碳质副产品（CBs），例如无定形碳、碳纳米颗粒、碳质碎片，它们是无定形的或结晶度低的，比结构更完美的高质量 SWCNT 具有更强的化学反应性或更低的化学和热稳定性。因此，对单壁碳纳米管进行插层、溶胀后，通过控制硝酸氧化条件使其对碳纳米管上附着的碳质副产物进行功能化，在很大程度上保持了单壁碳纳米管的结构完整性。功能化的碳质副产物紧紧附着在单壁碳纳米管表面，由于其疏水碳骨架和亲水—COOH 官能团，可以作为两亲性表面活性剂，使单壁碳纳米管溶于水。M. L. H. Green 等曾对这一观点进行了验证，证明硝酸可以在碳质碎片上产生—COOH 功能化，并强调大多数—COOH 官能团存在于羧基化的碳质碎片上，而不是在单壁碳纳米管的侧壁上 [33]。图 4-24 为碳纳米管在分散过程的电镜图，起初纯化的单壁碳纳米管是紧密纠缠的［图 4-24（a）］，使用发烟硫酸后得到碳纳米管管束的直径约 200nm［图 4-24（b）］，这证明发烟硫酸可以作为插层剂使单壁碳纳米管溶胀。功能化的碳质副产物附着在单壁碳纳米管上［图 4-24（c）］，经热处理和盐酸浸泡后的单壁碳纳米管表面功能化的碳质副产物被去除，碳纳米管保持完好［图 4-24（d）］。有三个关键因素决定是否可以获得水分散单壁碳纳米管。第一，一定数量的碳质副产物有助于分散单壁碳纳米管。如果产生的 SWCNT 在空气中热处理是在发烟硫酸和硝酸处理之前，则不容易得到水分散的单壁碳纳米管。因为热氧化处理会燃烧掉大部分用于 SWCNT 分散的碳质副产物。第二，碳质副产物和单壁碳纳米管之间的化学反应活性的差异对于选择性功能化是至关重要的。第三，合适的氧化条件（如氧化剂和反应温度），能够实现碳质副产物的选择性功能化，同时保持单壁碳纳米管的完整性。

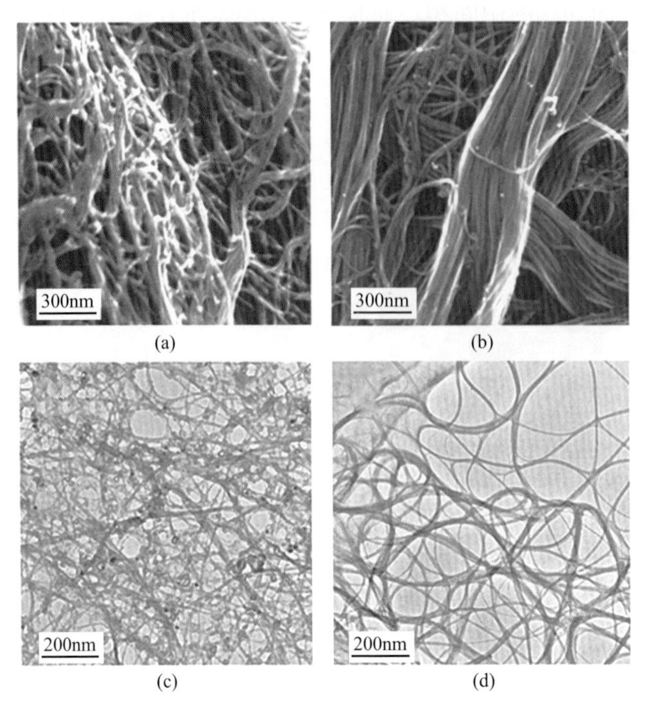

图4-24 纯化后的SWCNT的紧密缠结网络（a）和经超强酸插层、溶胀后SWCNT的缠结绳索（b）SEM图；可溶性SWCNT（c）及经热处理和HCl浸泡后的SWCNT（d）TEM图[31]

除了利用超强酸外，空间相互阻隔的方法目前还被用于碳纳米管 / 石墨烯复合浆料的制备。采用氧化还原石墨烯 / 液相剥离石墨烯分散碳纳米管溶液，其分散于碳纳米管网络中能够形成有效的空间阻隔，从而达到相互促进的分散效果[34]。

二、添加剂辅助单壁碳纳米管的水分散

OCSiAl 公司采用独特的技术在高产率反应器的反应室中利用催化烃分解高效合成单壁碳纳米管，其产品纯度高达 80% 以上，长度大于 5μm，直径为 1.2 ~ 2.0nm，含铁量小于 1%[35]。如图 4-25（a）和（b）为产品电镜图。以 TUBALL ™单壁碳纳米管为基础的预分散体系列产品，能够在各种基体中分散形成完美的导电与增强网络，以超低剂量赋予材料稳定且均匀的导电性以及力学性能的提升，且对主基质的影响很小。OCSiAl 公司通过这种特殊工艺制备出来的单壁碳纳米管，相比普通方法制备的碳纳米管，具有好的分散性，易于添加

到材料中，在应用中不需要重新分散也无需改变原工艺流程，这很可能得益于制备过程中对碳纳米管结构和界面的控制。在进行水分散时，加入少量的黏结剂（如羧甲基纤维素、聚乙烯吡咯烷酮）可以制成碳纳米管水分散液。其产品TUBALL BATT H_2O 是一种方便易用的以 TUBALL™ 为基础的单壁碳纳米管水分散液，可以有效改善硅碳负极的循环问题。当以 0.05% 的 TUBALL™ 单壁碳纳米管添加量加入到硅碳负极，如图 4-25（c）和（d）所示，相比 SP 作为导电添加剂，TUBALL BATT H_2O 中超细和稳定的单壁碳纳米管在锂离子电池充放电的过程中，完全连通硅碳负极颗粒，满足电动车制造循环寿命长的要求。

图4-25 TUBALL™单壁碳纳米管的电镜图［（a）（b）］以及添加0.05%TUBALL™单壁碳纳米管和1%SP的硅碳负极的电镜图［（c）（d）］[35]

第九节 碳纳米管的有机分散

碳纳米管在有机溶剂中的分散相对较为成熟，经过提纯的碳纳米管经砂磨后分散在 *N*- 甲基吡咯烷酮中的浆料已经得到商业应用。此外，碳纳米管在异丙醇、苯甲醇、二氯苯、氯仿、二甲基甲酰胺、四氢呋喃等有剂溶剂中的分散也在不断地被研究，并为原位复合材料的制备奠定基础[36]。

由于共价功能化不可避免地会破坏碳纳米管的侧壁，改变碳纳米管的化学和物理性质；而非共价功能化在去除附着的基团上存在后处理困难，对进一步修饰产生限制等问题，从这个角度来看，利用有机溶剂的无添加剂的湿化学方法似乎是更合适的。K. E. Geckeler 等采用多种方法研究了不同溶剂对单壁碳纳米管（SWCNT）个体化的影响[37]，发现使用邻二氯苯（DCB）作为有机溶剂，通过“无添加剂技术”可获得单个的单壁碳纳米管。利用超声与超速离心法相结合，使单壁碳纳米管在邻二氯苯中能够形成稳定溶液。而在工业中，应用较多的有机溶剂是 *N*- 甲基吡咯烷酮（NMP），并配合聚乙烯吡咯烷酮（PVP）使用，由此诸多企业开发出碳纳米管导电浆料应用于储能和复合材料领域。在该有机分散体系中，聚乙烯吡咯烷酮对溶剂中的碳纳米管起到稳定分散的作用。此外，类似于高分子的增塑剂，聚乙烯吡咯烷酮还会自发地“脱附”一些碳纳米管聚集物，从而在没有进一步超声处理的情况下增加了孤立分离的碳纳米管。

美国西北大学的黄嘉兴课题组使用间甲酚研发了一种分散碳纳米管的方法，该法不需任何添加剂或苛刻的化学反应，只需要使用间甲酚修饰的碳纳米管就能实现[38]。研究发现超声处理或磨碎后，单壁和多壁碳纳米管都可以很好地分散在间甲酚中，而无需任何表面功能化。从图 4-26 可知，加入间甲酚后，碳纳米管由最初高度凝聚纠缠状态转变成具有很好的分离状态。研究结果表明间甲酚和碳纳米管表面之间有足够强的相互作用，这种相互作用甚至大于碳纳米管之间的

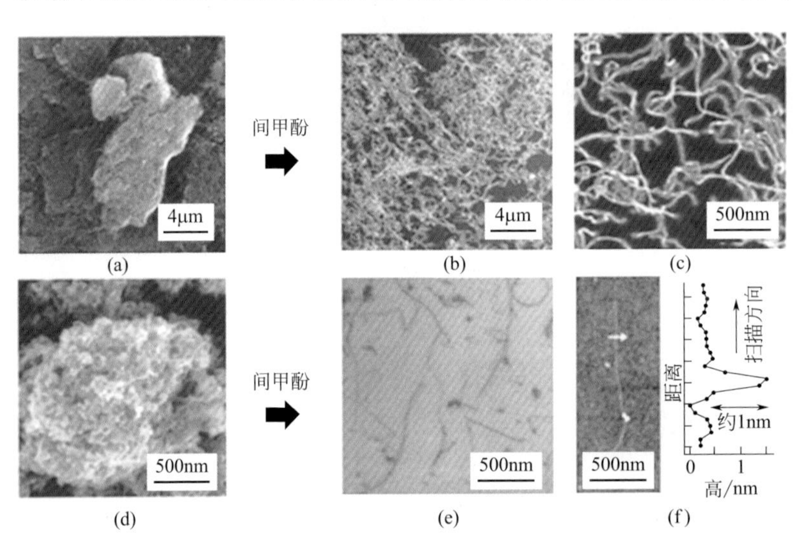

图4-26 分散前（a）和在间甲酚超声处理后［（b）（c）］的MWCNT的SEM图，分散前的SWCNT颗粒（d），在间甲酚超声处理后的SWCNT的SEM图（e）和AFM图（f）[38]

范德华力，因此使聚集的碳纳米管能够分散。该研究结果还发现间甲酚不会破坏碳纳米管的表面功能，分离解缠结碳纳米管后，可以通过清洗或加热使溶剂蒸发。用质子核磁共振（^{1}H NMR）波谱法来探测间甲酚与碳纳米管之间的相互作用，发现酚羟基质子峰向上移动了 0.10，而其他质子峰保持不变，这种移动是酚羟基质子上电子密度增加的结果，即表明其与纳米管的电荷相互作用和转移，这和碳纳米管在路易斯酸类型的溶剂中分散效果较好的原因类似。

在甲酚的三种异构体中，间甲酚在室温下为液体。虽然邻甲酚和对甲酚在室温下为固体，但它们也可以在熔融状态下或与间甲酚在室温下混合用于碳纳米管的分散。因此，即使是未经精制的粗制甲酚（这是三种异构体的液体混合物）也可以直接用于工业规模的碳纳米管的分散处理，并且发现在甲酚混合物中再添加10%（质量分数）的苯酚不会对纳米管分散体的稳定性产生负面影响。甲酚的杂质耐受性和易去除性，使其成为碳纳米管分散液加工的非反应性溶剂的理想选择。

能够分散和加工碳纳米管而不会污染其功能性表面或不留残渣的基于溶剂的分散策略对其他碳纳米管的应用也非常有用。例如，甲酚是用于各种类型的未官能化碳纳米管的通用溶剂，它可以将碳纳米管的浓度提高到百分之十几，随着碳纳米管浓度的增加，材料从稀释的分散体转变为可涂抹的糊状物，又转变为自立式凝胶状，最后变成可揉捏的面团状（图 4-27）。稀释分散液通常通过超声处理制成，其他较高浓度的状态通常是通过研磨制成的。四种状态之间的转变伴随着其电学、流变学和黏弹性特性的阈值变化。这些不同形式的碳纳米管分散体可以用于导电油墨等领域。可加工的聚合物溶液状态之间的连续过渡表明，碳纳米管在间甲酚中分散和伸展形成了一个紧密的网络，在浓度增加时密度增大。从本质上讲，这种溶剂体系使得碳纳米管表现得像聚合物一样，甲酚类的溶剂使曾经难加工的碳纳米管变得像普通塑料一样可用。甲酚溶剂使碳纳米管具有聚合物的流变和黏弹性，并具有可加工性，使其可以通过现有的材料加工技术立即使用，从而形成所需的结构和形状因子，并制成复合材料。

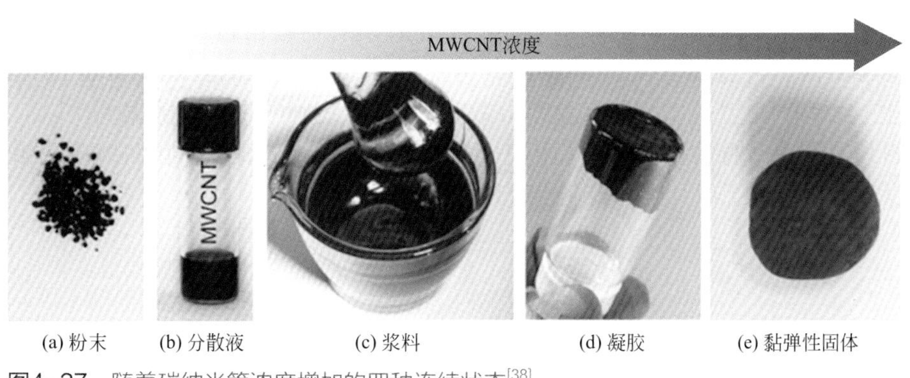

图4-27　随着碳纳米管浓度增加的四种连续状态[38]

第十节
碳纳米管酸质子化液晶

碳纳米管具备一维线形特征，符合液晶的几何外形，这是其液晶形成的前提之一，即构造单元的高度各向异性。与凯夫拉（一种液晶聚合物）类似，碳纳米管在一定条件下，能够表现出溶致液晶性。先前研究利用长刚性棒静电斥力的空间理论，研究了长刚性棒悬浮过程中的碳纳米管相行为。研究结果表明，在良好的溶剂中，碳纳米管之间的范德华力被克服，有可能排列成流动的液晶相。

碳纳米管可以作为弱碱，被超强酸（如发烟硫酸）质子化。这种质子化作用使碳纳米管表面形成有序的酸层，从而使碳纳米管溶解。碳纳米管周围有序的酸层产生管间静电排斥，其强度足以克服管间范德华引力。据报道，SWCNT 可以分散在超强酸中，如 100% 硫酸、发烟硫酸（20% 游离的 SO_3）、三氟端苯磺酸、甲磺酸和氯磺酸，其浓度（质量分数）可达 8%。在超强酸中质子化的碳纳米管表现为刚性棒状液晶，并且随着浓度增加到一个临界值，展现出一种向列相液晶转变。

与刚性棒状液晶一样，溶剂质量对固相 - 溶剂相互作用有很大的影响，进而对体系相图进行了研究。据报道，随着酸强度的增加，超强酸中单壁碳纳米管的等温热态转变临界浓度向更高的值转移。因此，当酸强度较高时，SWCNT 在超强酸中的各向同性相更加稳定。更强的酸具有更强的质子化能力，从而增加了电荷的稳定性和各向同性相中 SWCNT 的总数，这些发现进一步证实了碳纳米管在超强酸中的质子化机制。

莱斯大学 R. E. Smalley 等探究了单壁碳纳米管在超强酸中形成真正的热力学溶液，并报告了完整的相图，为流体相组装过程的合理设计提供了依据（图 4-28）。单壁碳纳米管在质量分数为 0.5% 的氯磺酸中自动溶解，比以前报道的其他酸中溶解的碳纳米管高出 1000 倍。在较高的浓度下，它们形成液相，可以很容易地加工成纤维和控制形态的薄片[39]。

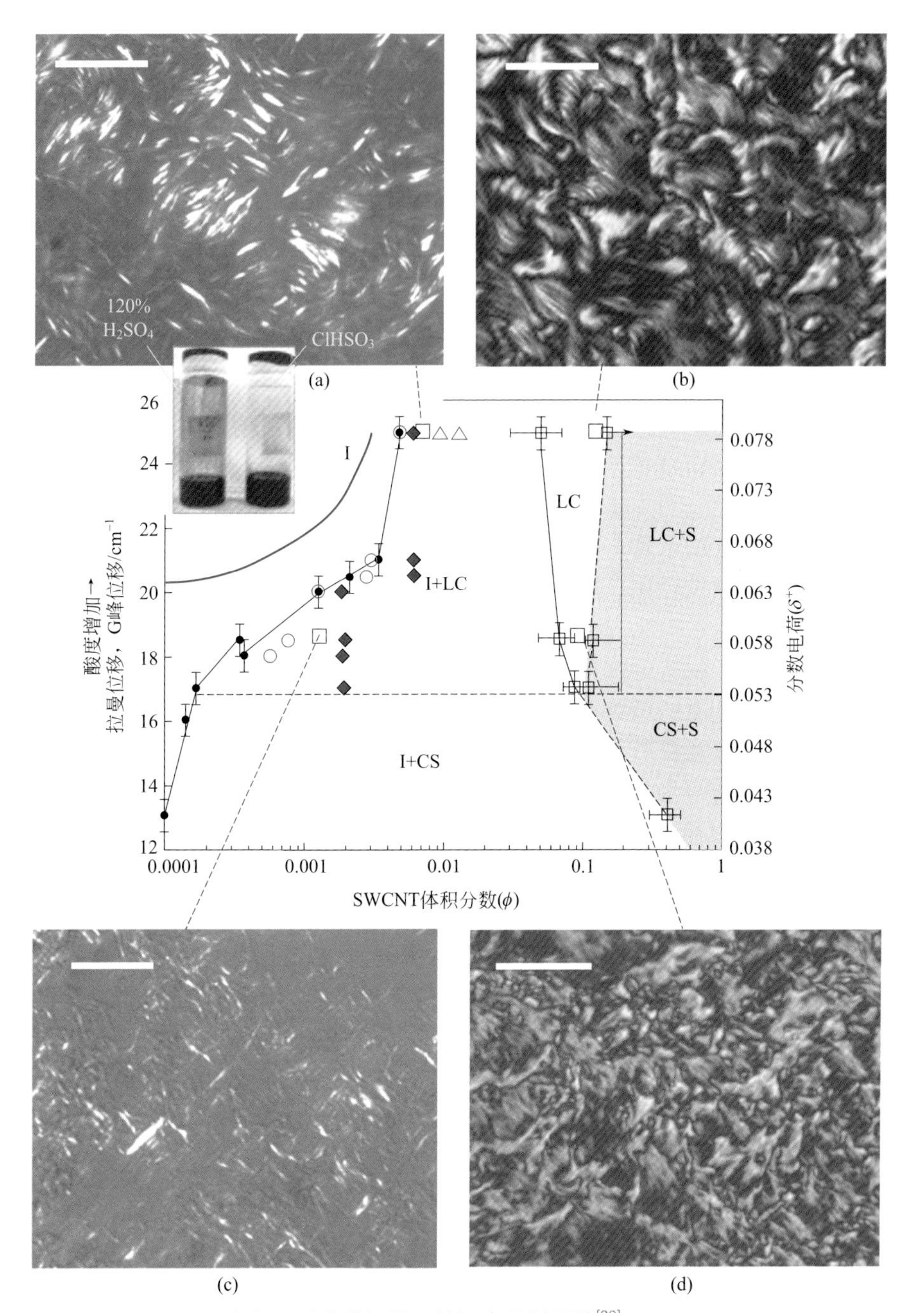

图4-28 SWCNT在超强酸中的相图和偏振光显微照片[39]

第十一节
碳纳米管分散的应用

一、锂离子电池

碳纳米管能够成功进入商业化，正是借助锂离子电池的发展。锂离子电池具有工作电压高、比能量密度大、循环寿命长、无记忆效应和环境友好等优点，已经在生活中的多个方面得到了应用。随着3C消费电子产品的需求增加和电动汽车的普及，现有的正极材料如层状钴酸锂、锰酸锂、镍钴锰酸锂等本身的导电性差，已经不能满足市场需求。因此，在电极材料中添加导电剂变得十分有必要。常用锂离子电池导电剂主要包括传统导电剂（如炭黑、导电石墨、碳纤维等）和新型导电剂（如碳纳米管、石墨烯及其混合导电浆料等）[40]。碳纳米管具有优良的导电性、极高的长径比，因此导电效果好。作为一种新型导电剂，使用量仅为传统导电剂的1/6 ~ 1/2。此外，碳纳米管的分散浆料也开始被用于涂碳铜箔和铝箔的开发，用于制造更优异的电池集流体。

导电剂影响性能的最终指标是碳纳米管长径比、纯度以及分散度，因此碳纳米管制备、纯化以及分散是整个碳纳米管浆料生产过程的核心环节。碳纳米管浆料制作过程，先将分散剂溶于溶剂中［图4-29（a）］，随后加入碳纳米管粉体进行预分散，再经过研磨得到流动性很好的碳纳米管导电浆料[41]。关于碳纳米管的分散，一方面是选择合适的分散剂和溶剂，另一方面是选择分散碳纳米管制备浆料的设备。分散碳纳米管常用的技术手段是砂磨，其作用机理是通过施加剪切力将大的碳纳米管网络尺寸减小到可接受的尺寸。以砂磨为例，研磨介质及物料间的作用是由高速旋转的叶片产生的，靠近叶片表面的研磨介质和物料受黏度阻力而随叶片运动，被离心力抛向砂磨机筒壁，形成双环形滚动的湍流。运动产生剪切、挤压和摩擦力使介质间的物料变形产生应力场，当应力场达到颗粒的屈服或断裂极限时，便产生塑性变形或破碎。

OCSiAl公司是单壁碳纳米管生产商，建立了世界上最大的单层碳纳米管合成工厂（最大年产量可达10t）。OCSiAl公司生产的单壁碳纳米管产品纯度高达80%以上，其独特的可扩展技术已获得专利。其核心产品TUBALL™单壁碳纳米管的分散液正不断突破其应用需求。OCSiAl公司的单壁碳纳米管在经过提纯后可以有效地分散在*N*-甲基吡咯烷酮中，形成导电浆料，与其他公司单壁碳纳米管相比，其产品不仅价格低，而且其添加量与其他添加剂相比要低得多，添加量从 0.001% ~ 0.1%，能够在各种基体中分散形成完美的导电与增强网络，赋予材料稳定且均匀的导电性与力学性能的提升，同时使得终端产品更为轻量化。

图4-29 碳纳米管浆料（a）及分散碳纳米管的形态（b）[41]

天奈科技是我国最大的碳纳米管生产企业，在碳纳米管及其相关复合材料领域处于全球领先水平。天奈科技积累了大量的阵列碳纳米管导电浆料生产经验，成功遴选出最合适的分散剂、分散方法和设备，率先将碳纳米管通过浆料形式导入锂离子电池，并使其产业化。其制备的碳纳米管浆料可由如下质量分数的组分组成：3% ~ 8% 的高纯高导电碳纳米管，0.1% ~ 2.0% 的分散稳定剂，余量为 *N*- 甲基吡咯烷酮。其中高纯高导电碳纳米管，典型管径分布在 4 ~ 10nm，平均管径为 7nm，金属含量小于 100mg/L。碳纳米管在浆料中分散良好，浆料黏度为 13000mPa • s，能够满足高端锂离子二次电池的要求。

为了更好地提高导电率，可通过不同碳材料的复配得到比单一碳导电剂更为有效的导电网络。如在含有分散剂的溶剂中，依次加入石墨烯、碳纳米管和导电炭黑，进行混合得到复合浆料。由于碳纳米管导电材料相较于炭黑拥有更好的导电性以及更少的用量，对电池循环寿命以及倍率性能有较大提升，因此伴随动力电池对能量密度、循环寿命的需求提升，碳纳米管逐步替代炭黑成为动力锂离子电池的重要导电剂。

二、透明导电薄膜

透明导电薄膜是触控屏、平板显示器、光伏电池、有机发光二极管等电子和光电子器件的重要组成部件。铟锡氧化物（ITO）具有出色的导电性能，一直被用来生产透明导电薄膜，但铟锡氧化物不具有柔性且铟资源稀缺，难以满足柔性电子器件等的发展需求。因此，研究人员试图寻找铟锡氧化物的替代品来生产透明导电薄膜材料。其中，碳纳米管薄膜具有高的电子导电性和透光率，制备工艺简单，有超强的力学性能和延展柔韧性，因此显示出巨大的潜力。

针对此类应用，碳纳米管应能够单独分散在聚合物基体上，且更长、更直的碳纳米管能够改善透明导电薄膜的性能。在众多的研究中，分散碳纳米管的最大长度是 20μm，这限制了碳纳米管在透明导电薄膜中的应用。因此，开发一种新的方法来增加分散碳纳米管的长度是一个关键问题，包括使用高长径比的原材料和在分散过程中保持碳纳米管的长度。

近年来，阵列碳纳米管具有长径比高（10^4 ~ 10^5）、可批量制备、纯度高和取向性好等优点，越来越受到人们的关注。阵列碳纳米管长度可达毫米级，与随机团聚的碳纳米管相比，碳纳米管之间的相互作用力很弱，长度越长这个效应越明显。魏飞课题组以垂直排列的碳纳米管阵列为原料，通过不同分散手段（剪切、超声、研磨），在液相（苯甲醇）中利用较高的剪切力进一步剪切絮状碳纳米管，得到单独分散的碳纳米管[42]。所有的碳纳米管都简单地相互重叠，没有观察到缠结［图 4-30（a）~（c）］。对比剪切后的长度分布，发现剪切得到的碳纳米管长度整体大于超声和研磨得到的碳纳米管长度［图 4-30（d）~（f）］。经液相分散后，碳纳米管明显缩短。可通过碳纳米管在分散过程中所施加的应力理解这些现象。通过理论研究和实际实验估算，研磨所需应力为 1 ~ 10GPa，超声所需应力为 70GPa，而剪切所需的应力为 5Pa。由于避免了超声、研磨过程中较强的作用力，经过剪切方法得到的碳纳米管长度最长、缺陷最少。

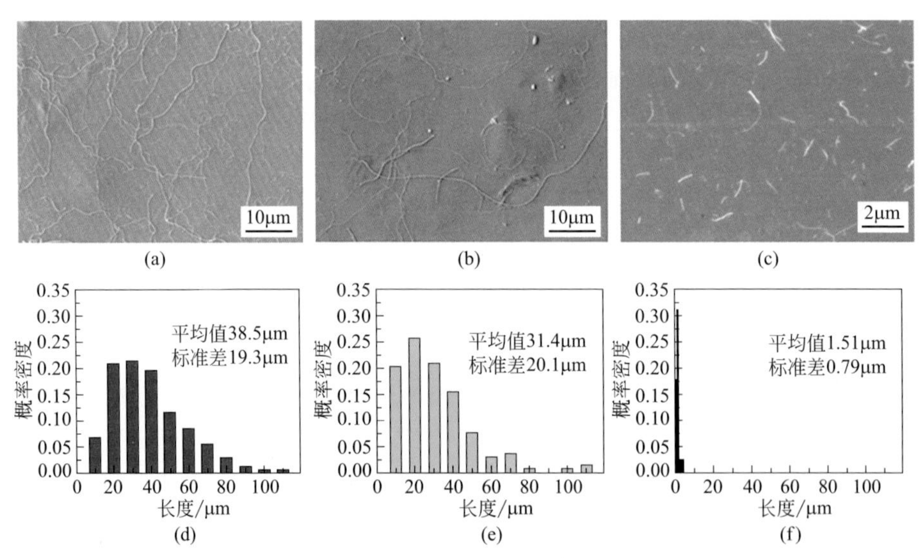

图4-30 剪切、超声和研磨分散的CNT的SEM图像［（a）~（c）］和长度分布图［（d）~（f）］[42]

碳纳米管透明导电薄膜具有高的光学透明性和导电性，现在已经满足了触摸屏等应用的需求。大多数研究人员使用表面活性剂分散单壁碳纳米管来制备透明导电薄膜。绝缘表面活性剂的存在使管与管之间的接触电阻增大，表面活性剂必须浸泡在硝酸等介质中才能除去。将上述三种分散的碳纳米管通过过滤 - 转移法制备透明导电薄膜，并对透明导电薄膜的表面电阻与透过率的关系进行测试。由图 4-31 知，碳纳米管长度越长，形成的透明导电膜性能越好。

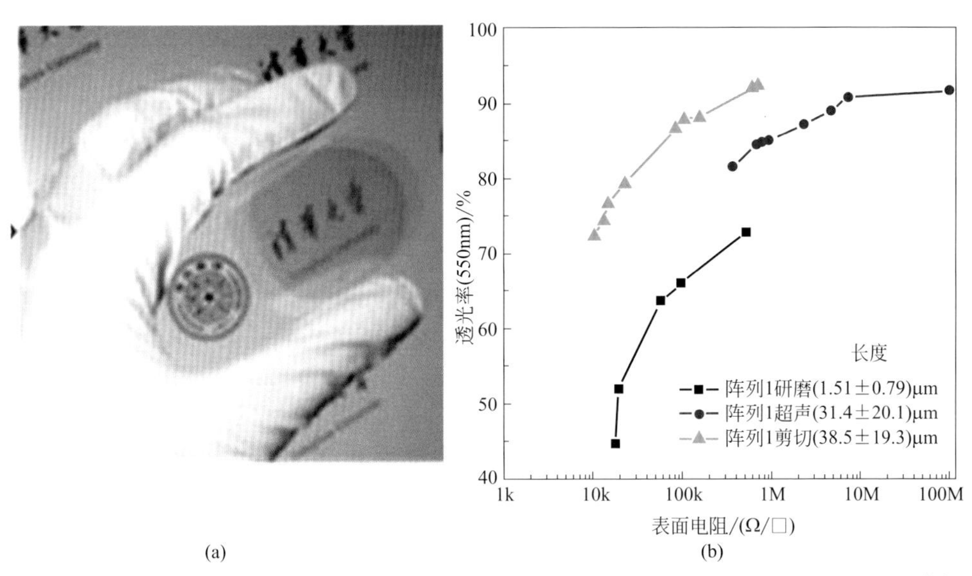

图4-31 阵列碳纳米管的透明导电膜（a）及透明导电薄膜的表面电阻与透过率的关系（b）[42]

焊接强化是提高碳纳米管透明导电薄膜透明性和导电性的有效手段[43]。其机理是通过提高碳纳米管的载流子密度和降低碳纳米管之间的接触电阻来提高导电性。中国科学院金属研究所成会明、刘畅课题组采用浮动催化剂化学气相沉积法制备出具有“碳焊”结构单根分散的单壁碳纳米管薄膜。通过控制碳纳米管的形核数量，使所得薄膜中约 85% 的碳管以单根形式存在。通过调控反应区内碳源浓度，在碳纳米管网络交叉节点处形成“碳焊”结构。研究表明该“碳焊”结构使金属性 - 半导体性碳纳米管间的肖特基接触转变为近欧姆接触，从而显著降低管间接触电阻。因此，所得碳纳米管薄膜在 90% 透光率下电阻仅为 41Ω。经硝酸掺杂处理后，其电阻降低至 25Ω，已优于柔性基底上的铟锡氧化物。

三、涂料

单壁碳纳米管具有金属或半导体的导电性、极高的机械强度和诸多电学、热学等特性，将其应用于涂料领域，可使传统涂层的性能得到提升并赋予其新的功能[44]，例如：导电涂料、散热涂料、电磁屏蔽涂料、隐身吸波涂料。涂料主要由成膜物质、颜料、溶剂和助剂四个组分构成，涉及高分子化学、物理化学多个学科，可以根据使用需求选择合适的涂料配方。

随着电子产品的高集成化及产品小型化，散热问题已成为一个非常大的课题。在散热涂层剂中，碳纳米管呈现出非常优异的特性[45]。它具有独特的内部结构、优异的热传导性，因此热传导和散热效果非常优异。由于碳纳米管自身用作涂层剂与高分子的结合性非常低，因此碳纳米管的表面处理是必不可少的，这因为碳纳米管具有低的分散性和低的相容性，其与基板的黏结力和附着力低，这容易导致发生膜的剥离，使得来自基板的热传导降低，从而导致散热效率降低。

韩华公司发明了一种散热涂料组合物，包含有表面改性的碳材料分散液、耐热性添加剂以及具有增强黏结性的乳状液[45]。表面改性的碳纳米管可通过施加酸及氧化剂而使表面氧化碳纳米管，或通过高温高压下水的反应性而使表面氧化碳纳米管。通过使用基于苯乙烯 / 丙烯酸的水溶性树脂提高表面改性的碳纳米管材料的分散性。表面改性的碳材料的分散液可以由 3% 表面改性的碳纳米管、2.4% 基于苯乙烯 / 丙烯酸的水溶性树脂、94.24% 的水、0.36% 的氨水组成。使用此发明制备的涂料可以使发热元件表面温度降低至 70℃。此外，通过添加耐热性添加剂、绝缘性添加剂可以制备具有耐热性和绝缘性的涂料。

中国科学院成都有机化学有限公司开发了水性环保型碳纳米管散热涂料（TNRC）。应用结果表明：在材料表面涂覆 TNRC，涂层热导率可达到 20W/(m·K)，热辐射系数大于 0.95。涂层同时具有良好的耐水性和耐酸碱性。TNRC 可实现微米级涂装，施工过程环保且能耗极低，各项性能指标处于国内领先水平。深圳市和瑞通科技有限公司基于 TNRC，通过印刷和喷涂工艺，开发出薄膜散热材料和板式散热材料，解决了便携电子产品（如手机、平板电脑和笔记本电脑）和桌面电子产品（如电视机、机顶盒、网络通信产品和 PC 等产品）的散热问题（如图 4-32）[46]。

除了应用于散热方面，碳纳米管涂料在防静电、电磁波屏蔽等方面的应用也在发展[47]，OCSiAl 公司在环氧富锌粉末涂料中添加预分散 TUBALL™ 单壁碳纳米管，可以有效提高涂层耐腐蚀性。又如日本产业技术综合研究所使用超级生长法制成的单壁碳纳米管开发了一种新型水系涂料，能够形成具有较高电磁波屏蔽能力的涂覆膜。

图4-32 表面涂覆碳纳米管散热涂料的Raytone Tech纳米散热器[46]

参考文献

[1] Sinnott S B, Andrews R, Qian D, et al. Model of carbon nanotube growth through chemical vapor deposition[J]. Chemical Physics Letters, 1999, 315(1-2): 25-30.

[2] Yan Y, Miao J, Yang Z, et al. Carbon nanotube catalysts: recent advances in synthesis, characterization and applications[J]. Chemical Society Reviews, 2015, 44: 3295-3346.

[3] Chen T-C, Zhao M-Q, Zhang Q, et al. In situ monitoring the role of working metal catalyst nanoparticles for ultrahigh purity single-walled carbon nanotubes[J]. Advanced Functional Materials, 2013, 23(40): 5066-5073.

[4] 陈天驰. 面向单壁碳纳米管及其石墨烯杂合物的批量化制备 [D]. 北京：清华大学，2017.

[5] Chen T-C, Zhang Q, Zhao M-Q, et al. Rational recipe for bulk growth of graphene/carbon nanotube hybrids: New insights from in-situ characterization on working catalysts[J]. Carbon, 2015, 95: 292-301.

[6] Zhang Q, Huang J-Q, Zhao M-Q, et al. Carbon nanotube mass production: Principles and processes[J]. ChemSusChem, 2011, 4(7):864-889.

[7] Huang J-Q, Zhang Q, Zhao M-Q, et al. The release of free standing vertically-aligned carbon nanotube arrays from a substrate using CO_2 oxidation[J]. Carbon, 2010, 48(5): 1441-1450.

[8] Park Y S, Choi Y C, Kim K S, et al. High yield purification of multiwalled carbon nanotubes by selective oxidation during thermal annealing[J]. Carbon, 2001, 39(5): 655-661.

[9] Jia X, Zhang Q, Zhao M-Q, et al. Dramatic enhancements in toughness of polyimide nanocomposite via long-CNT-induced long-range creep[J]. Journal of Materials Chemistry, 2012, 22(14): 7050-7056.

[10] Salernitano E, Giorgi L, Dikonimos Makris T, et al. Purification of MWCNTs grown on a nanosized unsupported Fe-based powder catalyst[J]. Diamond and Related Materials, 2007, 16(8): 1565-1570.

[11] Chen J, Shan J Y, Tsukada T, et al. The structural evolution of thin multi-walled carbon nanotubes during isothermal annealing[J]. Carbon, 2007, 45(2): 274-280.

[12] Huang W, Wang Y, Luo G, et al. 99.9% purity multi-walled carbon nanotubes by vacuum high-temperature annealing[J]. Carbon, 2003, 41(13): 2585-2590.

[13] Kim YA, Muramatsu H, Hayashi T, et al. Fabrication of high-purity, double-walled carbon nanotube buckypaper[J]. Chemical Vapor Deposition, 2006, 12(6): 327-330.

[14] Ning G, Liu Y, Wei F, et al. Porous and lamella-like Fe/MgO catalysts prepared under hydrothermal conditions for high-yield synthesis of double-walled carbon nanotubes[J]. The Journal of Physical Chemistry C, 2007, 111(5): 1969-1975.

[15] 刘艳平. 双壁碳纳米管的表征及工程化纯化方法研究 [D]. 北京：清华大学 , 2007.

[16] 王垚，魏飞，罗国华，等. 一种利用真空高温纯化碳纳米管的方法：CN1436722A[P]. 2003-03-21.

[17] Gómez V, Irusta S, Adams W, et al. Enhanced purification of carbon nanotubes by microwave and chlorine cleaning procedures[J]. RSC Advances, 2016, 6(14): 11895-11902 .

[18] Pełech I, Narkiewicz U, Moszyński D, et al. Simultaneous purification and functionalization of carbon nanotubes using chlorination[J]. Journal of Materials Research, 2012, 27(18): 2368-2374.

[19] 杨德华. 单壁碳纳米管手性结构的高分辨宏量分离制备研究 [D]. 北京：中国科学院大学，2019.

[20] Zeng X, Yang D, Liu H, et al. Detecting and tuning the interactions between surfactants and carbon nanotubes for their high-efficiency structure separation[J]. Advanced Materials Interfaces, 2018, 5(2): 1700727.

[21] Yang D, Hu J, Liu H, et al. Structure sorting of large-diameter carbon nanotubes by NaOH tuning the interactions between nanotubes and gel[J]. Advanced Functional Materials, 2017, 27(40): 1700278.

[22] Arnold M S, Green A A, Hulvat J F, Stupp S I, Hersam M C. Sorting carbon nanotubes by electronic structure using density differentiation[J]. Nature Nanotechnology, 2006, 1(1): 60-65.

[23] Ghosh S, Bachilo S M, Weisman R B. Advanced sorting of single-walled carbon nanotubes by nonlinear density-gradient ultracentrifugation[J]. Nature Nanotechnology, 2010, 5(6): 443-450.

[24] Zhu Z, Wei N, Cheng W, et al. Rate-selected growth of ultrapure semiconducting carbon nanotube arrays[J]. Nature Communications, 2019, 10(1): 4467.

[25] Zhang R, Zhang Y, Zhang Q, et al. Growth of half-meter long carbon nanotubes based on Schulz–Flory distribution[J]. ACS Nano, 2013, 7(7): 6156-6161.

[26] Kawamoto M, He P, Ito Y. Green processing of carbon nanomaterials[J]. Advanced Materials, 2017, 29(25): 1602423.

[27] Tsang S C, Chen Y K, Harris P J F, et al. A simple chemical method of opening and filling carbon nanotubes[J]. Nature, 1994, 372(6502): 159-162.

[28] Liu J, Rinzler A G, Dai H, et al. fullerene pipes[J]. Science, 1998, 280(5367): 1253-1256.

[29] 克莱夫 P 博什尼亚克，库尔特 W 斯沃格 . 包含离散的碳纳米的铅酸电池制剂：CN103765642A[P]. 2014-03-30.

[30] 谢宝东，毛鸥，严燕，等. 水性碳纳米管浆料及其制备方法：CN103400991A[P]. 2013-11-20.

[31] Liu W-B, Pei S, Du J, et al. Additive-free dispersion of single-walled carbon nanotubes and its application for transparent conductive films[J]. Advanced Functional Materials, 2011, 21(12): 2330-2337.

[32] Ericson LM, Fan H, Peng H, et al. Macroscopic, neat, single-walled carbon nanotube fibers[J]. Science, 2004, 305(5689): 1447-1450.

[33] Salzmann C G, Llewellyn S A, Tobias G, et al. The role of carboxylated carbonaceous fragments in the

functionalization and spectroscopy of a single-walled carbon-nanotube material[J]. Advanced Materials, 2007, 19(6): 883-887.

[34] Wang L, Jia X, Li Y, et al. Synthesis and microwave absorption property of flexible magnetic film based on graphene oxide/carbon nanotubes and Fe_3O_4 nanoparticles[J]. Journal of Materials Chemistry A, 2014, 2: 14940-14946.

[35] Chen G, Davis RC, Futaba DN, et al. A sweet spot for highly efficient growth of vertically aligned single-walled carbon nanotube forests enabling their unique structures and properties[J]. Nanoscale, 2016, 8(1): 162-171.

[36] Grady B P. Recent developments concerning the dispersion of carbon nanotubes in polymers[J]. Macromolecular Rapid Communications, 2010, 31(3): 247-257.

[37] Premkumar T, Mezzenga R, Geckeler K E. Carbon nanotubes in the liquid phase: Addressing the issue of dispersion[J]. Small, 2012, 8(9): 1299-1313.

[38] Chiou K, Byun S, Kim J,et al. Additive-free carbon nanotube dispersions, pastes, gels, and doughs in cresols[J]. Proceedings of the National Academy of Sciences, 2018, 115(22): 5703-5708.

[39] Davis V A, Parra-Vasquez A N G, et al. True solutions of single-walled carbon nanotubes for assembly into macroscopic materials[J]. Nature Nanotechnology, 2009, 4(12): 830-834.

[40] Zhu X, Hoang T K A, Chen P. Novel carbon materials in the cathode formulation for high rate rechargeable hybrid aqueous batteries[J]. Energies, 2017, 10(11):1844-1861.

[41] Jia X, Wei F. Advances in production and applications of carbon nanotubes[J]. Topics in Current Chemistry 2017, 375(1): 1-35.

[42] Xu G, Zhang Q, Huang J, et al. A two-step shearing strategy to disperse long carbon nanotubes from vertically aligned multiwalled carbon nanotube arrays for transparent conductive films[J]. Langmuir, 2010, 26(4): 2798-2804.

[43] Jiang S, Hou P, Chen ML, et al. Ultrahigh-performance transparent conductive films of carbon-welded isolated single-wall carbon nanotubes[J]. Science Advances, 2018, 4(5): 1-10.

[44] White CM, Banks R, Hamerton I, et al. Characterisation of commercially CVD grown multi-walled carbon nanotubes for paint applications[J]. Progress in Organic Coatings, 2016, 90: 44-53.

[45] 都承会，洪成哲，李镇瑞，等. 利用碳材料的高效率散热涂料组合物：CN 103097470A[P]. 2013-05-08.

[46] 深圳市和瑞通科技有限公司，Raytone Tech 纳米散热器 [2020-08-28]. http://www.raytone.net/html/6351424357.html.

[47] 魏飞，范壮军，罗国华，等. 一种含碳纳米管复合涂层型吸波材料及其制备方法：CN 1651524A[P]. 2005-08-10.

第五章

阵列碳纳米管的电化学储能应用

近年来，快速发展并对人们生活产生巨大影响的电子行业对于电源提出了便携式、高效性的要求。而新兴的电动汽车与混合动力汽车、列车的迅猛发展，对于动力系统亦有着高性能与安全性的需求。同时，随着风能、光伏等可再生能源的迅速发展，电力能源在现代社会中占据越来越重要的地位，电力的存储越发成为现代社会的重要问题。其即发即用的特点使得存储困难，而移动应用的电力存储更是现代社会能源领域的痛点。其一，有赖于电网的迅速建设，虽然使得一般的电力能源应用变得十分方便与便宜，但涉及移动应用的电力价格往往会比非移动应用高出数量级。其二，移动应用终端对电力的性能提出更高的要求，如电动汽车的长距离巡航问题及手机续航问题一直是领域内性能提升的限制环节。以电化学储能为核心的应用系统，在解决以上问题中起到了核心的作用。自 1991 年，锂离子电池革命快速推进了手机、电动汽车等行业的迅速发展，并使得风能、光伏等可再生能源与移动能源的应用向着分布式、网络化与智能化的方向发展。将电力与能量储存结合，是较好解决现代社会中能源和环境问题的关键。

阵列碳纳米管，作为 sp^2 碳共价键构成、具有一维管状结构的定向排列管束，具有优异的力学、热学、电学、化学稳定性及大的外凸比表面积等特性，且相较于聚团碳纳米管，具有一致取向、低曲率因子、超高纯度和极大长径比 [1]，在分散性、构建均匀导电网络等方面具有突出优势，在电池和超级电容器领域中均有广泛的应用 [2,3]。

第一节
电化学储能系统简介

电化学储能的核心是利用物理或化学的原理对能量加以存储，依据不同的储存机理，储能系统可分为电池和电容器两大类。二者性能互补，在电力储存领域共同发挥着不可替代的作用（图 5-1）。

一、电池

电池系统，是以化学能形式储存于材料中，需通过电化学活性物质发生氧化还原反应完成电荷的储存和释放。由于氧化还原反应涉及电化学活性物质体相原子或分子，电池的能量储量具有明显优势。而电子的相间迁移包含着不可逆转换，因而其循环寿命被限制在数千次内。同时，由于化学过程不可避免地受到反应动力学限制，电池体系的功率较低。随着对电池性能要求的不断提升，电池的发展历程经历了一次电池时代和当前的二次电池时代，根据电极中电化学活性物质种类的不同，二次电池可进一步细分为铅酸电池、镍镉电池和现在得到广泛应用的锂离子电池。锂离子电池的工作原理是由正极和负极中锂离子的嵌入和脱出实现充放电的。充电过程，锂离子从正极的活性物质脱出、在电解液中发生迁移并穿过隔膜、嵌入负极的活性物质中；放电过程，发生逆向过程。目前商业化的锂离子电池正极活性物质包括钴酸锂（$LiCoO_2$，简称 LCO）、锰酸锂（$LiMn_2O_4$，简称 LMO）、磷酸铁锂（$LiFePO_4$，简称 LFP）、镍钴铝酸锂（$LiNi_{1-x-y}Co_xAl_yO_2$，简称 NCA）、镍钴锰酸锂（$LiNi_{1-x-y}Co_xMn_yO_2$，也称三元材料、NMC）等；负极活性物质主要为石墨和硬碳，近年来包括金属氧化物[5]、硅碳负极[6,7]在内的诸多新型负极材料，受到了广泛关注。除锂离子电池外，一些具有更高理论容量和能量密度的二次电池体系，比如锂硫电池[8,9]，也有大量研究工作涌现。

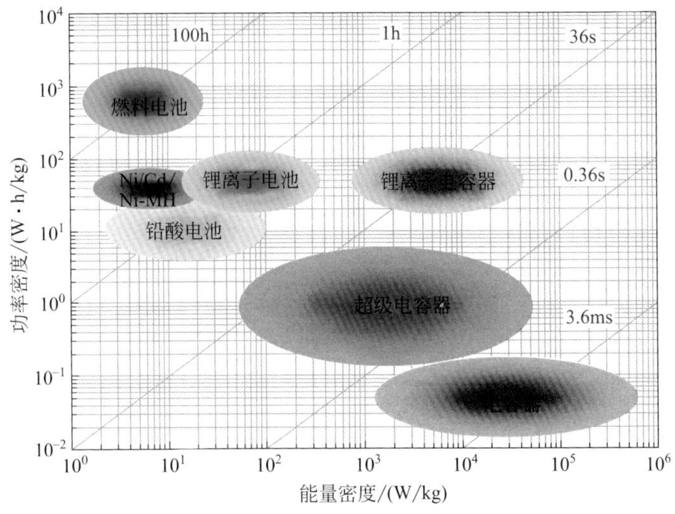

图5-1 不同电化学储能系统的性能分布图[4]

二、电容器

电容器系统，是将正负电荷以静电能形式加以储存，通过电荷的富集和流失完成能量的输入与输出过程。电容器没有化学反应和相变的发生，其充放电过程理论上是完全可逆的，因此具有近乎无限长的循环寿命。且可逆的物理过程仅发生在电极表面，使得电容器具有可快速充放电的特点。然而，传统电容器［图 5-2（a）］，由于电荷的储存仅发生在基板表面，可存储的能量极小，这成为电容器能量储存阈值的公认限制因素。电极活性物质的不断开发带来了超级电容器的问世[10,11]。双电层超级电容器［图 5-2（b）］，是基于正负电荷在电极活性物质与电解液界面定向排列、形成稳定双电层而实现能量储存的。不同于传统电容器的二维平板电极，双电层超级电容器利用了高比表面积的多孔材料（多为碳材料），使得更多数量的电荷能够储存于高度扩展的电极表面；同时，电极材料和电解液界面上的双电层间距仅为超小的离子尺寸。两者均使得双电层超级电容器具有更高的电容值，其在储存电荷的能力上较传统电容器高出了 3 ~ 4 个数量级。此外，还有一类赝电容超级电容器［图 5-2（c）］[12,13]，其工作原理与电池相似，是将电能转化成化学能加以储存。由于其是在电极活性物质（多为过渡金属氧化物[14,15]或导电聚合物[16,17]）表面或体相的二维或准二维空间上进行欠电位沉积，发生高度可逆的化学吸附脱附或氧化还原反应，充放电行为类似于电容器，即转移的电量与电压成正比，故而称为赝电容超级电容器。赝电容超级电容器不仅发生在电极表面，而且可深入活性物质内部，因而可获得高的电容量。

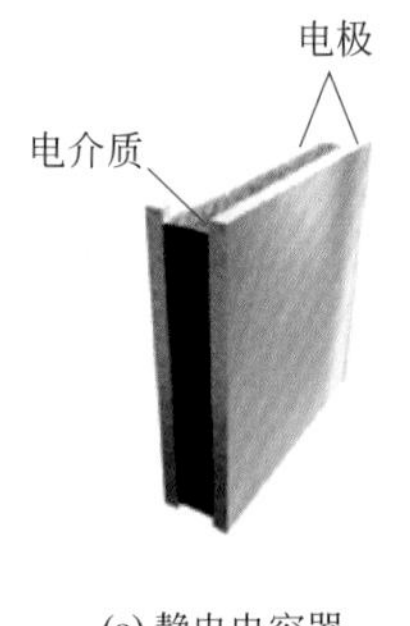

(a) 静电电容器

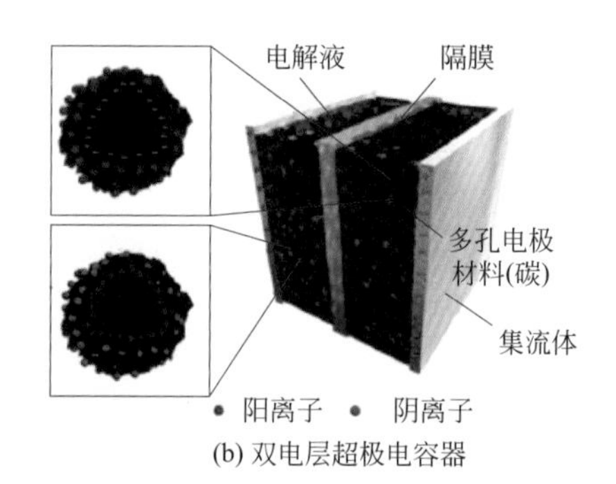

(b) 双电层超极电容器

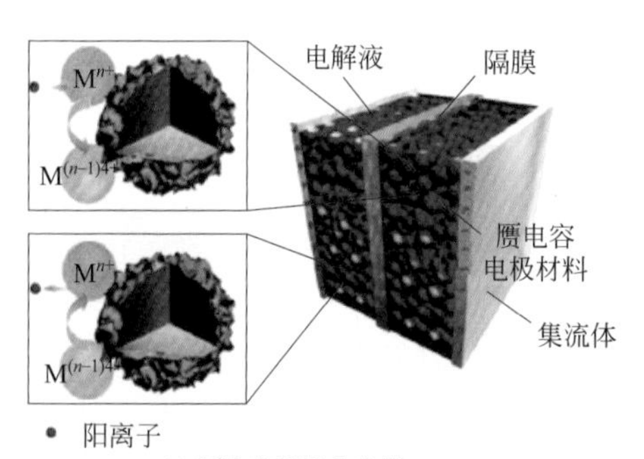

(c) 赝电容超级电容器

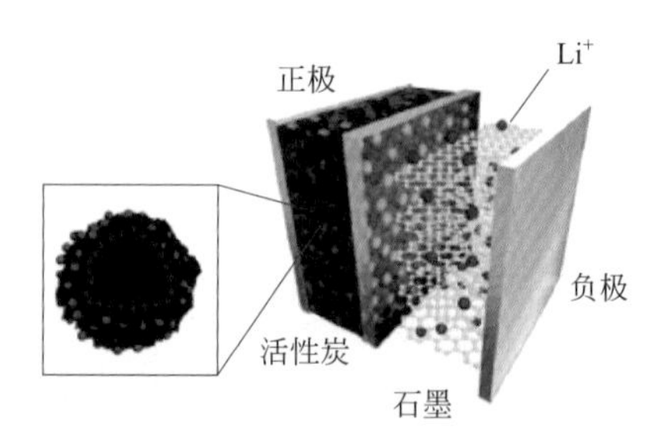

(d) 锂离子电容器

图5-2　电化学储能系统器件结构示意图[18]

三、碳材料在储能系统中的应用

显著不同于化石能源存储，电化学储能机制需要利用导电材料在原子级尺度实现电能的导入与导出。对于电池和赝电容超级电容器，即在正常的化学反应之外叠加了电子与空穴传递过程。故在锂离子电池发展初期，纳米碳纤维就作为导电剂导入负极中，而导电炭黑则是电池正极导电剂的首选。对于双电层超级电容器，电极活性材料不仅需要在微纳尺度上具有好的化学稳定性和强的电子、空穴能力，还需要材料具备大的比表面积。具有 sp^2 结构的纳米碳材料，特别是碳纳米管（表 5-1）与石墨烯，具备导电子与空穴的半金属性质，且比表面积大、化学稳定性好，在发展初期就被认识到可作为核心导电材料（图 5-3）；而在双电层电容器中，更是匹配电极活性材料的性能需求。

表5-1　碳纳米管轴向本征性能

性能	数值	备注
电流密度	10^9A/cm^2[19]	铜的1000倍
电子迁移率	10^5cm^2/（V/s）[19]	硅的100倍以上
热导率	6000W/（m·K）[20,21]	钻石的2倍
拉伸强度	100GPa[22]	钢的20倍以上
杨氏模量	1TPa[22]	

图5-3　碳纳米管复合正极材料的电极形貌

第二节
阵列碳纳米管的电池应用

一、阵列碳纳米管的电池正极应用

（一）导电剂在锂离子电池中的作用

由于具有高能量密度等优势，锂离子电池在调整能源结构、保障能源安全、推进汽车电动化等方面有着重要意义，已被广泛应用于新能源汽车、计算机、通信和消费类电子产品等领域。

1. 导电剂的作用及分类

锂离子电池的主要组成物质包括正极、负极、电解液和隔膜。导电剂作为一种辅材，虽然在电极中的质量占比低，但对解决正极活性物质（LCO、NMC、LMO、NCA、LFP 等）的低电导率问题有重要作用。导电剂通过增加活性物质之间、活性物质与集流体间的导电接触，提升电子在电极中的传输速率，极大改善锂离子电池的倍率性能和循环性能。

导电剂的性能主要取决于自身电导率，和因空间结构、产品形貌等因素影响的与活性物质间的接触效果。应用于锂离子电池产业时，还需综合考虑价格、加工技术难易度等因素。随着材料科学的进步，导电剂种类也在不断丰富。目前锂离子电池常用的导电剂主要包括导电炭黑（SP）、导电石墨、气相生长碳纤维（vapor-grown carbon fiber，VGCF）、碳纳米管（CNT）以及石墨烯等（表 5-2，图 5-4，图 5-5）。

表5-2 不同导电剂的性能对比

性质	导电炭黑	导电石墨	VGCF	CNT	石墨烯
颗粒尺寸	40nm	片径3～6μm	直径150nm	直径约10nm	厚度＜3nm
长径比	1∶1	1∶1	10∶1～100∶1	100∶1～10000∶1	—
比表面积/（m^2/g）	60	17	13	约200	30（BET）
粉体电导率/（S/cm）	10	1000	1000	1000	1000
吸油值/（mL/100g）	290	180	—	约200	＞2000

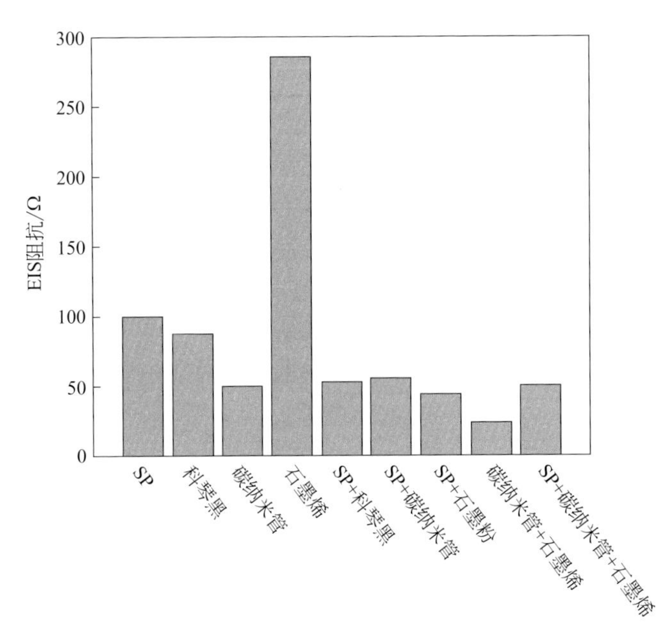

图5-4 不同导电剂的阻抗对比

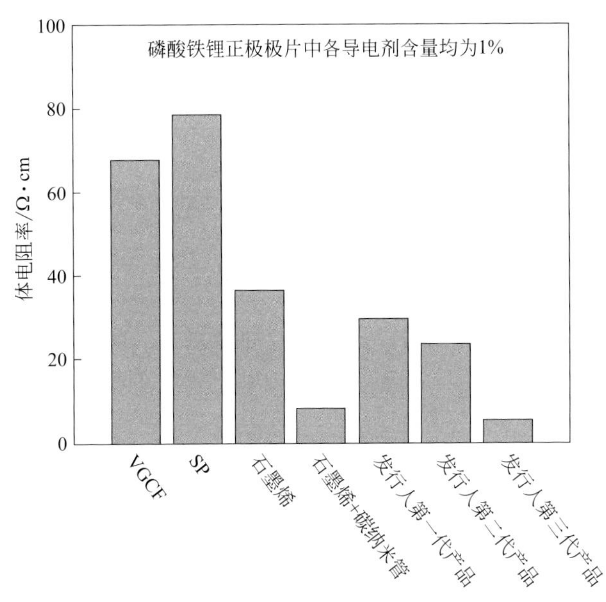

图5-5 不同导电剂的体电阻率对比[29]

（发行人指江苏天奈科技股份有限公司，其产品为碳纳米管类导电剂）

最早的炭黑类和导电石墨类导电剂[23]为颗粒状，通过点点接触连接活性物质构成电极导电网络。后来逐渐发展出了具有一维线状结构的VGCF导电剂，通过点线接触高效构建导电网络，显著提高活性物质之间及其与集流体的接触效果，有效降低了导电剂用量，提高了锂离子电池的能量密度。碳纳米管和石墨烯属于新型导电剂材料，其中，同为一维线状结构的碳纳米管与VGCF相似，在活性物质之间形成点线接触式导电网络，但超高的电导率及更大的长径比，使得碳纳米管在用作导电剂时表现出巨大的性能优势[24-27]。二维层状结构的石墨烯[28]在活性物质之间形成点面接触式导电网络，由于层状结构对于导电离子迁移的阻碍作用，石墨烯单独使用时其离子传导效果不如碳纳米管，目前主要与碳纳米管复合应用于电池中。

2. 碳纳米管的导电性能

碳纳米管的出现，在VGCF基础上进一步实现了导电剂材料的飞跃。事实上，碳纳米管自第一个专利起便被认为是很好的导电材料，最初用作塑料导电添加剂。在2000年前后，随着锂离子电池在手机中的广泛使用，逐渐有研究组将其应用于锂离子电池当中。这其中包括了中科院金属所成会明课题组、成都有机所瞿美臻课题组及清华大学化工系魏飞课题组等。

作为新一代线状导电剂，碳纳米管具有明显的本征结构优势，成为锂离子电池导电剂的研究热点，并成为其最具潜力的应用方向之一。碳纳米管在锂离子电池正极中的应用表现出出色的性能。例如，在LFP正极中[27]，以碳纳米管作为导电剂替代炭黑或部分替代炭黑，电阻显著下降，容量和循环稳定性得到大幅提升（图5-6）。相比于传统导电剂，碳纳米管在添加量仅为一半时，功率密度可提高约30%（图5-7）。

3. 碳纳米管的应用要求

碳纳米管分为聚团状碳纳米管和阵列状碳纳米管。排列整齐、准直度高的碳纳米管产品更易实现一维长程导电能力，因而，定向碳纳米管阵列被认为是推动锂离子电池发展的关键。

阵列碳纳米管的长径比、碳纯度作为影响导电性的两个核心指标，直接决定了碳纳米管的产品性能。碳纳米管管径越细、长度越长，导电性能越好。同时，在锂离子电池行业，对于灰分杂质，尤其是金属杂质，十分敏感。金属杂质离子具有比锂离子低的还原电位，在充电过程中会先于锂离子嵌入碳负极中，减少锂离子电池的可逆容量；且金属杂质离子在充放电过程中会在负极析出，导致无法形成有效的钝化层，使整个电池遭到破坏，甚至带来安全隐患。批量化、低成本化制备小直径、大长度、高纯度的阵列碳纳米管产品是应用于锂离子电池的必要前提。

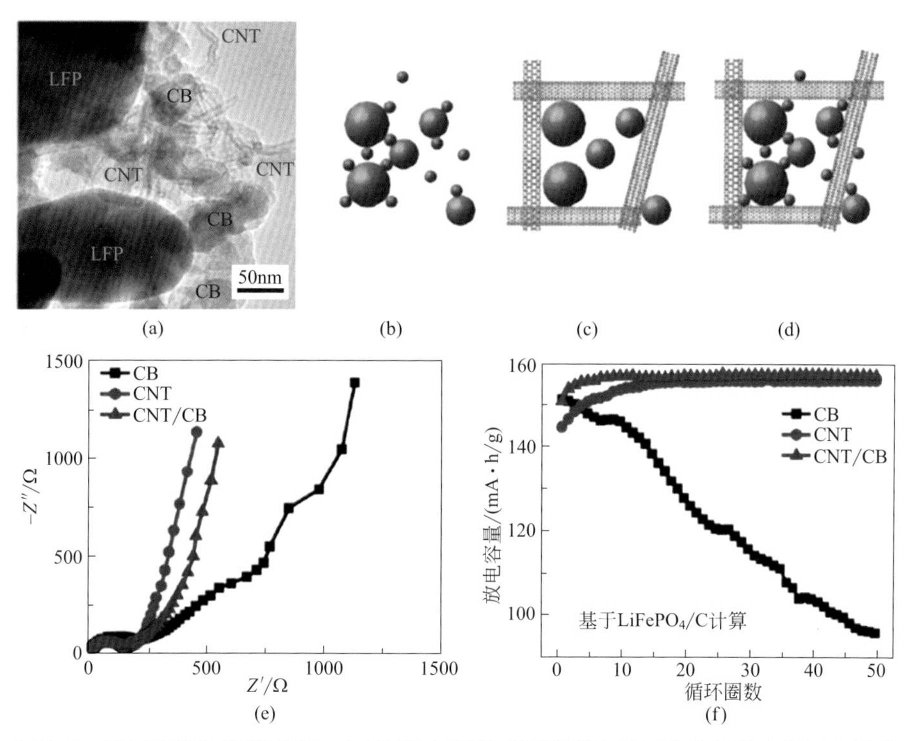

图5-6 炭黑和碳纳米管复合导电剂辅助LFP构成锂离子电池正极的扫描电镜示意图（a）和结构示意图［（b）~（d）］，以及炭黑（CB）、碳纳米管（CNT）、炭黑和碳纳米管混合物（CNT/CB）三种导电剂的电化学性能比较［（e）（f）］[27]

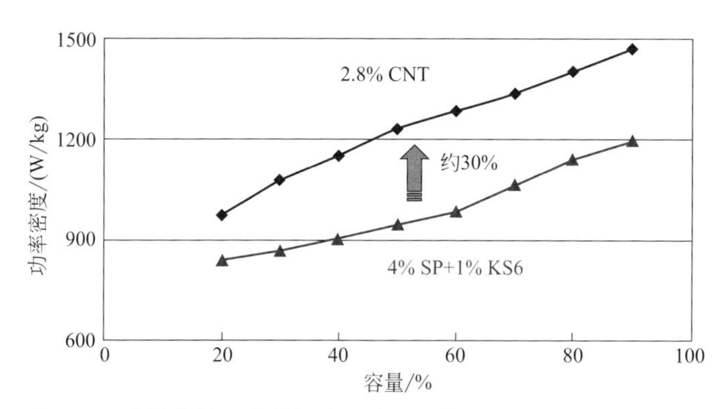

图5-7 碳纳米管导电剂与炭黑类导电剂对电池功率密度的影响对比

此外，由于碳纳米管直径小、长径比大，在范德华力的作用下极易发生团聚，后处理难度大。在实际工程应用中，解决其分散问题是必须攻克的技术难题（图 5-8）。在碳纳米管以粉体形式作为导电剂应用于锂离子电池的推广初期，导电效果并不理想，究其原因就是因为碳纳米管在锂离子电池电极材料中没有有效地分散开，依然处于聚团状态，降低了碳纳米管的导电性能。通过研发碳纳米管浆料，将碳纳米管以浆料形式导入锂离子电池的技术方案，推动了碳纳米管在锂离子电池领域的广泛运用。并且，研究发现，定向排列的阵列状碳纳米管相较于聚团状碳纳米管，更易分散并且形成的浆料稳定性好，在电池中浆料用量也更低。

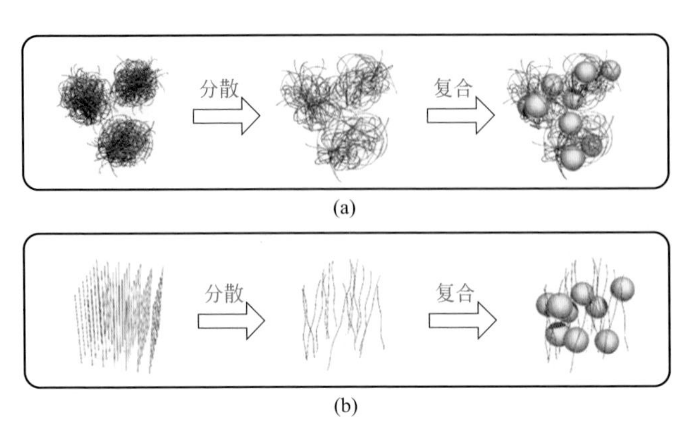

图5-8　聚团碳纳米管导电剂（a）和阵列碳纳米管导电剂（b）与电池活性物质结合示意图

4. 碳纳米管导电剂的商业化应用

（1）早期应用起源　碳纳米管作为导电性能很好的纳米材料，本应很快应用到锂离子电池中去，但实际的商业化进程却十分曲折。电池中，导电剂的添加量很小，以碳纳米管为导电剂的添加量则进一步下降，仅为导电炭黑的1/5左右。用量极少的碳纳米管导电剂给电池产品的一致性问题带来挑战，困扰着碳纳米管在该领域的应用。最初，采用与导电炭黑共混的方法，得到了一定的推广，但电池优级品率低的问题始终未能完全解决。

纳米粉体的分散问题早在2000多年前，中国人发明墨时就遇到过。将炭黑做成可用于书写与绘画使用、浓淡可控的墨，分散液的制取是重要一步。我们的祖先发明了非离子型的含氮骨胶水性分散剂，并利用研磨等机械工艺，使纳米炭黑在液相中形成分散性很好的分散液，进而获得可以干后再分散的墨，与纸、笔、砚一起构成文房四宝。实际上，现代锂离子电池技术中也可以发现这个工艺流程的影子，碳纳米管在锂离子电池中的成功应用更是这个工艺的延伸。

在认识到碳纳米管的应用核心是解决分散问题以提高产品一致性，以及与现有电池工艺兼容后，受中国传统文化的启迪，需要将碳纳米管分散为如墨一般的导电分散液，并实现涂布于像纸一样的电极上。不同的是，现代纳米材料的分散技术已不再是中国传统的研磨制墨的方法，而是采用由杜邦公司发展的在化工界十分有效的砂磨工艺，该砂磨工艺使杜邦漆在数十年时间里保持比竞争对手好得多的产品一致性。应用砂磨工艺及非离子型的分散剂，清华大学魏飞教授课题组与天奈科技很快将碳纳米管做成了与中国墨水一样的导电碳纳米管浆料产品，并实现了在电池正极材料中的应用。其初步的对比结果如图 5-9 所示。

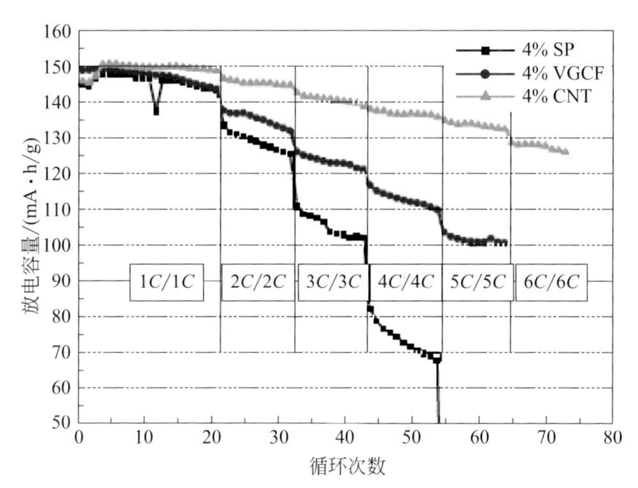

图5-9 相同添加量的碳纳米管导电剂与导电炭黑、VGCF导电剂的循环寿命和容量对比

在碳纳米管导电剂进入市场初期，当时中国的锂离子电池市场很小，主要是采用手工制作方式制造叠片手机电池。碳纳米管导电浆料的使用首先改善了产品一致性问题，成为一些大的手机电池制造公司的原料供应商，并由此进入高端苹果手机市场。随着智能手机及随后电动汽车的快速发展，对电池快充性能及品质一致性的要求进一步提升，这种通过砂磨工艺液相分散技术开发的碳纳米管浆料逐渐成为锂离子电池界的主流。天奈科技不仅申请了相关的专利，并制定了国家标准及国际标准，近年来一直致力于碳纳米管导电剂在锂离子电池中应用的推广，其碳纳米管导电浆料已达到上万吨的使用规模 [30]。

（2）大规模产业化技术　魏飞教授课题组通过对碳纳米管催化剂制备技术以及碳纳米管生产技术的不断改进以及规模化 [31-33]，利用流化床化学气相沉积插层定向连续制备高纯碳纳米管阵列技术，有效控制碳纳米管的定向生长，做到直接控制碳纳米管管径、长度以及纯度等核心指标（表 5-3）。

表5-3　天奈科技三代产品的相关指标[29]

样品图片	名称	长径比		最高纯度/%
		管径/nm	长度/μm	
	第一代产品	10～15	3～10	99.9
	第二代产品	7～11	5～20	99.9
	第三代产品	5～10	5～30	99.9

魏飞教授课题组提出采用原子级表面平整的二维纳米层状催化剂载体均匀负载纳米金属催化剂，利用纳米层中的阵列碳纳米管的生长速度比单层硅片上的速度快两个数量级的优势，同时碳纳米管阵列可以在纳米层状催化剂正、反面双向生长，获得了长度高达 14.5mm 的碳纳米管阵列，且产品纯度大幅提高。课题组建立定向碳纳米管流态化的新原理，通过层状催化剂与插层阵列碳纳米管颗粒聚团结构控制，实现了从催化剂到生长了百倍重量碳纳米管插层结构颗粒的整个生长过程的全程可流化，稳定调控物质、能量、动量的传递，实现生长过程中浓度、温度与受力均匀。开发的流化床化学气相沉积插层生长连续制备碳纳米管阵列工艺流程，首次实现了 1000t/a 垂直阵列碳纳米管成套工艺流程及装备，为阵列碳纳米管在锂离子电池的商业应用中提供了物质保障。

同时，开发了阵列碳纳米管的气相高速剪切分散技术，避免了传统液相分散方法中碳纳米管的团聚、杂质的引入和后期与溶剂的分离等问题（图 5-10）[34]。该技术中，高速气相剪切力沿阵列碳纳米管的取向将其撕开，形成直径为数微米的小直径管束组成的蓬松的棉状宏观体，管束内阵列碳纳米管仍保持良好的一致取向，且阵列长度维持不变。所得的棉状宏观体具有极低的表观密度和高的孔隙率。经研究，阵列碳纳米管管束直径和棉状宏观体密度随着剪切时间增长呈现先快速下降、后逐渐趋缓的关系。获得的阵列碳纳米管管束直径在 4 ~ 10μm、表观密度约为 3.9g/L。处理后的碳纳米管仍表现同初始状态相当的石墨化程度、缺陷密度和纯度。该技术中，阵列碳纳米管的一致取向特征是通过气相高速剪切实现分散的关键。不同于聚团状碳纳米管取向随机，阵列碳纳米管呈顺排结构，沿管径向管束间为弱范德华力连接而沿轴向管内为强化学键连接。当阵列被剪切时，由于各向异性缘故可沿着轴方向被撕成碎片。

江苏天奈科技股份有限公司开发出了一套成熟的生产碳纳米管导电浆料的工艺，其流程如图 5-11 所示，通过优化控制碳纳米管纯化条件和研磨工艺，精准地调控碳纳米管的纯度、分散性、长径比、固含量和分散液黏度等参数，制备出高纯度碳纳米管阵列导电浆料产品。该工艺第一步是将分散剂和溶剂按比例进行搅拌，使其充分融合。第二步，在其中加入一定量的碳纳米管粉体，再通过搅拌

图5-10 原始阵列碳纳米管（a）和气相高速剪切分散后的阵列碳纳米管［（b）（c）］的扫描电镜照片以及阵列碳纳米管管束直径和棉状宏观体表观密度随剪切时间的变化关系（d）[34]

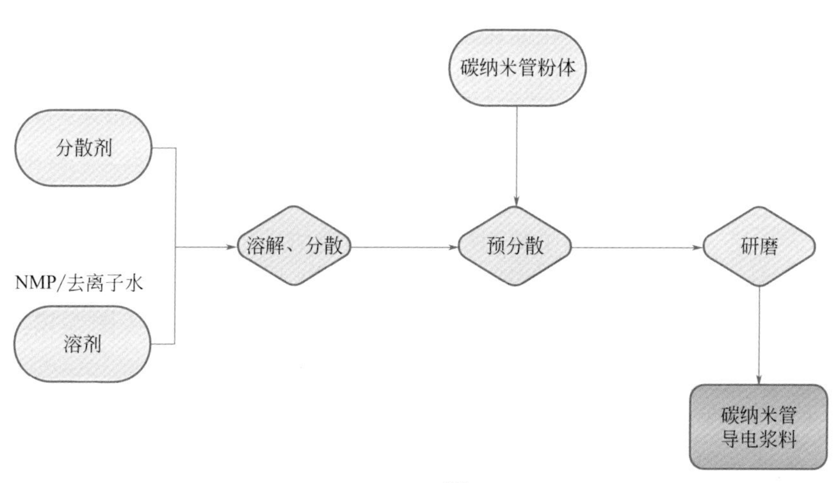

图5-11 碳纳米管导电浆料的工艺流程图[29]

NMP—*N*-甲基吡咯烷酮

使其得到充分的预分散。第三步是将预分散后的浆料送入研磨机中进行进一步处理，从而得到均匀分散的碳纳米管导电浆料。该技术实现了高纯阵列碳纳米管的商业化应用，率先攻克碳纳米管二次处理工业化难题，推动了碳纳米管在电池领域的进一步应用。

作为中国目前最大的锂离子电池导电剂生产企业之一，江苏天奈科技股份有限公司在清华大学魏飞教授课题组开发的碳纳米管技术基础上，开发出了系列碳纳米管导电浆料产品（表 5-4），实现了在锂离子电池领域每年 11000t 的应用规模。

表5-4　江苏天奈科技股份有限公司的碳纳米管导电浆料性能参数[29]

样品图片	参数	LB116	LB107	LB101	LB117	LB122
	分散剂含量/%	1.33	1.075	1	1	1.25
	碳纳米管含量/%	2.8	4.3	5	4	5
	碳钠米管纯度/%	> 99.1	> 99.8	> 99.8	> 99	> 99.7
	碳纳米管管径/nm	5～11	7～11	10～15	7～11	13～25

目前，江苏天奈科技股份有限公司开发的阵列碳纳米管产品和导电碳浆产品已经在国内市场打开局面，成为行业领先者之一。据高工产研锂电研究所（GGII）统计数据[35]，2018 年，天奈科技的碳纳米管导电浆料产品出货量在国内市场同类产品中占据了 30.2%，销售额则达到了 34.1%。已经成为国内数十家主流锂电池生产企业的供货商，比如北京国能、比亚迪、宁德时代、中航锂电、新能源科技、亿纬锂能等，在电动汽车和手机中得到了广泛的应用。

导电炭黑类、导电石墨类和 VGCF 等基础的、拥有非常成熟技术的导电剂已经在锂电池行业得到了长期的应用，但是这些技术都被美国、瑞士、日本等国家的企业所掌握，中国则处在非常被动的状态，只能依赖进口。碳纳米管导电浆料技术打破了这一僵局，改变了我国依赖进口的被动局面，对我国新能源行业的发展具有重大的意义。据统计数据显示[35]，我国自主生产的锂离子电池导电剂逐年稳步提高，由 2014 年 12.9% 占比提高到了 2018 年的 31.2%（图 5-12），未来还有望进一步提高。

5. 碳纳米管导电剂相关的国际与国家标准

随着碳纳米管在商业化应用中的不断推进，碳纳米管导电剂相关的国际与国家标准相继制定与出台。

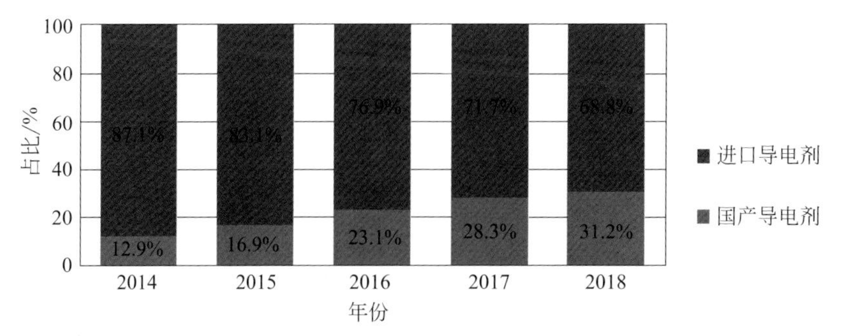

图 5-12 2014～2018年中国锂离子电池导电剂国产化率变化情况[35]

数据来源：高工产研锂电研究所（GGII）《2019年碳纳米管及碳纳米管导电剂行业市场调研报告》

其中，2017 年发布并实施的国家标准《碳纳米管导电浆料》（GB/T 33818—2017），规定了碳纳米管导电浆料的术语、要求和检测方法、检测规则以及标志、包装、运输、贮存和订货单内容。适用于在锂离子电池、导电涂层和导电胶等领域使用多壁碳纳米管作为导电介质的液相系列产品的质量检测和验收。

2009 年发布、2010 年实施的国家标准《多壁碳纳米管纯度的检测方法》（GB/T 24490—2009），规定了测量多壁碳纳米管纯度的方法、仪器、分析步骤及结果表示方法。

2020 年实施的，天奈科技作为中国代表主导制定的碳纳米管导电浆料国际标准（ISO/TS 19808），就多壁碳纳米管浆料的特性以及相应的测量方法进行说明。

这些标准化方面的努力将有助于碳纳米管的独立商品化、兼容性、互用性、安全性和可再生性的发展。

6. 碳纳米管导电剂的市场趋势

随着世界范围内对于环境问题的重视程度越来越高，以发达国家为代表的各国已经在积极制定传统化石燃油汽车的取缔时间表，这一举动，大大推动了汽车企业大力发展新能源汽车的决心和愿景。这一领域的快速发展将极大带动动力锂离子电池的需求，使得未来几年全球动力锂离子电池市场保持持续高增长态势。

作为新型导电剂材料，碳纳米管导电浆料在锂离子电池领域已得到了广泛的应用，也必将在未来的动力锂电池导电剂领域市场中占据举足轻重的地位。

据统计（图 5-13）[35]，全球碳纳米管导电浆料在 2018 年的市场产值达到 8.8 亿元，同比增长 21.2%。预计到 2023 年全球市场产值将达到 47.9 亿元。这其中，中日韩三国企业为主的动力锂离子电池企业的发展需求强烈。中国市场发展作为领军者（图 5-14），2018 年，市场产值达到 8.5 亿元，预计到 2023 年将达到 34.0 亿元。

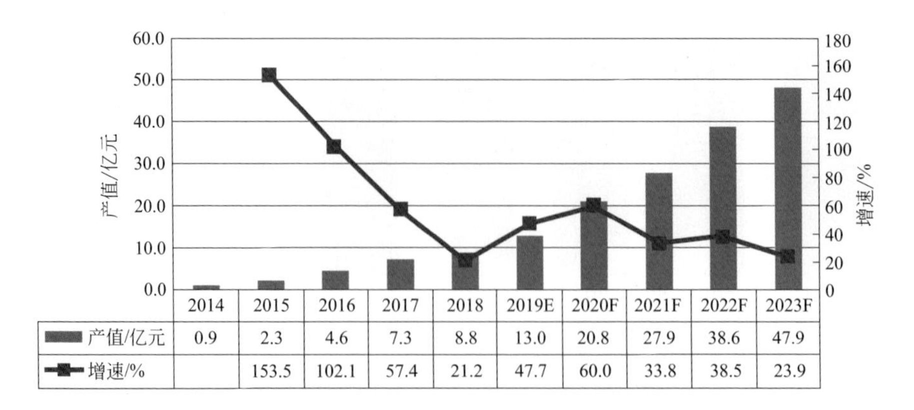

图5-13 2014～2023年全球动力锂离子电池碳纳米管导电浆料市场产值分析及预测[35]

数据来源：高工产研锂电研究所（GGII）《2019年碳纳米管及碳纳米管导电剂行业市场调研报告》

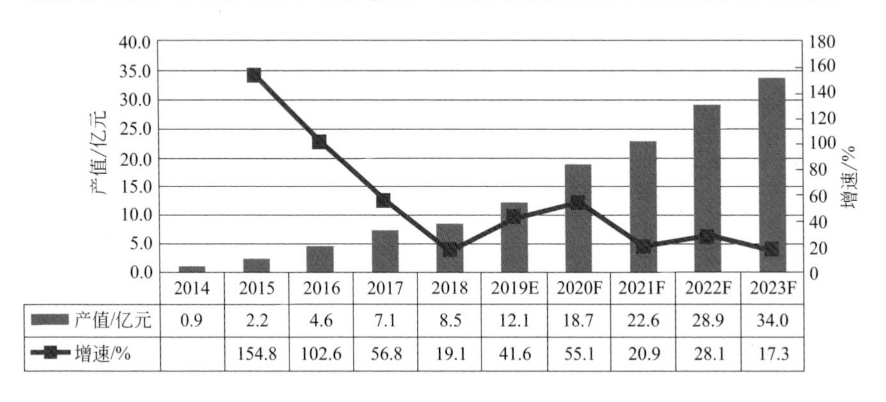

图5-14 2014～2023年中国动力锂离子电池碳纳米管导电浆料市场产值分析及预测[35]

数据来源：高工产研锂电研究所（GGII）《2019年碳纳米管及碳纳米管导电剂行业市场调研报告》

在高能量密度成为动力锂离子电池发展方向的大前提下，碳纳米管导电浆料将逐步取代炭黑等成为动力锂离子电池的主导力量。由图5-15可以看出[35]，2018年碳纳米管导电浆料的国内市场占有率已经达到31.8%，且近几年碳纳米管导电剂的市场占有率逐年提高，预计未来也会延续这种趋势，逐渐取代传统导电剂的市场份额。预计到2023年，其在动力锂离子电池领域的应用将达到80%以上。

（二）导电剂在锂硫电池中的作用

阵列碳纳米管除在锂离子电池领域的成熟应用外，在锂硫电池等体系中的应用也开展了广泛的研究工作。锂硫电池体系由于其高的理论容量（是锂离子电池的6倍）、丰富的储量而受到关注[8,9]。制约该体系的瓶颈主要来自于锂化过程硫单质的体积膨胀现象、硫电极活性物质的电子绝缘性和多硫化物的穿梭效应[36]。这一系列问题带来性能难以发挥、电极活性物质质量损失、电极结构破坏以至器

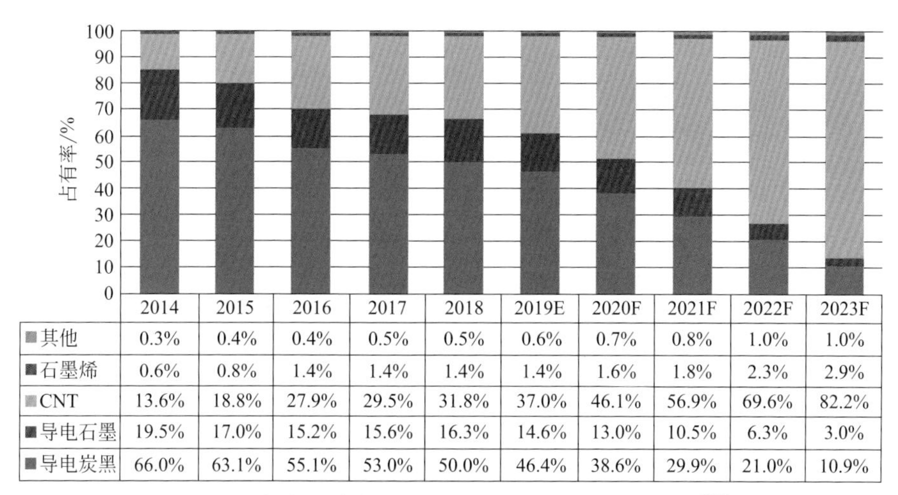

	2014	2015	2016	2017	2018	2019E	2020F	2021F	2022F	2023F
其他	0.3%	0.4%	0.4%	0.5%	0.5%	0.6%	0.7%	0.8%	1.0%	1.0%
石墨烯	0.6%	0.8%	1.4%	1.4%	1.4%	1.4%	1.6%	1.8%	2.3%	2.9%
CNT	13.6%	18.8%	27.9%	29.5%	31.8%	37.0%	46.1%	56.9%	69.6%	82.2%
导电石墨	19.5%	17.0%	15.2%	15.6%	16.3%	14.6%	13.0%	10.5%	6.3%	3.0%
导电炭黑	66.0%	63.1%	55.1%	53.0%	50.0%	46.4%	38.6%	29.9%	21.0%	10.9%

图5-15 2014～2023年中国动力锂离子电池用导电剂占有率情况[35]

数据来源：高工产研锂电研究所（GGII）《2019年碳纳米管及碳纳米管导电剂行业市场调研报告》

件故障等问题。阵列碳纳米管以其长程导电性、高力学强度、低密度和大长径比在锂硫电池体系中的应用崭露头角[37,38]。以阵列碳纳米管为导电剂辅助硫元素形成复合电极，有效改善正极的导电能力。规则的孔道结构、大的比表面积不仅为高效负载硫活性物质、构筑多层次结构设计提供了平台，同时保障了电解液离子的快速传输。

有报道以阵列碳纳米管作为相互连接的导电支架负载硫元素。由于阵列碳纳米管的开放有序直孔道，相较于其他传统导电添加剂，更利于实现硫活性物质的均匀负载，大幅提高了硫元素在复合电极中的质量分数，对锂硫电池能量密度起到重要改善作用。研究表明［图5-16（a）～（d）］[39]，以直径为6～12nm、长度为20～40μm、管径为1～3μm的多壁碳纳米管阵列作为导电支架，可将硫负载量由50%提高至90%，阵列碳纳米管/硫复合物的振实密度相应地由0.4g/cm^{3}提高至1.98g/cm^3，基于极片的质量容量、面容量、体积容量分别由500.3mA•h/g、0.298mA•h/cm^2、200.1mA•h/cm^{3}提高至563.7mA•h/g、0.893mA•h/cm^2、1116.0mA•h/cm^3。以单壁碳纳米管负载硫元素，构建同轴电缆结构[38]，在0.5C倍率下首次放电容量可达到676mA•h/g，在1.0C容量倍率下第100次循环的可逆放电容量达到441mA•h/g。

此外，还有学者设计、构建多级碳纳米管导电结构［图5-16（e）（f）］[40]。首先获得直径较大的多壁碳纳米管阵列，以之为主干，继续构建小直径的分枝状次级碳纳米管结构。初级阵列碳纳米管承担了电子高速传输通道，对枝杈状导电网络起集流作用；而次级枝杈状碳纳米管为硫的高负载提供了大表面积。该结构利用分级设计理念提高了导电性和结构刚度，并实现硫负载量为9g/cm^2，质量分数为70%。在0.1C下质量容量为1100mA•h/g，面容量为6.5mA•h/cm^2，并表现出出色的倍率性能。

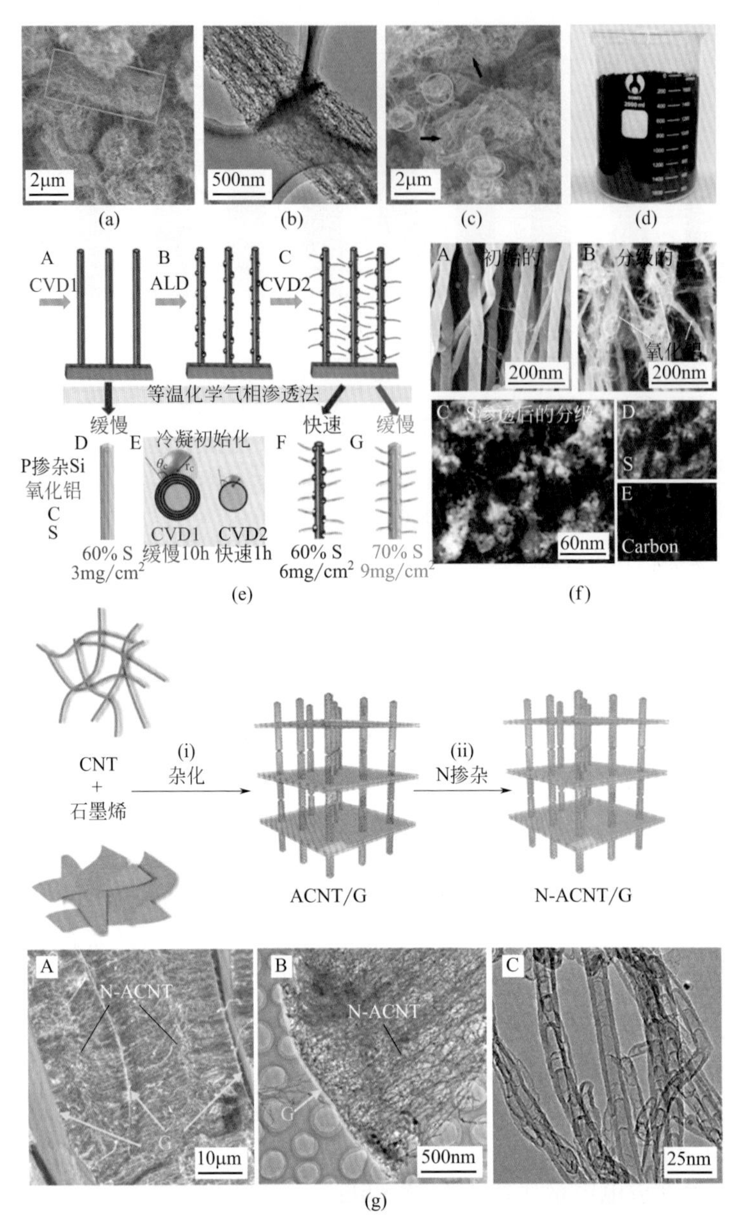

图5-16 阵列碳纳米管的扫描电镜图（a）、透射电镜图（b）、负载硫元素的阵列碳纳米管复合物的扫描电镜图（c）和实物图（d）[39]；多级碳纳米管负载硫元素的结构示意图（e）和电镜表征（f）[40]；氮掺杂的阵列碳纳米管/石墨烯三明治结构（g）[41]

CVD—化学气相沉积法；ALD—原子层沉积法

氮掺杂的阵列碳纳米管 / 石墨烯三明治结构负载硫的复合物正极的研究工

作［图 5-16（g）］[41] 是利用双功能催化剂，在化学气相沉积（chemical vapour deposition，CVD）过程中，通过两步反应制得垂直阵列碳纳米管（长度为 10μm）插层于石墨烯（层数为 2 ~ 4 层）层间的三明治结构；并在制备过程中原位通入氮源，获得氮元素原子比例为 0.86% 的杂化体。经研究，氮元素以吡啶态氮、吡咯态氮、季铵盐态氮、氧化态氮和化学吸附态氮形式存在。氮元素的掺入，使碳骨架产生了更多的缺陷和活性位点，从而改善了界面吸附和电化学行为，使得该结构集合了良好的结构稳定性、多级连通离子通道、三维电子传输路径、增强的表面亲和力和活性。当硫质量负载量为 52.6% 时，在 1C 电流密度下，该正极表现出高达 1152mA・h/g 的初始放电容量（基于硫元素），并且在 80 次循环后容量保持率达到初始容量的 76%。在 5C 的高电流密度下，仍可保持 770mA・h/g 的可逆容量。

二、阵列碳纳米管的电池负极应用

在锂离子电池中，相较于传统石墨负极，具有更高理论容量的新型负极活性物质受到了越来越多的关注。硅，以高达 4200mA・h/g 的理论比容量和低电压平台，成为最具潜力的锂离子电池负极材料之一[6,7]。此外，基于过渡金属氧化物等[5] 材料的锂离子电池负极研究也层出不穷。

然而，对于这些新型负极活性物质，在锂离子嵌入与脱出过程中，大的体积变化和极低的电导率带来电极粉化、活性物质间电子传递受阻，严重影响电化学性能和应用。构建高强度和高电导性的新型负极结构是学者们追逐的热点。阵列碳纳米管，由于其高导电性和高化学稳定性，特别适合作为活性颗粒的导电载体。而且大比表面积和规则孔道结构辅助活性颗粒的纳米化和良好的分散性、限制其体积膨胀，同时为离子的高效传输提供了保障。其柔性特质的自调整能力对于循环过程中的体积波动有一定的适应性。故以阵列碳纳米管帮助新型负极材料构建电极结构，是克服上述弊端的思路之一[25]。

1. 导电载体

以直径为 40 ~ 50nm 的阵列多壁碳纳米管为骨架，通过两步法 CVD 过程，在其上沉积尺寸可调的硅纳米团簇［图 5-17（a）］[42]。硅纳米团簇通过碳纳米管的界面非晶碳层锚定在碳纳米管壁上，团簇间存在明确的间隔，抑制硅元素在电化学循环过程中发生颗粒聚集、长大而产生机械应力。这种异质结构表现出 2050mA・h/g 的高稳定容量且倍率性能良好。首次循环的不可逆容量损失仅为 20%，与石墨负极相当。

有报道通过控制制备技术，获得组分质量分数可调的 SnS_2/ 垂直阵列碳纳米管电极（SnS_2 质量分数为 58% ~ 76%）［图 5-17（b）］[43]。阵列碳纳米管明确的规则孔隙结构与定向的一维电子通道，为离子和电子的快速传输提供了合适的路径。阵列碳纳米管间空间还缓冲了 SnS_2 在循环过程中的体积膨胀与收缩。这种设计的协同效应使 SnS_2/ 垂直阵列碳纳米管电极具有高容量（第一次循环后，50mA/g 电流密度下充电容量为 738mA・h/g）、高循环稳定性（100 次循环后，100mA/g 电流密度下为 551mA・h/g），以及出色的倍率性能（2000mA/g 电流密度下为 223mA・h/g）。

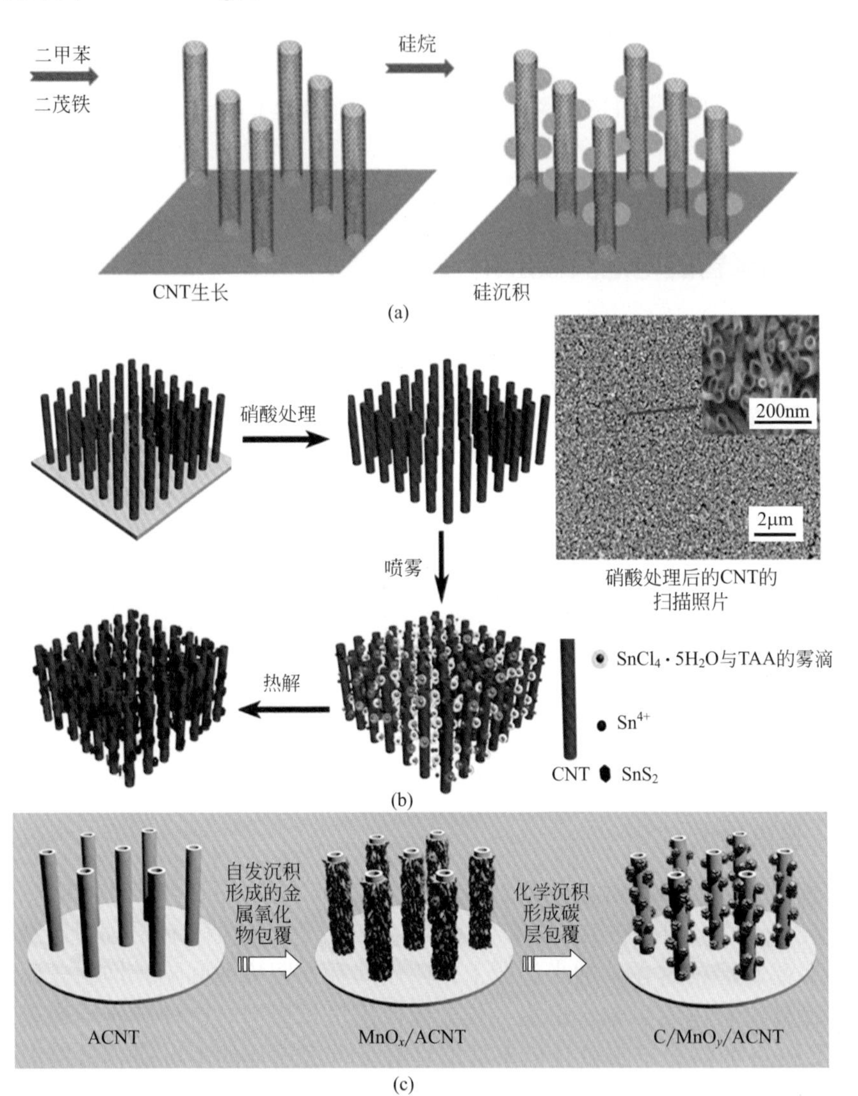

图5-17 阵列碳纳米管与硅形成杂化纳米结构示意图（a）[42]；SnS_2/垂直阵列碳纳米管电极示意图与扫描电镜图（b）[43]；C/MnO_y/ACNT结构示意图（c）[44]

有学者[44]以高度为50μm、面密度为0.5 ~ 0.8mg/cm^{2}的多壁碳纳米管阵列作为骨架，表面负载一层厚度为数纳米、质量分数为77%的MnO_x均匀薄膜，形成MnO_x与阵列碳纳米管的核壳结构。电化学测试表明，以碳纳米管和MnO_x的总质量为基准，首次锂化和脱锂容量分别为1557mA·h/g和1044mA·h/g（首次库仑效率为67%）。其中，MnO_x的容量高达1292mA·h/g（阵列碳纳米管为228mA·h/g），甚至略高于理论值。为进一步抑制电化学过程中MnO_x的聚合，对MnO_x/阵列碳纳米管复合物进行高温覆碳处理，过程中MnO_x薄膜转化为直径为10 ~ 20nm的离散纳米颗粒［图5-17（c）］。在C/MnO_y/ACNT中，覆碳层和MnO_y的质量分数分别为5%和72%。相较于不覆碳的复合结构在60次循环后容量下降至初始容量的51.8%，覆碳电极结构的循环稳定性得到明显提高，在60次循环内容量无衰减。覆碳电极结构100次循环的平均库仑效率为98.1%，也高于不覆碳的复合结构（97.5%）。此外，覆碳电极结构还表现出更好的倍率性能。

在构建电池负极导电网络的策略中，喷雾造粒技术利用异质自组装的方法使得碳纳米管等低维材料与不同活性物质间组成多孔纳米复合结构，具有良好的普适性[45-47]。以TiO_2/CNT为例（图5-18）[45]，将TiO_2与CNT形成均匀溶胶悬浮液，以载气为媒介，将悬浮液滴引入雾化装置，通过高温下液体蒸发，使得TiO_2与CNT浓缩形成复合结构，并在溶剂表面张力的驱动下异质组装为三维介孔结构。第一，该方法适用广，可以设计、组合各种低维度功能结构单元，实现多样的性质与性能。第二，多孔结构内形成丰富且有效的相互连接网络，方法简单、效果优异。第三，形成的复合物结构坚固，使用寿命长。第四，该方法可放大为工业连续化制备技术。以该技术获得的TiO_2/CNT纳米复合物，表现出高的电导率和多级介孔结构，为电子和离子的快速传递提供了通路，表现出良好的倍率特性。

2. 自支撑电极

另外，传统负极构建需要借助无容量贡献的黏结剂和导电剂，降低了活性物质的质量占比，对器件整体性能不利。以阵列碳纳米管构建复合电极，除承担导电功能外，其高长径比和柔性特征，可同时承担活性物质固定化、电极成膜化作用，形成无导电剂、黏结剂的柔性电极，甚至构成无需额外集流体的自支撑电极。

有报道以相互交织的超长碳纳米管和V_2O_5纳米线构成复合物，兼具出色的电化学性能和力学性能［图5-19（a）］[48]。该复合物构成的无黏结剂、无集流体的柔性电极，表现出高容量、高倍率性能和出色的循环稳定性。通过原位水热反应和过滤操作形成的具有高度稳健的柔性自支撑复合物电极，其结构优势主要有：①碳纳米管支架提供了快速电子传递通道，而V_2O_5纳米线缩短了锂离子扩散距离；②网络结构形成交互联通的孔道，为离子的输运提供了通道；③电极稳健的力学性质为高倍率锂离子性能提供了保障。

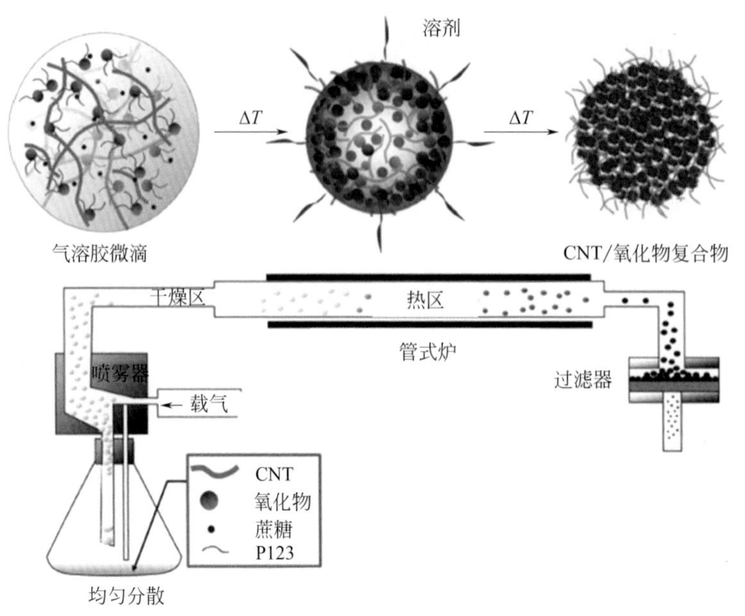

图5-18　喷雾造粒技术制备碳纳米管与氧化物纳米晶体复合物示意图[45]

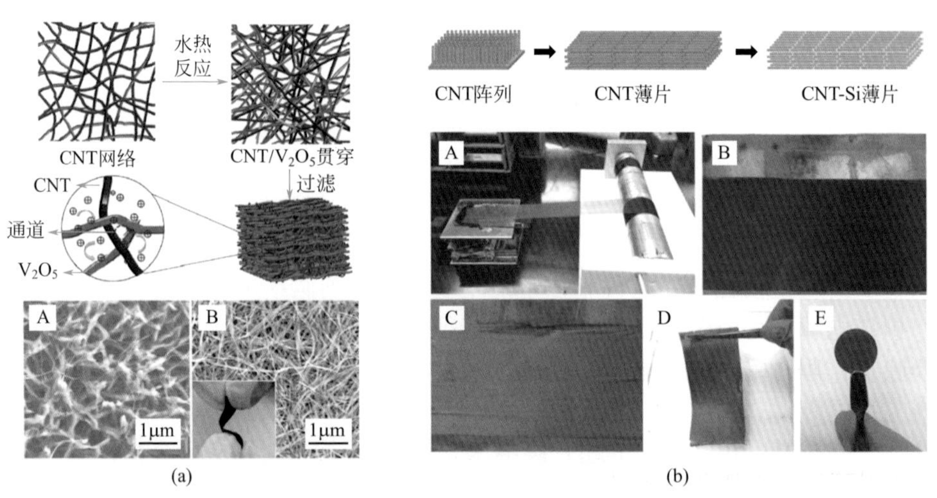

图5-19　CNT/V_2O_5纳米复合物制备示意图及扫描电镜和光学照片（a）[48]；碳纳米管-硅自支撑电极示意图和制备流程图（b）[49]

利用阵列碳纳米管构建硅碳自支撑电极［图 5-19（b）］[49]，阵列碳纳米管可作为负载电极活性物质的理想支架，同时其结构可以调整以适应循环过程中的体积波动。将垂直阵列碳纳米管水平拉伸，制造宽度为 6cm、厚度为 100μm 的连续排列的碳纳米管片，后通过 CVD 过程在其表面涂覆硅元素，并在硅外再包覆一层碳衣。最内层阵列碳纳米管的直径为 10 ~ 50nm，硅层由 100 ~ 200nm 的谷粒状结构组成，碳衣厚度为 20nm。以上结构组成的锂离子电池负极，不含黏结剂，且为无需集流体的自支撑结构，表现出优异的容量特性和循环稳定性。首次库仑效率达到 79%。以 100mA/g 的电流密度进行性能测试，在 45 次循环后，充电容量为 1494mA・h/g，保持率超过 94%，平均库仑效率稳定在 98% 以上。

第三节 阵列碳纳米管的超级电容器应用

一、阵列碳纳米管作为主电极材料的应用

1. 双电层超级电容器的构成

双电层超级电容器的构造与电池类似，主要包括电极、电解液、隔膜和集流体。其中，正、负电极由活性物质、黏结剂和导电剂负载在集流体上构成，电极浸润在电解液环境中，中间用可通过离子的隔膜隔开，构成三明治结构。

电极活性物质是双电层超级电容器的核心组件之一，其关键作用是在其表面积累电荷，与电解液形成双电层。因此，电极材料通常需要具备大比表面积、良好的导电能力以及不与电解液反应等性质。除此之外，希望其能进一步兼顾原料来源广泛、价格低廉等工业化应用要求。目前商业化应用的电极活性物质为活性炭材料。

电解液，作为另一类双电层超级电容器的核心组件，用于超级电容器中最需要重视的参数是离子电导率、黏度、离子尺寸以及电压窗口 [50]。其中离子电导率和黏度直接影响了体系中离子传输的快慢，决定了内阻的大小和功率特性。离子尺寸决定了其可进入的孔道的最小值，从而决定了材料表面的利用率。电解液的分解电压（电压窗口）决定了使用的电压范围，直接影响能量密度的大小。目前用于超级电容器中的电解液主要分为三大类，水系电解液、有机系电解液和离子液体系电解液（表 5-5）。

表5-5 典型电解液性质对比[51]

电解液	窗口电压/V	离子半径/nm	黏度①	离子电导率②	毒性	赝电容
水系	<1	HSO_4^-:0.37 K^+:0.26	低	高	低	是
有机系	2.5~2.7	Et_4N^+•7ACN(溶剂化):1.3(0.67,裸阳离子) BF_4^-•9ACN(溶剂化):1.16(0.48,裸阴离子)	中高	低	中高	否
离子液体	3~6	EMI^+:0.76×0.43 $TFSI^-$:0.8×0.3	高	非常低	低	否

① 20℃时黏度。

② 20℃时实验离子电导率。

2. 电解液的选择

水系电解液的特点是具有较高的离子电导率（典型值为1S/cm）[51]和较小的离子尺寸（典型值为0.2 ~ 0.4nm）。这两个特征使得超级电容器在大电流密度充放电时有较好的功率特性和较大的比容量。但水系电解液受制于水的分解电压较低（约1.2V）导致的能量密度不高，以及酸碱电解液易腐蚀器件的问题[52-55]，并没有被广泛应用于商用电容器中。

有机系电解液[56,57]的优点是具有比水系电解液更高的电压窗口，达2.7V，但其离子尺寸比水系离子大几倍，且离子电导率也远低于水系电解液，因此同种活性材料在有机系中的比容量和大电流密度充放电时的倍率性能均低于水系。但基于能量密度与电解液电压窗口的平方成正比这个原理，有机系超级电容器仍具有较好的能量储存能力，因此被广泛应用于商用电容器中。

为了进一步提升超级电容器的能量密度，显然应该将传统的有机电解液替换成窗口电压更高的电解液[50]。离子液体就是一类窗口电压可高达3 ~ 6V的、室温下呈液态的有机离子化合物。此外，它还具有不挥发、不易燃、液态温度范围宽、无毒的优点，采用离子液体作为超级电容器的电解液，能大幅提高其电压的范围，从而大幅提高能量密度[58-61]。例如将目前商用的2.7V电容变为4.0V电容，则能量密度可提高2.2倍（假设比容量不变），因此高电压的离子液体被认为是下一代超级电容器的必然选择。然而，离子液体具有比有机电解液更低的离子电导率和更大的黏度，其阴阳离子之间容易发生离子缔合现象，增大了离子的尺寸。因此，实现离子液体的性能，需要寻找合适的电极活性物质与之匹配。不同电解液体系性能对比见表5-6。

表5-6 不同电解液体系性能对比[62]

电解液	电极材料	比表面积/（m^2/g）	质量比容量/（F/g）	能量密度/（W•h/kg）
H_2SO_4	橡胶木锯末基活性炭	<920	8～139	0.1
	中间相基活性炭	403～2652	50～334	0.45～2

续表

电解液	电极材料	比表面积/（m^2/g）	质量比容量/（F/g）	能量密度/（W·h/kg）
KOH	樱桃核基活性炭	1130～1273	174～232	0.9～2
	蔗渣基活性炭	1155～1788	240～300	5.9
	活性炭纳米片	2557	264	约10
	石油焦基活性炭	792～2312	125～288	8～10
	葵花籽壳基活性炭	619～2585	220～311	3～6
	活化的模板炭	930～2060	120～180	2.7～4.2
有机系	活化的类石墨烯纳米片	1874	276	7.3
	活性炭纤维织物	1500～2500	36.5	36.5
	樱桃核基活性炭	1130～1273	110～120	4～7
	聚糠醇派生活性炭	1070～2600	65～150	32
	咖啡渣基活性炭	940～1021	100～134	5～40
离子液	活化的类石墨烯纳米片	1874	196	54.7
	活化的微波剥离氧化石墨烯	2400	166	约70
	活性炭纳米片	2557	168	约15
	活化的球形微波剥离氧化石墨烯	3290	174	约74

3．离子液体体系对电极材料的要求

由于离子液体的大离子尺寸和高黏度、低离子电导率是固有属性，想要利用其高电压窗口的优势，必然需要面对并解决这两方面的问题。从碳电极材料入手，针对性地解决或弱化离子液体的不足成为主流思路[63]。

（1）比表面积和孔分布　对于电极材料而言，其最重要的性质便是比表面积。双电层电容器容量的储存依赖于离子在电极材料表面定向排列形成双电层，电极材料的比表面积越大，代表一定质量的电极材料上离子可吸附的位置越多，器件的比容量也就越大。然而，由于不同电解液的离子尺寸存在很大差异，电极材料的孔径和电解液离子存在匹配问题。对于离子液体而言，由于其离子尺寸大，无法进入电极材料上过小的孔结构而将此部分比表面积加以利用。因而，对于离子液体体系的双电层电容器，控制电极材料的孔结构、提高材料的比表面积利用率，是增大能量密度的有效方法。

根据孔径大小，孔结构可分为微孔（小于2nm）、中孔（2 ~ 50nm）和大孔（大于50nm）。当离子液体作为电解液时，研究者普遍认为电极材料的中孔孔结构对应的表面积对容量的贡献更大。因而，材料的中孔率是影响基于离子液体体系的双电层电容器性能的一大因素。

（2）离子输运通道　双电层电容器在大充放电电流下的倍率性能是评价其好

坏的一个重要方面。离子液体的黏度大、电导率低，直接导致离子输运在大电流密度下严重受到动力学限制，无法及时到达电极材料表面，使得比容量出现大幅下降，即倍率性能不佳。为解决这个问题，可从设计、优化离子输运通道入手。

电极材料的离子输运通道一定程度上决定了离子到达电极材料表面的快慢。离子液体的输运能力弱，可以通过对电极材料进行结构优化来弥补。离子输运通道越畅通、离子从电解液主体到达电极材料表面的距离越短，越有利于离子快速到达电极材料表面，从此角度可提高双电层电容器的倍率性能。

（3）电导率　电极材料的电导率是影响双电层电容器性能的主要因素，对于离子液体体系亦是如此。它直接影响充放电过程中电子的输运，对于 ESR（等效串联电阻损耗）及其导致的电压降、能量密度、功率密度均有直接影响。电极材料的电导率除了与材料的电子迁移率有关外，还与材料形成电极时的宏观结构搭建有关。

材料在形成电极时，宏观体的构建直接影响材料单元之间的接触电阻。因而，在电极制备时，不但需要考虑材料本身的导电性质，还需要对电极结构进行设计。导电材料单元彼此有效连接，形成宏观三维导电网络，电子传导才能高效进行，双电层电容器的性能才能充分展现。

（4）纯度等其他因素　对于在高电压窗口下工作的离子液体体系，电极材料的纯度是工程化中一个至关重要的问题。电极材料的杂质主要指表面官能团和金属杂质，其对于电容器的性能存在诸多负面影响。如增大电容器中材料的接触电阻从而导致电容器的内阻增大，降低电势差和倍率性能；发生法拉第副反应，影响电容器的循环寿命等。因此，纯度是电极材料的重要指标。

4. 阵列碳纳米管在离子液体体系电解液的应用优势

要制备高电压下的超级电容器，给电极材料提出了严峻的挑战。商用的活性炭（表 5-7）缺陷结构多，在高电压下快速充放电孔结构容易被破坏；活性炭的缺陷位也容易被空气或者氧化剂氧化，产生较多的含氧官能团，这些杂原子在高电压下容易发生副反应，从而产生气体、无定形碳等影响超级电容器循环寿命的杂质；活性炭所具有的负曲率微孔也使得黏度较大、离子尺寸较大的离子液体的阴阳离子不易到达其表面排列形成双电层，使得活性炭的表面利用率低，无法发挥出较好性能。因此，商用的活性炭不利于在高电压且高黏度的离子液体体系中应用[51]。

表 5-7　单壁碳纳米管与活性炭性质对比[50]

材料名称	比表面积/（m^2/g）	电导率/（S/cm）	孔径分布	碳原子结合形式
单壁碳纳米管	约1250	20	介孔为主	sp^2杂化
活性炭	1500～3500	比碳管低2～3个量级	微孔为主	无定形碳

在众多替代活性炭的材料中，纳米碳材料受到了研究者最广泛的关注，包

括石墨烯和碳纳米管[64]。其中，阵列碳纳米管表现出突出的结构优势（图 5-20）。首先，具备大比表面积、高电导率和大长径比。与传统活性炭材料相比，其显著优势为电极中无需再添加无容量贡献的导电剂，阵列碳纳米管自身既作为电极活性物质，同时又承担了构建导电网络的角色，提升了以整体器件为基准的性能核算。其次，阵列碳纳米管具有高介孔比例、外凸孔结构和定向排列的阵列管束，对于建立离子快速输运通道、构建高效电极 / 电解液界面，十分有利；并且，阵列碳纳米管的 sp^2 杂化碳结构稳定性高、碳纯度高、含氧官能团少，在高电压窗口下可稳定操作，这两方面特性尤其满足了对于开发具有高电压窗口的基于离子液体电解液的双电层超级电容器的发展趋势[3]。

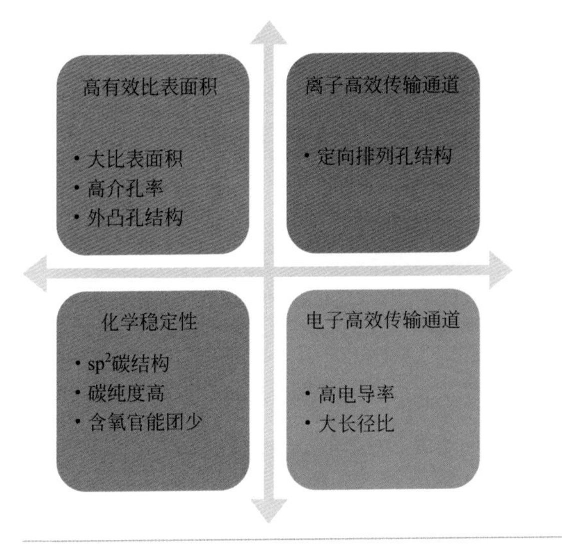

图5-20
阵列碳纳米管的结构与性能优势

5. 阵列碳纳米管在离子液体双电层电容器中的应用

阵列碳纳米管用作双电层超级电容器主电极材料的本征优势十分突出，其密度过低却是制约应用的一大瓶颈。面对这一挑战，学者开发出了阵列碳纳米管的密实化技术，在维持结构与性能优势的同时，提升材料的宏观密度。

有报道通过液体浸泡和蒸发两步法，形成均匀密实、形状可控的单壁碳纳米管块体［图 5-21（a）］[65]。该工作首先引入液体至长度为毫米级、平均直径为 2.8nm 的单壁碳纳米管阵列中，通过液体毛细作用力将碳纳米管“拉”到一起；液体蒸发时，碳纳米管之间的范德华力，又使得碳纳米管阵列进一步收缩，最终达到阵列密度由 0.03g/cm^3 提高至 0.55g/cm^3，孔隙率由 97% 降低至 50%，维氏硬度提高 70 余倍至 7 ～ 10。通过表征，密实化后的单壁碳纳米管块体，管间距为 0.9nm，面密度为 8.3 ×10^{12} 根 /cm^2，比表面积为 1000m^2/g，与密实化前相似。对大小为 1cm×1cm、高度为 50μm 的单壁碳纳米管块体进行四探针电导率测试，平行于阵列方向和垂直于阵列方向的电阻率分别为 1.74Ω/sq 和 2.61Ω/sq。值得一提的是，该密实化技术使得体积变化只发生在平面维度，碳纳米管阵列高度方向不发生变化。通过研究，水、乙醇、丙酮、己烷、环己烷、二甲基甲酰

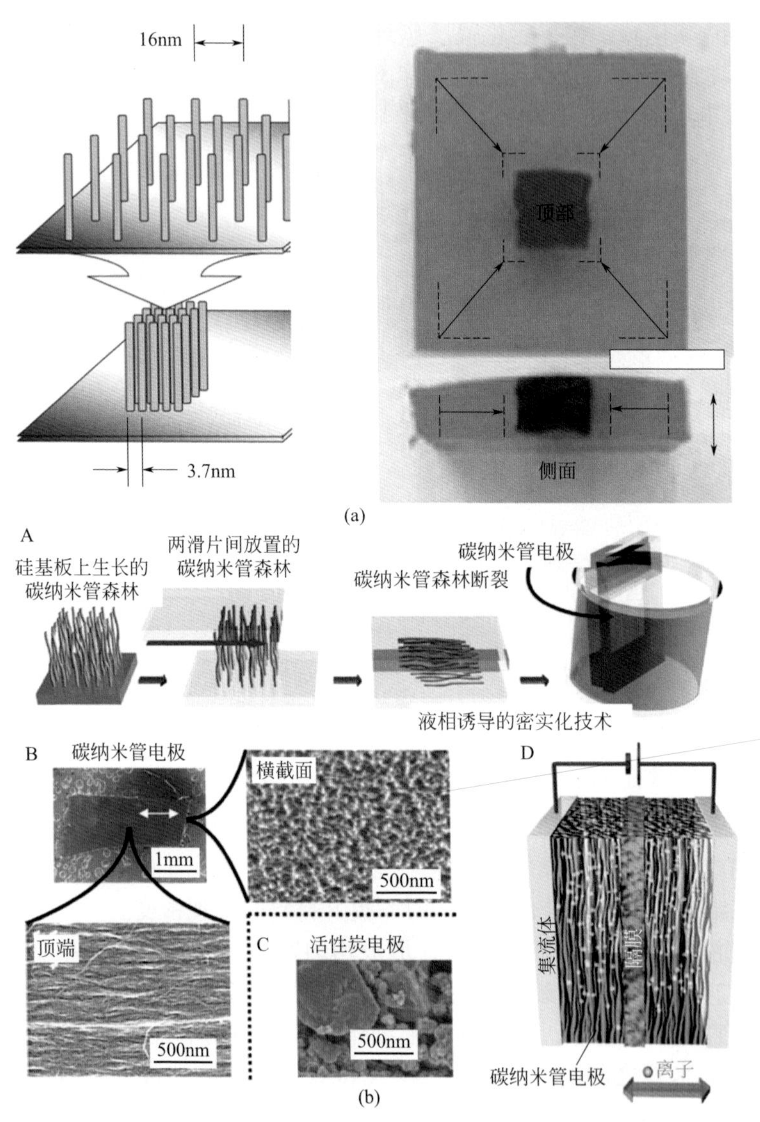

图5-21　阵列碳纳米管的密实化技术示意图及实物图（标尺为1cm）（a）[65]；单壁碳纳米管电极的构建示意图、电极扫描电镜照片和双电层超级电容器结构示意图（b）[66]

胺、液氮、二辛基醚、油酸等均可作为液体用在该项技术中。以密实化后的单壁碳纳米管块体构建电极，在 Et_4NBF_4/PC 体系中组装双电层超级电容器并在 2.5V 下进行电化学测试，获得 80F/g 的质量比容量和 69.4W·h/kg 的能量密度。进一步地，该课题组利用碳纯度高达 99.98%、单壁碳纳米管的选择性大于 99%、比表面积接近理论值（$1300m^2/g$）的阵列产品构建离子液体体系下的双电层超级电容器［图 5-21（b）］[66]。获得的单壁阵列碳纳米管电极，为介孔结构，密度为 $0.5g/cm^3$，厚度约 100μm，电导率为 21S/cm。在 4V 操作电压下，构建的电容器件可实现稳定的充放电循环，质量比容量达到 160F/g，能量密度和功率密度分别为 94W·h/kg、47W·h/L 和 210kW/kg、105kW/L。

此外，有学者通过选择性刻蚀技术，将阵列碳纳米管的尖端帽状结构打开，释放管内表面积，进一步提升双电层电容性能。Lu 等[67]以垂直多壁阵列碳纳米管为电极材料，离子液体为电解液，所得纽扣电容器在 4V 电压下基于活性物质表现出 148W·h/kg 的能量密度和 315kW/kg 的功率密度。该工作利用铁催化剂辅助的化学气相沉积法在 SiO_2/Si 晶片上实现垂直阵列碳纳米管的生长；通过氧等离子体刻蚀技术将覆盖在碳纳米管阵列薄膜上的无定形碳层除去，并对碳纳米管石墨结构进行可控刻蚀，将尖端帽状结构打开。以长度为 100 ~ 200μm、内外径分别为 5nm 和 10nm、面密度为 $0.18mg/cm^2$ 的阵列碳纳米管和［EMIM］［Tf_2N］离子液体组成纽扣电容器，在 5mV/s 的扫速下，获得 440F/g 的质量比容量（在 1V 充电电压下）。经分析，高比容量主要归因于四个因素：首先，多壁阵列碳纳米管的规则孔道结构具有丰富的介孔和可到达的表面积；其次，碳纳米管尖端打开使得管内表面积得到释放和利用；再次，等离子体刻蚀在碳纳米管结构引入缺陷位，进一步强化了电容行为；最后，等离子体刻蚀引入的含氧官能团提供了部分赝电容行为。

定向排列和高长径比使阵列碳纳米管还在柔性电容器件方面具备应用潜力。有研究工作表明[68]，缠绕两股多壁阵列碳纳米管纤维可作为兼具柔性、高强度、高导电性的电极。多壁阵列碳纳米管纤维是由多壁碳纳米管阵列纺织而来，其直径可控制在 2 ~ 30μm 之间，长度可达 100m。一股 20μm 的碳纳米管纤维，其强度可达 1.3GPa，电导率达 103S/m。在水系电解液中构成的纤维状微型超级电容器在 1×10^{-2}mA 的电流下表现出 13.31F/g 的质量比容量、$3.01mF/cm^2$ 的面积比容量和 0.015mF/cm 的长度比容量。

6. 三维集流体辅助的纳米碳基双电层电容器商业化器件原型

碳纳米管等纳米碳材料作为电极材料，虽然在离子液体体系双电层电容器中有突出的结构优势，但其商业化应用始终未得到大范围推进。究其原因，主要有以下两方面：其一，碳纳米管和石墨烯这类碳材料，密度极低、极片负载量小。虽然以电极材料计，质量比容量很大，但从整体器件为衡算基准时，性能优势被抵消甚至逊于传统活性炭电极材料。其二，纳米管和石墨烯在吸液后表现出极严重的溶胀现象，不仅进一步降低了器件体积能量密度，而且对极片加工带来了巨大的挑战。

学者针对以上产业化过程中的问题，提出了液相法的密实化技术等策略，但与产业化过程的对接还有不小的距离。三维泡沫集流体辅助的厚极片技术，为针对性地解决纳米碳电极材料的特异化问题，提供了解决思路。

三维泡沫集流体辅助碳纳米管和石墨烯等纳米碳材料的厚极片技术，利用厚极片在器件中的高体积占比，提升器件整体性能。通过新型集流体构建极片新架构，解决了厚极片的极化问题，并通过集流体多孔限域作用抑制碳纳米管和石墨烯的溶胀现象、提升负载量。

三维联通泡沫金属是一种新型的电极集流体，其内部三维联通的金属丝网形成了大量的孔隙，相比于传统铜箔、铝箔集流体，可以不仅在平面上、更在高度方向上充分地填满活性物质，大大增加了活性物质的极片负载量。此外，三维联通泡沫金属内部的金属丝网结构使得在压制过程中，活性物质被金属丝网所挤压约束，这种网格的空间约束作用，可以在少用或者不用黏结剂的情况下，实现极片上活性物质在加工过程中以及在充放电过程中不发生脱落等现象。因此，具有提高储能器件的能量密度的可能性。另外，导电网络是三维联通的，电荷的传递方向不再仅是垂直于铝箔的方向，而是上下左右全方位导通，因此，其电子的收集能力比普通的铝箔或者铜箔集流体具有更高的效率，有可能提高储能器件的功率密度，同时，也有可能改变传统工艺对于极片厚度的要求。

通常，三维联通泡沫金属所采用的金属材质为铜、镍、铝、铜、镍，加工性能优良，但是在离子液体电解液中稳定性较差；铝在离子液体电解液中稳定性较好，但力学性能远不如铜、镍，因此，采用铝镍复合或者铝铜复合可以使得金属集流体在离子液体电解液中同时兼具较好的稳定性以及较好的机械性能，但铝密度较铜、镍相比最轻（2.7g/cm^3），从工业化成本角度考虑，铝的原材料成本最低，因此开发加工力学性能较好的泡沫铝（纯铝），虽然技术挑战大，但是具降低成本、减轻重量、提高化学稳定性的必然趋势。

2012 年，日本明电舍和住友电工联合开发的双电层超级电容器 EKEBEAT®（图 5-22），以泡沫铝 Aluminum-Celment 为集流体，碳纳米管为电极材料，离子液体为电极液，实现了器件体积能量密度的大幅提高，达到 12.4W・h/L，相比于市售铝箔 - 活性炭 - 有机电解液体系，提高至约 3.4 倍，并可在更大温度范围内工作[69]。相对于传统的铝箔集流体，泡沫铝集流体中活性物质输运距离大幅缩减，其三维网眼结构孔径只有 0.5mm，离活性物质最远也只有 0.25mm，从而使得电阻损失大幅降低，内部电阻可减少至 1/3。另外，由于内部电阻小，泡沫铝集流体克服了传统铝箔在提高放电电流时造成的容量下降的问题。该技术为碳纳米管材料在双电层超级电容器中的产业应用提供了新的方向。

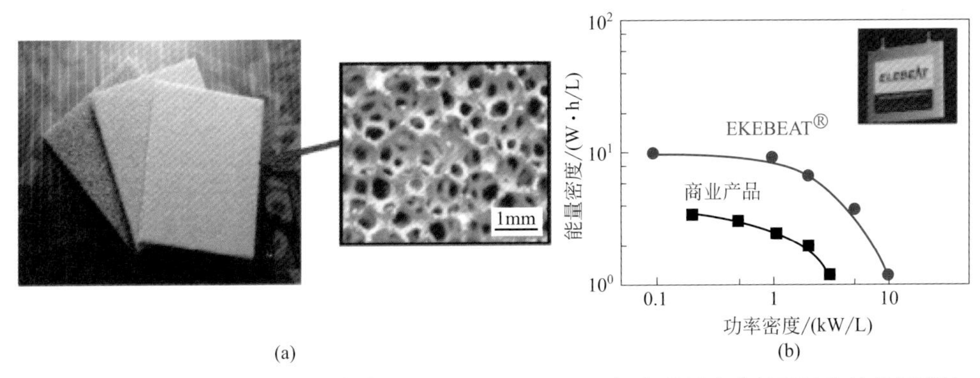

图5-22 住友公司的泡沫铝集流体Aluminum-Celment（a）及明电舍使用该集流体及碳纳米管生产的软包性能与商业产品对比（b）[69]

清华大学化工系作为碳纳米管和石墨烯等纳米碳材料的重要研发单位，在国内率先进行了泡沫铝集流体的开发，突破了国外在该技术上对我国的技术封锁，并在日本技术上进一步提高了产品品质。以此为基础，构建的“石墨烯 - 三维泡沫集流体 - 离子液体”双电层电容器器件原型（图 5-23）[70]。所制得的 100F 软包的性能值约为 23W • h/L。500F 软包的性能值约为 16.4W • h/L，该数值已达商用器件的 2 ~ 3 倍。利用红外测温法测得 100F 软包温度的空间分布：整个极片呈现均匀的蓝色，说明软包内部阻值低而均匀，证实了导电性良好且软包制作水平比较优异；极耳处显示红色，说明电流汇聚好，产生的能量很大。

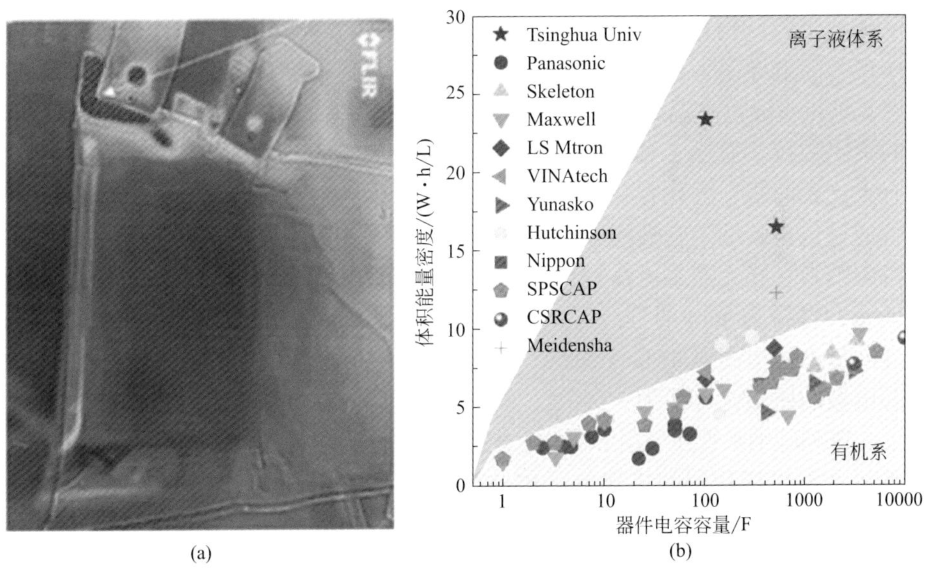

图5-23 原位红外测温法判断软包的状态（a）；清华制备的软包原型与国内外主流商用及实验室级别研究器件的体积能量密度对比（b）[70]

二、阵列碳纳米管作为辅助电极材料的应用

除用于双电层超级电容器的电极活性物质外，阵列碳纳米管还可作为双电层超级电容器和赝电容超级电容器的辅助电极材料，以导电组分加入电极中。显著优于普通导电添加剂，阵列碳纳米管导电剂不仅可构建电子传递桥梁，还提供了双电层容量。且具备多种结构优势的阵列碳纳米管还集成了诸多其他功能。

研究发现，通过优化剪切策略，可将垂直阵列碳纳米管处理为长的、呈单分散状态的碳纳米管[71]。有学者在此分散技术基础上，利用阵列碳纳米管构建了不含黏结剂的活性炭/碳纳米管纸电极［图 5-24（a）（b）］[72]，发挥了阵列碳纳米管的高电导率和交联成膜特性。将外径为 7 ~ 12nm、内径为 3 ~ 6nm、长度为数十微米的碳纳米管阵列经由苯甲醇溶液中分步剪切处理，与质量分数为 90% ~ 95% 的活性炭混合、过滤成膜，构成不含黏结剂的活性炭/碳纳米管纸。通过将其直接压制在泡沫镍集流体上，获得柔性活性炭/碳纳米管纸电极。碳纳米管质量分数为 1% 和 5% 时，活性炭/碳纳米管纸的电导率分别为 0.83S/m 和 1.8S/m，远高于纯活性炭（8.52×10^{-5}S/m），以及活性炭/乙炔黑体系（1.22×10^{-2}S/m，乙炔黑质量分数为 15%）。活性炭/碳纳米管纸的比容量、倍率性能、功率密度均优于活性炭/乙炔黑体系。当碳纳米管的质量分数为 5% 时，质量比容量达到 267.6F/g，能量密度和功率密度分别为 22.5W • h/kg 和 7.3kW/kg（电流密度为 10A/g）。

有研究工作利用 90% 的双壁/三壁碳纳米管颗粒和 10% 的 100μm 长阵列多壁碳纳米管，构建分级碳纳米管膜［图 5-24（c）］[73]。该工作中，阵列碳纳米管体现了高电导率、良好成膜性和抗溶胀性。具体地，内径为 2 ~ 3nm 的双壁/三壁碳纳米管通过高温二氧化碳处理，形成尺寸为 0.2 ~ 2μm、堆积密度为 420kg/m^3 的聚团颗粒。通过二氧化碳刻蚀将碳纳米管尖端闭合帽状结构和管壁打开，使具有大比表面积、大孔容和可调孔结构，助于电解液离子传输。长阵列多壁碳纳米管通过包裹碳纳米管聚团颗粒形成网状交联结构，增强电子传导和机械强度，使得碳纳米管膜无需集流体且抑制了其在电解液润湿过程中的溶胀现象。实验结果证实，直径为 4cm 的分级碳纳米管膜无渗漏发生，有效组分（碳纳米管）的器件质量占比提高至 45% ~ 50%。4V 下，1mol/L Et_4NBF_4/碳酸丙烯酯（PC）体系，膜电极的质量比容量为 57.9F/g，能量密度为 35W • h/kg。

阵列碳纳米管还可用于构建三维碳纳米管/石墨烯三明治结构［图 5-24（d）］[74]，不仅在石墨烯片层间搭建电子传递桥梁；还充当“spacer”，克服石墨烯层间堆叠，帮助保持石墨烯的有效比表面积，供应扩散路径、促进电解质离子在电极材料中的快速运输。该结构在 6mol/L KOH 水系中达到 385F/g 的质量比容量。该结构通过表面能高的剥离氧化石墨烯为基板，利用钴基催化剂通过尖端生长机理

制备阵列碳纳米管，而后还原氧化石墨烯的方法制得。碳纳米管生长在石墨烯薄片之间，均匀而稀疏地分布在整个薄片表面；比表面积为 612m^2/g，高于石墨烯（202m^2/g）。表面积的改善主要来源于碳纳米管在石墨烯之间的有效插层和分布。碳纳米管为多壁碳纳米管，内径 5 ~ 7nm，外径 7 ~ 12nm；碳纳米管间距离 100 ~ 200nm，长度小于 100nm。该三明治结构的垂直电导率为 40.7S/m，平行电导率为 180.1S/m；而纯石墨烯材料的垂直电导率为 6.2S/m，平行电导率为 120.5S/m。这意味着碳纳米管掺入石墨烯薄片可以改善薄片与碳纳米管之间的电连接。

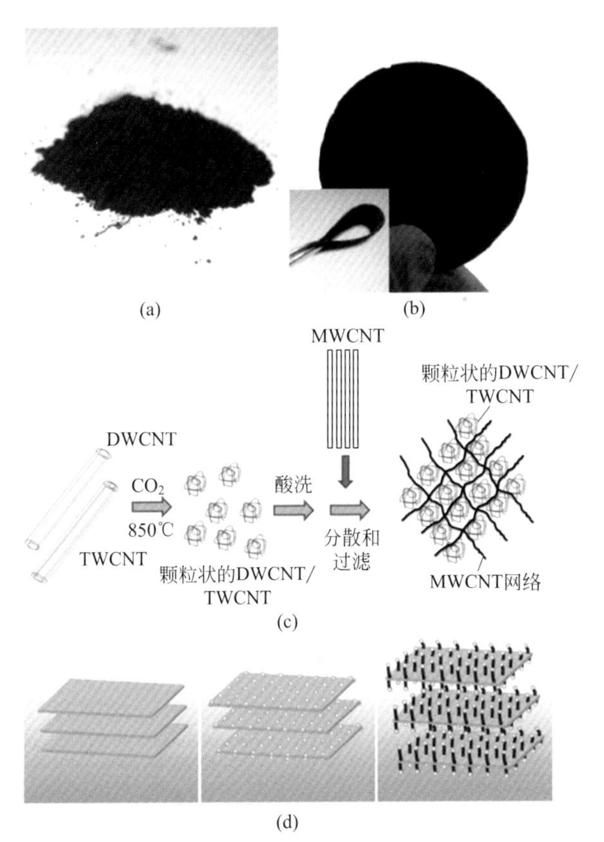

图5-24　活性炭（a）与活性炭/碳纳米管纸电极（b）[72]；分级碳纳米管膜电极结构示意图（c）[73]；三维碳纳米管/石墨烯三明治结构示意图（d）[74]

DWCNT—双壁碳纳米管；TWCNT—三壁碳纳米管；MWCNT—多壁碳纳米管

阵列碳纳米管也常作为导电骨架、负载过渡金属氧化物构建赝电容超电容器电极。例如，有研究工作通过微波法还原高锰酸钾合成碳纳米管 /MnO_2 复合物，MnO_2 均匀覆盖在 CNT 表面[75]。MnO_2 质量占比为 15% 的碳纳米管 /MnO_2 复合物，在 1mV/s 的扫速下，基于 MnO_2 的质量比容量为 944F/g，是理论值的 85%。在 500mV/s 的扫速下，基于 MnO_2 的质量比容量为 522F/g。当 MnO_2 质量占比提高到 57% 时，碳纳米管 /MnO_2 复合物的功率密度达到最大值，为 45.4kW/kg，对应的能量密度为 25.2W • h/kg。

参考文献

[1] Seah C-M, Chai S-P, Mohamed A R. Synthesis of aligned carbon nanotubes[J]. Carbon, 2011, 49 (14): 4613-4635.

[2] Jia X, Wei F. Advances in production and applications of carbon nanotubes[J]. Top Curr Chem (Cham), 2017, 375 (1): 18.

[3] Yang Z, Tian J, Yin Z, et al. Carbon nanotube- and graphene-based nanomaterials and applications in high-voltage supercapacitor: A review[J]. Carbon, 2019, 141: 467-480.

[4] Li G, Yang Z, Yin Z, et al. Non-aqueous dual-carbon lithium-ion capacitors: a review[J]. Journal of Materials Chemistry A, 2019, 7 (26): 15541-15563.

[5] Poizot P, Laruelle S, Grugeon S, et al. Nano-sized transition-metal oxides as negative-electrode materials for lithium-ion batteries[J]. Nature, 2000, 407 (6803): 496-499.

[6] Magasinski A, Dixon P, Hertzberg B, et al. Erratum: High-performance lithium-ion anodes using a hierarchical bottom-up approach[J]. Nature Materials, 2010, 9 (5): 461-461.

[7] Wu H, Chan G, Choi J W, et al. Stable cycling of double-walled silicon nanotube battery anodes through solid-electrolyte interphase control[J]. Nat Nanotechnol, 2012, 7 (5): 310-315.

[8] Bruce P G, Freunberger S A, Hardwick L J, et al. Li-O_2 and Li-S batteries with high energy storage[J]. Nat Mater, 2011, 11 (1): 19-29.

[9] Rosenman A, Markevich E, Salitra G, et al. Review on Li-sulfur battery systems: An integral perspective[J]. Advanced Energy Materials, 2015, 5 (16): 1500212.

[10] Simon P, Gogotsi Y. Materials for electrochemical capacitors[J]. Nat Mater, 2008, 7 (11): 845-854.

[11] Miller J R, Simon P. Materials science. Electrochemical capacitors for energy management[J]. Science, 2008, 321 (5889): 651-652.

[12] Conway B E. Transition from ‘supercapacitor’to ‘battery’ behavior in electrochemical energy storage[J]. J Electrochem Soc, 1991,138: 1539-1548.

[13] Conway B E, Birss V, Wojtowicz J. The role and utilization of pseudocapacitance for energy storage by supercapacitors[J]. Journal of Power Sources, 1997, 66(1-2): 1-14.

[14] Chen Y M, Cai J H, Huang Y S, et al. Preparation and characterization of iridium dioxide-carbon nanotube nanocomposites for supercapacitors[J]. Nanotechnology, 2011, 22 (11): 115706.

[15] Wei W, Cui X, Chen W, et al. Manganese oxide-based materials as electrochemical supercapacitor electrodes[J]. Chem Soc Rev, 2011, 40 (3): 1697-1721.

[16] Snook G A, Kao P, Best A S. Conducting-polymer-based supercapacitor devices and electrodes[J]. Journal of Power Sources, 2011, 196 (1): 1-12.

[17] Wang K, Huang J, Wei Z. Conducting polyaniline nanowire arrays for high performance supercapacitors[J]. The

Journal of Physical Chemistry C, 2010, 114 (17): 8062-8067.

[18] Zhong C, Deng Y D, Hu W B, et al. A review of electrolyte materials and compositions for electrochemical supercapacitors[J]. Chemical Society Reviews, 2015, 44 (21): 7484-7539.

[19] 温倩. 全同手性超长碳纳米管的结构调控制备 [D]. 北京：清华大学，2010.

[20] Berber S, Kwon Y K, Tomanek D. Unusually high thermal conductivity of carbon nanotubes[J]. Phys Rev Lett, 2000, 84 (20): 4613-4616.

[21] Kim P, Shi L, Majumdar A, et al. Thermal transport measurements of individual multiwalled nanotubes[J]. Phys Rev Lett, 2001, 87 (21): 215502.

[22] 麦亚潘 M. 碳纳米管——科学与应用 [M]. 刘忠范，等译. 北京：科学出版社，2007: 1-3, 88-91, 123-125, 132-125.

[23] 张庆堂，瞿美臻，于作龙. 锂离子电池导电剂研究进展 [J]. 化学通报：网络版，2016, 69 (1): 000640.

[24] Landi B J, Ganter M J, Cress C D, et al. Carbon nanotubes for lithium ion batteries[J]. Energy & Environmental Science, 2009, 2 (6): 638.

[25] Liu X-M, Huang Z D, Oh S W, et al. Carbon nanotube (CNT)-based composites as electrode material for rechargeable Li-ion batteries: A review[J]. Composites Science and Technology, 2012, 72 (2): 121-144.

[26] Sehrawat P, Julien C, Islam S S. Carbon nanotubes in Li-ion batteries: A review[J]. Materials Science and Engineering: B, 2016, 213: 12-40.

[27] Liu X-Y, Peng H-J, Zhang Q, et al. Hierarchical carbon nanotube/carbon black scaffolds as short- and long-range electron pathways with superior Li-ion storage performance[J]. ACS Sustainable Chemistry & Engineering, 2013, 2 (2): 200-206.

[28] 苏方远，唐睿，贺艳兵，等. 用于锂离子电池的石墨烯导电剂：缘起、现状及展望 [J]. 科学通报，2017, 62 (32): 3743-3756.

[29] 江苏天奈科技股份有限公司首次公开发行股票并在科创板上市招股说明书. 2019.http://epaper.stcn.com/paper/zqsb/page/1/2019-09/12/A010/20190912A010_pdf.pdf.

[30] Zhang Q, Huang J Q, Qian W Z, et al. The road for nanomaterials industry: a review of carbon nanotube production, post-treatment, and bulk applications for composites and energy storage[J]. Small, 2013, 9 (8): 1237-1265.

[31] Zhang Q, Huang J Q, Zhao M Q, et al. Carbon nanotube mass production: principles and processes[J]. ChemSusChem, 2011, 4 (7): 864-889.

[32] 张强，黄佳琦，赵梦强，等. 碳纳米管的宏量制备及产业化 [J]. 中国科学：化学，2013, 43 (6): 641-666.

[33] Wei F, Zhang Q, Qian W-Z, et al. The mass production of carbon nanotubes using a nano-agglomerate fluidized bed reactor: A multiscale space–time analysis[J]. Powder Technology, 2008, 183 (1): 10-20.

[34] Zhang Q, Xu G-H, Huang J-Q, et al. Fluffy carbon nanotubes produced by shearing vertically aligned carbon nanotube arrays[J]. Carbon, 2009, 47 (2): 538-541.

[35] 高工产研锂电研究所. 2019 年中国碳纳米管及碳纳米管导电剂行业市场调研报告 [OL]. http://www.gg-ii.com/art-2431.html.

[36] Seh Z W, Sun Y, Zhang Q, et al. Designing high-energy lithium-sulfur batteries[J]. Chem Soc Rev, 2016, 45 (20): 5605-5634.

[37] Xin S, Gu L, Zhao N H, et al. Smaller sulfur molecules promise better lithium-sulfur batteries[J]. J Am Chem Soc, 2012, 134 (45): 18510-18513.

[38] Zhang S-M, Zhang Q, Huang J-Q, et al. Composite cathodes containing SWCNT@S coaxial nanocables: Facile synthesis, surface modification, and enhanced performance for Li-ion storage[J]. Particle & Particle Systems

Characterization, 2013, 30 (2): 158-165.

[39] Cheng X-B, Huang J-Q, Zhang Q, et al. Aligned carbon nanotube/sulfur composite cathodes with high sulfur content for lithium-sulfur batteries[J]. Nano Energy, 2014, 4: 65-72.

[40] Carter R, Davis B, Oakes L, et al. A high areal capacity lithium-sulfur battery cathode prepared by site-selective vapor infiltration of hierarchical carbon nanotube arrays[J]. Nanoscale, 2017, 9 (39): 15018-15026.

[41] Tang C, Zhang Q, Zhao M Q, et al. Nitrogen-doped aligned carbon nanotube/graphene sandwiches: Facile catalytic growth on bifunctional natural catalysts and their applications as scaffolds for high-rate lithium-sulfur batteries[J]. Adv Mater, 2014, 26 (35): 6100-6105.

[42] Wang W, Kumta P N. Nanostructured hybrid silicon/carbon nanotube heterostructures: Reversible high-capacity lithium-ion anodes[J]. Acs Nano, 2010, 4 (4): 2233-2241.

[43] Deng W, Chen X, Liu Z, et al. Three-dimensional structure-based tin disulfide/vertically aligned carbon nanotube arrays composites as high-performance anode materials for lithium ion batteries[J]. Journal of Power Sources, 2015, 277: 131-138.

[44] Lou F, Zhou H, Tran T D, et al. Coaxial carbon/metal oxide/aligned carbon nanotube arrays as high-performance anodes for lithium ion batteries[J]. ChemSusChem, 2014, 7 (5): 1335-1346.

[45] Jia X, Zhu X, Cheng Y, et al. Energy storage: Aerosol-assisted heteroassembly of oxide nanocrystals and carbon nanotubes into 3D mesoporous composites for high-rate electrochemical energy storage (Small 26/2015)[J]. Small, 2015, 11 (26): 3196-3196.

[46] Jia X, Kan Y, Zhu X, et al. Building flexible $Li_4Ti_5O_{12}$/CNT lithium-ion battery anodes with superior rate performance and ultralong cycling stability[J]. Nano Energy, 2014, 10: 344-352.

[47] Jia X, Cheng Y, Lu Y, et al. Building robust carbon nanotube-interweaved-nanocrystal architecture for high-performance anode materials[J]. Acs Nano, 2014, 8 (9): 9265-9273.

[48] Jia X, Chen Z, Suwarnasarn A, et al. High-performance flexible lithium-ion electrodes based on robust network architecture[J]. Energy & Environmental Science, 2012, 5 (5): 6845.

[49] Fu K, Yildiz O, Bhanushali H, et al. Aligned carbon nanotube-silicon sheets: A novel nano-architecture for flexible lithium ion battery electrodes[J]. Adv Mater, 2013, 25 (36): 5109-5114.

[50] 余云涛. 基于单壁碳纳米管的高电压超级电容器性能研究 [D]. 北京：清华大学，2016.

[51] François Béguin E F. 超级电容器：材料、系统及应用 [M]. 张治安，译. 北京：机械工业出版社，2014.

[52] Shukla A K, Banerjee A, Ravikumar M K, et al. Electrochemical capacitors: Technical challenges and prognosis for future markets[J]. Electrochimica Acta, 2012, 84: 165-173.

[53] Centeno T A, Stoeckli F. The role of textural characteristics and oxygen-containing surface groups in the supercapacitor performances of activated carbons[J]. Electrochimica Acta, 2006, 52 (2): 560-566.

[54] Wang Y-G, Cheng L, Xia Y-Y. Electrochemical profile of nano-particle CoAl double hydroxide/active carbon supercapacitor using KOH electrolyte solution[J]. Journal of Power Sources, 2006, 153 (1): 191-196.

[55] Gupta V, Kusahara T, Toyama H, et al. Potentiostatically deposited nanostructured α-$Co(OH)_2$: A high performance electrode material for redox-capacitors[J]. Electrochemistry Communications, 2007, 9 (9): 2315-2319.

[56] Lewandowski A, Olejniczak A. *N*-Methyl-*N*-propylpiperidinium bis(trifluoromethanesulphonyl)imide as an electrolyte for carbon-based double-layer capacitors[J]. Journal of Power Sources, 2007, 172 (1): 487-492.

[57] Yuyama K, Masuda G, Yoshida H, et al. Ionic liquids containing the tetrafluoroborate anion have the best performance and stability for electric double layer capacitor applications[J]. Journal of Power Sources, 2006, 162 (2): 1401-1408.

[58] Balducci A, Dugas R, Taberna P L, et al. High temperature carbon-carbon supercapacitor using ionic liquid as electrolyte[J]. Journal of Power Sources, 2007, 165 (2): 922-927.

[59] Galiński M, Lewandowski A, Stępniak I. Ionic liquids as electrolytes[J]. Electrochimica Acta, 2006, 51 (26): 5567-5580.

[60] Armand M, Endres F, MacFarlane D R, et al. Ionic-liquid materials for the electrochemical challenges of the future[J]. Nat Mater, 2009, 8 (8): 621-629.

[61] Tian J, Cui C, Xie Q, et al. $EMIMBF_4$–GBL binary electrolyte working at −70℃ and 3.7V for a high performance graphene-based capacitor[J]. Journal of Materials Chemistry A, 2018, 6 (8): 3593-3601.

[62] Sevilla M, Mokaya R. Energy storage applications of activated carbons: supercapacitors and hydrogen storage[J]. Energy Environ Sci 2014, 7 (4): 1250-1280.

[63] 崔超婕. 石墨烯纳米纤维的制备及离子液体电容性能研究 [D]. 北京：清华大学，2015.

[64] Yang Z, Tian J, Yin Z, et al. Carbon nanotube- and graphene-based nanomaterials and applications in high-voltage supercapacitor: A review[J]. Carbon, 2018.

[65] Futaba D N, Hata K, Yamada T, et al. Shape-engineerable and highly densely packed single-walled carbon nanotubes and their application as super-capacitor electrodes[J]. Nature Materials, 2006, 5 (12): 987-994.

[66] Izadinajafabadi A, Yasuda S, Kobashi K, et al. Extracting the full potential of single-walled carbon nanotubes as durable supercapacitor electrodes operable at 4V with high power and energy density[J]. Advanced Materials, 2010, 22 (35): E235-E241.

[67] Lu W, Qu L, Henry K, et al. High performance electrochemical capacitors from aligned carbon nanotube electrodes and ionic liquid electrolytes[J]. Journal of Power Sources, 2009, 189 (2): 1270-1277.

[68] Ren J, Li L, Chen C, et al. Twisting carbon nanotube fibers for both wire-shaped micro-supercapacitor and micro-battery[J]. Adv Mater, 2013, 25 (8): 1155-1159, 1224.

[69] http://www.uucap.com.cn/news_detail.asp?id=7.

[70] 田佳瑞. 基于石墨烯 - 离子液体的高电压双电层电容器规律研究 [D]. 北京：清华大学，2019.

[71] Xu G H, Zhang Q, Huang J-Q, et al. A two-step shearing strategy to disperse long carbon nanotubes from vertically aligned multiwalled carbon nanotube arrays for transparent conductive films[J]. Langmuir the Acs Journal of Surfaces & Colloids,2009, 26 (4): 2798-2804.

[72] Xu G, Zheng C, Zhang Q, et al. Binder-free activated carbon/carbon nanotube paper electrodes for use in supercapacitors[J]. Nano Research, 2011, 4 (9): 870-881.

[73] Zheng C, Qian W, Cui C, et al. Hierarchical carbon nanotube membrane with high packing density and tunable porous structure for high voltage supercapacitors[J]. Carbon, 2012, 50 (14): 5167-5175.

[74] Fan Z, Yan J, Zhi L, et al. A Three-dimensional carbon nanotube/graphene sandwich and its application as electrode in supercapacitors[J]. Advanced Materials, 2010, 22 (33): 3723-3728.

[75] Yan J, Fan Z, Wei T, et al. Carbon nanotube/MnO_2 composites synthesized by microwave-assisted method for supercapacitors with high power and energy densities[J]. Journal of Power Sources, 2009, 194 (2): 1202-1207.

第六章 高性能碳纳米管复合材料

进入 20 世纪，飞机和航空技术的发展使得人们不仅仅离开地面，而且能够飞向太空、翱翔宇宙，实现这样成就的一大关键因素来源于高性能碳纤维复合材料的发展。如今航空航天事业对飞机航天器能耗和排放量的减少要求不断提高，因此，开发更为轻质高性能的结构和功能复合材料成为重要趋势。轻质高强复合材料作为先进复合材料的重要分支，在航空航天、汽车、高铁、坦克装甲等减重方面大有可为，开发轻质高性能复合材料利于材料的升级换代，同时也成为当代社会节能降耗的重要手段。

相比于碳纤维，碳纳米管具有更为优异的力学性质，并且其密度相比碳纤维还低 30% 以上，非常适合于高端复合材料的开发。从发现碳纳米管到现在的短短 30 年时间内，碳纳米管取得了飞速发展，其在宏观力学强度、韧性等方面已超越目前最好的碳纤维一个数量级。我们有理由相信，在未来人们也会像对待碳纤维一样对待碳纳米管，使其成为未来科技与产业的基石。因此，本章将论述碳纳米管增强复合材料制备技术及其要解决的关键问题，从而实现制备高强的结构复合材料，并进一步阐述碳纳米管在经济高效的功能复合材料中的典型应用。

第一节 概述

一、轻质碳纤维复合材料介绍

复合材料可以分为结构复合材料和功能复合材料，此外，结构和功能一体化复合材料也在不断发展，成为高端复合材料的一个重要趋势。在结构复合材料中，其组成包括基体和增强体，基体为连续相，它将载荷传递到增强体，承载外力。相比于高密度的金属和脆性的陶瓷，高分子材料具有密度小、易于加工并且成本低等优点，但是其低强度和低耐热性是限制大部分高分子材料高端应用的重要原因，可以采用纤维材料与高分子材料复合，提高其力学强度，达到承载载荷的目的。

早在 20 世纪 20 年代，轻质金属及其合金材料广泛应用于各种结构材料，但是金属的比重依旧很大，50 年代碳纤维树脂复合材料应运而生，并在 20 年后逐步迈入商业化进程。2011 年，波音推出了以碳纤维为主体结构材料的波音 787 飞机，其上使用了 50% ~ 60% 的碳纤维复合材料，同铝合金相比，减重效果可达 20% ~ 40%，可大大节省燃油。随着碳纤维技术的发展，发展轻质高强度的复合材料技术将为航空制造、风电叶片、交通车辆、海洋船舶、石油钻杆和管道、国防装甲，以及建筑等领域带来发展机遇。例如，汽车的轮毂一直以来都是金属材质，发展碳纤维树脂的轻质高强结构材料，有望开发出新一代汽车轮毂以实现节能降耗，这一技术有望推广到高铁轮毂、坦克战车轮毂等应用领域，产生巨大经济效益。此外，随着复合材料制备技术提高，整体成型技术大大降低了传统合金装配工艺难度，也很好地弥补了复合材料成本问题。

二、轻质碳纳米管复合材料介绍

碳纤维一般直径在数微米，内部含有石墨微晶结构［图 6-1（a）］。一直以来，碳纤维作为力学增强树脂复合材料的主流，得到了广泛关注和发展。从化学本质来说，人们对轻质高强材料及其复合材料的追求还没有达到极限。碳纳米管（以及石墨烯）体现出更强更韧的特性。碳纳米管作为一维管状结构材料［图 6-1(b)］，可以说是空前的材料，其力学强度是碳纤维的几十倍［图 6-1（c）］，单根碳纳米管的断裂伸长率也明显优于碳纤维。在短短二十余年的发展时间内，碳纳米管纤维的强度已经可以媲美性能最为优异的碳纤维材料（图 6-2），这为未来航空航天带来更多可能。碳纳米管的力学性质使其在提高复合材料强度、增强复合材料韧性方面具有显著优点，并成为极具前景的力学材料。

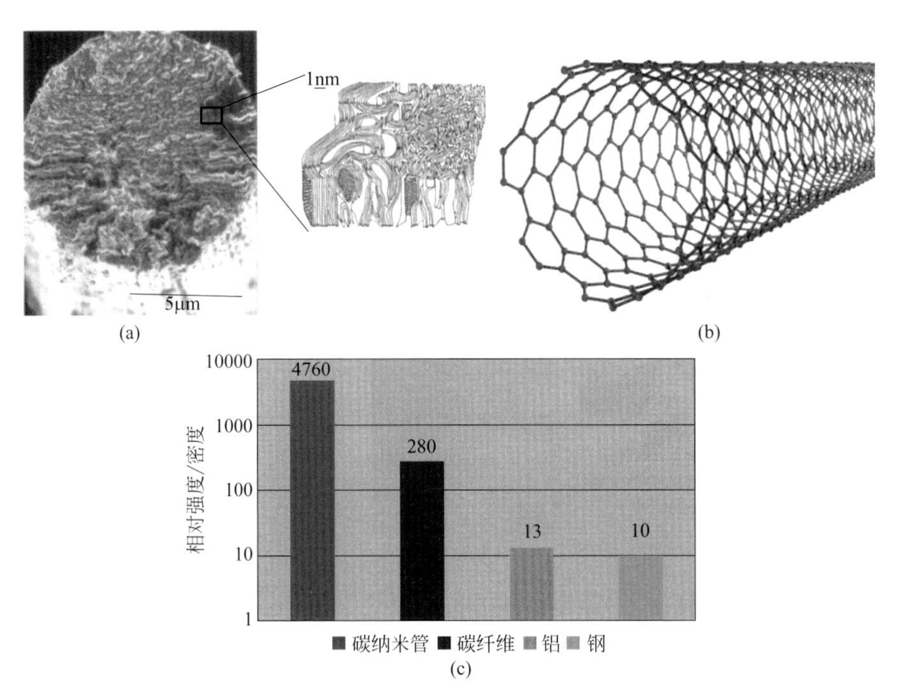

图6-1　碳纤维（a）[1]、碳纳米管（b）结构示意图和碳纳米管与典型材料的力学性能对比（c）

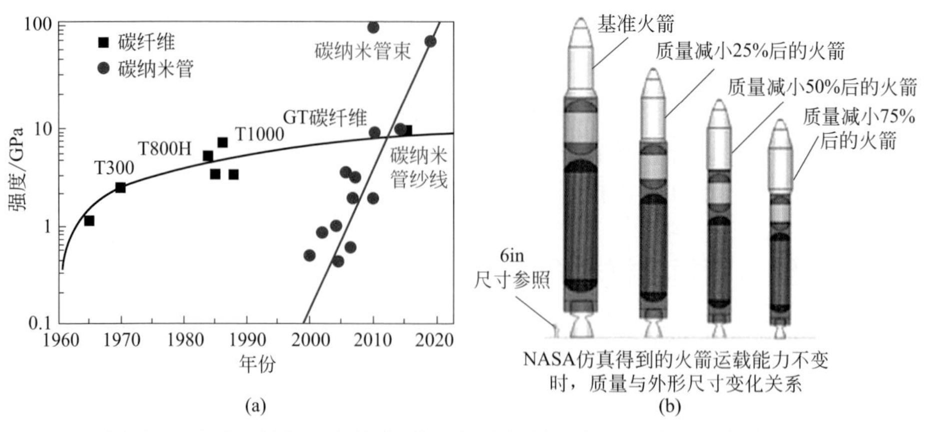

图6-2 碳纤维和碳纳米管发展趋势（a）；复合材料带来的火箭减重（b）

在实现材料轻质特点的同时保持复合材料整体力学强度，这就需要增强材料本身不仅有低密度的特点，更需要有优良的力学性能。理论和实践已经证明单根碳纳米管的力学强度非常优异，其比强度比钢材高出两个数量级，比凯夫拉纤维高出一个多数量级。利用碳纳米管组装而成的碳纳米管纤维，目前其比强度和模量已经超过普通金属，达到工程纤维的水平。但是，目前所获得的碳纳米管宏观复合材料强度仍不及预期，如何实现碳纳米管纳米尺度的优异性能在宏观复合材料上体现尚大有空间。为了初步实现碳纳米管在宏观复合材料上的应用，NASA 于 2017 年开展了基于碳纳米管纤维制成的复合材料压力容器（COPV）搭载探空火箭飞行试验（图 6-3），这是基于碳纳米管的复合材料首次应用于结构部件的飞行试验，COPV 飞行试验可为碳纳米管复合材料用于 NASA 的任务奠定基础。

图6-3 碳纳米管增强复合材料在结构部件中的演示[2]

此外，在 NASA 及众多行业机构和学术界的共同关注下，美国各大高校及研究所领路人在材料基因组计划（MGI）示范中以计算驱动的方式开始对碳纳米管轻质超高强度结构材料进行设计开发（图 6-4），材料制造团队将专注于高取向、高含量的碳纳米管复合材料的规模制造，这些研究预计将会为 NASA 及航空界提供超高强度轻质材料系统及新型计算加速的材料开发范例，开发出全球范围内高水平航空航天新材料。

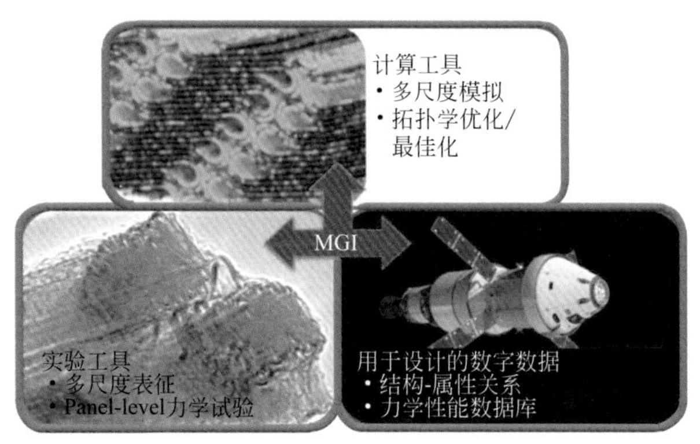

图6-4　碳纳米管结构材料基因组计划[3]

除优异的力学性能外，碳纳米管本征结构还具有高导电性和高导热性。碳纳米管的本征电导率比铜的电导率还要高出数个量级，其热导率在轴向方向可以达到 6000W/（m•K），由于碳纳米管大的长径比（一般＞100），可以在复合材料中构建连续的导电或者导热网络。同时，碳纳米管具有良好的化学稳定性和环境稳定性，这些优异特性为碳纳米管应用于功能材料的研发奠定基础。Nanocomp 公司开发的碳纳米管导线不但具有良好的导电效果，其应用于航天器件中还使重量减轻 30% ~ 70%（图 6-5）。目前，开发碳纳米管的导电功能特性应用已经率先走上商业化。

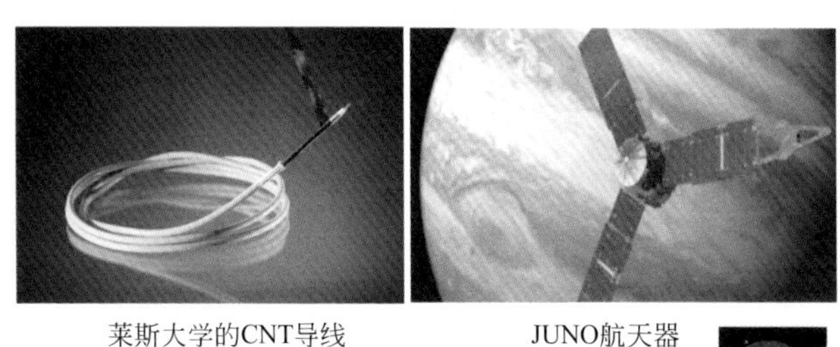

图6-5　在航天器件中用碳纳米管代替金属导线可减重30% ~ 70%[4]

第二节
碳纳米管复合材料类型

一、碳纳米管力学复合材料

碳纳米管对复合材料的力学增强效果主要体现在强度、模量和韧性等方面。碳纳米管本征强度可以达到 120GPa 以上，对于单壁碳纳米管和多壁碳纳米管，其本征力学强度有所差别。因为多壁碳纳米管内部层有可能对承受载荷的贡献微弱，而且会降低碳纳米管部分的比强度和模量，所以高品质的碳纳米管是轻质高强复合材料制造的基础。

对于理想的碳纳米管 / 聚合物复合材料，假定碳纳米管长度可以达到连续增强纤维的尺度并且载荷能够在碳纳米管和聚合物界面有效传输，碳纳米管能够充分发挥其力学强度，那么其强度或者模量可以基于混合法则，用式（6-1）和式（6-2）估算：

$$\sigma_{\text{com}} = \sigma_{\text{CNT}} f + \sigma_{\text{pol}}(1-f) \tag{6-1}$$

$$E_{\text{com}} = E_{\text{CNT}} f + E_{\text{pol}}(1-f) \tag{6-2}$$

式中，f是碳纳米管在聚合物中的体积分数；σ_{CNT}和σ_{pol}分别为碳纳米管和聚合物的强度；E_{CNT}和E_{pol}分别为碳纳米管和聚合物的弹性模量。

可以预见，碳纳米管复合材料的力学性能与碳管和聚合物的本征强度、碳纳米管填充比例，以及碳纳米管的取向高度相关。通常，添加少量的碳纳米管，复合材料的力学强度及模量就得以提升，但是要想得到与碳纤维复合材料相媲美的力学性能，从式（6-1）和式（6-2）可知，需要加入高含量、高取向的碳纳米管。现阶段来说，由于受所用碳纳米管的品质、碳纳米管在聚合物基体中的取向和分布，以及界面载荷的有效传递等因素的影响，碳纳米管复合材料强度还达不到预期。一般来说，当碳纳米管在基体中添加少量（一般低于 5%，质量分数）时，分散良好的碳纳米管可以使得聚合物基体的强度和模量有一定提升，复合材料的强度主要受聚合物基体影响。而当碳纳米管在复合材料中的质量分数能够达到 50% 以上时，经过取向和致密化的碳纳米管复合材料其强度和模量才会得到明显提升并达到 GPa 量级，材料比强度以及比模量目前可以达到工程纤维的水平。

由于碳纳米管高的抗拉强度和断裂伸长率，碳纳米管 / 聚合物复合材料在增韧方面有着明显优势。碳纳米管可以单独应用，也可和其他增强纤维混合使用。研究表明，碳纳米管和聚乙烯醇的复合纤维其强度能够达到 1.4 ~ 1.8GPa，同时其韧性可达 60J/g，这超出了芳纶纤维的韧性以及自然界最强韧的蜘蛛丝的韧性 [5]。碳纳米管增韧聚合物，一方面由于碳纳米管断裂的时候能够吸收大量的机械能；另一方面，碳纳米管在断裂缺陷处依旧能够连接断裂缺口，使聚合物分子充分蠕变耗散能量。将碳纳米管和现有的玻璃纤维、碳纤维以及芳纶纤维等协同设计和使用，有望得到强度和韧性良好的复合材料。目前，现有的碳纳米管复合材料已经能够做到比碳纤维复合材料的强度高出 15% [图 6-6（a）]，高于最初报道的碳纤维复合材料。此外，碳纳米管复合材料具有较低的密度（1.25g/cm^3），所以碳纳米管复合材料的比强度会有更明显的提升 [图 6-6（b）]。除此之外，碳纳米管增韧技术也不断地被应用于金属、陶瓷等复合材料。

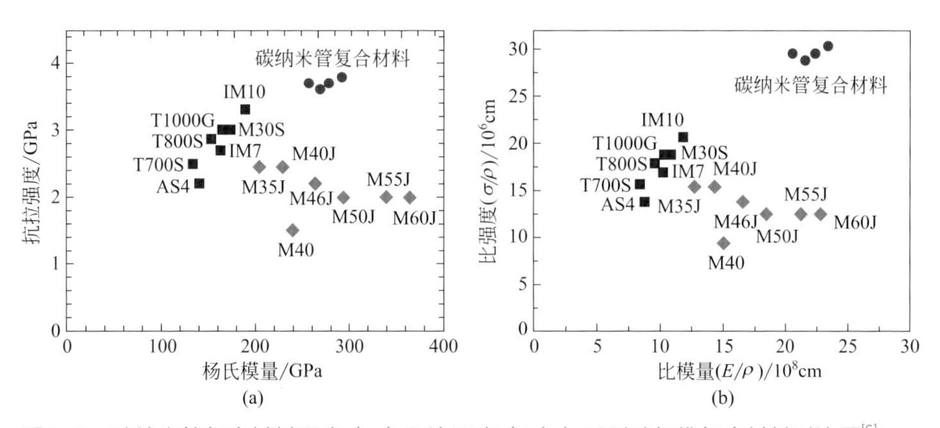

图6-6　碳纳米管复合材料强度（a）和比强度（b）与系列碳纤维复合材料对比图[6]

二、碳纳米管功能复合材料

碳纳米管特有的一维纳米管状结构，具有极为优异的导电和热学性质。碳纳米管的导电性来源于碳原子的 p 电子形成大范围的离域 π 键所造成的共轭效应。对于金属性碳纳米管，价带和导带是部分重叠的，相当于一个半满能带，电子可以自由运动，其显示出金属般的导电性。对于半导体性碳纳米管，价带和导带之间带隙较小，室温下价带电子即可跃迁到导带中导电。单壁碳纳米管可以看作由单层石墨烯卷曲而成的一维中空结构，当石墨烯沿不同手性矢量方向卷曲即可获得不同结构的单壁碳纳米管 [图 6-7（a）]。如图 6-7（b）所示，手性矢量可用 $\boldsymbol{C}_h = na_1 + ma_2$ 表示，其中，n 和 m 是非负整数；a_1 和 a_2 是单位向量；（n，m）称为手性指数，手性矢量和锯齿型（n，0）方向的夹角为手性角 θ。（n，m）与碳纳米管的导电性能密切相关。对于一个给定（n，m）的碳纳米管，如果有 $2n+m=3q$

（q 为整数），则这个方向上表现出金属性，否则表现为半导体性。对于 $n=m$ 的方向，碳纳米管表现出良好的导电性，电导率通常可达铜的 1 万倍。此外多壁碳纳米管中，每层嵌套的单壁碳纳米管通常具有不同的导电属性，所以整体表现为金属性。碳纳米管的超高导电性为导电复合材料的设计带来更广阔空间。

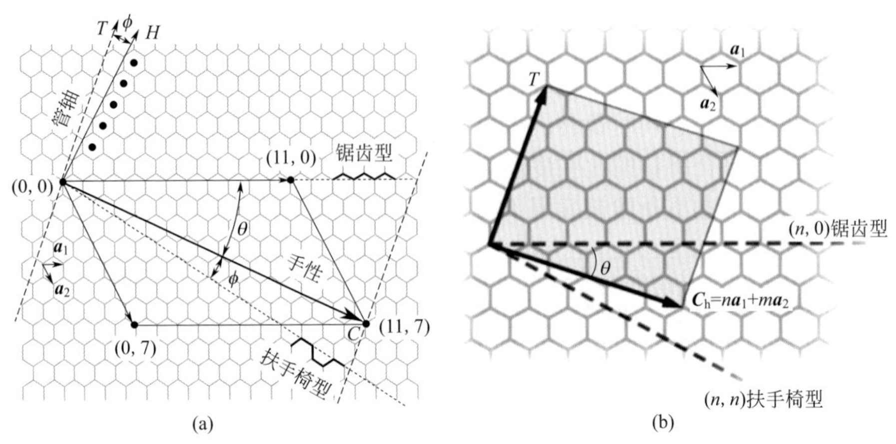

图6-7 碳纳米管原子排列方向的矢量（a）；碳纳米管手性（b）[7]

在导热性质方面，近十几年来，已有大量关于碳纳米管热学性质的研究。通常认为碳纳米管的热导率可与石墨烯的面内热导率及金刚石的热导率相比拟。碳纳米管的热导率与其结构及缺陷程度之间的关系十分密切，当碳纳米管内部存在少量缺陷时会严重降低其本征热导率。

碳纳米管的导热机制可通过研究固体材料的传热机制来解释。从微观角度来看，固体材料的传热方式有两种：一是电子导热机制（通过电子的自由移动来实现）；二是晶格振动声子导热机制。当碳纳米管作为无机非金属材料时，原子核外的自由电子不能实现自由移动，这时碳纳米管的导热遵循晶格振动声子导热机制，即通过晶格振动过程实现导热。在由非金属材料原子之间的相互作用而形成的晶格网络中，温度相对较高的质点热混乱度相对较大，则原子的热振动幅度也随之增大。热振幅较大的原子会自发地带动周边热振幅相对较小的原子共同振动。由于该过程不断地进行，热振幅较小的质点的振幅随之增大，因此形成热量的转移和传递，这个过程被称为热传递现象。此时，碳纳米管的热导率可用 Debye 公式［式（6-3）］表示：

$$\lambda=\frac{1}{3CvL} \tag{6-3}$$

式中，C为材料的热容；v为声子的传播速度；L为声子的平均自由程，是碳纳米管热导率的重要的决定性因素。由于碳纳米管与材料的界面相互作用、碳纳米管的晶格缺陷均会造成声子的散射，影响声子的平均自由程，从而降低碳纳米管的热导率。如图6-8（a）模型所示，在复合材料中形成连续碳纳米管填料网络的情况下，它可以加速热流沿连续和集成的填料网络传递，而声子散射较少。在图6-8（b）所示的不连续的网络中，由于不同原子中存在发生的声学失配，在填料/基体界面会发生大量的声子散射，因此，当碳纳米管引入时，需要注意碳纳米管和基体的匹配以降低声子在界面的散射。碳纳米管结构（包括尺寸和长径比）和填料分散性的优化可以通过在聚合物基体中布置填料以形成导热网络来增强导热性能，对于碳纳米管导热复合材料需要尽可能保持碳纳米管晶格结构的完整性和大的长径比。

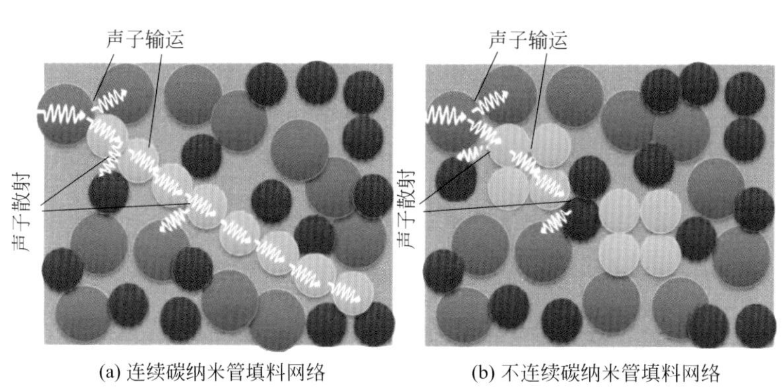

图6-8　碳纳米管复合材料中的导热机制图[8]

第三节
碳纳米管高强复合材料力学基础

一、碳纳米管本征结构

如图 6-9 所示，从分子结构上来说，碳纳米管可以比拟为终极大分子材料［图 6-9（a）］。在线型 PE（polyethylene，聚乙烯）分子中［图 6-9（b）］，如果用芳环和杂环取代，分子链中环状结构比例逐步提高，就可以得到强度更高的聚合物，例如聚酰胺（PA）［图 6-9（c）］、PPTA（poly-*p*-phenylene terephthamide，聚对苯二甲酰对苯二胺）[图 6-9（d）] 和 PBO（poly-*p*-phenylene benzobisoxazole，聚对亚苯基苯并二噁唑）[图 6-9（e）]。当苯环比例达到 100%，形成完全共轭的大分子时，这就形成一维的碳纳米管或者二维的石墨烯，其力学强度和结构稳定性都大幅度提高到极限。某种意义上说，碳管就像是形成完全共轭的终极大分子结构材料。基于这样的结构，碳纳米管具有超高的比强度（200GPa）和比模量（1000GPa），并且其断裂伸长率高达 18%，因此具有极高韧性，而这完全有别于碳纤维（较脆，断裂伸长率约为 2%）。此外，碳纳米管具有优异的热稳定性、导电性能和环境稳定性，为开发稳定高性能的功能复合材料提供了基础。

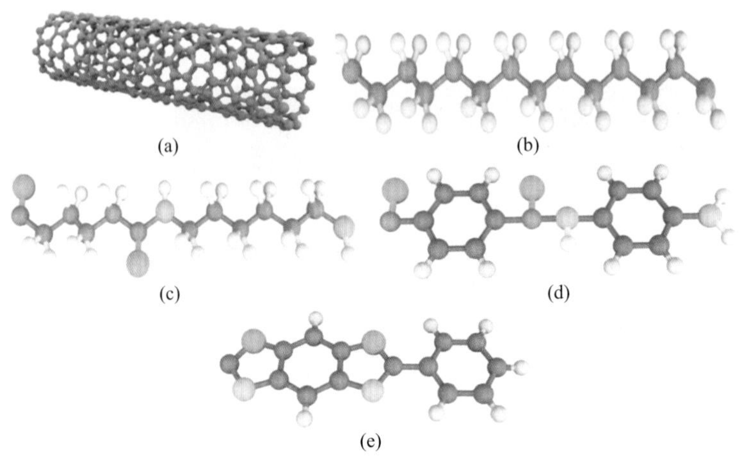

图6-9 碳纳米管（a）与线型PE（b）、聚酰胺（c）、PPTA（d）以及PBO（e）的分子结构对比

实现高强度的碳纳米管复合材料首先需要碳纳米管的本征结构尽可能完美，因此在碳纳米管的制备过程和后续复合材料制备过程中需要尽可能减少碳纳米管缺陷的产生。缺陷的产生会对碳纳米管的本征力学性质带来严重破坏，一般碳纳米管的缺陷越多，其本征力学强度和模量降低越明显。

碳纤维的直径为数微米，而碳纳米管的直径分布在几十纳米到几纳米，小管径的碳纳米管直径甚至可以达到 1nm 以下。直径更小的碳纳米管可以暴露更多的界面，利于和基体相互作用，从而提高载荷传递效率。另外，碳纳米管的直径对其本征力学性质也有重要影响。一般说来，单壁碳纳米管可以更有效地承载载荷，而管径较大的多壁碳纳米管在受拉力作用时只有最外层的碳纳米管受力，内层可能对载荷贡献微弱。当然在压缩受力时，多壁碳纳米管的所有层一般都可以发挥作用。

相比于碳纤维，碳纳米管的长度仍旧较短。虽然有少量的超长碳纳米管能够被合成，其长度可达米级，但是大多数的碳纳米管长度都在毫米级以下。相比于连续的碳纤维材料，碳纳米管所构成的纤维在内部局部区域上并非连续纤维结构，这也是碳纳米管纤维的强度不够理想的重要原因之一。实际上，当连续的高纯度碳纳米管组成宏观纤维的时候，其强度是无可比拟的。因此，制备连续的碳纳米管纤维仍然是重要任务。目前，碳纳米管纤维可以小批量地获得，降低其成本、提高其质量，从而大量生产碳纳米管纤维仍旧是亟须解决的关键问题。

碳纳米管在微观结构上的弯折意味着大量的缺陷结构和大的扰动取向因素，因此，碳纳米管取向度对其复合材料的力学性质有重要影响。按照碳纳米管微观结构不同，可以将碳纳米管分为聚团碳纳米管和阵列碳纳米管，其中阵列碳纳米管又分为水平阵列和垂直阵列碳纳米管。聚团碳纳米管以催化剂为成核位点，最终得到的碳纳米管多为非定向、无序生长的粉体，其内在结构碳纳米管缺陷多、取向杂乱，较难进行有效分散，并且催化剂和无定形碳的存在也严重影响其力学增强效果。

垂直阵列碳纳米管大多垂直于基底生长形成碳纳米管管束或者阵列，相比于缠绕的碳纳米管，其弯折曲率较小，取向度更好，水平阵列碳纳米管也具有类似特点。因此，基于阵列碳纳米管所形成的纤维沿着纤维取向方向能够有效地传递载荷，从而获得高抗拉强度的复合材料。作为承载力学性能的主体，碳纳米管需要更高的品质，即更长的长度、更小的曲率和更高的纯度。

二、碳纳米管界面强化

碳纳米管纤维增强复合材料的力学性能不仅取决于碳纳米管和聚合物基体的自身力学强度，还与碳纳米管和基体的界面结合密切相关。碳纳米管表面光滑，具有很强的疏水特性，未经处理的碳纳米管和基体的结合一般局限于较弱的范德华作用力，难以有效传递受力或者载荷，从而极大限制了碳纳米管力学性能的发挥。同时，碳纳米管的模量可以达到 TPa 量级，聚合物和金属基体的模量远低于此，在外力作用下，表面疏水的碳纳米管和基体界面容易形成微观缺陷，进而引发界面失效。因此，良好的碳纳米管和基体的界面结合是提高聚合物复合材料力学性能的重要因素。在某种意义上，需要外在黏结剂和碳纳米管有良好的作用，并将这样的碳纳米管复合到聚合物基体中，就能够明显改善复合材料的力学性能。

要提高碳纳米管和聚合物基体的界面性能，可以通过强化碳纳米管表面的范德华力，或者通过改性的方法实现基体与碳纳米管表面的化学结合。图 6-10 展示了常见的碳纳米管表面改性方法。

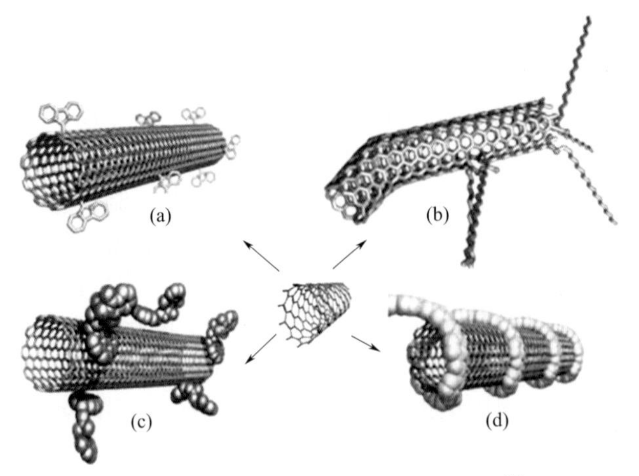

图6-10　碳纳米管与聚合物基体界面强化方式[9]

表面氧化技术通常是将碳纳米管放置于强酸中进行化学氧化，以实现碳纳米管表面的改性。这一方法能够增加碳纳米管表面的羧基含量和表面粗糙度，大量实验表明它可以促进碳纳米管与基体的结合，增强复合材料强度。但是，需要注意的是过度的氧化处理会给碳纳米管带来结构破坏，降低碳纳米管的本征强度。

电化学氧化是另一种碳纳米管表面氧化的方法，该方法将碳纳米管作为阳极，在合适的电解液中对碳纳米管表面进行处理。其原理是利用电化学氧化还原反应在碳纳米管表面氧化溶液中的 OH^- 从而产生过氧基团，经过氧化的碳纳米管能够明显增强与基体的结合。这一方法可以借鉴碳纤维表面处理技术，通过调整合适的电解液能够对碳纳米管表面引入—CO—，—COO—等基团。此外，如果采用含氮元素的电解质则可进一步同时实现碳纳米管的表面氮掺杂效果。

等离子体氧化技术利用等离子体中的高能离子可以实现对碳纳米管的氧化改性并提高界面粗糙度。等离子体可以对碳纳米管表面进行进一步清洗，从而改善碳纳米管和基体的界面弱作用，而引入的活性基团能够增强其界面活性，从而强化和聚合物基体的作用。目前该技术手段对碳纳米管损伤较小，也引起诸多关注。

此外，碳纳米管的表面氮掺杂改性技术对提高碳纳米管和基体的作用有重要贡献，比如利用化学气相沉积技术也可以在碳纳米管表面可控地引入氮原子及其基团。通过氮原子改性的界面亲水性大大增强，因此能够和基体聚合物良好的界面接触和结合，并且表面形成有粗糙度的结构可以提高碳纳米管与基体的机械嵌定作用，提高界面的咬合力，从而增强复合材料的力学传递效果。

三、碳纳米管取向与空间排布

在碳纳米管加入比例（或体积分数）确定时，优化碳纳米管的取向是提升复合材料力学性能的有效途径之一。某种意义上说，碳纳米管是一种特殊的大分子材料。因此，拉伸、剪切等机械作用或者场作用均可以使得碳纳米管取向。当然，经过取向的碳纳米管复合材料存在各向异性。在碳纳米管复合材料中，碳纳米管的取向可以很好地发挥碳纳米管的力学性质，一般说来，复合材料的杨氏模量和抗拉强度随碳纳米管取向的增加而线性增加。图 6-11（a）显示了原始碳纳米管薄片和以不同拉伸率拉伸的碳纳米管复合板的拉伸应力 - 应变曲线。结果表明，原始碳纳米管片材的强度为 300MPa、杨氏模量为 21GPa，未拉伸复合材料的强度为 2.0GPa、杨氏模量为 130GPa。在拉伸率为 12% 时，拉伸将抗拉强度和杨氏模量分别提高到 3.8GPa 和 293GPa［图 6-11（b）和图 6-11（c）］，随着取向度的提高，碳纳米管复合材料力学强度提高明显。在制备复合材料时，表征碳纳米管在聚合物纳米复合材料中的取向度是至关重要的，这对复合材料的力学性能和物理性能有很大的影响。偏振拉曼光谱是表征碳纳米管排列的一种常用方法，对 12% 拉伸率前后的碳纳米管复合板进行表征［图 6-12（a）和（b）］[6]，拉伸 12% 后复合材料 G 带峰的强度比（$I_{G//}/I_{G\perp}$）由 1.6 增加到 7.6，这表明拉伸过程显著地改善了碳纳米管在纳米复合材料中的取向。除了偏振拉曼光谱外，图 6-12（c）（d）的扫描电子显微图像也显示通过拉伸可以显著改善取向。准确量化碳纳米管的取向对解释复合材料力学性能以及指导优化其复合材料的制备非常重要，这通常可以通过经验或理论计算模型（例如 Halpin-Tsai 模型）实现。此外，连续的网状碳纳米管也能够很好地耗散开力学载荷，并能够带来各向同性的力学和导电、导热等性质。

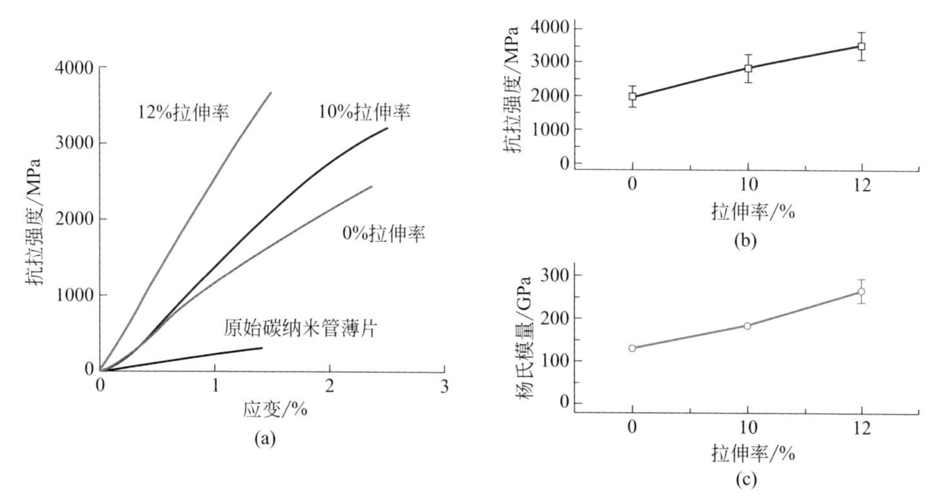

图6-11 原始碳纳米管薄片、未拉伸和拉伸复合材料的典型应力-应变曲线（a），拉伸对复合材料抗拉强度（b）和杨氏模量（c）的影响[6]

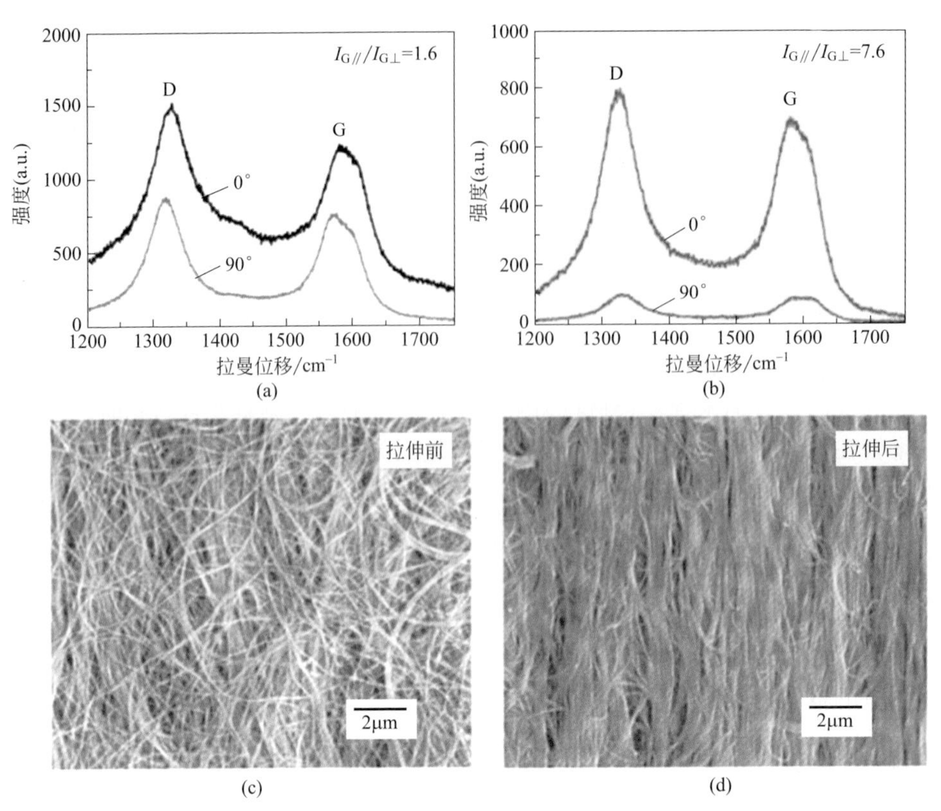

图6-12 拉曼技术表征取向度及拉伸作用对碳纳米管取向的影响：拉伸前（a）和拉伸后（b）的碳纳米管拉曼光谱；拉伸前（c）和拉伸后（d）的扫描电子显微图像[6]

第四节
轻质高强碳纳米管复合材料制备技术

在航空工业，火箭发动机的壳体在采用碳纤维替代传统合金钢后，质量减轻45%，射程由1400km提高至4000km，生产周期缩短1/3，成本大幅度降低。基于碳纳米管优异的力学性质，其超越碳纤维，作为聚合物复合材料的增强纤维是人们不断追求的目标。到目前为止，碳纳米管常通过共混、原位聚合等手段被用于工程塑料、橡胶、纤维、涂料的改性，且已实现部分产品商业化。相关复合材料的工艺技术前人也做了较为详细的总结，但是，这其中碳纳米管的含量大多有限，少有作为力学结构材料使用，下面主要对近年来新出现的面向更高端应用的碳纳米管轻质高强材料制备技术进行介绍。

一、碳纳米管纤维及纤维增强复合材料

1. 碳纳米管纤维制备技术

由于碳纳米管的高长径比以及纳米管间强烈的范德华力，碳纳米管能够形成纤维，并进一步制成纱线、毛毡以及织物等。因此，碳纳米管纤维是一种碳纳米管复合材料的重要基础材料。目前碳纳米管纤维仍旧处于小规模的制备水平阶段，但在改进纤维质量方面仍有较大发展空间。目前制备碳纳米管纤维的工艺主要分为三类：

（1）直接生长碳纳米管纤维　通过调控催化剂和生长工艺，能够使得碳纳米管沿着轴向生长至厘米尺度以上，从而获得宏观的碳纳米管纤维［图 6-13（a）]。对纤维进一步施加应力，强度能够达到 80GPa［图 6-13（e）]，断裂伸长率达到 12%，远超出碳纤维水平。这也证明宏观的碳材料力学强度仍有空间。

（2）干法纺丝获得高强纤维　干法纺丝纤维主要基于化学气相沉积（CVD）的方法制备的碳纳米管阵列［图 6-13（f）]，或者直接将 CVD 炉子生长的碳纳米管抽丝形成纤维［图 6-13（g）]。该方法可以形成连续的碳纳米管纤维或者纱线，但是纱线的端部依靠范德华力连接，这和连续的碳纤维长丝有本质区别。进一步提高碳纳米管质量和纯度、强化碳纳米管之间的结合对纱线的性能影响重大。

（3）湿法纺丝［图 6-13（h）]　利用碳纳米管的分散液或在超强酸中形成的液晶相纺丝得到纤维材料，这类似于高性能工程纤维如凯夫拉纤维或者聚对亚苯基苯并二噁唑（PBO）纤维的纺丝。相比于前两种方法，湿法纺丝可以以单壁或者多壁碳纳米管作为原料，并且能够预先对碳纳米管提纯或者预处理，但对碳纳米管表面的氧化预处理及碳纳米管分散处理都可能会损伤碳纳米管。此外，利用湿法纺丝可以将碳纳米管和聚合物或者聚合物前驱体分散在一起形成混合纺丝液纺丝，例如碳纳米管 / 聚丙烯腈、碳纳米管 / 聚对苯二甲酰对苯二胺、碳纳米管 / 聚对亚苯基苯并二噁唑等复合纤维材料可以由此获得。

2. 碳纳米管纤维的强化

通常碳纳米管纤维的强度不够优异，通过溶剂收缩或加捻能够进一步提高纱线的比强度。Pasquali 等 [14] 报道了通过取向、加捻获得头发状碳纳米管纤维的简单方法。首先，他们在酸性溶液中溶解少量碳纳米管后，将溶液置于两个载玻片之间，迅速错开两片载玻片，在剪切力的作用下，溶液中的数十亿根碳纳

米管就会形成整齐的阵列；等到载玻片上形成碳纳米管薄膜［图 6-14（a）］，就可以将部分薄膜剥离下来捻成纤维，并用 Weibull 形状参数量化了给定薄膜纤维抗拉强度的变化，该参数与分布宽度（数据散布）成反比，同时表明纤维的抗拉强度并不强烈依赖于直径，当薄膜厚度从 1.70μm 减小到 0.40μm 时，该参数从 7.8% 提高到 13.9%。研究表明，通过将多根碳纳米管纤维加捻成纱，可以提高凯夫拉纤维（复丝）和固态纺碳纳米管纤维的抗拉强度，在最佳捻度角度下达到 30% ~ 100%，其抗拉强度可达 3.0GPa［图 6-14（b）］。研究者预测，当碳纳米管纤维的长度达到单根碳纳米管管径的 5 万 ~ 7 万倍时，其抗拉伸强度可达 35 ~ 40GPa。

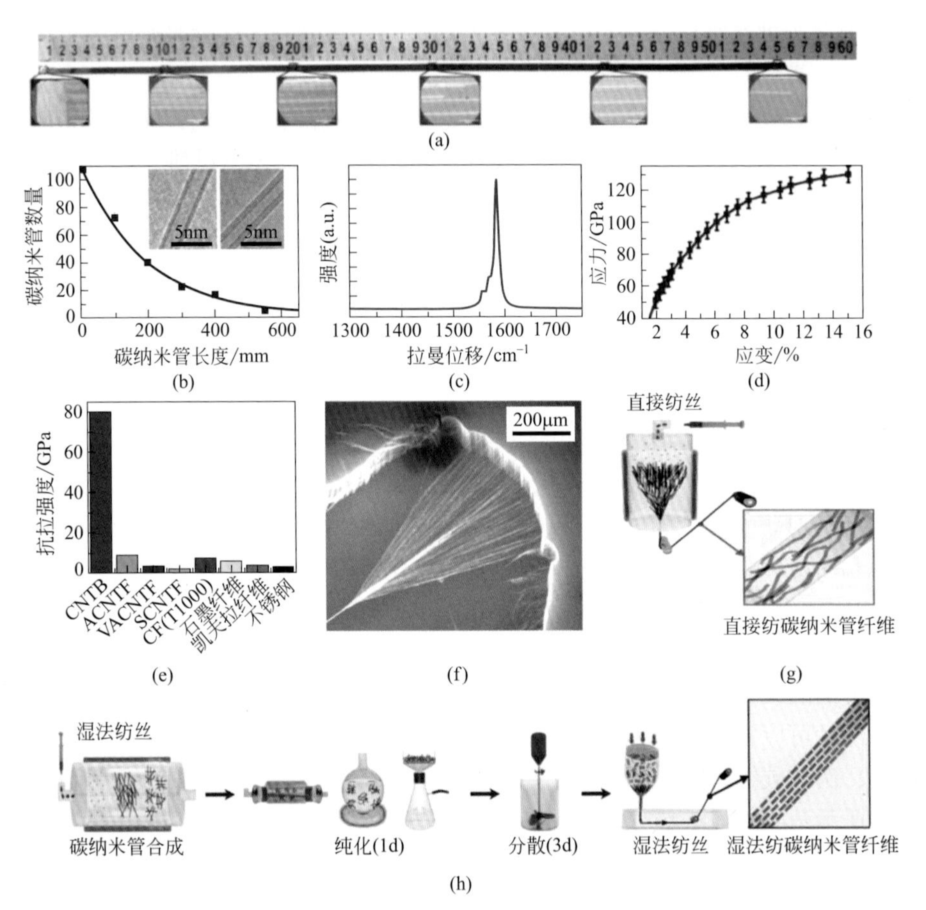

图6-13　碳纳米管纤维制备技术

（a）55cm 长水平阵列碳纳米管[10]；（b）水平阵列碳纳米管的数量分布[10]；（c）水平阵列碳纳米管的拉曼光谱[10]；（d）宏观长度碳纳米管的应力 - 应变曲线[10]；（e）碳纳米管管束强度[11]；（f）碳纳米管阵列纺丝[12]；（g）CVD 直接纺丝[13]；（h）湿法纺丝[13]

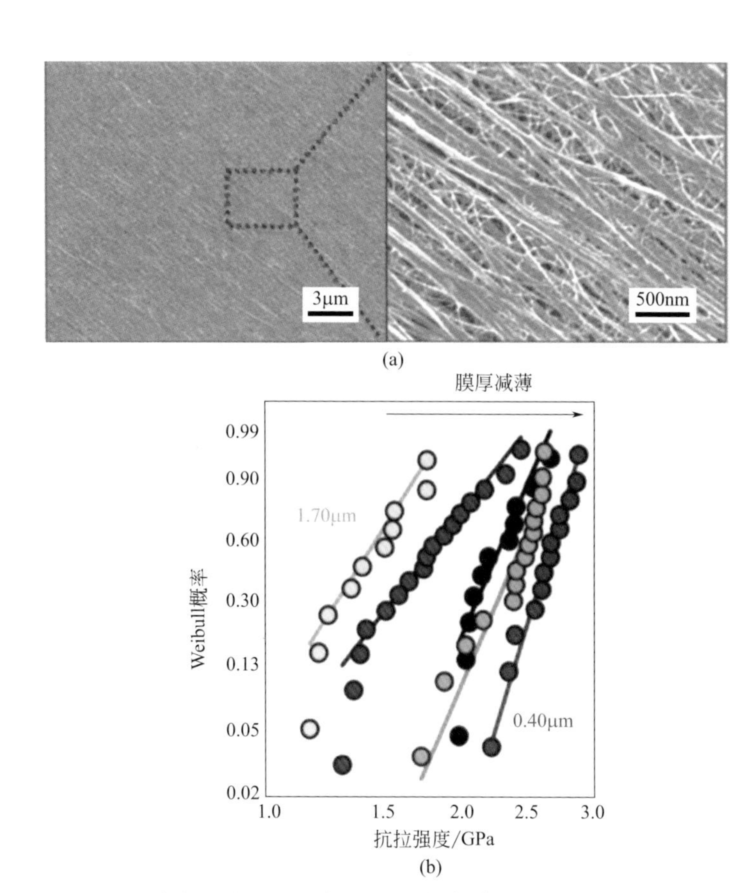

图6-14 定向碳纳米管薄膜SEM图像（a）；不同厚度薄膜制备的碳纳米管加捻纤维抗拉强度的Weibull概率图（b）[14]

对碳纳米管进行取向和压实处理也是强化碳纳米管复合材料的重要途径，这会明显降低碳纳米管的曲折因子，有助于实现复合材料的致密堆积并增加碳纳米管的体积分数。Cheng 等 [15] 对碳纳米管进行拉伸和压制，开发出碳纳米管排列比例高达 60% 的碳纳米管 / 双马来酰亚胺树脂复合材料，复合材料强度和模量分别达到 3.1GPa 和 350GPa，超过 T700 水平。其中，力学性能的显著改善归因于环氧基体中取向排列的碳纳米管的存在以及对碳纳米管的进一步压实。

此外，利用聚合物的前驱体交联碳纳米管，或者利用辐射技术处理碳纳米管，从而使碳纳米管间形成化学键，提高碳纳米管间的相互作用力，对强化碳纳米管纤维、毡、泡沫等也很有效果。

二、碳纳米管复合材料制备技术

到今天为止，碳纤维复合材料已实现高度发展，这给碳纳米管复合材料的制备提供了广泛借鉴。类似碳纤维复合材料制备技术，可以先制备碳纳米管的预浸料进而制备其复合材料，所用的碳纳米管材料主要包括碳纳米管纤维、碳纳米管毡以及碳纳米管泡沫等。其中，碳纳米管纤维的获得方法已述，而碳纳米管毡可以从CVD生长的碳纳米管直接获得（图6-15）或者生长的碳纳米管阵列经过取向压实处理后获得，而碳纳米管泡沫可以从CVD中直接生长获得。由于碳纳米管纤维或者毡等材料内部存在碳纳米管间的空隙，因此可以通过真空浸渍热压成型技术将聚合物的前驱体溶液或熔融体注入，经成型及进一步处理后即得到复合材料。

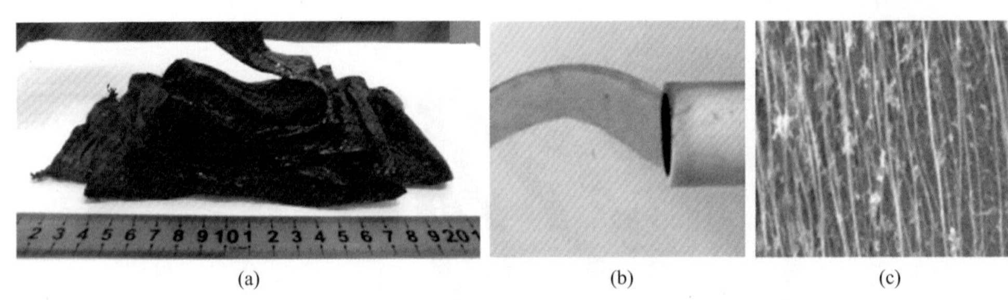

图6-15　气相化学沉积制备的碳纳米管膜：（a）宏观照片；（b）反应器连续抽出的碳纳米管及（c）微观扫描电子显微镜结构[16]

当碳纳米管纤维能够组装成类似碳纤维的长丝时，其复合材料成型可以采用纤维缠绕成型，其基本方法是将经过树脂胶液浸后的长丝，按照一定的规律缠绕到芯膜上，然后固化成型得到复合材料，这种产品有望在碳纤维制品的圆形管道、压力容器、贮存罐等获得应用。相比于碳纤维，高品质的碳纳米管比强度和模量优于碳纤维，有望获得质量更轻、强度更高的制品。

对于二维的碳纳米管预制品，可以采用类似碳纤维制品的手糊成型工艺，获得简单结构的碳纳米管复合材料，比如风力发电的大型桨叶。碳纳米管纤维布经过取向后叠层热压，能够获得6GPa强度的复合材料。当然，碳纳米管布或者毡也可以根据产品需求合理地采用热压罐成型或者模压成型等。当碳纳米管纤维自己能够编织成三维制件或者与其他纤维复合制成三维制品时，复合材料的制备往往采用树脂传递成型（RTM）及其延伸技术，目前该技术已经能够制得较为稳定的结构部件。

三、碳纳米管复合材料增材制造技术

近年来，增材制造技术不断受到人们关注，该技术已经由研究开发阶段向工程化应用阶段迈进。该技术也被用来制造碳纤维和碳纳米管等复合材料，在制备过程中，该方法能够通过预先设计成型，实现复杂结构的制备，同时相比于传统方法，该技术又不会产生多余的废弃物，实现材料的节约及成本降低。该方法在碳纤维增强复合材料方面已开发出较为成熟的工艺。将碳纤维的纱线引出后，与熔融的高分子聚合物复合，经冷却后成型即可实现复合材料的制备，及宏观结构的成型。该技术所用的聚合物材料一般为热塑性聚合物。

与碳纤维相比，由于碳纳米管的直径小得多，因此可以通过增材制造技术获得微结构的碳纳米管高强度复合材料（图 6-16）。此外，对复合材料的结构模型不断优化，能够在复合材料的基础上进一步得到高力学性质的制件。在高端复合材料制备成本居高不下的时候，节约成本的复合材料制备技术也是一个趋势，这给增材制造碳纳米管复合材料技术带来了机遇。

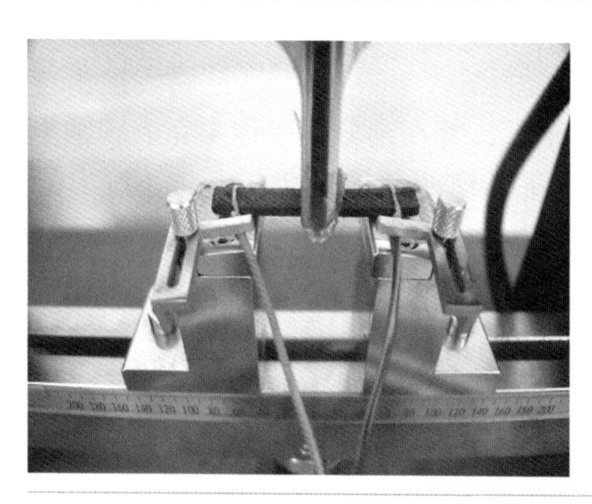

图6-16
3D打印碳纳米管复合材料[17]

第五节
碳纳米管功能复合材料的制备技术

碳纳米管具有优异的力学性质，同时其导电、导热性能也非常优异。碳纳米管作为功能填料率先获得商业开发，比如作为锂离子电池导电剂，作为聚合物材料导电填料等。相比于传统导电导热填料，碳纳米管只需更少的用量，便可获得更好的性能提升，除此之外，其力学性质也会得到改善，这也意味着原料节约、效能提升，这使得碳纳米管受到人们关注。但相比传统填料，碳纳米管难以分散，这里针对近年来新出现的具备高分散性的碳纳米管复合材料制备技术进行介绍。

一、预分散–共混技术

与碳纳米管纤维对应的是碳纳米管粉体。目前碳纳米管粉体已经实现大规模生产，并且其成本在近年来已经降低至大规模应用的水平，这为碳纳米管聚合物复合材料提供了充分支撑。

传统碳纳米管聚合物复合材料的制备过程中，碳纳米管类似“工业味精”，被直接混入高聚物基体中，或者通过简单改性处理后混入聚合物基体中。由于碳纳米管的疏水特性及其内在纤维的强烈相互作用力，碳纳米管难以均匀分散到聚合物基体中，聚合物基体的载荷也难以有效地传递到碳纳米管纤维，因此，在初期碳纳米管复合材料的应用过程中，这是困扰人们的重要难题。

基于对碳纳米管分散和界面特性的认识，清华大学魏飞教授课题组提出预分散 - 共混技术路线[18]。经过预分散的碳纳米管可以均匀分散在高聚物基体中，从而显著强化碳纳米管的分散和与基体界面的结合（图 6-17）。此路线提出首先将碳纳米管分散后造粒，以此匹配聚合物密度，并在预分散过程中完成碳纳米管的改性处理；然后通过高剪切力的加工设备实现两者的结合。由此开发出的碳纳米管 /PET（聚对苯二甲酸乙二醇酯）母粒，可以显著提高碳纳米管的分散性质，聚合物的强度、韧性得以显著提升。

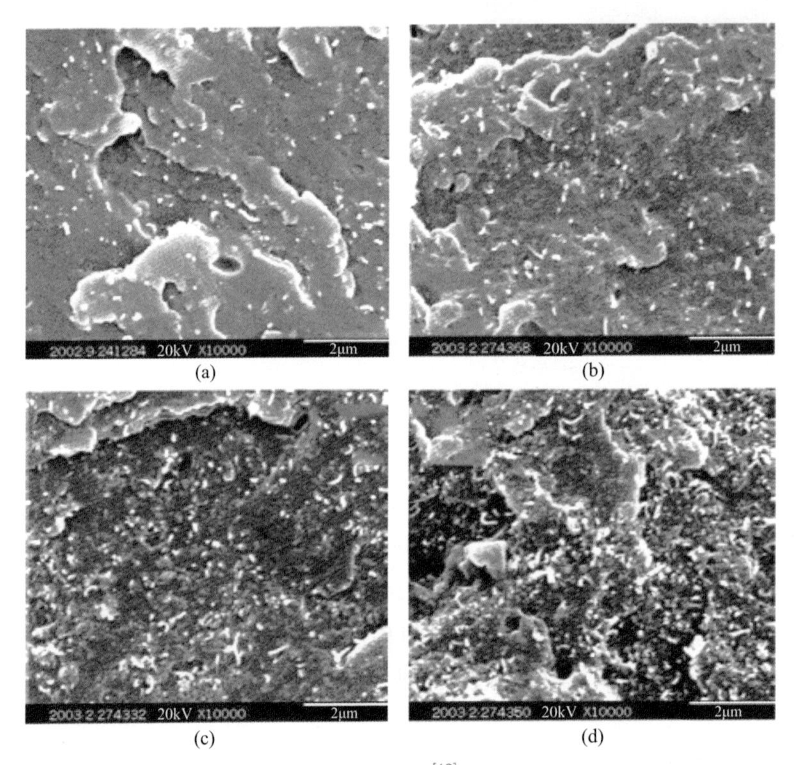

图6-17　碳纳米管和PET树脂复合形貌[18]

碳纳米管浓度（质量分数）:（a）0.5%；（b）2%；（c）4%；（d）10%

二、预分散-原位聚合技术

对于热固性高分子材料，难以采用共混的方法和碳纳米管复合，可以采用原位碳纳米管复合材料制备技术。一般情况，将碳纳米管在反应溶剂中进行预先分散，然后加入聚合物的单体进行聚合反应［如图 6-18 所示］[19]。反应过程中，尽量调控减少对碳纳米管结构的破坏，并且聚合物分子和碳纳米管界面形成紧密连接。与预分散 - 共混技术相似，这种方法得到的碳纳米管 / 聚合物复合材料中碳纳米管的分布大多是无序的，因而对复合材料的抗拉强度提升有限，不过高长径比的碳纳米管有效分散为网络结构可以有效地分散载荷，提高复合材料的韧性，并为复合材料带来更佳的导电、导热、电磁屏蔽等功能。

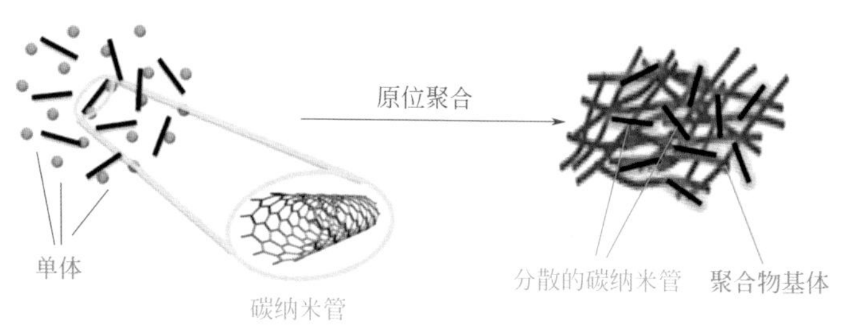

图6-18　原位聚合过程示意图[19]

第六节
碳纳米管聚合物增强复合材料

一、碳纳米管增韧热固性树脂

1．碳纳米管增韧环氧树脂

环氧树脂是目前聚合物复合材料中常见的基体材料，具有较好的界面黏结性、化学稳定性等优点。它是一类热固性树脂基体，在加工成型过程中需要合适的固化剂配合才能达到好的性能。

2017 年 5 月 16 日，基于碳纳米管纤维制成的复合材料压力容器（COPV）（图 6-19）搭载探空火箭从 NASA 瓦罗普斯基地发射升空，该容器采用纤维缠绕

图6-19
碳纳米管/环氧树脂复合材料缠绕制成的COPV壳体[2]

成型技术。NASA 研发碳纳米管增强型复合材料可使航天器重量减轻 30%。该硬件测试了基于碳纳米管纤维的复合材料燃料箱相对于传统碳纤维环氧树脂复合材料燃料箱的拉伸性能。这是基于碳纳米管的复合材料首次应用于结构部件的飞行试验。此外，NASA 还将碳纳米管用于制备 CubeSat 太空反光镜（图 6-20），碳纳米管反射镜除了重量轻、高度稳定和易于复制外，还不需要抛光。抛光过程是一种为了确保镜面光滑、完美，需要花费大量时间和成本的过程。在 CubeSat 太空反光镜中使用碳纳米管简便而高效。制造镜子时，技术人员只需将环氧树脂和碳纳米管的混合物倒入芯棒或模具中，满足特定的光学处方，然后将模具加热到

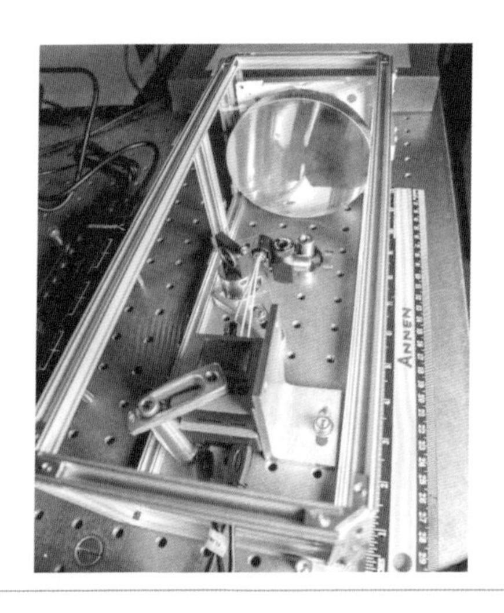

图6-20
基于碳纳米管/环氧树脂基体制备的CubeSat太空反光镜[20]

固化并硬化环氧树脂，再在镜面涂上一层铝和二氧化硅的反射材料即可制成。在制造了特定的芯棒或模具后，可以低成本生产数十个相同的低质量、高度一致的复制品，这一过程大大提高了太空反光镜的生产效率，同时一定程度上减轻了卫星部件的重量，为更好地探索太空提供了可能。从长远角度来看，碳纳米管材料有潜力实现比碳纤维复合材料更强的结构特性，是当前最先进的结构材料，有助于建造更轻质的结构部件，为探索太空提供便利。

2. 碳纳米管增韧双马来酰亚胺树脂

为了得到更好的耐高热性能，热固性树脂基体双马来酰亚胺（BMI）树脂得到了人们的关注并获得开发。对于主承重结构的高速运动部件，耐热性能是必须考虑的因素。在联合攻击战机 F-35 上，新采用的 CYCOM-5250-4HT 碳纤维增强的双马来酰亚胺树脂的玻璃化转变温度可以达到 343℃。但是，虽然具有如此优异的耐热性质，双马来酰亚胺树脂由于交联密度高、分子链刚性强导致其韧性非常差。碳纤维很脆所以对聚合物增韧效果有限，而强韧的碳纳米管使高强高韧性的双马来酰亚胺树脂复合材料成为可能。Cheng 研究组 [15] 对碳纳米管进行拉伸和压制，开发出碳纳米管排列比例高达 60% 的碳纳米管 / 双马来酰亚胺树脂复合材料，其强度和模量分别达到 3.1GPa 和 350GPa，超过 T700 水平。此外，Han 等 [21] 将碳纳米管 / 双马来酰亚胺树脂复合材料的一步拉伸方法修改为多步拉伸方式，其还可以在原有基础上拉伸 27% ～ 34% [图 6-21（a）]。多步法在热压过程中使碳纳米管完全对准，提高了堆积密度，经多步取向和压实后的复合材料中碳纳米管在双马来酰亚胺树脂中可以有效承担力学载荷，大幅度提高其抗拉强度和韧性 [图 6-21（b）和（c）]，这优于较脆的碳纤维复合材料，为双马来酰亚胺树脂的进一步开发和发展提供了可行方案。双马来酰亚胺树脂的发展虽然始于军用战机的发展需求，但目前已经扩展到机械、电子、交通等领域的应用。

3. 碳纳米管增韧聚酰亚胺树脂

芳香族聚酰亚胺（PI）材料具有优异的耐高 / 低温、高强高模、高尺寸稳定、耐辐射、耐腐蚀等优点，是目前耐热等级（长期使用温度 > 300℃，短期使用温度 > 500℃）优异的材料，在航天航空等高技术领域具有重要的应用价值。但是，聚酰亚胺树脂由于化学结构的高度刚性，其强度和韧性等力学性质有待提高。此外，在航天领域，聚酰亚胺绝缘性能会导致其静电积聚，给航天飞行器带来灾难性破坏。

聚酰亚胺树脂基体对碳纤维或碳纳米管等表面具有良好的浸润性，可以制成高品质的碳纤维或碳纳米管预浸料（带或布），经反应性热模压成型工艺制备的 KH-400（聚酰亚胺品种）/ 碳纤维层压复合材料，室温下复合材料的弯曲强度 > 1400MPa、弯曲模量 > 100GPa ；在 450℃高温下弯曲强度 > 800MPa、弯曲模量

> 80GPa。与碳纤维类似，碳纳米管也可以开发出类似复合材料，为满足航天、航空飞行器超音速化、轻量化、高机动化对复合材料提出的高温、高强、高韧的迫切需求。

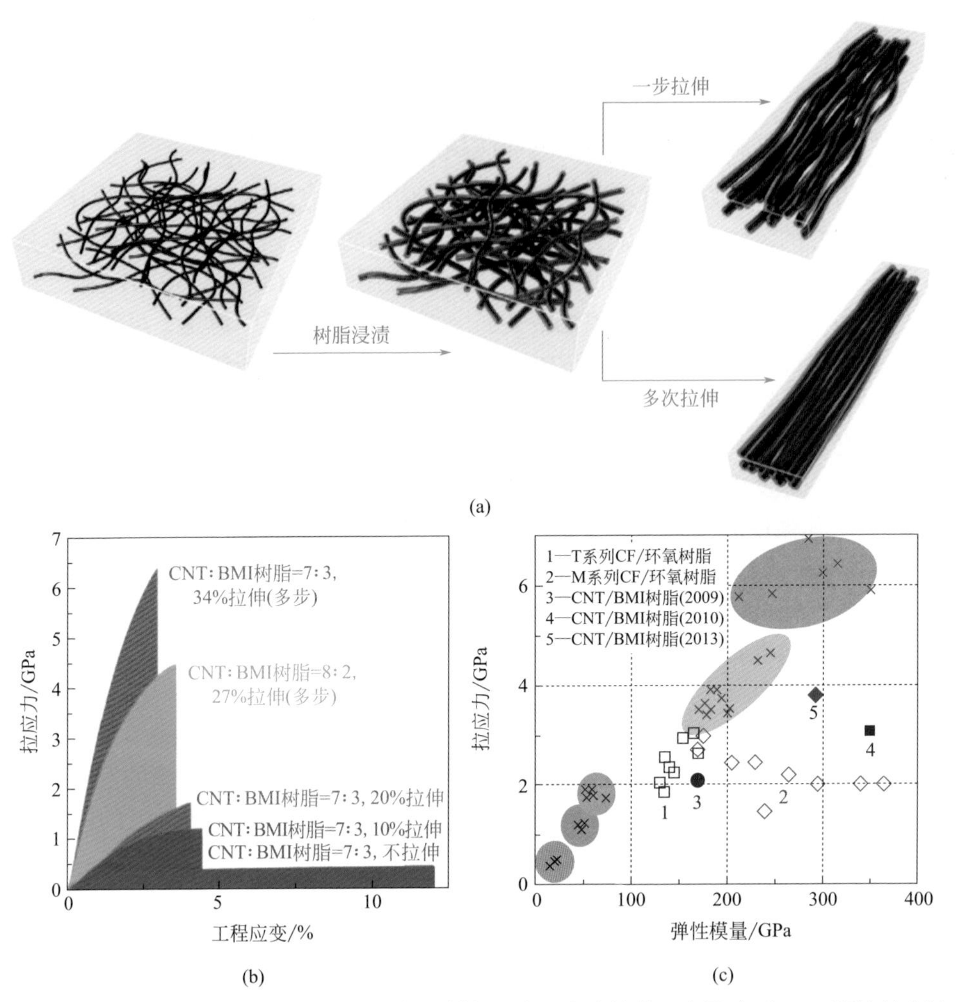

图6-21　碳纳米管/双马来酰亚胺树脂复合材料一步和多步拉伸示意图（a）；不同拉伸方法制备的CNT/BMI树脂复合膜的典型应力-应变曲线（b）；与T和M系列碳纤维/环氧树脂复合材料以及报道的高性能CNT/BMI树脂复合膜的抗拉强度和模量进行比较（c），其中×标记为不同CNT/BMI树脂复合膜[21]

孙晓刚[22]等通过高压静电纺丝法将碳纳米管与聚酰亚胺纤维复合，制备出复合薄膜，该薄膜兼具碳纳米管优异的导电、导热性能和聚酰亚胺纤维良好的力学性能、耐热性能和化学稳定性能，薄膜热导率高达1500W/（m·K），且可以承受

500g 的砝码不会破碎，在弯曲角度 90° ~ 180° 时不会破裂。清华大学魏飞教授课题组[23]采用原位聚合的方法[图 6-22(a)]制备了超韧碳纳米管 / 聚酰亚胺(CNT/PI)复合材料，将超长垂直排列的碳纳米管分散到 *N*, *N*- 二甲基乙酰胺(DMAC)中，碳纳米管分散良好[图 6-22(b)]，长碳纳米管和基体中的聚酰亚胺大分子形成了一个有效的载荷转移网络[图 6-22(c)]。在聚酰亚胺基体中加入 0.27%(质量分数)的碳纳米管，复合材料在拉伸作用下形成超韧性纤维，聚合物链高度伸展并沿碳纳米管的 *c* 轴排列，聚合物软段和碳纳米管硬段的协同变形形成了锥形结构[图 6-22(d)]，其中聚酰亚胺分子紧密取向碳纳米管，在拉伸下变得坚硬。经测试，纳米复合材料的抗拉强度和断裂伸长率分别达到 156.4MPa 和 140%，比原始聚酰亚胺分别提高了 90% 和 250%[图 6-22(e)]。其增强机制表明[图 6-22(f)]，在于大长径比碳纳米管周围形成了粗壮锥形纤维，有利于能量耗散，增强了能量吸收能力，长碳纳米管及其与聚合物基体的界面结合对引发长程形变和形成坚固的异质锥形纤维增韧纳米复合材料极为重要。

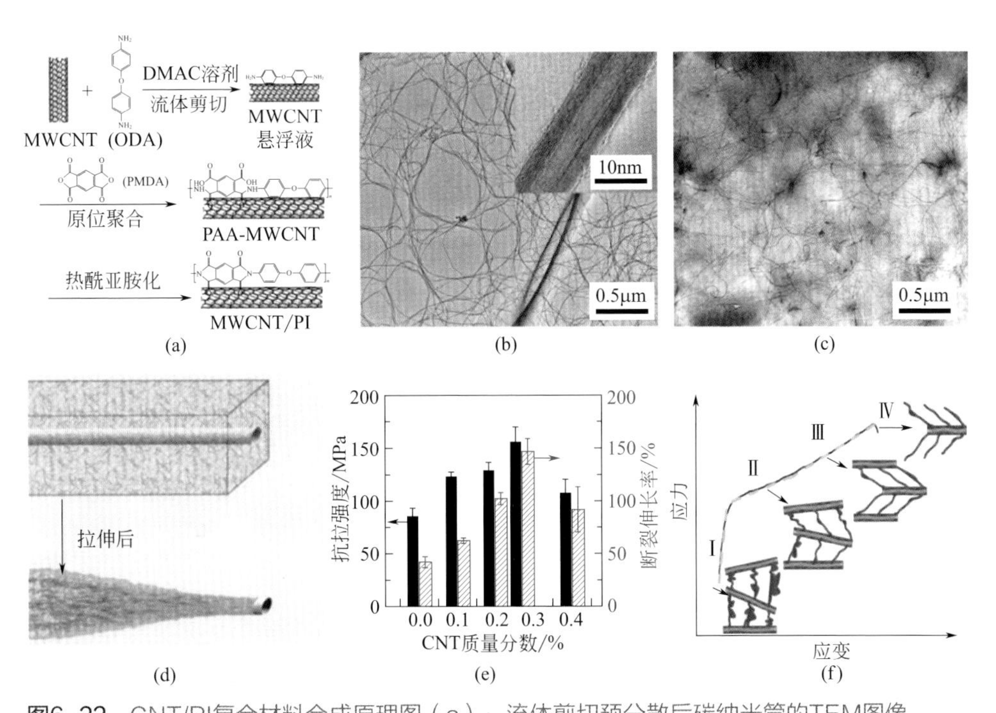

图6-22 CNT/PI复合材料合成原理图(a)；流体剪切预分散后碳纳米管的TEM图像(b)；碳纳米管分散在基体中的TEM图像(c)；复合材料大变形量形成锥形纤维模型(d)；长碳纳米管/聚酰亚胺薄膜的抗拉强度和断裂伸长率与其碳纳米管含量的关系曲线(e)；拉伸条件下碳纳米管/聚酰亚胺纳米复合材料的自增强机理示意图(f)[23]

4. 碳纳米管芳纶复合材料

芳香族聚对苯二甲酰对苯二胺（PPTA）具有优异的力学性能和稳定的化学性能，现有间位芳纶（芳纶 1313）、对位芳纶（芳纶 1414/ 芳纶Ⅱ）和对位杂环芳纶（芳纶Ⅲ）三大品种。其中芳纶Ⅱ也就是我们熟知的凯夫拉纤维，其综合性能最好，具有高强度、高模量、耐高温、耐酸碱腐蚀等优异的性能，被广泛应用于航空航天等领域。

从分子结构上说，碳纳米管与芳纶都是一维线型刚性大分子材料，同时碳纳米管具有高比表面积，强 π-π 键效应和范德华力，将碳纳米管添加到芳纶聚合物基体中，通过透射电镜观察显示，碳纳米管在芳纶基体中交织形成网状结构［图 6-23（a）］，纳米管穿插于基体层间［图 6-23（b）（c）］，大大增强了层间的相互作用，纳米管与芳纶基体一起承受应力，同时诱导芳纶结晶，提高了纳米复合材料的结晶度，二者之间形成更强的界面相互作用并产生协同作用，有望制备高强度复合材料。

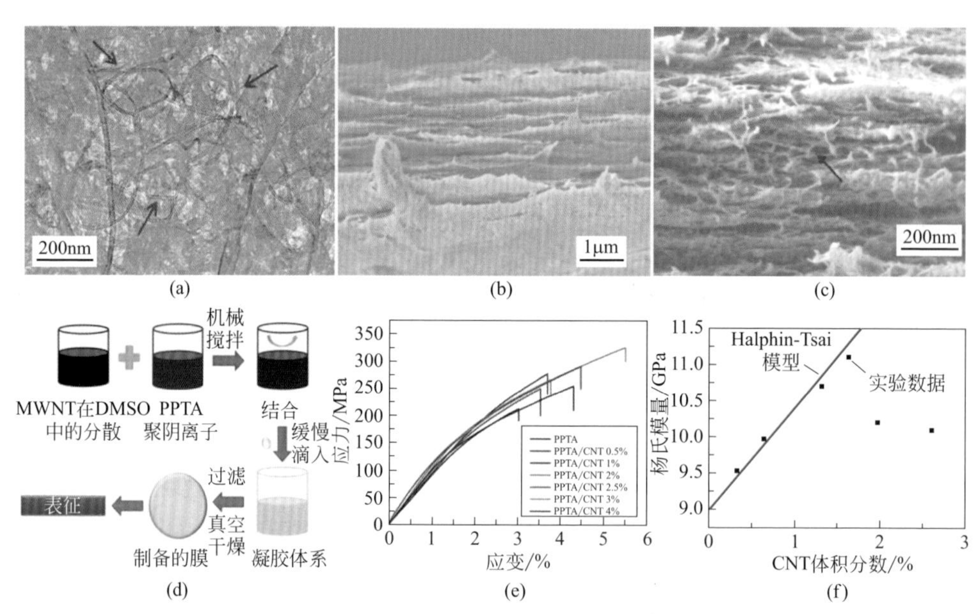

图6-23　碳纳米管在芳纶基体中分散状态的TEM图（a），箭头表示碳纳米管的交织；碳纳米管芳纶复合材料断面形貌图［（b）（c）］；聚阴离子溶液法流程图（d）；碳纳米管芳纶复合材料应力-应变曲线（e）；碳纳米管芳纶复合材料杨氏模量实验数据与理论数值比较（f）[24]

研究者现已基于碳纳米管和芳纶开发出了高强度复合材料，Liu 等[24]采用聚阴离子溶液法［图 6-23（d）］，以芳纶为聚合物基体与多壁碳纳米管复合制备了高强度复合薄膜。结果表明，只需添加适量碳纳米管就可显著提高芳纶基复合材料的力学性能。随着碳纳米管加入量的增加，复合材料的力学性能在碳纳米管含量（质量分数）为 2% 时达到最佳［图 6-23（e）］，复合材料的断裂强度从 212MPa 提高到 327MPa，比纯芳纶膜提高了 54.2%，断裂伸长率也从 3.03% 增加到 5.52%，复合材料韧性比起未加入碳纳米管时提高了 208%，大大拓宽了芳纶基材的应用范围。在最佳碳纳米管体积分数范围内，Halpine-Tsai 模型与碳纳米管芳纶纳米复合材料的杨氏模量计算结果吻合较好［图 6-23（f）］。此外，碳纳米管的加入可显著提高材料的热稳定性。Hu 等[25]利用芳纶纳米纤维（ANF）、碳纳米管、疏水氟碳树脂（FC）制备出多功能气凝胶薄膜，该气凝胶薄膜具有高导热效率、高电导率、优异的疏水性和自清洁性能、高电磁屏蔽效率，是典型的金属、导电聚合物或碳基复合材料中的最高值之一，该多功能气凝胶薄膜有望应用于智能服装、电磁屏蔽器件和供热管理系统等领域。

除上述高强度复合材料研究外，碳纳米管同样也作为远红外线辐射源的一种新型材料，通常将碳纳米管简单涂覆于薄膜上形成简单的层叠复合，材料复合处产生较大能量缺失，因此复合材料发射率低，限制了其应用范围。针对此种情况，江西克莱威纳米碳材料有限公司于 2018 年底研发出碳纳米管芳纶远红外纸，该公司的项目所发专利中[26]，将具有比强度高、比刚度大、能够形成具有网格结构的纸状物（芳纶纤维层）优异特性的对位芳纶短切纤维和对位芳纶浆粕纤维作为纸基功能材料，将碳纳米管填充在所述纸状物的网格结构中，通过热压成型使碳纳米管与芳纶纤维层紧密结合，所得到的芳纶纤维远红外发射纸拥有更好的成型质量和复合性能。通过测试表明，该发明提供的芳纶纤维远红外发射纸的远红外线发射率达 90%。碳纳米管芳纶复合材料在先进结构材料和功能材料领域具有广阔的应用和市场前景。

二、碳纳米管增强热塑性树脂

目前，在高分子材料中，传统的纤维增强树脂基体多为热固性树脂，然而热固性树脂复合材料脆性较大，损伤容限性低，不能重复或者二次加工。为克服它们难以熔融加工的特点，热塑性聚醚醚酮（PEEK）的开发为此开辟了新的方向。

聚醚醚酮具有良好的刚性和良好的加工性能，它具备与合金材料媲美的优良耐疲劳性，同时具有较高的负载热变形温度，高达 316℃，长期使用温度为 260℃。聚醚醚酮被证实是用于制造承重和非承重飞机支架、汽车轮毂的一个理想选择，适应对于部件的各种要求，兼顾一定的强度和延展性，具有耐腐蚀性，同时还保持绝缘性。但是聚醚醚酮的机械强度较低（$<$ 100MPa），

其断裂韧性较差。如何进一步突破聚醚醚酮的强度和韧性对聚醚醚酮的发展极为关键。

近年来对 PEEK 的改性增强成为国内外研究的热点之一，其主要手段有纤维增强 PEEK、颗粒填充 PEEK、PEEK 与其他聚合物共混等，这样不仅可降低制品成本，还能改善 PEEK 的成型加工性能和使用性能。其中，发展 PEEK 的纤维复合材料已经得到共识。例如，索尔维开发的短切碳纤维增强等级 PEEK 复合材料，其含有 10% 的碳纤维。可以在高达 240℃ 的温度下长期使用，具有可靠的力学性能。但是短切碳纤维无序分散状态难以很好地利用填充碳纤维的强度，对 PEEK 基体材料的机械强度和韧性提升有限。碳纤维长丝增强的 PEEK 复合材料能够在轴向实现优异的力学性能，但是复合材料的抗剪切性能和韧性依旧很差。相比于碳纤维，碳纳米管增韧聚合物基体有诸多优势，对 PEEK 也不例外。目前，3D 打印连续碳纤维长丝和碳纳米管协同增强增韧的 PEEK 复合材料，能够被应用于汽车、飞机梁架等部件（图 6-24）。

图6-24 碳纤维长丝和碳纳米管协同增强增韧的PEEK汽车、飞机梁架[27]

对比现有的 PEEK 复合材料制备技术，连续的碳纤维长丝结构能够更好地承载结构强度，同时碳纳米管相比于短切碳纤维材料能够更有效地增韧 PEEK 基体，从而实现高强增韧 PEEK 复合材料。不仅在碳纳米管增韧方面，在碳纳米管增韧并导电方面，近年来关于 PEEK 的应用也很多，并已走向工业级应用。Nanocomp 公司正与许多热塑性塑料配混公司合作，使用 PEEK 等树脂开发含有碳纳米管的热塑性复合物。其他热塑性碳纳米管复合材料也正在被不断开发，一种含有分散碳纳米管的压缩成型聚醚酰亚胺（PEI）支架目前已被用在太空卫星的运载火箭上。对比原始的碳纳米管的表面惰性大、化学改性的问题多，近年来发展的掺氮碳纳米管特别是掺氮阵列碳纳米管由于其表面有一定数量的含氮基团，能够强化碳纳米管与 PEEK 的表面作用并保持碳纳米管的特性，在复合材料应用中受到越来越多的关注。

第七节
碳纳米管聚合物导电复合材料

一、碳纳米管导电塑料

1. 碳纳米管与炭黑比较

在碳纳米管复合材料中，将碳纳米管与聚合物复合制备导电 / 抗静电复合材料是碳纳米管应用研究的热点之一，这是目前碳纳米管最有前途的工业应用方向之一。大多数高分子材料具有很高的电阻，其表面容易积聚静电，容易引发爆炸或火灾。因此，聚合物材料的使用受到一些特殊场所的限制。另外，随着电子工业的快速发展，越来越多的高分子材料将被用于电子器件外壳、电路板甚至电极等。这些应用还需要聚合物材料具有导电或防静电或电磁屏蔽能力。目前解决这一问题的常用方法是在聚合物基体中加入导电填料得到复合材料。但是，以炭黑为代表的导电填料浓度高，不仅增加了成本，而且对聚合物基体的力学性能和制造工艺产生不利影响。

如图 6-25 所示，相比于炭黑等导电填料，碳纳米管具有更好的导电性能[19]。根据渗流理论，只有当导电填料的添加量超过渗流阈值时才能在复合材料中形成连续的导电网络，从而使聚合物实现从绝缘到导电的转变。从几何方面考虑，渗流阈值主要受填料的长径比影响，即导电填料的长径比越大，其渗流阈值越低[28]。故只需将少量的碳纳米管添加到聚合物基体中就能超过渗流阈值，这意味着成本

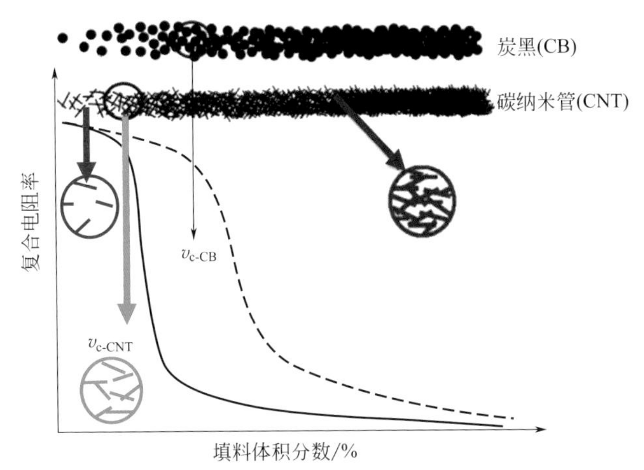

图6-25　碳纳米管与炭黑相比渗流行为差异的示意图[19]

更低、复合更加节能高效。同时，由于碳纳米管具有优异的机械强度，如果碳纳米管能够在聚合物基体中均匀分散，且与聚合物基体有良好的界面结合，基体的力学性能将会显著提高。因此，碳纳米管是未来比导电炭黑更好的导电填料。

2. 碳纳米管复合导电纤维

清华大学魏飞教授课题组首先采用双螺杆挤出机将 PET 树脂与碳纳米管及合适的偶联剂进行了复合。以导电碳纳米管 /PET 复合材料为原料，采用熔融纺丝工艺制备复合纤维。最后，将普通涤纶与复合纤维按 1∶3 的比例编织成织物。该课题组详细研究了碳纳米管 /PET 的导电性、微观结构、流变行为和结晶过程。碳纳米管填充 PET 的剪切黏度也随着剪切速率的增加而降低。也就是说，碳纳米管 /PET 复合材料也表现出较强的剪切减薄效应，可以认为是熔融条件下的假塑性流体，可以通过如图 6-26 所示的双螺旋挤出机制备。

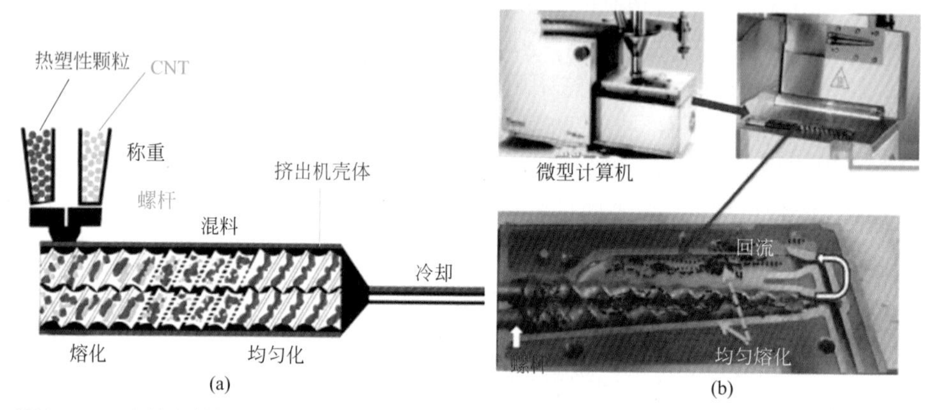

图6-26 碳纳米管与热塑性基体熔融相混合的双螺杆挤出机（a）[29]和有熔体回流装置的双螺杆挤出机（b）[30]

碳纳米管 /PET 导电复合材料是将 4%（质量分数）的碳纳米管与纯 PET 树脂进行复合纺丝[图 6-27（a）~（d）]，在工业规模的复合纺丝设备上纺丝复合纤维，其质量比为 1.5∶8.5。因此，最终复合纤维的实际碳纳米管含量仅为 0.6%。测试结果表明该复合纤维具有良好的导电性能 [图 6-27（e）]，抗拉强度为 1.05MPa，断裂伸长率为 267.71%。

3. 其他碳纳米管导电塑料

除碳纳米管 /PET 导电复合材料外，其他如碳纳米管 /PA（polyamide，尼龙）、碳纳米管 /PS（polystyrene，聚苯乙烯）、碳纳米管 /PE 等导电高分子复合材料的研究也取得一定进展。Zhang 等 [31] 通过 FESEM（field emission scanning electron microscope，场发射扫描电子显微镜）发现，多壁碳纳米管在 MWCNT/

PA6-PP 复合材料中富集在 PA6 区域中，随着 MWCNT 填充量的增多，使得 PA6 相的形貌由球形变为细长或无规则形状，电导率也随之增大。Yan 等 [32] 在研究 MWCNT/PS-PA6 体系时发现，当 MWCNT 的质量分数为 1%、PS 与 PA6 的质量比为 70∶30 时，MWCNT 在 PS 与 PA6 相的界面处分布，相互接触形成导电网络，降低了复合材料的电阻率。此外，研究人员通过比较发现碳纳米管在复合材料中无规则分散的渗流阈值为 0.013%（体积分数），比隔离结构的渗流阈值降低了约 1/2[33]，这样的导电结构可以形成良好的导电网络，且电导率与电磁屏蔽成线性关系。Wu 等 [34] 将甲醇功能化的粉末多壁碳纳米管超声分散到聚苯乙烯（PS）中，制备出含有 6.5%（质量分数）多壁碳纳米管的 MWCNT/PS 复合材料，其电导率为 4.9×10^{-2}S/m，比纯聚苯乙烯高了 10 个数量级。Pang 等 [35] 提出了用乙醇功能化后的多壁碳纳米管通过超声和搅拌分散的方法，将碳纳米管分散到聚乙烯（PE）中，制备了含有 0.3%（质量分数）碳纳米管的 MWCNT/PE 复合物，其拉伸模量和冲击强度比没有添加碳纳米管的 PE 分别提高了 478% 和 223%。以碳纳米管为导电填料的导电性能现已达到国际市场上商用导电纤维的水平。

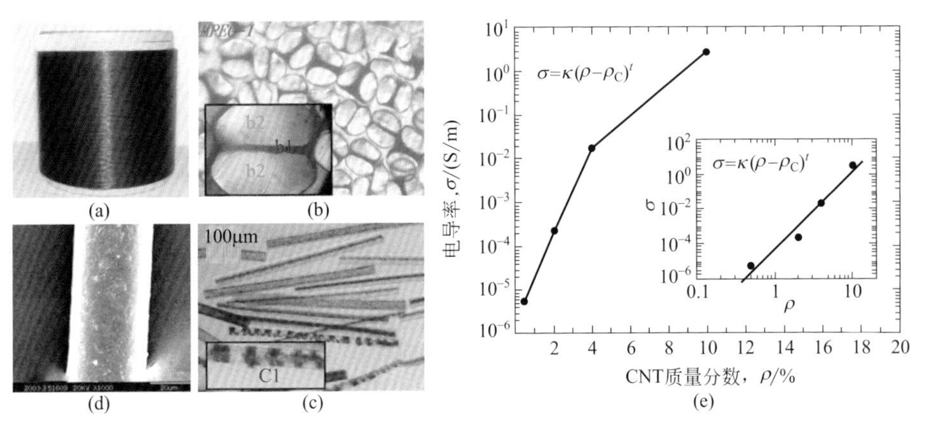

图6-27 PET复合纤维实物及电镜图［（a）~（d）］；PET体积电导率随碳纳米管质量分数变化的半对数图（e）[18]

与聚团碳纳米管相比，阵列碳纳米管更容易分散，能够保持更高的长径比，因而能够更好地构建导电网络，获得更低的导电阈值。利用原位聚合技术将碳纳米管分散到聚酰亚胺中，其导电阈值可以低至 0.027%（质量分数），这能够消散聚酰亚胺表面的累积电荷，同时极少的添加量可以小幅度地提升聚酰亚胺的力学性质，这可以满足多功能先进航天飞行器的应用。

二、碳纳米管导电薄膜

基于碳纳米管优异的导电性质，碳纳米管的导电浆料等已经走向商业应用，

OCSiAl公司及其合作伙伴，将单壁碳纳米管应用于热塑性复合物中并已取得了成功，这些热塑性复合物包括：温室聚乙烯薄膜、抗静电聚酰胺、滚塑容器、聚氯乙烯塑料溶胶等。只需添加0.002% ~ 0.1%的单壁碳纳米管，即可实现复合物均匀稳定的导电性，同时还可保持塑料的高透明度、饱和色彩和优异的力学性能。日本富士通研究所开发了碳纳米管半导体芯片电路技术，该项技术可应用于降低电流电阻、防止电路断路，这将极大地提高芯片的整体性能。清华大学范守善教授课题组利用超顺排列碳纳米管干法抽取制备了碳纳米管透明导电膜，围绕这种技术，天津富纳源创科技有限公司已经能够批量生产碳纳米管触摸屏，并与华为等手机厂商进行配套。碳纳米管触摸屏与传统ITO（indium tin oxide，氧化铟锡）技术相比，具有廉价、柔性、工艺简单以及低能耗、低污染等明显优势，在数码产品触摸屏市场拥有很大的发展潜力。OLED（有机发光显示器）工作原理和碳纳米管触摸屏如图6-28所示。

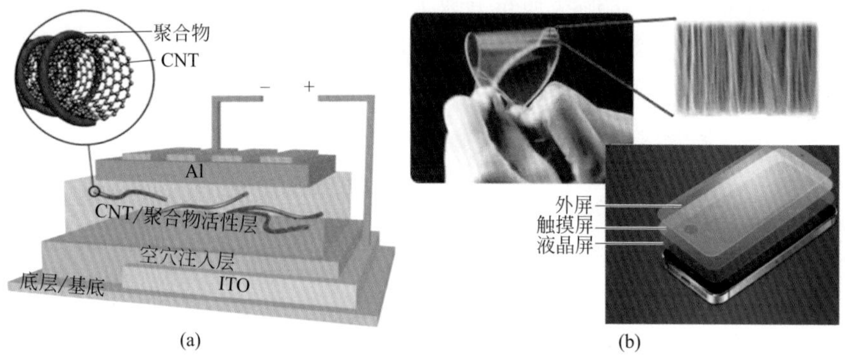

图6-28　OLED工作原理（a）[36]；碳纳米管触摸屏（b）[37]

现在，基于碳纳米管导电复合材料在其他领域的应用也得以体现。碳纳米管导电复合材料可用于制备柔性传感器，与人造织物相结合可制备能监测人体健康的智能织物，与人造肌肉相结合可构建仿生机器人部件。此外，高导电碳纳米管聚合物复合材料对提高复合材料的电磁波屏蔽也非常有价值。在未来，高品质碳纳米管导电复合材料将拥有无限的发展潜力和应用空间。

第八节
碳纳米管电磁屏蔽和吸收材料

随着现代科学技术的不断发展，电子通信设备及各种电子产品广泛应用于人们日常生活中，伴随5G时代的来临，电磁波辐射污染问题相较于以往变得更加严重。同样的，电磁辐射在工业生产和日常生活中对各种电子仪器、仪表检测、电子通信、精密测试等产生了不同程度的干扰，对人体健康造成巨大隐患的同时严重妨碍了精密电子仪器的正常工作，每年在各工业领域造成了难以估量的巨大经济损失。此外，在现代化军事演练作战、航空航天等领域，实时通信和雷达探测等技术的迅速发展使得飞机、坦克等军事装备极易被发现锁定并遭受火力打击，其生存和突袭作战能力大大减弱，因此，要提高这些武器装备的生存作战和防侦测打击能力，必须从外部材料入手，尽可能提高武器装备的防雷达探测技术的能力，即隐身技术。因此，从民用、工业、军事三方面综合考虑，先进电磁屏蔽材料和电磁吸波材料的开发在现代社会中显得尤为重要。

目前，应用较为广泛的电磁屏蔽材料为金属材料，而铁氧体是一种被广泛使用的吸波材料，但无论是金属材料还是铁氧体，其皆存在密度大、易腐蚀、力学性能差等缺点，已经逐渐落后于现代化工业军事设备对于电磁屏蔽和吸波材料轻质、高强、高效的指标。近年来，随着研究者们对碳基材料关注度的增加，基于碳基材料的高性能电磁屏蔽和吸波材料的发展极其迅速。相比于传统电磁屏蔽和吸波材料，碳基材料质量较轻、成本较低，因而易于加工生产，同时其具有耐高温、高导电及优异的化学稳定性，从而具有更长的使用寿命，在碳基材料中，碳纳米管性能尤为突出。目前基于碳纳米管的电磁屏蔽和吸波材料的研究已取得不小进展，下面主要对这两种材料的研究和应用进行介绍。

一、碳纳米管电磁屏蔽材料

1. 电磁屏蔽概述

目前最常用的电磁屏蔽材料为复合型电磁屏蔽材料。根据电磁屏蔽理论，屏蔽材料的效能受其自身的厚度、磁导率和电导率共同作用影响。当电磁波的频率、材料的厚度和磁导率确定时，屏蔽材料的电导率与电磁波的吸收损耗成正比。不同产品对于屏蔽效能的要求不同（表6-1）。

表6-1　各电磁屏蔽效能等级及其应用

屏蔽效能值/dB	材料说明	应用
0～10	基本无电磁屏蔽作用	没有应用意义
10～30	低性能电磁屏蔽材料，有一定电磁屏蔽作用	几乎没有应用意义
30～60	中等性能电磁屏蔽材料，具有较好的电磁屏蔽性能	工业或商业电子产品
60～90	高性能电磁屏蔽材料，具有好的电磁屏蔽作用	航空航天及军用仪器设备
90以上	具有最佳电磁屏蔽作用的材料，基本可以屏蔽电磁辐射	高精度、高敏感度要求的产品

2. 碳纳米管电磁屏蔽材料

对于碳 / 聚合物电磁屏蔽材料，其电磁屏蔽功能与材料的导电性能有关。根据前人经验，材料的电磁屏蔽性能与材料的导电性能越好，电磁屏蔽性能也越好。一般认为，宏观电导率达到 1S/m 是碳 / 聚合物材料实现优异屏蔽性能的最低标准。为了实现较高的屏蔽效能，要求碳填料在聚合物中形成搭接紧密的导电网络。一般情况下，具有较高长径比的填料更容易形成更好的导电网络，相比于炭黑等其他碳系导电填料，碳纳米管具有更加优异的导电性能和大的长径比，故只需将少量的碳纳米管添加到聚合物基体中就能超过渗流阈值，进而在聚合物基体中形成导电网络。与碳纤维相比，碳纳米管增多了体系屏蔽层面的数量，多重反射损耗的效果随碳纳米管含量增加而上升[38]，因此，向复合体系中加入相同含量的填料时，加入碳纳米管复合材料的屏蔽性能比加入碳纤维的要好很多。

研究者们通过多种方法制备了碳纳米管聚合物电磁屏蔽材料，Al-Saleh 等[39]采用熔融混炼和模压成型的方法制备了纳米复合材料。研究发现，当纳米填料加入量为 0.75%（质量分数）时，碳纳米管在 ABS（acrylonitrile butadiene styrene，丙烯腈 - 丁二烯 - 苯乙烯共聚物）的苯乙烯 - 丙烯腈部分具有选择性和良好的分散性，可以在 ABS 基体中形成导电网络。在该纳米填料负载下，纳米复合材料的电导率为 10^{-5}S/m，适合于静电放电防护应用，纳米复合材料的电磁干扰屏蔽效能随纳米填料浓度的增加而增加。在 100 ~ 1500MHz 频率范围内，填充 5%（质量分数）CNT 的 ABS 纳米复合材料制成的 1.1mm 厚的板材具有 24dB 的电磁屏蔽效能。此外，该课题组[40]还研究了石墨烯纳米片（GNP）/ 碳纳米管杂化纳米填料的聚丙烯 / 聚乙烯共混物的微观结构以及 GNP/CNT 体积比对共混物的电气屏蔽、电磁干扰（EMI）屏蔽和拉伸强度的影响。研究结果表明随着碳纳米管体积分数的增加，其电导率和电磁干扰屏蔽也随之增加，这是因为碳纳米管的一维几何形状比二维几何形状的石墨烯纳米片更能有效地构建导电网络。这一发现表明，在设计杂化纳米复合材料时，不仅要考虑纳米填料的导电性，还要考虑纳米填料的几何形状。此外，拉伸强度随 GNP/CNT 体积比的降低而增加，这是由于碳纳米管粒子与聚乙烯相之间的黏附性较好，而石墨烯纳米粒子与聚乙烯相之间几乎没有黏附性。这些实验结果再次证明了碳纳米管的优越性。碳纳米管在电磁屏蔽领域的巨大应用潜力使得越来越多的研究者投身于基于碳纳米管的电磁屏蔽材料的研究中。

截至目前，国内外研究者们已围绕数十种高分子基体材料与碳纳米管进行复合，对电磁屏蔽材料的导电性能与电磁屏蔽性能相关性进行深入研究。碳纳米管由于自身表面能极大，极易在基体中团聚，其在金属基体中浸润性差、与基体界面结合力弱等问题是目前研究中遇到的主要问题，这很大程度上制约了碳纳米管电磁屏蔽复合材料的应用及发展。如何解决碳纳米管在基体中良好分散问题，使其定向排布也是目前该领域研究的关键所在。

阵列碳纳米管呈定向分布，其在聚合物基体中不易团聚，分散性良好。国内碳纳米管有序结构的制备及生产技术在国际上已处于先进水平。除此之外，碳纳米管拉膜技术也有报道，且在 OLED 屏幕生产制造中得以成功应用。在碳纳米管于基体中得到一定程度良好分散的基础上，研究者们通过计算机模拟仿真技术，对三维导电网络进行计算分析，进而得到聚合物基体中最佳纳米结构分散形式，以同时满足电磁屏蔽材料的轻质、高屏蔽效能的要求。Rezvantalab 等 [41] 综合论述了碳纳米管表面官能团的修饰处理方法。经测试表明，经过表面活性剂处理和共价官能团修饰后的碳纳米管制备的复合材料电导率可达 1.4S/m，密度仅为 0.13g/cm^3，同时复合材料制备成本大大降低，该轻量化复合材料在航空航天领域有着极为广阔的应用前景。

3. 碳纳米管金属复合电磁屏蔽材料

除上述碳纳米管聚合物电磁屏蔽材料外，碳纳米管金属复合电磁屏蔽材料的研究也有不小进展。赵琪等 [42] 采用超声喷雾化学镀 [43] 在碳纳米管表面镀覆金属镍来对其表面进行修饰，采用镀镍方法处理后的碳纳米管与金属界面结合性能良好，并且基体中的团聚问题得到了很大程度的改善，通过电镜观察发现 Ni-CNT 分散均匀［如图 6-29（a）（b）所示］，呈嵌入 Ag 或 Cu 颗粒内部的状态。经复合金属包覆后，电磁屏蔽性能有了显著的提高［图 6-29（c）］，从单金属包覆

图6-29　Ni/Cu-CNT（a）、Ni/Ag-CNT（b）的FESEM照片和复合金属包覆CNT的电磁屏蔽性能（c）[42]

Ni-CNT 的电磁屏蔽率为 55.62dB，分别提高到 Ni/Cu-CNT 的 72.21dB 和 Ni/Ag-CNT 的 89.34dB，显示出各组元间的性能复合效应。此外，刘落恺等[44] 用 MFC（microfibrillated cellulose，微纤化纤维素）对碳纳米管纸进行增强，成功制备出了高拉伸强度、高模量的电磁屏蔽复合材料，根据对碳米管纸厚度的调整，可间接调整复合材料的电磁屏蔽效能，具有很高的实际应用价值。

二、碳纳米管电磁吸收材料

1. 碳纳米管吸波材料优点

良好吸波材料的首要指标是能够有效地吸收电磁波或者使入射电磁波得到最大程度的衰减。目前电磁吸波材料的结构设计都是基于电磁波在介质中的传播理论（图 6-30）。此外，要想获得高吸波效率的材料，材料本身的复合介电常数和磁导率是两个关键因素，一般来说，复合介电常数和磁导率越大，材料吸波性能越好，除此之外，还需要综合考虑材料的阻抗匹配。因此，对于介质损耗吸收材料而言，要综合考虑复合介电常数、磁导率、阻抗匹配三个方面。吸波材料的频率特性取决于涂层的厚度、吸收体浓度与频率的相关性以及材料的重量比例。碳纳米管具有导热性、导电性、高强度、优异的耐腐蚀性、耐热震性和耐高温等一系列综合性能，是一种高温微波吸收剂。较低的碳纳米管密度有利于获得轻质高效的吸波复合材料[45]。碳纳米管表面丰富的悬挂键可以增强其表面极化和介电损耗。此外，高比表面积会导致多次散射。这些因素对碳纳米管的高吸收、宽频带等吸收性能起着重要的作用。因此，碳纳米管已成为新一代“薄、轻、宽、强”吸波材料的重要研究课题之一。

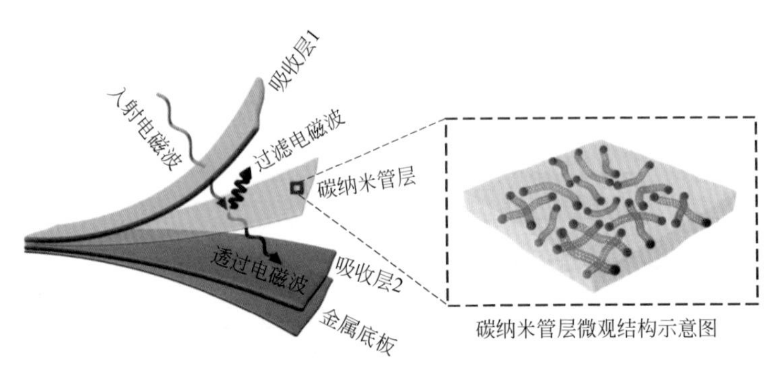

图6-30　碳纳米管吸波材料结构示意图[46]

2. 轻质柔性碳纳米管吸波材料制备

关于碳纳米管吸波材料的研究已取得有不少进展。清华大学罗国华等[47] 详细考察了不同结构种类、不同后续处理的碳纳米管在 2 ~ 18GHz 频段的吸波性能，得出对于 CVD 法制备的碳纳米管，衰减常数及损耗因子大小顺序为：阵列多壁碳纳米管 > 原生聚团状多壁碳纳米管 > 纯化聚团状多壁碳纳米管 > 原生单壁碳纳米管 > 纯化后单壁碳纳米管，其中，多壁碳纳米管在考虑阻抗匹配的情况下，具有较好的吸收效果。单壁碳纳米管的吸收效能相较于多壁碳纳米管要低，但其易形成较宽的吸收峰，且色散性影响较小。这些结论为实际应用中选择合适结构的碳纳米管吸波介质提供了依据。此外，碳纳米管还可用于制备轻质柔性吸波复合材料，贾希来等[48]利用原位生长的方法［图 6-31（a）］合成了一种由

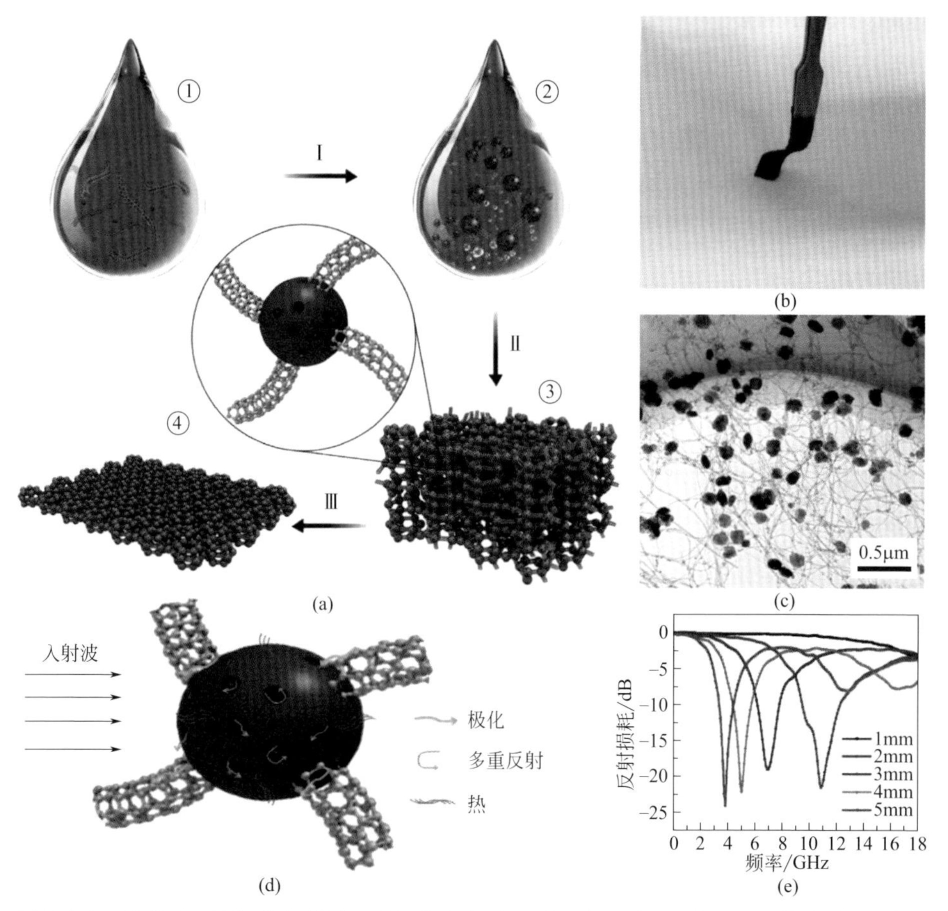

图6-31 轻质可压缩复合气凝胶和柔性纳米纸的合成示意图（a）［插图：①碳纳米管与 Fe_3O_4前驱体（$C_{15}H_{21}FeO_6$，红色分子）的混合分散体，②溶剂-热原位反应后碳纳米管穿线的介孔Fe_3O_4微粒的形成（步骤Ⅰ），③冷冻干燥后的CNT/Fe_3O_4纳米复合材料的整体气凝胶（步骤Ⅱ），以及④压缩后的柔性纳米锥体（步骤Ⅲ）］；复合纳米纸弯曲时的照片（b）；CNT/Fe_3O_4纳米复合材料的TEM图像（c），显示了交联网络；CNT/Fe_3O_4纳米复合材料增强性能的可能吸波机理（d）；Fe_3O_4质量分数为88%时CNT/Fe_3O_4纳米复合材料在1～5mm厚度下的反射损耗比较（e）[48]

碳纳米管和介孔氧化铁组成的轻质、柔韧的复合气凝胶［图 6-31（b）和（c）］，该复合气凝胶轻质且具有优异的微波吸收性能，在复合材料中碳纳米管提高了电子极化弛豫和界面极化引起的介电损耗，Fe_3O_4 的介孔结构和复合气凝胶的层次化结构引起入射微波的多次反射［图 6-31（d）］。当复合材料厚度为 5mm、Fe_3O_4 纳米颗粒含量为 88%（质量分数）时，氧化铁和碳纳米管网络的合理结合，获得了以 3.8GHz 为中心的强吸收峰，最小反射损耗接近 −25dB［图 6-31（e）］。在 2.4 ~ 7.9GHz 和 9.5 ~ 12.3GHz 频率范围内，吸收面积小于 10dB，厚度为 2 ~ 5mm。此外，该多孔复合气凝胶可以被压实成柔性磁性纳米纸，具有良好的结构性能。

除上述研究外，近年来关于碳纳米管 / 磁性金属、碳纳米管 / 铁氧体、碳纳米管 / 稀土、碳纳米管 / 聚合物、碳纳米管 / 陶瓷等复合吸波材料的研究也在如火如荼地进行中，并取得了不同程度的进展，部分产品已经投入工业应用生产之中。

在未来，电磁屏蔽材料、吸波材料将广泛应用于民用、工业及军事领域。随着碳纳米管的工业化及可控化生产，对碳纳米管电磁屏蔽和吸波材料的分散与结合性能及其宽频化的研究进展，基于碳纳米管高性能电磁屏蔽的吸波材料、涂料等在军事、航空航天等高端领域将拥有广阔的前景和市场潜力。

第九节 碳纳米管散热节能橡胶

一、碳纳米管聚合物导热复合材料概述

弹性体和橡胶是热的不良导体，与大多数塑料相比，橡胶具有更高的气体和液体透过率，橡胶自身强度低，必须经过增强才能用于工业等领域。自 19 世纪以来，炭黑一直是橡胶工业使用最广泛的增强剂，汽车轮胎是橡胶消耗量最大的橡胶制品领域，也是应用新型高性能弹性体纳米复合材料最多的领域[49]。近年来，在橡胶中引入如碳纳米管、石墨烯等新型纳米填料制备高性能橡胶纳米复合材料已成为研究热点。新型弹性体纳米复合材料的应用为轮胎的高性能化提供了保证，而轮胎也为高性能弹性体纳米复合材料的规模化应用提供了巨大空间。

结构完美的碳纳米管具有很高的热导率，可以达到 1000 ~ 4000W/（m•K）。由于碳纳米管具有高的长径比和低的渗透阈值，一般碳纳米管加入量很少时，就可以明显提高聚合物基体的热导率。碳纳米管对聚合物热导率的提升不像聚合物

的电导率一样有显著提升变化，这说明复合材料的传电机制和传热机制是不同的。对于碳纳米管/聚合物复合材料，热能以晶格振动（声子）的形式传递，通过聚合物材料内部的晶格振动实现热扩散。一般碳纳米管和聚合物的晶格振动频率不同，在碳纳米管/聚合物界面处会发生声子散射，热流传输速率降低。因此，需要良好的碳纳米管-聚合物界面的振动模态耦合来解决这些问题。

二、碳纳米管节能橡胶

1. 碳纳米管和橡胶界面结合强化

碳纳米管与橡胶基体有较强的界面附着作用力，在橡胶基体中具备良好的分散性，在较低的碳纳米管加入比时就可以形成碳纳米管相互连接的导热网络，提升聚合物的热导率［图 6-32（a）~（c）］。目前碳纳米管/橡胶复合材料的制备方法主要有机械共混法[50,51]和乳液混合法[52]。其中机械共混法工艺简单、CNT 分散良好，更易实现工业化生产。为提高 CNT 与橡胶基体的相容性，目前普遍采用酸处理来实现 CNT 的表面官能化，并通过添加偶联剂强化 CNT 与橡胶间的界面结合。张立群教授等[53]提出了“纳米弹簧”增强轮胎橡胶材料的概念，在保证弹性纳米粒子（如碳纳米管）与橡胶强界面结合的情况下，利用其弹性变形性储存可回复的弹性势能，起到了纳米弹簧的作用，如此既保证了增强作用，又通过回复弹性的提高降低了动态滞后损失和生热。

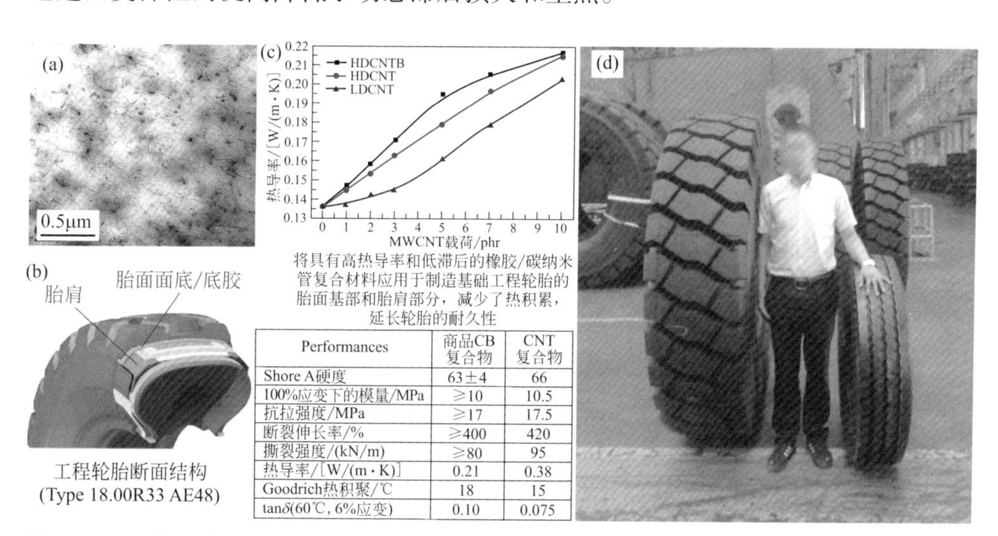

Performances	商品CB复合物	CNT复合物
Shore A硬度	63±4	66
100%应变下的模量/MPa	≥10	10.5
抗拉强度/MPa	≥17	17.5
断裂伸长率/%	≥400	420
撕裂强度/(kN/m)	≥80	95
热导率/[W/(m·K)]	0.21	0.38
Goodrich热积聚/℃	18	15
tanδ(60℃, 6%应变)	0.10	0.075

图6-32 碳纳米管/橡胶的透射照片（a）；碳纳米管/橡胶纳米复合材料在高性能工程轮胎中的应用（b）；三种碳纳米管/橡胶复合材料在不同碳纳米管填料比时的热导率（c）；利用碳纳米管的导热性制得的大型轮胎解决胎肩散热问题（d）[54]

Lu 等[54]在熔融状态下的聚合物基体中加入一定量的碳纳米管进行高速搅拌，利用碳纳米管和聚合物基体的强相互作用，阵列碳纳米管在聚合物基体中能够达到高分散状态，当碳纳米管的加入量为 10%（质量分数）时，复合材料的热导率是纯聚合物基体的 1.59 倍，将该碳纳米管 / 橡胶复合材料做成轮胎时，可以加速将橡胶在使用过程中因摩擦产生的热量传输到外界，减少热量集聚，为橡胶轮胎提供较稳定的温度工作环境，提高其抗热稳定性，延长其使用寿命，从而达到节能目的。

2. 碳纳米管在橡胶中的分布调控

虽然碳纳米管的高度分散能够提高聚合物复合材料的热导率，但是碳纳米管在聚合物基体内部呈高度分散的杂乱无序排布时，制备的复合材料热导率提升的幅度有限。这主要是因为在碳纳米管高度分散的复合材料内部，碳纳米管与聚合物基体有很多的接触点，这些接触点会增加碳纳米管和聚合物基体由于声子传输壁垒带来的界面热阻，降低热传输速率。当前电子设备的高度集成化和智能化，设备功率密度大幅度增加，散热需求显著增长。为了制备高导热的碳纳米管基复合材料，仅靠碳纳米管在聚合物基体内部高度分散远达不到快速散热要求。目前，一般通过界面改性进一步增强碳纳米管与聚合物界面结合力，利用碳纳米管的高长径比调控聚合物复合材料内部微观结构形貌制备在聚合物内部取向排布的复合材料，以降低碳纳米管和聚合物的接触界面热阻，大幅度提升复合材料的热导率。研究者们分别利用分子动力学、有限元、格子玻尔兹曼等[55-57]方法对碳纳米管 / 橡胶复合材料的导热性能进行模拟研究。结果表明，碳纳米管端面与橡胶基体间的界面热阻是限制 CNT/NR 导热性能提高的主要因素，不同粒径的颗粒混杂及颗粒与纤维混杂都能使复合材料体系拥有更高的热导率，碳纳米管的取向和其在橡胶基体中的填充份数对复合材料的导热性能影响显著。这些结果为实验研究以及双元复合填料橡胶复合材料的研究指明了方向。何燕等[58,59]提出了一套流场剪切诱导取向装置和旋转式高强电磁诱导取向装置，分别对碳纳米管进行了在橡胶基体中的定向填充、室温硫化和 Fe_3O_4 磁性粒子的包覆处理，制备了两种碳纳米管 / 橡胶复合材料，经流场取向和磁场取向制备的碳纳米管 / 橡胶复合材料的热导率表现出各向异性，当碳纳米管取向与热导率测试方向平行时，复合材料的热导率达到最大值，该热导率数值相比于同等填充条件下随机填充时提高近 20%，比未填充时的热导率提高近两倍。碳纳米管增强纳米复合材料的高导热性的设计和制造对于未来航空航天、汽车和电子行业中的快速散热提供了可能。此外，作为功能填料，碳纳米管能够构建柔性导热网络，这是传统金刚石、无机导热材料所不具备的。该柔性高导热复合薄膜在下一代便携式和可折叠电子设备的散热方面具有广阔的应用前景和发展空间。

3. 碳纳米管 / 炭黑改性橡胶

除碳纳米管在橡胶基体中的分散问题及界面问题外，碳纳米管的成本也是制约碳纳米管/橡胶复合材料在工程应用推广中的关键。为了降低复合材料成本，研究者将碳纳米管与炭黑相结合作为填料使用，经测试表明，在橡胶中碳纳米管∶炭黑填充体积比为1∶4时，复合材料的热导率在80℃时最大值为0.232W/（m·K），比未添加碳纳米管时提高了11.5%，这说明碳纳米管与常规的填料炭黑复合使用是非常可行的[60]。该双元复合填料体系具有协同互补作用，可以改善填料的分散，这不仅能保证复合材料综合性能的明显改善，还大大减少了因使用碳纳米管带来的成本的提高，为碳纳米管/橡胶复合材料在工业中的广泛应用提供了发展空间。

三、碳纳米管高导热复合材料的工程应用

如今，碳纳米管高导热复合材料不仅仅局限于实验室探索研究，在电子产品中也得到了良好的应用。基于碳纳米管的高导热性，开发了水性环保型碳纳米管散热涂料，该涂层热导率可达到20W/（m·K），热辐射系数大于0.95。散热涂料可以通过印刷和喷涂工艺实施，该过程环保并且能耗很低，同时散热涂料具有良好的耐水性和耐酸碱性，目前该散热涂料已成功应用到电子市场，用以解决电子产品的散热问题。张立群等[61]申请了将CNT应用于节油轮胎胎面材料以降低静电积累、提高轮胎安全性的专利，并在北京首创轮胎公司批量制备了系列高性能绿色轮胎，该绿色轮胎的滚动阻力达到了欧盟标签法的B级水平。此外，风神轮胎有限公司基于碳纳米管高导热性成功试制了大尺寸的工程轮胎，力图解决工程轮胎胎肩生热高、散热差、易肩空的普遍性难题。总之，随着“工业4.0”计划的实施，纳米碳材料填充橡胶的多样化、功能化以及实用化将更加符合当今材料科学的发展趋势，其特殊结构、优异性能在高分子材料及其他领域也展现了广阔的应用前景。

第十节
碳纳米管柔性复合材料

一、碳纳米管柔性传感器

随着信息化时代的快速发展以及各种先进工业领域的应用需求，传统普通传感器已经不能满足人们对特殊环境下的特殊信号进行精准化信息测量和持续性

反馈的需求。在开发新一代集成化、智能化传感器的同时，具有透明、柔韧、延展、可自由弯曲、可折叠、便于携带、可穿戴等特点的传感器也逐渐成为近年来研究的热点。随着柔性基质材料的发展，满足上述各类趋势特点的柔性传感器在此基础上应运而生。

PDMS（polydimethylsiloxane，聚二甲基硅氧烷）在紫外线下黏附区和非黏附区分明的特性使其表面可以很容易地黏附电子材料。此外，PDMS 还具有简单易得、化学性质稳定、透明、热稳定性好等优点，因而成为人们首选的柔性基底材料。在柔性基底中混入导电填料是获得可拉伸柔性电子设备的常用方法。在导电材料中，碳纳米管力学、电学等性能尤为突出。如图 6-33 所示，在拉伸和弯曲状态下，CNT/PDMS 复合材料也能保持其原本的电学性质且不易损坏，是制备柔性传感器导电材料的理想之选。

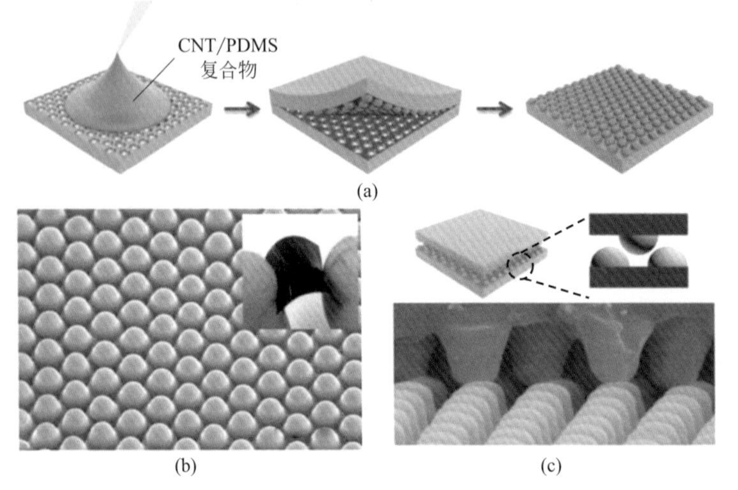

图6-33　将CNT/PDMS复合材料与微穹顶阵列用于柔性压力传感器的制备工艺（a）；CNT/PDMS复合材料的微穹顶阵列结构和照片（b）；CNT/PDMS复合材料的结构（c）[62]

目前，碳纳米管柔性传感器主要分为碳纳米管纤维柔性传感器和碳纳米管薄膜柔性传感器。随机排列的碳纳米管薄膜传感器与碳纳米管纤维传感器相比，具有加工工艺简单、生产速度快、产量高等显著优势，在目前的应用中占据主要地位。Yamada 等 [63] 研究了一种可穿戴且可拉伸设备。这种设备采用取向单壁碳纳米管薄膜，与 PDMS 复合而成。在其受到拉伸时，碳纳米管薄膜内部会产生间隙、岛状聚集以及碳纳米管纤维束状桥接产生的沟壑，这种传感器可以经受 280% 的拉伸变形，灵敏度系数为 0.06 ~ 0.82，可以在应变为 150% 时承受万次拉伸而保持一定的耐久性，响应时间不超过 14ms，并且该传感器的应变达到 100% 时其蠕变仅为3%，具有很高的商业应用价值。Cai等[64]设计了一种基于碳纳米管薄膜的新型电容式传感器，这种传感器是将两层碳纳米管薄膜平铺于PDMS上，PET作框架固定碳纳米管薄膜的周边，在传感器的两端用银胶贴上铜丝。此法制备的可拉伸应变计能够承受300%的应变，灵敏度系数接近1，在应变为100%时循环拉伸1万次后，仍然保持良好的耐久性。此外，该传感器的响应延迟时间小于100ms，在550nm时其透明度可以达到80%，稳定性好，无迟滞或松弛。

除上述类型的碳纳米管柔性传感器外，以碳纳米管为原料制备的碳纳米管纸也可作为一种新型的柔性储能材料。碳纳米管纸中相互缠绕的碳纳米管通过管间的范德华力的相互作用形成纳米尺度的网络结构，该网络结构不仅可以充当柔性电极中的支撑骨架，还可以构筑优越的长程导电网络结构，提供更多的储能活性位。

基于碳纳米管柔性传感器的应用变得越来越广泛，以传感器为核心，与传统纺织品相结合，赋予其感应、反馈、响应、自诊断、自修复的性能[65]可制备出智能纺织物。将传感器与仿生皮肤、人造肌肉相结合可用来制备智能机器人构件。总之，随着碳纳米管柔性传感器研究的深入，基于高性能碳纳米管柔性传感器的应用领域将进一步扩大。

二、碳纳米管人造肌肉

近年来，人造肌肉（图6-34）也是研究的热点之一，高效率、长寿命的人造肌肉对于机器人、假肢、触觉感应、智能医疗器件等领域的长足发展非常重要，是未来机器人更加智能化、人性化的基础。目前已有的液压系统、伺服电机、形状记忆金属和响应刺激聚合物等制备人造肌肉的方法都分别存在各自的缺点，如何成功制备出接近人体的人造肌肉组织是近年来研究者共同追求的目标。

图6-34
人造肌肉概念图[66]

碳纳米管在力学、电学、热学等性能方面拥有其他传统材料无法比拟的优势。2009 年，美国得克萨斯州立大学 R. Baughman 教授介绍了碳纳米管的最新应用——人造肌肉，称这是“比钢铁更坚固，比空气更轻，比橡胶更具弹性”的材料。这种人造肌肉纤维由“成捆”的碳纳米管组成，在电流的刺激下可快速伸缩。其课题组随后制备了碳纳米管纺线人造肌肉，此种人造肌肉通过碳纳米管的拉伸和扭转提供驱动力，收缩功可以达到人体肌肉的 29 倍[67]。不过，这一工作也存在不小的问题——制备成本高昂，且肌肉基体中只有部分纤维做功，靠近纱线中心的部分没有得到充分利用。为了解决这些问题，其课题组提出了一种新型人造肌肉驱动模式——鞘驱动人造肌肉（图 6-35）[68]，该设计具有鞘 - 芯双层结构：肌肉内芯采用扭曲或盘绕的碳纳米管纱线，外壳选用聚环氧乙烷与四氟乙烯和乙烯基醚磺酰氟（SFVE）共聚物的混合物（$PEO\text{-}SO_3$），或者弹性聚氨酯（PU）等。新型人造肌肉可以通过乙醇蒸气吸收驱动或者电热驱动，实现可逆的扭转。乙醇蒸气吸收驱动和电热驱动的 $PEO\text{-}SO_3$@CNT，分别可以产生 4.44W/g 和 2.6W/g 的平均收缩功率输出，这一改进将人造肌肉的工作能力提高了 1.7 ~ 2.15 倍，更是人体肌肉收缩功率（0.05W/g）的几十倍。

图6-35 鞘驱动人造肌肉结构[68]

相较于之前只有部分纤维做功的碳纳米管纺线人造肌肉，此种新型的鞘驱动肌肉只需要将能量注入鞘内即可，能量吸收转化效率有了大幅度提升。此外，可用商用尼龙、丝线、竹纱线以及聚丙烯腈纳米纤维等材料代替内部部分的碳纳米管纤维，可使制备成本大大降低，同时利用蒸气吸收作为驱动力，因而不受卡诺循环的限制，比之前的热驱动更节能。

鞘驱动人造肌肉优异的性能和较低的制造成本决定了其在多个领域的适用

性，这为仿生机器人、义肢、智能舒适性调节服装和药物输送系统等领域提供了广阔的应用前景和发展空间。在未来，人造肌肉将是划时代的技术革命。

第十一节 碳纳米管金属基复合材料

“大马士革刀”作为17世纪十字军的武器，军刀表面具有明显的铸造型波纹带状图案，军刀机械性能非凡，锋利异常，这与传统士兵冷兵器有着明显区别。直到今天，人们还未完全仿造出大马士革钢。早在2006年，研究者们使用高分辨率透射电子显微镜对大马士革军刀钢的样本进行检测，发现它含有碳纳米管和渗碳体纳米线（图6-36）[69]。普遍认为是热循环和循环锻造使无规则排列的渗碳体颗粒逐渐转变成平行于锻造平面排列的条带，呈现为刀片表面的花纹。在锻造过程中，P元素很可能是促进碳纳米管生长关键。刀中碳纳米管的出现促进了渗碳体纳米线和粗大渗碳体颗粒的形成，碳纳米管包覆并保护了碳化铁纤维，坚韧的碳化铁和其他柔软的钢材料的混合使用造就了大马士革刀的柔韧和锋利。

图6-36 大马士革军刀中的碳纳米管[69]

不断深入的大马士革钢的碳纳米结构的研究，对于高性能碳纳米管金属复合材料的研究和发展有着很好的借鉴和启发作用。

基于大马士革刀中碳纳米管的研究启示，近年来碳纳米管增强金属基复合材料已经在航空航天、军事、电子和机械等领域显示出了广阔的发展空间和巨大的应用潜力。众多金属基复合材料中尤以碳纳米管铝基和镁基复合材料发展最为迅猛，此外还有碳纳米管与铜、铁、镍、银、锂铝合金等金属基体的复合材料。下面将针对近年来几种典型的碳纳米管金属基复合材料的研究过程中存在的问题、发展现状及应用进行介绍。

一、碳纳米管铝基复合材料

颗粒增强铝基复合材料是近年来发展最快、最为成熟的金属基复合材料。铝基复合材料在拥有优异力学性能的同时还兼具高耐磨性、耐高温性能等优点，现已广泛应用于航空航天、建筑工程、交通运输、电力输送、体育器材等领域。随着现代工业的快速发展，各行业各领域对铝基复合材料的机械强度、耐磨性等提出了更高的要求。

研究表明，铝基复合材料的性能与增强颗粒的尺寸有着很大的联系，目前广泛使用的颗粒尺寸在 3 ～ 30μm 之间，由于小颗粒自身很少出现结构缺陷，且颗粒周围具有更高的热位错密度，因而增强颗粒尺寸越小，增强效果越好，碳纳米管作为纳米级增强颗粒，拥有优异的力学、电学和热学等性能，被认为是铝基复合材料最理想的增强体之一，其复合材料有望应用于现代军事武器装备制造中。铝基复合材料弹头外壳见图 6-37。

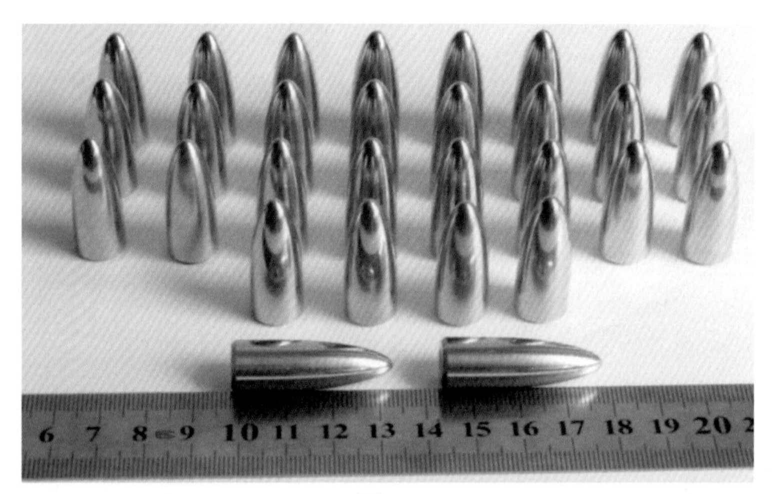

图6-37　铝基复合材料弹头外壳[70]

实现碳纳米管在铝基体中的良好分散是制备高性能铝基复合材料的关键所在。目前典型的分散方法之一是高能球磨法，即利用金属粉末的反复变形、冷焊和破碎达到分散碳纳米管的目的，但是此种方法不可避免地引入氧化物等杂质并会对碳纳米管造成损伤，不利于复合材料性能的提高。此外，对碳纳米管进行预分散处理，利用表面活性剂或溶剂等物质使碳纳米管在悬浊液状态下呈均匀分布状态，随后与金属粉末混合得到复合材料粉末的预分散 - 共混技术也是实验室常用的分散方法之一，此种方法能非常有效地分散碳纳米管，但是价格十分昂贵，不适合大规模推广。因此，寻找一种既适合工业生产又能实现碳纳米管在铝基体中良好分散的方法是本领域研究者的共同目标。

在之前的研究中，已经报道过的载荷转移和晶粒细化等机制 [71,72] 在碳纳米管 / 金属复合材料实际应用中起作用。但对于金属基复合材料中常见的失配位错、Orowan 强化等机制还没有进行深入的探讨。马宗义等 [73] 总结前人经验，采用球磨［图 6-38（a）和图 6-38（b）］、热压和热变形的方法制备了碳纳米管 / Al-5Mg 复合材料，系统地分析了碳纳米管在球磨过程中的分布及复合材料的强化机理，并提出了基于碳纳米管均匀分散所需的最短时间与复合粉末扁平化时间之比模型，分析了球磨转速对碳纳米管分布的影响，如图 6-38（c）所示，在 400r/min 的中等转速、球磨 8h 的条件下实现了碳纳米管在基体中的均匀分散，碳纳米管的加入细化了晶粒，Al-5Mg 合金的平均晶粒尺寸约为 0.5μm［图 6-38（d）］。当碳纳米管浓度增加到 1.5% 和 3% 时，平均晶粒尺寸分别减小到 0.3μm 和 0.2μm［图 6-38（e）和（f）］，这被认为是由于碳纳米管对再结晶晶粒的有效钉扎作用所致。这种条件下分散的碳纳米管沿挤出方向排列，高分辨率 TEM 图像表明，大多数 CNT-Al 界面结合良好，并且很好地保持了 CNT 结构的完整性［图 6-38（g）］，在韧窝的底部观察到许多尖端在外的碳纳米管，表明微孔洞起源于碳纳米管附近的区域［图 6-38（i）］，复合材料的弹性模量和强度明显提高［图 6-38（h）］。此外，研究人员通过显微观察及力学性能测试，发现载荷传递、晶粒细化和失配位错等强化机制是复合材料强度提高的另一主要因素。

除上述研究外，该课题组还开发出一种新的溶液辅助湿混合工艺 [74] 用以高效地制备碳纳米管 / 铝复合材料粉体，此方法可以制备出最大 CNT 浓度（体积分数）为 7.5% 的碳纳米管 / 铝复合粉体。随后采用粉末冶金法制备出了体积分数为 1.5% 和 3% 的碳纳米管 / 铝复合材料，经热锻后碳纳米管均匀分散在铝基体中，碳纳米管的平均长度为 0.9μm，管壁结构保持完好，实现了碳纳米管的定向排列。通过电镜观察显示碳纳米管主要分布在晶界，碳纳米管 - 铝界面结合良好，实现了碳纳米管在基体中的有效载荷传递，复合材料的强度显著提高。

近些年碳纳米管铝基复合材料开始从实验阶段走向具体应用，上海烯碳金属基复合材料工程中心已研发出中强、高强、超高强等系列高模量烯碳铝合金，并联合中航工业、中国航天科技、中国中车集团等国内应用单位，开展烯碳铝基复合材料在飞机、航天运载器结构、“标准动车组”列车、新能源汽车

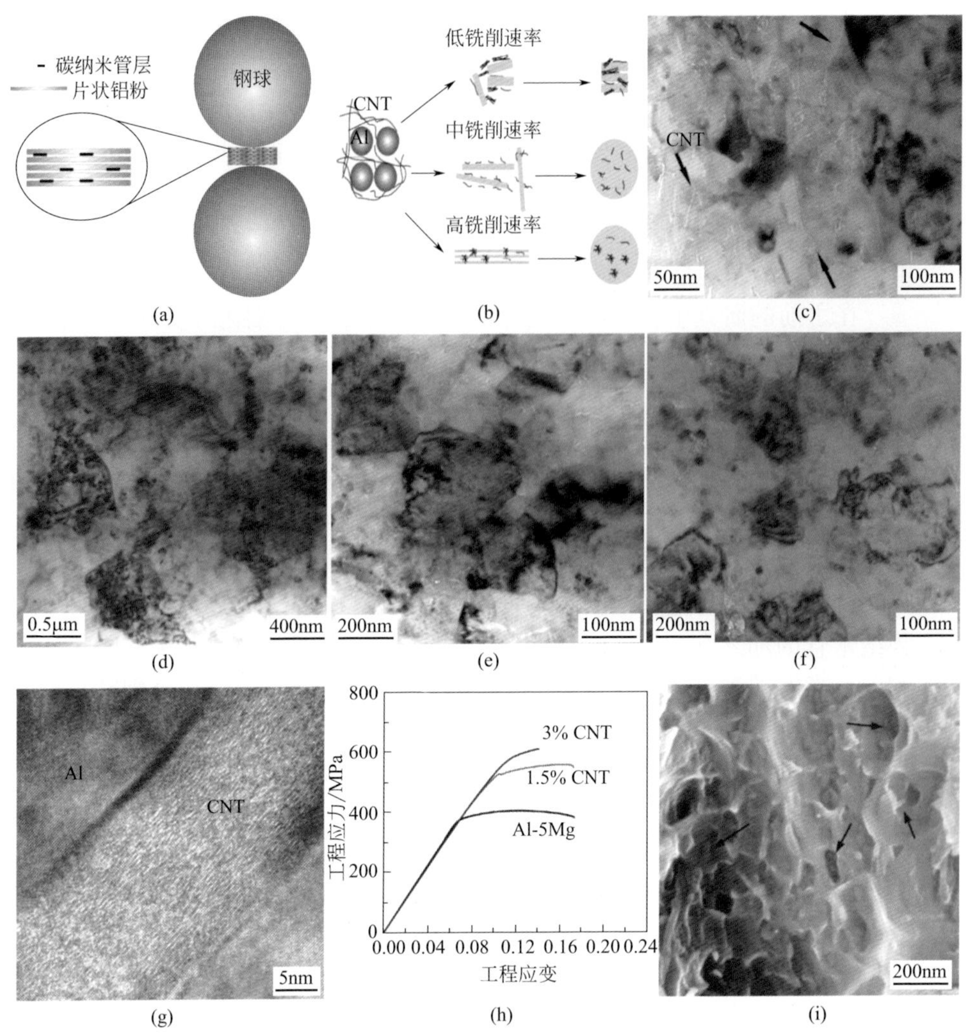

图6-38 在研磨过程中被球捕获的CNT-Al粉的示意图（a）；在研磨过程中以不同的旋转速率捕获的CNT分布（b）；400r/min、8h时碳纳米管在CNT/Al-5Mg粉末中的分布（c）；碳纳米管浓度（体积分数）分别为0%（d）、1.5%（e）和3%（f）的碳纳米管/Al-5Mg复合材料的晶粒的TEM图像；洁净的CNT-Al界面TEM图像（g）；CNT/Al-5Mg复合材料和基体合金的工程应变-应力曲线（h）；3%CNT/Al-5Mg复合材料的断口形貌（i）[73]

等装备上的应用验证。此外，国网电力科学研究院武汉南瑞有限责任公司也成功实现了碳纳米管铝基复合材料产品在电网领域的应用，推出了碳纳米管合金金具产品。随着碳纳米管铝基复合材料研究的不断深入，其应用领域和市场在未来将进一步扩大。

二、碳纳米管镁基复合材料

1. 镁合金简述

镁的密度仅为1.74g/cm^3，镁合金是最轻的结构材料之一，其拥有着其他金属及合金无法比拟的优越性。镁及镁合金具有密度低、比强度和比刚度高、减振性好、电磁屏蔽性能优异、切削加工性和热成形性好等众多优异性能[75]，广泛应用于移动通信、手提计算机、电子电器、汽车等的壳体结构件的生产以及航空航天、军事、交通等高端工业领域。随着工业的飞速发展，现有的镁合金的强度及韧性已逐渐落后于工业应用指标，传统的铸造镁合金存在强度较低、组织较软、高温环境下性能较差、耐蚀性差等缺陷，这使得镁合金目前仅能用于制备壳类等不能承受较大载荷的零部件。如何大幅度提高镁合金的强度和韧性，对镁合金的发展尤为关键。

铝基复合材料是目前发展最为成熟的金属基复合材料，从物理性质上看，镁的熔点接近于铝，故发展镁及镁合金复合材料可以很大程度上借鉴铝基复合材料，并在其基础上推广和改进。在现有的技术中，向镁及镁合金基体中添加增强体是改善其强度和韧性的有效方法。相比于其他增强体，碳纳米管不仅具有超高的比强和比模量、高断裂伸长率、低热膨胀系数，还拥有极高的韧性，优异的导热、导电性能和良好的滑动性能。因此，在镁基体中添加碳纳米管增强体是一种在不增加镁合金比例的前提下，能有效改善镁及镁合金线性膨胀热稳定性、提高合金抗拉强度的可行方法。

2. 碳纳米管增强镁基复合材料

如何解决碳纳米管与金属基体的界面润湿性问题以及实现碳纳米管在基体中的均匀分散是制备高性能碳纳米管镁基复合材料的关键。目前，提高碳纳米管分散性的研究主要集中在物理表面改性（如球磨和高能球磨）、化学表面改性（如强酸氧化处理）、液相分散方法（如超声波处理和机械搅拌）、搅拌摩擦焊以及碳纳米管的原位合成等方面。而改善碳纳米管与镁基体界面结合的研究则主要集中在碳纳米管表面涂覆一种材料以改善碳纳米管与镁基体的润湿性能方面，目前常用的涂覆材料有镍、硅和氧化镁。在之前的研究中，球磨法可以使碳纳米管较好地分散在镁基体中，但经过长时间的球磨，碳纳米管的结构完整性遭到破坏[76]，不利于复合材料强度和韧性的提高。与之相比，镀镍显著改善了碳纳米管与金属基体之间的润湿性[77]，并在一定程度上改善了碳纳米管的分散性。研究者试图将球磨法与碳纳米管镀镍相结合，探索出一条新的制备高性能碳纳米管镁基复合材料的道路。Ding等[78]用此方法，经精炼镁粉、在精炼镁粉中分散碳纳米管、热压复合粉末三个步骤，制备出了碳纳米管在镁基中分散均匀的复合材料（图6-39），该复合材料力学性能优异，其屈服强度和抗压强度分别高达454MPa

和 505MPa，分别是纯镁的 234% 和 209%，这比文献中任何其他镁基纳米复合材料都要高得多。

吴集才[79]用粉末冶金法制备了碳纳米管增强 AZ91D 镁基复合材料，当加入 1% 的碳纳米管时，复合材料的抗拉强度达到 388MPa。景春明等[80]用搅拌铸造法制备镀镍多壁碳纳米管镁基复合材料，在其凝固过程中确认碳纳米管成为非均相结晶体的晶核，可以对晶粒起到细化作用，同时能提高碳纳米管与基体的结合度，复合材料的弹性模量和抗拉强度与基体相比都有所提高。此外，研究者们还发明了一种挤压成型的处理方法[81]，这种方法先将镁熔体在保护气体氛围下与碳纳米管混合物在预制体中铸造成固体形状再挤压成型。在变形过程中，碳纳米管在混合物中分布更加均匀，挤压过程中对混合物施加的应力使得碳纳米管镁基复合材料具有很高的致密性，此方法制备的复合材料强度高、韧性好，达到工业使用标准，且操作简单、成本低廉，适合批量生产。

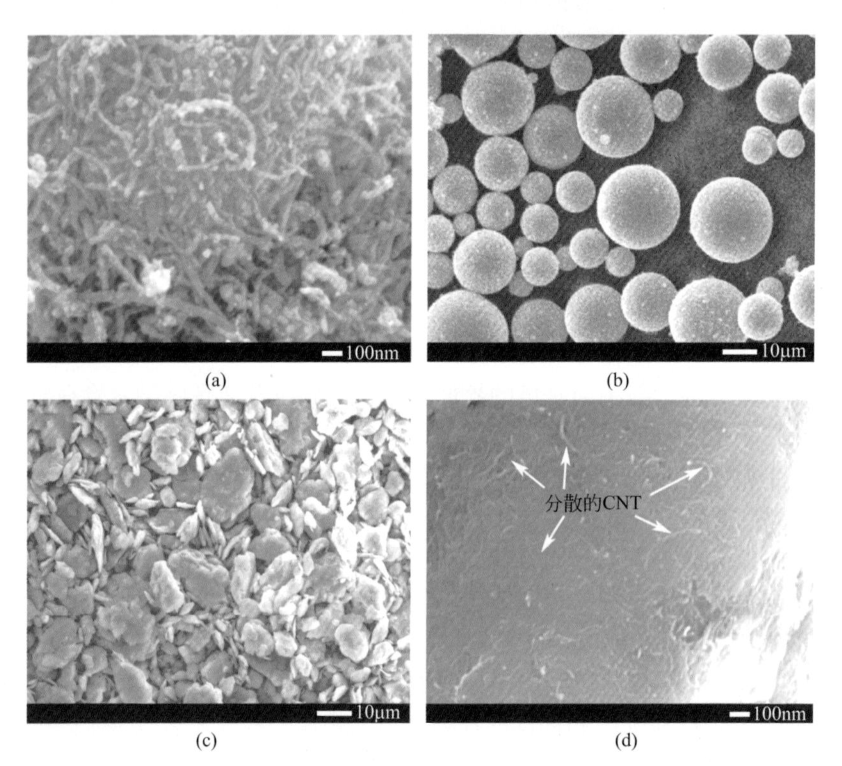

图6-39 镀镍碳纳米管（a）、纯镁粉（b）、精炼镁粉（c）及镁和碳纳米管混合粉末（d）的SEM图像[76]

如今，碳纳米管镁基复合材料已逐渐走向商业领域。在 2019 年美国 CES 消费电子展上，LG 公司产品 LG gram 17Z990 凭借其 17″ 超大屏幕和 1340g 超轻薄机身的设计荣获本届 CES 创新产品奖，而这款世界最轻 17″ 轻薄笔记本电脑机身采用的就是碳纳米管镁基复合材料（图 6-40）。随着对碳纳米管镁基复合材料研究的深入，高性能碳纳米管镁基复合材料在未来将广泛应用于诸如航空航天等高端工业领域。

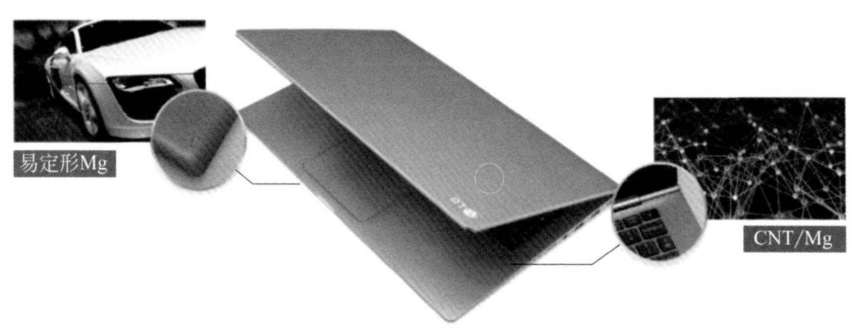

图6-40 碳纳米管镁基复合材料笔记本外壳[82]

第十二节 碳纳米管陶瓷基复合材料

一、碳纳米管增韧碳化硅陶瓷

近年来，陶瓷基复合材料的研究和发展取得了很大进步，其在光电、生物医学和航空航天等领域的应用也变得愈来愈广泛。陶瓷基复合材料目前主要用于制造飞机部件、刀具、生物陶瓷、耐磨部件、核反应堆和光电子器件。传统的陶瓷基复合材料有着韧性不足的显著缺点，这导致在其长时间经受高温热或机械载荷后会发生机械失效的严重问题。如何改善陶瓷基复合材料的机械强度和韧性，是未来进一步拓宽陶瓷基复合材料在高端领域应用的关键。

对陶瓷基复合材料韧性进行改善已成为近年来研究的热点。通常在陶瓷基体中加入一系列的氮化物和碳化物对其韧性等进行改善。西方发达国家开发了碳化硅航空发动机高温结构件第一代产品，通用电气航空公司利用最为成熟的熔渗技术制备出航空发动机热端部件，其工作温度可达 1315℃，航空发动机热端旋转部件于 2015 年完成了地面试验[83]。但是随着工业的飞速发展，下一代航空发动机急需更耐高温、服役寿命更长的第二代陶瓷基复合材料产品，第一代产品制备工艺及碳化硅纤维已经无法满足新一代产品的性能发展需求，这就意味着急需寻找新的材料和制备工艺来应对发展的需求。

相比于其他增强剂，碳纳米管有着更高的抗拉强度、断裂伸长率及化学稳定性等明显优势，其非常适合作为增强体添加到陶瓷基体中以改善其韧性。关于碳纳米管增强陶瓷基复合材料的研究在国内外均已陆续展开。2017 年，美国莱斯大学与 NASA 合作，探索碳纳米管如何改善碳化硅基复合材料的损伤容限性能。研究人员将碳纳米管和碳纳米线生长到 NASA 提供的碳化硅纤维表面[84]，形成了纳米级的“粘扣”，纤维暴露在外的部分卷曲，像钩子和环一样在纤维缠绕的位置产生了很强的内锁连接力（图 6-41），这使得复合材料在不易开裂的同时也将纤维密封起来，阻止了氧气改变纤维的化学成分，提高了纤维的抗氧化能力。研究人员先使用铁催化剂在碳化硅纤维表面生长连接碳纳米管的化学键，在用水辅助化学气相沉积条件下直接将碳纳米管嵌入到纤维表面随后加热至高温，将碳纳米管转化为碳化硅纤维的“须”。测试结果表明，生长碳纳米管的碳化硅纤维比无碳纳米管的碳化硅纤维更易耐受 1000℃的高温。在高压力状态下，生长碳纳米管的碳化硅纤维可以轻松地在纳米压头下反弹，耐损伤韧性大大增强，韧性的增强可以通过能量耗散机制得到解释。

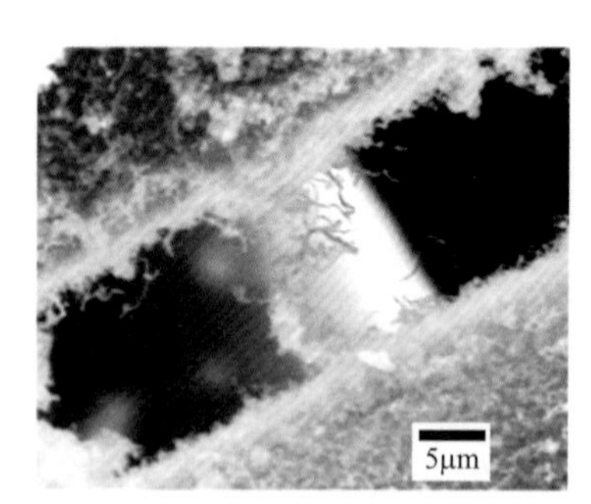

图6-41
将碳纳米管生长在碳化硅纤维上形成的 SiC“须”[84]

二、碳纳米管增韧氧化铝

清华大学魏飞教授课题组[85]采用热压法制备了1%（质量分数）单壁碳纳米管增强氧化铝，通过直接观察法研究碳纳米管结构对单壁碳纳米管/氧化铝复合材料增强性能的影响。图6-42(a)和图6-42(b)显示了碳纳米管分散特性的概貌，碳纳米管管束（约40nm）被嵌入到基质中，大束被分为两个[图6-42（c）]或三个小束[图6-42（d）]，一些碳纳米管被嵌入到氧化铝晶粒中，将相邻的氧化

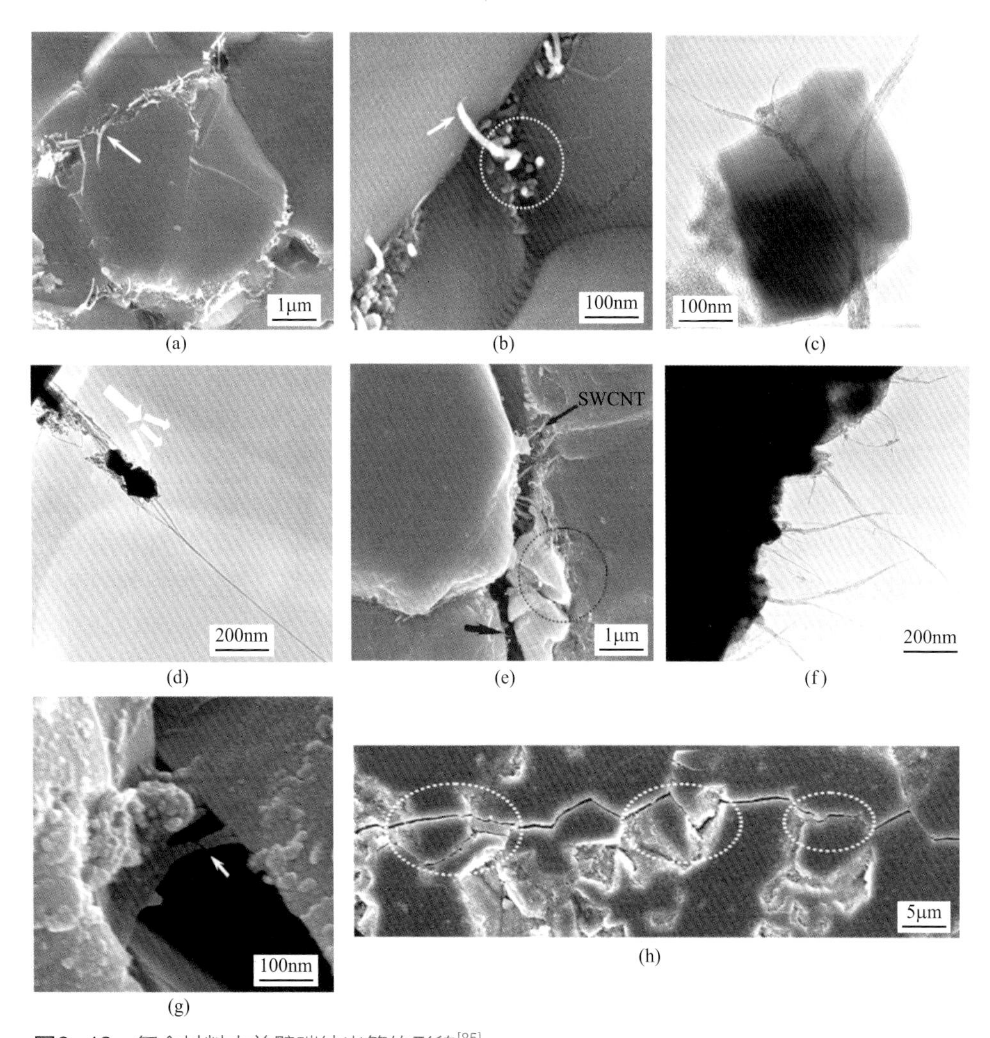

图6-42　复合材料中单壁碳纳米管的形貌[85]

（a）（b）复合材料断口的SEM图像；（c）（d）复合材料的TEM图像；（e）（g）（h）复合材料表面压痕裂纹的SEM图像；（f）复合材料表面单壁碳纳米管拉出形貌的TEM图像

铝晶粒固定在一起，如“可缝合足球”结构（用箭头标记）；其他碳纳米管管束［约 100nm，图 6-42（a）和图 6-42（b）］则分布于氧化铝基体的晶界。碳纳米管与基体之间形成了强界面，碳纳米管在烧结过程中并未证实受到破坏损伤。该课题组对复合材料的增强机理（碳纳米管拔出、断裂、桥联和裂纹偏转）进行了详细的分析。通过电镜观察显示，复合材料基体中有两种类型的碳纳米管拔出，发生在氧化铝基体［图 6-42（b）和图 6-42（e），用圆圈标记］和氧化铝晶粒［图 6-42（e），用红色箭头标记］的晶界。碳纳米管从晶界拔出的长度相当长［约 1mm，图 6-42（f）］，从氧化铝晶粒的拔出长度较短［约 100nm，图 6-42（e）］，这利于复合材料强度和韧性的提高。通过压痕产生裂纹来研究其增韧机理，对碳纳米管拔出和裂纹桥接在图 6-42（e）中进行了清楚的展示（用箭头标记）。此外，还观察到碳纳米管的断裂也可以耗散外力［图 6-42（g）］。复合材料的断裂方式主要是沿晶断裂，如图 6-42（h）所示，在断裂路径上有许多微裂纹产生［图 6-42（h）］，这可能会保护主裂纹不被延长，从而使陶瓷增韧。通过力学性能测试得出 SWCNT/Al_2O_3 复合材料的平均断裂韧性［（6.40±0.3）$MPa/m^{1/2}$］和弯曲强度（42335MPa）分别比未增强氧化铝［（3.16±0.2）$MPa/m^{1/2}$ 和 35620MPa］提高约 103% 和 19%。

碳纳米管陶瓷基复合材料已初步显示出对太空探索等航空航天领域的重要影响。此外，它的应用还为更多诸如 3D 打印等创新增材制造技术开辟了道路。美国 Applied Nanostructured Solutions 公司利用碳纳米管可以吸收微波辐射特性，使用高频率的微波辐射实现了对打印基体高度局部化“点加热”，在不引起整个物体过度受热的情况下促进打印基体的固结，限制了传统方法中加热引起的变形效应，用此种方式实现了碳纳米管在固化基体中的良好分散，使得相邻部件之间不完全融合固结的结构缺点得到解决。

随着对碳纳米管陶瓷基复合材料研究的深入以及未来更加极端服役环境对陶瓷基复合材料性能的需求，高性能碳纳米管陶瓷基复合材料在航空航天、太空探索等高端领域的应用及市场将持续扩大。

第十三节 碳纳米管复合材料发展趋势

类似于碳纤维的发展，碳纳米管及其复合材料的发展也从起初的不尽人意，即仅仅百兆帕的强度，逐步发展到能够与现有工程纤维相媲美的水平，并且经过碳纳米管合成与成丝水平的提高，碳纳米管纤维的强度能够达到 80GPa，这已经远远超出碳纤维一个多量级。因此，碳纳米管比碳纤维表现出更轻、更强、更韧的特点，这为碳纳米管复合材料的广泛大量应用奠定了基础（图 6-43），我们有理由相信高端碳纳米管及其复合材料的时代终会来临。

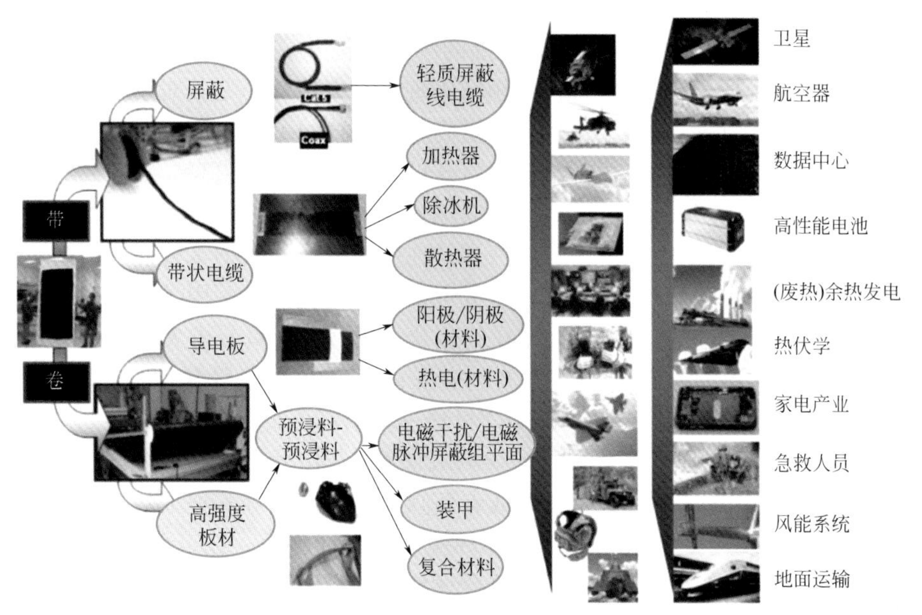

图6-43　碳纳米管性质及其中高端应用领域发展趋势[86]

未来的碳纳米管复合材料在原料、制备技术、结构功能一体化，以及回收等方面有着更高的需求，具体说来：

① 高品质的碳纳米管原材料。好的原料依旧是万事之源，更高更纯更直的碳纳米管和碳纳米管纤维、毡、泡沫等材料具有迫切需求。如同碳纤维复合材料的发展一样，好的复合材料需要好的碳纳米管材料。不论是溶液纺丝、干法阵列纺丝，还是直接生长超长碳纳米管阵列，低成本地制备高品质碳纳米管依旧是重中之重。

② 复合材料的低成本制备技术。目前碳纳米管复合材料的制备技术大多采用共混和原位聚合等，这些方法中碳纳米管的添加比例非常受限，复合材料的力学增强有限，碳纳米管在其中主要用作功能材料，兼顾对力学性能的有限提升。想要让碳纳米管成为真正的力学增强体，需要高比例的碳纳米管含量，并且需要有效地强化碳纳米管的取向和界面结合。基于类似碳纤维复合材料的制备技术，碳纳米管纤维和毡等高强度碳纳米管复合材料能够获得堪比凯夫拉纤维的力学性能。此外，目前基于碳纳米管的复杂结构体依旧非常有限，这仍受制于碳纳米管

原料和复合材料制备技术。另外，目前碳纳米管高端复合材料制备的成本相对较高，降低复合材料制备成本依旧是趋势。复合材料的智能化制备技术为复合材料降低成本和高复杂度制备材料带来机遇，以增材制造、仿生制造为代表的颠覆性技术将为更多新结构在复合材料中的应用开辟更为通畅的途径，逐步实现结构功能一体化制造，并能进一步缩短反应时间。

③ 多功能性发展趋势。基于一维的纤维结构和高强的力学性质，碳纳米管在增强复合材料以及结构复合材料领域表现出巨大优势，尤其对于复合材料的增韧，相比于碳纤维，碳纳米管表现出更高的断裂伸长率和强度，对复合材料增韧效果明显。由于碳纳米管化学结构的特殊性，它同时表现出高导电、高导热等优异性能，作为功能复合材料的载体，碳纳米管具有极低的阈值，因此，在替代传统添加材料上用量更少，更为节约。当然在高填充比的碳纳米管复合材料中，其导电性能甚至超过金属。但是其密度低得多，这对航天、军用领域意义重大。总之，碳纳米管在发展结构功能一体化的复合材料方面，具有重大优势。

④ 复合材料回收与修复技术。随着碳纤维和碳纳米管复合材料用量增加，回收和综合利用生命周期结束的复合材料逐步引起人们的关注，这对节约成本、实现材料循环经济利用非常重要。碳纳米管 / 聚合物复合材料修复技术或许能够融合传统共混等复合材料制备技术或者新兴的增材制造等多种工艺技术的综合性工艺，根据需修复零部件所处的工作环境、损伤程度等，选定不同的修复方法。例如，可以用碳纳米管修复碳纤维复合材料，修复后使用性能并不低于新制备的碳纤维复合材料。此外，基于碳纳米管功能性特点开发的智能复合材料修复技术也不断为人们所关注。

参考文献

[1] Andreas Urs W. Development of non-laminated advanced composite straps for civil engineering applications[D]. UK:the University of Warwick, 1999.

[2] McLaughlan P B, Forth S C, Grimes-Ledesma L R, et al. Composite overwrapped pressure vessels: A primer[R]. US:NASA,2011.

[3] Odegard G. Institute for ultra-strong composites by computational design[EB/OL]. 2017-06-29/2020-07-23.

[4] Fadel T. Realizing the promise of carbon nanotubes: Challenges, opportunities, and the pathway to commercialization[C]. US:NASA,2014:1-15.

[5] Jiang K L, Li Q Q, Fan S S. Spinning continuous carbon nanotube yarns[J]. Nature, 2002,419(6909):801.

[6] Wang X, Yong Z, Li Q, et al. Ultrastrong, stiff and multifunctional carbon nanotube composites[J]. Materials Research Letters, 2013, 1(1): 19-25.

[7] Zhang H, Wu B, Hu W, et al. Separation and/or selective enrichment of single-walled carbon nanotubes based on

their electronic properties[J]. Chemical Society Reviews, 2011, 40(3): 1324-1336.

[8] Zhang Y, Heo Y, Son Y, et al. Recent advanced thermal interfacial materials: A review of conducting mechanisms and parameters of carbon materials[J]. Carbon, 2019: 445-460.

[9] Hirsch A. Functionalization of single-walled carbon nanotubes[J]. Angewandte Chemie, 2002, 41(11): 1853-1859.

[10] Zhang R, Zhang Y, Zhang Q, et al. Growth of half-meter long carbon nanotubes based on Schulz-Flory distribution[J]. ACS Nano, 2013, 7(7): 6156-6161.

[11] Bai Yunxiang, Zhang Rufan,Wei Fei, et al. Carbon nanotube bundles with tensile strength over 80GPa[J]. Nature Nanotech, 2018, 13(7): 589-595.

[12] Zhang M, Atkinson K R, Baughman R H. Multifunctional carbon nanotube yarns by downsizing and ancient technology[J]. Science, 2004, 306(5700): 1358-1361.

[13] Lee J, Lee D, Jung Y, et al. Direct spinning and densification method for high-performance carbon nanotube fibers[J]. Nature Communications, 2019, 10(1): 2962.

[14] Headrick R J, Tsentalovich D E, Berdegue J, et al. Structure-property relations in carbon nanotube fibers by downscaling solution processing[J]. Advanced Materials, 2018, 30(9): 1704482.

[15] Cheng Q, Wang B, Zhang C, et al. Functionalized carbon-nanotube sheet/bismaleimide nanocomposites: Mechanical and electrical performance beyond carbon-fiber composites[J]. Small, 2010, 6(6): 763-767.

[16] Xu W, Chen Y, Zhan H, et al. High-strength carbon nanotube film from improving alignment and densification [J]. Nano Letters, 2016, 16 (2): 946-952.

[17] Ye W, Wu W, Hu X, et al. 3D printing of carbon nanotubes reinforced thermoplastic polyimide composites with controllable mechanical and electrical performance[J]. Composites Science and Technology, 2019, 182.

[18] Li Z, Luo G, Wei F, et al. Microstructure of carbon nanotubes/PET conductive composites fibers and their properties[J]. Composites Science and Technology, 2006, 66(7): 1022-1029.

[19] Waseem Khan, Rahul Sharma, Parveen Saini. Carbon nanotube-based polymer composites: Synthesis, properties and applications[EB/OL]. 2016-07-20[2020-07-08].https://www.intechopen.com/books/carbon-nanotubes-current-progress-of-their-polymer-composites/carbon-nanotube-based-polymer-composites-synthesis-properties-and-applications.

[20] Mariella Moon. NASA is making a small carbon nanotube telescope for CubeSats[EB/OL].NASA,2016-07-13[2020-07-08].https://www.engadget.com/2016-07-13-nasa-cubesat-telescope-carbon-nanotube.html.

[21] Han Y, Zhang X, Yu X, et al. Bio-inspired aggregation control of carbon nanotubes for ultra-strong composites[J]. Scientific Reports, 2015, 5(1): 11533.

[22] 孙晓刚. 一种碳纳米管导热薄膜及其制造方法：CN 108726505A[P]. 2018-11-02.

[23] Jia X, Zhang Q, Zhao M, et al. Dramatic enhancements in toughness of polyimide nanocomposite via long-CNT-induced long-range creep[J]. Journal of Materials Chemistry, 2012, 22(14): 7050-7056.

[24] Liu S, Luo G, Wei F, et al. Poly(*p*-phenylene terephthalamide)/carbon nanotube composite membrane: Preparation via polyanion solution method and mechanical property enhancement[J]. Composites Science and Technology, 2015: 135-140.

[25] Hu P, Lyu J, Fu C, et al. Multifunctional aramid nanofiber/carbon nanotube hybrid aerogel films[J]. ACS Nano, 2020, 14(1): 688-697.

[26] 孙晓刚. 一种芳纶纤维远红外发射纸及其制备方法：CN108824085B[P]. 2019-11-05.

[27] Francis S. Overmolding on the cheap[EB/OL]. 2019-12-19[2020-07-08].https://www.compositesworld.com/articles/overmolded-hybrid-parts-open-new-composites-markets.

[28] Grossiord N, Loos J, van Laake L, et al. High-conductivity polymer nanocomposites obtained by tailoring the

characteristics of carbon nanotube fillers[J]. Adv Funct Mater, 2008, 18(20): 3226-3234.

[29] Dubey A, Saini P, Qiao Q. Conjugated polymers-based blends, composites and copolymers for photovoltaics[M]//Parveen Saini. Fundamentals of conjugated polymer blends, copolymers and composites: Synthesis, properties and applications: Chapter 5. New York: Wiley, 2015: 281-338.

[30] Verma, P., Saini, P., Malik, R. S. et al. Excellent electromagnetic interference shielding and mechanical properties of high loading carbon-nanotubes/polymer composites designed using melt recirculation equipped twin-screw extruder[J]. Carbon, 2015, 89, 308-317.

[31] Zhang L Y, Wan C Y, Zhang Y. Morphology and electrical properties of polyamide 6/polypropylene/multi-walled carbon nanotubes composites[J]. Composites Science and Technology, 2009, 69(13): 2212-2217.

[32] Yan D G, Yang G S. An innovative method to improve the electrical conductivity of multi-walled carbon nanotubes filled polyamide 6/polystyrene blends[J]. Materials Letters, 2009, 63(22): 1900-1903.

[33] Jia J, Zhu L, Wei Y, et al. Triazine-phosphine oxide electron transporter for ultralow-voltage-driven shy blue PHOLEDs[J]. Journal of Materials Chemistry, 2015, 3(19): 4890.

[34] Wu T, Chen E. Preparation and characterization of conductive carbon nanotube-polystyrene nanocomposites using latex technology[J]. Compos Sci Technol, 2008, 68(10-11): 2254-2259.

[35] Pang H, Chen C, Bao Y, et al. Electrically conductive carbon nanotube/ultrahigh molecular weight polyethylene composites with segregated and double percolated structure[J]. Materials Letters, 2012, 79: 96-99.

[36] Hwang S, Seo J, Jeon I, et al. Conducting polymer-based carbon nanotube composites: Preparation and applications[M]. Nanoscience & Nanotechnology Series, 2013.

[37] http://www.elecfans.com/d/821174.html.

[38] Nayak L, Khastgir D, Chaki T K, et al. A mechanistic study on electromagnetic shielding effectiveness of polysulfone/carbon nanofibers nanocomposites[J]. Journal of Materials Science, 2013, 48(4): 1492-1502.

[39] Al-Saleh M H, Sundararaj U. Microstructure, electrical, and electromagnetic interference shielding properties of carbon nanotube/acrylonitrile-butadiene-styrene nanocomposites[J]. J PolymSci, Part B: Polym Phys, 2012, 50(19): 1356-1362.

[40] Al-Saleh M H. Electrical, EMI shielding and tensile properties of PP/PE blends filled with GNP:CNT hybrid nanofiller[J]. Synthetic Metals, 2016, 217: 322-330.

[41] Rezvantalab H, Ghazi N, Ambrusch M J, et al. An aqueous-based approach for fabrication of PVDF/MWCNT porous composites[J]. Scientific Reports, 2017, 7(1).

[42] 赵琪，马俊宾，谢明，等. 复合金属包覆碳纳米管的制备及电磁屏蔽性能 [J]. 稀有金属材料与工程，2019, 48(1):249-253.

[43] Zhao Q, Xie M, Liu Y, et al. Improved electroless plating method through ultrasonic spray atomization for depositing silver nanoparticles on multi-walled carbon nanotubes[J]. Applied Surface Science, 2017, 409: 164-168.

[44] 刘落恺，唐萍，胡云平，等. MFC 增强碳纳米纸的制备及其电磁屏蔽效能 [J]. 功能材料，2019, 50(09): 9097-9101.

[45] Li J, Lu W, Suhr J, et al. Superb electromagnetic wave-absorbing composites based on large-scale graphene and carbon nanotube films.[J]. Scientific Reports, 2017, 7(1): 2349-2349.

[46] 谭果果. 吸波材料——电磁波的隔离与过滤 [EB/OL]. 中科院之声，2019-8-26[2020-07-08].

[47] 张增富，罗国华，范壮军，等. 不同结构碳纳米管的电磁波吸收性能研究 [J]. 物理化学学报，2006, 22(3):296-300.

[48] Jia X, Wang J, Zhu X, et al. Synthesis of lightweight and flexible composite aerogel of mesoporous iron oxide threaded by carbon nanotubes for microwave absorption[J]. Journal of Alloys and Compounds, 2017: 138-146.

[49] 吴友平，张立群．高性能轮胎用橡胶纳米复合材料的制备与性能 [J]．科学通报，2016(61):3371.

[50] Endo M, Noguchi T, Ito M, et al. Extreme-performance rubber nanocomposites for probing and excavating deep oil Resources using multi-walled carbon nanotubes[J]. Advanced Functional Materials, 2008, 18(21): 3403-3409.

[51] Katihabwa A, Wang W, Jiang Y, et al. Multi-walled carbon nanotubes/silicone rubber nanocomposites prepared by high shear mechanical mixing[J]. Journal of Reinforced Plastics and Composites, 2011, 30(12): 1007-1014.

[52] Bhattacharyya S, Sinturel C, Bahloul O, et al. Improving reinforcement of natural rubber by networking of activated carbon nanotubes[J]. Carbon, 2008, 46: 1037-1045.

[53] Liu J, Lu Y L, Tian M, et al. The interesting influence of nanospring on the viscoelasticity of elastomeric polymer materials: Simulation and experiment. Advanced Functional Materials, 2013, 23: 1156-1163.

[54] Lu Y, Liu J, Hou G, et al. From nano to giant? Designing carbon nanotubes for rubber reinforcement and their applications for high performance tires[J]. Composites Science and Technology, 2016: 94-101.

[55] He Y , Ma L X , Tang Y Z , et al. Thermal conductivity of natural rubber using molecular dynamics simulation[J]. J Nano Nanotechnol, 2015, 15(4): 3244-3248.

[56] 徐瑾，冯娟娟，何燕，等．填料粒子增强橡胶基复合材料导热性能的有限元模拟 [C]．中国工程热物理学会 - 传热传质．2013.

[57] 徐瑾，何燕，张晓光．填料粒子对复合材料导热性能影响的数值模拟 [J]．青岛科技大学学报 (自然科学版), 2015,36(4):418-422.

[58] Yan H, Zhifang C, Lianxiang M. Shear flow induced alignment of carbon nanotubes in natural rubber[J]. International Journal of Polymer Science, 2015:1-8.

[59] Jin X, Yan H, Yiqi Y. Thermal analysis of NR composite with MWCNTs aligned in a magnetic field[J]. International Journal of Polymer Science. 2015, 21, 1-6.

[60] 宋君萍，田开艳，李锡腾，等．炭黑 / 碳纳米管并用比对天然橡胶复合材料物理性能和导热性能的影响 [J]．橡胶工业，2019, 66(6): 430-434.

[61] Lu Y L, Song Y, Zhang L Q, et al. Tire tread rubber composite comprises solution-polymerized styrene-butadiene rubber and mixed butadiene rubber, carbon nanotubes, reinforcing filler, silane coupling agent, zinc oxide, stearic acid, anti-aging agent, and paraffin wax: CN 104130478A[P], 2014-11-0.

[62] Park J, Lee Y, Hong J, et al. Giant tunneling piezoresistance of composite elastomers with interlocked microdome arrays for ultrasensitive and multimodal electronic skins[J]. ACS Nano, 2014, 8(5): 4689-4697.

[63] Yamada T, Hayamizu Y, Yamamoto Y, et al. A stretchable carbon nanotube strain sensor for human-motion detection[J]. Nature Nanotechnology, 2011, 6(5): 296-301.

[64] Cai L, Song L, Luan P, et al. Super-stretchable, transparent carbon nanotube-based capacitive strain sensors for human motion detection[J]. Scientific Reports, 2013, 3(1).

[65] Yanl M A. Research progress of flexible sensor for smart textiles[J]. Transducer and Microsystem Technologies, 2015, 34(4): 1-3.

[66] https://en.m.wikipedia.org/wiki/Armwrestling_match_of_EAP_robotic_arm_against_huma.

[67] Lima M D, Li N, De Andrade M J, et al. Electrically, chemically, and photonically powered torsional and tensile actuation of hybrid carbon nanotube yarn muscles[J]. Science, 2012, 338(6109): 928-932.

[68] Mu J, De Andrade M J, Fang S, et al. Sheath-run artificial muscles[J]. Science, 2019, 365(6449): 150-155.

[69] Reibold M, Paufler P, Levin A, et al. Carbon nanotubes in an ancient Damascus sabre[J]. Nature, 2006, 444(7117): 286.

[70] Yu N Z, Yang T Z, Xiao N L, et al. Enhancing high-temperature strength and thermal stability of Al_2O_3/Al

composites by high-temperature pre-treatment of ultrafine Al powders[J]. Acta Metallurgica Sinica(English Letters), 2020, 33(7): 913-921.

[71] Liu Z Y, Xiao B L, Wang W G, et al. Modelling of carbon nanotube dispersion and strengthening mechanisms in Al matrix composites prepared by high energy ball milling-powder metallurgy method[J]. Composites Part A-applied Science and Manufacturing, 2017: 189-198.

[72] Tjong S C. Recent progress in the development and properties of novel metal matrix nanocomposites reinforced with carbon nanotubes and graphene nanosheets[J]. Materials Science & Engineering R-reports, 2013, 74(10): 281-350.

[73] Kim K T, Eckert J, Menzel S B, et al. Grain refifinement assisted strengthening of carbon nanotube reinforced copper matrix nanocomposites[J]. Appl Phys Lett, 2008, 92(12): 121901-121903.

[74] Liu Z Y, Zhao K, Xiao B L, et al. Fabrication of CNT/Al composites with low damage to CNTs by a novel solution-assisted wet mixing combined with powder metallurgy processing[J]. Materials & Design, 2016, 97(97): 424-430.

[75] 石刚. 镍包覆碳纳米管及其增强镁基复合材料的研究 [D]. 兰州：兰州理工大学，2012.

[76] Liu J, Zhao K, Zhang M, et al. High performance heterogeneous magnesium-based nanocomposite[J]. Materials Letters, 2015: 287-289.

[77] Nai M H, Wei J, Gupta M, et al. Interface tailoring to enhance mechanical properties of carbon nanotube reinforced magnesium composites[J]. Materials & Design, 2014: 490-495.

[78] Ding Y, Xu J, Hu J, et al. High performance carbon nanotube-reinforced magnesium nanocomposite[J]. Materials Science and Engineering A-structural Materials Properties Microstructure and Processing, 2020, 771: 138575.

[79] 吴集才. 压铸 AZ91 镁合金 / 碳纳米管复合材料性能研究 [D]. 南昌：南昌大学，2011.

[80] 景春明，许敬月，潘强，等. 碳纳米管增强镁基复合材料机械性能及组织研究 [J]. 装备机械，2017(3): 23-28.

[81] 陈锦修，陈正士，许光良，等. 镁基 - 碳纳米管复合材料的制造方法：CN 101435059[P]. 2009-05-20.

[82] https://www.lg.com/cn/slim-notebooks.

[83] Gardiner C. The-next-generation-of-ceramic-matrix-composites[N]. Composites World, 2017-4-11[2020-7-8]. https://www.compositesworld.com/articles/the-next-generation-of-ceramic-matrix-composites.

[84] Ozden S, Ge L, Narayanan T N, et al. Anisotropically functionalized carbon nanotube array based hygroscopic scaffolds[J]. ACS Applied Materials & Interfaces, 2014, 6(13): 10608-10613.

[85] Wei T, Fan Z, Luo G, et al. The effect of carbon nanotubes microstructures on reinforcing properties of SWNTs/alumina composite[J]. Materials Research Bulletin, 2008, 43(10): 2806-2809.

[86] Zhang S L, Nguyen N, Leonhardt B, et al. Carbon-nanotube-based electrical conductors: Fabrication, optimization, and applications[J]. Advanced Electronic Materials, 2019, 5 (6): 1800811.

第七章

碳纳米管空气过滤及吸附应用

空气过滤涉及材料科学、气溶胶科学、物理学、环境科学等多个学科。纳米纤维用于空气过滤领域是未来的发展趋势。碳纳米管由于其极细的直径、优异的物理化学性质，使得在自由分子流进行过滤，以及制备多功能性的空气过滤材料成为可能，在空气过滤以及吸附领域具有良好的应用前景。近些年来，各种各样结构的碳纳米管空气过滤材料被制备，由于碳纳米管的高可利用比表面积，碳纳米管空气过滤材料很容易取得高过滤效率，同时，通过控制膜的厚度与固含量，能够获得低过滤阻力以及高质量因子。为了解决碳纳米管膜结构强度以及缺乏大孔结构的问题，许多研究者制备了多级结构碳纳米管空气过滤材料。纳米梯度结构的设计，能够同时具备高过滤效率、低过滤阻力与高使用寿命。碳纳米管聚团流化床高效过滤器也展示了另一种形式的空气过滤结构。在高效去除气溶胶颗粒物的同时，碳纳米管在吸附 VOC 以及臭氧方面也表现出了优异的性能。在过滤机理方面，不同类型的气溶胶颗粒在纳米纤维表面的动态聚集与变化过程也得到了原位观察与研究。尽管碳纳米管展现了在空气过滤领域良好的应用潜力，要更好地发挥碳纳米管自由分子流过滤的优势，还需要各学科共同参与进一步研究。本章将围绕碳纳米管在空气过滤及吸附领域应用的相关问题和解决办法展开讨论。

第一节
纳米纤维过滤简介

一、高效空气过滤材料

空气过滤是现代工业及日常生活中十分重要的环节，从工业界制造芯片与电子器件的超净室、各种发动机的进气系统到手术室、楼宇、飞机、高铁的空气过滤系统等各领域都能见到空气过滤的身影。近年来受空气污染问题、全球性公共卫生事件以及高端制造行业的发展等因素影响，人们的生产生活环境对空气质量要求越来越高，这也对空气过滤材料提出了更高的要求。“空气过滤”与“空气净化”是两个不同的概念[1]。空气过滤意味着去除空气中绝大部分的气溶胶颗粒，其比空气净化具有更高的标准。高效空气过滤材料［high-efficiency particulate air（HEPA）filters］被定义为对 0.3μm 气溶胶颗粒物具有 99.97% 以上过滤效率的过滤材料。当需要对粒径在 1μm 以下的气溶胶颗粒实现高效去除（过滤效率高于

95%）时，纤维型过滤材料是目前最适合的选择。

当使用纤维型滤料进行过滤时，纤维、纤维周围的气流场、气溶胶颗粒是构成过滤体系的三个要素，如图 7-1（a）所示。因此，空气过滤是材料学、流体力学、气溶胶科学、环境科学、数学等多学科交叉的研究领域。早期的经典过滤理论对纤维周围的流场以及纤维滤料结构与性能的关系进行了详细的研究，这些过滤理论能够与微米纤维的过滤行为很好吻合 [1,4,5]。直径更细的纤维一直以来被认为具有更优秀的过滤性能。细纤维的优势在于在单位体积内具有更大的有效纤维长度或有效外比表面积。更重要的是，当纤维的直径接近空气分子的平均自由程（在标准条件下约为 66nm）时，纤维周围的流场将为滑移流、转变流甚至是自由分子流 [6]，如图 7-1（b）所示。此时，纤维对气流的扰动减小，气流将更加贴近纤维表面，纤维与气溶胶颗粒之间的接触概率将大大增加，这将有利于降低材料的过滤阻力同时提高材料的过滤效率。在滑移流至分子流区域，经典的空气过滤理论将不再适用。在过滤领域追求细纤维以提高过滤性能是十分重要的技术方法，对于飞机过滤器等高端产品，一般采用直径在 0.3μm 的玻璃纤维作为过滤材料，对于医用级 N95 类口罩，采用熔喷无纺布技术将聚丙烯等制成 2μm 左右的纤维并作为过滤层是近年来飞速发展并广泛采用的方法，但现有空气过滤技术无法解决边界层阻力大、过滤效率低这一核心问题。

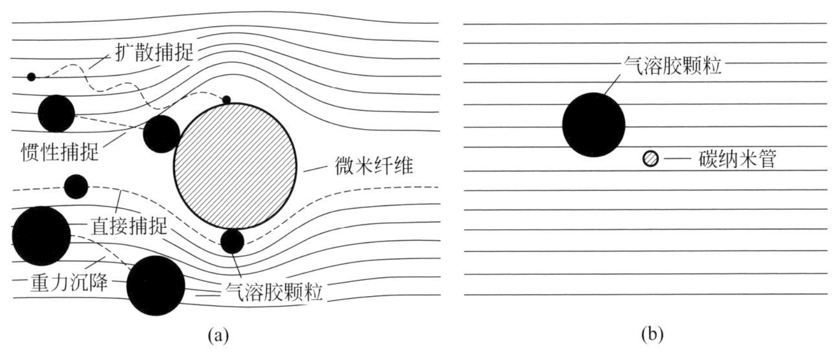

图7-1 微米纤维在连续流区域过滤（a）[2]和碳纳米管纤维在自由分子流区域过滤示意图（b）[3]

二、纳米纤维过滤材料

传统的过滤研究侧重于材料的过滤效率与过滤阻力。我国的陈家镛院士曾经于 1955 年提出过用质量因子来衡量材料过滤性能的好坏 [7]，其值为穿透率的负对数与过滤阻力之比，这是目前过滤领域公认的过滤材料性能评价标准。随着气溶胶颗粒在纤维表面的聚集，原有的过滤机理将发生变化，当颗粒在滤料表面形成滤饼结构时，过滤阻力将迅速上升，导致过滤材料失效，过滤材料的使用寿命便与此相关。过滤材料在具有相同过滤效率与过滤阻力的前提下，不同结构的材料将展现显著不同的使用寿命特性。一个好的空气过滤材料应具有高过滤效率、低过滤阻力，同时具有长使用寿命，其结构设计的核心在于如何避免过滤时气溶胶颗粒在滤料表面的快速聚集。在实际应用中，高效空气过滤材料的失效一直是大的工程问题，例如，超洁净生产车间、大型建筑楼宇、交通工具（飞机、高铁）等环境中高效空气过滤材料的更换频率，直接关系着维护成本与检修周期。此外，在医院、实验室等环境中的过滤系统，过滤材料如何防止病毒与微生物的聚集和传播也是大的工程问题。

纳米材料的飞速发展，尤其是碳纳米管等直径小于空气自由层的纳米纤维的出现给过滤领域带来了革命性的变化，这使得在常温常压下进行自由分子流（free molecular flow，FMF）过滤成为可能。在自由分子流过滤时，气体分子碰撞纤维表面的概率很小，不会形成一层回弹回来的气体分子层，而造成 99% 的气体阻力均在这一层内，这将大大降低气流经过纤维表面时的边界层阻力。由于这时气体不能当成连续相处理，如何将碳纳米管在单纤维尺度良好的过滤性能在宏观尺度表达出来，对材料制备与设计提出了挑战。其核心在于如何实现碳纳米管的良好分散，控制碳纳米管的堆积密度与厚度，同时避免气溶胶颗粒对碳纳米管网络结构的堵塞。

使用纳米纤维是空气过滤领域的发展趋势，而碳纳米管的极细管径使得其能在转变流甚至自由分子流区域进行过滤，从而超越气体边界层达到低过滤阻力与高过滤效率的要求。与此同时，碳纳米管良好的吸附能力以及丰富的表面改性与修饰技术，使得碳纳米管在过滤气溶胶颗粒物的同时，也能具备消除臭氧、挥发性有机物（VOC）以及细菌、病毒等有害物质的功能。加上碳纳米管的高强度、化学惰性与高比表面积，使碳纳米管在空气过滤与吸附领域具有重要的应用前景。本章将重点介绍碳纳米管在高效空气过滤以及相关吸附材料领域的应用。

第二节 碳纳米管空气过滤材料

一、碳纳米管空气过滤理论

1. 传统过滤理论

现代过滤理论大都基于 Kuwabara-Happel 模型[10,11]，其示意图如 7-2 所示。

在该模型中，假定纤维的半径为 a，其周围被同轴空心圆柱空间包围，圆柱的直径为 b，组成胞壳结构，滤料的填充率 α 等于 a^2/b^2。Kuwabara 与 Happel 假设纤维表面的气流速度为零，以此为边界条件，同时忽略 Navier-Stokes 方程中惯性项，推导出气体流场函数为：

$$\psi(r,\theta)=\frac{aU\sin\theta}{2K_{\mathrm{u}}}\left(\frac{a}{r}-\frac{r}{a}+2\frac{r}{a}\ln\frac{r}{a}\right) \tag{7-1}$$

式中，U为气流速度；K_{u}为Kuwabara动力学因子，其值为：

$$K_{\mathrm{u}}=-\frac{1}{2}\ln\alpha-\frac{3}{4}+\alpha-\frac{\alpha^2}{4} \tag{7-2}$$

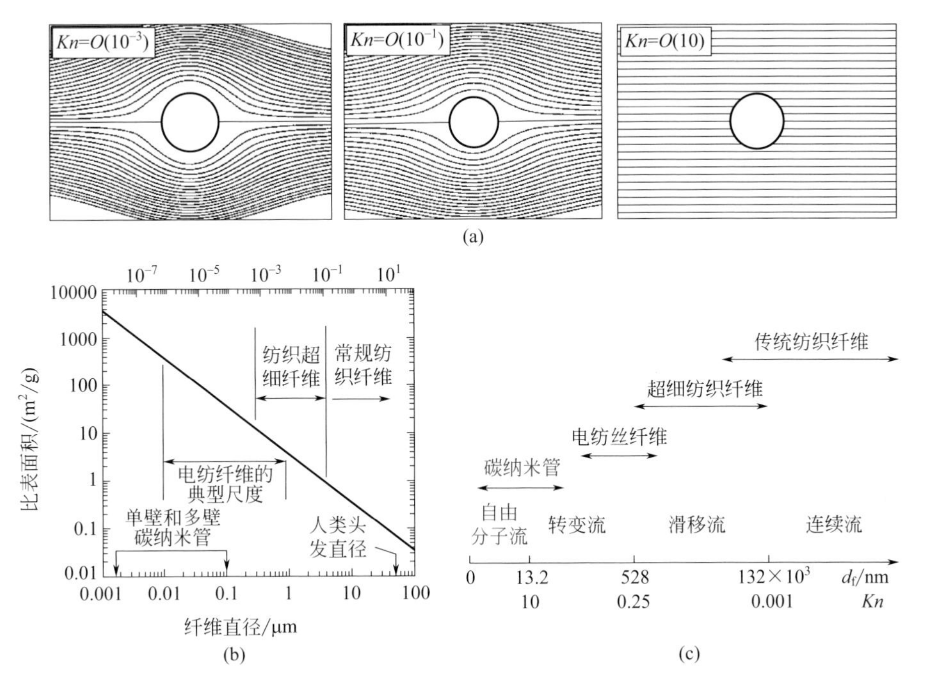

图7-2 单纤维周围流场随纤维直径变化的示意图，从左至右依次为连续流、滑移流和分子流（a）[8]；不同纤维的直径与比表面积对比（b）[9]；不同纤维在常温常压下用于过滤时纤维周围的流场（d_f为纤维直径）（c）[3]

当纤维的直径逐渐变小时，特别是接近空气分子的平均自由程 λ（在标准条件下约为 66nm）时，纤维周围的流场将不能被当作连续流体处理，气流将在纤维表面产生滑移。此时，纤维表面气体速度为零的假设将不再成立，需要重新建立流场模型[5]。克努森数（Kn）被用于衡量纤维表面滑移效应的大小，其表达式如下：

$$Kn=\frac{2\lambda}{d_f} \tag{7-3}$$

按照 Kn 值的大小，可以将纤维周围的流场分为四种类型，Kn 值越大，气体流线越贴近纤维表面，如图 7-2（a）所示。在常温常压下过滤时，纤维直径与纤维周围流场对应关系如表 7-1。当纤维直径较大（大于 132μm）时，其对气体流场产生巨大阻碍，气流在经过纤维表面时速度降为零，气体流线将发生剧烈偏转，如图 7-2（a）左图所示。此时纤维周围流场可以被视为连续流，其流场函数可以用 Kuwabara-Happel 模型描述。当纤维直径减小至 132μm ~ 528nm 时，纤维对气流的阻碍作用下降，气流经过纤维表面时，速度不再为零，而是在纤维表面产生滑移，气体流线将更接近纤维表面，此时纤维周围的流场处于滑移区，如图 7-2（a）中图所示。Pich[12] 等引入滑移系数对 Kuwabara-Happel 模型作修正，可用于近似描述滑移区纤维周围流场。

当纤维直径进一步减少至 13.2 ~ 528nm 时，纤维周围的流场将处于转变流区域。在空气过滤领域发展初期，纳米纤维还未得到大规模使用，因此，关于此区域的研究工作非常少。转变流区域的特殊之处在于 Navier-Stokes 方程在此区域将不再适用以及 Boltzmann 方程求解复杂 [13]，因此难以对其气体流场进行描述。目前，大部分文献仍然沿用滑移流区域的气体流场函数对转变流区域做近似处理 [14,15]。美国明尼苏达大学的张志群博士在 1989 年曾经对转变流区域的空气过滤行为做过深入的理论与实验研究 [5]。其实验策略是采用低压过滤系统，以增大空气分子的平均自由程，使得微米纤维滤料的空气过滤能够处于转变流区域。该作者基于“通量 / 阻力（flux/resistance）”的概念推导出单纤维在转变流区域过滤效率的计算公式。在该公式中，需要先分别计算出纤维等效在连续流区域与分子流区域的过滤效率，再代入公式中计算出纤维在转变流区域的过滤效率。

表7-1 克努森数与纤维直径、纤维周围流场对应关系[3]

克努森数Kn	纤维直径d_f	纤维周围流场
$Kn < 0.001$	$d_f > 132\mu m$	连续流
$0.001 < Kn < 0.25$	$528nm < d_f < 132\mu m$	滑移流
$0.25 < Kn < 10$	$13.2nm < d_f < 528nm$	转变流
$Kn > 10$	$d_f < 13.2nm$	分子流

注：纤维直径与克努森数的对应关系建立在空气分子平均自由程为 66nm 的基础上

2. 转变流与分子流过滤

当纤维直径小于 13.2nm 时，纤维周围的流场将处于自由分子流状态，纤维对气流的阻力可以等效为分子之间热碰撞，因此其对气流的阻力将非常小，气体流场基本不受影响，如图 7-2（a）右图所示。此区域的过滤理论研究更少。Friedlander[16,17] 曾经推导出单纤维对颗粒的扩散捕捉效率。他将气溶胶颗粒当作“大分子”，通过扩散作用与纤维之间发生碰撞并被捕捉，其扩散效率 η_D 的计算公式如下：

$$\eta_D = \frac{Z_1 + Z_2}{2\sqrt{\pi}S} \tag{7-4}$$

其中，

$$S = U/\overline{c} \tag{7-5}$$

式中，U为过滤气速；$\overline{c}$为颗粒热运动速度，cm/s；Z_1与Z_2分别为与S相关的函数。从这个表达式可以得出一个有意思的结论，如果在分子流区域进行，单纤维的过滤效率将与纤维直径无关。

随着纳米材料科学的飞速发展，直径更细的纳米纤维在用于过滤时将处于转变流区域，甚至是自由分子流区域，如图 7-2（b）与（c）中所示。另外，处于转变流或分子流区域时，纤维对气流的阻碍将会非常小；同时，由于气流在纤维表面发生绕行的程度大大减弱，更多的气溶胶颗粒将会流经纤维表面，这将增大纤维与颗粒的接触概率。因此，在转变流以及分子流区域进行过滤将有利于获得高效率、低阻力的过滤材料。然而，关于这两个区域过滤行为的理论研究非常少，有待进一步加强。

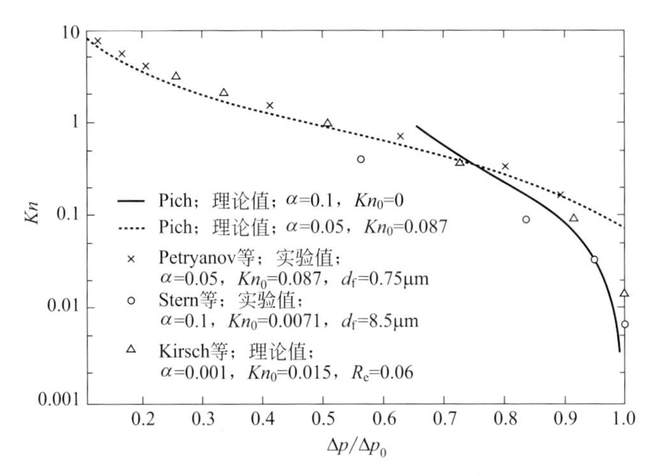

图7-3 过滤阻力随克努森数（Kn）的变化[1]

Δp 为滤料在低压条件下的过滤阻力；Δp_0 为滤料在一个标准大气压条件下的过滤阻力；在一个标准大气压下，$Kn = Kn_0$；其中 Pich[18,19] 与 Kirsh 等[20] 为理论模拟值，Petryanov 等[19] 与 Stern 等[21] 为实验值

在低压条件下空气分子的平均自由程将增大，通过改变大气压能够使微米纤维的过滤处于转变流区域以及自由分子流区域。Pich[18,19] 通过改变过滤时的环境

压力，使得过滤材料的克努森数在连续流至自由分子流区域变化，并研究了不同克努森数下，过滤阻力 Δp 与一个标准大气压下过滤阻力 Δp_0 之间的关系，如图 7-3 所示。从图中可以看出，同样的过滤材料，当过滤处于不同气体流动区域时，其过滤阻力将发生巨大变化。随着克努森数的增大，过滤阻力将急剧减小。这一结果表明经典过滤理论在计算转变流或者自由分子流区域纤维的过滤阻力时将出现巨大偏差，Pich 总结了滤料在不同克努森数时的过滤阻力与常压下过滤阻力的关系式 [19]。这一结果也说明，如果使用直径更细的纤维进行过滤，使得过滤在转变流区域以及自由分子流区域进行时，将有利于过滤材料获得非常低的过滤阻力。

3. 动态过滤过程以及评价因子

过滤材料过滤效率与过滤阻力会随着过滤的进行不断发生变化。因此，一般可以将过滤过程分为两个阶段 [22]，如图 7-4 所示。

第一阶段为稳态过滤阶段。在这个阶段中，气溶胶在纤维表面沉积量较小［图 7-4（a）上图］，对过滤材料的结构改变可以忽略不计。颗粒与纤维之间发生接触并被纤维捕捉，过滤的基本机理并没有发生改变。因此，过滤效率与过滤阻力将会保持不变［图 7-4（b）中 A］。

第二阶段为动态过滤阶段。随着过滤的进行，气溶胶颗粒在纤维表面不断沉积，将引起过滤材料结构的重大变化。固态的气溶胶将在纤维表面不断积累形成树枝状结构，并最终在过滤材料表面形成滤饼［图 7-4（a）下图］。此时过滤将主要由滤饼的筛阻作用完成，原有的过滤机理将发生改变。液态气溶胶将在纤维表面形成液桥或者液膜。在这一过程中，过滤效率与过滤阻力都将不断变化［图 7-4（b）中 B］。

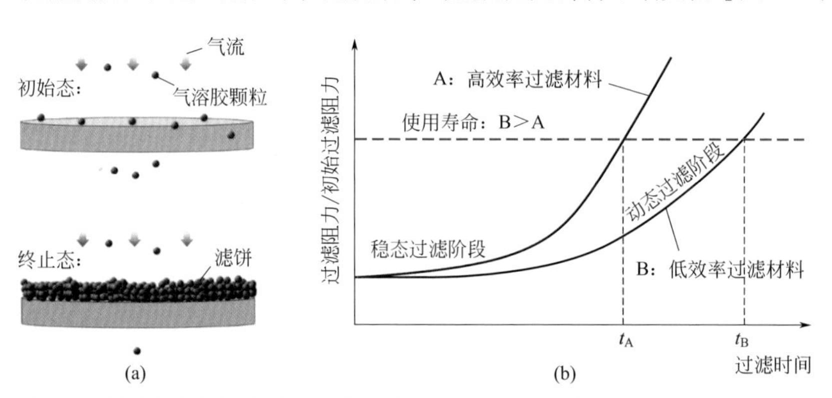

图7-4　过滤材料的堵塞过程示意图（a）；过滤阻力随过滤时间的变化以及不同过滤材料的不同过滤阶段（b）[3]

目前，关于过滤材料性能的研究与评价主要集中在稳态过滤阶段，侧重于过滤效率与过滤阻力。然而，随着过滤领域的不断发展，过滤材料的使用寿命这一性能越来越引起人们的关注，特别是在高效过滤材料领域。其原因在于与低效率的过滤材料相比，高效率过滤材料往往使用细直径纤维，细纤维在堆积时纤维之间形成的空间更小，加上其能够拦截到的气溶胶颗粒更多，因此其堵塞效应也就越明显。一个性能优异的空气过滤材料应具有高过滤效率、低过滤阻力，同时还应具有高使用寿命。然而，在过滤材料的设计中，在追求高过滤效率的同时，往往会导致高过滤阻力与低使用寿命。因此需找一个综合评价指标，以衡量不同过滤材料的性能，为过滤材料的选择提供参考。

陈家镛[7]曾提出用质量因子γ来衡量过滤性能的好坏，其表达式如下：

$$\gamma = \frac{-\ln(1-E)}{\Delta p} \tag{7-6}$$

式中，E为过滤效率；Δp为过滤压差。

质量因子对过滤效率与过滤阻力进行了综合考虑，通过实验测试结果能够直接计算出不同材料的质量因子。这种评价方法简单直观，是目前空气过滤领域应用最广泛的评价方法。然而，这种方法的缺点在于质量因子并不是无量纲因子，过滤测试时气溶胶浓度、过滤速度等条件的变化将导致质量因子发生变化，因此只能在相同的测试系统中对不同材料的过滤性能进行比较。更重要的是，这种评价方法并没有考虑使用寿命或者容尘量对过滤性能的影响，相同质量因子的过滤材料，由于结构的不同，其使用寿命可能会有巨大的差异。在这种情况下，用质量因子评价过滤材料的性能将是不全面的，甚至可能导致错误的判断。

Miguel[23]建立了一个模型用于预测动态过滤阶段材料的过滤性能，在这个模型中，作者将气溶胶的负载量、纤维的结构参数、气溶胶颗粒的大小、过滤速度等因素与过滤性能关联。基于此模型，作者提出了一个无量纲的评价因子，用于比较不同材料的过滤性能，并且预测过滤材料的使用寿命。该评价因子的表达式如下：

$$q = \frac{\omega E c_{\mathrm{p,up}} U t d_{\mathrm{p}}}{\alpha d_{\mathrm{p}} + \dfrac{E c_{\mathrm{p,up}} \rho_{\mathrm{p}} V_{\mathrm{p}} U t}{\rho_{\mathrm{cp}} z} d} \left(\frac{d_{\mathrm{p}}^2}{\alpha d_{\mathrm{p}}^2 + \dfrac{E c_{\mathrm{p,up}} \rho_{\mathrm{p}} V_{\mathrm{p}} U t}{\rho_{\mathrm{cp}} z} d^2} \right)^{1/2} d^2 \tag{7-7}$$

式中，ω为经验常数，一般取值为1/64；E为过滤效率；$c_{\mathrm{p,up}}$为上游气溶胶颗粒物的浓度；U为过滤时气速；t为气溶胶负载时间；d_{p}为气溶胶粒径；α为材料的填充率，即纤维材料的密度与纤维密度之比；ρ_{p}与ρ_{cp}分别为气溶胶颗粒与气溶胶颗粒滤饼的密度；V_{p}为气溶胶颗粒的体积；d为纤维直径；z为过滤材料厚度。此公式适用于低填充率的过滤材料，$\alpha < 0.006$。

该评价方法虽然能够对过滤材料进行更全面的评价，然而这种方法涉及因素众多，给实际应用带来了诸多限制，因此，目前很少有应用这种方法进行过滤性能进行评价的报道，这种方法的可靠性也并没有得到充分验证。对过滤性能的评价应该全面考虑过滤材料在稳态过滤阶段与动态过滤阶段的过滤性能。因此，寻找更准确恰当的评价标准，对过滤效率、过滤阻力以及使用寿命或容尘量进行综合评价，是未来过滤领域需要解决的问题之一。不管采用何种评价方法，满足一定的过滤效率仍然是过滤材料应用的前提条件。

目前，越来越多的纳米纤维被应用于空气过滤领域，得益于纳米纤维的高比表面积以及很细小的直径，基于纳米纤维的空气过滤材料在获得高过滤效率性能方面并不困难，但是，如何在具有高效率的同时，具有低过滤阻力、不易堵塞、高使用寿命、高结构稳定性等性能变得十分具有挑战性。一方面，需要针对纳米材料的结构特点进行结构设计，避免传统滤料结构下气溶胶颗粒对纳米纤维材料造成的堵塞，如图 7-5 中所示。另一方面，也需要研究气溶胶颗粒在纳米纤维表面的动态聚集过程，进一步认识气溶胶颗粒聚集对纳米纤维滤料结构与性能的影响。

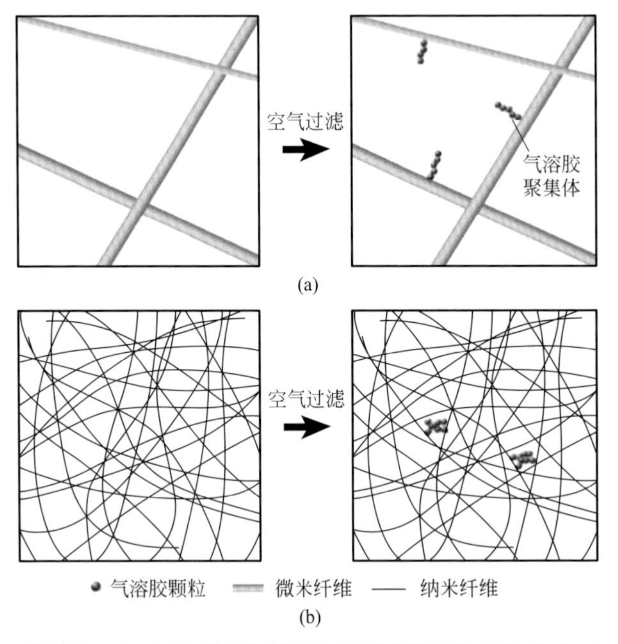

图7-5 气溶胶颗粒在过滤后对微米纤维滤料的堵塞（a）；气溶胶颗粒对纳米纤维滤料的堵塞（b）[3]

二、纳米纤维捕捉气溶胶颗粒的原位观察

张如范等 [24] 原位观察了不同气溶胶颗粒在纳米聚酰亚胺纤维表面的动态捕

捉与聚集过程。采用的气溶胶颗粒物分别为：浸润性液滴、非浸润性液滴和固体颗粒物，三种颗粒物展现出不同的过滤特性。由于表面张力的不同，浸润性液滴在聚酰亚胺纤维表面形成同轴结构，而非浸润性液滴形成非同轴结构，固体颗粒物形成树枝状结构。

1. 浸润性液滴

油滴气溶胶与聚酰亚胺纳米纤维浸润性良好，其在聚酰亚胺纳米纤维表面的捕捉与聚集过程见图 7-6。通常情况下，油滴在纤维表面呈现三种不同的构型：①液膜［图 7-6（a）］，这种结构通常会由于 Plateau-Rayleigh 不稳定性[25]而破裂形成液滴；②一系列轴对称液滴［图 7-6（b）］，液滴之间由纳米级厚度的液膜相连；③非轴对称液滴［图 7-6（c）］，当液滴与纤维之间的接触角小时，液滴的构型相对于纤维轴对称，相反，当接触角足够大时，将出现非轴对称构型，其比轴对称构型更稳定。在过滤过程中，被纤维捕捉的油滴，其体积以两种方式增加。首先，小的液滴不断添加到纤维上已有的大液滴中［图 7-6（d）和（e）］；其次，相邻的液滴合并形成更大的液滴［图 7-6（f）和（g）］。被纳米纤维捕捉的液滴，其直径分布是典型的高斯分布［图 7-6（h）］，随着越来越多的液滴被捕捉以及发生聚并，直径分布将变宽，平均直径将变大。此外，相邻纤维上捕捉的液滴，由于液滴之间的强毛细力，使得相邻纤维牢固黏结［图 7-6（i）和（j）］。更重要的是，如果纳米纤维的堆积密度过大，或者纤维之间的孔隙大小与液滴尺寸接近，在一段时间过滤后，被捕获的液滴将在纤维之间形成“液池”或“液桥”［图 7-6（k）］。

Contal 与 Frising 等[26,27]研究了 HEPA 滤料对液态气溶胶的过滤过程，他们发现当液态气溶胶颗粒与纤维之间具有良好浸润性时，其过滤过程可以分为四个阶段。第一个阶段气溶胶液滴沉积在纤维表面并铺展开形成液膜，液膜体积随着气溶胶颗粒的积累而不断变大。Frising 等[27]认为在过滤材料中纤维之间相互搭接，在搭接之处形成的气溶胶液滴能够极大减小纤维的有效过滤面积；与此同时，搭接处的液滴体积较大，使得经过的气流发生绕行，进一步减少了气溶胶颗粒与纤维接触的机会，这两方面原因使得在此阶段材料的过滤效率降低。在第二个阶段纤维之间将形成液桥或者液膜结构。这种结构将导致过滤材料的有效过滤面积进一步减小，穿透率呈指数上升至最大值。与此同时，液桥或者液膜结构对气流构成巨大阻力，使得材料过滤阻力进一步上升。在第三个阶段中，当材料表层几乎被液膜完全覆盖时，材料的穿透率有所下降，过滤效率将有所上升；与此同时，过滤阻力呈现指数上升。表层液滴将由于毛细作用以及风力作用向内层纤维表面迁移，液滴在纤维中处于不断迁移状态。在第四个阶段材料中各层纤维对气溶胶液滴的吸附达到饱和状态。进入过滤材料的气溶胶与从过滤材料脱离的气溶胶液滴达到饱和状态，过滤效率与过滤阻力均保持不变。

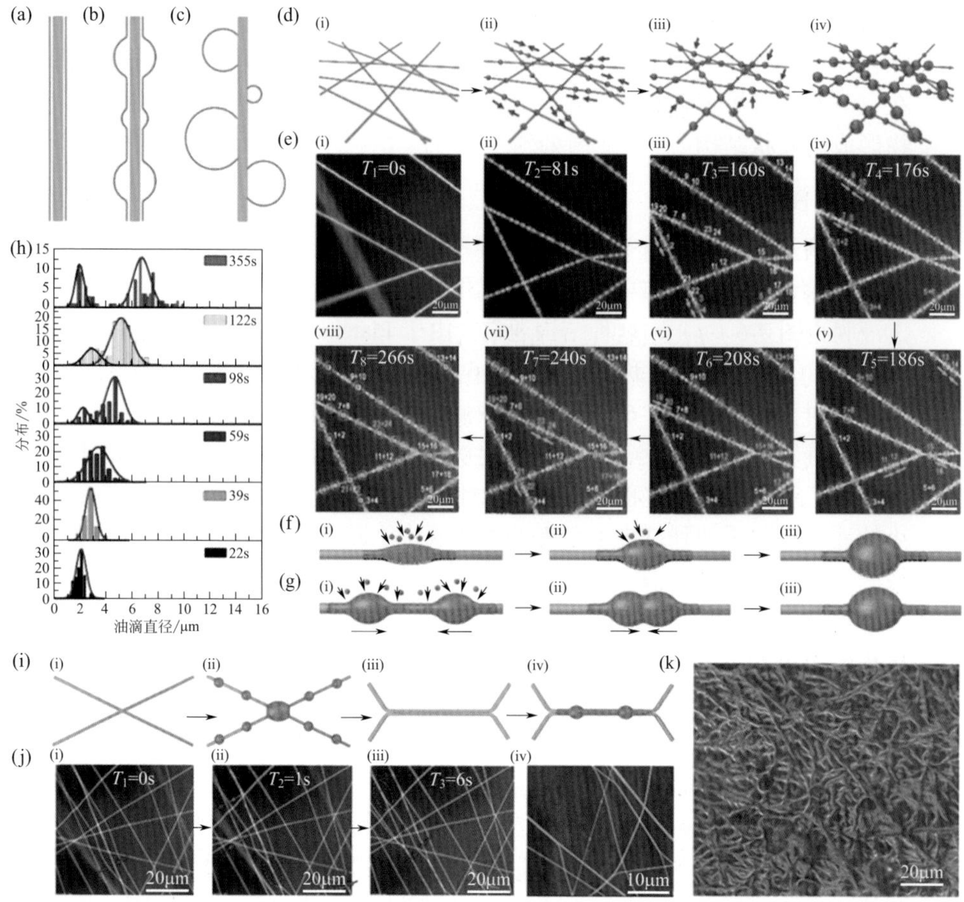

图7-6　油滴在纤维表面的三种不同形貌［（a）~（c）］；油滴在聚酰亚胺纳米纤维表面捕捉、移动、聚并以及长大的示意图与实时图［（d）（e）］；新的液滴与纳米纤维表面已有液滴聚并的示意图［（f）（g）］；油滴粒径分布的演变图（h）；液滴与相邻纳米纤维之间的毛细力导致相邻纳米纤维黏附的示意图（i）；液滴导致相邻纳米纤维黏附的示意图（j）；长时间过滤液滴后滤料表面具有高堆积密度的光学图（k）[24]

2. 非浸润性液滴

聚酰亚胺纳米纤维具有良好的疏水性，水滴在聚酰亚胺纳米纤维表面的捕捉与聚集过程如图 7-7。水滴在聚酰亚胺纳米纤维上具有大的接触角。与油滴在聚酰亚胺纳米纤维表面的轴对称结构相反，水滴的表面只有小部分附着在聚酰亚胺纳米纤维上，并形成非轴对称构型［图 7-7（a）和（b）］。同时，相邻的水滴会聚结形成较大的水滴以最大限度地降低其表面能［图 7-7（c）~（f）］。水滴与油滴的聚并过程不同，相邻但不相连的水滴并不会相互靠近，而是逐渐长大直至相互接触并聚并。这说明相邻的水滴之间不会形成液膜，这是由于聚酰亚胺纳米纤维的高疏水性，液 - 气表面张力较大使得水膜难以稳定存在。当停止水滴气溶胶供给时，大部分的水滴会迅速蒸发，聚酰亚胺纤维表面几乎没有水滴存在[图 7-7(b)]。此外，与油滴不同，水滴导致的纳米纤维黏结发生在非常小的区域内。

3. 固态气溶胶

纳米纤维对固态气溶胶的过滤特点与液态气溶胶非常不同。一旦固态气溶胶与纳米纤维接触，它们将吸附并聚集在纳米纤维表面[图 7-8（a）]。纳米纤维对固态气溶胶的捕捉机理主要是范德华力。随着固态气溶胶的不断供给，纤维表面捕捉的颗粒物越来越多，新捕获的颗粒物将黏附在纤维表面或者是已捕集的颗粒物表面，最终形成大量的树枝状结构。与液态气溶胶不同，固体气溶胶不能在纤维表面发生迁移并且聚并。从扫描电镜中可以看到尘埃颗粒的形状不规则[图 7-8（b）（c）]，与液态气溶胶相比其粒径分布也更宽且高度随机[图 7-8（d）]。尘埃颗粒与纳米纤维之间的黏附力较弱，当风力较强时，被捕捉的颗粒物可能在拖曳力作用下发生脱附。

Thomas 等[28] 研究了固态气溶胶颗粒在 HEPA 滤料中的动态过滤过程。研究发现随着固态气溶胶颗粒在纤维表面的累积质量不断提高，过滤材料的阻力降也不断上升。按照曲线的斜率，可以将固态气溶胶稳态过滤过程分为三个阶段：第一个阶段为深层过滤阶段。在这一阶段气溶胶颗粒能够进入纤维层内部进行过滤，颗粒在纤维表面沉积，逐渐形成树枝状结构，这种颗粒的聚集体会增加对气流的阻力，导致过滤材料的阻力缓慢上升。与此同时，这种树枝状的颗粒聚集体可以被等效为在原有纤维表面生长出新的纤维结构，新纤维的直径与气溶胶颗粒的直径基本一致。这种结构增加了过滤材料的比表面积，树枝状的颗粒聚集体能够参与气溶胶颗粒的捕捉，从而提高了过滤材料的过滤效率，而这种树枝状结构也将由于气溶胶颗粒的沉积而继续变大。

由于表层纤维与气溶胶颗粒的接触概率更大，因此相比过滤材料内部纤维，表层纤维表面气溶胶颗粒的聚集体变大的速度更快。变大的聚集体又将促进表面纤维层过滤效率的提高，使得过滤材料表面聚集的气溶胶颗粒越来越多。第二个阶段，过滤材料阻力降的上升速度开始加快，动态过滤过程进入转变区。在此阶段，纤维表面树枝状结构明显变多，纤维之间的空隙大都被气溶胶颗粒聚集体占据。随着过滤的继续进行，材料表面积累的气溶胶颗粒越来越多，逐渐将纤维完全覆盖，形成滤饼结构。此时过滤进入滤饼过滤阶段，即第三个阶段。在这一阶段过滤主要基于滤饼的筛阻作用，因此过滤阻力将迅速上升，过滤效率也将明显提高。

Brown 等[29] 研究了深层过滤阶段，固态气溶胶颗粒沿过滤材料厚度方向的质量分布以及过滤效率随时间的变化。通过假定在深层过滤阶段各纤维层的过滤

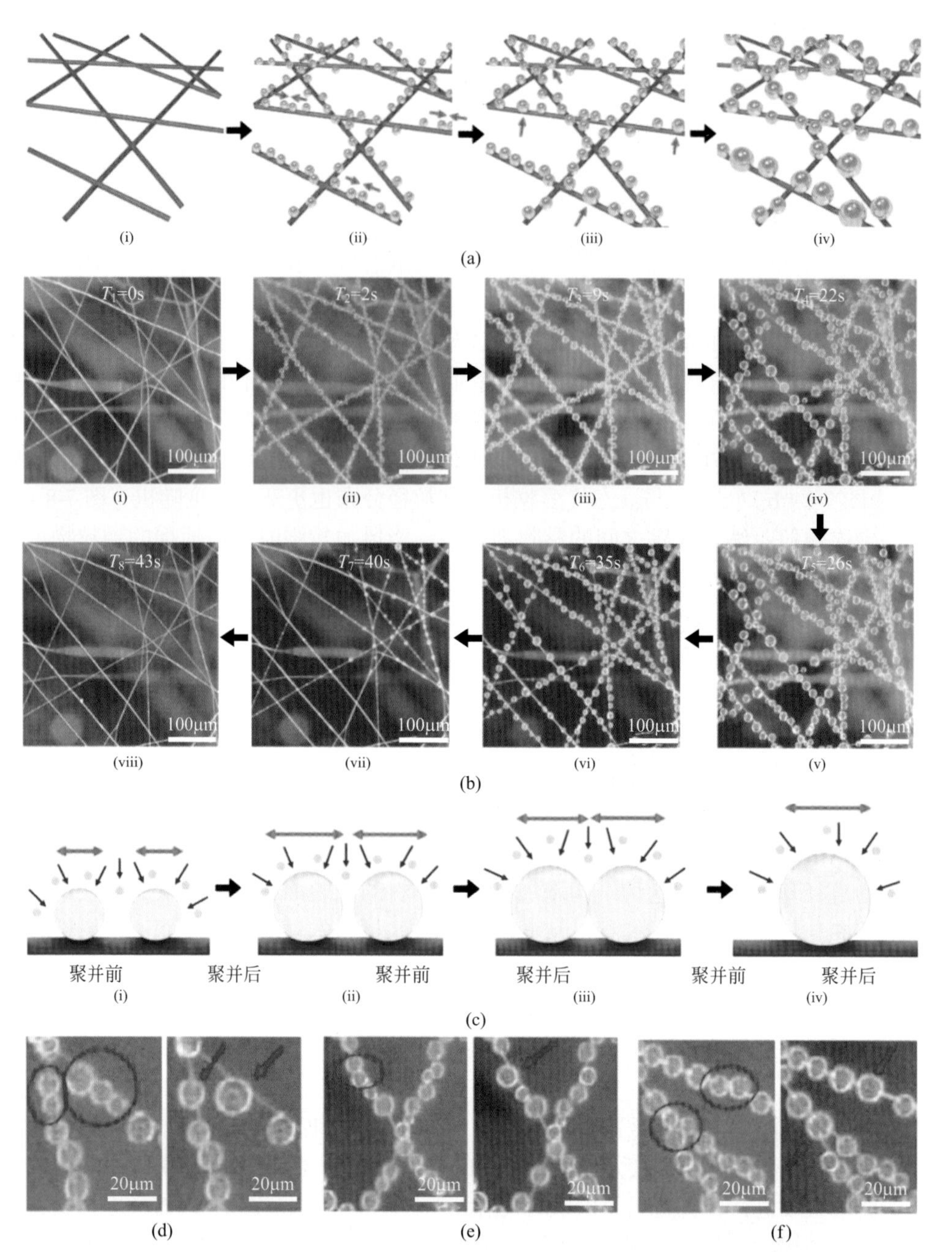

图7-7　水滴在聚酰亚胺纳米纤维表面的捕集过程（a）；聚酰亚胺纳米纤维上的实时水滴捕获［（ⅰ）~（ⅳ）和蒸发（ⅴ）~（ⅷ）］过程快照（b）；相邻液滴聚并的示意图（c）；相邻液滴聚并的实时图像［（d）~（f）］[24]

效率保持恒定，能够推导出下列关系式：

$$M = Uc_i\alpha t\exp(-\alpha x) \tag{7-8}$$

式中，M为各纤维层中沉积气溶胶颗粒物质量；U为过滤速度；c_i为上游气溶胶浓度；α为各纤维层的过滤效率；t为过滤时间；x为纤维层距表面的距离与过滤材料厚度之比。由此可以得到图7-9（a）。

从图 7-9（a）中可以看出，在深层过滤阶段，气溶胶颗粒的质量含量将沿过滤材料厚度方向指数下降。同时，从公式（7-8）还可以看出，过滤气速越大、上游气溶胶浓度越大、纤维层过滤效率越高、过滤时间越长，气溶胶颗粒在过滤材料表面层的含量就越大，过滤材料越容易发生堵塞。这一结论对液态气溶胶也

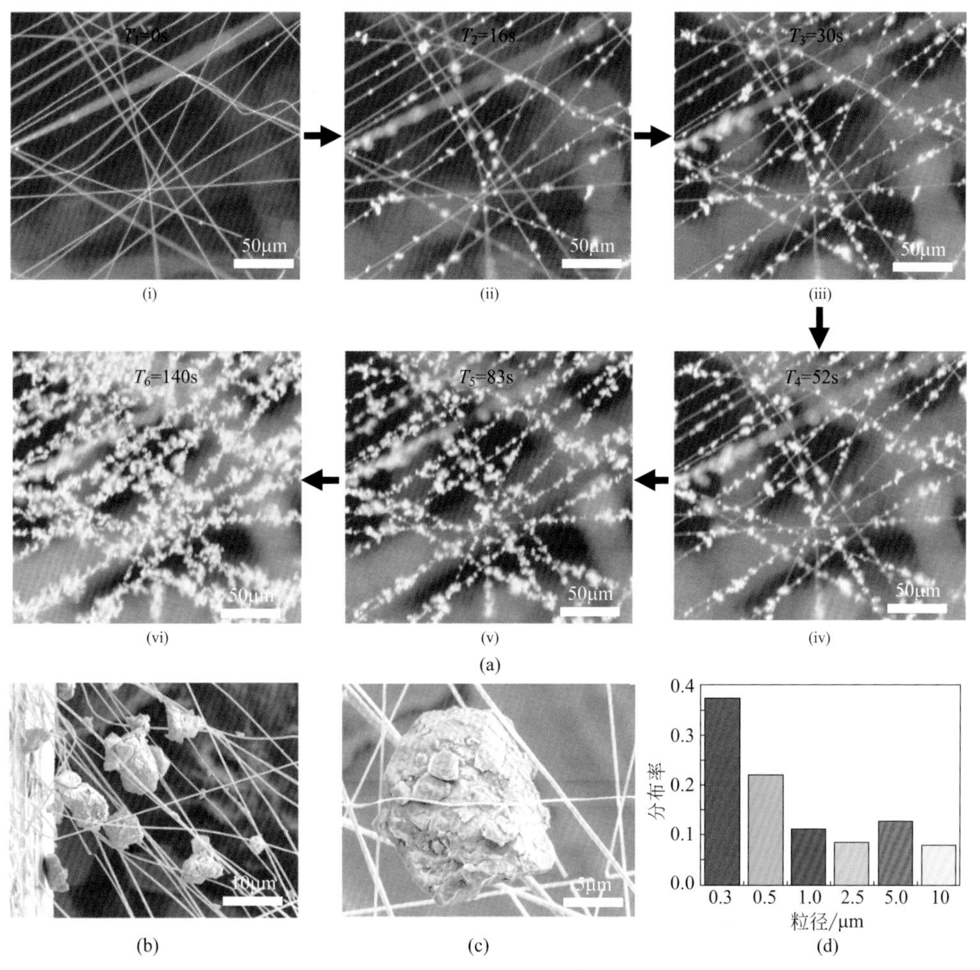

图7-8 尘埃颗粒在聚酰亚胺纳米纤维表面的捕集过程（a）；被捕集的尘埃颗粒SEM图［（b）（c）］；纳米纤维表面尘埃颗粒的粒径分布图（d）[24]

适用。从图 7-9（b）中还可以看出，随着过滤时间的延长，穿透率将迅速下降且在一定时间出现拐点，这一点被称作堵塞点，对应于材料由深层过滤阶段转变为滤饼过滤阶段。类似的结果也被 Podgórski 等 [30] 所报道。

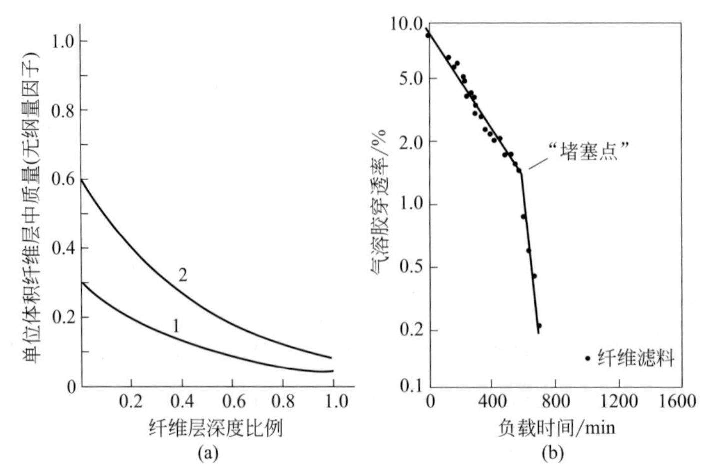

图7-9 不同厚度处纤维层中捕获气溶胶质量（a）（1与2分别代表一个与两个单位时间）；穿透率随过滤时间的变化（b）[29]

第三节
碳纳米管薄膜

一、纯碳纳米管薄膜过滤

纳米纤维滤料的主要结构参数有：滤料厚度、纤维直径、滤料的固含量、孔结构（孔的大小与分布；孔道几何结构与相互连通性）[31]。将碳纳米管应用于空气过滤领域，由于其极细小的直径以及大比表面积，获得高的过滤效率并不难，难点在于控制碳纳米管过滤材料的厚度、固含量以及碳纳米管的分散状态，以避免碳纳米管过滤材料可能出现的高过滤阻力。此外，如何设计碳纳米管过滤材料的孔道结构，是决定其在动态过滤过程中过滤性能的关键。表 7-2 列举了目前报道的各种碳纳米管空气过滤材料的结构与性能。

表7-2 基于碳纳米管的空气过滤材料结构与性能

基于碳纳米管空气过滤材料的结构	测试气速/（cm/s）	测试气溶胶颗粒物	阻力降/kPa	过滤效率/%	质量因子/kPa^{-1}	参考文献
MWNT-表面包覆滤料	11.5	300nm DOP	2.99	99.9976	3.56	[32]
自支撑SWCNT薄膜	1.97	40nm γ-Fe_2O_3	0.071	99.997	147	[33]
取向CNT薄片	10	300nm DOP	0.147	99.98	57.9	[34]
CNT/金属纤维滤料	3	130nm NaCl	0.115	93.8	24.18	[35]
三维CNT支架	2.99	300nm 颗粒物	25	约99%	约0.18	[36]
CNT/沉积玻璃纤维滤料	20	100nm 病毒颗粒	约0.080	33.3	约5.06	[37]
CNT/烧结镍微纤维基体	20	约300nm KCl	0.7	79 ~ 80	2 ~ 4	[38]
CNT/石英纤维滤料	6.21	300nm NaCl	0.84	99.974	9.89	[39]
纳米梯度结构CNT/石英纤维滤料	5.31	63.8nm NaCl	0.435	99.9959	23.21	[40]
CNT聚团流化床过滤器	1.57	300nm NaCl	0.167	99.988	54.06	[41]
CNT/陶瓷薄膜复合滤料	2	296nm SiO_2	0.97	99.9352	7.57	[42]

注：DOP 为邻苯二甲酸辛酯；文献［32］中质量因子根据文献数据计算为 147kPa^{-1}。

1. 液相法制备碳纳米管膜

最早将碳纳米管应用于空气过滤的文献报道是 Viswanathan 等[32] 于 2004 年发表在《先进材料》上的工作。作者利用超声的方法将碳纳米管分散在甲醇溶液中，然后经过抽滤以及干燥过程去除溶剂，得到碳纳米管膜，其结构如图 7-10（a）与（b）所示。在溶剂挥发的过程中，碳纳米管会由于液桥力的作用相互聚集，使得制备得到的碳纳米管膜具有非常大的阻力。因此，作者一方面减少碳纳米管的固含量，在材料中单位面积碳纳米管的质量为 0.07 ~ 0.22mg；另一方面减小碳纳米管膜的厚度至 1 ~ 2μm，以减少碳纳米管膜的阻力，最后将碳纳米管膜覆盖于微米纤维表面以保证材料具有足够的力学强度［图 7-10（a）］。过滤性能测试结果表明，即使在很低的碳纳米管覆盖浓度下（0.11mg/m^2），这种基于碳纳米管膜的过滤材料也能达到 HEPA 滤料的过滤效率。然而，这种过滤材料的缺点在于过滤阻力仍然太大，在相同的测试条件下，其过滤阻力是微米纤维支撑层的 5 倍；此外，在过滤后，碳纳米管膜材料的过滤阻力会上升接近 30%，而与之相比，微米纤维支撑层的过滤阻力基本没有变化；最后，碳纳米管膜在固含量很低的条件下力学强度有限，过滤时必须负载于微米纤维表面。

2. 气相法制备碳纳米管膜

与液相成膜法制备碳纳米管膜相比，通过气相条件下直接合成碳纳米管膜，能够避免溶剂收缩的影响，使得材料具有更疏松的结构。Nasibulin 等[33] 利用气溶胶技术作为辅助，直接生长出单壁碳纳米管膜，其形貌如图 7-10（c）所示。这种膜具有非常高的过滤效率，同时具有非常低的过滤阻力。厚度仅 120nm 的单壁碳纳米管膜，对 44nm 铁气溶胶颗粒的过滤效率高达 99.997%，而过滤阻力仅为常见商用过滤膜的 1/13 左右，其质量因子比常见商用过滤膜高 1 ~ 2 个数量级。更重要的是，这种单壁碳纳米管膜虽然非常薄，但却具有非常优异的力学性能。在实验中，不需外加支撑层，40nm 厚的单壁碳纳米管膜在 36cm/s 的风速条件下能够不被破坏，其阻力降仅为 460Pa。在 6.3cm/s 的风速条件（通常过滤测试的风速范围）下测试一个月，这种单壁碳纳米管膜能保持结构稳定且良好的过滤性能。通过对 155nm NaCl 颗粒的收集试验，作者发现这种材料能够承载超过自身重量 4000 倍的 NaCl 颗粒。

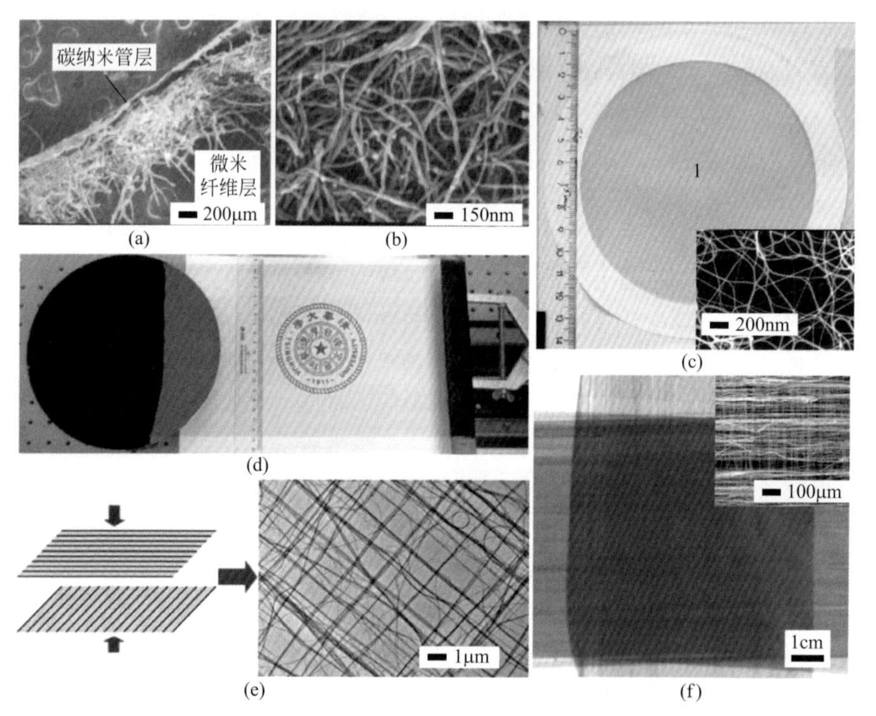

图7-10 在木纤维素纤维层表面负载一层碳纳米管薄膜的侧面SEM图（a）[32]；图（a）中表层碳纳米管薄膜的正面SEM图（b）；气相法原位制备的碳纳米管膜（c）（插图为膜的TEM照片）[33]；从碳纳米管阵列中抽出碳纳米管膜的照片（d）[43]；将图（d）中抽出的碳纳米管膜沿正交方向层层组装得到碳纳米管膜（e）[44]，左图为方法示意图，右图为碳纳米管膜的TEM照片；按图（e）中方法得到的碳纳米管膜的宏观照片（f）（插图为SEM照片）[34]

这种单壁碳纳米管膜具有如此出色的过滤性能，与其结构密不可分。如图 7-10（c）中插图所示，膜中碳纳米管以细小管束状态存在，碳纳米管的直径约为 1.3 ~ 2.0nm，管束的直径在 10nm 以下。这使得空气过滤在分子流区域进行，一方面，碳纳米管对气流的阻力将会非常小；另一方面，由于碳纳米管膜的厚度在 40 ~ 120nm，远低于常规过滤材料，因此单壁碳纳米管膜的过滤阻力非常小；此外，单壁碳纳米管具有极高的比表面积，而且分子流过滤时气流会将更多的颗粒输运到碳纳米管表面，这使得单壁碳纳米管薄膜具有非常高的过滤效率。在碳纳米管膜中，碳纳米管管束长度约为 10μm，其长径比高达 10^3，这使得由碳纳米管管束搭接形成的碳纳米管膜具有非常高的力学稳定性。这项工作展现了碳纳米管在空气过滤领域的良好应用前景，也揭示了在分子流区域进行过滤的巨大优势。

3. 碳纳米管阵列抽丝

清华大学范守善教授课题组[43,44]利用超顺排阵列直接抽丝形成碳纳米管膜，其过程如图 7-10（d）所示。在碳纳米管薄膜中碳纳米管以管束状态存在，并沿抽丝方向取向。若将多层碳纳米管薄膜沿不同方向进行叠加，就能形成碳纳米管网，其过程与结构如图 7-10（e）所示。Yildiz 等[34]研究了利用类似方法制备的碳纳米管网的过滤性能。他们将碳纳米管网负载于微米聚丙烯纤维膜表面，进行正交方向的叠加，得到不同厚度的碳纳米管网，其结构如图 7-10（f）所示。过滤性能的测试结果表明，通过叠加三层碳纳米管膜，得到的材料能够达到 HEPA 滤料的过滤效率。用这种方法制备得到的碳纳米管为多壁碳纳米管，且碳纳米管膜中管束较粗，在过滤时纤维的克努森数约为 4，因此过滤处于转变流区域。

在上述文献报道中，通过使用后处理或者直接合成的方法制备了无规堆砌或有规排列的碳纳米管薄膜。这些碳纳米管薄膜均能取得非常高的过滤效率，其过滤阻力与碳纳米管的排列紧密程度以及膜厚密切相关。然而，值得注意的是，由于碳纳米管本身的直径非常细小，这些由碳纳米管搭接形成的结构中，碳纳米管之间的孔隙在 1μm 左右甚至更小，而传统的微米纤维空气过滤材料中，纤维之间的孔隙在几十甚至上百微米。在过滤时，碳纳米管之间的孔隙极易被气溶胶颗粒所占据，造成材料的快速堵塞。因此，这种结构的碳纳米管空气过滤材料的容尘量以及使用寿命将会受影响。为了充分发挥碳纳米管在过滤领域的优势，需要进一步对其组装结构进行优化设计。

二、碳纳米管/多孔基底复合结构膜

另一种制备基于碳纳米管空气过滤材料的策略是以多孔材料为生长基底，在其表面生长碳纳米管，通过生长条件的控制使得碳纳米管在原有孔道中形成交织网络结构。这种方法能够有效解决碳纳米管的分散以及力学强度问题。例如，Halonen 等[36]曾以多孔氧化硅片为生长基底，在氧化硅片的孔道中生长碳纳米管，其结构如图 7-11（a）

所示。这种结构对亚微米颗粒能够达到99%以上的过滤效率，然而，其过滤阻力远高于一般商用过滤材料。Park等[35,45]选用商用不锈钢纤维网为生长基体，通过使碳纳米管生长在不锈钢纤维之间的空隙形成交织结构，如图7-11（b）所示。这种材料对130nm颗粒的过滤效率能够达到98%，但过滤阻力上升了54%。Parham等[46]在多孔陶瓷的孔道中生长碳纳米管，其孔道的平均孔径为300 ~ 500μm。生长碳纳米管后材料对0.3μm气溶胶颗粒的过滤效率能够达到90%。

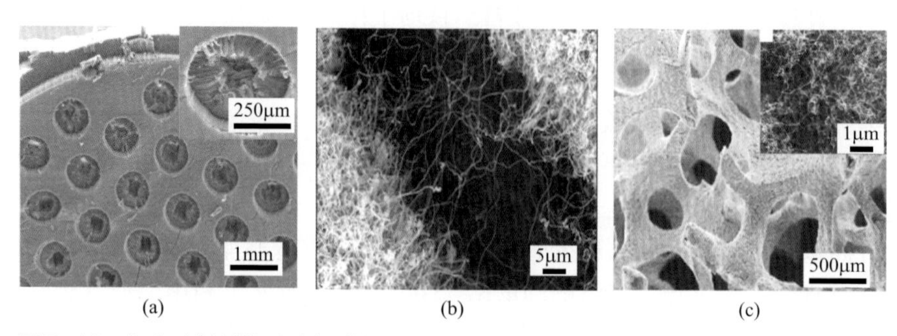

图7-11 在多孔材料的孔隙间进行碳纳米管生长的照片与SEM图

（a）多孔氧化硅片（插图为孔道中生长的碳纳米管）[36]；（b）微米不锈钢网[35,45]；（c）多孔陶瓷生长碳纳米管前的形貌（插图为生长出碳纳米管的形貌）[46]

从上述结果可以看出，这种在多孔材料内部孔道构建碳纳米管网络的结构设计思路并未获得理想的过滤性能。其原因在于空气过滤的基本机理是基于扩散、直接拦截与惯性效应，过滤材料需要大孔结构为空气流通提供通道，并且为动态过滤过程中气溶胶颗粒的聚集提供足够空间。而这种方法一方面试图借助筛阻作用进行过滤，另一方面占据了原有材料的大孔结构，这些都与空气过滤的基本机理相违背，因而并不是一种合理的结构设计。

第四节
碳纳米管纳米梯度过滤

一、多级结构

图7-12比较了商用过滤材料与常见的碳纳米管聚集体结构的SEM图。从图7-12（a）中可以看出，高效空气过滤材料具有高孔隙率，且纤维之间的孔隙大都在微米级

以上，远远大于一般气溶胶颗粒物的尺寸。这一结构特点是由空气过滤的原理所决定的。在过滤时，孔隙并不起到过滤的作用，它为气流提高流动通道，孔的结构与大小影响着过滤材料的阻力降；而气溶胶颗粒物的过滤主要是由纤维来完成，纤维的有效外表面积影响着材料的过滤效率。因此，将碳纳米管用于空气过滤领域，一方面要求碳纳米管之间松散堆积，以具有高孔隙率以及大孔结构；另一方面，碳纳米管要保持良好的分散状态，以充分发挥其高有效外表面积的优势。在满足这两个条件的基础上，基于碳纳米管的空气过滤材料还应具有高结构稳定性以满足实际使用要求。

1．孔隙结构设计

用气相剪切的方法[47]制备基于碳纳米管的空气过滤材料，能够使碳纳米管分散良好且具有高孔隙率，如图7-12（b）所示。但材料中碳纳米管均以聚团的形式存在，这是由于气相剪切的力太弱，不足以克服碳纳米管之间的范德华力。此外，这种材料虽然具有很高的孔隙率，由于多孔材料的力学强度与孔隙率成反比关系，大孔隙率的过滤材料的强度会很低，无法应用于空气过滤。利用液相剪切的方法分散碳纳米管，随后用抽滤的方法[48]得到碳纳米管膜，最后用冷冻干

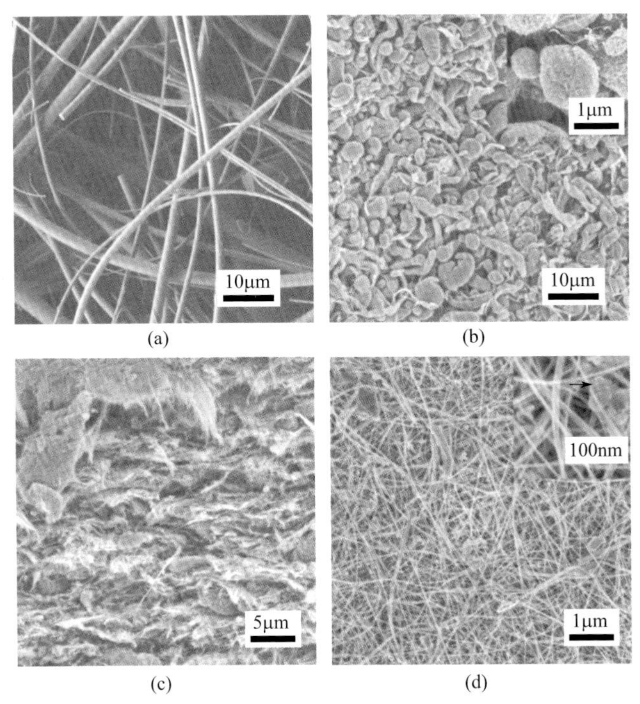

图7-12　不同过滤材料的SEM图

（a）商用高效空气过滤材料；（b）碳纳米管的团聚形貌（插图为高放大倍数图）；（c）液相成膜法制备的碳纳米管膜断面；（d）气相法合成碳纳米管宏观体的SEM图（插图为高放大倍数图，图中箭头指示为杂质）[3]

燥的方法除去膜中残留的水分，其材料的断面 SEM 图如图 7-12（c）中所示。这种方法得到的材料虽然具有足够的力学强度，然而碳纳米管之间的堆砌太过紧密，会导致材料的阻力降过高，因此，这种方法也不适用于制备基于碳纳米管的空气过滤材料。利用气相法直接合成的碳纳米管宏观体[49]，其结构如图 7-12（d）所示。这种方法解决了材料的强度以及碳纳米管的分散问题，且具有非常高的孔隙率。然而，由于碳纳米管直径非常小，该方法得到的材料不具备大孔结构，如图 7-12（d）中插图所示，碳纳米管之间的空间非常小，当细小颗粒物被过滤时（插图中箭头所示），将很快堵塞材料的孔隙，导致材料过滤阻力的快速上升。因此，这种碳纳米管宏观体也不满足空气过滤的结构要求。

2. 碳纳米管 / 石英纤维过滤材料

为了解决碳纳米管的分散问题，以及高孔隙率、大孔结构与材料力学性能之间的矛盾，魏飞课题组[39]提出了“多级结构”的材料设计思路，如图 7-13 所示。作者选用商用的微米纤维为生长基底，在纤维表面原位生长碳纳米管，得到具有两级结构的碳纳米管 / 石英纤维空气过滤材料。在两级结构中，微米纤维构成的骨架结构保证了材料的高孔隙率以及大孔结构，同时也为材料提供了足够的结构稳定性；而通过在微米纤维表面原位生长碳纳米管，解决了碳纳米管的分散问题，使得碳纳米管高比表面积的优势得以发挥。这样，在空气过滤时，碳纳米管

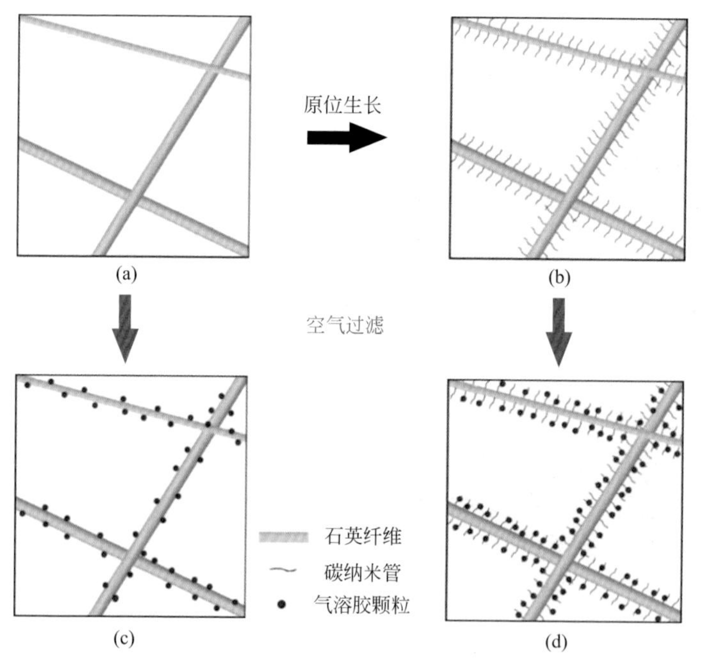

图7-13　两级结构碳纳米管/石英纤维空气过滤材料的制备思路及其过滤机理示意图[3]

/ 石英纤维过滤材料具有比原始石英纤维材料更高的可利用外表面积，因而具有更高的过滤效率；同时，原始石英纤维中的孔结构并没有因为碳纳米管的引入而受到太大影响，因此，碳纳米管 / 石英纤维材料的过滤阻力也不会有急剧的上升。

通过原位浮游化学气相沉积的方法制备得到的具有两级结构的碳纳米管 / 石英纤维过滤材料，其结构如图 7-14 中所示。从图 7-14（d）中可以看出，碳纳米管在纤维表面的生长非常均匀，且碳纳米管之间相互分散开，形成了具有“纳米刷子”的结构。在过滤时，这种“纳米刷子”结构能够与气流充分接触，从而大大提高纤维的有效外表面积；与此同时，从图 7-14（a）与（d）可以看出，碳纳米管并未堵塞纤维之间的孔道，原始石英纤维膜的大孔结构能够很好保持。BET 结果表明，碳纳米管 / 石英纤维膜的比表面积是纯石英纤维膜的 13.13 倍。由于碳纳米管的纤维状结构，其表面积大部分属于外表面积，在过滤时将会与气流接触。外表面积的提高将会大大增加气溶胶颗粒与纤维之间的相互碰撞概率，从而提高材料的过滤效率。过滤性能的测试结果表明，与纯石英纤维膜相比，碳纳米管 / 石英纤维膜的穿透率下降了约两个数量级。与此同时，碳纳米管的引入使

图7-14 过滤前后CNT/石英纤维滤料的形貌

（a）原始石英纤维滤料；（b）沉积在石英纤维滤料中的NaCl气溶胶颗粒；（c）沉积在单根石英纤维表面的NaCl气溶胶颗粒；（d）CNT/石英纤维滤料；（e）沉积在CNT/石英纤维滤料中的NaCl气溶胶颗粒；（f）沉积在单根碳纳米管表面的NaCl气溶胶颗粒[39]

得材料的质量因子分别提高了 27.85% 和 29.40%（粒径 100nm 与 300nm 处）。在粒径为 145nm 处，质量因子的提高幅度最高，达到了 39.47%。质量因子的大幅度提高表明生长碳纳米管后，材料的过滤性能得到了极大提高。SEM 的结果表明，在石英纤维膜中，气溶胶颗粒直接被石英纤维捕捉［图 7-14（b）与（c）］，而在碳纳米管 / 石英纤维膜中，气溶胶颗粒被碳纳米管“纳米刷子”结构捕捉［图 7-14（e）］，在单根碳纳米管上捕捉了数量众多的气溶胶颗粒［图 7-14（f）］。

二、纳米梯度结构

传统的空气过滤理论认为过滤效率与过滤阻力是空气过滤材料最重要的两个性能，将质量因子作为评价过滤材料性能好坏的主要指标。然而，在实际的过滤过程中，过滤效率与过滤阻力只是在过滤的初始阶段保持恒定。随着过滤的进行，气溶胶颗粒物会逐渐在纤维表面聚集，产生“堵塞效应”，使得过滤材料很快失效。如今在空气过滤领域，获得高效率的空气过滤材料已经不再是主要的技术难题；然而，高效率空气过滤材料在使用过程中易堵塞，使用寿命偏短，需要频繁更换，在许多应用领域，如飞机机舱环境、核电站、半导体工厂等，更换高效空气过滤材料会付出极大的时间与经济成本，因此，如何在保持高效率的同时，获得长使用寿命的过滤材料是一个亟待解决的问题。

为了解决纳米纤维过滤材料高效率与长使用寿命之间的矛盾，魏飞课题组提出了“纳米梯度过滤”的概念[40]，其核心在于通过纳米纤维的生长控制原位自组装形成具有梯度结构的过滤材料。材料制备以及应用的示意图如图 7-15（a）所示，将催化剂气溶胶颗粒物通过石英纤维（QF）滤料，催化剂颗粒也将会沉积在纤维表面，这样就能实现催化剂颗粒在纤维材料中的负载，再经过对催化剂的退火处理，在纤维表面形成催化剂纳米颗粒，最后就能生长出碳纳米管。通过控制过滤速度、气溶胶浓度以及催化剂颗粒粒径，能够控制碳纳米管在石英纤维表面的生长形貌。根据空气过滤的原理，气溶胶颗粒物的含量将在纤维材料厚度方向沿气流方向向下逐渐减少，因此这种方法得到的碳纳米管空气过滤材料将具有梯度结构。在用于过滤气溶胶污染物时，将碳纳米管含量较多的一面作为背风面放置。

1. 过滤阻力

使用 DEHS（癸二酸二异辛酯）气溶胶颗粒物研究了梯度结构对材料动态过滤性能的影响，其结果如图 7-15（b）和（c）所示。随着过滤的进行，两种材料的过滤阻力均会迅速增加［图 7-15（b）］，与此同时，材料的过滤效率也呈下降趋势［图 7-15（c）］。如果将碳纳米管 / 石英纤维过滤膜富含碳纳米管的一面作为背风面放置，其在过滤时的阻力上升速度比纯石英纤维过滤材料要慢很多。在相同的测试条件下，使用碳纳米管 / 石英纤维材料用于过滤时，如果将富含碳

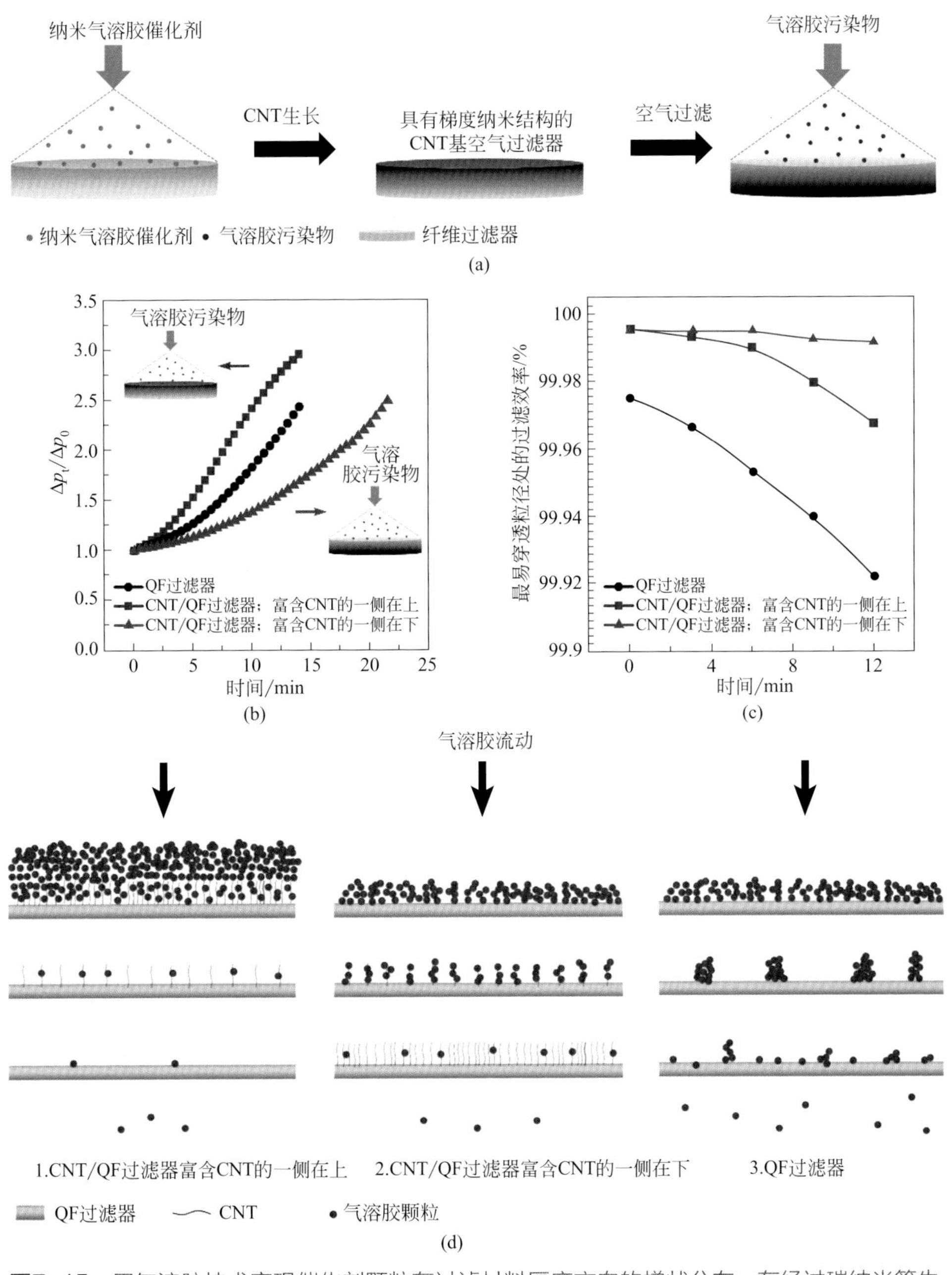

图7-15　用气溶胶技术实现催化剂颗粒在过滤材料厚度方向的梯状分布，在经过碳纳米管生长过程实现碳纳米管含量在过滤材料厚度方向的梯状分布，在应用于空气过滤时将碳管含量较小的一面向上（a）；过滤时阻力随时间的变化（b）；过滤时效率随时间的变化（c）；动态过滤时气溶胶在不同结构材料中纤维表面的累积的示意图（d）[40]

纳米管的一面作为背风面放置，使用寿命将会是纯石英纤维膜的 1.64 倍；反之，若将富含碳纳米管的一面作为迎风面放置，则过滤材料的使用寿命会大大缩短，不同的放置方式将会让使用寿命相差 2.4 倍。与此同时，随着过滤的进行，纯石英纤维膜的过滤效率将会迅速下降，很快将低于 HEPA 的标准［图 7-15（c）］；与之相反，碳纳米管 / 石英纤维材料将富含碳纳米管一面向下放置进行过滤时，其效率虽然也呈现下降趋势，但下降速度会非常缓慢，且一直保持在 HEPA 的标准之上；如果将富含碳纳米管一面向上放置进行过滤，其效率的下降速度会变快，但是仍然低于纯石英纤维材料的效率下降速度。

得益于纳米梯度结构，碳纳米管 / 石英纤维材料能够兼具高效率、低阻力以及长使用寿命的优点。对于碳纳米管 / 石英纤维材料，碳纳米管在石英纤维材料中具有梯度分布。如果将富含碳纳米管一面作为迎风面，迎风面纤维层由于碳纳米管含量高，具有很高的过滤效率，在过滤时会将绝大部分的气溶胶颗粒被阻隔在表面，这样就会加速材料的堵塞过程［图 7-15（d）中 1］。反之，如果将富含碳纳米管一面作为背风面，作为迎风面的石英纤维层表面的碳纳米管含量非常低，因此具有的过滤效率也比较低。这样在过滤时，其能够收集到的气溶胶颗粒就会相对少很多，材料的“堵塞效应”就会大大减弱［图 7-15（d）中 2］。剩余的气溶胶将会被中间层以及底层的长有碳纳米管的石英纤维层高效率去除。同时，这一部分的气溶胶浓度相对初始浓度会低很多，因此其对材料中间层以及底层的堵塞效应会非常弱。这就是碳纳米管 / 石英纤维材料在将富含碳纳米管一面作为背风面时，同时具有高效率、低阻力、长使用寿命的原因。如果与纯石英纤维滤料相比，碳纳米管 / 石英纤维材料的优势在于因碳纳米管的引入，其比表面积得到很大提高。这样在过滤时气溶胶颗粒就会得以在更大的纤维表面进行沉积，形成的气溶胶聚集体的体积会小很多，这样会减少对气流的干扰，使得材料的过滤阻力上升速度变慢；与之相比，纯石英纤维膜比表面积有限，气溶胶颗粒会在纤维表面形成大的聚集体，占据纤维之间的空间，导致过滤材料阻力的迅速上升。

2. 气溶胶聚集状态

通过 SEM 观察气溶胶颗粒在石英纤维膜以及碳纳米管 / 石英纤维膜表面长时间过滤后的聚集形态，可以发现，纯石英纤维层作为迎风面时，其表面负载的气溶胶颗粒相对较少，纤维之间的空隙未被完全占据［图 7-16（a）］。而碳纳米管 / 石英纤维材料表面（负载时将富含碳纳米管一面作为迎风面）明显负载有更多的气溶胶颗粒，材料表面形成了由氯化钠颗粒构成的多孔层，这就表明将材料高效率的一面作为迎风面时，会积累更多的气溶胶颗粒从而加速材料的堵塞效应。更重要的是，气溶胶颗粒在石英纤维表面形成大的树枝状结构［图 7-16（c）］，而当碳纳米管生长在石英纤维表面时，气溶胶颗粒在纤维表面的分布更均匀，形成的气溶胶聚团体积明显变小，其对气流的阻力也会减弱。这就解释了为何碳纳米管 / 石英纤维材料（富含碳纳米管一面作为背风面）比纯石英纤维膜具有更高的使用寿命。

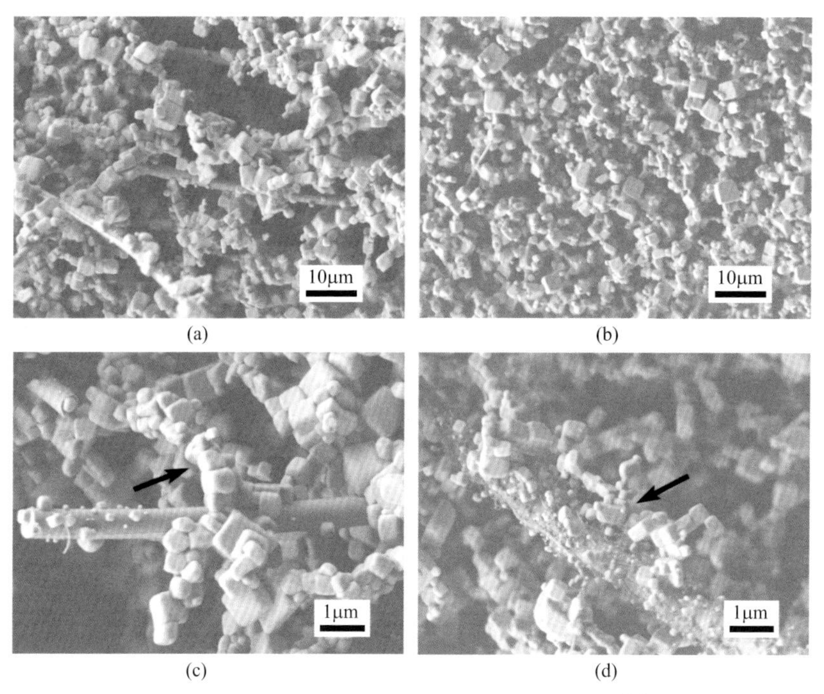

图7-16 氯化钠气溶胶颗粒负载6min后材料表面的SEM图[40]

（a）氯化钠颗粒负载在纯石英纤维表面；（b）氯化钠颗粒负载在碳纳米管/石英纤维表面；（c）氯化钠颗粒负载在单根石英纤维表面；（d）氯化钠颗粒负载在单根生长有碳纳米管的石英纤维表面（图中箭头指示为氯化钠颗粒在纤维表面的积累形貌）

第五节 碳纳米管纳米聚团流化床过滤

一、纳米聚团流化床过滤特点

纤维型空气过滤材料是目前应用最广泛的过滤形式。由于纤维型过滤材料的孔隙率有限，纤维之间的空间固定，随着过滤的进行，当纤维之间的空间逐渐被气溶胶颗粒所占据，过滤材料将会很快失效。虽然前述梯度过滤可以大幅度提高过滤器的容尘量，延长使用寿命，但为了更好地解决传统过滤材料容尘量低的缺点，魏飞课题组[41]设计了一种基于碳纳米管聚团流化床的高效空气过滤器。即利用流化床可以将聚团碳纳米管如流体一样移入与移出的特点，将过滤材料做成碳纳米管的聚团状，当使用一段时间后，含尘量高的碳纳米管聚团可以利用流化的方法将其从过滤器中移出，更换新的碳纳米管聚团。碳纳米管聚团流化床的过滤原理如图 7-17 所示，通过选择合适的分布板以及对碳纳米管聚团进行筛分，

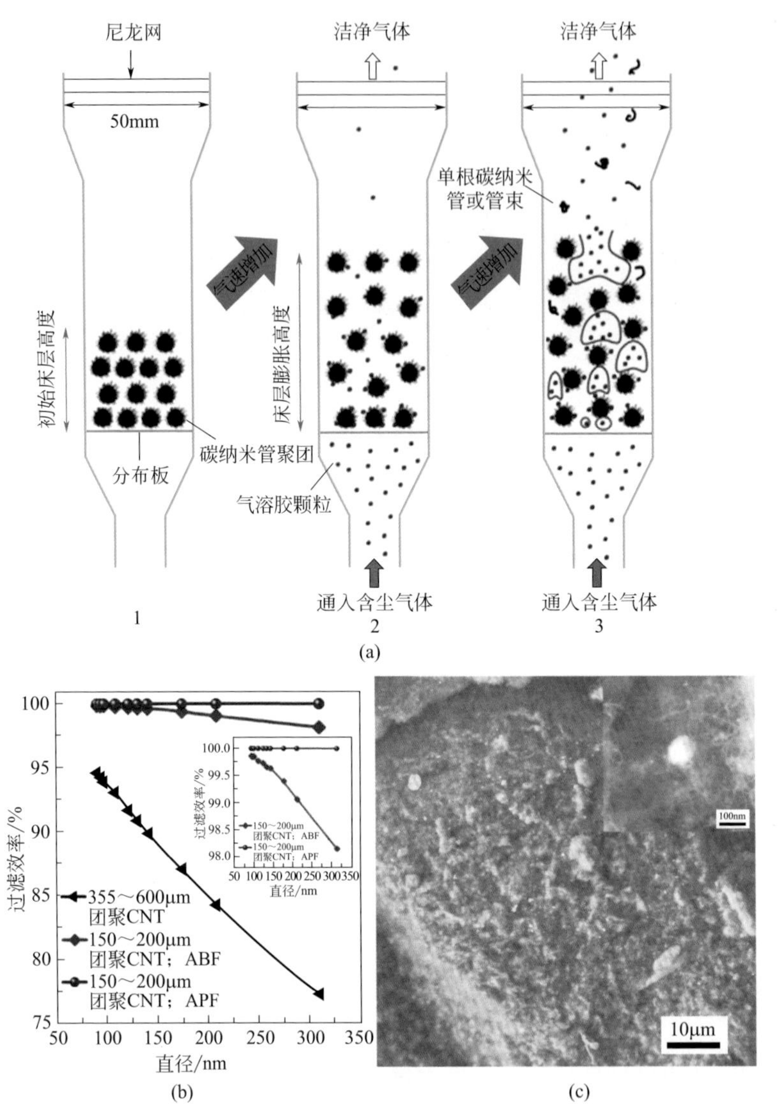

图7-17 碳纳米管聚团流化床的过滤过程示意图（a）；散式流化态（APF）和鼓泡流化态（ABF）下流化床对不同颗粒物的过滤效率（b）；碳纳米管聚团表面捕捉NaCl气溶胶颗粒物的SEM照片（c）[41]

获得具有 Geldart A 类颗粒流化特性的碳纳米管聚团；在流化过程中，随着气速的增加，碳纳米管聚团进入散式流化状态，流化床床层中存在乳相（碳纳米管聚团）、云相以及气泡相，气泡相与乳相、云相之间发生气体交换［图 7-17（a）］，使得气泡相中的气溶胶颗粒与碳纳米管聚团之间充分接触，并被碳纳米管聚团表面的碳纳米管所捕捉［图 7-17（c）］。在此流化状态下，碳纳米管聚团流化床具有很高的过滤效率［图 7-17（b）］，能够达到 HEPA 滤料的过滤效率，且过滤效率将随着床层高度的增加而增加。当流化气速进一步增加时，碳纳米管聚团将处于鼓泡流化状态，床层中气泡相大量增加，部分气泡将穿过床层并破裂，释放出气溶胶颗粒，因此，在鼓泡流化状态下，流化床的过滤效率将大大降低。粒径更小的碳纳米管聚团具有更高的过滤效率［图 7-17（b）］。此外，当碳纳米管聚团的流化性能不佳时，在流化过程中也会产生大量气泡相，导致气溶胶颗粒与碳纳米管聚团之间不能充分接触，从而大大降低过滤效率。与此同时，气泡的破裂产生的巨大冲击力将导致碳纳米管从碳纳米管聚团表面脱落，引入新的污染源。因此，碳纳米管聚团流化床空气过滤器只能在散式流化状态下运行。

二、纳米颗粒物的逸出

当碳纳米管聚团处于固定床状态，或者是流化床的流化初期至散式流化区这段区域时，在尾气部分基本检测不到气溶胶纳米颗粒；而一旦流化床进入鼓泡流化状态，在其尾端能够明显检测出纳米气溶胶颗粒，且颗粒浓度随着气速的增加而明显增大［图 7-18（a）］。通过 TEM 表征尾端收集到的气溶胶纳米颗

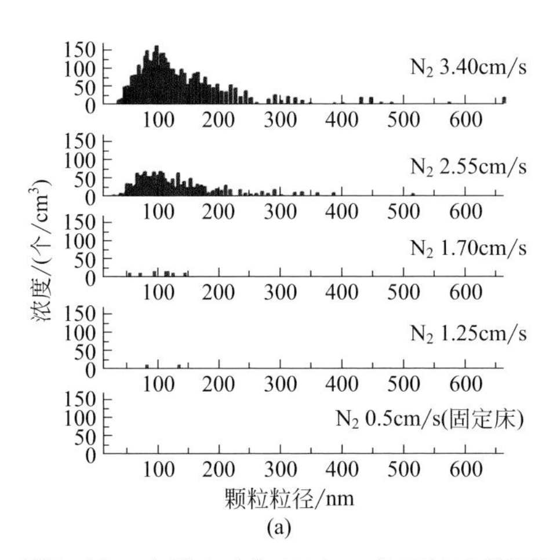

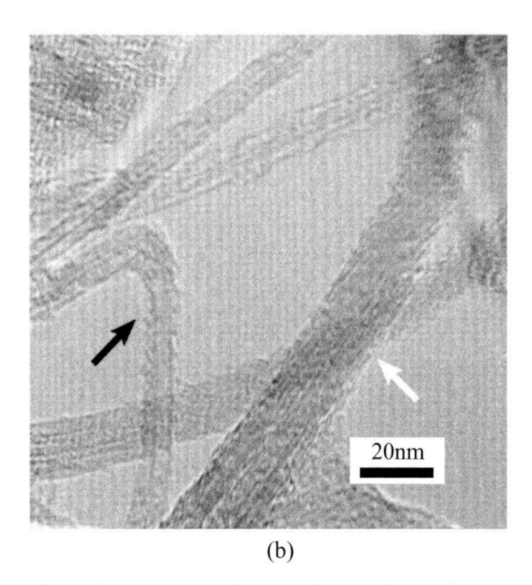

图7-18 床层高度为17.4cm的碳纳米管聚团（粒径为150～200μm）流化床在不同流化速度时下游检测出纳米粒子的浓度与粒度分布（a）；对纳米粒子的TEM表征（黑色箭头指示为单根碳纳米管，白色箭头指示为碳纳米管管束）（b）[41]

粒的形貌［图 7-18（b）］，发现这些气溶胶纳米颗粒为碳纳米管的团聚体，在团聚体中，有些碳纳米管以单根形式存在，其直径在 10nm 以下［图 7-18（b）中黑色箭头所示］；而大部分以碳纳米管管束状态存在［图 7-18（b）中白色箭头所示］。

第六节
碳纳米管过滤材料的安全性

碳纳米管作为一种新的纳米材料用于过滤系统，其安全性是一个值得重视的问题。碳纳米管是否会从过滤材料脱落到空气中，以及接触碳纳米管对人体健康有什么样的危害？这些都是碳纳米管应用于空气过滤领域需要考虑的问题。碳纳米管对人体健康的影响一直是个充满争议的话题。Donaldson 等的研究表明吸入长碳纳米管与间皮瘤之间存在潜在联系 [50]。国家纳米中心陈春英等的研究表明碳纳米管呼吸暴露后的延迟毒性可以导致原位乳腺瘤的多发性转移 [51]。2020 年 *Nature Nanotechnology* 发表重要文章指出，碳纳米管由于其致癌风险，已经正式列入国际 SIN 危险化学品清单中，成为该清单中首个纳米材料 [52]。但也有一些研究表明碳纳米管可能是安全的 [53,54]，还有一些研究认为碳纳米管的毒性与其含有的金属杂质，化学结构如表面电荷与修饰、形状、长度、聚集形态及层数等因素相关 [55]。在 2013 年，美国国家职业安全与健康研究所（NIOSH）建议，接触碳纳米管和碳纳米纤维应保持在建议的接触限值 1μg/m^3 以下 [56]。德国 Bayer 公司规定，其生产碳纳米管的职业暴露上限值为 50μg/m^3[57]。

碳纳米管空气过滤材料的机械稳定性对其安全性非常重要。在风力或者其他外力的作用下，良好的结构稳定性能够避免碳纳米管从过滤材料中逃逸。许多研究者在制备基于碳纳米管的空气过滤材料时，也考虑到这一点。例如，Yildiz 等 [34] 在制备的取向碳纳米管膜使用聚乙烯非织造布作为支撑，并特别挑选了非织造布的孔大小，既能够足够小以捕捉可能逃逸的碳纳米管，又不能太小以免影响整体过滤效率。他们发现即使在 2 倍测试风速下测试 1h，也没有观察到厘米尺度的碳纳米管管束或者其他碳纳米管片段发生脱落。Karwa 和 Park 等用粒子计数器来观察在高风速下是否能观察到碳纳米管气溶胶 [37,46,58]。魏飞课题组将碳纳米管 / 石英纤维膜放入水中进行超声，通过扫描电镜观察确定碳纳米管与石英纤维之间良好的结合力，进而可以保证碳纳米管不会从过滤基体脱落[39]。

尽管从文献报道来看，无论是选用微米纤维作为支撑层，还是将碳纳米管生长在多孔介质中作为空气过滤材料，都没有观察到风力作用下碳纳米管逃逸的现象。但将碳纳米管安全地应用于空气过滤领域，仍需要进一步研究制定暴露限值标准，以及相关的安全性测试标准与方法。

第七节 碳纳米管吸附材料

一、碳纳米管吸附VOC

挥发性有机物（VOC）由于其大部分组分具有毒性、致突变性与致癌性，严重危害人体健康。碳材料具有高比表面积、丰富的孔结构以及高吸附能力，被认为是一种有效而经济的 VOC 吸附剂。许多的研究表明，碳纳米管对蒽及其衍生物、正壬烷、CCl_4、二噁英、噻吩、多环芳香烃等有机物具有很强的吸附性。与活性炭以及其他的碳吸附材料相比，碳纳米管对有机组分的吸附能力更强。尽管如此，要实现碳纳米管在吸附 VOC 方面的商业化应用，还需要解决其分散问题，以及对碳纳米管进行表面修饰或者功能化处理[59]。

Zhang Yang 等[60]制备了一种深度型多级结构 Ag@MWCNT/Al_2O_3 多功能杂化过滤材料，能同时去除空气中细颗粒物、微生物以及 VOC。其制备过程如图 7-19（a）中所示，通过气相沉积法在多孔型 Al_2O_3 滤料中生长 MWCNT，然后通过多元醇法在 MWCNT 表面负载纳米 Ag 颗粒物，Ag@MWCNT 的微观形貌如图 7-19（b）与（c）中所示。相比其他几种材料，Ag@MWCNT/Al_2O_3 具有最高的甲醛降解率［图 7-19（d）和（e）］，在 55℃以及紫外线辐射条件下，对甲醛降解率高达 99.99%，而同条件下 MWCNT/Al_2O_3 以及 Al_2O_3 的降解率分别只有 62.04% 和 3.53%。纳米 Ag 颗粒具有强催化反应电子效应，MWCNT 具有高外表面用于吸附甲醛分子，以及纳米 Ag 颗粒在 MWCNT 表面良好的分散是 Ag@MWCNT/Al_2O_3 杂化材料具有高的持久甲醛降解率的重要原因。

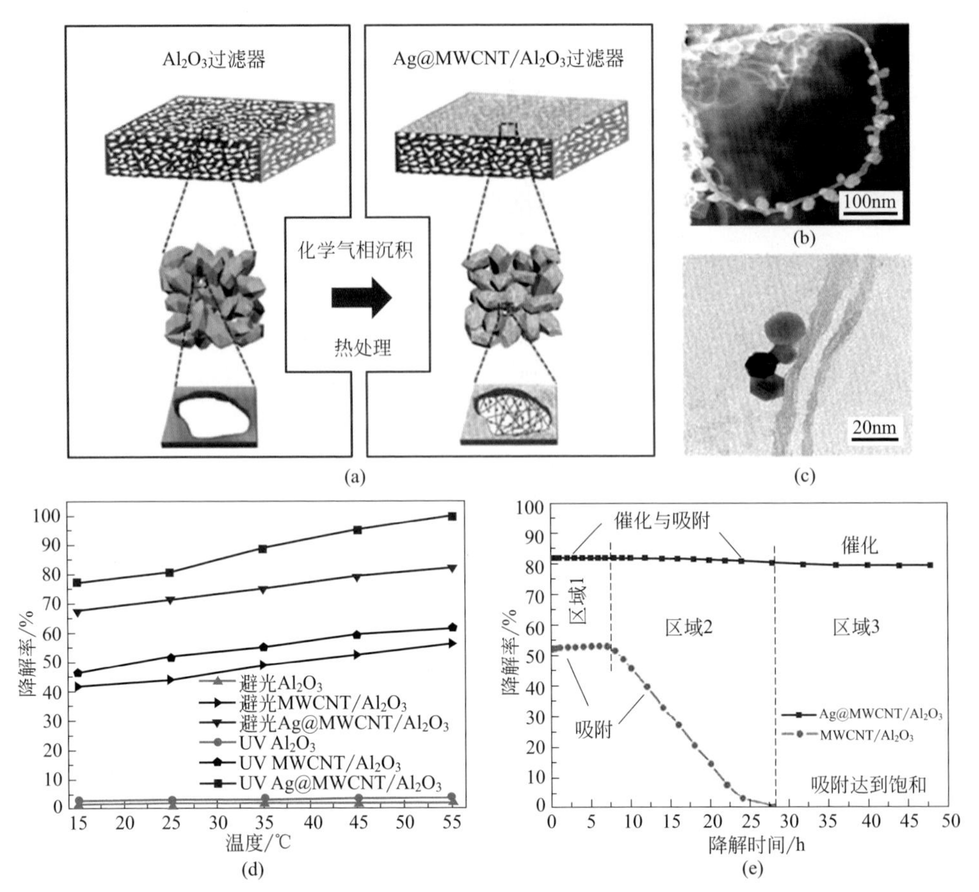

图7-19 深度型多级结构Ag@MWCNT/Al_2O_3多功能杂化过滤材料制备示意图（a）；Ag@MWCNT的SEM图（b）；Ag@MWCNT的TEM图（c）；有紫外线和无紫外线辐射条件下Al_2O_3、MWCNT/Al_2O_3以及Ag@MWCNT/Al_2O_3杂化材料对甲醛的动态降解率随温度变化（d）；MWCNT/Al_2O_3与Ag@MWCNT/Al_2O_3杂化材料在25℃紫外线辐射条件下对甲醛的动态降解率随时间变化（e）（反应条件：干燥空气中80～220mg/L甲醛，气速0.5cm/s）[60]

二、碳纳米管去除臭氧

臭氧是大气环境与室内空气中常见的污染物，特别是近几年来，臭氧逐渐取代 $PM_{2.5}$ 成为越来越多地区的首要空气污染物。去除臭氧的方法通常是采用活性炭吸附或者是碘化钾溶液洗涤，杨旭东课题组[61,62]尝试将碳纳米管用于去除空气中臭氧，取得了不错的效果。他们使用文献［39］中方法制备得到的碳纳米管 / 石英纤维膜，发现其在 10h 的测试周期中，对臭氧的转化率都大于 96%，高转化率只到第 6h 才出现轻微下降［图 7-20（a）］。与之相比，纯石英纤维膜的过滤效率很低，初期在 40% 以下而后期降至 10% 以下。他们的研究发现，活性炭的比表面积虽然是碳纳米管 / 石英纤维膜的 21 倍，但相同质量条件下活性炭对臭氧的转化率在 60% 以下，远低于碳纳米管 / 石英纤维膜。碳纳米管 / 石英纤维膜对臭氧的转化率与其质量 24 倍的活性炭相当。碘化钾溶液在初期对臭氧具有高转化率，但转化率随时间下降很快。在其研究中也对比了碳纳米管 / 石英纤维膜与相同质量纯碳纳米管膜对臭氧的转化率［图 7-20（b）］，发现两者转化率相似，但碳纳米管 / 石英纤维膜的转化率下降速度要低于纯碳纳米管膜，因此具有更好的去除臭氧效果。作者进一步使用碳纤维膜作为基底，在表面生长碳纳米管，得到的碳纳米管 / 碳纤维材料对臭氧具有高于 99% 的去除率，且在测试周期内能保持对臭氧的高去除率，其对臭氧的去除效果比碳纳米管 / 石英纤维膜更好［图 7-20（c）］。

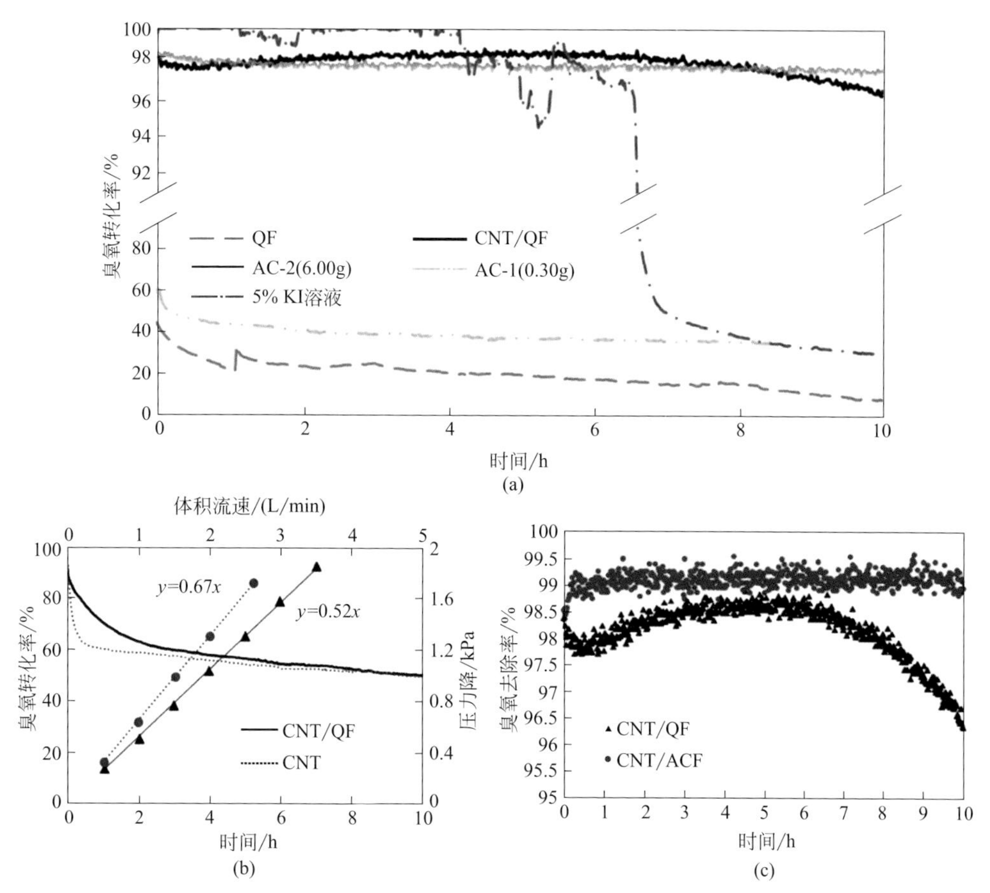

图7-20 不同材料对臭氧的转换率（a）；碳纳米管/石英纤维膜与纯碳纳米管膜臭氧转化率与过滤阻力对比图（b）；碳纳米管/石英纤维膜与碳纳米管/碳纤维膜臭氧去除率的对比（c）[61,62]

QF—石英纤维膜；CNT/QF—碳纳米管 / 石英纤维膜；AC—活性炭；CNT/ACF—碳纳米管 / 碳纤维膜

碳纳米管展示了其在去除臭氧领域良好的应用前景，但是相关的研究工作仍十分匮乏。以碳纳米管 / 石英纤维膜和碳纳米管 / 碳纤维膜为代表的多级结构碳纳米管材料展现了优异的去除臭氧功能，但多级结构对臭氧吸附的影响、碳纳米管对臭氧的吸附特性等基础问题还没有得到充分认识，有待进一步的研究。

参考文献

[1] Davies C N. Air filtration[M]. London:Academic Press Inc, 1973.

[2] Donovan R P. Fabric filtration for combustion sources[M]. New York:Marcel Dekker Inc, 1985.

[3] 李朋. 基于碳纳米管的高效空气过滤材料的制备与性能研究 [D]. 北京：清华大学，2013.

[4] White P F, Smith S E. High-efficiency air filtration[M]. Oxford:Butterworths, 1964.

[5] Brown R C. Air filtration: An integrated approach to the theory and applications of fibrous filters[M]. New York:Pergamon, 1993.

[6] Zhang Z. A fundamental study of aerosol filtration by fibrous filters in the transition flow regime[D].Minnesota: University of Minnesota, 1989.

[7] Chen C Y. Filtration of aerosols by fibrous media[J]. Chemical Reviews, 1955, 55(3): 595-623.

[8] Maze B, Tafreshi H V, Wang Q, et al. A simulation of unsteady-state filtration via nanofiber media at reduced operating pressures[J]. Journal of aerosol science, 2007, 38(5): 550-571.

[9] Gibson P, Schreuder-Gibson H, Rivin D. Transport properties of porous membranes based on electrospun nanofibers[J]. Colloids and Surfaces A: Physicochemical and Engineering Aspects, 2001, 187: 469-481.

[10] Happel J. Viscous flow relative to arrays of cylinders[J]. AIChE Journal, 1959, 5(2): 174-177.

[11] Kuwabara S. The forces experienced by randomly distributed parallel circular cylinders or spheres in a viscous flow at small Reynolds numbers[J]. Journal of the physical society of Japan, 1959, 14(4): 527-532.

[12] Pich J. Theory of aerosol filtration by fibrous and membrane filters[M]. Davies C N, Ed. London:Aerosol Science, 1966.

[13] Cercignani C. The boltzmann equation, and its applications[M]. New York:Springer, 1988: 40-103.

[14] Hung C-H, Leung W W-F. Filtration of nano-aerosol using nanofiber filter under low Peclet number and transitional flow regime[J]. Separation and purification technology, 2011, 79(1): 34-42.

[15] Hubbard J, Brockmann J, Dellinger J, et al. Fibrous filter efficiency and pressure drop in the viscous-inertial transition flow regime[J]. Aerosol Science and Technology, 2012, 46(2): 138-147.

[16] Friedlander S. Mass and heat transfer to single spheres and cylinders at low Reynolds numbers[J]. AIChE Journal, 1957, 3(1): 43-48.

[17] Friedlander S. Particle diffusion in low-speed flows[J]. Journal of Colloid and Interface Science, 1967, 23(2): 157-164.

[18] Pich J. Pressure drop of fibrous filters at small Knudsen numbers[J]. Annals of Occupational Hygiene, 1966, 9(1): 23-27.

[19] Pich J. Pressure characteristics of fibrous aerosol filters[J]. Journal of Colloid and Interface Science, 1971, 37(4): 912-917.

[20] Kirsch A, Stechkina I, Fuchs N. Effect of gas slip on the pressure drop in fibrous filters[J]. Journal of Aerosol Science, 1973, 4(4): 287-293.

[21] Stern S, Zeller H, Schekman A. The aerosol efficiency and pressure drop of a fibrous filter at reduced pressures[J]. Journal of Colloid Science, 1960, 15(6): 546-562.

[22] Payet S, Boulaud D, Madelaine G, et al. Penetration and pressure drop of a HEPA filter during loading with submicron liquid particles[J]. Journal of Aerosol Science, 1992, 23(7): 723-735.

[23] Miguel A. Effect of air humidity on the evolution of permeability and performance of a fibrous filter during loading with hygroscopic and non-hygroscopic particles[J]. Journal of Aerosol Science, 2003, 34(6): 783-799.

[24] Zhang R, Liu B, Yang A, et al. In situ investigation on the nanoscale capture and evolution of aerosols on nanofibers[J]. Nano Letters, 2018, 18(2): 1130-1138.

[25] Roe R-J. Wetting of fine wires and fibers by a liquid film[J]. Journal of Colloid and Interface Science, 1975, 50(1): 70-79.

[26] Contal P, Simao J, Thomas D, et al. Clogging of fibre filters by submicron droplets: Phenomena and influence of operating conditions[J]. Journal of Aerosol Science, 2004, 35(2): 263-278.

[27] Frising T, Thomas D, Bémer D, et al. Clogging of fibrous filters by liquid aerosol particles: Experimental and phenomenological modelling study[J]. Chemical Engineering Science, 2005, 60(10): 2751-2762.

[28] Thomas D, Contal P, Renaudin V, et al. Modelling pressure drop in HEPA filters during dynamic filtration[J]. Journal of aerosol science, 1999, 30(2): 235-246.

[29] Brown R, Wake D. Loading filters with monodisperse aerosols: Macroscopic treatment[J]. Journal of Aerosol Science, 1999, 30(2): 227-234.

[30] Podgórski A. Macroscopic model of two-stage aerosol filtration in a fibrous filter without reemission of deposits[J]. Journal of Aerosol Science, 1998, 29: S929-S930.

[31] Barhate R S, Ramakrishna S. Nanofibrous filtering media: Filtration problems and solutions from tiny materials[J]. Journal of Membrane Science, 2007, 296(1-2): 1-8.

[32] Viswanathan G, Kane D B, Lipowicz P J. High efficiency fine particulate filtration using carbon nanotube coatings[J]. Advanced Materials, 2004, 16(22): 2045-2049.

[33] Nasibulin A G, Kaskela A, Mustonen K, et al. Multifunctional free-standing single-walled carbon nanotube films[J]. ACS Nano, 2011, 5(4): 3214-3221.

[34] Yildiz O, Bradford P D. Aligned carbon nanotube sheet high efficiency particulate air filters[J]. Carbon, 2013, 64: 295-304.

[35] Park S J, Lee D G. Performance improvement of micron-sized fibrous metal filters by direct growth of carbon nanotubes[J]. Carbon, 2006, 44(10): 1930-1935.

[36] Halonen N, Rautio A, Leino A-R, et al. Three-dimensional carbon nanotube scaffolds as particulate filters and catalyst support membranes[J]. ACS Nano, 2010, 4(4): 2003-2008.

[37] Park K-T, Hwang J. Filtration and inactivation of aerosolized bacteriophage MS_2 by a CNT air filter fabricated using electro-aerodynamic deposition[J]. Carbon, 2014, 75: 401-410.

[38] Karwa A N, Tatarchuk B J. Aerosol filtration enhancement using carbon nanostructures synthesized within a sintered nickel microfibrous matrix[J]. Separation and Purification Technology, 2012, 87: 84-94.

[39] Li P, Zong Y, Zhang Y, et al. In situ fabrication of depth-type hierarchical CNT/quartz fiber filters for high efficiency filtration of sub-micron aerosols and high water repellency[J]. Nanoscale, 2013, 5(8): 3367-3372.

[40] Li P, Wang C, Li Z, et al. Hierarchical carbon-nanotube/quartz-fiber films with gradient nanostructures for high

efficiency and long service life air filters[J]. RSC Advances, 2014, 4(96): 54115-54121.

[41] Wang C, Li P, Zong Y, et al. A high efficiency particulate air filter based on agglomerated carbon nanotube fluidized bed[J]. Carbon, 2014, 79: 424-431.

[42] Zhao Y, Zhong Z, Low Z-X, et al. A multifunctional multi-walled carbon nanotubes/ceramic membrane composite filter for air purification[J]. RSC Advances, 2015, 5(112): 91951-91959.

[43] Jiang K, Wang J, Li Q, et al. Superaligned carbon nanotube arrays, films, and yarns: A Road to applications[J]. Advanced Materials, 2011, 23(9): 1154-1161.

[44] 姜开利，王佳平，李群庆，等. 超顺排碳纳米管阵列、薄膜、长线——通向应用之路 [J]. 中国科学：物理学 力学 天文学，2011, 41(4): 390-403.

[45] Park S J, Lee D G. Development of CNT-metal-filters by direct growth of carbon nanotubes[J]. Current Applied Physics, 2006, 6: e182-e186.

[46] Parham H, Bates S, Xia Y, et al. A highly efficient and versatile carbon nanotube/ceramic composite filter[J]. Carbon, 2013, 54: 215-223.

[47] Zhang Q, Xu G-H, Huang J-Q, et al. Fluffy carbon nanotubes produced by shearing vertically aligned carbon nanotube arrays[J]. Carbon, 2009, 47(2): 538-541.

[48] Xu G-H, Zhang Q, Huang J-Q, et al. A two-step shearing strategy to disperse long carbon nanotubes from vertically aligned multiwalled carbon nanotube arrays for transparent conductive films[J]. Langmuir, 2010, 26(4): 2798-2804.

[49] Gui X, Wei J, Wang K, et al. Carbon nanotube sponges[J]. Advanced Materials, 2010, 22(5): 617-621.

[50] Poland C A, Duffin R, Kinloch I, et al. Carbon nanotubes introduced into the abdominal cavity of mice show asbestos-like pathogenicity in a pilot study[J]. Nature Nanotechnology, 2008, 3(7): 423.

[51] Lu X, Zhu Y, Bai R, et al. Long-term pulmonary exposure to multi-walled carbon nanotubes promotes breast cancer metastatic cascades[J]. Nature Nanotechnology, 2019, 14(7): 719-727.

[52] Hansen S F, Lennquist A. Carbon nanotubes added to the SIN List as a nanomaterial of Very High Concern[J]. Nature Nanotechnology, 2020, 15(1): 3-4.

[53] Schipper M L, Nakayama-Ratchford N, Davis C R, et al. A pilot toxicology study of single-walled carbon nanotubes in a small sample of mice[J]. Nature Nanotechnology, 2008, 3(4): 216.

[54] Bai Y, Zhang Y, Zhang J, et al. Repeated administrations of carbon nanotubes in male mice cause reversible testis damage without affecting fertility[J]. Nature Nanotechnology, 2010, 5(9): 683.

[55] Liu Y, Zhao Y, Sun B, et al. Understanding the toxicity of carbon nanotubes[J]. Accounts of Chemical Research, 2013, 46(3): 702-713.

[56] Ellenbecker M J, Tsai C S-J. Exposure assessment and safety considerations for working with engineered nanoparticles[M]. New York:John Wiley & Sons, 2015.

[57] Pauluhn J. Multi-walled carbon nanotubes (Baytubes®): Approach for derivation of occupational exposure limit[J]. Regulatory Toxicology and Pharmacology, 2010, 57(1): 78-89.

[58] Park J H, Yoon K Y, Na H, et al. Fabrication of a multi-walled carbon nanotube-deposited glass fiber air filter for the enhancement of nano and submicron aerosol particle filtration and additional antibacterial efficacy[J]. Science of the Total Environment, 2011, 409(19): 4132-4138.

[59] Zhang X, Gao B, Creamer A E, et al. Adsorption of VOCs onto engineered carbon materials: A review[J]. Journal of Hazardous Materials, 2017, 338: 102-123.

[60] Zhao Y, Low Z-X, Feng S, et al. Multifunctional hybrid porous filters with hierarchical structures for

simultaneous removal of indoor VOCs, dusts and microorganisms[J]. Nanoscale, 2017, 9(17): 5433-5444.

[61] Yang S, Zhu Z, Wei F, et al. Carbon nanotubes/activated carbon fiber based air filter media for simultaneous removal of particulate matter and ozone[J]. Building and Environment, 2017, 125: 60-66.

[62] Yang S, Nie J, Wei F, et al. Removal of ozone by carbon nanotubes/quartz fiber film[J]. Environmental Science & Technology, 2016, 50(17): 9592-9598.

索引

其他